U0321921

2013

建设工程计价计量规范辅导

规范编制组

中国计划出版社

图书在版编目（CIP）数据

2013 建设工程计价计量规范辅导/规范编制组编. —2 版.
—北京：中国计划出版社，2013.4（2024.8 重印）
ISBN 978-7-80242-845-4

Ⅰ.①2… Ⅱ.①规… Ⅲ.①建筑工程－计量－教材②建筑
造价管理－教材 Ⅳ.①TU723.3

中国版本图书馆 CIP 数据核字（2013）第 067546 号

2013 建设工程计价计量规范辅导
规范编制组

中国计划出版社出版发行
网址：www.jhpress.com
地址：北京市西城区木樨地北里甲 11 号国宏大厦 C 座 4 层
邮政编码：100038 电话：（010）63906433（发行部）
三河富华印刷包装有限公司印刷

880mm×1230mm 1/16 44 印张 1374 千字
2013 年 4 月第 2 版 2024 年 8 月第 13 次印刷
印数 114186—115185 册

ISBN 978-7-80242-845-4
定价：128.00 元

编写人员名单

审定人员： 刘　灿　徐惠琴　胡传海　谭　华　吴佐民　王海宏

编写人员：

第一篇　修编概况

谢洪学　张宗辉

第二篇　《建设工程工程量清单计价规范》GB 50500—2013 内容详解

谢洪学

第三篇　《房屋建筑与装饰工程工程量计算规范》GB 50854—2013 内容详解

张宗辉　方晓琳　左　涛　陈　丽　徐晓燕　王　凯　李志奎

第四篇　《仿古建筑工程工程量计算规范》GB 50855—2013 内容详解

黄一勤　郎桂林　杜雪英　孙小青　须德平

第五篇　《通用安装工程工程量计算规范》GB 50856—2013 内容详解

雷春林　包　宏　谢春兰　于丽娜　刘宗孝　卢立明　陈文楚　董士波
赵旭红　马宏浩　刘　维　王秀芝

第六篇　《市政工程工程量计算规范》GB 50857—2013 内容详解

李江波　杨铁定　蔡临申　蒋挺辉　秦　嘉　郑筱慧　温运福　朱慧芳
陈耀坤　陈俊宇　唐榕辉　刘　智　郭燕萍

第七篇　《园林绿化工程工程量计算规范》GB 50858—2013 内容详解

项卫东　郎桂林　杨文娣　黄一勤　张秋枫

第八篇　《矿山工程工程量计算规范》GB 50859—2013 内容详解

杨振义　董广明　王　威

第九篇　《构筑物工程工程量计算规范》GB 50860—2013 内容详解

吕梅勇　景广茂　黄　肸

第十篇　《城市轨道交通工程工程量计算规范》GB 50861—2013 内容详解

李成栋　王中和　唐小平　沈春燚　魏红鹃　张海清　王俊芳　时海涛
田　欣

第十一篇　《爆破工程工程量计算规范》GB 50862—2013 内容详解

周家汉　高荫桐　杨年华　肖文雄

前　言

2012 年 12 月 25 日，住房城乡建设部发布第 1567、1568、1571、1569、1576、1575、1570、1572、1573、1574 号公告，批准《建设工程工程量清单计价规范》GB 50500—2013 以及《房屋建筑与装饰工程工程量计算规范》GB 50854—2013、《仿古建筑工程工程量计算规范》GB 50855—2013、《通用安装工程工程量计算规范》GB 50856—2013、《市政工程工程量计算规范》GB 50857—2013、《园林绿化工程工程量计算规范》GB 50858—2013、《矿山工程工程量计算规范》GB 50859—2013、《构筑物工程工程量计算规范》GB 50860—2013、《城市轨道交通工程工程量计算规范》GB 50861—2013、《爆破工程工程量计算规范》GB 50862—2013（以下简称"13 规范"）为国家标准，自 2013 年 7 月 1 日起实施。

"13 规范"是以《建设工程工程量清单计价规范》GB 50500—2008 为基础，通过认真总结我国推行工程量清单计价，实施"03 规范"、"08 规范"的实践经验，广泛深入征求意见，反复讨论修改而形成。与"03 规范"、"08 规范"不同，"13 规范"是以《建设工程工程量清单计价规范》为母规范，各专业工程工程量计算规范与其配套使用的工程计价、计量标准体系。该标准体系将为深入推行工程量清单计价，建立市场形成工程造价机制奠定坚实基础，并对维护建设市场秩序，规范建设工程发承包双方的计价行为，促进建设市场健康发展发挥重要作用。

为了加大"13 规范"的宣贯力度，确保实施效果，使广大工程造价工作者和有关方面的工程技术人员深入理解和掌握该规范体系的内容，以促进规范的贯彻实施，满足建设市场计价、计量的需要，我们组织编制组专家编写了《建设工程工程量清单计价规范》GB 50500—2013 以及《房屋建筑与装饰工程工程量计算规范》GB 50854—2013 等九本工程量计算规范的宣贯辅导教材。

本宣贯辅导教材比较详细地介绍了规范的编制情况、主要内容及依据；对条文进行了详解；对如何应用规范体系，不仅说明了应注意的事项，而且列举了典型工程实例和应用案例。本辅导教材有助于工程造价管理专业人员准确理解和掌握该规范体系，也可供工程造价管理机构与有关单位宣贯培训使用，为发承包双方在实际工作中提供参考。

住房城乡建设部标准定额司

2013 年 3 月

目 录

第 一 篇
修 编 概 况

为了适应我国建设工程管理体制改革以及建设市场发展的需要，规范建设工程各方的计价行为，进一步深化工程造价管理模式的改革，2003 年 2 月 17 日，原建设部以第 119 号公告发布了国家标准《建设工程工程量清单计价规范》GB 50500—2003（以下简称"03 规范"）。"03 规范"的实施，为推行工程量清单计价，建立市场形成工程造价的机制奠定了基础。但是，"03 规范"主要侧重于工程招投标中的工程量清单计价，对工程合同签订、工程计量与价款支付、合同价款调整、索赔和竣工结算等方面缺乏相应的规定。为此，原建设部标准定额司从 2006 年开始，组织有关单位对"03 规范"的正文部分进行了修订。2008 年 7 月 9 日，住房城乡建设部以第 63 号公告，发布了《建设工程工程量清单计价规范》GB 50500—2008（以下简称"08 规范"）。"08 规范"实施以来，对规范工程实施阶段的计价行为起到了良好的作用，但由于附录没有修订，还存在有待完善的地方。

为了进一步适应建设市场的发展，需要借鉴国外经验，总结我国工程建设实践，进一步健全、完善计价规范。因此，2009 年 6 月 5 日，标准定额司根据住房城乡建设部《关于印发〈2009 年工程建设标准规范制订、修订计划〉的通知》（建标函〔2009〕88 号），发出《关于请承担〈建设工程工程量清单计价规范〉GB 50500—2008 修订工作任务的函》（建标造函〔2009〕44 号），组织有关单位全面开展"08 规范"的修订工作。住房城乡建设部标准定额研究所、四川省建设工程造价管理总站为主编单位，中国建设工程造价管理协会、四川省造价工程师协会、信息产业部电子工程标准定额站、电力工程造价与定额管理总站、铁路工程定额所、铁道第三勘察设计院集团有限公司、北京市建设工程造价管理处、广东省建设工程造价管理总站、浙江省建设工程造价管理总站、江苏省建设工程造价管理总站、中国工程爆破协会等 11 个部门为参编单位。在标准定额司的领导下，通过主编、参编单位团结协作、共同努力，按照编制工作进度安排，经过两年多的时间，于 2012 年 6 月完成了国家标准《建设工程工程量清单计价规范》GB 50500—2013（简称"13 规范"）和《房屋建筑与装饰工程工程量计算规范》GB 50854—2013、《仿古建筑工程工程量计算规范》GB 50855—2013、《通用安装工程工程量计算规范》GB 50856—2013、《市政工程工程量计算规范》GB 50857—2013、《园林绿化工程工程量计算规范》GB 50858—2013、《矿山工程工程量计算规范》GB 50859—2013、《构筑物工程工程量计算规范》GB 50860—2013、《城市轨道交通工程工程量计算规范》GB 50861—2013、《爆破工程工程量计算规范》GB 50862—2013 等 9 本计量规范（简称"13 计量规范"）的"报批稿"。经报批批准，圆满完成了修订任务。

一、修编工作情况

此次修编"08 规范"共分研究确定编制大纲、编制与初审、初次征求意见与修改、专家审查与修改、再次征求意见与修改、召开审查会、完成报批稿、报批修改等八个阶段。

第一阶段：研究确定编制大纲阶段

主编单位四川省建设工程造价管理总站根据住房城乡建设部标准定额司的要求，总结"08 规范"实施以来的经验与存在的不足，在深入调研的基础上，结合建筑市场的具体情况，对修编"08 规范"的目的、原则、修编内容、表现形式以及编制工作的组织、进度安排等做了认真详细的研究，提出了《修编工作大纲》。2009 年 3 月 31 日，标准定额司在北京召开了《建设工程工程量清单计价规范》附录修编工作会议，会议讨论并原则通过了附录修编工作大纲，初步确定了编制工作分工。会后，主编单位根据会议修改意见，将《修编工作大纲》进一步做了完善。住房城乡建设部标准定额司于 2009 年 6 月 5 日发布了"关于请承担《建设工程工程量清单计价规范》GB 50500—2008 修订工作任务的函"（建标造函〔2009〕44 号），明确了按《修编工作大纲》开展修订工作。

第二阶段：编制与初审阶段

经过主参编单位的共同努力，于 2009 年 8 月，各单位完成了所承担任务的初稿，并分别于 2009 年 8 月和 9 月在浙江绍兴和四川成都分两组召开了初审会，平衡协调各专业工程编制中的结构及项目划分问题。第一次初审会议纪要，关于"房屋建筑与装饰、仿古建筑、市政、园林绿化工程"部分刊登在《建设工程工程量清单计价规范》修订工作简报第 3 期上；第二次初审会议纪要，标准定额司于 2009 年 9 月 29 日发出"关于《建设工程工程量清单计价规范》附录安装、构筑物、矿山、城市轨道交通工程修订工作初审会议纪要的函（建标造函［2009］81 号）"。初审会后，编制单位根据"初审会议纪要"认真修改，于 2009 年 11 月完成了"征求意见稿"。

第三阶段：初次征求意见与修改阶段

标准定额司于 2009 年 11 月 20 日发出"关于征求《建设工程工程量清单计价规范》GB 50500—2008 附录修订征求意见稿意见的函（建标造函［2009］103 号）"，并将"征求意见稿"登载于"四川造价信息网"上，向全国广泛征求意见。为了达到征求意见的深度和广度，在"四川造价信息网"上专门设置"论坛"窗口，欢迎全国从事工程建设的专家、学者和造价工作者通过网络直接提出建议。根据统计，共收集到 18 个省、市、自治区和 3 个专业部门的书面意见以及网上意见共计 1200 多条。主编单位就反馈意见的一些特殊问题分别赴江苏、上海、山东等省、市进行调研、座谈。上述工作为保证修订规范的质量打下了坚实的基础。全国征求意见结束后，标准定额司于 2010 年 3 月 5 日在北京组织召开《建设工程工程量清单计价规范》GB 50500—2008 附录修订专家组会议，会议主要对"征求意见稿"反馈意见中的综合性问题进行了认真讨论，达成了共识，标准定额司据此发出"关于《建设工程工程量清单计价规范》GB 50500—2008 附录修订专家组会议纪要的函（建标造函［2010］27 号）"。各编制单位按照"会议纪要"的要求，将"征求意见稿"反馈的各专业意见和建议进行了认真梳理，及时修改，按时完成了各自所承担任务的修改稿。

第四阶段：专家审查与修改阶段

修改稿完成后，经请示标准定额司同意，于 2010 年 6 月 22 日将修改稿分不同专业分别发送给 9 位专家进行专题审查，各位专家抽出时间认真审查，提出了很多宝贵意见，并于 2010 年 7 月 20 日将审查意见报主编单位。专家审查完成后，主编单位将专家意见进行认真的归纳，并汇总整理成文档，分别发送给各编制单位。对反馈意见较多的"安装工程"和"城市轨道交通工程"专业，主编单位专门请来安装工程方面的专家进行座谈，提出了对"修改稿"的详细修改建议，再次反馈给编制单位。各编制单位对专家意见反复推敲，及时修改形成了"专家送审稿"。经请示标准定额司同意，于 2010 年 12 月 8 日至 12 日在四川成都召开《建设工程工程量清单计价规范》GB 50500—2008 附录修订专家审查会，会议主要对"项目特征"、"工程量计算规则"和"工作内容"进行详细、全面地审查。会后，关于"仿古建筑工程"，经请示标准定额司同意，2011 年 1 月 7 日在北京、2011 年 2 月 22—23 日在四川西昌市又分别召开了仿古建筑工程初审会。通过各种图稿、实物照片，会议对该规范的名称、叫法进行研讨，形成了统一认识。经请示标准定额司同意，于 2011 年 3 月 15 日发出"关于《建设工程工程量清单计价规范》GB 50500—2008 附录修订专家审查会议纪要的函（川建价函［2011］2 号）"，各编制单位按照会议纪要的要求认真地修改。

第五阶段：再次征求意见与修改阶段

标准定额司于 2011 年 5 月 6 日在北京召开了《建设工程工程量清单计价规范》GB 50500—2008 修订工作会，此次会议主要研究部署下一阶段的修订工作。会议决定：为了方便管理和使用，"计价规范"与"计量规范"分列。会后各编制单位根据会议精神要求，认真修改，形成了 10 本规范，即《建设工程工程量清单计价规范》、《房屋建筑与装饰工程计量规范》、《仿古建筑工程计量规范》、《通用安装工程计量规范》、《市政工程计量规范》、《园林绿化工程计量规范》、《矿山工程计量规范》、《构筑物工程计量规范》、《城市轨道交通工程计量规范》、《爆破工程计量规范》。住房城乡建设部标准定额司于 2011 年 7 月 21 日发出"关于征求《建设工程工程量清单计价规范》GB 50500—2008 修订（征求意见稿）意见的通知（建标造函［2011］87 号）"，并将 10 个规范征求意见稿登载在中国建设工程造价信息网政务交流平台上向全国广泛征求意见。根据统计，共收到15个省、市、自治区造价（定额）站、2个专业部门和1个咨询机构以及2名个人的书面意见，共计1265条。主编单位对反馈意见进行了归纳汇总，发给各编制单位要求提出处理意见，处理意见返回后，主编单位组织专业技术人员进行研究讨论，就一些综合性问题提出了处理建议，各编制单位将"反馈意见"仔细斟酌，及时修改形成了"送审稿"。

对于《建设工程工程量清单计价规范》，编制单位针对提出的385条意见和建议，又认真修改，形成了"征求专家意见稿"，于2011年10月31日分送15位专家征求意见，经修改后于2011年12月1日形成"送审稿"。

第六阶段：召开10本规范审查会

2011年12月7至9日，标准定额司在海南三亚市组织召开了国家标准《建设工程工程量清单计价规范》及《房屋建筑与装饰工程计量规范》等9本计量规范审查会，住房城乡建设部司（所）领导和中价协、省及行业工程造价管理机构、大专院校、律师事务所、建筑施工企业、工程造价咨询公司的专家，以及各编制单位代表参加了会议，会议成立10本国家标准规范的专家审查组。首先听取了编制组就规范编写过程、主要内容及确定、存在问题的汇报，与会专家对送审稿内容进行了深入细致的审查，对编制规范的必要性、可行性、可操作性给予了充分肯定，审查组一致同意10本规范通过审查，也为完善"送审稿"提出了宝贵意见。

第七阶段：修改完成10本规范的"报批稿"

审查会后，各编制单位根据"审查会议纪要"，抓紧时间进行修改。主编单位四川省造价总站于2012年3月分赴浙江杭州、江苏南京和北京市，针对一些问题协调处理，集中送主编单位，再次进行归纳汇总、统一编排格式，于2012年6月7日完成了送交住房城乡建设部标准定额司的10本规范的"报批稿"。

第八阶段：报批阶段

报批过程中，主编单位根据专家提出的按标准格式修改，以及增加目次、术语英语译文的意见，完成了修改要求。并根据国家标准化委员会的意见，将"计量规范"修改为"工程量计算规范"，2012年12月25日，全部10本规范获得了批准，从2013年7月1日起实施。

总体上看，此次"08规范"的修编内容广泛、涵盖面广，附录部分是首次修订，这是总结理论与实践经验所取得的成果，是进一步完善计价、计量规范体系的结晶。

二、修编目的

1. 为了更加广泛深入地推行工程量清单计价，规范建设工程发承包双方的计量、计价行为制定好准则。

2. 为了与当前国家相关法律、法规和政策性的变化规定相适应，使其能够正确地贯彻执行。

3. 为了适应新技术、新工艺、新材料日益发展的需要，促使规范的内容不断更新完善。

4. 总结实践经验，进一步建立健全我国统一的建设工程计价、计量规范标准体系。

三、修编的必要性

1. 相关法律等的变化，需要修改计价规范

《中华人民共和国社会保险法》的实施；《中华人民共和国建筑法》关于实行工伤保险，鼓励企业为从事危险作业的职工办理意外伤害保险的修订；国家发展改革委、财政部关于取消工程定额测定费的规定；财政部开征地方教育附加等规费方面的变化，需要修改计价规范。

《建筑市场管理条例》的起草，《建筑工程施工发承包计价管理办法》的修订，为"08规范"的修改提供了基础。

2. "08规范"的理论探讨和实践总结，需要修改计价规范

"08规范"实施以来，在工程建设领域得到了充分肯定，从《建筑》、《建筑经济》、《建筑时

报》、《工程造价》、《造价师》等报纸杂志刊登的文章来看，"08规范"对工程计价产生了重大影响。一些法律工作者从法律角度对强制性条文进行了点评；一些理论工作者对规范条文进行了理论探索；一些实际工作者对单价合同、总价合同的适用问题，对竣工结算应尽可能使用前期计价资料问题，以及计价规范应更具操作性等提出了很多好的建议。

3. 一些作为探索的条文说明，经过实践需要进入计价规范

"08规范"出台时，一些不成熟的条文采用了条文说明或宣贯教材引路的方式。经过实践，有的已经形成共识，如计价风险分担、物价波动的价格指数调整、招标控制价的投诉处理等，需要进入计价规范正文，增大执行效力。

4. 附录部分的不足，需要尽快修改完善

一是有的专业分类不明确，需要重新定义划分，增补"城市轨道交通"、"爆破工程"等专业；二是一些项目划分不适用，设置不合理；三是有的项目特征描述不能体现项目自身价值，存在缺乏表述或难于描述的现象；四是有的项目计量单位不符合工程项目的实际情况；五是有的计算规则界线划分不清，导致计量扯皮；六是未考虑市场成品化生产的现状；七是与传统的计价定额衔接不够，不便于计量与计价。

5. 附录部分需要增加新项目，删除淘汰项目

随着科技的发展，为了满足计量、计价的需要，应增补新技术、新工艺、新材料的项目，同时，应删除技术规范已经淘汰的项目。

6. 有的计量规定需要进一步重新定义和明确

"08规范"附录个别规定需重新定义和划分，例如：土石类别的划分一直沿用"普氏分类"，桩基工程又采用分级，而国家相关标准又未使用；施工排水与安全文明施工费中的排水两者不明确；钢筋工程有关"搭接"的计算规定含糊等。

7. "08规范"对于计价、计量的表现形式有待改变

"08规范"正文部分主要是有关计价方面的规定，附录部分主要是有关计量的规定。对于计价而言，无论什么专业都应该是一致的；而计量，随着专业的不同存在不一样的规定，将其作为附录处理，不方便操作和管理，也不利于不同专业计量规范的修订和增补。为此，计价、计量规范体系表现形式的改变，是很有必要的。

四、修编原则

（一）计价规范

1. 依法原则

建设工程计价活动受《中华人民共和国合同法》等多部法律、法规的管辖。因此，"13规范"与"08规范"一样，对规范条文做到依法设置。例如，有关招标控制价的设置，就遵循了《政府采购法》的相关规定，以有效的遏制哄抬标价的行为；有关招标控制价投诉的设置，就遵循了《招标投标法》的相关规定，既维护了当事人的合法权益，又保证了招标活动的顺利进行；有关合理工期的设置，就遵循了《建设工程质量管理条例》的相关规定，以促使施工作业有序进行，确保工程质量和安全；有关工程结算的设置，就遵循了《合同法》以及相关司法解释的相关规定。

2. 权责对等原则

在建设工程施工活动中，不论发包人或承包人，有权利就必然有责任。"13规范"仍然坚持这一原则，杜绝只有权利没有责任的条款。如"08规范"关于工程量清单编制质量的责任由招标人承担的规定，就有效遏制了招标人以强势地位设置工程量偏差由投标人承担的做法。

3. 公平交易原则

建设工程计价从本质上讲，就是发包人与承包人之间的交易价格，在社会主义市场经济条件下应做到公平进行。"08规范"关于计价风险合理分担的条文，及其在条文说明中对于计价风险的分类和

风险幅度的指导意见，就得到了工程建设各方的认同，因此，"13 规范"将其正式条文化。

4. 可操作性原则

"13 规范"尽量避免条文点到就止，十分重视条文有无可操作性。例如招标控制价的投诉问题，"08 规范"仅规定可以投诉，但没有操作方面的规定，"13 规范"在总结黑龙江、山东、四川等地做法的基础上，对投诉时限、投诉内容、受理条件、复查结论等作了较为详细的规定。

5. 从约原则

建设工程计价活动是发承包双方在法律框架下签约、履约的活动。因此，遵从合同约定，履行合同义务是双方的应尽之责。"13 规范"在条文上坚持"按合同约定"的规定，但在合同约定不明或没有约定的情况下，发承包双方发生争议时不能协商一致，规范的规定就会在处理争议方面发挥积极作用。

（二）计量规范

1. 项目编码唯一性原则

"13 规范"虽然将"08 规范"附录独立，新修编为 9 个计量规范，但项目编码仍按"03 规范"、"08 规范"设置的方式保持不变。前两位定义为每本计量规范的代码，使每个项目清单的编码都是唯一的，没有重复。

2. 项目设置简明适用原则

"13 计量规范"在项目设置上以符合工程实际、满足计价需要为前提，力求增加新技术、新工艺、新材料的项目，删除技术规范已经淘汰的项目。

3. 项目特征满足组价原则

"13 计量规范"在项目特征上，对凡是体现项目自身价值的都作出规定，不以工作内容已有，而不在项目特征中作出要求。

1）对工程计价无实质影响的内容不作规定，如现浇混凝土梁底板标高等。

2）对应由投标人根据施工方案自行确定的不作规定，如预裂爆破的单孔深度及装药量等。

3）对应由投标人根据当地材料供应及构件配料决定的不作规定，如混凝土拌合料的石子种类及粒径、砂的种类等。

4）对应由施工措施解决并充分体现竞争要求的，注明了特征描述时不同的处理方式，如弃土运距等。

4. 计量单位方便计量原则

计量单位应以方便计量为前提，注意与现行工程定额的规定衔接。如有两个或两个以上计量单位均可满足某一工程项目计量要求的，均予以标注，由招标人根据工程实际情况选用。

5. 工程量计算规则统一原则

"13 计量规范"不使用"估算"之类的词语；对使用两个或两个以上计量单位的，分别规定了不同计量单位的工程量计算规则；对易引起争议的，用文字说明，如钢筋的搭接如何计量等。

五、修编依据

新修订的《建设工程工程量清单计价规范》GB 50500—2013、《房屋建筑与装饰工程工程量计算规范》GB 50854—2013 等 9 本计量规范是以"08 规范"为基础，以原建设部发布的工程基础定额、消耗量定额、预算定额以及各省、自治区、直辖市或行业建设主管部门发布的工程计价定额为参考，以工程计价相关的国家或行业的技术标准、规范、规程为依据（详见各专业工程计量规范修编说明），收集近年来新的施工技术、工艺和新材料的项目资料，经过整理，在全国广泛征求意见后编制而成。

六、"13 规范"的特点

"13 规范"全面总结了"03 规范"实施 10 年来的经验，针对存在的问题，对"08 规范"进行全面修订，与之比较，具有如下特点：

1. 确立了工程计价标准体系的形成

"03 规范"发布以来，我国又相继发布了《建筑工程建筑面积计算规范》GB/T 50353—2005、《水利工程工程量清单计价规范》GB 50501—2007、《建设工程计价设备材料划分标准》GB/T 50531—2009，此次修订，共发布 10 本工程计价、计量规范，特别是 9 个专业工程计量规范的出台，使整个工程计价标准体系明晰了，为下一步工程计价标准的制定打下了坚实的基础。

2. 扩大了计价计量规范的适用范围

"13 计价、计量规范"明确规定，"本规范适用于建设工程发承包及实施阶段的计价活动"、"13 计量规范"并规定"××工程计价，必须按本规范规定的工程量计算规则进行工程计量"。而非"08 规范"规定的"适用于工程量清单计价活动"。表明了不分何种计价方式，必须执行计价计量规范，对规范发承包双方计价行为有了统一的标准。

3. 深化了工程造价运行机制的改革

"13 规范"坚持了"政府宏观调控、企业自主报价、竞争形成价格、监管行之有效"的工程造价管理模式的改革方向。在条文设置上，使其工程计量规则标准化、工程计价行为规范化、工程造价形成市场化。

4. 强化了工程计价计量的强制性规定

"13 规范"在保留"08 规范"强制性条文的基础上，又在一些重要环节新增了部分强制性条文，在规范发承包双方计价行为方面得到了加强。

5. 注重了与施工合同的衔接

"13 规范"明确定义为适用于"工程施工发承包及实施阶段……"因此，在名词、术语、条文设置上尽可能与施工合同相衔接，既重视规范的指引和指导作用，又充分尊重发承包双方的意思自治，为造价管理与合同管理相统一搭建了平台。

6. 明确了工程计价风险分担的范围

"13 规范"在"08 规范"计价风险条文的基础上，根据现行法律法规的规定，进一步细化、细分了发承包阶段工程计价风险，并提出了风险的分类负担规定，为发承包双方共同应对计价风险提供了依据。

7. 完善了招标控制价制度

自"08 规范"总结了各地经验，统一了招标控制价称谓，在《招标投标法实施条例》中又以最高投标限价得到了肯定。"13 规范"从编制、复核、投诉与处理对招标控制价作了详细规定。

8. 规范了不同合同形式的计量与价款交付

"13 规范"针对单价合同、总价合同给出了明确定义，指明了其在计量和合同价款中的不同之处，提出了单价合同中的总价项目和总价合同的价款支付分解及支付的解决办法。

9. 统一了合同价款调整的分类内容

"13 规范"按照形成合同价款调整的因素，归纳为 5 类 14 个方面，并明确将索赔也纳入合同价款调整的内容，每一方面均有具体的条文规定，为规范合同价款调整提供了依据。

10. 确立了施工全过程计价控制与工程结算的原则

"13 规范"从合同约定到竣工结算的全过程均设置了可操作性的条文，体现了发承包双方应在施工全过程中管理工程造价，明确规定竣工结算应依据施工过程中的发承包双方确认的计量、计价资料办理的原则，为进一步规范竣工结算提供了依据。

11. 提供了合同价款争议解决的方法

"13 规范"将合同价款争议专列一章，根据现行法律规定立足于把争议解决在萌芽状态，为及时并有效解决施工过程中的合同价款争议，提出了不同的解决方法。

12. 增加了工程造价鉴定的专门规定

由于不同的利益诉求，一些施工合同纠纷采用仲裁、诉讼的方式解决，这时，工程造价鉴定意见就成了一些施工合同纠纷案件裁决或判决的主要依据。因此，工程造价鉴定除应按照工程计价规定外，还应符合仲裁或诉讼的相关法律规定，"13 规范"对此作了规定。

13. 细化了措施项目计价的规定

"13 规范"根据措施项目计价的特点，按照单价项目、总价项目分类列项，明确了措施项目的计价方式。

14. 增强了规范的操作性

"13 规范"尽量避免条文点到为止，增加了操作方面的规定。"13 计量规范"在项目划分上体现简明适用；项目特征既体现本项目的价值，又方便操作人员的描述；计量单位和计算规则，既方便了计量的选择，又考虑了与现行计价定额的衔接。

15. 保持了规范的先进性

此次修订增补了建筑市场新技术、新工艺、新材料的项目，删去了淘汰的项目。对土石分类重新进行了定义，实现了与现行国家标准的衔接。

七、修编的主要内容及变化

（一）计价规范

"13 规范"共设置 16 章、54 节、329 条，比"08 规范"分别增加 11 章、37 节、192 条，表格增加 8 种（见下表），并进一步明确了物价变化合同价款调整的两种方法。具体变化大致如下：

"13 规范"与"08 规范"章、节、条文增减表

"13 规范"			"08 规范"			条文增（+）减（−）
章	节	条文	章	节	条文	
1. 总则		7	1 总则		8	−1
2. 术语		52	2 术语		23	+29
3. 一般规定	4	19	4.1 一般规定	1	9	+10
4. 工程量清单编制	6	19	3 工程量清单编制	6	21	−2
5. 招标控制价	3	21	4.2 招标控制价	1	9	+12
6. 投标报价	2	13	4.3 投标价	1	8	+5
7. 合同价款约定	2	5	4.4 工程合同价款的约定	1	4	+1
8. 工程计量	3	15	4.5 工程计量与价款支付中 4.5.3、4.5.4		2	+13
9. 合同价款调整	15	58	4.6 索赔与现场签证 4.7 工程价款调整	2	16	+42
10. 合同价款期中支付	3	24	4.5 工程计量与价款支付	1	6	+18
11. 竣工结算与支付	6	35	4.8 竣工结算	1	14	+21
12. 合同解除的价款结算与支付		4				+4
13. 合同价款争议的解决	5	19	4.9 工程计价争议处理	1	3	+16
14. 工程造价鉴定	3	19	4.9.2		1	+18
15. 工程计价资料与档案	2	13				+13
16. 工程计价表格		6	5.2 计价表格使用规定	1	5	+1
合　计	54	329		17	137	+192

续表

"13 规范"			"08 规范"			条文增（＋）减（－）
章	节	条文	章	节	条文	
附录 A	物价变化合同价款调整方法					
附录 B ~ 附录 L	计价表格 22		5.1 计价表格组成		计价表格 14 节 1、条文 8	＋8 －8

1. 总则

1）将原规定适用于工程量清单计价活动，修改为适用于建设工程发承包及实施阶段的计价活动，进一步明确了适用范围。

2）原 1.0.7 条对附录 A ~ 附录 F 的规定上升为国家计量规范。

2. 术语

1）对"工程量清单"修改完善了定义，并新增"招标工程量清单"和"已标价工程量清单"，进一步明确各自的适用范围。

2）新增"工程量偏差"、"安全文明施工费"、"提前竣工（赶工）费"、"误期赔偿费"、"工程设备"、"工程成本"、"缺陷责任期"、"招标代理人"、"单价项目"、"总价项目"等 29 个术语。

3）修改了"合同价"、"竣工结算价"的定义。

3. 一般规定

本章在"08 规范"4.1 节的基础上编写，并将"08 规范"1.0.3 条、1.0.4 条移入，将"08 规范"条文说明 1.0.4 条第 2 款的内容列为 3.1.3 条。

1）增加发包人供应材料和承包人提供材料，分别列为 3.2 节和 3.3 节。

2）将计价风险列为一节，将"08 规范"4.1.9 条上升为强条，其条文说明修改后列为正文 4 条。

4. 工程量清单编制

本章在"08 规范"第 3 章基础上编写，由于新增计量规范，有关项目编码、项目名称、项目特征、计量单位、工程量计算的条文移入计量规范。

1）规费项目根据国家法律和有关权力部门的规定，取消了定额测定费和危险作业意外伤害保险费，新增了工伤保险费和生育保险费，将社会保障费更名为社会保险费。

2）税金新增地方教育附加。

5. 招标控制价

本章在"08 规范"4.2 节的基础上编写，分为 3 节，5.1.1 条（原 4.1.1 条第 1 款）上升为强条。

1）将投诉的日期从"应在开标前 5 天"修改为："招标控制价公布后 5 天内"，以保证招投标工作的顺利进行。

2）新增了投诉的内容、投诉的条件、投诉的受理以及复查的期限、复查结论的判断标准等条文，使投诉及其处理具有可操作性。

6. 投标报价

本章在"08 规范"4.3 节的基础上编写，分为 2 节。将投标报价"不得低于成本"修改为"不得低于工程成本"，并上升为强条。将成本定义为"工程成本"更具操作性。

7. 合同价款约定

本章在"08 规范"4.4 节的基础上编写，分为 2 节。进一步明确了单价合同、总价合同、成本加

·8·

酬金合同的适用范围。

8. 工程计量

本章在"08规范"4.5节4.5.3条和4.5.4条及其条文说明的基础上编写。

1）新增"工程量应当按照相关工程的现行国家计量规范规定的工程量计算规则计算"的规定，并确定为强条。

2）针对单价合同和总价合同对工程计量的不同要求，分列两节作了规定。

9. 合同价款调整

本章是在"08规范"4.6节、4.7节及其条文说明的基础上编写的，共分15节。对由于法律法规规章政策发生变化、工程变更、项目特征描述不符、工程量清单缺项、工程量偏差、物价变化、暂估价、计日工、不可抗力、赶工、误期、索赔、现场签证等导致合同价款调整的，均作了较明确的规定。

10. 合同价款期中支付

本章是在"08规范"4.5节的基础上编写的，分为3节。

1）新增了安全文明施工费的规定。

2）新增了总价项目的支付分解规定，并在条文说明中列举了三种分解方法供选择。

11. 竣工结算与支付

本章是在"08规范"4.8节的基础上编写的，分为6节，进一步明确了竣工结算及其支付、质量保证金以及最终结清等规定。

12. 合同解除的价款结算与支付

本章新增了协商一致、不可抗力、承包人违约、发包人违约四种不同条件下解除合同的价款结算问题。

13. 合同价款争议的解决

本章分别不同情况，对合同价款争议的解决作了规定，以尽可能解决争议，保证合同工程实施的顺利进行。

14. 根据专家建议，新增工程造价鉴定一章，分3节对工程造价鉴定作了原则规定。

15. 工程计价资料与档案

本章分为两节，第一节对有效的计价资料规定了要求，第二节规定了归档及其管理。

16. 工程计价表格

本章是在"08规范"5.2节的基础上编写的。

17. 附录

附录A规定了物价变化合同价款调整方法，对"08规范"的物价波动的两种调整方法作出了具体规定。

附录B～附录K是在"08规范"5.1节14个表的基础上编写的，将分部分项工程与单价措施项目计价表两表合一，新增了9个表：分别为"综合单价调整表"，"工程计量申请（核准）表"，"工程预付款、竣工结算款、最终结清款支付申请（核准）表"，"总价项目进度款支付分解表"以及"发包人提供材料和工程设备一览表、承包人提供主要材料和工程设备一览表"（分不同调整方法列两个表）。使工程计价进一步表格化。

（二）计量规范

新编的"计量规范"是在"08规范"附录A、B、C、D、E、F基础上制定的，内容包括房屋建筑与装饰工程、仿古建筑工程、通用安装工程、市政工程、园林绿化工程、矿山工程、构筑物工程、城市轨道交通工程、爆破工程，共9个专业。正文部分共计261条，附录部分共计3915个项目，在"08规范"基础上新增2185个项目，减少350个项目。具体变化见下表。

"13 计量规范"与"08 规范"正文条款及附录项目增减表

序号	计量规范	正文条款	附录项目			
			"08 规范"	"13 计量规范"	增加（+）	减少（-）
1	房屋建筑与装饰工程	29	393	561	202	-34
2	仿古建筑工程	28	0	566	566	0
3	通用安装工程	26	1015	1144	320	-191
4	市政工程	27	351	564	320	-107
5	园林绿化工程	28	87	144	64	-7
6	矿山工程	25	135	150	25	-10
7	构筑物工程	28	8	98	90	0
8	城市轨道交通工程	38	90	620	531	-1
9	爆破工程	32	1	68	67	0
	合　计	261	2080	3915	2185	-350

　　每本计量规范正文部分从"08 规范"中分离出来，只对计量活动进行了规定，有关计价的内容，仍放入"13 规范"。

1. 结构调整

　　此次修编坚持"健全规范体系、坚持共性统一、体现专业特征、方便使用管理"的要求，将"08 规范"附录分离出来，单独设置 9 本计量规范。对计量规范及各附录的章节、项目设置做了相应调整，具体变化（详见"13 计量规范"结构设置表）如下：

　　将原"08 规范"正文"3.3.1 通用措施项目一览表"归并入各计量规范附录"措施项目"中。

　　各计量规范调整情况如下：

　　1)《房屋建筑与装饰工程工程量计算规范》GB 50854—2013。

　　将"08 规范"附录 A 建筑工程、附录 B 装饰装修工程归并，更名为《房屋建筑与装饰工程工程量计算规范》GB 50854—2013。

　　①将"08 规范"附录 A 中"A.2 桩与地基基础工程"拆分为"附录 B 地基处理与边坡支护工程、附录 C 桩基工程"。

　　②将"08 规范"A.3 砌筑工程的章节顺序做了调整，分 D.1 砖砌体、D.2 砌块砌体、D.3 石砌体、D.4 垫层 4 个小节，将砖基础、砖散水、地坪、砖地沟、明沟及砖检查井纳入砖砌体中，将砖石基础垫层纳入垫层小节，将砖烟囱、水塔、砖烟道取消，移入构筑物工程计量规范。

　　③附录 E 混凝土及钢筋混凝土工程中，将"08 规范"A.4.15 混凝土构筑物移入到构筑物工程计量规范。

　　④附录 F 金属结构工程中，单列 F.1 钢网架小节，将钢屋架、钢托架、钢桁架、钢桥架归并为 F.2 小节，将"08 规范"A.6.7 金属网更名为 F.7 金属制品，将金属网及其他金属制品统一并入金属制品小节。

　　⑤附录 G 木结构工程中，将"08 规范"厂库房大门、特种门移入附录 H 门窗工程中，增列 G.3 屋面木基层小节。

　　⑥附录 J 屋面及防水工程中，将"08 规范"A.7.1 瓦型材屋面更名为 J.1 瓦型材及其他屋面，将 A.7.2 屋面防水更名为 J.2 屋面防水及其他，将 A.7.3 墙、地面防水、防潮，拆分为 J.3 墙面防水防

潮和 J.4 楼（地）面防水防潮两个小节。

⑦将"08 规范"B.1 楼地面工程更名为附录 L 楼地面装饰工程，B.1.7 扶手、栏杆、栏板装饰移入附录 Q 其他装饰工程章节中。

⑧将"08 规范"附录 B.2 墙、柱面工程更名为附录 M 墙、柱面装饰与隔断、幕墙工程。

⑨增补附录 R 拆除工程、附录 S 措施项目。

2)《仿古建筑工程工程量计算规范》GB 50855—2013。

3)《通用安装工程工程量计算规范》GB 50856—2013。为对今后编制专业安装工程计量规范预留空间，此次修编将其名称更改为通用安装工程。

①将"08 规范"附录 C.4 炉窑砌筑工程取消，分别归属冶金及有色金属工程、化工工程、建材工程炉窑中；取消"08 规范"C.13 长距离输送管道工程，归属于石油、石化工程专业中，待以后编制相关专业工程计量规范时纳入，输水管道纳入市政工程。

②将"08 规范"附录 C.12 建筑智能化系统设备安装工程更名为附录 E 建筑智能化工程，同时将 C.11.3 建筑与建筑群综合布线归并此附录。

③新增附录 M 刷油、防腐蚀、绝热工程，附录 N 措施项目。

4)《市政工程工程量计算规范》GB 50857—2013。

①将"08 规范"D.6 地铁工程归属城市轨道交通工程计量规范。

②新设置附录 F 水处理工程、附录 G 生活垃圾处理工程、附录 H 路灯工程、附录 L 措施项目。

5)《园林绿化工程工程量计算规范》GB 50858—2013。

①将"08 规范"附录 E.2 园路、园桥、假山工程更名为"附录 B 园路、园桥工程"，同时将"E.2.2 堆塑假山"移入到附录 C 园林景观工程中。

②新增附录 D 措施项目。

6)《矿山工程工程量计算规范》GB 50859—2013。新增附录 C 措施项目。

7)《构筑物工程工程量计算规范》GB 50860—2013。将"08 规范"附录 A 建筑工程中 A.3.3 砖砌构筑物及 A.4.15 混凝土构筑物相关项目移入该规范。

8)《城市轨道交通工程工程量计算规范》GB 50861—2013。将"08 规范"附录 D.6 地铁工程移入该规范，并进行了增补扩充。

9)《爆破工程工程量计算规范》GB 50862—2013。此规范为新增，房屋建筑、市政的土石方工程中均不再列爆破项目。

2. 项目设置

项目设置坚持"简明适用、内容全面、划分合理、粗细适宜"的原则，进行了"统、增、删、拆、并"，具体体现如下：

1) 为了保持规范的统一性，各专业工程项目设置应体现专业特点，在专业与专业之间，章与章之间，节与节之间有重复的项目尽量保持一致或取消，使整个规范体系中项目设置统一。例如：土石方工程、桩基工程、安装工程配管、配线等。

2) 为了使整个规范项目更趋完善，增补了新项目。例如：

①房屋建筑与装饰工程：打拔桩、挖孔桩砖护壁、钢架桥、空调百页护栏、钢丝网加固、后浇带金属网、防火窗、单独木门框、成品木质装饰门带套、飘（凸）窗、断桥窗、阳光板屋面、玻璃钢屋面、屋面排（透）气管、自流地坪楼地面、采光天棚等。

②安装工程：自动步行道电梯、自动加压供水设备、气压除灰设备安装、脱硫设备安装等。

③市政工程：交通管理设施的防撞筒（墩）、警示柱、减速垫、监控摄像机、污水处理设备及垃圾处理项目、钢筋声测管等。

④园林绿化工程：种植土回填、栽植绿篱、垂直墙体绿化种植、花卉立体布置、栽种木箱、蹬道、栈道等。

⑤构筑物工程：冷却塔、工业隧道、沟道、造粒塔、栈桥等。

⑥仿古建筑工程、城市轨道交通工程、爆破工程绝大多数项目为新增。

3）取消淘汰的项目。例如：空心砖柱，给排水及市政管网中的缸瓦管、陶土管等。

4）为了方便计量、计价，拆分部分项目。"08规范"有的项目综合性太大，导致一个小的变更，原清单项目又要重新组成综合单价。例如：

①房屋建筑与装饰工程中的找平层单独分离出来，在新规范附录L楼地面装饰工程、附录M墙柱面装饰与隔断、幕墙工程均设置有楼地面、墙面找平层项目；地面垫层也从项目中分离出来。

②安装工程中的电缆安装拆分成了电缆、中间终端头；防雷及接地装置拆分成了接地极、接地母线、引下线、均压环、避雷网、避雷针项目。

③绿化工程绿地喷灌中喷灌设施拆分成喷灌管线安装及喷灌配件安装。

5）对"08规范"分得太细的个别项目，适当进行了归并，例如门窗工程。

6）对"08规范"已不适应市场成品化生产需要的项目，以成品编制列项。例如：门窗工程、金属构件等。

3．项目特征

项目特征是构成分部分项工程量清单项目、措施项目自身价值的本质特征，是发包人针对某个项目向投标人发出的信息，也是投标人针对某个项目投标报价的重要依据。因此，修编项目特征描述的内容是此次修订的重点。补充完善有关规定，删除无意义或对项目的价值无影响的规定，具体体现如下：

1）体现项目自身价值或工作内容栏已有而又不在项目特征中作出规定的必须补充完善，例如：金属结构工程项目增补"螺栓种类和防火要求"，钢木屋架增补"钢材品种规格、型号"。

2）对整个项目价值影响不大且难于描述，或与有关法律规定有矛盾的项目特征均取消。例如：颜色、品牌、砌体墙体高度、混凝土构件的长度、高度等。

3）项目特征应与计量单位相匹配，在项目特征中必须表述其完整形体的特征，例如：以平方米计量，应增补项目的厚度、断面尺寸；以延长米计量，应有截面尺寸；以块、个、根计量的应增补项目的"规格尺寸"。

4）对于综合归并的项目，项目特征必须表述其类别、型号、规格，以便编制清单时区别列项。例如：门窗工程项目，增补了门的代号及洞口尺寸，混凝土及钢筋混凝土工程中的现浇混凝土构件增补了"混凝土种类"。

5）以成品编制的项目，项目特征取消有关"制作"的项目特征描述。例如：木门以成品编制项目，因此取消框断面尺寸、材质、骨架材料种类，以及面层材料的品种、规格、品牌、颜色、防护材料的种类等。

6）尽量避免笼统的规定项目特征，将几个项目的项目特征归并在一起，使操作者难于辨认其区别，此次修订，体现本质区别的项目特征，不能归并在一起的均拆分，例如：拆分木纱门、木质防火门、夹板装饰门共有的项目特征，拆分木门窗套、金属门窗套、石材门窗套共有的项目特征等。

7）分专业在附录中均列举了体现专业特征的措施项目的项目特征描述。例如：模板、脚手架、垂直运输机械等。

4．计量单位

1）同类工程项目计量单位尽量保持一致，以方便使用。例如市政工程中管网工程的管道铺设，"03规范"、"08规范"均按材质规定以"m"计量，但有的检查井、管件、阀门不扣除所占长度，有的又扣除，给专业人员的使用带来不便，此次不分材质，统一规定为不扣除构筑物所占长度。

2）在特殊情况下，部分项目采用两个以上的计量单位，提高使用规范的灵活性，在规范中明确"在同一招标工程，选择其中一个确定"。例如：

①房屋建筑工程门窗采用以"樘"或"m²"两个计量单位。

②安装工程管道支吊架采用"kg"或"套"两个计量单位。

③仿古建筑工程,望柱(栏杆柱)采用以"根"或"m³"两个计量单位,其他专业工程亦有此类似情况。

5．工程量计算规则

工程量计算规则坚持统一、方便计量,规定严密,尽可能唯一的原则,具体体现如下:

1)各专业相同项目的计算规则必须统一,例如:土石方工程、通用安装和城市轨道的相同安装项目等。

2)对原部分项目规定不严密或"计入"与"扣出"界限不明确的,均作出了修改和增补。例如:

①土方工程平整场地项目原为"首层面积",改为"首层建筑面积"。

②桩基工程现浇混凝土桩,对设计和规范对超灌高度有要求的,明确了工程量应包括超灌高度。

③现浇混凝土钢筋的搭接,此次修订明确为"除设计标明的搭接外,其他施工搭接不计算工程量,由投标人在报价中综合考虑。"

④楼(地)面防水、防潮,计算规则增补了"楼(地面)面防水反边高度≤300mm算作地面防水,反边高度>300mm算作墙面防水。"同时明确了"墙面、楼(地)面、屋面防水搭接及附加层用量不另行计算"。

3)凡是有两个或两个以上计量单位的项目,分别规定了不同计量单位的计算规则,例如:零星砌砖项目,以"m³"计量,按设计图示尺寸截面积乘以长度计算;以"m²"计量,按设计图示尺寸水平投影面积计算;以"m"计量,按设计图示尺寸中心线长度计算;以"个"计量,按设计图示数量计算。

4)对个别项目的计算规则不适应市场实际情况计价的进行了调整。例如:挖土方工程,"03规范"、"08规范"计算规则导致清单工程量与实际工程量存在差异,由此导致管理机构发布的土方价格、招标控制价、投标报价与市场实际价格的差异,让相关部门较难理解。为了妥善处理这一问题,使清单综合单价与实物工程量单价不至于存在大的差异,在保留"08规范"计算规则的同时,增加规定了:"挖沟槽、基坑、一般土方因工作面和放坡增加的工程量(管沟工作面增加的工程量),是否并入各土方工程量中,按各省、自治区、直辖市或行业建设主管部门的规定实施,如并入各土方工程量中,办理工程结算时,按经发包人认可的施工组织设计规定计算,编制工程量清单时,可按表A.1-3、A.1-4、A.1-5规定计算"(上述三表内容是放坡及工作面的规定)。这样处理,较为切合实际情况。

5)尽可能保持与现行计价定额相衔接,例如:综合脚手架、垂直运输、超高施工增加等按"建筑面积"计算。

6．工作内容

工作内容的修订,尽可能保持施工工序的完整。具体体现如下:

1)由于原附录"工程内容"的称呼与每一个清单项目所反映完成每个项目的工序内容不适应,因此,将"工程内容"改为"工作内容"。

2)为了分清界限,避免扯皮,对不能计量的措施项目均列有"工作内容及包含的范围"。

3)根据施工规范要求,增补了工作内容,例如:楼地面、整体及块料面层增补了"刷素水泥浆"。

4)为了保持专业的独立性以及便于结算,一些工作内容从项目中分离出来,例如:

①房建工程中,金属结构、木结构、门窗工程、墙面、天棚装饰等取消刷油漆,单独执行附录N油漆、涂料、裱糊工程。

②安装工程,"刷油、防腐蚀与绝热"从各项目中分离出来,单独执行附录M刷油、防腐蚀、绝热工程相应项目,但"补漆"保留。

5)以成品编列的项目,取消"制作、运输"的工作内容,例如:成品门窗、金属构件等。

7. 其他变动

1）关于措施项目。"08 规范"对措施项目仅是一个名称，为了便于措施项目列项与计价，采用清单方式编制出项目和编码。可以计算工程量的措施项目，列出项目编码、项目名称、项目特征、计量单位和工程量计算规则；不能计算工程量的项目，列出了项目编码、项目名称、工作内容及包含范围。解决了措施项目的分类列项问题。

2）关于土壤和岩石分类。一方面为了与现行国家标准保持一致，另一方面也与地勘报告的结论相符合，便于招标人据此描述土壤类别，解决土壤、岩石的分类鉴别问题，取消原"08 规范"中"普氏"土壤分类，土及岩石分类按国家标准《工程岩体分级标准》GB 50218—94、《岩土工程勘察规范》GB 50021—2001（2009 年版）重新定义，各专业工程均按此划分执行。

3）关于沟槽、基坑、一般土石方的划分。沟槽、基坑、一般土石方的划分标准，此次修订将房屋建筑与市政工程保持一致，便于人工、机械台班消耗量的平衡。

4）关于现浇混凝土构件模板。"03 规范"出于实体工程与措施项目分离的考虑，将模板工程作为措施项目单列，但未给出如何实施的具体规定。本次修订中，意见也不完全一致，主要有两种：一是维持"08 规范"不变，二是将模板与混凝土构件归并，模板工程不单列。为了使用上的灵活性，同时考虑模板与混凝土及钢筋混凝土结合紧密，以及各专业、各地区不同的计价习惯，"13 规范"对混凝土及钢筋混凝土工程在"工作内容"中增加模板及支架的内容，并在正文中说明："本规范对现浇混凝土工程项目在'工作内容'中包括模板工程的内容，同时又在'措施项目'中单列了现浇混凝土模板工程项目。对此，由招标人根据工程实际情况选用，若招标人在措施项目清单中未编列现浇混凝土模板项目清单，即表示现浇混凝土模板项目不单列，现浇混凝土工程项目的综合单价中应包括模板工程费用。"解决了不同方式的现浇构件模板计价问题。

5）关于预制混凝土构件模板。鉴于目前现场预制混凝土构件越来越少，加之模板分离加大了计量工作。因此，对预制混凝土构件，针对现场预制和成品构件均存在的情况。在新规范工作内容中增加了模板工序，并在正文中说明："本规范对预制混凝土构件按现场制作编制项目，'工作内容'中包括模板工程，不再另列。若采用成品预制混凝土构件时，构件成品价（包括模板、钢筋、混凝土等所有费用）应计入综合单价中。"

6）关于钢筋施工搭接。"08 规范"对钢筋搭接如何计量未予明确，此次修改明确规定："除设计（包括规范规定）标明的搭接外，其他施工搭接不计算工程量，在综合单价中综合考虑"。其施工搭接损耗应包含在综合单价中，不另计算。

7）关于门窗、金属构件。鉴于目前建筑市场上绝大部分门窗和金属构件均采用成品方式，因此，新规范明确规定："按成品编列，成品价计入综合单价中，如采用现场预制，包括制作的所有费用。"

8）关于垂直运输机械。为了改变按建筑面积计算垂直运输机械费，导致面积越多，费用越高的不合理情况，解决不能按建筑面积计算工程量而又使用垂直运输机械的项目计量问题，例如：构筑物、桥、塔、牌坊、纪念性建筑等。更进一步结合目前建筑市场部分垂直运输机械采用租赁，以"天"计算费用的实际情况，便于施工企业投标报价和核算成本，此次修编处理如下：

①垂直运输机械采用以"m²"、"天"两个计量单位，招标人根据工程具体情况选择计量单位。

②为了避免编制人难以描述和施工阶段容易发生的争议现象，项目特征中不列"垂直运输机械的配置、种类和台数"，但应在清单计价定额中考虑，便于招标人编制招标控制价使用。

9）关于注及说明。为便于使用者查找，理解规范的规定或执行中的难点，分清界线，与单独表格内容相关的问题，在新计量规范的表格加"注"，共同性的问题在每章后面单设一节：相关问题及说明。

附表1：

"13 计量规范" 结构设置表

	"13 计量规范"	"08 规范"
房屋建筑与装饰工程	1　总则	
	2　术语	
	3　工程计量	
	4　工程量清单编制	
	附录A　土石方工程	A.1　土（石）方工程
	附录B　地基处理与边坡支护工程	A.2.3　地基与边坡处理
	附录C　桩基工程	A.2.1　混凝土桩、A.2.2　其他桩
	附录D　砌筑工程	A.3　砌筑工程
	附录E　混凝土及钢筋混凝土工程	A.4　混凝土及钢筋混凝土工程
	附录F　金属结构工程	A.6　金属结构工程
	附录G　木结构工程	A.5.2　木屋架、A.5.3　木构件
	附录H　门窗工程	A.5.1　厂库房大门、特种门，B.4　门窗工程
	附录J　屋面及防水工程	A.7　屋面及防水工程
	附录K　保温、隔热、防腐工程	A.8　防腐、隔热、保温工程
	附录L　楼地面装饰工程	B.1　楼地面工程
	附录M　墙、柱面装饰与隔断、幕墙工程	B.2　墙、柱面工程
	附录N　天棚工程	B.3　天棚工程
	附录P　油漆、涂料、裱糊工程	B.5　油漆、涂料、裱糊工程
	附录Q　其他装饰工程	B.6　其他工程
	附录R　拆除工程	
	附录S　措施项目	
仿古建筑工程	1　总则	
	2　术语	
	3　工程计量	
	4　工程量清单编制	
	附录A　砖作工程	
	附录B　石作工程	E.2　园路、园桥、假山工程 E.3　园林景观中的仿古石作项目
	附录C　琉璃砌筑工程	
	附录D　混凝土及钢筋混凝土工程	E.3　园林景观工程中的仿古建筑项目
	附录E　木作工程	E.3　园林景观工程中的仿古木作项目
	附录F　屋面工程	
	附录G　地面工程	
	附录H　抹灰工程	
	附录J　油漆彩画工程	
	附录K　措施项目	
	附录L　古建筑名词对照表	

	"13 计量规范"	"08 规范"
通用安装工程	1 总则	
	2 术语	
	3 工程计量	
	4 工程量清单编制	
	附录A 机械设备安装工程	C.1 机械设备安装工程
	附录B 热力设备安装工程	C.3 热力设备安装工程
	附录C 静置设备与工艺金属结构制作安装工程	C.5 静置设备与工艺金属结构制作安装工程
	附录D 电气设备安装工程	C.2 电气设备安装工程
	附录E 建筑智能化工程	C.12 建筑智能化系统设备安装工程
	附录F 自动化控制仪表安装工程	C.10 自动化控制仪表安装工程
	附录G 通风空调工程	C.9 通风空调工程
	附录H 工业管道工程	C.6 工业管道工程
	附录J 消防工程	C.7 消防工程
	附录K 给排水、采暖、燃气工程	C.8 给排水、采暖、燃气工程
	附录L 通信设备及线路工程	C.11 通信设备及线路工程
	附录M 刷油、防腐蚀、绝热工程	
	附录N 措施项目	
市政工程	1 总则	
	2 术语	
	3 工程计量	
	4 工程量清单编制	
	附录A 土石方工程	D.1 土石方工程
	附录B 道路工程	D.2 道路工程
	附录C 桥涵工程	D.3 桥涵护岸工程
	附录D 隧道工程	D.4 隧道工程
	附录E 管网工程	D.5 市政管网工程
	附录F 水处理工程	
	附录G 生活垃圾处理工程	
	附录H 路灯工程	
	附录J 钢筋工程	D.7 钢筋工程
	附录K 拆除工程	D.8 拆除工程
	附录L 措施项目	
园林绿化工程	1 总则	
	2 术语	
	3 工程计量	
	4 工程量清单编制	
	附录A 绿化工程	E.1 绿化工程
	附录B 园路、园桥工程	E.2 园路、园桥、假山工程
	附录C 园林景观工程	E.3 园林景观工程，E2.2 堆塑假山
	附录D 措施项目	

"13 计量规范"		"08 规范"
矿山工程	1 总则	
	2 术语	
	3 工程计量	
	4 工程量清单编制	
	附录A 露天工程	F.1 露天工程
	附录B 井巷工程	F.2 井巷工程
	附录C 措施项目	
构筑物工程	1 总则	
	2 术语	
	3 工程计量	
	4 工程量清单编制	
	附录A 混凝土构筑物工程	A.4.5 混凝土构筑物
	附录B 砌体构筑物工程	A.3 砌筑工程中的构筑物
	附录C 措施项目	
城市轨道交通工程	1 总则	
	2 术语	
	3 工程计量	
	4 工程量清单编制	
	附录A 路基、围护结构工程	
	附录B 高架桥工程	
	附录C 地下区间工程	D.4.3 盾构掘进
	附录D 地下结构工程	D.6.1 结构
	附录E 轨道工程	D.6.2 轨道
	附录F 通信工程	
	附录G 信号工程	D.6.3 信号
	附录H 供电工程	D.6.4 电力牵引
	附录J 智能与控制系统安装工程	
	附录K 机电设备安装工程	
	附录L 车辆基地工艺设备	
	附录M 拆除工程	
	附录N 措施项目	
爆破工程	1 总则	
	2 术语	
	3 工程计量	
	4 工程量清单编制	
	附录A 露天爆破工程	A.1 土(石)方工程、D.4 隧道工程中的石方爆破
	附录B 地下爆破工程	
	附录C 硐室爆破工程	
	附录D 拆除爆破工程	
	附录E 水下爆破工程	
	附录F 挖装运工程	
	附录G 措施项目	

第 二 篇

《建设工程工程量清单计价规范》GB 50500—2013

内 容 详 解

1 总 则

【概述】 规范的第一章"总则",通常从整体上叙述有关本规范编制与实施的几个基本问题。主要内容为编制目的、编制依据、适用范围、基本原则以及执行本规范与执行其他标准之间的关系等基本事项。

本规范总则共7条,与"08规范"相比,总条文数减少1条。具体为:原1.0.3、1.0.4移入本规范第三章,改为3.1.1、3.1.2;减少1条(1.0.8),原因是"08规范"附录已改为国家计量规范;增加1条为1.0.5条;原4.1.1移入本章改为1.0.3条。

【条文】 **1.0.1** 为规范建设工程造价计价行为,统一建设工程计价文件的编制原则和计价方法,根据《中华人民共和国建筑法》、《中华人民共和国合同法》、《中华人民共和国招标投标法》等法律法规,制定本规范。

【08条文】 **1.0.1** 为规范工程造价计价行为,统一建设工程工程量清单的编制和计价方法,根据《中华人民共和国建筑法》、《中华人民共和国合同法》、《中华人民共和国招标投标法》等法律法规,制定本规范。

【要点说明】 本条阐述了制定本规范的目的和法律依据。

制定本规范的目的是"规范建设工程造价计价行为,统一建设工程计价文件的编制原则和计价方法",与"08规范"相比,将"工程量清单"改为"计价文件",其目的正如本规范第3.1.3条定义的"不采用工程量清单计价的建设工程,应执行本规范除工程量清单等专门性规定外的其他规定"。例如合同价款约定、工程计量与价款支付、索赔与现场签证、合同价款调整、竣工结算、合同价款争议的解决等条款。

【条文】 **1.0.2** 本规范适用于建设工程发承包及实施阶段的计价活动。

【08条文】 **1.0.2** 本规范适用于建设工程工程量清单计价活动。

【要点说明】 本条规定了本规范的适用范围。

本条所指的建设工程包括:房屋建筑与装饰工程、仿古建筑工程、安装工程、市政工程、园林绿化工程、矿山工程、构筑物工程、城市轨道交通工程、爆破工程等。

本条将"建设工程工程量清单计价活动"修改为"建设工程发承包及实施阶段的计价活动",进一步明确了本规范的适用范围。第一,与1.0.1条的修改和第3.1.3条的增设相对应,不分何种计价方式,都应执行本规范的相关规定。第二,工程建设周期长、金额大、不确定因素多的特点决定了建设工程计价具有分阶段计价的特点,不同阶段的计价要求也是有区别的。第三,建设工程进入发承包及实施阶段,与决策阶段、设计阶段不同,发承包双方以及第三方中介服务机构将受合同法、建筑法、招标投标法等法律、法规的约束。因此,本条将本规范的适用范围明确规定为"建设工程发承包及实施阶段的计价活动",使其与建设工程决策阶段、设计阶段有所区分,避免因理解上的歧义而发生纠纷。

建设工程发承包及实施阶段的计价活动包括:工程量清单编制、招标控制价编制、投标报价编制、工程合同价款的约定、工程施工过程中工程计量与合同价款的支付、索赔与现场签证、合同价款的调整、竣工结算的办理和合同价款争议的解决以及工程造价鉴定等活动,涵盖了工程建设发承包以及施工阶段的整个过程。

【条文】 1.0.3 建设工程发承包及实施阶段的工程造价由分部分项工程费、措施项目费、其他项目费、规费和税金组成。

【08 条文】 4.1.1 采用工程量清单计价，建设工程造价应由分部分项工程费、措施项目费、其他项目费、规费和税金组成。

【要点说明】 本条规定了工程造价的组成内容。

本条与"08 规范"相比，将"采用工程量清单计价"修改为"建设工程发承包及实施阶段"，理由同前。实质上，在此阶段进行计价活动，不论采用何种计价方式，建设工程造价均可划分为由分部分项工程费、措施项目费、其他项目费、规费和税金五部分组成，又称建筑安装工程费，详见图1。

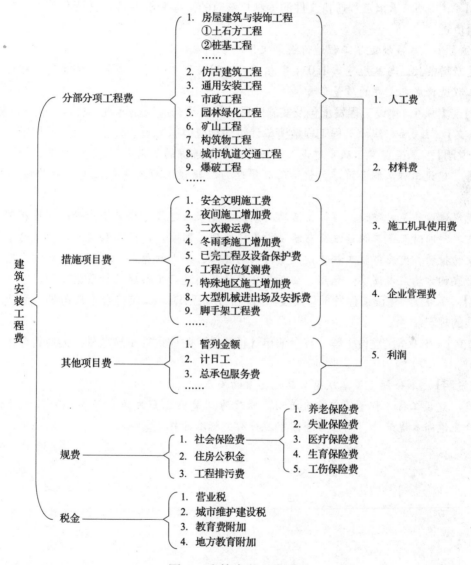

图1 建筑安装工程费

【条文】 1.0.4 招标工程量清单、招标控制价、投标报价、工程计量、合同价款调整、合同价款结算与支付以及工程造价鉴定等工程造价文件的编制与核对，应由具有专业资格的工程造价人员承担。

【08 条文】 1.0.5 工程量清单、招标控制价、投标报价、工程价款结算等工程造价文件的编制与核对应由具有资格的工程造价专业人员承担。

【要点说明】 本条规定了从事建设工程计价活动的主体。

本条与"08 规范"相比，增加了"工程计量、合同价款调整、工程造价鉴定等"。根据国家对工程造价人员实行执业资格管理制度的要求，作出了这一规定。

人事部、建设部《关于印发〈造价工程师执业制度暂行规定〉的通知》（人发［1996］77 号）规定，在建设工程计价活动中，工程造价人员实行执业资格制度。按照《注册造价工程师管理办法》（建设部第150号令）第十八条的规定，注册造价工程师应当在本人承担的工程造价成果文件上签字并盖章；《全国建设工程造价员管理办法》（中价协［2011］021 号）第二十一条规定，造价员应在本人完成的工程造价成果文件上签字、加盖从业印章，并承担相应的责任。

根据上述规定，在工程造价计价活动中，招标工程量清单、招标控制价、投标报价、工程计量、合同价款调整、合同价款结算以及工程造价鉴定等所有的工程造价文件的编制与核对，均应由具有相应资格的工程造价专业人员承担。

【条文】 1.0.5 承担工程造价文件的编制与核对的工程造价人员及其所在单位，应对工程造价文件的质量负责。

【要点说明】 本条规定了工程造价成果文件的责任主体。

本条是新增条款，与本规范第1.0.4条相呼应，明确了工程造价成果文件编制与核对人及其所在单位应对工程造价成果文件的质量负责。

【条文】 1.0.6 建设工程发承包及实施阶段的计价活动应遵循客观、公正、公平的原则。

【08条文】 1.0.6 建设工程工程量清单计价活动应遵循客观、公正、公平的原则。

【要点说明】 本条规定了从事建设工程计价活动应遵循的原则。

本条将"建设工程工程量清单计价活动"修改为"建设工程发承包及其实施阶段的计价活动"，理由同前。

本条规定体现的是对建设工程计价活动的最基本要求。建设工程计价活动的结果既是工程建设投资的价值表现，同时又是工程建设交易活动的价值表现。因此，建设工程造价计价活动不仅要客观反映工程建设的投资，更应体现工程建设交易活动的公正、公平的原则。工程建设双方，包括受其委托的工程造价咨询方均应以诚实、信用、公正、公平的原则进行工程建设计价活动。

【条文】 1.0.7 建设工程发承包及实施阶段的计价活动，除应符合本规范外，尚应符合国家现行有关标准的规定。

【08条文】 1.0.8 建设工程工程量清单计价活动，除应遵守本规范外，尚应符合国家现行有关标准的规定。

【要点说明】 本条规定了本规范与其他标准的关系。

本条将"建设工程工程量清单计价活动"修改为"建设工程发承包及实施阶段的计价活动"理由同前，除应遵守本规范外，尚应符合国家现行有关标准的规定。

2 术 语

【概述】 按照编制标准规范的基本要求，术语是对本规范特有名词给予的定义，尽可能避免本规范贯彻实施过程中由于不同理解造成的争议。

本规范术语共计52条，与"08规范"相比，新增29条；改变术语名称1条，"合同价"改为"签约合同价"。

【条文】 **2.0.1** 工程量清单 bills of quantities（BQ）

载明建设工程分部分项工程项目、措施项目、其他项目的名称和相应数量以及规费、税金项目等内容的明细清单。

【08条文】 **2.0.1** 工程量清单

建设工程的分部分项工程项目、措施项目、其他项目、规费项目和税金项目的名称和相应数量等的明细清单。

【要点说明】 "工程量清单"是建设工程进行计价的专用名词，它表示的是建设工程的分部分项工程项目、措施项目、其他项目的名称和相应数量以及规费、税金项目等内容的明细清单。在"08规范"此条上作了文字上的适当调整，使其定义更为准确。在建设工程发承包及实施过程的不同阶段，又可分别称为"招标工程量清单"、"已标价工程量清单"等。

【条文】 **2.0.2** 招标工程量清单 BQ for tendering

招标人依据国家标准、招标文件、设计文件以及施工现场实际情况编制的，随招标文件发布供投标人投标报价的工程量清单，包括其说明和表格。

【要点说明】 "招标工程量清单"是新增名词。顾名思义，是招标阶段供投标人报价的工程量清单，是对工程量清单的进一步具体化。

【条文】 **2.0.3** 已标价工程量清单 priced BQ

构成合同文件组成部分的投标文件中已标明价格，经算术性错误修正（如有）且承包人已确认的工程量清单，包括其说明和表格。

【要点说明】 "已标价工程量清单"是新增名词。表示的是投标人对招标工程量清单已标明价格，并被招标人接受，构成合同文件组成部分的工程量清单。

【条文】 **2.0.4** 分部分项工程 work sections and trades

分部工程是单项或单位工程的组成部分，是按结构部位、路段长度及施工特点或施工任务将单项或单位工程划分为若干分部的工程；分项工程是分部工程的组成部分，是按不同施工方法、材料、工序、路段长度等将分部工程划分为若干个分项或项目的工程。

【要点说明】 "分部分项工程"是"分部工程"和"分项工程"的总称，是新增名词。"分部工程"是单项或单位工程的组成部分，是按结构部位、路段长度及施工特点或施工任务将单项或单位工程划分为若干分部的工程。"分项工程"是分部工程的组成部分，是按不同施工方法、材料、工序及路段长度等分部工程划分为若干个分项或项目的工程。

【条文】 **2.0.5** 措施项目 preliminaries

为完成工程项目施工，发生于该工程施工准备和施工过程中的技术、生活、安全、环境保护等方面的项目。

【08条文】 **2.0.5** 措施项目

为完成工程项目施工，发生于该工程施工准备和施工过程中技术、生活、安全、环境保护等方面的非工程实体项目。

【要点说明】 "措施项目"与"08规范"的定义基本是一致的，是相对于分部分项工程项目而言，对实际施工中为完成合同工程项目所必须发生的施工准备和施工过程中技术、生活、安全、环境保护等方面的项目的总称。

【条文】 2.0.6 项目编码 item code
分部分项工程和措施项目清单名称的阿拉伯数字标识。

【08 条文】 2.0.2 项目编码
分部分项工程量清单项目名称的数字标识。

【要点说明】 本条依据新的相关工程国家计量规范对"项目编码"重新进行了定义，由于新的相关工程国家计量规范不只是对分部分项工程，同时对措施项目名称也进行了编码，使其更加完善，以方便使用，因此，新的定义增加了措施项目。

项目编码仍与"08 规范"保持一致，采用十二位阿拉伯数字表示。一至九位为统一编码，其中，一、二位为相关工程国家计量规范代码，三、四位为专业工程顺序码，五、六位为分部工程顺序码，七、八、九位为分项工程项目名称顺序码，十至十二位为清单项目名称顺序码。

【条文】 2.0.7 项目特征 item description
构成分部分项工程项目、措施项目自身价值的本质特征。

【08 条文】 2.0.3 项目特征
构成分部分项工程量清单项目、措施项目自身价值的本质特征。

【要点说明】 定义该术语是为了更加准确地规范工程量清单计价中对分部分项工程项目、措施项目的特征描述的要求，便于准确地组建综合单价。

【条文】 2.0.8 综合单价 all-in unit rate
完成一个规定清单项目所需的人工费、材料和工程设备费、施工机具使用费和企业管理费、利润以及一定范围内的风险费用。

【08 条文】 2.0.4 综合单价
完成一个规定计量单位的分部分项工程量清单项目或措施清单项目所需的人工费、材料费、施工机械使用费和企业管理费与利润，以及一定范围内的风险费用。

【要点说明】 本条对"综合单价"定义作了修改。与"08 规范"相比，变化如下：一是将"完成一个规定计量单位的分部分项工程量清单项目或措施项目"修改为"完成一个规定清单项目"，更为准确，如措施项目中的安全文明施工费、夜间施工费等总价项目；其他项目中的总承包服务费等无量可计，但总价的构成与综合单价是一致的，这样规定，也更为清晰；二是增加了工程设备费。

该定义仍是一种狭义上的综合单价，规费和税金费用并不包括在项目单价中。国际上所谓的综合单价，一般是指包括全部费用的综合单价，在我国目前建筑市场存在过度竞争的情况下，保障税金和规费等不可竞争的费用仍是很有必要的。随着我国社会主义市场经济体制的进一步完善，社会保障机制的进一步健全，实行全费用的综合单价也将只是时间问题。这一定义，与国家发改委、财政部、建设部等九部委联合颁布的第 56 号令中的综合单价的定义是一致的。

【条文】 2.0.9 风险费用 risk allowance
隐含于已标价工程量清单综合单价中，用于化解发承包双方在工程合同中约定内容和范围内的市场价格波动风险的费用。

【要点说明】 "风险费用"是新增名词，指隐含（而非明示）在已标价工程量清单中的综合单价中，承包人用于化解在工程合同中约定的计价风险内容和范围内的市场价格波动的费用。

【条文】 2.0.10 工程成本 construction cost
承包人为实施合同工程并达到质量标准，在确保安全施工的前提下，必须消耗或使用的人工、材料、工程设备、施工机械台班及其管理等方面发生的费用和按规定缴纳的规费和税金。

【要点说明】 "工程成本"是新增名词。工程建设的目标是承包人按照设计、施工验收规范和有关强制性标准，依据合同约定进行施工，完成合同工程并到达合同约定的质量标准。为实现这一目标，承包人在确保安全施工的前提下，必须消耗或使用相应的人工、材料和工程设备、施工机械台班并为其施工管理所发生的费用和按照法律法规定缴纳的规费和税金，构成承包人施工完成合同工程的工程成本。

【条文】 2.0.11 单价合同 unit rate contract

发承包双方约定以工程量清单及其综合单价进行合同价款计算、调整和确认的建设工程施工合同。

【要点说明】 "单价合同"是新增名词。实行工程量清单计价的工程，一般应采用单价合同方式，即合同中的工程量清单项目综合单价在合同约定的条件内固定不变，超过合同约定条件时，依据合同约定进行调整；工程量清单项目及工程量依据承包人实际完成且应予计量的工程量确定。

【条文】 2.0.12 总价合同 lump sum contract

发承包双方约定以施工图及其预算和有关条件进行合同价款计算、调整和确认的建设工程施工合同。

【要点说明】 "总价合同"是新增名词，是以施工图纸为基础，在工程任务内容明确，发包人的要求条件清楚，计价依据确定的条件下，发承包双方依据承包人编制的施工图预算商谈确定合同价款。当合同约定工程施工内容和有关条件不发生变化时，发包人付给承包人的合同价款总额就不发生变化。当工程施工内容和有关条件发生变化时，发承包双方根据变化情况和合同约定调整合同价款，但对工程量变化引起的合同价款调整应遵循以下原则：

1. 若合同价款是依据承包人根据施工图自行计算的工程量确定时，除工程变更造成的工程量变化外，合同约定的工程量是承包人完成的最终工程量，发承包双方不能以工程变化作为合同价款调整的依据；

2. 若合同价款是依据发包人提供的工程量清单确定时，发承包双方应依据承包人最终实际完成的工程量（包括工程变更、工程量清单错、漏）调整确定合同价款。

【条文】 2.0.13 成本加酬金合同 cost plus contract

发承包双方约定以施工工程成本再加合同约定酬金进行合同价款计算、调整和确认的建设工程施工合同。

【要点说明】 "成本加酬金合同"是新增名词，是承包人不承担任何价格变化和工程量变化的风险的合同，不利于发包人对工程造价的控制。通常在下列情况下，方选择成本加酬金合同：

1. 工程特别复杂，工程技术、结构方案不能预先确定，或者尽管可以确定工程技术和结构方案，但不可能进行竞争性的招标活动并以总价合同或单价合同的形式确定承包人；

2. 时间特别紧迫，来不及进行详细的计划和商谈，如抢险、救灾工程。

成本加酬金合同有多种形式，主要有成本加固定费用合同、成本加固定比例费用合同、成本加奖金合同。

【条文】 2.0.14 工程造价信息 guidance cost information

工程造价管理机构根据调查和测算发布的建设工程人工、材料、工程设备、施工机械台班的价格信息，以及各类工程的造价指数、指标。

【要点说明】 "工程造价信息"是新增名词。工程造价管理机构通过搜集、整理、测算并发布工程建设的人工、材料、工程设备、施工机械台班的价格信息，以及各类工程的造价指数、指标，其目的是为政府有关部门和社会提供公共服务，为建筑市场各方主体计价提供造价信息的专业服务，实现资源共享。

工程造价中的价格信息是国有资金投资项目编制招标控制价的依据之一，是物价变化调整价格的基础，也是投标人进行投标报价的参考。

【条文】 2.0.15 工程造价指数 construction cost index

反映一定时期的工程造价相对于某一固定时期的工程造价变化程度的比值或比率。包括按单位或单项工程划分的造价指数，按工程造价构成要素划分的人工、材料、机械价格指数等。

【要点说明】 "工程造价指数"是新增名词，是反映一定时期价格变化对工程造价影响程度的一种指标，是调整工程造价价差的依据之一。工程造价指数反映了一定时期相对于某一固定时期的价格变动趋势，在工程发承包及实施阶段，主要有单位或单项工程项目造价指数，人工、材料、机械要素价格指数等。

【条文】2.0.16　工程变更　variation order

合同工程实施过程中由发包人提出或由承包人提出经发包人批准的合同工程任何一项工作的增、减、取消或施工工艺、顺序、时间的改变；设计图纸的修改；施工条件的改变；招标工程量清单的错、漏从而引起合同条件的改变或工程量的增减变化。

【要点说明】"工程变更"是新增名词。建设工程合同是基于合同签订时静态的发承包范围、设计标准、施工条件为前提的，由于工程建设的不确定性，这种静态前提往往会被各种变更所打破。在合同工程实施过程中，工程变更可分为设计图纸发生修改；招标工程量清单存在错、漏；对施工工艺、顺序和时间的改变；为完成合同工程所需要追加的额外工作等。

【条文】2.0.17　工程量偏差　discrepancy in BQ quantity

承包人按照合同工程的图纸（含经发包人批准由承包人提供的图纸）实施，按照现行国家计量规范规定的工程量计算规则计算得到的完成合同工程项目应予计量的工程量与相应的招标工程量清单项目列出的工程量之间出现的量差。

【要点说明】"工程量偏差"是新增名词，是由于招标工程量清单出现疏漏，或合同履行过程中，出现设计变更、施工条件变化等影响，按照相关工程现行国家计量规范规定的工程量计算规则计算的应予计量的工程量与相应的招标工程量清单项目的工程量之间的差额。

【条文】2.0.18　暂列金额　provisional sum

招标人在工程量清单中暂定并包括在合同价款中的一笔款项。用于工程合同签订时尚未确定或者不可预见的所需材料、工程设备、服务的采购，施工中可能发生的工程变更、合同约定调整因素出现时的合同价款调整以及发生的索赔、现场签证等确认的费用。

【08条文】2.0.6　暂列金额

招标人在工程量清单中暂定并包括在合同价款中的一笔款项。用于施工合同签订时尚未确定或者不可预见的所需材料、设备、服务的采购，施工中可能发生的工程变更、合同约定调整因素出现时的工程价款调整以及发生的索赔、现场签证确认等的费用。

【要点说明】"暂列金额"与"08规范"的定义是一致的，包括以下含义：

1. 暂列金额的性质：包括在签约合同价之内，但并不直接属承包人所有，而是由发包人暂定并掌握使用的一笔款项。

2. 暂列金额的用途：①由发包人用于在施工合同协议签订时尚未确定或者不可预见的在施工过程中所需材料、工程设备、服务的采购；②由发包人用于施工过程中合同约定的各种合同价款调整因素出现时的合同价款调整以及索赔、现场签证确认的费用；③其他用于该工程并由发承包双方认可的费用。

【条文】2.0.19　暂估价　prime cost sum

招标人在工程量清单中提供的用于支付必然发生但暂时不能确定价格的材料、工程设备的单价以及专业工程的金额。

【08条文】2.0.7　暂估价

招标人在工程量清单中提供的用于支付必然发生但暂时不能确定价格的材料的单价以及专业工程的金额。

【要点说明】"暂估价"是在招标阶段预见肯定要发生，只是因为标准不明确或者需要由专业承包人完成，暂时又无法确定具体价格时采用的一种价格形式。采用这一种价格形式，既与国家发展和改革委员会、财政部、建设部等九部委第56号令发布的施工合同通用条款中的定义一致，同时又对施工招标阶段中一些无法确定价格的材料、工程设备或专业工程发包提出了具有操作性的解决办法。

【条文】2.0.20　计日工　dayworks

在施工过程中，承包人完成发包人提出的工程合同范围以外的零星项目或工作，按合同中约定的单价计价的一种方式。

【08 条文】　2.0.8　计日工

在施工过程中，完成发包人提出的施工图纸以外的零星项目或工作，按合同中约定的综合单价计价。

【要点说明】　本条对"计日工"作了适当修改，将"发包人提出的施工图纸以外的零星项目或工作"修改为"发包人提出的工程合同范围以外的零星项目和工作"，这样修改，更为清晰和全面。"计日工"是指对零星项目或工作采取的一种计价方式，包括完成该项作业的人工、材料、施工机械台班。计日工的单价由投标人通过投标报价确定，计日工的数量按完成发包人发出的计日工指令的数量确定。

【条文】　2.0.21　总承包服务费　main contractor's attendance

总承包人为配合协调发包人进行的专业工程发包，对发包人自行采购的材料、工程设备等进行保管以及施工现场管理、竣工资料汇总整理等服务所需的费用。

【08 条文】　2.0.9　总承包服务费

总承包人为配合协调发包人进行的工程分包，自行采购的设备、材料等进行管理、服务以及施工现场管理、竣工资料汇总整理等服务所需的费用。

【要点说明】　"总承包服务费"与"08 规范"该定义相比，文字作了适当调整，更加明确、具体。主要包括以下含义：

1. 总承包服务费的性质：是在工程建设的施工阶段实行施工总承包时，由发包人支付给总承包人的一笔费用。承包人进行的专业分包或劳务分包不在此列。

2. 总承包服务费的用途：①当招标人在法律、法规允许的范围内对专业工程进行发包，要求总承包人协调服务；②发包人自行采购供应部分材料、工程设备时，要求总承包人提供保管等相关服务；③总承包人对施工现场进行协调和统一管理、对竣工资料进行统一汇总整理等所需的费用。

【条文】　2.0.22　安全文明施工费　health, safety and environmental provisions

在合同履行过程中，承包人按照国家法律、法规、标准等规定，为保证安全施工、文明施工，保护现场内外环境和搭拆临时设施等所采用的措施而发生的费用。

【要点说明】　"安全文明施工费"是新增名词，是按照原建设部办公厅印发的《建筑工程安全防护、文明施工措施费及使用管理规定》，将环境保护费、文明施工费、安全施工费、临时设施费统一在一起的命名。

【条文】　2.0.23　索赔　claim

在工程合同履行过程中，合同当事人一方因非己方的原因而遭受损失，按合同约定或法律法规规定应由对方承担责任，从而向对方提出补偿的要求。

【08 条文】　2.0.10　索赔

在合同履行过程中，对于非己方的过错而应由对方承担责任的情况造成的损失，向对方提出补偿的要求。

【要点说明】　"索赔"新增了"按合同约定或法规规定应由对方承担责任"的内容，使该定义更为完善。《中华人民共和国民法通则》第一百一十一条规定：当事人一方不履行合同义务或者履行合同义务不符合合同条件的，另一方有权要求履行或者采取补救措施，并有权要求赔偿损失，这即是"索赔"的法律依据。本条的"索赔"专指工程建设的施工过程中发承包双方在履行合同时，对于非自己过错的责任事件并造成损失时，依据合同约定或法律法规规定向对方提出经济补偿和（或）工期顺延要求的行为。

【条文】　2.0.24　现场签证　site instruction

发包人现场代表（或其授权的监理人、工程造价咨询人）与承包人现场代表就施工过程中涉及的责任事件所作的签认证明。

【08 条文】 **2.0.11** **现场签证**

发包人现场代表与承包人现场代表就施工过程中涉及的责任事件所作的签认证明。

【要点说明】 "现场签证"是专指在工程建设的施工过程中，发承包双方的现场代表（或其委托人）就涉及的责任事件作出的书面签字确认凭证。有的又称工程签证、施工签证、技术核定单等。

【条文】 **2.0.25** **提前竣工（赶工）费** early completion（acceleration）cost

承包人应发包人的要求而采取加快工程进度措施，使合同工程工期缩短，由此产生的应由发包人支付的费用。

【要点说明】 "提前竣工（赶工）费"是新增名词，是对发包人要求缩短相应工程定额工期，或要求合同工程工期缩短产生的应由发包人给予承包人一定补偿支付的费用。

【条文】 **2.0.26** **误期赔偿费** delay damages

承包人未按照合同工程的计划进度施工，导致实际工期超过合同工期（包括经发包人批准的延长工期），承包人应向发包人赔偿损失的费用。

【要点说明】 "误期赔偿费"是新增名词，是对承包人未履行合同义务，导致实际工期超过合同工期，向发包人赔偿的费用。

【条文】 **2.0.27** **不可抗力** force majeure

发承包双方在工程合同签订时不能预见的，对其发生的后果不能避免，并且不能克服的自然灾害和社会性突发事件。

【要点说明】 "不可抗力"是新增名词，指自然灾害和社会性突发事件的发生必然对工程建设造成损失，但这种事件的发生是发承包双方谁都不能预见、克服的，其对工程建设造成的损失也是不可避免的。

不可抗力包括战争、骚乱、暴动、社会性突发事件和非发承包双方责任或原因造成的罢工、停工、爆炸、火灾等，以及大风、暴雨、大雪、洪水、地震等自然灾害。自然灾害等发生后是否构成不可抗力事件应依据当地有关行政主管部门的规定或在合同中约定。

【条文】 **2.0.28** **工程设备** engineering facility

指构成或计划构成永久工程一部分的机电设备、金属结构设备、仪器装置及其他类似的设备和装置。

【要点说明】 "工程设备"是新增名词，采用《标准施工招标文件》（国家发展和改革委员会等9部委第56令）中通用合同条款的定义，包括现行国家标准《建设工程计价设备材料划分标准》GB/T 50531—2009定义的建筑设备。

【条文】 **2.0.29** **缺陷责任期** defect liability period

指承包人对已交付使用的合同工程承担合同约定的缺陷修复责任的期限。

【要点说明】 "缺陷责任期"是新增名词，根据建设部、财政部印发的《建设工程质量保证金管理暂行办法》第二条第二、三款规定"缺陷是指建设工程质量不符合工程建设强制性标准、设计文件，以及承包合同的约定。缺陷责任期一般为六个月、十二个月或二十四个月，具体可由发承包双方在合同中约定"定义，与《标准施工招标文件》（国家发展和改革委员会等9部委第56令）中通用合同条款的相关规定是一致的。

【条文】 **2.0.30** **质量保证金** retention money

发承包双方在工程合同中约定，从应付合同价款中预留，用以保证承包人在缺陷责任期内履行缺陷修复义务的金额。

【要点说明】 "质量保证金"是新增名词，根据建设部、财政部印发的《建设工程质量保证金管理暂行办法》第二条第一款规定"建设工程质量保证金（保修金）是指发包人与承包人在建设工程承包合同中约定，从应付的工程款中预留，用以保证承包人在缺陷责任期内对建设工程出现的缺陷进行维修的资金"定义。

【条文】 2.0.31 费用 fee

承包人为履行合同所发生或将要发生的所有合理开支，包括管理费和应分摊的其他费用，但不包括利润。

【要点说明】 "费用"是新增名词，指承包人履行合同所发生或将要发生的合理开支，在索赔中经常使用。

【条文】 2.0.32 利润 profit

承包人完成合同工程获得的盈利。

【要点说明】 "利润"是新增名词，指承包人履行合同义务，完成合同工程以后获得的盈利。

【条文】 2.0.33 企业定额 corporate rate

施工企业根据本企业的施工技术、机械装备和管理水平而编制的人工、材料和施工机械台班等的消耗标准。

【08条文】 2.0.12 企业定额

施工企业根据本企业的施工技术和管理水平而编制的人工、材料和施工机械台班等的消耗标准。

【要点说明】 企业定额是一个广义概念，本条的"企业定额"专指施工企业的施工定额，是施工企业根据本企业具有的管理水平、拥有的施工技术和施工机械装备水平而编制的，完成一个规定计量单位的工程项目所需的人工、材料、施工机械台班等的消耗标准。企业定额是施工企业内部编制施工预算、进行施工管理的重要标准，也是施工企业对招标工程进行投标报价的重要依据。

【条文】 2.0.34 规费 statutory fee

根据国家法律、法规规定，由省级政府或省级有关权力部门规定施工企业必须缴纳的，应计入建筑安装工程造价的费用。

【08条文】 2.0.13 规费

根据省级政府或省级有关权力部门规定必须缴纳的，应计入建筑安装工程造价的费用。

【要点说明】 本规范对"08规范"该定义作了适当修改，增加了"根据国家法律、法规规定"和"施工企业必须缴纳"，使之更加明确。根据建设部、财政部印发的《建筑安装工程费用项目组成》（建标〔2003〕206号）的规定，规费是工程造价的组成部分。根据财政部、国家发改委、建设部《关于专项治理涉及建筑企业收费的通知》（财综〔2003〕46号）规定的行政事业收费的政策界限："各地区凡在法律、法规规定之外，以及国务院或者财政部、原国家计委和省、自治区、直辖市人民政府及其所属财政、价格主管部门规定之外，向建筑企业收取的行政事业性收费，均属于乱收费，应当予以取消"。规费由施工企业根据省级政府或省级有关权力部门的规定进行缴纳，但在工程建设项目施工中的计取标准和办法由国家及省级建设行政主管部门依据省级政府或省级有关权力部门的相关规定制定。

【条文】 2.0.35 税金 tax

国家税法规定的应计入建筑安装工程造价内的营业税、城市维护建设税、教育费附加和地方教育附加。

【08条文】 2.0.14 税金

国家税法规定的应计入建筑安装工程造价内的营业税、城市维护建设税及教育费附加等。

【要点说明】 "税金"是国家为了实现本身的职能，按照税法预先规定的标准，强制地、无偿地取得财政收入的一种形式，是国家参与国民收入分配和再分配的工具。本条的"税金"是依据国家规定应计入建筑安装工程造价内，由承包人负责缴纳的营业税、城市建设维护税、教育费附加和地方教育附加等的总称。与"08规范"相比，增加了"地方教育附加"。

【条文】 2.0.36 发包人 employer

具有工程发包主体资格和支付工程价款能力的当事人以及取得该当事人资格的合法继承人，本规范有时又称招标人。

【08条文】 2.0.15 发包人

具有工程发包主体资格和支付工程价款能力的当事人以及取得该当事人资格的合法继承人。

【要点说明】 "发包人"是指具有工程发包主体资格和支付工程价款能力的当事人以及取得该当事人资格的合法继承人，在建设工程施工招标时又称为"招标人"，有时又称"项目业主"。

【条文】 2.0.37 承包人 contractor

被发包人接受的具有工程施工承包主体资格的当事人以及取得该当事人资格的合法继承人，本规范有时又称投标人。

【08条文】 2.0.16 承包人

被发包人接受的具有工程施工承包主体资格的当事人以及取得该当事人资格的合法继承人。

【要点说明】 "承包人"是指被发包人接受的具有工程施工承包主体资格的当事人以及取得该当事人资格的合法继承人，在工程施工招标发包中，投标时又被称为"投标人"，有时又称"施工企业"。

【条文】 2.0.38 工程造价咨询人 cost engineering consultant（quantity surveyor）

取得工程造价咨询资质等级证书，接受委托从事建设工程造价咨询活动的当事人以及取得该当事人资格的合法继承人。

【08条文】 2.0.19 工程造价咨询人

取得工程造价咨询资质等级证书，接受委托从事建设工程造价咨询活动的企业。

【要点说明】 "工程造价咨询人"是指专门从事工程造价咨询服务的中介机构。中介机构应依法取得工程造价咨询企业资质方能成为工程造价咨询人，并只能在其资质等级许可的范围内从事工程造价咨询活动。建设行政主管部门按照《工程造价咨询企业管理办法》（建设部第149号令）对工程造价咨询人进行管理。

【条文】 2.0.39 造价工程师 cost engineer（quantity surveyor）

取得造价工程师注册证书，在一个单位注册、从事建设工程造价活动的专业人员。

【08条文】 2.0.17 造价工程师

取得造价工程师注册证书，在一个单位从事建设工程造价活动的专业人员。

【条文】 2.0.40 造价员 cost engineering technician

取得全国建设工程造价员资格证书，在一个单位注册、从事建设工程造价活动的专业人员。

【08条文】 2.0.18 造价员

取得全国建设工程造价员资格证书，在一个单位注册从事建设工程造价活动的专业人员。

【要点说明】 "造价工程师"和"造价员"都是从事建设工程造价业务活动的专业技术人员，统称造价人员。

我国对工程造价人员实行的是执业资格管理制度。人事部、建设部《关于印发〈造价工程师执业制度暂行规定〉的通知》（人发［1996］77号）规定，在建设工程计价活动中，工程造价人员实行执业资格制度。造价工程师执业资格制度属于国家统一规划的专业技术执业资格制度范围。造价工程师必须经全国统一考试合格，取得造价工程师执业资格证书，并在一个单位注册方能从事建设工程造价业务活动。建设行政主管部门对造价工程师按照《注册造价工程师管理办法》（建设部第150号令）进行管理。

造价员是按照中国建设工程造价管理协会印发的《全国建设工程造价员管理办法》（中价协［2011］021号）的规定，通过考试取得全国建设工程造价员资格证书并在一个单位登记方能从事工程造价业务的人员。中国建设工程造价管理协会和各地区造价管理协会或归口管理机构负责对造价员进行管理。

【条文】 2.0.41 单价项目 unit rate project

工程量清单中以单价计价的项目，即根据合同工程图纸（含设计变更）和相关工程现行国家计量规范规定的工程量计算规则进行计量，与已标价工程量清单相应综合单价进行价款计算的项目。

【要点说明】 "单价项目"是新增名词，指工程量清单中以工程数量乘以综合单价计价的项目，如现行国家计量规范规定的分部分项工程项目、可以计算工程量的措施项目。

【条文】 2.0.42 总价项目 lump sum project

工程量清单中以总价计价的项目，即此类项目在现行国家计量规范中无工程量计算规则，以总价（或计算基础乘费率）计算的项目。

【要点说明】 "总价项目"是新增名词，指工程量清单中以总价（或计算基础乘费率）计价的项目，此类项目在现行国家计量规范中无工程量计算规则，不能计算工程量，如安全文明施工费、夜间施工增加费，以及总承包服务费、规费等。

【条文】 2.0.43 工程计量 measurement of quantities

发承包双方根据合同约定，对承包人完成合同工程的数量进行的计算和确认。

【要点说明】 "工程计量"是新增名词，指发承包双方根据合同约定，对承包人完成工程量进行的计算和确认。正确的计量是支付的前提。

【条文】 2.0.44 工程结算 final account

发承包双方根据合同约定，对合同工程在实施中、终止时、已完工后进行的合同价款计算、调整和确认。包括期中结算、终止结算、竣工结算。

【要点说明】 "工程结算"是新增名词，根据不同的阶段，又可分为期中结算、终止结算和竣工结算。期中结算又称中间结算，包括月度、季度、年度结算和形象进度结算。终止结算是合同解除后的结算。竣工结算是指工程竣工验收合格，发承包双方依据合同约定办理的工程结算，是期中结算的汇总。竣工结算包括单位工程竣工结算、单项工程竣工结算和建设项目竣工结算。单项工程竣工结算由单位工程竣工结算组成，建设项目竣工结算由单项工程竣工结算组成。

【条文】 2.0.45 招标控制价 tender sum limit

招标人根据国家或省级、行业建设主管部门颁发的有关计价依据和办法，以及拟定的招标文件和招标工程量清单，结合工程具体情况编制的招标工程的最高投标限价。

【08条文】 2.0.20 招标控制价

招标人根据国家或省级、行业建设主管部门颁发的有关计价依据和办法，按设计施工图纸计算的，对招标工程限定的最高工程造价。

【要点说明】 "招标控制价"对"08规范"该定义作了调整，增加了"拟定的招标文件和招标工程量清单，结合工程具体情况编制"，删去了"设计施工图纸计算的"，使其与招标工程量清单相区分，更加明晰。其作用是招标人用于对招标工程发包规定的最高投标限价。

【条文】 2.0.46 投标价 tender sum

投标人投标时响应招标文件要求所报出的对已标价工程量清单汇总后标明的总价。

【08条文】 2.0.21 投标价

投标人投标时报出的工程造价。

【要点说明】 "投标价"对"08规范"该名词作了修改，使其更为准确。投标价是在工程采用招标发包的过程中，由投标人按照招标文件的要求和招标工程量清单，根据工程特点，并结合自身的施工技术、装备和管理水平，依据有关计价规定自主确定的工程造价，是投标人希望达成工程承包交易的期望价格，它不能高于招标人设定的最高投标限价，即招标控制价。

【条文】 2.0.47 签约合同价（合同价款） contract sum

发承包双方在工程合同中约定的工程造价，即包括了分部分项工程费、措施项目费、其他项目费、规费和税金的合同总金额。

【08条文】 2.0.22 合同价

发、承包双方在施工合同中约定的工程造价。

【要点说明】 "签约合同价"对"08规范"该名词名称作了修改，其定义也作了调整，更加明确。是在工程发承包交易完成后，由发承包双方以合同形式确定的工程承包价格。采用招标发包的工程，其签约合同价应为投标人的中标价，也即投标人的投标报价。

本规范的很多条文，按照用语习惯，经常使用合同价款一词，如调整合同价款，其实质就是调整签约合同价；再如合同价款支付，其实质也是对完成的签约合同价进行的支付，因此，在本规范中，签约合同价与合同价款同义。

【条文】2.0.48 预付款 advance payment

在开工前，发包人按照合同约定预先支付给承包人用于购买合同工程施工所需的材料、工程设备，以及组织施工机械和人员进场等的款项。

【要点说明】 "预付款"是新增名词，是在工程开工前，发包人按照合同约定，预先支付给承包人用于施工所需材料、工程设备的采购以及组织人员进场等的款项。

【条文】2.0.49 进度款 interim payment

在合同工程施工过程中，发包人按照合同约定对付款周期内承包人完成的合同价款给予支付的款项，也是合同价款期中结算支付。

【要点说明】 "进度款"是新增名词，是施工过程中，发包人按照合同约定，在付款周期内对承包人完成的合同价款给予支付的款项，又称期中结算支付。

【条文】2.0.50 合同价款调整 adjustment in contract sum

在合同价款调整因素出现后，发承包双方根据合同约定，对其合同价款进行变动的提出、计算和确认。

【要点说明】 "合同价款调整"是新增名词。合同工程实施的理想状态，是合同价款无须任何调整，但建筑施工生产的特点决定了这样的理想状态少之又少，由于合同条件的改变，在施工过程中，出现合同约定的价款调整因素，发承包双方均可提出对其合同价款进行变动，经发承包双方确认后进行调整。

【条文】2.0.51 竣工结算价 final account at completion

发承包双方依据国家有关法律、法规和标准规定，按照合同约定确定的，包括在履行合同过程中按合同约定进行的合同价款调整，是承包人按合同约定完成了全部承包工作后，发包人应付给承包人的合同总金额。

【08条文】2.0.23 竣工结算价

发、承包双方依据国家有关法律、法规和标准规定，按照合同约定确定的最终工程造价。

【要点说明】 "竣工结算价"对"08规范"该名词作了修改，是在承包人完成合同约定的全部工程承包内容，发包人依法组织竣工验收合格后，由发承包双方根据国家有关法律、法规和本规范的规定，按照合同约定的工程造价确定条款，即签约合同价、合同价款调整等事项确定的最终工程造价。

第2.0.45～2.0.51条 规定的招标控制价、投标价、签约合同价、预付款、进度款、合同价款调整、竣工结算价这7条术语，反映了工程造价的计价具有动态性和阶段性（多次性）的特点。工程建设项目从决策到竣工交付使用，都有一个较长的建设期。在整个建设期内，构成工程造价的任何因素发生变化都必然会影响工程造价的变动，不能一次确定可靠的价格，要到竣工结算后才能最终确定工程造价，因此需对建设程序的各个阶段进行计价，以保证工程造价确定和控制的科学性。工程造价的多次性计价反映了不同的计价主体对工程造价的逐步深化、逐步细化、逐步接近和最终确定工程造价的过程。

【条文】2.0.52 工程造价鉴定 construction cost verification

工程造价咨询人接受人民法院、仲裁机关委托，对施工合同纠纷案件中的工程造价争议，运用专门知识进行鉴别、判断和评定，并提供鉴定意见的活动。也称为工程造价司法鉴定。

【要点说明】 "工程造价鉴定"是新增术语。在社会主义市场经济条件下，发承包双方在履行施工合同中，仍有一些施工合同纠纷采用仲裁、诉讼的方式解决。因此，工程造价鉴定在一些施工合同纠纷案件处理中就成了裁决、判决的主要依据。本条术语针对诸如工程经济纠纷、工程造价纠纷、工程造价争议等不同的称谓，依据全国人大常委会《关于司法鉴定管理问题的决定》第一条"司法鉴定是指在诉讼活动中鉴定人运用科学技术或者专门知识对诉讼涉及的专门性问题进行鉴别和判断并提供鉴定意见的活动"的规定，统一将其定义为工程造价鉴定，或称工程造价司法鉴定，并明确其为：工程造价咨询人接受人民法院、仲裁机关委托，对施工合同纠纷案件中的工程造价争议进行的鉴别、判断和评定。合同纠纷当事人或其他法人、自然人委托工程造价咨询人进行的有关工程造价鉴证，仍归于工程造价咨询之一以示区别。

3 一般规定

【概述】 一般规定主要是针对本规范的一些共同性问题所写的条文。本章共4节、19条，是在"08规范"1总则（第1.0.3、1.0.4条）、4.1一般规定（第4.1.2、4.1.5、4.1.8、4.1.9条）的基础上，增加了一些新内容编写的。与"08规范"相比，增设1章3节、增加13条，其中强制性条文5条。

3.1 计价方式

【概述】 本节共6条，是在"08规范"第1.0.3、1.0.4、4.1.2、4.1.5、4.1.8条基础上修订的，其中保留强制性条文4条。

【条文】 **3.1.1 使用国有资金投资的建设工程发承包，必须采用工程量清单计价。**

【08条文】 **1.0.3 全部使用国有资金投资或国有资金投资为主（以下二者简称国有资金投资）的工程建设项目必须采用工程量清单计价。**

【要点说明】 本条规定了国有资金投资的工程项目的计价方式。

本条仍然保留为强制性条文，规定了国有资金投资的工程建设项目发承包必须采用工程量清单计价。在文字上比"08规范"简化。

根据《工程建设项目招标范围和规模标准规定》（国家计委第3号令）的规定，国有资金投资的工程建设项目包括使用国有资金投资和国家融资投资的工程建设项目。

1. 使用国有资金投资项目的范围包括：

1）使用各级财政预算资金的项目；

2）使用纳入财政管理的各种政府性专项建设基金的项目；

3）使用国有企事业单位自有资金，并且国有资产投资者实际拥有控制权的项目。

2. 国家融资项目的范围包括：

1）使用国家发行债券所筹资金的项目；

2）使用国家对外借款或者担保所筹资金的项目；

3）使用国家政策性贷款的项目；

4）国家授权投资主体融资的项目；

5）国家特许的融资项目。

国有资金（含国家融资资金）为主的工程建设项目是指国有资金占投资总额50%以上，或虽不足50%但国有投资者实质上拥有控股权的工程建设项目。

【条文】 **3.1.2 非国有资金投资的建设工程，宜采用工程量清单计价。**

【08条文】 **1.0.4 非国有资金投资的工程建设项目，采用工程量清单计价方式的，应执行本规范。**

【要点说明】 本条规定了非国有资金投资的工程项目的计价方式。

对于非国有资金投资的工程建设项目，是否采用工程量清单方式计价由项目业主自主确定，但本规范鼓励采用工程量清单计价方式。

【条文】 **3.1.3 不采用工程量清单计价的建设工程，应执行本规范除工程量清单等专门性规定外的其他规定。**

【要点说明】 本条为新增条文，将"08规范"第1.0.4条的条文说明上升为正式条文，明确了对于确定不采用工程量清单方式计价的非国有投资工程建设项目，除不执行工程量清单计价的专门性规定外，本规范的其他条文仍应执行。

【条文】 3.1.4 工程量清单应采用综合单价计价。

【08条文】 4.1.2 分部分项工程量清单应采用综合单价计价。

【要点说明】 本条规定了工程量清单应采用的计价方法。

本条保留为强制性条文。鉴于工程量清单不论分部分项工程项目，还是措施项目，不论是单价项目，还是总价项目，均应采用综合单价法计价，即包括除规费和税金以外的全部费用。因此，本条删去了"08规范"中的"分部分项"，使"08规范"对此规定比较模糊、易引起歧义的地方变得清晰。

【条文】 3.1.5 措施项目中的安全文明施工费必须按国家或省级、行业建设主管部门的规定计算，不得作为竞争性费用。

【08条文】 4.1.5 措施项目清单中的安全文明施工费应按照国家或省级、行业建设主管部门的规定计价，不得作为竞争性费用。

【要点说明】 本条规定了安全文明施工费的计价原则。

本条保留为强制性条文。根据《中华人民共和国安全生产法》、《中华人民共和国建筑法》、《建设工程安全生产管理条例》、《安全生产许可证条例》等法律、法规的规定，2005年6月7日，建设部办公厅印发了《关于印发〈建筑工程安全防护、文明施工措施费及使用管理规定〉的通知》（建办[2005]89号），将安全文明施工费纳入国家强制性标准管理范围，规定"投标方安全防护、文明施工措施的报价，不得低于依据工程所在地工程造价管理机构测定费率计算所需费用总额的90%"。2012年2月14日，财政部、国家安全生产监督管理总局印发《企业安全生产费用提取和使用管理办法》（财企[2012]16号）第七条规定："建设工程施工企业提取的安全费用列入工程造价，在竞标时，不得删减，列入标外管理"。

根据以上规定，考虑到安全生产、文明施工的管理与要求越来越高，按照财政部、国家安监总局的规定，安全费用标准不予竞争。因此，本规范规定措施项目清单中的安全文明施工费必须按国家或省级建设行政主管部门或行业建设主管部门的规定费用标准计价，招标人不得要求投标人对该项费用进行优惠，投标人也不得将该项费用参与市场竞争。将"应"修改为"必须"，按照标准用词说明，表述更为严格。

【条文】 3.1.6 规费和税金必须按国家或省级、行业建设主管部门的规定计算，不得作为竞争性费用。

【08条文】 4.1.8 规费和税金应按国家或省级、行业建设主管部门的规定计算，不得作为竞争性费用。

【要点说明】 本条规定了规费和税金的计价原则。

本条保留为强制性条文。规费是政府和有关权力部门根据国家法律、法规规定施工企业必须缴纳的费用。税金是国家按照税法预先规定的标准，强制地、无偿地要求纳税人缴纳的费用。二者都是工程造价的组成部分，但是其费用内容和计取标准都不是发承包人能自主确定的，更不是由市场竞争决定的。主要包括如下内容：

1. 社会保险费。

《中华人民共和国社会保险法》第二条规定："国家建立基本养老保险、基本医疗保险、工伤保险、失业保险、生育保险等社会保险制度，保障公民在年老、疾病、工伤、失业、生育等情况下依法从国家和社会获得物质帮助的权利。"

1）养老保险费。《中华人民共和国社会保险法》第十条规定："职工应当参加基本养老保险，由用人单位和职工共同缴纳基本养老保险费。"

《中华人民共和国劳动法》第七十二条规定：用人单位和劳动者必须依法参加社会保险，缴纳社会保险费。为此，国务院《关于建立统一的企业职工基本养老保险制度的决定》（国发[1997]26号）第三条规定：企业缴纳基本养老保险费（以下简称企业缴费）的比例，一般不得超过企业工资总额的20%（包括划入个人账户的部分），具体比例由省、自治区、直辖市人民政府确定。

2）医疗保险费。《中华人民共和国社会保险法》第二十三条规定："职工应当参加职工医疗保险，由用人单位和职工按照国家规定共同缴纳基本医疗保险费。"

国务院《关于建立城镇职工基本医疗保险制度的决定》（国发〔1998〕44号）第二条规定：基本医疗保险费由用人单位和职工个人共同缴纳。用人单位缴费应控制在职工工资总额的6%左右，职工一般为本人工资收入的2%。随着经济发展，用人单位和职工缴费率可作相应调整。

3）失业保险费。《中华人民共和国社会保险法》第四十四条规定："职工应当参加失业保险，由用人单位和职工按照国家规定共同缴纳失业保险费。"

《失业保险条例》（国务院令第258号）第六条规定：城镇企业事业单位按照本单位工资总额的百分之二缴纳失业保险费。城镇企业事业单位职工按本人工资的百分之一缴纳失业保险费。城镇企业事业单位招用的农民合同制工人本人不缴纳失业保险费。

4）工伤保险费。《中华人民共和国社会保险法》第三十三条规定："职工应当参加工伤保险，由用人单位缴纳工伤保险费，职工不缴纳工伤保险费。"

《中华人民共和国建筑法》第四十八条规定："建筑施工企业应当依法为职工参加工伤保险缴纳工伤保险费。鼓励企业为从事危险作业的职工办理意外伤害保险，支付保险费。"

《工伤保险条例》（国务院令第375号）第十条规定：用人单位应按时缴纳工伤保险费。职工个人不缴纳工伤保险费。

5）生育保险费。《中华人民共和国社会保险法》第五十三条规定："职工应当参加生育保险，由用人单位按照国家规定缴纳生育保险费，职工不缴纳生育保险费。"

2. 住房公积金。

《住房公积金管理条例》（国务院令第262号）第十八条规定：职工和单位住房公积金的缴存比例均不得低于职工上一年度月平均工资的5%；有条件的城市，可以适当提高缴存比例。具体缴存比例由住房公积金管理委员会拟订，给本级人民政府审核后，报省、自治区、直辖市人民政府批准。

3. 工程排污费。

《中华人民共和国水污染防治法》第二十四条规定：直接向水体排放污染物的企业事业单位和个体工商户，应当按照排放水污染物的种类、数量和排污费征收标准缴纳排污费。

由上述法律、行政法规以及国务院文件可见，规费是由国家或省级、行业建设行政主管部门依据国家有关法律、法规以及省级政府或省级有关权力部门的规定确定。因此，本条规定了在工程造价计价时，规费和税金应按国家或省级、行业建设主管部门的有关规定计算，并不得作为竞争性费用。

随着我国改革开放的深入进行，国家财富的迅速增长，党和政府把提高人民的生活水准、提供人民社会保障作为重要的政策。随着《中华人民共和国社会保险法》的发布实施，进城务工的农村居民依照本法规定参加社会保险。社会保障体制的逐步完善以及劳动主管部门对违法企业劳动监察的加强，都对建筑施工企业的成本支出产生了重大影响。因此，规定规费不得竞争正是顺应了这一时代潮流。

3.2 发包人提供材料和工程设备

【概述】 本节为新增，共5条，依据《建设工程质量管理条例》等编写。对建设工程施工合同而言，由承包人供应材料是最常态的承包方式，但是，发包人从保证工程质量和降低工程造价等角度出发，有时会提出由自己供应一部分材料，而对此，法律也是认可的。从物权角度来讲，发包人提供材料是在物化到建筑物之前其所有权归发包人的材料供应。因此，当材料供应给承包人时，其实质是承包人与发包人之间就供应的材料成立了保管合同关系。双方应约定发包人应承担的保管费用，这也是本规范定义的总承包服务费中的内容之一。还需注意的是，在保管期间，承包人不承担不可抗力的风险。

【条文】 3.2.1 发包人提供的材料和工程设备（以下简称甲供材料）应在招标文件中按照本规范附录 L.1 的规定填写《发包人提供材料和工程设备一览表》，写明甲供材料的名称、规格、数量、单价、交货方式、交货地点等。

承包人投标时，甲供材料单价应计入相应项目的综合单价中，签约后，发包人应按合同约定扣除甲供材料款，不予支付。

【要点说明】 本条规定了甲供材料的计价方式。

发包人提供甲供材料，若是招标发包的，应在招标文件中明示；若是直接发包的，应在合同中约定清楚，在合同履行过程中，发包人不应再定甲供材料，否则，就可能产生侵犯承包权的情况。本条包括两个要点：

1. 发包人的甲供材料应在招标文件中明确，并包括甲供材料的名称、规格、数量、单价、交货方式、交货地点等。

2. 承包人投标时，甲供材料单价应计入相应项目的综合单价中，但在合同价款支付时，应扣除甲供材料款不予支付。

【条文】 3.2.2 承包人应根据合同工程进度计划的安排，向发包人提交甲供材料交货的日期计划。发包人应按计划提供。

【要点说明】 本条规定了发包人甲供材料的供应要求。

【条文】 3.2.3 发包人提供的甲供材料如规格、数量或质量不符合合同要求，或由于发包人原因发生交货日期延误、交货地点及交货方式变更等情况的，发包人应承担由此增加的费用和（或）工期延误，并应向承包人支付合理利润。

【要点说明】 本条规定了发包人甲供材料的责任。

依据《建设工程质量管理条例》第十四条的规定，"按照合同约定，由建设单位采购建筑材料、建筑构配件和设备的，建设单位应当保证建筑材料、建筑构配件和设备符合设计文件和合同要求"，《中华人民共和国合同法》第二百八十三条规定："发包人未按照约定的时间和要求提供原材料、设备、场地、资金、技术资料的，承包人可以顺延工程日期，并有权要求赔偿停工、窝工等损失"，据此，若发包人提供的甲供材料规格、数量或质量不符合合同要求，或由于发包人原因发生交货日期延误等情况的，发包人应承担由此增加的费用和（或）工期延误，并向承包人支付合理利润。

【条文】 3.2.4 发承包双方对甲供材料的数量发生争议不能达成一致的，应按照相关工程的计价定额同类项目规定的材料消耗量计算。

【要点说明】 本条规定了发包人甲供材料数量计算原则。

【条文】 3.2.5 若发包人要求承包人采购已在招标文件中确定为甲供材料的，材料价格应由发承包双方根据市场调查确定，并应另行签订补充协议。

【要点说明】 本条规定了发包人甲供材料变更为承包人采购后的计价原则。

3.3 承包人提供材料和工程设备

【概述】 本节为新增，共3条，依据《中华人民共和国建筑法》、《建筑工程质量管理条例》等编写。

【条文】 3.3.1 除合同约定的发包人提供的甲供材料外，合同工程所需的材料和工程设备应由承包人提供，承包人提供的材料和工程设备均应由承包人负责采购、运输和保管。

【要点说明】 本条规定了承包人提供材料、工程设备的要求。

【条文】 3.3.2 承包人应按合同约定将采购材料和工程设备的供货人及品种、规格、数量和供货时间等提交发包人确认，并负责提供材料和工程设备的质量证明文件，满足合同约定的质量标准。

【要点说明】 本条规定了承包人应对其采购的材料和工程设备是否符合合同约定的质量要求负责。

【条文】 3.3.3 对承包人提供的材料和工程设备经检测不符合合同约定的质量标准，发包人应立即要求承包人更换，由此增加的费用和（或）工期延误应由承包人承担。对发包人要求检测承包人已具有合格证明的材料、工程设备，但经检测证明该项材料、工程设备符合合同约定的质量标准，发包人应承担由此增加的费用和（或）工期延误，并向承包人支付合理利润。

【要点说明】 依据《建设工程质量管理条例》第二十九条规定："施工单位必须按照工程设计要求、施工技术标准和合同约定，对建筑材料、建筑构配件、设备和商品混凝土进行检验……未经检验或者检验不合格的，不得使用"。

若发包人发现承包人提供的材料和工程设备经检测不符合合同约定的质量标准，应立即要求承包人更换，由此增加的费用和（或）工期延误由承包人承担。但经检测证明该项材料、工程设备符合合同约定的质量标准，发包人应承担由此增加的费用和（或）工期延误，并向承包人支付合理利润。

3.4 计 价 风 险

【概述】 本节共5条，其中强制性条文1条，是在"08规范"4.1.9条基础上细化而成，使其更具操作性。

【条文】 3.4.1 建设工程发承包，必须在招标文件、合同中明确计价中的风险内容及其范围，不得采用无限风险、所有风险或类似语句规定计价中的风险内容及范围。

【08条文】 4.1.9 采用工程量清单计价的工程，应在招标文件或合同中明确风险内容及其范围（幅度），不得采用无限风险、所有风险或类似语句规定风险内容及其范围（幅度）。

【要点说明】 本条规定了工程计价风险的确定原则。

本条与"08规范"相比，将"采用工程量清单计价的工程"修改为"建设工程发承包"，将风险定义为计价中的风险，进一步明确了工程计价风险的范围，并将此条上升为强制性条文。

风险是一种客观存在的、可能会带来损失的、不确定的状态，具有客观性、损失性、不确定性三大特性。工程风险是指一项工程在设计、施工、设备调试以及移交运行等项目周期全过程可能发生的风险。本条所指的风险是工程建设施工阶段发承包双方在招投标活动和合同履约中所面临涉及工程计价方面的风险。

工程施工招标发包是工程建设交易方式之一，一个成熟的建设市场应是一个体现交易公平性的市场。在工程建设施工发承包中实行风险共担和合理分摊原则是实现建设市场交易公平性的具体体现，是维护建设市场正常秩序的措施之一。

在工程施工阶段，发承包双方都面临许多风险，但不是所有的风险以及无限度的风险都应由承包人承担，而是应按风险共担的原则，对风险进行合理分摊。其具体体现则是应在招标文件或合同中对发承包双方各自应承担的计价风险内容及其风险范围或幅度进行界定和明确，而不能要求承包人承担所有风险或无限度风险。

根据我国工程建设特点，投标人应完全承担的风险是技术风险和管理风险，如管理费和利润；应有限度承担的是市场风险，如材料价格、施工机械使用费；应完全不承担的是法律、法规、规章和政策变化的风险。

【条文】 3.4.2 由于下列因素出现，影响合同价款调整的，应由发包人承担：

1 国家法律、法规、规章和政策发生变化；

2 省级或行业建设主管部门发布的人工费调整，但承包人对人工费或人工单价的报价高于发布的除外；

3 由政府定价或政府指导价管理的原材料等价格进行了调整。

因承包人原因导致工期延误的，应按本规范第9.2.2条、第9.8.3条的规定执行。

【要点说明】 本条规定了发包人应承担的计价风险。

工程施工合同的性质决定了合同履行完毕需要较长的周期。在这一周期内，影响到合同条件的变化，不少情况下是难以避免的，本条就针对影响合同价款的因素出现时，应由发包人承担的情况：

1. 国家法律、法规、规章和政策发生变化。由于发承包双方都是国家法律、法规、规章和政策的执行者，当其发生变化影响合同价款时，应由发包人承担，此类变化主要反应在规费、税金上。

2. 根据我国目前工程建设的实际情况，各地建设主管部门均根据当地人力资源和社会保障主管部门的有关规定发布人工成本信息或人工费调整，对此关系职工切身利益的人工费调整不应由承包人承担。

3. 目前，我国仍有一些原材料价格按照《中华人民共和国价格法》的规定实行政府定价或政府指导价，如水、电、燃油等。按照《中华人民共和国合同法》第六十三条规定："执行政府定价或者政府指导价的，在合同约定的交付期限内价格调整时，按照交付的价格计价。逾期交付标的物的，遇价格上涨时，按照原价格执行；价格下降时，按照新价格执行。逾期提取标的物或者逾期付款的，遇价格上涨时，按照新价格执行；价格下降时，按照原价格执行"。因此，对政府定价或政府指导价管理的原材料价格应按照相关文件规定进行合同价款调整，不应在合同中违规约定。

"因承包人原因导致工期延误的，应按本规范第9.2.2条、第9.8.3条的规定执行"，其含义如下：

1）由于非承包人原因导致工期延误的，采用不利于发包人的原则调整合同价款；

2）由于承包人原因导致工期延误的，采用不利于承包人的原则调整合同价款。

【条文】 3.4.3 由于市场物价波动影响合同价款的，应由发承包双方合理分摊，按本规范附录L.2或L.3填写《承包人提供主要材料和工程设备一览表》作为合同附件；当合同中没有约定，发承包双方发生争议时，应按本规范第9.8.1~9.8.3条的规定调整合同价款。

【要点说明】 本条规定了承包人应承担的市场物价波动的风险范围。

本规范要求发承包双方应在合同中约定市场物价波动的调整，材料价格的风险宜控制在5%以内，施工机械使用费的风险可控制在10%以内，超过者予以调整。

【条文】 3.4.4 由于承包人使用机械设备、施工技术以及组织管理水平等自身原因造成施工费用增加的，应由承包人全部承担。

【要点说明】 本条规定了承包人应承担的风险。

由于承包人组织施工的技术方法、管理水平低下造成的管理费用超支或利润减少的风险全部由承包人承担。

【条文】 3.4.5 当不可抗力发生，影响合同价款时，应按本规范第9.10节的规定执行。

【要点说明】 本条规定了不可抗力发生后的价款计算。

4 工程量清单编制

【概述】 本章共6节19条，强制性条文4条，是在"08规范"第3章的基础上修订的。由于"08规范"附录上升为相关工程国家计量规范，相应的本章一些条文移入新的计量规范，与"08规范"相比，减少2条。

4.1 一 般 规 定

【概述】 本节共5条，与"08规范"第3.1节一致，其中强制性条文1条。进一步完善了工程量清单的编制主体、编制的责任、工程量清单的作用、组成内容和编制依据。

【条文】 4.1.1 招标工程量清单应由具有编制能力的招标人或受其委托、具有相应资质的工程造价咨询人编制。

【08条文】 3.1.1 工程量清单应由具有编制能力的招标人或受其委托，具有相应资质的工程造价咨询人编制。

【要点说明】 本条规定了工程量清单的编制人。

招标人是进行工程建设的主要责任主体，其责任包括负责编制工程量清单。若招标人不具备编制工程量清单的能力，可委托工程造价咨询人编制。

【条文】 4.1.2 招标工程量清单必须作为招标文件的组成部分，其准确性和完整性应由招标人负责。

【08条文】 3.1.2 采用工程量清单方式招标，工程量清单必须作为招标文件的组成部分，其准确性和完整性由招标人负责。

【要点说明】 本条规定了招标工程量清单是招标文件的组成部分及其编制责任。

本条保留为强制性条文。采用工程量清单方式招标发包，工程量清单必须作为招标文件的组成部分，招标人应将工程量清单连同招标文件的其他内容一并发（或发售）给投标人。招标人对编制的工程量清单的准确性和完整性负责。投标人依据工程量清单进行投标报价，对工程量清单不负有核实的义务，更不具有修改和调整的权力。对编制质量的责任规定明确、责任具体。工程量清单作为投标人报价的共同平台，其准确性——数量不算错，其完整性——不缺项漏项，均应由招标人负责。

如招标人委托工程造价咨询人编制，其责任仍应由招标人承担。因为，中标人与招标人签订工程施工合同后，在履约过程中发现工程量清单漏项或错算，引起合同价款调整的，应由发包人（招标人）承担，而非其他编制人，所以此处规定仍由招标人负责。至于因为工程造价咨询人的错误应承担什么责任，则应由招标人与工程造价咨询人通过合同约定处理或协商解决。

【条文】 4.1.3 招标工程量清单是工程量清单计价的基础，应作为编制招标控制价、投标报价、计算或调整工程量、索赔等的依据之一。

【08条文】 3.1.3 工程量清单是工程量清单计价的基础，应作为编制招标控制价、投标报价、计算工程量、支付工程款、调整合同价款、办理竣工结算以及工程索赔等的依据之一。

【要点说明】 本条规定了招标工程量清单的作用。

本条阐述了招标工程量清单在计价中起到基础性作用，是整个工程计价活动的重要依据之一。与"08规范"相比，删去了"支付工程款、调整合同价款、办理竣工结算"等，以示与已标价工程量清单的区别，表述更加明晰。

【条文】 4.1.4 招标工程量清单应以单位（项）工程为单位编制，应由分部分项工程项目清单、措施项目清单、其他项目清单、规费和税金项目清单组成。

【08条文】 3.1.4 工程量清单应由分部分项工程量清单、措施项目清单、其他项目清单、规费

项目清单、税金项目清单组成。

【要点说明】 本条规定了工程量清单的组成内容。

本条规定的工程量清单组成内容与工程量清单术语定义一致，与"08规范"相比，增加了应以单位（项）工程为单位编制。

【条文】 4.1.5 编制招标工程量清单应依据：

1 本规范和相关工程的国家计量规范；

2 国家或省级、行业建设主管部门颁发的计价定额和办法；

3 建设工程设计文件及相关资料；

4 与建设工程有关的标准、规范、技术资料；

5 拟定的招标文件；

6 施工现场情况、地勘水文资料、工程特点及常规施工方案；

7 其他相关资料。

【08条文】 3.1.5 编制工程量清单应依据：

1 本规范；

2 国家或省级、行业建设主管部门颁发的计价依据和办法；

3 建设工程设计文件；

4 与建设工程项目有关的标准、规范、技术资料；

5 招标文件及其补充通知、答疑纪要；

6 施工现场情况、工程特点及常规施工方案；

7 其他相关资料。

【要点说明】 本条规定了招标工程量清单的编制依据。

本条与"08规范"相比，有以下变化。

1．第1款增加了"相关工程国家计量规范"，与"08规范"修订后的标准相适应；

2．第5款删去了"补充通知、答疑纪要"，因招标工程量清单已随招标文件发布；

3．第6款增加了"地勘水文资料"。

4.2 分部分项工程项目

【概述】 本节共2条，比"08规范"减少6条（第3.2.3～3.2.8条），移入新的国家计量规范，强制性条文由5条减少为2条。将"分部分项工程量清单"修改为"分部分项工程项目"与"措施项目"相匹配，更准确。本节规定了组成分部分项工程项目清单的5个要件，即项目编码、项目名称、项目特征、计量单位、工程量计算规则的编制要求。本节的强制性条文将"应"改为"必须"，用词更加严格。

【条文】 4.2.1 分部分项工程项目清单必须载明项目编码、项目名称、项目特征、计量单位和工程量。

【08条文】 3.2.1 分部分项工程量清单应包括项目编码、项目名称、项目特征、计量单位和工程量。

【要点说明】 本条规定了分部分项工程项目清单的五个要件。

本条保留为强制性条文，规定了构成一个分部分项工程项目清单的5个要件——项目编码、项目名称、项目特征、计量单位和工程量，这五个要件在分部分项工程项目清单的组成中缺一不可。

【条文】 4.2.2 分部分项工程项目清单必须根据相关工程现行国家计量规范规定的项目编码、项目名称、项目特征、计量单位和工程量计算规则进行编制。

【08条文】 3.2.2 分部分项工程量清单应根据附录规定的项目编码、项目名称、项目特征、计量单位和工程量计算规则进行编制。

【要点说明】 本条规定了分部分项工程项目清单的编制要求。

本条仍然保留为强制性条文，规定了分部分项工程项目清单各构成要件应按相关工程国家计量规范的规定编制，将"附录"修改为"相关工程国家计量规范"，与新的标准对接。该编制依据主要体现了对分部分项工程项目清单内容规范管理的要求。

4.3 措 施 项 目

【概述】 本节共2条，与"08规范"相比，条文数未作增减，但内容变化较大，主要是将通用措施项目与专业措施项目全部纳入相关工程的国家计量规范中，并增加了强制性条文1条。

【条文】 **4.3.1** 措施项目清单必须根据相关工程现行国家计量规范的规定编制。

【08条文】 **3.3.1** 措施项目清单应根据拟建工程的实际情况列项。通用措施项目可按表3.3.1选择列项，专业工程的措施项目可按附录中规定的项目选择列项。若出现本规范未列的项目，可根据工程实际情况补充。

3.3.1 通用措施项目一览表

序号	项 目 名 称
1	安全文明施工（含环境保护、文明施工、安全施工、临时设施）
2	夜间施工
3	二次搬运
4	冬雨季施工
5	大型机械设备进出场及安拆
6	施工排水
7	施工降水
8	地上、地下设施，建筑物的临时保护设施
9	已完工程及设备保护

【要点说明】 本条规定了措施项目清单的编制依据。

本条升格为强制性条文。鉴于已将"08规范"中"通用措施项目一览表"中的内容列入相关工程的国家计量规范，因此，本条修改为"措施项目清单必须根据相关工程现行国家计量规范的规定编制"。

【条文】 **4.3.2** 措施项目清单应根据拟建工程的实际情况列项。

【08条文】 **3.3.2** 措施项目中可以计算工程量的项目清单宜采用分部分项工程量清单的方式编制，列出项目编码、项目名称、项目特征、计量单位和工程量计算规则；不能计算工程量的项目清单，以"项"为计量单位。

【要点说明】 本条规定了措施项目清单的列项要求。

由于新的相关工程的国家计量规范已将能计算工程量的措施项目采用单价项目的方式——分部分项工程项目清单的方式进行编制，并相应列出了项目编码、项目名称、项目特征、计量单位和工程量计算规则，对不能计算出工程量的措施项目，则采用总价项目的方式，以"项"为计量单位进行编制，并列出了工作内容及包含范围。因此，"08规范"的此条规定已无意义，故删去。

鉴于工程建设施工特点和承包人组织施工生产的施工装备水平、施工方案及其管理水平的差异，同一工程、不同承包人组织施工采用的施工措施有时并不完全一致，因此，本条规定应根据拟建工程的实际情况列出措施项目。

4.4 其 他 项 目

【概述】 本节共6条，与"08规范"相比，条文增加4条，进一步明确了在编制招标工程量清单时，其他项目应予关注的内容。

【条文】 **4.4.1** 其他项目清单应按照下列内容列项：

1 暂列金额；

2 暂估价，包括材料暂估单价、工程设备暂估单价、专业工程暂估价；

3 计日工；

4 总承包服务费。

【08条文】 **3.4.1** 其他项目清单宜按照下列内容列项：

1 暂列金额；

2 暂估价：包括材料暂估单价、专业工程暂估价；

3 计日工；

4 总承包服务费。

【要点说明】 本条规定了其他项目清单的内容。

工程建设标准的高低、工程的复杂程度、施工工期的长短等都直接影响其他项目清单的具体内容，本条仅提供4项内容作为列项参考，其不足部分，编制人可根据工程的具体情况进行补充。

1. 暂列金额在本规范明确定义是招标人暂定并包括在合同中的一笔款项，因为，不管采用何种合同形式，其理想的标准是，一份建设工程施工合同的价格就是其最终的竣工结算价格，或者至少两者应尽可能接近。我国规定对政府投资工程实行概算管理，经项目审批部门批复的设计概算是工程投资控制的刚性指标，即使是商业性开发项目也有成本的预先控制问题，否则，无法相对准确预测投资的收益和科学合理地进行投资控制。而工程建设自身的规律决定，设计需要根据工程进展不断地进行优化和调整，发包人的需求可能会随工程建设进展出现变化，工程建设过程还存在其他诸多不确定性因素，消化这些因素必然会影响合同价格的调整，暂列金额正是因应这类不可避免的价格调整而设立，以便合理确定工程造价的控制目标。有一种错误的观念认为，暂列金额列入合同价格就属于承包人（中标人）所有了。事实上，即便是总价包干合同，也不是列入合同价格的任何金额都属于中标人的，是否属于中标人应得金额取决于具体的合同约定，暂列金额从定义开始就明确，只有按照合同约定程序实际发生后，才能成为中标人的应得金额，纳入合同结算价款中。扣除实际发生金额后的暂列金额余额仍属于招标人所有。设立暂列金额并不能保证合同结算价格不会再出现超过已签约合同价的情况，是否超出已签约合同价完全取决于对暂列金额预测的准确性，以及工程建设过程是否出现了其他事先未预测到的事件。

2. 暂估价是指招标阶段直至签订合同协议时，招标人在招标文件中提供的用于支付必然要发生但暂时不能确定价格的材料以及需另行发包的专业工程金额。暂估价类似于FIDIC合同条款中的Prime Cost Items，在招标阶段预见肯定要发生，只是因为标准不明确或者需要由专业承包人完成，暂时无法确定其价格或金额。

为方便合同管理和计价，需要纳入工程量清单项目综合单价中的暂估价最好只是材料费，以方便投标人组价。对专业工程暂估价一般应是综合暂估价，包括除规费、税金以外的管理费、利润等。本规范正是按照这一思路设置条文的。

3. 计日工是为了解决现场发生的零星工作的计价而设立的。国际上常见的标准合同条款中，大多数都设立了计日工（Daywork）计价机制。计日工以完成零星工作所消耗的人工工时、材料数量、机械台班进行计量，并按照计日工表中填报的适用项目的单价进行计价支付。计日工适用的零星工作一般是指合同约定之外的或者因变更而产生的、工程量清单中没有相应项目的额外工作，尤其是那些时间不允许事先商定价格的额外工作。计日工为额外工作和变更的计价提供了一个方便快捷的途径。

但是，在以往的实践中，计日工经常被忽略，其主要原因是因为计日工项目的单价水平一般要高于工程量清单项目单价的水平。理论上讲，合理的计日工单价水平一定是高于工程量清单的价格水平，其原因在于计日工往往是用于一些突发性的额外工作，缺少计划性，承包人在调动施工生产资源方面难免会影响已经计划好的工作，生产资源的使用效率也会有一定的降低，客观上造成超出常规的额外投入。另一方面，计日工清单往往忽略给出一个暂定的工程量，无法纳入有效的竞争，也是造成计日工单价水平偏高的原因之一。因此，为了获得合理的计日工单价，计日工表中一定要给出暂定数量，并且需要根据经验，尽可能估算一个比较贴近实际的数量。当然，尽可能把项目列全，防患于未然，更是值得充分重视的工作。

4. 总承包服务费是为了解决招标人在法律、法规允许的条件下进行专业工程发包以及自行采购供应材料、设备时，要求总承包人对发包的专业工程提供协调和配合服务（如分包人使用总包人的脚手架、水电接驳等）；对供应的材料、设备提供收、发和保管服务以及对施工现场进行统一管理；对竣工资料进行统一汇总整理等发生并向总承包人支付的费用。招标人应当预计该项费用并按投标人的投标报价向投标人支付该项费用。

【条文】 4.4.2 暂列金额应根据工程特点按有关计价规定估算。

【要点说明】 本条规定了编制工程量清单时，暂列金额的计价原则。

为保证工程施工建设的顺利实施，应针对施工过程中可能出现的各种不确定因素对工程造价的影响，在招标控制价中估算一笔暂列金额。暂列金额可根据工程的复杂程度、设计深度、工程环境条件（包括地质、水文、气候条件等）进行估算，一般可按分部分项工程费和措施项目费的10%～15%为参考。

【条文】 4.4.3 暂估价中的材料、工程设备暂估单价应根据工程造价信息或参照市场价格估算，列出明细表；专业工程暂估价应分不同专业，按有关计价规定估算，列出明细表。

【要点说明】 本条规定了编制招标工程量清单时，暂估价的计价原则。

【条文】 4.4.4 计日工应列出项目名称、计量单位和暂估数量。

【要点说明】 本条规定了编制招标工程量清单时，计日工的编制原则。

【条文】 4.4.5 总承包服务费应列出服务项目及其内容等。

【要点说明】 本条规定了招标工程量清单时，总承包服务费的编制原则。

【条文】 4.4.6 出现本规范第4.4.1条未列的项目，应根据工程实际情况补充。

【08条文】 3.4.2 出现本规范3.4.1条未列的项目，可根据工程实际情况补充。

【要点说明】 本条规定了其他项目清单的补充事项。

本条规定了对其他项目清单可进行补充。如在本规范第11章竣工结算中，就将索赔、现场签证列入了其他项目中。

4.5 规 费

【概述】 本节共2条，对比"08规范"，根据现行国家法律规定和有关部委文件，对规费项目作了相应调整，保证了工程量清单计价包含内容的完整性，也是中国国情在工程量清单计价上的真实反映。

【条文】 4.5.1 规费项目清单应按照下列内容列项：

1 社会保险费：包括养老保险费、失业保险费、医疗保险费、工伤保险费、生育保险费；

2 住房公积金；

3 工程排污费。

【08条文】 3.5.1 规费项目清单应按照下列内容列项：

1 工程排污费；

2 工程定额测定费；

3 社会保障费：包括养老保险费、失业保险费、医疗保险费；

4 住房公积金；

5 危险作业意外伤害保险。

【要点说明】 本条规定了规费的内容。

1. 根据《中华人民共和国社会保险法》的规定，将"08 规范"使用的"社会保障费"更正为"社会保险费"，将"工伤保险费、生育保险费"列入社会保险费。

2. 根据 2011 年 4 月 22 日十一届全国人大常委会第 20 次会议将《中华人民共和国建筑法》第四十八条规定的"建筑施工企业必须为从事危险作业的职工办理意外伤害保险，支付保险费"修改为"建筑施工企业应当依法为职工参加工伤保险缴纳工伤保险费。鼓励企业为从事危险作业的职工办理意外伤害保险，支付保险费"。鉴于建筑法将意外伤害保险由强制改为鼓励，因此，在规费中增加了工伤保险费，删除了意外伤害保险，列入企业管理费中列支。

3. 根据《财政部、国家发展改革委关于公布取消和停止征收 100 项行政事业性收费项目的通知》（财综〔2008〕78 号）的规定，工程定额测定费从 2009 年 1 月 1 日起取消，停止征收。因此，规费中取消了工程定额测定费。

【条文】 **4.5.2** 出现本规范第 4.5.1 条未列的项目，应根据省级政府或省级有关部门的规定列项。

【08 条文】 **3.5.2** 出现本规范第 3.5.1 条未列的项目，应根据省级政府或省级有关权力部门的规定列项。

【要点说明】 本条规定了新增规费的列项要求。

规费作为政府和有关权力部门规定必须缴纳的费用，政府和有关权力部门可根据形势发展的需要，对规费项目进行调整。因此，对本规范未包括的规费项目，在计算规费时应根据省级政府和省级有关权力部门的规定进行补充。

4.6 税 金

【概述】 本节共 2 条，与"08 规范"一样，但增加了地方教育附加。

【条文】 **4.6.1** 税金项目清单应包括下列内容：

1 营业税；

2 城市维护建设税；

3 教育费附加；

4 地方教育附加。

【08 条文】 **3.6.1** 税金项目清单应包括下列内容：

1 营业税；

2 城市维护建设税；

3 教育费附加。

【要点说明】 本条规定了计入建筑安装工程造价的税金内容。

本条根据《财政部关于统一地方教育政策有关内容的通知》（财综〔2010〕98 号）第一条规定：统一开征地方教育附加，因此，在税金中增列了此项目。

【条文】 **4.6.2** 出现本规范第 4.6.1 条未列的项目，应根据税务部门的规定列项。

【08 条文】 **3.6.2** 出现本规范第 3.6.1 条未列的项目，应根据税务部门的规定列项。

【要点说明】 本条规定了新增税金的列项要求。

目前国家税法规定应计入建筑安装工程造价内的税种包括营业税、城市建设维护税、教育费附加和地方教育附加。当国家税法发生变化或地方政府及税务部门依据职权对税种进行调整时，应对税金项目清单进行相应调整。

5 招标控制价

【概述】 本章在"08规范"第4.2节的基础上，根据贯彻实施中的经验并针对存在的问题进行了规范。本章共3节，21条，比"08规范"增加12条，其中新增强制性条文1条，对招标控制价的编制、复核、投诉与处理等规定作了补充完善。

5.1 一 般 规 定

【概述】 本节共5条，其中强制性条文1条，对招标控制价的编制主体、原则、公布、备案等作了专门性规定。

【条文】 5.1.1 国有资金投资的建设工程招标，招标人必须编制招标控制价。

【08条文】 4.2.1 国有资金投资的工程建设项目应实行工程量清单招标，并应编制招标控制价……

【要点说明】 本条规定了国有资金投资的建设工程招标，必须编制招标控制价的原则。

本条上升为强制性条文，是在"08规范"第4.2.1条第1句的基础上进行修改而成。国有资金投资的工程在进行招标时，根据《中华人民共和国招标投标法》第二十二条第二款的规定，"招标人设有标底的，标底必须保密"。但由于实行工程量清单招标后，由于招标方式的改变，标底保密这一法律规定已不能起到有效遏止哄抬标价的作用，我国有的地区和部门已经发生了在招标项目上所有投标人的报价均高于标底的现象，致使中标人的中标价高于招标人的预算，对招标工程的业主带来了困扰。因此，为有利于客观、合理地评审投标报价和避免哄抬标价，造成国有资产流失，招标人必须编制招标控制价，作为投标人的最高投标限价，招标人能够接受的最高交易价格。

【条文】 5.1.2 招标控制价应由具有编制能力的招标人或受其委托具有相应资质的工程造价咨询人编制和复核。

【08条文】 4.2.2 招标控制价应由具有编制能力的招标人或受其委托具有相应资质的工程造价咨询人编制。

【要点说明】 本条规定了招标控制价的编制人。

本条规定招标控制价应由作为项目法人的招标人负责编制，但当招标人不具备编制招标控制价的能力时，则应委托具有相应工程造价咨询资质的工程造价咨询人编制。

【条文】 5.1.3 工程造价咨询人接受招标人委托编制招标控制价，不得再就同一工程接受投标人委托编制投标报价。

【要点说明】 本条为新增条款，将"08规范"第4.2.2条条文说明上升为正式条文，明确规定工程造价咨询人不得同时接受招标人和投标人对同一工程的招标控制价和投标报价的编制。这是不言而喻的。

【条文】 5.1.4 招标控制价应按照本规范第5.2.1条的规定编制，不应上调或下浮。

【08条文】 4.2.8 招标控制价应在招标时公布，不应上调或下浮……

【要点说明】 本条规定了招标控制价的编制原则。

本条在"08规范"第4.2.8条第一句的基础上编写，为体现招标的公开、公平、公正性，防止招标人有意抬高或压低工程造价，给投标人以错误信息，根据《建设工程质量管理条例》第十条"建设工程发包单位不得迫使承包方以低于成本的价格竞标"的规定，招标人应在招标文件中如实公布招标控制价，不得对所编制的招标控制价进行上浮或下调。

【条文】 5.1.5 当招标控制价超过批准的概算时，招标人应将其报原概算审批部门审核。

【08条文】 4.2.1 ……招标控制价超过批准的概算时，招标人应将其报原概算审批部门审

核……

【要点说明】 本条规定了招标控制价超概后应报审的要求。

本条是在"08规范"第4.2.1条第2句的基础上编写的。我国对国有资金投资项目的投资控制实行的是投资概算控制制度，项目投资原则上不能超过批准的投资概算。因此，在工程招标发包时，当编制的招标控制价超过批准的概算时，招标人应当将其报原概算审批部门重新审核。

【条文】 5.1.6 招标人应在发布招标文件时公布招标控制价，同时应将招标控制价及有关资料报送工程所在地或有该工程管辖权的行业管理部门工程造价管理机构备查。

【08条文】 4.2.8 ……招标人应将招标控制价及有关资料报送工程所在地工程造价管理机构备查。

【要点说明】 本条规定了招标控制价的公布和备查事项。

招标控制价的编制特点和作用决定了招标控制价不同于标底，无须保密。并且，作为最高投标限价，应事先告知投标人，供投标人权衡是否参与投标。规定将招标控制价送工程造价管理机构备查，以便加强对此的监管。

5.2 编制与复核

【概述】 本节共6条，对编制和复核招标控制价的依据、计价原则等作了规定。

【条文】 5.2.1 招标控制价应根据下列依据编制与复核：

1 本规范；

2 国家或省级、行业建设主管部门颁发的计价定额和计价办法；

3 建设工程设计文件及相关资料；

4 拟定的招标文件及招标工程量清单；

5 与建设项目相关的标准、规范、技术资料；

6 施工现场情况、工程特点及常规施工方案；

7 工程造价管理机构发布的工程造价信息，当工程造价信息没有发布时，参照市场价；

8 其他的相关资料。

【08条文】 4.2.3 招标控制价应根据下列依据编制：

1 本规范；

2 国家或省级、行业建设主管部门颁发的计价定额和计价办法；

3 建设工程设计文件及相关资料；

4 招标文件中的工程量清单及有关要求；

5 与建设项目相关的标准、规范、技术资料；

6 工程造价管理机构发布的工程造价信息；工程造价信息没有发布的参照市场价；

7 其他的相关资料。

【要点说明】 本条规定了编制与复核招标控制价的依据。

本条规定的招标控制价的编制与复核依据，体现了招标控制价的计价特点：

1. 使用的计价标准：应是本规范，国家或省、自治区、直辖市建设行政主管部门或行业建设主管部门颁布的计价定额和计价办法。

2. 采用的价格信息：应是工程造价管理机构通过工程造价信息发布的，工程造价信息未发布材料单价的材料，其材料价格应通过市场调查确定。

与"08规范"相比，增加了"施工现场情况、工程特点及常规施工方案"，这一规定，对较为准确地编制招标控制价是十分必要的。

【条文】 5.2.2 综合单价中应包括招标文件中划分的应由投标人承担的风险范围及其费用。招标文件中没有明确的，如是工程造价咨询人编制，应提请招标人明确；如是招标人编制，应予明确。

【08 条文】 4.2.4 ……综合单价中应包括招标文件中要求投标人承担的风险费用……

【要点说明】 本条规定了综合单价的风险费用划分的责任人。

本条根据"08 规范"第 4.2.4 条第 2 段的规定修改而成,进一步明确规定招标人应划分计价风险范围。

【条文】 5.2.3 分部分项工程和措施项目中的单价项目,应根据拟定的招标文件和招标工程量清单项目中的特征描述及有关要求确定综合单价计算。

【08 条文】 4.2.4 分部分项工程费应根据招标文件中的分部分项工程量清单项目的特征描述及有关要求,按本规范第 4.2.3 条的规定确定综合单价计算。

招标文件提供了暂估单价的材料,按暂估的单价计入综合单价。

【要点说明】 本条规定了编制招标控制价时,单价项目的计价原则。

1. 采用的工程量应是招标工程量清单提供的工程量;

2. 综合单价应按本规范第 5.2.1 条规定的依据确定;

3. 招标文件提供了暂估单价的材料,应按招标文件确定的暂估单价计入综合单价;

4. 综合单价应当包括招标文件中招标人要求投标人所承担的风险内容及其范围(幅度)产生的风险费用。

【条文】 5.2.4 措施项目中的总价项目应根据拟定的招标文件和常规施工方案按本规范第 3.1.4 条和 3.1.5 条的规定计价。

【08 条文】 4.2.5 措施项目费应根据招标文件中的措施项目清单按本规范第 4.1.4、4.1.5 和 4.2.3 条的规定计价。

【要点说明】 本条规定了编制招标控制价时,措施项目中的总价项目的计价原则。

1. 措施项目中的总价项目,应按本规范 5.2.1 条规定的依据计价,包括除规费、税金以外的全部费用。

2. 措施项目中的安全文明施工费应当按照国家或省级、行业建设主管部门的规定标准计算。

【条文】 5.2.5 其他项目应按下列规定计价:

1 暂列金额应按招标工程量清单中列出的金额填写;

2 暂估价中的材料、工程设备单价应按招标工程量清单中列出的单价计入综合单价;

3 暂估价中的专业工程金额应按招标工程量清单中列出的金额填写;

4 计日工应按招标工程量清单中列出的项目根据工程特点和有关计价依据确定综合单价计算;

5 总承包服务费应根据招标工程量清单列出的内容和要求估算。

【08 条文】 4.2.6 其他项目费应按下列规定计价:

1 暂列金额应根据工程特点,按有关计价规定估算;

2 暂估价中的材料单价应根据工程造价信息或参照市场价格估算;暂估价中的专业工程金额应分不同专业,按有关计价规定估算;

3 计日工应根据工程特点和有关计价依据计算;

4 总承包服务费应根据招标文件列出的内容和要求估算。

【要点说明】 本条规定了编制招标控制价时,其他项目的计价原则。

1. 暂列金额。应按招标工程量清单中列出的金额填写。

2. 暂估价。暂估价中的材料、工程设备单价、控制价应按招标工程量清单列出的单价计入综合单价。

3. 暂估价专业工程金额应按招标工程量清单中列出的金额填写。

4. 计日工。编制招标控制价时,对计日工中的人工单价和施工机械台班单价应按省级、行业建设主管部门或其授权的工程造价管理机构公布的单价计算;材料应按工程造价管理机构发布的工程造价信息中的材料单价计算,工程造价信息未发布材料单价的材料,其价格应按市场调查确定的单价计算。

5. 总承包服务费。编制招标控制价时，总承包服务费应按照省级或行业建设主管部门的规定计算，本规范在条文说明中列出的标准仅供参考：

1）当招标人仅要求总包人对其发包的专业工程进行施工现场协调和统一管理、对竣工资料进行统一汇总整理等服务时，总包服务费按发包的专业工程估算造价的1.5%左右计算。

2）当招标人要求总包人对其发包的专业工程既进行总承包管理和协调，又要求提供相应配合服务时，总承包服务费根据招标文件列出的配合服务内容，按发包的专业工程估算造价的3%~5%计算。

3）招标人自行供应材料、设备的，按招标人供应材料、设备价值的1%计算。

暂列金额、暂估价如招标工程量清单未列出金额或单价时，编制招标控制价时必须明确。

【条文】 **5.2.6** 规费和税金应按本规范第3.1.6条的规定计算。

【08条文】 **4.2.7** 规费和税金应按本规范4.1.8条的规定计算。

【要点说明】 本条规定了编制招标控制价时，规费和税金的计价原则。即规费和税金应按国家或省级、行业建设主管部门规定的标准计算。

5.3 投诉与处理

【概述】 本节共9条，根据黑龙江、山东、四川等地区在贯彻"08规范"时的一些规范性文件整理而成，使"08规范"规定的第4.2.9条有了详细规定，具有操作性。

【条文】 **5.3.1** 投标人经复核认为招标人公布的招标控制价未按照本规范的规定进行编制的，应在招标控制价公布后5天内向招投标监督机构和工程造价管理机构投诉。

【08条文】 **4.2.9** 投标人经复核认为招标人公布的招标控制价未按照本规范的规定进行编制的，应在开标前5天向招投标监督机构或（和）工程造价管理机构投诉。

招投标监督机构应会同工程造价管理机构对投诉进行处理，发现确有错误的，应责成招标人修改。

【要点说明】 本条规定赋予了投标人对招标人不按本规范的规定编制招标控制价进行投诉的权利。

为保证招标投标在法定时间内顺利进行，本条将"08规范"规定的"开标前5天"修改为"招标控制价公布后5天内"。

【条文】 **5.3.2** 投诉人投诉时，应当提交由单位盖章和法定代表人或其委托人签名或盖章的书面投诉书。投诉书包括下列内容：

1 投诉人与被投诉人的名称、地址及有效联系方式；

2 投诉的招标工程名称、具体事项及理由；

3 投诉依据及有关证明材料；

4 相关的请求及主张。

【要点说明】 本条是新增条文，规定了投诉应采用的形式及内容。

【条文】 **5.3.3** 投诉人不得进行虚假、恶意投诉，阻碍招投标活动的正常进行。

【要点说明】 本条是新增条文。本条规定投诉人不得进行虚假投诉、恶意投诉，以保证招投标活动的顺利进行。

【条文】 **5.3.4** 工程造价管理机构在接到投诉书后应在2个工作日内进行审查，对有下列情况之一的，不予受理：

1 投诉人不是所投诉招标工程招标文件的收受人；

2 投诉书提交的时间不符合本规范第5.3.1条规定的；

3 投诉书不符合本规范第5.3.2条规定的；

4 投诉事项已进入行政复议或行政诉讼程序的。

【要点说明】 本条是新增条文，对工程造价管理机构是否受理投诉的条件以及审查期限作了规定。

【条文】 5.3.5 工程造价管理机构应在不迟于结束审查的次日将是否受理投诉的决定书面通知投诉人、被投诉人以及负责该工程招投标监督的招投标管理机构。

【要点说明】 本条是新增条文，对工程造价管理机构是否受理投诉的处理期限作了规定。

【条文】 5.3.6 工程造价管理机构受理投诉后，应立即对招标控制价进行复查，组织投诉人、被投诉人或其委托的招标控制价编制人等单位人员对投诉问题逐一核对。有关当事人应当予以配合，并应保证所提供资料的真实性。

【要点说明】 本条是新增条文，对工程造价管理机构受理投诉后的复查作了规定。

【条文】 5.3.7 工程造价管理机构应当在受理投诉的10天内完成复查，特殊情况下可适当延长，并作出书面结论通知投诉人、被投诉人及负责该工程招投标监督的招投标管理机构。

【要点说明】 本条是新增条文。本条对工程造价管理机构受理投诉后的复查完成时限作了规定，以尽可能不延长招标时间。

【条文】 5.3.8 当招标控制价复查结论与原公布的招标控制价误差大于±3%时，应当责成招标人改正。

【要点说明】 本条是新增条文。本条规定复查结论与公布的招标控制价误差大于±3%时，应责成招标人改正。

【条文】 5.3.9 招标人根据招标控制价复查结论需要重新公布招标控制价的，其最终公布的时间至招标文件要求提交投标文件截止时间不足15天的，应相应延长投标文件的截止时间。

【要点说明】 本条是新增条文。《中华人民共和国招标投标法》第二十三条规定：招标人对已发出的招标文件进行必要的澄清或者修改的，应当在招标文件要求提交投标文件截止时间至少十五日前，以书面形式通知所有招标文件收受人。

招标控制价的重新公布，也是一种澄清和修改，因此，本条规定与《中华人民共和国招标投标法》的规定保持一致。

6 投标报价

【概述】 本章共2节13条，其中强制性条文2条，在"08规范"第4.3节的基础上修改而成，对投标报价的规定作了补充完善，更加明确具体。

6.1 一般规定

【概述】 本节共5条，其中强制性条文2条，对投标报价的编制主体、报价原则等作了专门性规定。

【条文】 6.1.1 投标价应由投标人或受其委托具有相应资质的工程造价咨询人编制。

【08条文】 4.3.1 ……投标价应由投标人或受其委托具有相应资质的工程造价咨询人编制。

【要点说明】 本条规定了投标报价的编制主体。

本条在"08规范"第4.3.1条第二段的基础上编写，规定了投标价应由投标人编制，投标人也可以委托具有相应资质的工程造价咨询人编制。

【条文】 6.1.2 投标人应依据本规范第6.2.1条的规定自主确定投标报价。

【要点说明】 本条规定了投标报价的基本要求。

投标报价编制和确定的最基本特征是投标人自主报价，它是市场竞争形成价格的体现。但投标人自主决定投标报价必须执行本规范的强制性条文。《中华人民共和国标准化法》第十四条规定："强制性标准，必须执行"。

【条文】 6.1.3 投标报价不得低于工程成本。

【08条文】 4.3.1 除本规范强制性规定外，投标价由投标人自主确定，但不得低于成本。

【要点说明】 本条规定了投标报价的基本原则。

《中华人民共和国招标投标法》第三十二条规定："投标人不得以低于成本的报价竞标"。与"08规范"相比，将"投标报价不得低于工程成本"上升为强制性条文，并单列一条，将成本定义为工程成本，而不是企业成本，这就使判定投标报价是否低于成本有了一定的可操作性。因为：

1. 工程成本包含在企业成本中，二者的概念不同，涵盖的范围不同，某一单个工程的盈或亏，并不必然表现为整个企业的盈或亏。

2. 建设工程施工合同是特殊的加工承揽合同，以施工企业成本来判定单一工程施工成本对发包人也是不公平的。因发包人需要控制和确定的是其发包的工程项目造价，无须考虑承包该工程的施工企业成本。

3. 相对于一个地区而言，一定时期范围内，同一结构的工程成本基本上会趋于一个较稳定的值，这就使得对同类型工程成本的判断有了可操作的比较标准。

【条文】 6.1.4 投标人必须按招标工程量清单填报价格。项目编码、项目名称、项目特征、计量单位、工程量必须与招标工程量清单一致。

【08条文】 4.3.2 投标人应按招标人提供的工程量清单填报价格。填写的项目编码、项目名称、项目特征、计量单位、工程量必须与招标人提供的一致。

【要点说明】 本条规定了投标报价对项目编码、项目名称、项目特征、计量单位、工程量的填写原则。

本条在"08规范"第4.3.2条的基础上作了文字调整，"应"改为"必须"更加严格，并继续保留为强制性条文。

实行工程量清单招标，招标人在招标文件中提供招标工程量清单，其目的是使各投标人在投标报价中具有共同的竞争平台。因此，要求投标人在投标报价中填写的工程量清单的项目编码、项目名称、项目特征、计量单位、工程数量必须与招标工程量清单一致。需要说明的是，本规范已将"工程量清单"与"工程量清单计价表"两表合一，为避免出现差错，投标人最好按招标人提供的工程量清单与计价表直接填写价格。

【条文】 6.1.5 投标人的投标报价高于招标控制价的应予废标。

【08条文】 4.2.1 ……投标人的投标报价高于招标控制价的，其投标应予以拒绝。

【要点说明】 本条规定了投标报价高于招标控制价的后果。

本条根据"08规范"第4.2.1条第3句"投标人的投标报价高于招标控制价的，其投标应予以拒绝"编写。根据《中华人民共和国政府采购法》第二条和第四条的规定，财政性资金投资的工程属政府采购范围，政府采购工程进行招标投标的，适用招标投标法。

《中华人民共和国政府采购法》第三十六条规定："在招标采购中，出现下列情形之一的，应予废标……（三）投标人的报价均超过了采购预算，采购人不能支付的"。

《中华人民共和国招标投标法实施条例》第五十一条规定："有下列情形之一的，评标委员会应当否决其投标：……（五）投标报价低于成本或者高于招标文件设定的最高投标限价"。

国有资金投资的工程，其招标控制价相当于政府采购中的采购预算，且其定义就是最高投标限价。因此本条规定在国有资金投资工程的招投标活动中，投标人的投标报价不能超过招标控制价，否则，应予废标。

6.2 编制与复核

【概述】 本节共8条，规定了投标报价的编制依据及其计价原则。

【条文】 6.2.1 投标报价应根据下列依据编制和复核：

1 本规范；

2 国家或省级、行业建设主管部门颁发的计价办法；

3 企业定额，国家或省级、行业建设主管部门颁发的计价定额和计价办法；

4 招标文件、招标工程量清单及其补充通知、答疑纪要；

5 建设工程设计文件及相关资料；

6 施工现场情况、工程特点及投标时拟定的施工组织设计或施工方案；

7 与建设项目相关的标准、规范等技术资料；

8 市场价格信息或工程造价管理机构发布的工程造价信息；

9 其他的相关资料。

【08条文】 4.3.3 投标报价应根据下列依据编制：

1 本规范；

2 国家或省级、行业建设主管部门颁发的计价办法；

3 企业定额，国家或省级、行业建设主管部门颁发的计价定额；

4 招标文件、工程量清单及其补充通知、答疑纪要；

5 建设工程设计文件及相关资料；

6 施工现场情况、工程特点及拟定的投标施工组织设计或施工方案；

7 与建设项目相关的标准、规范等技术资料；

8 市场价格信息或工程造价管理机构发布的工程造价信息；

9 其他的相关资料。

【要点说明】 本条规定了投标报价的依据。

本条的规定符合《建筑工程施工发包与承包计价管理办法》（建设部令第107号）第七条规定的"投标报价应当依据企业定额和市场价格信息，并按照国务院和省、自治区、直辖市人民政府建设行政主管部门发布的工程造价计价办法进行编制"的要求，体现了投标报价的特点：

1. 本规范和国家或省级、行业建设主管部门颁发的计价办法应当执行；

2. 使用定额应是企业定额，也可以使用国家或省级、行业建设主管部门颁发的计价定额；

3. 采用价格应是市场价格，也可以使用工程造价管理机构发布的工程造价信息。

第1个特点体现了强制性要求，第2、第3个特点则体现了企业自主确定投标报价的内涵。

【条文】 6.2.2 综合单价中应包括招标文件中划分的应由投标人承担的风险范围及其费用，招标文件中没有明确的，应提请招标人明确。

【要点说明】 本条规定了投标人对计价风险的提示要求。

本条是新增条文，进一步明确规定综合单价包括投标人应承担的风险，如招标文件未明确的，投标人应提请招标人明确。

【条文】 6.2.3 分部分项工程和措施项目中的单价项目，应根据招标文件和招标工程量清单项目中的特征描述确定综合单价计算。

【08条文】 4.3.4 分部分项工程费应依据本规范第2.0.4条综合单价的组成内容，按招标文件中分部分项工程量清单项目的特征描述确定综合单价计算。

综合单价中应考虑招标文件中要求投标人承担的风险费用。

招标文件中提供了暂估单价的材料，按暂估的单价计入综合单价。

【要点说明】 本条规定了编制投标报价时，单价项目综合单价的确定原则。

分部分项工程和措施项目中的单价项目最主要的是确定综合单价，包括：

1. 确定依据。确定分部分项工程和措施项目中的单价项目综合单价的最重要依据之一是该清单项目的特征描述，投标人投标报价时应依据招标工程量清单项目的特征描述确定清单项目的综合单价。在招投标过程中，当出现招标工程量清单特征描述与设计图纸不符时，投标人应以招标工程量清单的项目特征描述为准，确定投标报价的综合单价。当施工中施工图纸或设计变更与招标工程量清单项目特征描述不一致时，发承包双方应按实际施工的项目特征依据合同约定重新确定综合单价。

2. 材料、工程设备暂估价。招标工程量清单中提供了暂估单价的材料、工程设备，按暂估的单价进入综合单价。

3. 风险费用。招标文件中要求投标人承担的风险内容和范围，投标人应考虑进入综合单价。在施工过程中，当出现的风险内容及其范围（幅度）在招标文件规定的范围内时，合同价款不作调整。

【条文】 6.2.4 措施项目中的总价项目金额应根据招标文件及投标时拟定的施工组织设计或施工方案，按本规范第3.1.4条的规定自主确定。其中安全文明施工费应按照本规范第3.1.5条的规定确定。

【08条文】 4.3.5 投标人可根据工程实际情况结合施工组织设计，对招标人所列的措施项目进行增补。

措施项目费应根据招标文件中的措施项目清单及投标时拟定的施工组织设计或施工方案按本规范第4.1.4条的规定自主确定。其中安全文明施工费应按照本规范第4.1.5条的规定确定。

【要点说明】 本条规定了投标人对措施项目中的总价项目投标报价的原则。

由于各投标人拥有的施工装备、技术水平和采用的施工方法有所差异，招标人提出的措施项目清单是根据一般情况确定的，没有考虑不同投标人的"个性"，投标人投标时应根据自身编制的投标施工组织设计（或施工方案）确定措施项目，投标人根据投标施工组织设计（或施工方案）调整和确定的措施项目应通过评标委员会的评审。

1. 措施项目中的总价项目应采用综合单价方式报价，包括除规费、税金外的全部费用。

2. 措施项目中的安全文明施工费应按照国家或省级、行业建设主管部门的规定计算确定。

【条文】 6.2.5 其他项目应按下列规定报价：

1 暂列金额应按招标工程量清单中列出的金额填写；

2 材料、工程设备暂估价应按招标工程量清单中列出的单价计入综合单价；

3 专业工程暂估价应按招标工程量清单中列出的金额填写；

4 计日工应按招标工程量清单中列出的项目和数量，自主确定综合单价并计算计日工金额；

5 总承包服务费应根据招标工程量清单中列出的内容和提出的要求自主确定。

【08 条文】 **4.3.6** 其他项目费应按下列规定报价：

1 暂列金额应按招标人在其他项目清单中列出的金额填写；

2 材料暂估价应按招标人在其他项目清单中列出的单价计入综合单价；专业工程暂估价应按招标人在其他项目清单中列出的金额填写；

3 计日工按招标人在其他项目清单中列出的项目和数量，自主确定综合单价并计算计日工费用；

4 总承包服务费根据招标文件中列出的内容和提出的要求自主确定。

【要点说明】 本条规定了投标人对其他项目投标报价的依据及原则。

1．暂列金额应按照招标工程量清单中列出的金额填写，不得变动。

2．暂估价不得变动和更改。暂估价中的材料、工程设备必须按照暂估单价计入综合单价；专业工程暂估价必须按照招标工程量清单中列出的金额填写。

3．计日工应按照招标工程量清单列出的项目和估算的数量，自主确定各项综合单价并计算费用。

4．总承包服务费应根据招标工程量列出的专业工程暂估价内容和供应材料、设备情况，按照招标人提出协调、配合与服务要求和施工现场管理需要自主确定。

【条文】 **6.2.6** 规费和税金应按本规范第3.1.6条的规定确定。

【08 条文】 **4.3.7** 规费和税金应按本规范第4.1.8条的规定确定。

【要点说明】 本条规定了投标人对规费和税金投标报价的原则。

规费和税金的计取标准是依据有关法律、法规和政策规定制定的，具有强制性。投标人是法律、法规和政策的执行者，他不能改变，更不能制定，而必须按照法律、法规、政策的有关规定执行。因此，本条规定投标人在投标报价时必须按照国家或省级、行业建设主管部门的有关规定计算规费和税金。

【条文】 **6.2.7** 招标工程量清单与计价表中列明的所有需要填写单价和合价的项目，投标人均应填写且只允许有一个报价。未填写单价和合价的项目，视为此项费用已包含在已标价工程量清单中其他项目的单价和合价之中。当竣工结算时，此项目不得重新组价予以调整。

【08 条文】 **5.2.5** 工程量清单与计价表中列明的所有需要填写的单价和合价，投标人均应填写，未填的单价和合价，视为此项费用已包含在工程量清单的其他单价和合价中。

【要点说明】 本条规定了投标人填报单价合同的注意事项。

实行工程量清单计价，投标人对招标人提供的工程量清单与计价表中所列的项目均应填写单价和合价，否则，将被视为此项费用已包含在其他项目的单价和合价中，在竣工结算时，此项费用将不被承认。

【条文】 **6.2.8** 投标总价应当与分部分项工程费、措施项目费、其他项目费和规费、税金的合计金额一致。

【08 条文】 **4.3.8** 投标总价应当与分部分项工程费、措施项目费、其他项目费和规费、税金的合计金额一致。

【要点说明】 本条规定了投标人投标总价的计算原则。

实行工程量清单招标，投标人的投标总价应当与组成已标价工程量清单的分部分项工程费、措施项目费、其他项目费和规费、税金的合计金额相一致，即投标人在进行工程量清单招标的投标报价时，不能进行投标总价优惠（或降价、让利），投标人对投标报价的任何优惠（或降价、让利）均应反映在相应清单项目的综合单价中。

7　合同价款约定

【概述】　本章共2节5条，是在"08规范"第4.4节的基础上扩展而成的，对工程合同价款的约定作了原则规定。从合同签订起，就将其纳入工程计价规范的内容，保证合同价款结算的依法进行。

7.1　一般规定

【概述】　本节共3条，对不同发包方式的合同约定以及采用的合同形式作了规定。

【条文】　**7.1.1**　实行招标的工程合同价款应在中标通知书发出之日起30天内，由发承包双方依据招标文件和中标人的投标文件在书面合同中约定。

合同约定不得违背招标、投标文件中关于工期、造价、质量等方面的实质性内容。招标文件与中标人投标文件不一致的地方应以投标文件为准。

【08条文】　**4.4.1**　实行招标的工程合同价款应在中标通知书发出之日起30天内，由发、承包双方依据招标文件和中标人的投标文件在书面合同中约定……

【08条文】　**4.4.2**　实行招标的工程，合同约定不得违背招、投标文件中关于工期、造价、质量等方面的实质性内容。招标文件与中标人投标文件不一致的地方，以投标文件为准。

【要点说明】　本条规定了招标工程合同价款约定的原则。

本条第一段是在"08规范"第4.4.1条第一段基础上编写的，《中华人民共和国合同法》第二百七十条规定："建设工程合同应采用书面形式"。《中华人民共和国招标投标法》第四十六条规定："招标人和中标人应当自中标通知书发出之日起30日内，按照招标文件和中标人的投标文件订立书面合同。招标人和中标人不得再行订立背离合同实质性内容的其他协议"。

工程合同价款的约定是建设工程合同的主要内容，根据上述有关法律条款的规定，招标工程合同价款的约定应满足以下几方面的要求：

1. 约定的依据要求：招标人向中标的投标人发出的中标通知书；
2. 约定的时限要求：自招标人发出中标通知书之日起30天内；
3. 约定的内容要求：招标文件和中标人的投标文件；
4. 合同的形式要求：书面合同。

本条第二段是在"08规范"第4.4.2条基础上编写的。本条规定了实行招标的工程，合同约定不得违背招、投标文件中关于工期、造价、质量等方面的实质性内容。但在有时招标文件与中标人的投标文件可能会不一致，因此，本条规定了招标文件与中标人的投标文件不一致的地方，以投标文件为准。因为，在工程招投标过程中，按照《中华人民共和国合同法》第十六条的规定，招标公告为要约邀请，而投标人投标则是一种要约行为；第十四条规定，要约应当在内容上具体确定，表明经受要约人承诺，要约人即受该意思表示约束；第十六条规定，要约到达受要约人时生效，投标文件为要约；第二十一条规定，承诺是受要约人同意要约的意思表示；第二十二条规定，承诺应当以通知的方式作出，中标通知书为承诺；第三十条规定，承诺的内容应当与要约的内容一致，受要约人对要约的内容作出实质性变更的，为新要约。因此，在签订建设工程合同时，当招标文件与中标人的投标文件有不一致的地方时，应以投标文件为准。需要特别指出的是，招标人如与投标人签订不符合法律规定的合同，还将面临以下法律后果：

1. 《中华人民共和国招标投标法》第五十九条规定："招标人与中标人不按照招标文件和中标人的投标文件订立合同的，或者招标人、中标人订立背离合同实质性内容的协议的，责令改正；可以处中标项目金额千分之五以上千分之十以下的罚款"。

2. 最高人民法院《关于审理建设工程施工合同纠纷案件适用法律问题的解释》（法释［2004］14号）第二十一条规定："当事人就同一建设工程另行订立的建设工程施工合同与经过备案的中标合同实质性内容不一致的，应当以备案的中标合同作为结算工程价款的根据"。

当前，出现投标文件与招标文件不一致而又中标的现象，关键在于评标过程中对于投标文件没有实质响应招标文件的投标给予否决；对一些需要投标人澄清的问题未采取措施请其澄清，因此，招标人应高度重视评标工作，不要让评标工作的失误带来自身不利的法律责任或后果。

【条文】 **7.1.2** 不实行招标的工程合同价款，应在发承包双方认可的工程价款基础上，由发承包双方在合同中约定。

【08 条文】 **4.4.1** ……不实行招标的工程合同价款，在发、承包双方认可的工程价款基础上，由发、承包双方在合同中约定。

【要点说明】 本条规定不招标工程合同价款约定的原则。

本条是在"08 规范"第 4.4.1 条第二段的基础上编写的。根据《建筑工程施工发包与承包计价管理办法》（建设部令第 107 号）第十一条第二款"不实行招标投标的工程，在承包方编制的施工图预算的基础上，由发承包双方协商订立合同"的规定，本条第二段规定依法不实行招标的工程合同价款，在发承包双方认可的工程价款基础上，由发承包双方在合同中约定。鉴于在实际工作中，施工图预算有时也由设计人编制，因此，本规范将其修改为"在发承包双方认可的工程价款基础上"，也不在于施工图预算由谁编制，当然，发承包双方认可的形式可通过施工图预算。

【条文】 **7.1.3** 实行工程量清单计价的工程，应采用单价合同；建设规模较小，技术难度较低，工期较短，且施工图设计已审查批准的建设工程可采用总价合同；紧急抢险、救灾以及施工技术特别复杂的建设工程可采用成本加酬金合同。

【08 条文】 **4.4.3** 实行工程量清单计价的工程，宜采用单价合同。

【要点说明】 本条规定了不同工程采用的合同形式。

本条对"08 规范"第 4.4.3 条作了重大修改，明确了三种合同形式的适用对象。

1. 根据工程量清单计价的特点，本条规定对实行工程量清单计价的工程，应采用单价合同，将"宜"改为"应"，用语更加严格。单价合同约定的合同价款中所包含的工程量清单项目综合单价在约定条件内是固定的，不予调整，工程量允许调整。工程量清单项目综合单价在约定的条件外，允许调整。但调整方式、方法应在合同中约定。

工程量清单计价是以工程量清单作为投标人投标报价和合同签订时签约合同价的唯一载体，采用单价合同形式时，经标价的工程量清单是合同文件必不可少的组成内容，其中的工程量在合同价款结算时按照合同中约定应予计量并实际完成的工程量计算进行调整，由招标人提供统一的工程量清单彰显了工程量清单计价的主要优点。

2. 所谓总价合同是指总价包干或总价不变合同，适用于建设规模不大、技术难度较低、工期较短、施工图纸已审查批准的工程项目。按照财政部、建设部印发的《建设工程价款结算暂行办法》（财建［2004］369 号）第八条的规定："合同工期较短且工程合同总价较低的工程，可以采用固定总价合同方式"。实践中，对此如何具体界定还须作出规定，如有的省就规定工期半年以内，工程施工合同总价 200 万元以内，施工图纸已经审查完备的工程施工发、承包可以采用总价合同。

3. 所谓成本加酬金合同是承包人不承担任何价格变化风险的合同。因此，适用于时间特别紧迫，来不及进行详细的计划和商谈，例如抢险、救灾工程，以及工程施工技术特别复杂的建设工程。

7.2 约 定 内 容

【概述】 本节共 2 条，对约定内容及约定不明的处理作了规定。

【条文】 **7.2.1** 发承包双方应在合同条款中对下列事项进行约定：

1 预付工程款的数额、支付时间及抵扣方式；

2 安全文明施工措施的支付计划，使用要求等；

3 工程计量与支付工程进度款的方式、数额及时间；

4 工程价款的调整因素、方法、程序、支付及时间；

5 施工索赔与现场签证的程序、金额确认与支付时间；

6 承担计价风险的内容、范围以及超出约定内容、范围的调整办法；

7 工程竣工价款结算编制与核对、支付及时间；

8 工程质量保证金的数额、预留方式及时间；

9 违约责任以及发生工程价款争议的解决方法及时间；

10 与履行合同、支付价款有关的其他事项等。

【08 条文】 **4.4.4** 发、承包双方应在合同条款中对下列事项进行约定；合同中没有约定或约定不明的，由双方协商确定；协商不能达成一致的，按本规范执行。

1 预付工程款的数额、支付时间及抵扣方式；

2 工程计量与支付工程进度款的方式、数额及时间；

3 工程价款的调整因素、方法、程序、支付及时间；

4 索赔与现场签证的程序、金额确认与支付时间；

5 发生工程价款争议的解决方法及时间；

6 承担风险的内容、范围以及超出约定内容、范围的调整办法；

7 工程竣工价款结算编制与核对、支付及时间；

8 工程质量保证（保修）金的数额、预扣方式及时间；

9 与履行合同、支付价款有关的其他事项等。

【要点说明】 本条规定了合同价款的约定事项。

《中华人民共和国建筑法》第十八条规定："建筑工程造价应当按照国家有关规定，由发包单位与承包单位在合同中约定。公开招标发包的，其造价的约定，须遵守招标投标法律的规定"。依据财政部、建设部印发的《建设工程价款结算暂行办法》（财建［2004］369 号）第七条的规定，本条规定了发承包双方应在合同中对工程价款进行约定的基本事项。

1. 预付工程款。是发包人为解决承包人在施工准备阶段资金周转问题提供的协助。如使用的水泥、钢材等大宗材料，可根据工程具体情况设置工程材料预付款。应在合同中约定预付款数额：可以是绝对数，如 50 万、100 万，也可以是额度，如合同金额的 10%、15% 等；约定支付时间：如合同签订后一个月支付、开工日前 7 天支付等；约定抵扣方式：如在工程进度款中按比例抵扣；约定违约责任：如不按合同约定支付预付款的利息计算，违约责任等。

2. 安全文明施工费。约定支付计划、使用要求等。

3. 工程计量与进度款支付。应在合同中约定计量时间和方式：可按月计量，如每月 30 日，可按工程形象部位（目标）划分分段计量，如 ±0 以下基础及地下室、主体结构 1 层~3 层、4 层~6 层等。进度款支付周期与计量周期保持一致，约定支付时间：如计量后 7 天、10 天支付；约定支付数额：如已完工作量的 70%、80% 等；约定违约责任：如不按合同约定支付进度款的利率，违约责任等。

4. 合同价款的调整。约定调整因素：如工程变更后综合单价调整，钢材价格上涨超过投标报价时的 3%，工程造价管理机构发布的人工费调整等；约定调整方法：如结算时一次调整，材料采购时报发包人调整等；约定调整程序：承包人提交调整报告交发包人，由发包人现场代表审核签字等；约定支付时间与工程进度款支付同时进行等。

5. 索赔与现场签证。约定索赔与现场签证的程序：如由承包人提出、发包人现场代表或授权的监理工程师核对等；约定索赔提出时间：如知道索赔事件发生后的 28 天内等；约定核对时间：收到索赔报告后 7 天以内、10 天以内等；约定支付时间：原则上与工程进度款同期支付等。

6. 承担风险。约定风险的内容范围：如全部材料、主要材料等；约定物价变化调整幅度：如钢材、水泥价格涨幅超过投标报价的3%，其他材料超过投标报价的5%等。

7. 工程竣工结算。约定承包人在什么时间提交竣工结算书，发包人或其委托的工程造价咨询企业，在什么时间内核对，核对完毕后，什么时间内支付等。

8. 工程质量保证金。在合同中约定数额：如合同价款的3%等；约定预付方式：竣工结算一次扣清等；约定归还时间：如质量缺陷期退还等。

9. 合同价款争议。约定解决价款争议的办法：是协商还是调解，如调解由哪个机构调解；如在合同中约定仲裁，应标明具体的仲裁机关名称，以免仲裁条款无效，约定诉讼等。

10. 其他事项。

需要说明的是，合同中涉及价款的事项较多，能够详细约定的事项应尽可能具体约定，约定的用词应尽可能唯一，如有几种解释，最好对用词进行定义，尽量避免因理解上的歧义造成合同纠纷。

【条文】 **7.2.2** 合同中没有按照本规范第7.2.1条的要求约定或约定不明的，若发承包双方在合同履行中发生争议由双方协商确定；当协商不能达成一致时，应按本规范的规定执行。

【要点说明】 本条规定了合同约定不明发生争议的处理方式。

《中华人民共和国合同法》第六十一条规定："合同生效后，当事人就质量、价款或者报酬、履行地点等内容没有约定或者约定不明确的，可以协议补充；不能达成补充协议的，按照合同有关条款或交易习惯确定"。

《最高人民法院关于审理建设工程施工合同纠纷案件适用法律问题的解释》第十六条第二款规定："因设计变更导致建设工程的工程量或者质量标准发生变化，当事人对该部分工程价款不能协商一致的，可以参照签订建设工程施工合同时当地建设行政主管部门发布的计价方式或者计价标准结算工程价款"。

本条针对当前工程合同中对有关工程价款的事项约定不清楚、约定不明确，甚至没有约定，造成合同纠纷的实际，特别规定了"合同中没有约定或约定不明的，由双方协商确定；当协商不能达成一致时，应按本规范执行"。

8 工 程 计 量

【概述】 本章共3节15条，是在"08规范"第4.1.3、4.5.3、4.5.4条的基础上改写的，明确规定了工程计量的原则，不同合同形式下工程计量的要求等。

8.1 一 般 规 定

【概述】 本节共4条，其中强制性条文1条，对工程计量的原则、计量方式、计量周期等作了规定。

【条文】 8.1.1 工程量必须按照相关工程现行国家计量规范规定的工程量计算规则计算。

【要点说明】 本条规定了工程量计算的根本原则。

本条是新增条文。正确的计量是发包人向承包人支付合同价款的前提和依据。本条明确规定了不论何种计价方式，其工程量必须按照相关工程的现行国家计量规范规定的工程量计算规则计算。采用全国统一的工程量计算规则，对于规范工程建设各方的计量计价行为，有效减少计量争议具有十分重要的意义。

鉴于当前工程计量的国家标准还不完善，如还没有国家计量标准的专业工程，可选用行业标准或地方标准。

【条文】 8.1.2 工程计量可选择按月或按工程形象进度分段计量，具体计量周期应在合同中约定。

【要点说明】 本条规定了工程计量的方式。

本条是新增条文。工程量的正确计算是合同价款支付的前提和依据，而选择恰当的计量方式对于正确计量也十分必要。由于工程建设具有投资大、周期长等特点，因此，工程计量以及价款支付是通过"阶段小结、最终结清"来体现的。所谓阶段小结可以时间节点来划分，即按月计量；也可以形象节点来划分，即按工程形象进度分段计量。

按工程形象进度分段计量与按月计量相比，其计量结果更具稳定性，可以简化竣工结算。但应注意工程形象进度分段的时间应与按月计量保持一定关系，不应过长。

【条文】 8.1.3 因承包人原因造成的超出合同工程范围施工或返工的工程量，发包人不予计量。

【要点说明】 本条规定了承包人未按合同约定施工的计量后果。

本条是新增条文。发包人对由于因承包人原因造成的超出合同工程范围施工或返工的工程量，应不予计量。

【条文】 8.1.4 成本加酬金合同应按本规范第8.2节的规定计量。

【要点说明】 本条规定了成本加酬金的计量方式。

本条是新增条文。成本加酬金合同应按单价合同的规定计量。

8.2 单价合同的计量

【概述】 本节共6条，其中强制性条文1条，对单价合同的计量原则、计量程序、计量结果等作了规定。

【条文】 8.2.1 工程量必须以承包人完成合同工程应予计量的工程量确定。

【08条文】 4.1.3 招标文件中的工程量清单标明的工程量是投标人投标报价的共同基础，竣工结算的工程量按发、承包双方在合同中约定应予计量且实际完成的工程量确定。

【要点说明】 本条规定了工程量在工程结算中的确定原则。

本条是在"08规范"第4.1.3条的基础上改写的，仍保留为强制性条文。招标工程量清单标明的工程量是招标人根据拟建工程设计文件预计的工程量，不能作为承包人在履行合同义务中应予完成的实际和准确的工程量，这一点是毫无疑义的。招标文件中工程量清单所列的工程量，一方面是各投标人进行投标报价的共同基础，另一方面也是对各投标人的投标报价进行评审的共同平台，是招投标活动应当遵循公开、公平、公正和诚实、信用原则的具体体现。

发承包双方对合同工程进行工程结算的工程量应按照经发承包双方认可的实际完成工程量确定，而非招标工程量清单所列的工程量。此条同时与本规范第4.1.2条相呼应，进一步明确了招标人或其委托的工程造价咨询人编制工程量清单的责任，体现了权、责对等的原则。

【条文】 8.2.2 施工中进行工程计量，当发现招标工程量清单中出现缺项、工程量偏差，或因工程变更引起工程量增减时，应按承包人在履行合同义务中完成的工程量计算。

【08条文】 4.5.3 工程计量时，若发现工程量清单中出现漏项、工程量计算偏差，以及工程变更引起工程量的增减，应按承包人在履行合同义务过程中实际完成的工程量计算。

【要点说明】 本条规定了改正工程量清单错漏的工程计量原则。

招标人提供的招标工程量清单，应当被认为是准确的和完整的。但在实际工作中，难免会出现疏漏，工程建设的特点也决定了难免会出现变更。因此，为体现合同的公平，工程量应按承包人在履行合同义务过程中实际完成的工程量计算。若发现工程量清单中出现漏项、工程量计算偏差，以及工程变更引起工程量的增减变化应按实调整。

【条文】 8.2.3 承包人应当按照合同约定的计量周期和时间向发包人提交当期已完工程量报告。发包人应在收到报告后7天内核实，并将核实计量结果通知承包人。发包人未在约定时间内进行核实的，承包人提交的计量报告中所列的工程量应视为承包人实际完成的工程量。

【08条文】 4.5.4 承包人应按照合同约定，向发包人递交已完工程量报告。发包人应在接到报告后按合同约定进行核对。

【要点说明】 本条规定了承包人计量报告的提出和发包人核实计量结果的责任。

【条文】 8.2.4 发包人认为需要进行现场计量核实时，应在计量前24小时通知承包人，承包人应为计量提供便利条件并派人参加。当双方均同意核实结果时，双方应在上述记录上签字确认。承包人收到通知后不派人参加计量，视为认可发包人的计量核实结果。发包人不按照约定时间通知承包人，致使承包人未能派人参加计量，计量核实结果无效。

【要点说明】 本条规定了发包人现场计量核实的要求事项。

【条文】 8.2.5 当承包人认为发包人核实后的计量结果有误时，应在收到计量结果通知后的7天内向发包人提出书面意见，并应附上其认为正确的计量结果和详细的计算资料。发包人收到书面意见后，应在7天内对承包人的计量结果进行复核后通知承包人。承包人对复核计量结果仍有异议的，按照合同约定的争议解决办法处理。

【要点说明】 本条规定了发承包双方对计量结果争议的处理事项。

【条文】 8.2.6 承包人完成已标价工程量清单中每个项目的工程量并经发包人核实无误后，发承包双方应对每个项目的历次计量报表进行汇总，以核实最终结算工程量，并应在汇总表上签字确认。

【要点说明】 本条规定了发承包双方对工程计量结果进行汇总的要求。

8.3 总价合同的计量

【概述】 本节共5条，全部是新增条文，对总价合同的计量原则、计量程序等作了规定。

【条文】 8.3.1 采用工程量清单方式招标形成的总价合同，其工程量应按照本规范第8.2节的规定计算。

【要点说明】 本条规定了采用工程量清单招标形成的总价合同的计量原则。

由于工程量是招标人提供，按照本规范第4.1.2、8.1.1条的强制性规定，其招标工程量清单与合同工程实施中工程量的差异，应予调整。因此，本条规定采用工程量清单方式招标形成的总价合同，应按第8.2节的规定计量。

【条文】 8.3.2 采用经审定批准的施工图纸及其预算方式发包形成的总价合同，除按照工程变更规定的工程量增减外，总价合同各项目的工程量应为承包人用于结算的最终工程量。

【要点说明】 本条规定了采用施工图预算形成的总价合同的计量原则。

由于承包人自行对施工图纸进行计量，因此，除按照工程变更规定的工程量增减外，总价合同各项目的工程量是承包人用于结算的最终工程量。这是与单价合同的最本质区分。

【条文】 8.3.3 总价合同约定的项目计量应以合同工程经审定批准的施工图纸为依据，发承包双方应在合同中约定工程计量的形象目标或时间节点进行计量。

【要点说明】 本条规定了总价合同计量的依据。

本条规定了总价合同项目的计量，发承包双方应在合同中约定工程形象目标或时间节点进行工程计量。

【条文】 8.3.4 承包人应在合同约定的每个计量周期内对已完成的工程进行计量，并向发包人提交达到工程形象目标完成的工程量和有关计量资料的报告。

【要点说明】 本条规定了承包人对总价合同计量的程序。

【条文】 8.3.5 发包人应在收到报告后7天内对承包人提交的上述资料进行复核，以确定实际完成的工程量和工程形象目标。对其有异议的，应通知承包人进行共同复核。

【要点说明】 本条规定了发包人对总价合同计量复核的程序。

9 合同价款调整

【概述】 本章共15节，59条，是在"08规范"第4.6、4.7节的基础上修改而成的。与"08"规范相比，本章参照国内外多部合同范本，总结我国工程建设合同的实践经验和建筑市场的交易习惯，对所有涉及合同价款调整、变动的因素或其范围进行了归并，包括索赔、现场签证等内容，共集中于14个方面，并根据其特性设置节和条文，既有调整的原则性规定，又有详细的时效性规定，使合同价款的调整更具操作性。

9.1 一 般 规 定

【概述】 本节共6条，是在"08规范"第4.7.8、4.7.9条基础上改写的，规定了合同价款的调整因素、调整程序、支付原则等。

【条文】 9.1.1 下列事项（但不限于）发生，发承包双方应当按照合同约定调整合同价款：

1 法律法规变化；

2 工程变更；

3 项目特征不符；

4 工程量清单缺项；

5 工程量偏差；

6 计日工；

7 物价变化；

8 暂估价；

9 不可抗力；

10 提前竣工（赶工补偿）；

11 误期赔偿；

12 索赔；

13 现场签证；

14 暂列金额；

15 发承包双方约定的其他调整事项。

【要点说明】 本条规定了进行合同价款调整的事项。

发承包双方按照合同约定调整合同价款的若干事项，大致包括5大类：一是法规变化类，见9.2法律法规变化；二是工程变更类，见9.3工程变更、9.4项目特征不符、9.5工程量清单缺项、9.6工程量偏差、9.7计日工；三是物价变化类，见9.8物价变化、9.9暂估价；四是工程索赔类，见9.10不可抗力、9.11提前竣工（赶工补偿）、9.12误期赔偿、9.13索赔；五是其他类，见9.14现场签证以及发承包双方约定的其他调整事项。现场签证根据签证内容，有的可归于工程变更类，有的可归于索赔类，有的不涉及价款调整。

【条文】 9.1.2 出现合同价款调增事项（不含工程量偏差、计日工、现场签证、索赔）后的14天内，承包人应向发包人提交合同价款调增报告并附上相关资料；承包人在14天内未提交合同价款调增报告的，应视为承包人对该事项不存在调整价款请求。

【要点说明】 本条规定了承包人提出合同价款调增事项的时限要求。

本条是新增条文，规定了承包人应在合同约定或本规范规定的时间内向发包人提交合同价款调增报告并附上相关资料，若承包人未提交合同价款调增报告的，视为承包人认为对该事项不存在调整价款，或放弃其调增价款的权利。

本条不含工程量偏差是因为工程量偏差的调整在竣工结算完成之前均可提出，不含计日工、现场签证、索赔是因为其时限在其专门条文中另有规定。

【条文】 9.1.3 出现合同价款调减事项（不含工程量偏差、索赔）后的14天内，发包人应向承包人提交合同价款调减报告并附相关资料；发包人在14天内未提交合同价款调减报告的，应视为发包人对该事项不存在调整价款请求。

【要点说明】 本条规定了发包人提出合同价款调减事项的时限要求。

本条是新增条文，规定了发包人应在合同约定或本规范规定的时间内向承包人提交合同价款调减报告并附相关资料，若发包人在未提交合同价款调减报告的，视为发包人认为该事项不存在调整价款，或放弃其调减合同价款的权利。

本条不含工程量偏差是因为工程量偏差的调整在竣工结算完成之前均可提出，不含索赔是因为在其专门条文中另有规定。

【条文】 9.1.4 发（承）包人应在收到承（发）包人合同价款调增（减）报告及相关资料之日起14天内对其核实，予以确认的应书面通知承（发）包人。当有疑问时，应向承（发）包人提出协商意见。发（承）包人在收到合同价款调增（减）报告之日起14天内未确认也未提出协商意见的，应视为承（发）包人提交的合同价款调增（减）报告已被发（承）包人认可。发（承）包人提出协商意见的，承（发）包人应在收到协商意见后的14天内对其核实，予以确认的应书面通知发（承）包人。承（发）包人在收到发（承）包人的协商意见后14天内既不确认也未提出不同意见的，应视为发（承）包人提出的意见已被承（发）包人认可。

【08条文】 4.7.8 工程价款调整报告应由受益方在合同约定时间内向合同的另一方提出，经对方确认后调整合同价款。受益方未在合同约定时间内提出工程价款调整报告的，视为不涉及合同价款的调整。

收到工程价款调整报告的一方应在合同约定时间内确认或提出协商意见，否则，视为工程价款调整报告已经确认。

【要点说明】 本条规定了合同价款调整的核实程序。

本条对"08规范"第4.7.8条作了修改，进一步明确了合同价款调整报告的核实程序，发承包人对此的义务和责任及其后果。

【条文】 9.1.5 发包人与承包人对合同价款调整的不同意见不能达成一致的，只要对发承包双方履约不产生实质影响，双方应继续履行合同义务，直到其按照合同约定的争议解决方式得到处理。

【要点说明】 本条规定了发承包人对合同价款调整出现不同意见后的履约义务。

【条文】 9.1.6 经发承包双方确认调整的合同价款，作为追加（减）合同价款，应与工程进度款或结算款同期支付。

【08条文】 4.7.9 经发、承包双方确定调整的工程价款，作为追加（减）合同价款与工程进度款同期支付。

【08条文】 4.6.7 发、承包双方确认的索赔与现场签证费用与工程进度款同期支付。

【要点说明】 本条规定了合同价款调整后的支付原则。

由于索赔和现场签证的费用经发承包确认后，其实质是导致签约合同价变生变化。因此，本规范将索赔与施工签证的费用归并定义为合同价款的调整内容之一，由此将"08规范"第4.6.7、4.7.9两条合并修改，按照财政部、建设部印发的《建设工程价款结算暂行办法》（财建〔2004〕369号）的相关规定，本条规定了经发承包双方确定调整的合同价款的支付方法，即作为追加（减）合同价款与工程进度款同期支付。

按照财政部、建设部印发的《建设工程价款结算暂行办法》（财建〔2004〕369号）第十五条的规定："发包人和承包人要加强施工现场的造价控制，及时对工程合同外的事项如实纪录并履行书面手续。凡由发、承包双方授权的现场代表签字的现场签证以及发、承包双方协商确定的索赔等费用，应在工程竣工结算中如实办理，不得因发、承包双方现场代表的中途变更改变其有效性"。

9.2 法律法规变化

【概述】 本节共2条,是在"08规范"第4.7.1条基础上改写的,对因法律法规变化引起合同价款调整作了原则规定。

【条文】 **9.2.1** 招标工程以投标截止日前28天、非招标工程以合同签订前28天为基准日,其后因国家的法律、法规、规章和政策发生变化引起工程造价增减变化的,发承包双方应按照省级或行业建设主管部门或其授权的工程造价管理机构据此发布的规定调整合同价款。

【08条文】 **4.7.1** 招标工程以投标截止日前28天,非招标工程以合同签订前28天为基准日,其后国家的法律、法规、规章和政策发生变化影响工程造价的,应按省级或行业建设主管部门或其授权的工程造价管理机构发布的规定调整合同价款。

【要点说明】 本条规定了法律法规发生变化时,合同价款的调整原则。

工程建设过程中,发承包双方都是国家法律、法规、规章及政策的执行者。因此,在发承包双方履行合同的过程中,当国家的法律、法规、规章及政策发生变化时,国家或省级、行业建设主管部门或其授权的工程造价管理机构据此发布的工程造价调整文件、合同价款应当进行调整。

需要说明的是,本规定与有的合同范本仅规定了法律、法规变化相比,增加了规章和政策这一词汇,这是与我国的国情相联系的。因为按照规定,国务院或国家发展和改革委员会、财政部、省级人民政府或省级财政、物价主管部门在授权范围内,通常以政策文件的方式制定或调整行政事业性收费项目或费率,这些行政事业性收费进入工程造价,当然也应该对合同价款进行调整。

【条文】 **9.2.2** 因承包人原因导致工期延误的,按本规范第9.2.1条规定的调整时间,在合同工程原定竣工时间之后,合同价款调增的不予调整,合同价款调减的予以调整。

【要点说明】 本条规定了因承包人原因致工期延误的调整。

本条规定,由于承包人原因导致工期延误,按不利于承包人的原则调整合同价款。

9.3 工 程 变 更

【概述】 本节共4条,在"08规范"第4.7.3、4.7.4条的基础上改写。建设工程施工合同是基于签订时静态的承包范围、设计标准、施工条件等为前提的,发承包双方的权利和义务的分配也是以此为基础的。因此,工程实施过程中如果这种静态前提被打破,则必须在新的承包范围、新的设计标准或新的施工条件等前提下建立新的平衡,追求新的公平和合理。由于施工条件变化和发包人要求变化等原因,往往会发生合同约定的工程材料性质和品种、建筑物结构形式、施工工艺和方法等的变动,此时必须变更才能维护合同的公平。因此,本节规定因工程变更引起已标价工程量清单项目或其工程数量发生变化、措施项目发生变化的,应调整合同价款。

【条文】 **9.3.1** 因工程变更引起已标价工程量清单项目或其工程数量发生变化时,应按照下列规定调整:

1 已标价工程量清单中有适用于变更工程项目的,应采用该项目的单价;但当工程变更导致该清单项目的工程数量发生变化,且工程量偏差超过15%时,该项目单价应按照本规范第9.6.2条的规定调整。

2 已标价工程量清单中没有适用但有类似于变更工程项目的,可在合理范围内参照类似项目的单价。

3 已标价工程量清单中没有适用也没有类似于变更工程项目的,应由承包人根据变更工程资料、计量规则和计价办法、工程造价管理机构发布的信息价格和承包人报价浮动率提出变更工程项目的单价,并应报发包人确认后调整。承包人报价浮动率可按下列公式计算:

式中,招标工程:

$$承包人报价浮动率 L = （1 - 中标价/招标控制价） \times 100\% \qquad (9.3.1-1)$$

非招标工程：

$$承包人报价浮动率 L = （1 - 报价值/施工图预算） \times 100\% \qquad (9.3.1-2)$$

4 已标价工程量清单中没有适用也没有类似于变更工程项目，且工程造价管理机构发布的信息价格缺价的，应由承包人根据变更工程资料、计量规则、计价办法和通过市场调查等取得有合法依据的市场价格提出变更工程项目的单价，并应报发包人确认后调整。

【08条文】 4.7.3 因分部分项工程量清单漏项或非承包人原因的工程变更，造成增加新的工程量清单项目，其对应的综合单价按下列方法确定：

1 合同中已有适用的综合单价，按合同中已有的综合单价确定；

2 合同中有类似的综合单价，参照类似的综合单价确定；

3 合同中没有适用或类似的综合单价，由承包人提出综合单价，经发包人确认后执行。

【要点说明】 本条规定了新的工程量清单项目综合单价的确定方法。

按照财政部、建设部印发的《建设工程价款结算暂行办法》（财建〔2004〕369号）第十条的相关规定，本条规定了分部分项工程量清单的漏项或非承包人原因引起的工程变更，造成增加新的工程量清单项目时，新增项目综合单价的确定原则。这一原则是以已标价工程量清单为依据的。

1. 直接采用适用的项目单价的前提是其采用的材料、施工工艺和方法相同，也不因此增加关键线路上工程的施工时间。

例如：某工程施工过程中，由于设计变更，新增加轻质材料隔墙1200m²，已标价工程量清单中有此轻质材料隔墙项目综合单价，且新增部分工程量偏差在15%以内，就应直接采用该项目综合单价。

2. 采用适用的项目单价的前提是其采用的材料、施工工艺和方法基本相似，不增加关键线路上工程的施工时间，可仅就其变更后的差异部分，参考类似的项目单价由发承包双方协商新的项目单价。

例如：某工程现浇混凝土梁为C25，施工过程中设计调整为C30，此时，可仅将C30混凝土价格替换C25混凝土价格，其余不变，组成新的综合单价。

3. 无法找到适用和类似的项目单价时，应采用招投标时的基础资料和工程造价管理机构发布的信息价格，按成本加利润的原则由发承包双方协商新的综合单价。

例如：某工程招标控制价为8413949元，中标人的投标报价为7972282元，承包人报价浮动率为多少？施工过程中，屋面防水采用PE高分子防水卷材（1.5mm），清单项目中无类似项目，工程造价管理机构发布有该卷材单价为18元/m²，该项目综合单价如何确定？

①用公式（9.3.1-1）：
$$L = \left(1 - \frac{7972282}{8413949}\right) \times 100\%$$
$$= （1 - 0.9475） \times 100\%$$
$$= 5.25\%$$

②查项目所在地该项目定额人工费为3.78元，除卷材外的其他材料费为0.65元，管理费和利润为1.13元。

$$该项目综合单价 = （3.78 + 18 + 0.65 + 1.13） \times （1 - 5.25\%）$$
$$= 23.56 \times 94.75\%$$
$$= 22.32 （元）$$

发承包双方可按22.32元协商确定该项目综合单价。

4. 无法找到适用和类似项目单价、工程造价管理机构也没有发布此类信息价格，由发承包双方协商确定。

【条文】 9.3.2 工程变更引起施工方案改变并使措施项目发生变化时，承包人提出调整措施项目费的，应事先将拟实施的方案提交发包人确认，并应详细说明与原方案措施项目相比的变化情况。

拟实施的方案经发承包双方确认后执行，并应按照下列规定调整措施项目费：

1 安全文明施工费应按照实际发生变化的措施项目依据本规范第3.1.5条的规定计算。

2 采用单价计算的措施项目费，应按照实际发生变化的措施项目，按本规范第9.3.1条的规定确定单价。

3 按总价（或系数）计算的措施项目费，按照实际发生变化的措施项目调整，但应考虑承包人报价浮动因素，即调整金额按照实际调整金额乘以本规范第9.3.1条规定的承包人报价浮动率计算。

如果承包人未事先将拟实施的方案提交给发包人确认，则应视为工程变更不引起措施项目费的调整或承包人放弃调整措施项目费的权利。

【08条文】 **4.7.4** 因分部分项工程量清单漏项或非承包人原因的工程变更，引起措施项目发生变化，造成施工组织设计或施工方案变更，原措施费中已有的措施项目，按原措施费的组价方法调整；原措施费中没有的措施项目，由承包人根据措施项目变更情况，提出适当的措施费变更，经发包人确认后调整。

【要点说明】 本条规定了因分部分项工程清单漏项或非承包人原因的工程变更，并引起措施项目发生变化，影响施工组织设计或施工方案发生变更，造成措施费发生变化的调整原则。

【条文】 **9.3.3** 当发包人提出的工程变更因非承包人原因删减了合同中的某项原定工作或工程，致使承包人发生的费用或（和）得到的收益不能被包括在其他已支付或应支付的项目中，也未被包含在任何替代的工作或工程中时，承包人有权提出并应得到合理的费用及利润补偿。

【要点说明】 本条规定了因非承包人原因删减合同工作的补偿要求。

本条规定是为维护合同公平，防止某些发包人在签约后擅自取消合同中的工作，转由发包人或其他承包人实施而使本合同工程承包人蒙受损失。如发包人以变更的名义将取消的工作转由自己或其他人实施，构成违约，按照《中华人民共和国合同法》第一百一十三条规定，"当事人一方不履行合同义务或者履行合同义务不符合约定，给对方造成损失的，损失赔偿额应当相当于因违约所造成的的损失，包括合同履行后可以获得的利益，但不得超过违反合同一方订立合同时预见到或者应当预见到的因违反合同可能造成的损失"。因此，出现本条规定情形的，发包人应赔偿承包人损失。

9.4 项目特征不符

【概述】 本节共2条，在"08规范"第4.7.2条的基础上改写。项目特征对工程量清单计价的重要意义有三点：①项目特征是区分清单项目的依据。工程量清单项目特征是用来表述分部分项清单项目的实质内容，用于区分计价规范中同一清单条目下各个具体的清单项目。没有项目特征的准确描述，对于相同或相似的清单项目名称便无从区分。②项目特征是确定综合单价的前提。由于工程量清单项目的特征决定了工程实体的实质内容，必然直接决定工程实体的自身价值，因此，工程量清单项目特征描述得准确与否，直接关系到工程量清单项目综合单价的准确确定。③项目特征是履行合同义务的基础。实行工程量清单计价，工程量清单及其综合单价是施工合同的组成部分，因此，如果工程量清单项目特征的描述不清甚至漏项、错误，从而引起在施工过程中的更改，都会引起分歧，导致纠纷。

【条文】 **9.4.1** 发包人在招标工程量清单中对项目特征的描述，应被认为是准确的和全面的，并且与实际施工要求相符合。承包人应按照发包人提供的招标工程量清单，根据项目特征描述的内容及有关要求实施合同工程，直到项目被改变为止。

【要点说明】 本条规定了项目特征描述的要求。

项目特征是构成清单项目价值的本质特征，单价的高低与其具有必然联系。因此，发包人在招标工程量清单中对项目特征的描述，应被认为是准确的和全面的，并且与实际施工要求相符合，否则，承包人无法报价。

【条文】 **9.4.2** 承包人应按照发包人提供的设计图纸实施合同工程，若在合同履行期间出现设计图纸（含设计变更）与招标工程量清单任一项目的特征描述不符，且该变化引起该项目工程造价增减变化的，应按照实际施工的项目特征，按本规范第9.3节相关条款的规定重新确定相应工程量清单项目的综合单价，并调整合同价款。

【08条文】 4.7.2 若施工中出现施工图纸（含设计变更）与工程量清单项目特征描述不符的，发、承包双方应按新的项目特征确定相应工程量清单项目的综合单价。

【要点说明】 本条规定了项目特征变化后重新确定综合单价的要求。

当施工中施工图纸（含设计变更）与工程量清单项目特征描述不一致时，发承包双方应按实际施工的项目特征重新确定综合单价。这一规定是不言而喻的。举一个简单的例子，如招标时，某现浇混凝土构件项目特征中描述混凝土强度等级为C20，但施工过程中发包人变更为（或施工图纸本就标注为）混凝土强度等级为C30，很明显，这时应该重新确定综合单价，因为C20与C30的混凝土，其价值是不一样的。

9.5 工程量清单缺项

【概述】 本节共3条，是在"08规范"第4.7.3条基础上改写的。导致工程量清单缺项的原因，一是设计变更，二是施工条件改变，三是工程量清单编制错误。由于工程量清单项目的增减变化必然带来合同价款的增减变化，因此，本条针对工程量清单缺项的价款调整作了规定。

【条文】 9.5.1 合同履行期间，由于招标工程量清单中缺项，新增分部分项工程清单项目的，应按照本规范第9.3.1条的规定确定单价，并调整合同价款。

【要点说明】 本条规定了新增分部分项工程项目清单的调整原则。

【条文】 9.5.2 新增分部分项工程清单项目后，引起措施项目发生变化的，应按照本规范第9.3.2条的规定，在承包人提交的实施方案被发包人批准后调整合同价款。

【要点说明】 本条规定了新增分部分项工程项目清单引起措施项目变化的调价原则。

【条文】 9.5.3 由于招标工程量清单中措施项目缺项，承包人应将新增措施项目实施方案提交发包人批准后，按照本规范第9.3.1条、第9.3.2条的规定调整合同价款。

【要点说明】 本条规定了新增措施项目清单的调价原则。

9.6 工程量偏差

【概述】 本节共3条，是在"08规范"第4.7.5条基础上改写的。施工过程中，由于施工条件、地质水文、工程变更等变化以及招标工程量清单编制人专业水平的差异，往往在合同履行期间，应予计算的工程量与招标工程量清单出现偏差，工程量偏差过大，对综合成本的分摊带来影响，如突然增加太多，仍按原综合单价计价，对发包人不公平；而突然减少太多，仍按原综合单价计价，对承包人不公平。并且，这给有经验的承包人的不平衡报价打开了方便之门。因此，为维护合同的公平，本节针对工程量偏差的价款调整作了规定。

【条文】 9.6.1 合同履行期间，当应予计算的实际工程量与招标工程量清单出现偏差，且符合本规范第9.6.2条、第9.6.3条规定时，发承包双方应调整合同价款。

【要点说明】 本条规定了工程量清单项目中出现量差的调整方法。

【条文】 9.6.2 对于任一招标工程量清单项目，当因本节规定的工程量偏差和第9.3节规定的工程变更等原因导致工程量偏差超过15%时，可进行调整。当工程量增加15%以上时，增加部分的工程量的综合单价应予调低；当工程量减少15%以上时，减少后剩余部分的工程量的综合单价应予调高。

【要点说明】 本条规定了工程量偏差超过15%时的调整方法。

本条规定的调整可参考以下公式：

1. 当 $Q_1 > 1.15Q_0$ 时：

$$S = 1.15Q_0 \times P_0 + (Q_1 - 1.15Q_0) \times P_1 \qquad (2-1)$$

2. 当 $Q_1 < 0.85Q_0$ 时：

$$S = Q_1 \times P_1 \qquad (2-2)$$

式中　S——调整后的某一分部分项工程费结算价；

　　Q_1——最终完成的工程量；

　　Q_0——招标工程量清单中列出的工程量；

　　P_1——按照最终完成工程量重新调整后的综合单价；

　　P_0——承包人在工程量清单中填报的综合单价。

采用上述两式的关键是确定新的综合单价，即 P_1。确定的方法，一是发承包双方协商确定，二是与招标控制价相联系，当工程量偏差项目出现承包人在工程量清单中填报的综合单价与发包人招标控制价相应清单项目的综合单价偏差超过15%时，工程量偏差项目综合单价的调整可参考以下公式：

3. 当 $P_0 < P_2 \times (1-L) \times (1-15\%)$ 时，该类项目的综合单价：

$$P_1 \text{按照} P_2 \times (1-L) \times (1-15\%) \text{调整} \qquad (2-3)$$

4. 当 $P_0 > P_2 \times (1+15\%)$ 时，该类项目的综合单价：

$$P_1 \text{按照} P_2 \times (1+15\%) \text{调整} \qquad (2-4)$$

式中：P_0——承包人在工程量清单中填报的综合单价；

　　P_2——发包人招标控制价相应项目的综合单价；

　　L——第9.3.1条定义的承包人报价浮动率。

【示例】1. 某工程项目招标控制价的综合单价为350元，投标报价的综合单价为287元，该工程投标报价下浮率为6%，综合单价是否调整？

解：$287 \div 350 = 82\%$，偏差为18%；

按（2-3）式：$350 \times (1-6\%) \times (1-15\%) = 279.65$（元）。

由于287元大于279.65元，该项目变更后的综合单价可不予调整。

【示例】2. 某工程项目招标控制价的综合单价为350元，投标报价的综合单价为406元，工程变更后的综合单价如何调整。

解：$406 \div 350 = 1.16$，偏差为16%；

按（2-4）式：$350 \times (1+15\%) = 402.50$（元）。

由于406大于402.50，该项目变更后的综合单价应调整为402.50元。

5. 当 $P_0 > P_2 \times (1-L) \times (1-15\%)$ 或 $P_0 < P_2 \times (1+15\%)$ 时，可不调整。　　　（2-5）

【示例】3. 某工程项目招标工程量清单数量为1520m³，施工中由于设计变更调增为1824m³，增加20%，该项目招标控制价综合单价为350元，投标报价为406元，应如何调整？

解：①见【示例】2，综合单价 P_1 应调整为402.50元；

②用公式（2-1），$S = 1.15 \times 1520 \times 406 + (1824 - 1.15 \times 1500) \times 402.50$

$= 709608 + 76 \times 402.50$

$= 740198$（元）

【示例】4. 某工程项目招标工程量清单数量为1520m³，施工中由于设计变更调减为1216m³，减少20%，该项目招标控制价为350元，投标报价为287元，应如何调整？

解：①见【示例】2，综合单价 P_1 可不调整；

②用公式（9.6.2-2），$S = 1216 \times 287 = 348992$（元）。

【条文】　9.6.3　当工程量出现本规范第9.6.2条的变化，且该变化引起相关措施项目相应发生变化时，按系数或单一总价方式计价的，工程量增加的措施项目费调增，工程量减少的措施项目费调减。

【要点说明】　本条规定了工程量出现超过5%的变化时，相关措施项目的调整方法。

实施本条需注意的是，工程量变化必须引起相关措施项目相应发生变化，如按系数或单一总价方式计价的，工程量增加的措施项目费调增，工程量减少的措施项目费调减。反之，如未引起相关措施项目发生变化，则不予调整。

9.7 计 日 工

【概述】 本节共5条，是新增条文。合同工程范围以外出现零星工程或工作是施工过程中比较常见的现象，采用计日工形式，对合同价款的确定也较为方便。本节对此作了规定。

【条文】 9.7.1 发包人通知承包人以计日工方式实施的零星工作，承包人应予执行。

【要点说明】 本条规定发包人通知的计日工、承包人应予执行的要求。

【条文】 9.7.2 采用计日工计价的任何一项变更工作，在该项变更的实施过程中，承包人应按合同约定提交下列报表和有关凭证送发包人复核：

1 工作名称、内容和数量；

2 投入该工作所有人员的姓名、工种、级别和耗用工时；

3 投入该工作的材料名称、类别和数量；

4 投入该工作的施工设备型号、台数和耗用台时；

5 发包人要求提交的其他资料和凭证。

【要点说明】 本条规定了承包人报送计日工报表的内容。

【条文】 9.7.3 任一计日工项目持续进行时，承包人应在该项工作实施结束后的24小时内向发包人提交有计日工记录汇总的现场签证报告一式三份。发包人在收到承包人提交现场签证报告后的2天内予以确认并将其中一份返还给承包人，作为计日工计价和支付的依据。发包人逾期未确认也未提出修改意见的，应视为承包人提交的现场签证报告已被发包人认可。

【要点说明】 本条规定了计日工生效计价的原则。

【条文】 9.7.4 任一计日工项目实施结束后，承包人应按照确认的计日工现场签证报告核实该类项目的工程数量，并应根据核实的工程数量和承包人已标价工程量清单中的计日工单价计算，提出应付价款；已标价工程量清单中没有该类计日工单价的，由发承包双方按本规范第9.3节的规定商定计日工单价计算。

【要点说明】 本条规定了计日工计价的原则。

【条文】 9.7.5 每个支付期末，承包人应按照本规范第10.3节的规定向发包人提交本期间所有计日工记录的签证汇总表，并应说明本期间自己认为有权得到的计日工金额，调整合同价款，列入进度款支付。

【要点说明】 本条规定了计日工价款的支付原则。

9.8 物 价 变 化

【概述】 本节共4条，是在"08规范"第4.7.6条基础上改写的，对物价波动带来的价格变化如何调整合同价款进一步予以细化，并在附录A中列出了两种方法，在附录L中列出了表格，进一步增加了可操作性。

【条文】 9.8.1 合同履行期间，因人工、材料、工程设备、机械台班价格波动影响合同价款时，应根据合同约定，按本规范附录A的方法之一调整合同价款。

【08条文】 4.7.6 若施工期内市场价格波动超出一定幅度时，应按合同约定调整工程价款；合同没有约定或约定不明确的，应按省级或行业建设主管部门或其授权的工程造价管理机构的规定调整。

【要点说明】 本条规定了物价波动时合同价款的调整方法。

【条文】 9.8.2 承包人采购材料和工程设备的，应在合同中约定主要材料、工程设备价格变化的范围或幅度；当没有约定，且材料、工程设备单价变化超过5%时，超过部分的价格应按照本规范附录A的方法计算调整材料、工程设备费。

【要点说明】 本条规定了材料、工程设备的价格调整方法。

【条文】 9.8.3 发生合同工程工期延误的，应按照下列规定确定合同履行期的价格调整：

1 因非承包人原因导致工期延误的，计划进度日期后续工程的价格，应采用计划进度日期与实际进度日期两者的较高者。

2 因承包人原因导致工期延误的，计划进度日期后续工程的价格，应采用计划进度日期与实际进度日期两者的较低者。

【要点说明】 本条规定了合同工期延误时合同价款的调整原则。

【条文】 9.8.4 发包人供应材料和工程设备的，不适用本规范第9.8.1条、第9.8.2条规定，应由发包人按照实际变化调整，列入合同工程的工程造价内。

【要点说明】 本条规定了发包人甲供材料的调整要求。

9.9 暂 估 价

【概述】 本节共4条，是在"08规范"第4.1.7条基础上改写的，分别针对材料、工程设备暂估价，专业工程暂估价以及是否必须招标等方式作了规定。

【条文】 9.9.1 发包人在招标工程量清单中给定暂估价的材料、工程设备属于依法必须招标的，应由发承包双方以招标的方式选择供应商，确定价格，并应以此为依据取代暂估价，调整合同价款。

【08条文】 4.1.7 招标人在工程量清单中提供了暂估价的材料和专业工程属于依法必须招标的，由承包人和招标人共同通过招标确定材料单价与专业工程分包价。

【要点说明】 本条规定了依法必须招标的材料、工程设备暂估价的确定原则。

《工程建设项目货物招标投标办法》（国家发展和改革委员会、建设部等七部委27号令）第五条规定："以暂估价形式包括在总承包范围内的货物达到国家规定规模标准的，应当由总承包中标人和工程建设项目招标人共同依法组织招标"。实践中，如何进行共同招标，一直缺少统一的认识。共同招标很容易被理解为双方共同作为招标人，最后共同与招标人签订合同。尽管这种做法很受一些工程建设项目招标人的欢迎，而且也不是完全没有可操作性，但是，却与现行法规所提倡的责任主体一元化的施工总承包理念不相吻合，合同关系的线条也不清晰，不便于合同履行。

恰当的做法应当是仍由总承包中标人作为招标人，采购合同应当由总承包人签订，其原因一是属于总承包范围内的材料设备，采购主体是总承包人；二是总承包范围内的工程的质量、安全和工期的责任主体是一元化的，均归于总承包人；三是根据合同法规定的要约承诺机理，如果招标人作为招标主体一方发出要约邀请，势必要作为合同的主体与中标人签约。因此，为了避免出现两方作为共同招标人、一方作为合同主体的法律难题，招标主体仍应是施工总承包人，建设项目招标人参与的所谓共同招标可以通过恰当的途径体现建设项目招标人对这类招标组织的参与、决策和控制，实践中能够约束总承包人的最佳途径就是通过合同约定相关的程序。具体约定应体现下列原则：一是由总承包人作为招标项目的招标人；二是建设项目招标人的参与主要体现在对相关项目招标文件、评标标准和方法等能够体现招标目的和招标要求的文件进行审批，未经审批不得发出招标文件，甚至可以在招标文件中明确约定，相关招标项目的招标文件只有经过建设项目招标人审批并加盖其法人印章后才能生效；三是评标时建设项目招标人可以依照27号令的规定，作为共同的招标组织者，可以派代表进入评标委员会参与评标，否则，中标结果对建设项目招标人没有约束力，并且，建设项目招标人有权拒绝对相应项目拨付工程款，对相关工程拒绝验收。

【条文】 9.9.2 发包人在招标工程量清单中给定暂估价的材料、工程设备不属于依法必须招标的，应由承包人按照合同约定采购，经发包人确认单价后取代暂估价，调整合同价款。

【08条文】 4.1.7 ……若材料不属于依法必须招标的，经发、承包双方协商确认单价后计价。

【要点说明】 本条规定了依法可不招标的材料、工程设备暂估价的确定原则。

例如，某工程招标，将现浇混凝土构件钢筋作为暂估价，为4000元/t，工程实施后，根据市场价格变动，将各规格现浇钢筋加权平均认定为4295元/t，此时，应在综合单价中以4295元取代4000元。

暂估材料或工程设备的单价确定后，在综合单价中只应取代原暂估单价，不应再在综合单价中涉及企业管理费或利润等其他费用的变动。

【条文】 9.9.3 发包人在工程量清单中给定暂估价的专业工程不属于依法必须招标的，应按照本规范第9.3节相应条款的规定确定专业工程价款，并应以此为依据取代专业工程暂估价，调整合同价款。

【08条文】 4.1.7 ……若专业工程不属于依法必须招标的，由发包人、总承包人与分包人按有关计价依据进行计价。

【要点说明】 本条规定了依法可不招标的专业工程暂估价的确定原则。

【条文】 9.9.4 发包人在招标工程量清单中给定暂估价的专业工程，依法必须招标的，应当由发承包双方依法组织招标选择专业分包人，接受有管辖权的建设工程招标投标管理机构的监督，还应符合下列要求：

1 除合同另有约定外，承包人不参加投标的专业工程发包招标，应由承包人作为招标人，但拟定的招标文件、评标工作、评标结果应报送发包人批准。与组织招标工作有关的费用应当被认为已经包括在承包人的签约合同价（投标总报价）中。

2 承包人参加投标的专业工程发包招标，应由发包人作为招标人，与组织招标工作有关的费用由发包人承担。同等条件下，应优先选择承包人中标。

3 应以专业工程发包中标价为依据取代专业工程暂估价，调整合同价款。

【要点说明】 本条规定了依法必须招标的专业工程暂估价的确定原则。

总承包招标时，专业工程设计深度往往是不够的，一般需要交由专业设计人设计。出于提高可建造性考虑，国际上一般由专业承包人负责设计，以纳入其专业技能和专业施工经验。这类专业工程交由专业分包人完成是国际工程的良好实践，目前在我国工程建设领域也已经比较普遍。公开透明地合理确定这类暂估价的实际开支金额的最佳途径就是通过总承包人与建设项目招标人共同组织的招标。

9.10 不 可 抗 力

【概述】 本节共3条，是在"08规范"第4.7.7条基础上改写的。根据《中华人民共和国合同法》第一百一十七条第二款的规定："本法所称不可抗力，是指不能预见，不可避免并不能克服的客观情况"，本节对不可抗力发生后的损失承担、复工后的工期、费用、解除合同后的价款结算等作了规定。

【条文】 9.10.1 因不可抗力事件导致的人员伤亡、财产损失及其费用增加，发承包双方应按下列原则分别承担并调整合同价款和工期：

1 合同工程本身的损害、因工程损害导致第三方人员伤亡和财产损失以及运至施工场地用于施工的材料和待安装的设备的损害，应由发包人承担；

2 发包人、承包人人员伤亡应由其所在单位负责，并应承担相应费用；

3 承包人的施工机械设备损坏及停工损失，应由承包人承担；

4 停工期间，承包人应发包人要求留在施工场地的必要的管理人员及保卫人员的费用应由发包人承担；

5 工程所需清理、修复费用，应由发包人承担。

【08条文】 **4.7.7** 因不可抗力事件导致的费用，发、承包双方应按以下原则分别承担并调整工程价款。

1 工程本身的损害、因工程损害导致第三方人员伤亡和财产损失以及运至施工场地用于施工的材料和待安装的设备的损害，由发包人承担；

2 发包人、承包人人员伤亡由其所在单位负责，并承担相应费用；

3 承包人的施工机械设备损坏及停工损失，由承包人承担；

4 停工期间，承包人应发包人要求留在施工场地的必要的管理人员及保卫人员的费用，由发包人承担；

5 工程所需清理、修复费用，由发包人承担。

【要点说明】 本条规定了不可抗力发生后，损失承担以及价款调整的要求。

【条文】 **9.10.2** 不可抗力解除后复工的，若不能按期竣工，应合理延长工期。发包人要求赶工的，赶工费用应由发包人承担。

【要点说明】 本条规定了不可抗力解除后，复工的工期及费用承担的要求。

【条文】 **9.10.3** 因不可抗力解除合同的，应按本规范第12.0.2条的规定办理。

【要点说明】 本条规定了由于不可抗力事件发生，解除合同后的价款结算原则。

9.11　提前竣工（赶工补偿）

【概述】 本节共3条，是新增条文。

【条文】 **9.11.1** 招标人应依据相关工程的工期定额合理计算工期，压缩的工期天数不得超过定额工期的20%，超过者，应在招标文件中明示增加赶工费用。

【条文】 **9.11.2** 发包人要求合同工程提前竣工的，应征得承包人同意后与承包人商定采取加快工程进度的措施，并应修订合同工程进度计划。发包人应承担承包人由此增加的提前竣工（赶工补偿）费用。

【条文】 **9.11.3** 发承包双方应在合同中约定提前竣工每日历天应补偿额度，此项费用应作为增加合同价款列入竣工结算文件中，应与结算款一并支付。

【要点说明】 为了保证工程质量，承包人除了根据标准规范、施工图纸进行施工外，还应当按照科学合理的施工组织设计，按部就班地进行施工作业。因为有些施工流程必须有一定的时间间隔，例如，现浇混凝土必须有一定时间的养护才能进行下一个工序，刷油漆必须等上道工序所刮腻子干燥后方可进行等。所以，《建设工程质量管理条例》第十条规定："建设工程发包单位不得迫使承包方以低于成本的价格竞标，不得任意压缩合理工期"，据此，本节规定：

1. 工程发包时，招标人应当依据相关工程的工期定额合理计算工期，压缩的工期天数不得超过定额工期的20%，将其量化。超过者，应在招标文件中明示增加赶工费用。

2. 工程实施过程中，发包人要求合同工程提前竣工的，应征得承包人同意后与承包人商定采取加快工程进度的措施，并修订合同工程进度计划。发包人应承担承包人由此增加的提前竣工（赶工补偿）费用。

3. 赶工费用主要包括：①人工费的增加，例如新增加投入人工的报酬，不经济使用人工的补贴等；②材料费的增加，例如可能造成不经济使用材料而损耗过大，材料提前交货可能增加的费用、材料运输费的增加等；③机械费的增加，例如可能增加机械设备投入，不经济的使用机械等。

9.12　误　期　赔　偿

【概述】 本节共3条，是新增条文。

【条文】 **9.12.1** 承包人未按照合同约定施工，导致实际进度迟于计划进度的，承包人应加快进度，实现合同工期。

合同工程发生误期，承包人应赔偿发包人由此造成的损失，并应按照合同约定向发包人支付误期赔偿费。即使承包人支付误期赔偿费，也不能免除承包人按照合同约定应承担的任何责任和应履行的任何义务。

【条文】 9.12.2 发承包双方应在合同中约定误期赔偿费，并应明确每日历天应赔额度。误期赔偿费应列入竣工结算文件中，并应在结算款中扣除。

【条文】 9.12.3 在工程竣工之前，合同工程内的某单项（位）工程已通过了竣工验收，且该单项（位）工程接收证书中表明的竣工日期并未延误，而是合同工程的其他部分产生了工期延误时，误期赔偿费应按照已颁发工程接收证书的单项（位）工程造价占合同价款的比例幅度予以扣减。

【要点说明】 本节规定了如果承包人未按照合同约定施工，导致实际进度迟于计划进度的，承包人应加快进度，实现合同工期。即使承包人采取了赶工措施，赶工费用应由承包人承担。如合同工程仍然误期，承包人应赔偿发包人由此造成的损失，并按照合同约定向发包人支付误期赔偿费。

9.13 索 赔

【概述】 《中华人民共和国民法通则》第一百一十一条规定：索赔是合同双方依据合同约定维护自身合法利益的行为，它的性质属于经济补偿行为，而非惩罚。本节共8条，是在"08规范"第4.6.1条～第4.6.5条基础上改写的。规定更加明确具体，更具操作性，一是对索赔范围未作限制，二是规定了索赔条件，三是规定了索赔程序。

【条文】 9.13.1 当合同一方向另一方提出索赔时，应有正当的索赔理由和有效证据，并应符合合同的相关约定。

【08条文】 4.6.1 合同一方向另一方提出索赔时，应有正当的索赔理由和有效证据，并应符合合同的相关约定。

【要点说明】 本条规定了索赔的条件。

建设工程施工中的索赔是发承包双方行使正当权利的行为，承包人可向发包人索赔，发包人也可向承包人索赔。本条规定了索赔的三要素：一是正当的索赔理由，二是有效的索赔证据，三是在合同约定的时间内提出。

任何索赔事件的确立，其前提条件是必须有正当的索赔理由。对正当索赔理由的说明必须具有证据，因为进行索赔主要是靠证据说话，没有证据或证据不足，索赔是难以成功的。正如本规范中所规定的，当合同一方向另一方提出索赔时，要有正当的索赔理由，且有索赔事件发生时的有效证据，并应在本合同约定的时限内提出。

1. 对索赔证据的要求：

1）真实性。索赔证据必须是在实施合同过程中确定存在和发生的，必须完全反映实际情况，能经得住推敲。

2）全面性。所提供的证据应能说明事件的全过程。索赔报告中涉及的索赔理由、事件过程、影响、索赔数额等都应有相应证据，不能零乱和支离破碎。

3）关联性。索赔的证据应当能够互相说明，相互具有关联性，不能互相矛盾。

4）及时性。索赔证据的取得及提出应当及时。

5）具有法律证明效力。一般要求证据必须是书面文件，有关记录、协议、纪要必须是双方签署的；工程中重大事件、特殊情况的记录、统计必须由合同约定的发包人现场代表或监理工程师签证认可。

2. 索赔证据的种类：

1）招标文件、工程合同、发包人认可的施工组织设计、工程图纸、技术规范等。

2）工程各项有关的设计交底记录、变更图纸、变更施工指令等。

3）工程各项经发包人或合同中约定的发包人现场代表或监理工程师签认的签证。

4）工程各项往来信件、指令、信函、通知、答复等。

5）工程各项会议纪要。

6）施工计划及现场实施情况记录。

7）施工日报及工长工作日志、备忘录。

8）工程送电、送水、道路开通、封闭的日期及数量记录。

9）工程停电、停水和干扰事件影响的日期及恢复施工的日期。

10）工程预付款、进度款拨付的数额及日期记录。

11）工程图纸、图纸变更、交底记录的送达份数及日期记录。

12）工程有关施工部位的照片及录像等。

13）工程现场气候记录，有关天气的温度、风力、雨雪等。

14）工程验收报告及各项技术鉴定报告等。

15）工程材料采购、订货、运输、进场、验收、使用等方面的凭据。

16）国家和省级或行业建设主管部门有关影响工程造价、工期的文件、规定等。

3. 索赔时效的功能。

索赔时效是指合同履行过程中，索赔方在索赔事件发生后的约定期限内不行使索赔权即视为放弃索赔权利，其索赔权归于消灭的制度。其功能主要有两点：

1）促使索赔权利人行使权利。"法律不保护躺在权利上睡觉的人"，索赔时效是时效制度中的一种，类似于民法中的诉讼时效，即超过法定时间，权利人不主张自己的权利，则诉讼权消灭，人民法院不再对该实体权利强制进行保护。

2）平衡发包人与承包人的利益。有的索赔事件持续时间短暂，事后难以复原（如异常的地下水位、隐蔽工程等），发包人在时过境迁后难以查找到有力证据来确认责任归属或准确评估所需金额。如果不对时效加以限制，允许承包人隐瞒索赔意图，将置发包人于不利状况。而索赔时效则平衡了发承包双方利益。一方面，索赔时效届满，即视为承包人放弃索赔权利，发包人可以此作为证据的代用，避免举证的困难；另一方面，只有促使承包人及时提出索赔要求，才能警示发包人充分履行合同义务，避免类似索赔事件的再次发生。

【条文】 9.13.2 根据合同约定，承包人认为非承包人原因发生的事件造成了承包人的损失，应按下列程序向发包人提出索赔：

1 承包人应在知道或应当知道索赔事件发生后28天内，向发包人提交索赔意向通知书，说明发生索赔事件的事由。承包人逾期未发出索赔意向通知书的，丧失索赔的权利。

2 承包人应在发出索赔意向通知书后28天内，向发包人正式提交索赔通知书。索赔通知书应详细说明索赔理由和要求，并应附必要的记录和证明材料。

3 索赔事件具有连续影响的，承包人应继续提交延续索赔通知，说明连续影响的实际情况和记录。

4 在索赔事件影响结束后的28天内，承包人应向发包人提交最终索赔通知书，说明最终索赔要求，并应附必要的记录和证明材料。

【08条文】 4.6.2 若承包人认为非承包人原因发生的事件造成了承包人的经济损失，承包人应在确认该事件发生后，按合同约定向发包人发出索赔通知。

发包人在收到最终索赔报告后并在合同约定时间内，未向承包人作出答复，视为该项索赔已经认可。

【要点说明】 本条规定了承包人向发包人索赔的要求。

本条实质上规定的是单项索赔，单项索赔就是采取一事一索赔的方式，即在每一件索赔事项发生后，递交索赔通知书，编报索赔报告书，要求单项解决支付，不与其他的索赔事项混在一起。单项索赔是施工索赔通常采用的方式，它避免了多项索赔的相互影响制约，所以解决起来比较容易。

有时，由于施工过程中受到非常严重的干扰，以致承包人的全部施工活动与原来的计划大不相同，合同规定的工作与变更后的工作相互混淆，承包人无法为索赔保持准确而详细的成本记录资料，无法分辨哪些费用是原定的，哪些费用是新增的，在这种条件下，无法采用单项索赔的方式，而只能采用综合索赔。综合索赔又称总索赔，俗称一揽子索赔，即将整个工程（或某项工程）中所发生的数起索赔事项综合在一起进行索赔。采取这种方式进行索赔，是在特定的情况下被迫采用的一种索赔方法。

采取综合索赔时，承包人必须提出以下证明：①承包商的投标报价是合理的；②实际发生的总成本是合理的；③承包商对成本增加没有任何责任；④不可能采用其他方法准确地计算出实际发生的损失数额。

虽然如此，承包人应该注意，采取综合索赔的方式应尽量避免，因为它涉及的争论因素太多，一般很难成功。

【条文】 9.13.3 承包人索赔应按下列程序处理：

1 发包人收到承包人的索赔通知书后，应及时查验承包人的记录和证明材料。

2 发包人应在收到索赔通知书或有关索赔的进一步证明材料后的28天内，将索赔处理结果答复承包人，如果发包人逾期未作出答复，视为承包人索赔要求已被发包人认可。

3 承包人接受索赔处理结果的，索赔款项应作为增加合同价款，在当期进度款中进行支付；承包人不接受索赔处理结果的，应按合同约定的争议解决方式办理。

【08条文】 4.6.3 承包人索赔按下列程序处理：

1 承包人在合同约定的时间内向发包人递交费用索赔意向通知书；

2 发包人指定专人收集与索赔有关的资料；

3 承包人在合同约定的时间内向发包人递交费用索赔申请表；

4 发包人指定的专人初步审查费用索赔申请表，符合本规范第4.6.1条规定的条件时予以受理；

5 发包人指定的专人进行费用索赔核对，经造价工程师复核索赔金额后，与承包人协商确定并由发包人批准；

6 发包人指定的专人应在合同约定的时间内签署费用索赔审批表或发出要求承包人提交有关索赔的进一步详细资料的通知，待收到承包人提交的详细资料后，按本条第4、5款的程序进行。

【要点说明】 本条规定了发包人对索赔事件的处理程序和要求。

【条文】 9.13.4 承包人要求赔偿时，可以选择下列一项或几项方式获得赔偿：

1 延长工期；

2 要求发包人支付实际发生的额外费用；

3 要求发包人支付合理的预期利润；

4 要求发包人按合同的约定支付违约金。

【要点说明】 本条规定了承包人要求赔偿时，可以选择的赔偿方式。

【条文】 9.13.5 当承包人的费用索赔与工期索赔要求相关联时，发包人在作出费用索赔的批准决定时，应结合工程延期，综合作出费用赔偿和工程延期的决定。

【08条文】 4.6.4 若承包人的费用索赔与工期延期索赔要求相关联时，发包人在作出费用索赔的批准决定时，应结合工程延期的批准，综合作出费用索赔和工程延期的决定。

【要点说明】 本条规定了发承包双方处理费用索赔和工期索赔的关系。

索赔事件发生后，在造成费用损失时，往往会造成工期的变动。当索赔事件造成的费用损失与工期相关联时，承包人应根据发生的索赔事件向发包人提出费用索赔要求的同时，提出工期延长的要求。

发包人在批准承包人的索赔报告时，应将索赔事件造成的费用损失和工期延长联系起来，综合作出批准费用索赔和工期延长的决定。

【条文】 9.13.6 发承包双方在按合同约定办理了竣工结算后，应被认为承包人已无权再提出竣工结算前所发生的任何索赔。承包人在提交的最终结清申请中，只限于提出竣工结算后的索赔，提出索赔的期限应自发承包双方最终结清时终止。

【要点说明】 本条规定了承包人索赔的终止条件和时限。

【条文】 9.13.7 根据合同约定，发包人认为由于承包人的原因造成发包人的损失，宜按承包人索赔的程序进行索赔。

【08 条文】 4.6.5 若发包人认为由于承包人的原因造成额外损失，发包人应在确认引起索赔的事件后，按合同约定向承包人发出索赔通知。

承包人在收到发包人索赔通知后并在合同约定时间内，未向发包人做出答复，视为该项索赔已经认可。

【要点说明】 本条规定了发包人向承包人提出索赔的时间、程序和要求。

规定了发包人与承包人平等的索赔权利与相同的索赔程序。当合同中对此未作具体约定时，按以下规定办理：

1. 发包人应在确认引起索赔的事件发生后28天内向承包人发出索赔通知，否则，承包人免除该索赔的全部责任。

2. 承包人在收到发包人索赔报告后的28天内应作出回应，表示同意或不同意并附具体意见，如在收到索赔报告后的28天内未向发包人作出答复，视为该项索赔报告已经认可。

【条文】 9.13.8 发包人要求赔偿时，可以选择下列一项或几项方式获得赔偿：

1 延长质量缺陷修复期限；

2 要求承包人支付实际发生的额外费用；

3 要求承包人按合同的约定支付违约金。

【要点说明】 本条规定了发包人要求赔偿时，可以选择的赔偿方式。

【条文】 9.13.9 承包人应付给发包人的索赔金额可从拟支付给承包人的合同价款中扣除，或由承包人以其他方式支付给发包人。

【要点说明】 本条规定了承包人应付给发包人的索赔金额支付方式。

9.14 现 场 签 证

【概述】 本节共6条，是在"08规范"第4.6.6条基础上改写的。由于施工生产的特殊性，在施工过程中往往会出现一些与合同工程或合同约定不一致或未约定的事项，这时就需要发承包双方用书面形式记录下来，各地对此的称谓不一，如工程签证、施工签证、技术核定单等，本规范将其定义为现场签证。签证有多种情形，一是发包人的口头指令，需要承包人将其提出，由发包人转换成书面签证；二是发包人的书面通知如涉及工程实施，需要承包人就完成此通知需要的人工、材料、机械设备等内容向发包人提出，取得发包人的签证确认；三是合同工程招标工程量清单中已有，但施工中发现与其不符，比如土方类别，出现流沙等，需承包人及时向发包人提出签证确认，以便调整合同价款；四是由于发包人原因，未按合同约定提供场地、材料、设备或停水、停电等造成承包人的停工，需承包人及时向发包人提出签证确认，以便计算索赔费用；五是合同中约定的材料等价格由于市场发生变化，需承包人向发包人提出采购数量及其单价，以取得发包人的签证确认；六是其他由于合同条件变化需要现场签证的事项等。如何处理好现场签证，是衡量一个工程管理水平高低的标准，是有效减少合同纠纷的手段。本节对现场签证作了相应规定。

【条文】 9.14.1 承包人应发包人要求完成合同以外的零星项目、非承包人责任事件等工作的，发包人应及时以书面形式向承包人发出指令，并应提供所需的相关资料；承包人在收到指令后，应及时向发包人提出现场签证要求。

【08 条文】 4.6.6 承包人应发包人要求完成合同以外的零星工作或非承包人责任事件发生时，承包人应按合同约定及时向发包人提出现场签证。

【要点说明】 本条规定了承包人应发包人要求完成合同以外的零星工作，应进行现场签证。当合同对此未作具体约定时，按照财政部、建设部印发的《建设工程价款结算暂行办法》（财建［2004］369号）的规定：承包人应在接受发包人要求的7天内向发包人提出签证，发包人签证后施工。若没有相应的计日工单价，签证中还应包括用工数量和单价、机械台班数量和单价、使用材料品种及数量和单价等。若发包人未签证同意，承包人施工后发生争议的，责任由承包人自负。

发包人应在收到承包人的签证报告48小时内给予确认或提出修改意见，否则，视为该签证报告已经认可。

【条文】　**9.14.2**　承包人应在收到发包人指令后的7天内向发包人提交现场签证报告，发包人应在收到现场签证报告后的48小时内对报告内容进行核实，予以确认或提出修改意见。发包人在收到承包人现场签证报告后的48小时内未确认也未提出修改意见的，应视为承包人提交的现场签证报告已被发包人认可。

【要点说明】　本条规定了现场签证时发承包双方的责任。

【条文】　**9.14.3**　现场签证的工作如已有相应的计日工单价，现场签证中应列明完成该类项目所需的人工、材料、工程设备和施工机械台班的数量。

如现场签证的工作没有相应的计日工单价，应在现场签证报告中列明完成该签证工作所需的人工、材料设备和施工机械台班的数量及单价。

【要点说明】　本条规定现场签证的内容要求。

【条文】　**9.14.4**　合同工程发生现场签证事项，未经发包人签证确认，承包人便擅自施工的，除非征得发包人书面同意，否则发生的费用应由承包人承担。

【要点说明】　本条规定了承包人未进行现场签证的责任。

【条文】　**9.14.5**　现场签证工作完成后的7天内，承包人应按照现场签证内容计算价款，报送发包人确认后，作为增加合同价款，与进度款同期支付。

【要点说明】　本条规定了现场签证计算价款的支付原则。

【条文】　**9.14.6**　在施工过程中，当发现合同工程内容因场地条件、地质水文、发包人要求等不一致时，承包人应提供所需的相关资料，并提交发包人签证认可，作为合同价款调整的依据。

【要点说明】　本条规定了现场签证的基本要求。

一份完整的现场签证应包括时间、地点、原由、事件后果、如何处理等内容，并由发承包双方授权的现场管理人签章。

9.15　暂 列 金 额

【概述】　本节共2条，对暂列金额的使用及余额的权属作了规定。

【条文】　**9.15.1**　已签约合同价中的暂列金额应由发包人掌握使用。

【条文】　**9.15.2**　发包人按照本规范第9.1节至第9.14节的规定支付后，暂列金额余额归发包人所有。

【要点说明】　已签约合同价中的暂列金额只能按照发包人的指示使用。暂列金额虽然列入合同价款，但并不属于承包人所有，也不必然发生。只有按照合同约定实际发生后，才能成为承包人的应得金额，纳入工程合同结算价款中，扣除发包人按照本规范第9.1节至第9.14节的规定所作的支付后，暂列金额余额仍归发包人所有。

10 合同价款期中支付

【概述】　本章共3节24条，规定了预付款、安全文明施工费、进度款的支付以及违约的责任。

10.1 预 付 款

【概述】　本节共7条，是在"08规范"第4.5.1条基础上改写的，增加了6条。

【条文】　10.1.1　承包人应将预付款专用于合同工程。

【要点说明】　本条规定了预付款的用途。

本条是新增条文，规定预付款用于承包人为合同工程施工购置材料、购置或租赁施工设备以及组织施工人员进场，并且应专用于合同工程。

当发包人要求承包人采购价值较高的工程设备时，应按商业惯例向承包人支付工程设备预付款。

【条文】　10.1.2　包工包料工程的预付款的支付比例不得低于签约合同价（扣除暂列金额）的10%，不宜高于签约合同价（扣除暂列金额）的30%。

【要点说明】　本条规定了预付款的支付比例。

本条是新增条文，按照财政部、建设部印发的《建设工程价款结算暂行办法》第十二条（一）款："包工包料工程的预付款按合同约定支付，原则上预付比例不低于合同金额的10%，不高于合同金额的30%，对重大工程项目，按年度工程计划逐年预付"的规定编写。预付款的总金额，分期拨付次数，每次付款金额、付款时间等应根据工程规模、工期长短等具体情况，在合同中约定。

【条文】　10.1.3　承包人应在签订合同或向发包人提供与预付款等额的预付款保函后向发包人提交预付款支付申请。

【要点说明】　本条规定了承包人提交预付款支付申请的前提。

【条文】　10.1.4　发包人应在收到支付申请的7天内进行核实，向承包人发出预付款支付证书，并在签发支付证书后的7天内向承包人支付预付款。

【要点说明】　本条规定了发包人对预付款支付的时限。

【条文】　10.1.5　发包人没有按合同约定按时支付预付款的，承包人可催告发包人支付；发包人在预付款期满后的7天内仍未支付的，承包人可在付款期满后的第8天起暂停施工。发包人应承担由此增加的费用和延误的工期，并应向承包人支付合理利润。

【要点说明】　本条规定了发包人未按合同约定支付预付款的后果。

【条文】　10.1.6　预付款应从每一个支付期应支付给承包人的工程进度款中扣回，直到扣回的金额达到合同约定的预付款金额为止。

【要点说明】　本条规定了发包人对预付款的扣回。

工程预付款是发包人因承包人为准备施工而履行的协助义务。当承包人取得相应的合同价款时，发包人往往会要求承包人予以返还。具体操作是发包人从支付的工程进度款中按约定的比例逐渐扣回，通常约定承包人完成签约合同价的比例在20%～30%时，开始从进度款中按一定比例扣还。

【条文】　10.1.7　承包人的预付款保函的担保金额根据预付款扣回的数额相应递减，但在预付款全部扣回之前一直保持有效。发包人应在预付款扣完后的14天内将预付款保函退还给承包人。

【要点说明】　本条规定了预付款保函的期限和退还。

10.2 安全文明施工费

【概述】　本节共3条，全部是新增条文，按照财政部、国家安全生产监督管理总局印发的《企业安全生产费用提取和使用管理办法》（财企［2012］16号）、建设部办公厅印发的《建筑工程安全防护、文明施工措施费用及使用管理规定》等规定编写。

【条文】 **10.2.1** 安全文明施工费包括的内容和使用范围，应符合国家现行有关文件和计量规范的规定。

【要点说明】 本条规定了安全文明施工费的内容。

财政部、国家安全生产监督管理总局印发的《企业安全生产费用提取和使用管理办法》（财企［2012］16号）第十九条规定："建设工程施工企业安全费用应当按照以下范围使用：

（一）完善、改造和维护安全防护设施设备支出（不含'三同时'要求初期投入的安全设施），包括施工现场临时用电系统、洞口、临边、机械设备、高处作业防护、交叉作业防护、防火、防爆、防尘、防毒、防雷、防台风、防地质灾害、地下工程有害气体监测、通风、临时安全防护等设施设备支出；

（二）配备、维护、保养应急救援器材、设备支出和应急演练支出；

（三）开展重大危险源和事故隐患评估、监控和整改支出；

（四）安全生产检查、评价（不包括新建、改建、扩建项目安全评价）、咨询和标准化建设支出；

（五）配备和更新现场作业人员安全防护用品支出；

（六）安全生产宣传、教育、培训支出；

（七）安全生产适用的新技术、新标准、新工艺、新装备的推广应用支出；

（八）安全设施及特种设备检测检验支出；

（九）其他与安全生产直接相关的支出。"

该办法对安全生产费用的使用范围作了规定，同时鉴于工程建设项目因专业的不同，施工阶段的不同，对安全文明施工措施的要求也不一致。因此，新的国家工程计量规范针对不同的专业工程特点，规定了安全文明施工的内容和包含的范围，执行中应以此为依据。

【条文】 **10.2.2** 发包人应在工程开工后的28天内预付不低于当年施工进度计划的安全文明施工费总额的60%，其余部分应按照提前安排的原则进行分解，并应与进度款同期支付。

【要点说明】 本条规定了发包人对安全文明施工费的支付。

鉴于安全文明施工的措施具有前瞻性，必须在施工前予以保证，因此，本条规定了安全文明施工费的支付原则。

【条文】 **10.2.3** 发包人没有按时支付安全文明施工费的，承包人可催告发包人支付；发包人在付款期满后的7天内仍未支付的，若发生安全事故，发包人应承担相应责任。

【要点说明】 本条规定了发包人未按时支付安全文明施工费的后果。

建设部办公厅印发的《建筑工程安全防护、文明施工措施费用及使用管理规定》（建办［2005］89号）第九条规定："建设单位应当按照本规定及合同约定及时向施工单位支付安全防护、文明施工措施费"，并在第十三条规定了违反上述规定的处罚条款。

《建设工程安全生产管理条例》第五十四条规定："建设单位未提供建设工程安全生产作业环境及安全施工措施所需费用的，责令限期改正；逾期未改正的，责令该建设工程停止施工"。

【条文】 **10.2.4** 承包人对安全文明施工费应专款专用，在财务账目中应单独列项备查，不得挪作他用，否则发包人有权要求其限期改正；逾期未改正的，造成的损失和延误的工期应由承包人承担。

【要点说明】 本条规定了承包人对安全文明施工费的使用原则。

财政部、国家安全生产监督管理总局印发的《企业安全生产费用提取和使用管理办法》（财企［2012］16号）第二十七条规定："企业提取的安全费用应当专户核算，按规定范围安排使用，不得挤占、挪用"。

建设部办公厅印发的《建筑工程安全防护、文明施工措施费用及使用管理规定》（建办［2005］89号）第十一条规定："施工单位应当确保安全防护、文明施工措施费用专款专用，在财务管理中单独列出安全防护、文明施工措施项目费用清单备查",并在第十四条规定了施工单位挪用该项费用的处罚条款。

《建设工程安全生产管理条例》第六十三条规定:"施工单位挪用列入建设工程概算的安全生产作业环境及安全施工措施所需费用的,责令限期改正,处挪用费用 20% 以上 50% 以下的罚款;造成损失的,依法承担赔偿责任"。

10.3 进 度 款

【概述】 本节共 13 条,在"08 规范"第 4.5.2、4.5.5~4.5.8 条基础上改写,更具操作性。建设工程施工合同是先由承包人完成建设工程,后由发包人支付合同价款的特殊承揽合同,由于建设工程通常具有投资额大、施工期长等特点,合同价款的履行顺序主要通过"阶段小结、最终结清"来实现。当承包人完成了一定阶段的工程量后,发包人就应该按合同约定履行支付工程进度款的义务。

【条文】 10.3.1 发承包双方应按照合同约定的时间、程序和方法,根据工程计量结果,办理期中价款结算,支付进度款。

【要点说明】 本条规定了发承包双方支付进度款的基本原则。

【条文】 10.3.2 进度款支付周期应与合同约定的工程计量周期一致。

【08 条文】 4.5.2 发包人支付工程进度款,应按照合同约定计量和支付,支付周期同计量周期。

【要点说明】 本条规定了进度款支付周期。

工程量的正确计量是发包人向承包人支付工程进度款的前提和依据。计量和付款周期可采用分段或按月结算的方式,按照财政部、建设部印发的《建设工程价款结算暂行办法》(财建 [2004] 369 号)的规定:

1. 按月结算与支付:即实行按月支付进度款,竣工后结算的办法。合同工期在两个年度以上的工程,在年终进行工程盘点,办理年度结算。

2. 分段结算与支付:即当年开工、当年不能竣工的工程按照工程形象进度,划分不同阶段支付工程进度款。

当采用分段结算方式时,应在合同中约定具体的工程分段划分,付款周期应与计量周期一致。

【条文】 10.3.3 已标价工程量清单中的单价项目,承包人应按工程计量确认的工程量与综合单价计算;综合单价发生调整的,以发承包双方确认调整的综合单价计算进度款。

【要点说明】 本条规定了单价项目的价款计算。

本条包含两个要点:

1. 工程量应以发承包双方确认的计量结果为依据,使发包人支付的进度款与承包人完成的工程量相匹配。

2. 综合单价应以已标价工程量清单中的综合单价为依据,但若发承包双方确认调整了,以调整后的综合单价为依据。

【条文】 10.3.4 已标价工程量清单中的总价项目和按照本规范第 8.3.2 条规定形成的总价合同,承包人应按合同中约定的进度款支付分解,分别列入进度款支付申请中的安全文明施工费和本周期应支付的总价项目的金额中。

【要点说明】 本条规定了单价合同中的总价项目和按照本规范第 8.3.2 条规定形成的总价合同的进度款应支付分解。

单价合同中的总价项目和按本规范第 8.3.2 条规定形成的总价合同,应由承包人根据施工进度计划和总价构成、费用性质、计划发生时间和相应的工程量等因素,按计量周期进行分解,形成进度款支付分解表,在投标时提交,非招标工程在合同洽商时提交。在施工过程中,由于进度计划的调整,发承包双方应对支付分解进行调整。

1. 已标价工程量清单中的总价项目进度款支付分解方法可选择以下之一（但不限于）：

1）将各个总价项目的总金额按合同约定的计量周期平均支付；

2）按照各个总价项目的总金额占签约合同价的百分比，以及各个计量支付周期内所完成的单价项目的总金额，以百分比方式均摊支付；

3）按照各个总价项目组成的性质（如时间、与单价项目的关联性等）分解到形象进度计划或计量周期中，与单价项目一起支付。

2. 按本规范第8.3.2条规定形成的总价合同，除由于工程变更形成的工程量增减予以调整外，其工程量不予调整。因此，总价合同的进度款支付应按照计量周期进行支付分解，以便进度款有序支付。

【条文】 10.3.5 发包人提供的甲供材料金额，应按照发包人签约提供的单价和数量从进度款支付中扣除，列入本周期应扣减的金额中。

【要点说明】 本条规定了甲供材料价款的扣除要求。

【条文】 10.3.6 承包人现场签证和得到发包人确认的索赔金额应列入本周期应增加的金额中。

【要点说明】 本条规定了现场签证和索赔金额的支付要求。

【条文】 10.3.7 进度款的支付比例按照合同约定，按期中结算价款总额计，不低于60%，不高于90%。

【要点说明】 本条规定了进度款的支付比例。

【条文】 10.3.8 承包人应在每个计量周期到期后的7天内向发包人提交已完工程进度款支付申请一式四份，详细说明此周期认为有权得到的款额，包括分包人已完工程的价款。支付申请应包括下列内容：

1 累计已完成的合同价款；

2 累计已实际支付的合同价款；

3 本周期合计完成的合同价款：

1）本周期已完成单价项目的金额；

2）本周期应支付的总价项目的金额；

3）本周期已完成的计日工价款；

4）本周期应支付的安全文明施工费；

5）本周期应增加的金额；

4 本周期合计应扣减的金额：

1）本周期应扣回的预付款；

2）本周期应扣减的金额；

5 本周期实际应支付的合同价款。

【08条文】 4.5.5 承包人应在每个付款周期末，向发包人递交进度款支付申请，并附相应的证明文件。除合同另有约定外，进度款支付申请应包括下列内容：

1 本周期已完成工程的价款；

2 累计已完成的工程价款；

3 累计已支付的工程价款；

4 本周期已完成计日工金额；

5 应增加和扣减的变更金额；

6 应增加和扣减的索赔金额；

7 应抵扣的工程预付款；

8 应扣减的质量保证金；

9 根据合同应增加和扣减的其他金额；

10 本付款周期实际应支付的工程价款。

【要点说明】 本条规定了承包人递交进度款支付申请的内容。

本条对"08 规范"第4.5.5条作了修改完善，更具操作性。"本周期应增加的金额"包括除单价项目、总价项目、计日工、安全文明施工费外的全部应增金额，如索赔、现场签证金额，"本周期应扣减的金额"包括除预付款外的全部应减金额。

需要说明的是，本规范未在进度款支付中要求扣减质量保证金，因为进度款支付比例最高不超过90%，实质上已包含质量保证金。建设部、财政部印发的《建设工程质量保证金管理暂行办法》第七条规定："全部或者部分使用政府投资的建设项目，按工程价款结算总额5%左右的比例预留保证金"，因此，在进度款支付中扣减质量保证金，增加了财务结算工作量，而在竣工结算价款中预留保证金非常明晰。

按本规范第8.3.2条规定形成的总价合同在使用本条规定的支付申请时，可不使用"1）本周期已完成单价项目的金额"（或将其删去），将应支付的总价合同金额列入"2）本周期应支付的总价项目的金额"。因为从某种角度来看，总价合同的金额也看作是一个大的总价项目，只不过是包含的内容更多，范围更广而已。

【条文】 10.3.9 发包人应在收到承包人进度款支付申请后的14天内，根据计量结果和合同约定对申请内容予以核实，确认后向承包人出具进度款支付证书。若发承包双方对部分清单项目的计量结果出现争议，发包人应对无争议部分的工程计量结果向承包人出具进度款支付证书。

【要点说明】 本条规定了发包人出具进度款支付证书的要求。

【条文】 10.3.10 发包人应在签发进度款支付证书后的14天内，按照支付证书列明的金额向承包人支付进度款。

【08条文】 4.5.6 发包人在收到承包人递交的工程进度款支付申请及相应的证明文件后，发包人应在合同约定时间内核对和支付工程进度款。发包人应扣回的工程预付款，与工程进度款同期结算抵扣。

【要点说明】 本条规定了发包人支付工程进度款的要求。

【条文】 10.3.11 若发包人逾期未签发进度款支付证书，则视为承包人提交的进度款支付申请已被发包人认可，承包人可向发包人发出催告付款的通知。发包人应在收到通知后的14天内，按照承包人支付申请的金额向承包人支付进度款。

【要点说明】 本条规定了发包人逾期签发进度款支付申请的责任。

【条文】 10.3.12 发包人未按照本规范第10.3.9～10.3.11条的规定支付进度款的，承包人可催告发包人支付，并有权获得延迟支付的利息；发包人在付款期满后的7天内仍未支付的，承包人可在付款期满后的第8天起暂停施工。发包人应承担由此增加的费用和延误的工期，向承包人支付合理利润，并应承担违约责任。

【08条文】 4.5.7 发包人未在合同约定时间内支付工程进度款，承包人应及时向发包人发出要求付款的通知，发包人收到承包人通知后仍不按要求付款，可与承包人协商签订延期付款协议，经承包人同意后延期支付。协议应明确延期支付的时间和从付款申请生效后按同期银行贷款利率计算应付款的利息。

【08条文】 4.5.8 发包人不按合同约定支付工程进度款，双方又未达成延期付款协议，导致施工无法进行时，承包人可停止施工，由发包人承担违约责任。

【要点说明】 本条规定了发包人不按合同约定支付进度款的责任。

【条文】 10.3.13 发现已签发的任何支付证书有错、漏或重复的数额，发包人有权予以修正，承包人也有权提出修正申请。经发承包双方复核同意修正的，应在本次到期的进度款中支付或扣除。

【要点说明】 本条规定了发现进度款支付错误的修正原则。

11 竣工结算与支付

【概述】 本章共6节35条，其中1条强制性条文，比"08规范"增加21条。主要依据《中华人民共和国合同法》和《中华人民共和国建筑法》确立的原则以及《建筑工程施工发包与承包计价管理办法》（建设部令第107号）和财政部、建设部印发的《建设工程价款结算暂行办法》（财建〔2004〕369号）的有关规定制定。

11.1 一般规定

【概述】 本节共5条，是在"08规范"第4.8.1、4.8.2、4.8.12条的基础上改写的，规定竣工结算的办理原则、办理主体、投诉权利、备案管理等事项。

【条文】 **11.1.1 工程完工后，发承包双方必须在合同约定时间内办理工程竣工结算。**

【08条文】 **4.8.1 工程完工后，发、承包双方应在合同约定时间内办理工程竣工结算。**

【要点说明】 本条规定了竣工结算的办理原则。

本条仍保留为强制性条文。根据《中华人民共和国合同法》第二百七十九条"建设工程竣工后……验收合格的，发包人应当按照约定支付价款"和《中华人民共和国建筑法》第十八条"发包单位应当按照合同的约定，及时拨付工程款项"的规定，本条规定了工程完工后，发承包双方应在合同约定时间内办理竣工结算。合同中设有约定或约定不清的，按本规范相关规定实施。本规范将"应"改为"必须"，用词更加严格。

【条文】 **11.1.2 工程竣工结算应由承包人或受其委托具有相应资质的工程造价咨询人编制，并应由发包人或受其委托具有相应资质的工程造价咨询人核对。**

【08条文】 **4.8.2 工程竣工结算由承包人或受其委托具有相应资质的工程造价咨询人编制，由发包人或受其委托具有相应资质的工程造价咨询人核对。**

【要点说明】 本条规定了竣工结算编制和核对的责任主体。

竣工结算由承包人编制，发包人核对。实行总承包的工程，由总承包人对竣工结算的编制负总责。根据《工程造价咨询企业管理办法》（建设部令第149号）的规定，承包人、发包人均可委托具有工程造价咨询资质的工程造价咨询企业编制或核对竣工结算。

【条文】 **11.1.3 当发承包双方或一方对工程造价咨询人出具的竣工结算文件有异议时，可向工程造价管理机构投诉，申请对其进行执业质量鉴定。**

【要点说明】 本条规定了发承包双方或一方对工程造价咨询人出具的竣工结算文件有异议时的投诉权利。

本条是新增条文。工程完工后的竣工结算，是建设工程施工合同签约双方的共同权利和责任。由于社会分工的日益精细化，主要由发包人委托工程造价咨询人进行竣工结算审核已是现阶段办理竣工结算的主要方式。这一方式对建设单位有效控制投资，加快结算进度，提高社会效益等方面发挥了积极作用，但也存在个别工程造价咨询人不讲执业质量，不顾发承包双方或一方的反对，单方面出具竣工结算文件的现象，由于施工合同签约中的一方或双方不签章认可，从而也不具有法律效力，但是，却形成了合同价款争议，影响结算的办理。因此，本条借鉴一些地方的经验，提出了申请执业质量鉴定的规定，以尽可能化解分歧。

【条文】 **11.1.4 工程造价管理机构对投诉的竣工结算文件进行质量鉴定，宜按本规范第14章的相关规定进行。**

【要点说明】 本条规定了工程造价管理机构进行质量鉴定的要求。

本条是新增条文。工程造价管理机构受理投诉后，应当组织专家对投诉的竣工结算文件进行质量鉴定，并作出鉴定意见。

【条文】 11.1.5 竣工结算办理完毕，发包人应将竣工结算文件报送工程所在地或有该工程管辖权的行业管理部门的工程造价管理机构备案，竣工结算文件应作为工程竣工验收备案、交付使用的必备文件。

【08 条文】 4.8.12 竣工结算办理完毕，发包人应将竣工结算书报送工程所在地工程造价管理机构备案。竣工结算书作为工程竣工验收备案、交付使用的必备文件。

【要点说明】 本条规定了竣工结算书的备案要求。

竣工结算书是反映工程造价计价规定执行情况的最终文件。根据《中华人民共和国建筑法》第六十一条"交付竣工验收的建筑工程，必须符合规定的建筑工程质量标准，有完整的工程技术经济资料和经签署的工程保修书，并具备国家规定的其他竣工条件"的规定，本条规定了将工程竣工结算书作为工程竣工验收备案、交付使用的必备条件。同时要求发承包双方竣工结算办理完毕后，应由发包人向工程造价管理机构备案，以便工程造价管理机构对本规范的执行情况进行监督和检查。

11.2 编制与复核

【概述】 本节共6条，在"08 规范"第4.8.3～4.8.6条的基础上改写的，规定了竣工结算的依据以及各种项目的计价原则。

【条文】 11.2.1 工程竣工结算应根据下列依据编制和复核：

1 本规范；

2 工程合同；

3 发承包双方实施过程中已确认的工程量及其结算的合同价款；

4 发承包双方实施过程中已确认调整后追加（减）的合同价款；

5 建设工程设计文件及相关资料；

6 投标文件；

7 其他依据。

【08 条文】 4.8.3 工程竣工结算应依据：

1 本规范；

2 施工合同；

3 工程竣工图纸及资料；

4 双方确认的工程量；

5 双方确认追加（减）的工程价款；

6 双方确认的索赔、现场签证事项及价款；

7 投标文件；

8 招标文件；

9 其他依据。

【要点说明】 本条规定了办理竣工结算价款的依据。

本条对"08 规范"第4.8.3条作了较大调整，特别注重合同履行过程中的发承包双方已经确认的计量计价与支付资料的使用，这是竣工结算汇总的主要证据，有利于加快竣工结算办理。

【条文】 11.2.2 分部分项工程和措施项目中的单价项目应依据发承包双方确认的工程量与已标价工程量清单的综合单价计算；发生调整的，应以发承包双方确认调整的综合单价计算。

【08 条文】 4.8.4 分部分项工程费应依据双方确认的工程量、合同约定的综合单价计算；如发生调整的，以发、承包双方确认调整的综合单价计算。

【要点说明】 本条规定了办理竣工结算时，单价项目的计价原则。

1. 工程量应依据发承包双方确认的工程量计算。

2．综合单价应依据已标价工程量清单的单价计算；发生调整的，以发承包双方确认调整后的综合单价计算。

【条文】 **11.2.3** 措施项目中的总价项目应依据已标价工程量清单的项目和金额计算；发生调整的，应以发承包双方确认调整的金额计算，其中安全文明施工费应按本规范第3.1.5条的规定计算。

【08条文】 **4.8.5** 措施项目费应依据合同约定的项目和金额计算；如发生调整的，以发、承包双方确认调整的金额计算。其中安全文明施工费应按本规范4.1.5条的规定计算。

【要点说明】 本条规定了办理竣工结算时，总价措施项目的计价原则。

1．总价措施项目，应依据已标价工程量清单的措施项目和金额或发承包双方确认调整后的金额计算。

2．其中的安全文明施工费应按照国家或省级、行业建设主管部门的规定计算。施工过程中，国家或省级、行业建设主管部门对安全文明施工费进行了调整的，措施项目费中的安全文明施工费应作相应调整。

【条文】 **11.2.4** 其他项目应按下列规定计价：

1 计日工应按发包人实际签证确认的事项计算；

2 暂估价应按本规范第9.10节的规定计算；

3 总承包服务费应依据已标价工程量清单的金额计算；发生调整的，应以发承包双方确认调整的金额计算；

4 索赔费用应依据发承包双方确认的索赔事项和金额计算；

5 现场签证费用应依据发承包双方签证资料确认的金额计算；

6 暂列金额应减去合同价款调整（包括索赔、现场签证）金额计算，如有余额归发包人。

【08条文】 **4.8.6** 其他项目费用应按下列规定计算：

1 计日工应按发包人实际签证确认的事项计算；

2 暂估价中的材料单价应按发、承包双方最终确认价在综合单价中调整；专业工程暂估价应按中标价或发包人、承包人与分包人最终确认价计算；

3 总承包服务费应依据合同约定金额计算；如发生调整的，以发、承包双方确认调整的金额计算；

4 索赔费用应依据发、承包双方确认的索赔事项和金额计算；

5 现场签证费用应依据发、承包双方签证资料确认的金额计算；

6 暂列金额应减去工程价款调整与索赔、现场签证金额计算，如有余额归发包人。

【要点说明】 本条规定了其他项目费用在办理竣工结算时的计价原则。

1．计日工的费用应按发包人实际签证确认的数量和相应项目综合单价计算。

2．若暂估价中的材料、工程设备是招标采购的，其单价按中标价在综合单价中调整；若暂估价中的材料、工程设备为非招标采购的，其单价按发承包双方最终确认的单价在综合单价中调整。

若暂估价中的专业工程是招标发包的，其专业工程费按中标价计算；若暂估价中的专业工程为非招标发包的，其专业工程费按发承包双方与分包人最终确认的金额计算。

3．总承包服务费应依据已标价工程量清单的金额计算，发承包双方依据合同约定对总承包服务费进行了调整，应按调整后的金额计算。

4．索赔事件产生的费用在办理竣工结算时应在其他项目费中反映。索赔费用的金额应依据发承包双方确认的索赔事项和金额计算。

5．现场签证发生的费用在办理竣工结算时应在其他项目费中反映。现场签证费用金额依据发承包双方签证确认的金额计算。

6．合同价款中的暂列金额在用于各项价款调整、索赔与现场签证的费用后，若有余额，则余额归发包人，若出现差额，则由发包人补足并反映在相应项目的价款中。

【条文】 11.2.5 规费和税金应按本规范第3.1.6条的规定计算。规费中的工程排污费应按工程所在地环境保护部门规定的标准缴纳后按实列入。

【08条文】 4.8.7 规费和税金应按本规范第4.1.8条的规定计算。

【要点说明】 本条规定了规费和税金的计取原则。

竣工结算中应按照国家或省级、行业建设主管部门对规费和税金的计取标准计算。

【条文】 11.2.6 发承包双方在合同工程实施过程中已经确认的工程计量结果和合同价款，在竣工结算办理中应直接进入结算。

【要点说明】 本条规定明确了进度款支付与竣工结算的关系。

本条是新增条文。工程合同价款按交付时间顺序可分为：工程预付款、工程进度款和工程竣工结算款，由于工程预付款已在工程进度款中扣回，因此，工程竣工结算存在以下等式：工程竣工结算价款＝工程进度款＋工程竣工结算余款。可见，竣工结算与合同工程实施过程中的工程计量及其价款结算、进度款支付、合同价款调整等具有内在联系，除有争议的外，均应直接进入竣工结算，简化结算流程。

11.3 竣 工 结 算

【概述】 本节共9条，是在"08规范"第4.8.8~4.8.11、4.9.2条的基础上改写的。竣工结算的核对是工程造价计价中发承包双方应共同完成的重要工作。按照交易的一般原则，任何交易结束后，都应做到钱、货两清，工程建设也不例外。工程施工的发承包活动作为期货交易行为，当工程竣工验收合格后，承包人将工程移交给发包人时，发承包双方应将工程价款结算清楚，即竣工结算办理完毕。由于工程合同价款结算兼有契约性与技术性的特点，也就是说，既涉及契约问题，又涉及专业问题，既涉及承包合同范围的计价，又涉及工程变更或索赔的确定，因此，发承包双方都非常重视，需要一定的核对时间。本节按照交易结束时钱、货两清的原则，规定了发承包双方在竣工结算核对过程中的权利和责任，同时对竣工结算作了程序性规定。

【条文】 11.3.1 合同工程完工后，承包人应在经发承包双方确认的合同工程期中价款结算的基础上汇总编制完成竣工结算文件，并应在提交竣工验收申请的同时向发包人提交竣工结算文件。

承包人未在合同约定的时间内提交竣工结算文件，经发包人催告后14天内仍未提交或没有明确答复的，发包人有权根据已有资料编制竣工结算文件，作为办理竣工结算和支付结算款的依据，承包人应予以认可。

【08条文】 4.8.8 承包人应在合同约定时间内编制完成竣工结算书，并在提交竣工验收报告的同时递交给发包人。

承包人未在合同约定时间内递交竣工结算书，经发包人催促后仍未提供或没有明确答复的，发包人可以根据已有资料办理结算。

【要点说明】 本条规定了承包人完成竣工结算编制工作的要求。

本条对"08规范"第4.8.8条作了修改，增加了"承包人应在经发承包双方确认的合同工程期中价款结算的基础上汇总编制完成竣工结算文件"，与本规范第11.2节的相关规定保持了一致。本条包括两点内容：

1. 承包人向发包人提交的竣工验收报告资料应是完整的，其中包括竣工结算书。

2. 承包人无正当理由在约定时间内未递交竣工结算书，造成工程结算价款延期支付的，责任由承包人承担。

【条文】 11.3.2 发包人应在收到承包人提交的竣工结算文件后的28天内核对。发包人经核实，认为承包人还应进一步补充资料和修改结算文件，应在上述时限内向承包人提出核实意见，承包人在收到核实意见后的28天内应按照发包人提出的合理要求补充资料，修改竣工结算文件，并应再次提交给发包人复核后批准。

【08 条文】 4.8.9 发包人在收到承包人递交的竣工结算书后，应按合同约定时间核对……

【要点说明】 本条规定了发承包人对竣工结算文件的核对要求。

本条对"08 规范"第 4.8.9 条第一段的规定作了细化，更具有操作性。

【条文】 11.3.3 发包人应在收到承包人再次提交的竣工结算文件后的 28 天内予以复核，将复核结果通知承包人，并应遵守下列规定：

1 发包人、承包人对复核结果无异议的，应在 7 天内在竣工结算文件上签字确认，竣工结算办理完毕；

2 发包人或承包人对复核结果认为有误的，无异议部分按照本条第 1 款规定办理不完全竣工结算；有异议部分由发承包双方协商解决；协商不成的，应按照合同约定的争议解决方式处理。

【要点说明】 本条规定了对竣工结算文件复核结果的处理要求。

竣工结算的提出、核对与再复核是发承包双方准确办理竣工结算的权利和责任，是由表及里、由此及彼、由粗到细的过程。核对过程中，任何无异议的部分，双方均应签字确认下来，对于有异议部分，双方应以事实、证据为依据，本着公正、公平的原则切实缩小分歧，解决争议。

【条文】 11.3.4 发包人在收到承包人竣工结算文件后的 28 天内，不核对竣工结算或未提出核对意见的，应视为承包人提交的竣工结算文件已被发包人认可，竣工结算办理完毕。

【08 条文】 4.8.10 发包人或受其委托的工程造价咨询人收到承包人递交的竣工结算书后，在合同约定时间内，不核对竣工结算或未提出核对意见的，视为承包人递交的竣工结算书已经认可，发包人应向承包人支付工程结算价款。……

【要点说明】 本条规定了发包人未在竣工结算中履行核对责任的后果。

在工程建设施工阶段，工程竣工验收合格，发承包人就应当办清竣工结算。结算时，先由承包人提交竣工结算书，由发包人核对，而有的发包人收到竣工结算书后迟迟不予答复或根本不予答复，以达到拖欠或者不支付合同价款的目的。这种行为不仅严重侵害了承包人的合法权益，还造成了拖欠农民工工资的现象，造成严重的社会问题。为此，最高人民法院《关于审理建设工程施工合同纠纷案件适用法律问题的解释》（法释〔2004〕14 号）第二十条规定："当事人约定，发包人收到竣工结算文件后，在约定期限内不予答复，视为认可竣工结算文件的，按照约定处理。承包人请求按照竣工结算文件结算工程价款的，应予支持"。

《建筑工程施工发包与承包计价管理办法》（建设部令第 107 号）第十六条（二）项规定"发包方应当在收到竣工结算文件后的约定期限予以答复。逾期未答复的，竣工结算文件视为已被认可"，（五）项二款规定"发承包双方在合同中对上述事项的期限没有明确约定的，可认为其约定期限均为 28 日"。

财政部、建设部印发的《建设工程价款结算暂行办法》（财建〔2004〕369 号）规定第十六条："发包人收到竣工结算报告及完整的结算资料后，在本办法规定或合同约定期限内，对结算报告及资料没有提出意见，则视同认可。"

【条文】 11.3.5 承包人在收到发包人提出的核实意见后的 28 天内，不确认也未提出异议的，应视为发包人提出的核实意见已被承包人认可，竣工结算办理完毕。

【08 条文】 4.8.10 ……承包人在接到发包人提出的核对意见后，在合同约定时间内，不确认也未提出异议的，视为发包人提出的核对意见已经认可，竣工结算办理完毕。

【要点说明】 本条规定了承包人未在竣工结算中履行核对责任的后果。

《建设工程价款结算暂行办法》第十六条规定："承包人如未在规定时间内提供完整的工程竣工结算资料，经发包人催促后 14 天内仍未提供或没有明确答复，发包人有权根据已有资料进行审查，责任由承包人自负"，本条的规定，与上述规定是一致的。

【条文】 11.3.6 发包人委托工程造价咨询人核对竣工结算的，工程造价咨询人应在 28 天内核对完毕，核对结论与承包人竣工结算文件不一致的，应提交给承包人复核；承包人应在 14 天内将同意核对结论或不同意见的说明提交工程造价咨询人。工程造价咨询人收到承包人提出的异议后，应再次复核，复核无异议的，应按本规范第 11.3.3 条第 1 款的规定办理，复核后仍有异议的，应按本规范第 11.3.3 条第 2 款的规定办理。

承包人逾期未提出书面异议的，应视为工程造价咨询人核对的竣工结算文件已经承包人认可。

【要点说明】 本条规定了发包人委托工程造价咨询人核对竣工结算的事项。

针对目前工程建设领域中工程造价咨询企业进入工程造价控制和管理，受发包人委托办理竣工结算是普遍现象这一状况，本条作了规定，并明示：

承包人逾期未提出书面异议的，视为工程造价咨询人核对的竣工结算文件已经承包人认可。

【条文】 **11.3.7** 对发包人或发包人委托的工程造价咨询人指派的专业人员与承包人指派的专业人员经核对后无异议并签名确认的竣工结算文件，除非发承包人能提出具体、详细的不同意见，发承包人都应在竣工结算文件上签名确认，如其中一方拒不签认的，按下列规定办理：

1 若发包人拒不签认的，承包人可不提供竣工验收备案资料，并有权拒绝与发包人或其上级部门委托的工程造价咨询人重新核对竣工结算文件。

2 若承包人拒不签认的，发包人要求办理竣工验收备案的，承包人不得拒绝提供竣工验收资料，否则，由此造成的损失，承包人承担相应责任。

【要点说明】 本条规定了发承包双方委派专业人员确认结算文件遭到否认的后果。

当前，存在着这种现象：发包人或发包人委托的工程造价咨询人指派的专业人员与承包人指派的专业人员经核对后无异议并签名确认的竣工结算文件，但发承包人一方，特别是发包人不签字确认，造成竣工结算办理停止，引发诸多矛盾。因此，本条规定除非发承包人能提出具体、详细的不同意见，否则，发承包人都应在竣工结算文件上签名确认，如其中一方拒不签认的，将承担以下后果：

1. 若发包人拒不签认的，承包人可不提供竣工验收备案资料，并有权拒绝与发包人或其上级部门委托的工程造价咨询人重新核对竣工结算文件。

2. 若承包人拒不签认的，发包人要求办理竣工验收备案的，承包人不得拒绝提供竣工验收资料，否则，由此造成的损失，承包人承担相应责任。

【条文】 **11.3.8** 合同工程竣工结算核对完成，发承包双方签字确认后，发包人不得要求承包人与另一个或多个工程造价咨询人重复核对竣工结算。

【08 条文】 **4.8.9** ……同一工程竣工结算核对完成，发、承包双方签字确认后，禁止发包人又要求承包人与另一或多个工程造价咨询人重复核对竣工结算。

【要点说明】 本条规定了禁止重复核对竣工结算的原则。

竣工结算文件经发承包双方签字确认，表示工程竣工结算已经完成，因此发包人不得要求承包人与另一或多个工程造价咨询人重复核对竣工结算。此条针对当前实际存在的竣工结算一审再审、久审不结的现象作了禁止性规定。

【条文】 **11.3.9** 发包人对工程质量有异议，拒绝办理工程竣工结算的，已竣工验收或已竣工未验收但实际投入使用的工程，其质量争议应按该工程保修合同执行，竣工结算应按合同约定办理；已竣工未验收且未实际投入使用的工程以及停工、停建工程的质量争议，双方应就有争议的部分委托有资质的检测鉴定机构进行检测，并应根据检测结果确定解决方案，或按工程质量监督机构的处理决定执行后办理竣工结算，无争议部分的竣工结算应按合同约定办理。

【08 条文】 **4.9.2** 发包人以对工程质量有异议，拒绝办理工程竣工结算的，已竣工验收或已竣工未验收但实际投入使用的工程，其质量争议按该工程保修合同执行，竣工结算按合同约定办理；已竣工未验收且未实际投入使用的工程以及停工、停建工程的质量争议，双方应就有争议的部分委托有资质的检测鉴定机构进行检测，根据检测结果确定解决方案，或按工程质量监督机构的处理决定执行后办理竣工结算，无争议部分的竣工结算按合同约定办理。

【要点说明】 本条规定了发包人对工程质量有异议时，竣工结算的办理原则。

按照财政部、建设部印发的《建设工程价款结算暂行办法》（财建〔2004〕369 号）第十九条的规定，本条作了相应规定：

1. 已竣工验收或已竣工未验收但实际投入使用的工程，其质量争议按该工程保修合同执行，竣工结算按合同约定办理。

2. 已竣工未验收且未实际投入使用的工程以及停工、停建工程的质量争议，应当就有争议部分竣工结算暂缓办理，并就有争议的工程部分委托有资质的检测鉴定机构进行检测，根据检测结果确定解决方案，或按工程质量监督机构的处理决定执行后办理竣工结算。此处有两层含义，一是经检测质量合格，竣工结算继续办理；二是经检测，质量确有问题，应经修复处理，质量验收合格后，竣工结算继续办理。无争议部分的竣工结算按合同约定办理。

11.4　结算款支付

【概述】　本节共5条，在"08规范"第4.8.13、4.8.14条基础上改写。

【条文】　**11.4.1**　承包人应根据办理的竣工结算文件向发包人提交竣工结算款支付申请。申请应包括下列内容：

1　竣工结算合同价款总额；

2　累计已实际支付的合同价款；

3　应预留的质量保证金；

4　实际应支付的竣工结算款金额。

【08条文】　**4.8.13**　竣工结算办理完毕，发包人应根据确认的竣工结算书在合同约定时间内向承包人支付工程竣工结算价款。

【要点说明】　本条规定了承包人提交竣工结算款支付申请的要求。

【条文】　**11.4.2**　发包人应在收到承包人提交竣工结算款支付申请后7天内予以核实，向承包人签发竣工结算支付证书。

【要点说明】　本条规定了发包人对承包人提交竣工结算款支付申请的核实要求。

【条文】　**11.4.3**　发包人签发竣工结算支付证书后的14天内，应按照竣工结算支付证书列明的金额向承包人支付结算款。

【要点说明】　本条规定了发包人签发竣工结算支付证书后，向承包人支付结算款的要求。

【条文】　**11.4.4**　发包人在收到承包人提交的竣工结算款支付申请后7天内不予核实，不向承包人签发竣工结算支付证书的，应视为承包人的竣工结算款支付申请已被发包人认可；发包人应在收到承包人提交的竣工结算款支付申请7天后的14天内，按照承包人提交的竣工结算款支付申请列明的金额向承包人支付结算款。

【要点说明】　本条规定了发包人收到承包人竣工结算款支付申请后不予核实的责任。

【条文】　**11.4.5**　发包人未按照本规范第11.4.3条、第11.4.4条规定支付竣工结算款的，承包人可催告发包人支付，并有权获得延迟支付的利息。发包人在竣工结算支付证书签发后或者在收到承包人提交的竣工结算款支付申请7天后的56天内仍未支付的，除法律另有规定外，承包人可与发包人协商将该工程折价，也可直接向人民法院申请将该工程依法拍卖。承包人应就该工程折价或拍卖的价款优先受偿。

【08条文】　**4.8.14**　发包人未在合同约定时间内向承包人支付工程结算价款的，承包人可催告发包人支付结算价款。如达成延期支付协议的，发包人应按同期银行同类贷款利率支付拖欠工程价款的利息。如未达成延期支付协议，承包人可以与发包人协商将该工程折价，或申请人民法院将该工程依法拍卖，承包人就该工程折价或者拍卖的价款优先受偿。

【要点说明】　本条规定了承包人未按合同约定得到竣工结算价款时应采取的措施。

竣工结算办理完毕后，发包人应按合同约定向承包人支付合同价款。发包人按合同约定应向承包人支付而未支付的工程款视为拖欠工程款。

《最高人民法院关于审理建设工程施工合同纠纷案件适用法律问题的解释》（法释［2004］14

号）第十七条规定："当事人对欠付工程价款利息计付标准有约定的，按照约定处理；没有约定的，按照中国人民银行发布的同期同类贷款利率计息。发包人应向承包人支付拖欠工程款的利息，并承担违约责任。"

《中华人民共和国合同法》第二百八十六条规定："发包人未按照合同约定支付价款的，承包人可以催告发包人在合理期限内支付价款。发包人逾期不支付的，除按照建设工程的性质不宜折价、拍卖的以外，承包人可以与发包人协议将该工程折价，也可以申请人民法院将该工程依法拍卖。建设工程的价款就该工程折价或者拍卖的价款优先受偿。"

最高人民法院《关于建设工程价款优先受偿权的批复》（法释〔2002〕16号）的规定：

"1. 人民法院在审理房地产纠纷案件和办理执行案件中，应当依照《中华人民共和国合同法》第二百八十六条的规定，认定建筑工程的承包人的优先受偿权优于抵押权和其他债权。

2. 消费者交付购买商品房的全部或者大部分款项后，承包人就该商品房享有的工程价款优先受偿权不得对抗买受人。

3. 建筑工程价款包括承包人为建设工程应当支付的工作人员报酬、材料款等实际支出的费用，不包括承包人因发包人违约所造成的损失。

4. 建设工程承包人行使优先权的期限为六个月，自建设工程竣工之日或者建设工程合同约定的竣工之日起计算。"

11.5　质量保证金

【概述】　本节共3条，全部是新增条文，根据建设部、财政部印发的《建设工程质量保证金管理暂行办法》（建质〔2005〕7号）的有关规定编写。

【条文】　**11.5.1**　发包人应按照合同约定的质量保证金比例从结算款中预留质量保证金。

【要点说明】　本条规定了质量保证金的预留原则。

《建设工程质量保证金管理暂行办法》第六条规定："建设工程竣工结算后，发包人应按照合同约定及时向承包人支付工程结算价款并预留保证金"；第七条规定："全部或者部分使用政府投资的建设项目，按工程价款结算总额5%左右的比例预留保证金。社会投资项目采用预留保证金方式的，预留保证金的比例可参照执行。"

质量保证金用于承包人按照合同约定履行属于自身责任的工程缺陷修复义务，为发包人有效监督承包人完成缺陷修复提供资金保证。

【条文】　**11.5.2**　承包人未按照合同约定履行属于自身责任的工程缺陷修复义务的，发包人有权从质量保证金中扣除用于缺陷修复的各项支出。经查验，工程缺陷属于发包人原因造成的，应由发包人承担查验和缺陷修复的费用。

【要点说明】　本条规定了质量保证金的使用。

【条文】　**11.5.3**　在合同约定的缺陷责任期终止后，发包人应按照本规范第11.6节的规定，将剩余的质量保证金返还给承包人。

【要点说明】　本条规定了缺陷责任期终止后，发包人应将剩余的质量保证金返还给承包人。

建设部、财政部印发的《建设工程质量保证金管理暂行办法》（建质〔2005〕7号）第九条规定："缺陷责任期内，承包人认真履行合同约定的责任，到期后，承包人向发包人申请返还保证金。"

第十条规定："发包人在接到承包人返还保证金申请后，应于14日内会同承包人按照合同约定的内容进行核实。如无异议，发包人应当在核实后14日内将保证金返还给承包人，逾期支付的，从逾期之日起，按照同期银行贷款利率计付利息，并承担违约责任。发包人在接到承包人返还保证金申请后14日内不予答复，经催告后14日内仍不予答复，视同认可承包人的返还保证金申请。"

11.6 最 终 结 清

【概述】 本节共7条，全部是新增条文。

【条文】 **11.6.1** 缺陷责任期终止后，承包人应按照合同约定向发包人提交最终结清支付申请。发包人对最终结清支付申请有异议的，有权要求承包人进行修正和提供补充资料。承包人修正后，应再次向发包人提交修正后的最终结清支付申请。

【要点说明】 本条规定了承包人提出最终结清支付申请的要求。

缺陷责任期终止后，承包人已完成合同约定的全部承包工作，但合同工程的财务账目需要结清，所以，承包人应向发包人提交最终结清支付申请。发包人对最终结清支付申请有异议的，有权要求承包人进行修正和提供补充资料。承包人修正后，应再次向发包人提交修正后的最终结清支付申请。

【条文】 **11.6.2** 发包人应在收到最终结清支付申请后的14天内予以核实，并应向承包人签发最终结清支付证书。

【要点说明】 本条规定了发包人对最终结清支付申请的核实要求。

【条文】 **11.6.3** 发包人应在签发最终结清支付证书后的14天内，按照最终结清支付证书列明的金额向承包人支付最终结清款。

【要点说明】 本条规定了发包人向承包人支付最终结清款的要求。

【条文】 **11.6.4** 发包人未在约定的时间内核实，又未提出具体意见的，应视为承包人提交的最终结清支付申请已被发包人认可。

【要点说明】 本条规定了发包人未在约定的时间内核实最终结清支付申请的责任。

【条文】 **11.6.5** 发包人未按期最终结清支付的，承包人可催告发包人支付，并有权获得延迟支付的利息。

【要点说明】 本条规定了发包人未按期最终结清支付的后果。

【条文】 **11.6.6** 最终结清时，承包人被预留的质量保证金不足以抵减发包人工程缺陷修复费用的，承包人应承担不足部分的补偿责任。

【要点说明】 本条规定了最终结清时，质量保证金不足以抵减发包人工程缺陷修复费用的，承包人应承担不足部分的补偿责任。

【条文】 **11.6.7** 承包人对发包人支付的最终结清款有异议的，应按照合同约定的争议解决方式处理。

【要点说明】 本条规定了承包人对发包人支付的最终结清款有异议时的解决方式。

12 合同解除的价款结算与支付

【概述】 本章为新增，共4条。合同解除是合同非常态的终止，为了限制合同的解除，法律规定了合同解除制度。根据解除权来源划分，可分为协议解除和法定解除。鉴于建设工程施工合同的特性，为了防止社会资源浪费，法律不赋予发承包人享有任意单方解除权，因此，除了协议解除，按照《最高人民法院关于审理建设工程施工合同纠纷案件适用法律问题的解释》第八条、第九条的规定，施工合同的解除有承包人根本违约的解除和发包人根本违约的解除两种。

既然施工合同的解除是一个合法有效合同的非常态解除，就存在对解除前行为和解除事项的处理问题。《最高人民法院关于审理建设工程施工合同纠纷案件适用法律问题的解释》第十条规定："建设工程施工合同解除后，已经完成的建设工程质量合格的，发包人应当按照约定支付相应的工程价款……因一方违约导致合同解除的，违约方应当赔偿因此而给对方造成的损失"。因此，本章针对工程建设合同履行过程中由于以上原因导致合同解除后的价款结算与支付进行规范。

【条文】 **12.0.1** 发承包双方协商一致解除合同的，应按照达成的协议办理结算和支付合同价款。

【要点说明】 本条规定了在发承包双方协商一致解除合同的前提下，以双方达成的协议办理结算和支付合同价款。

【条文】 **12.0.2** 由于不可抗力致使合同无法履行解除合同的，发包人应向承包人支付合同解除之日前已完成工程但尚未支付的合同价款，此外，还应支付下列金额：

1 本规范第9.11.1条规定的应由发包人承担的费用；

2 已实施或部分实施的措施项目应付价款；

3 承包人为合同工程合理订购且已交付的材料和工程设备货款；

4 承包人撤离现场所需的合理费用，包括员工遣送费和临时工程拆除、施工设备运离现场的费用；

5 承包人为完成合同工程而预期开支的任何合理费用，且该项费用未包括在本款其他各项支付之内；

发承包双方办理结算合同价款时，应扣除合同解除之日前发包人应向承包人收回的价款。当发包人应扣除的金额超过了应支付的金额，承包人应在合同解除后的56天内将其差额退还给发包人。

【要点说明】 本条规定了由于不可抗力解除合同的，发包人应向承包人支付的合同价款。

【条文】 **12.0.3** 因承包人违约解除合同的，发包人应暂停向承包人支付任何价款。发包人应在合同解除后28天内核实合同解除时承包人已完成的全部合同价款以及按施工进度计划已运至现场的材料和工程设备货款，按合同约定核算承包人应支付的违约金以及造成损失的索赔金额，并将结果通知承包人。发承包双方应在28天内予以确认或提出意见，并办理结算合同价款。如果发包人应扣除的金额超过了应支付的金额，承包人应在合同解除后的56天内将其差额退还给发包人。发承包双方不能就解除合同后的结算达成一致的，按照合同约定的争议解决方式处理。

【要点说明】 本条规定了由于承包人违约解除合同，关于价款结算与支付的原则。

1. 发包人应暂停向承包人支付任何价款。

2. 发包人应在合同解除后28天内核实合同解除时承包人已完成的全部工程合同价款以及按施工进度计划已运至现场的材料和工程设备货款，按合同约定核算承包人应支付的违约金以及造成损失的索赔金额，并将结果通知承包人。

3. 发承包双方应在28天内予以确认或提出意见，并办理结算合同价款。如果发包人应扣除的金额超过了应支付的金额，承包人应在合同解除后的56天内将其差额退还给发包人。

4. 发承包双方不能就解除合同后的结算达成一致的，按照合同约定的争议解决方式处理。

【条文】　12.0.4　因发包人违约解除合同的，发包人除应按照本规范第 12.0.2 条的规定向承包人支付各项价款外，应按合同约定核算发包人应支付的违约金以及给承包人造成损失或损害的索赔金额费用。该笔费用应由承包人提出，发包人核实后应与承包人协商确定后的 7 天内向承包人签发支付证书。协商不能达成一致的，应按照合同约定的争议解决方式处理。

【要点说明】　本条规定了由于发包人违约解除合同，关于价款结算与支付的原则。

1. 发包人除应按照本规范第 12.0.2 条的规定向承包人支付各项价款外，还应按合同约定核算发包人应支付的违约金以及给承包人造成损失或损害的索赔金额费用。该笔费用由承包人提出，发包人核实后与承包人协商确定后的 7 天内向承包人签发支付证书。

2. 发承包双方协商不能达成一致的，按照合同约定的争议解决方式处理。

13   合同价款争议的解决

【概述】   本章共5节19条，是在"08规范"第4.9.1、4.9.3条的基础上，根据当前我国工程建设领域解决争议的实践总结形成条文。

由于建设工程具有施工周期长、不确定因素多等特点，在施工合同履行过程中出现争议也是难免的。因此，发承包双方发生争议后，可以进行协商和解从而达到消除争议的目的，也可以请第三方调解从而达到定争止纷的目的；若争议继续存在，双方可以继续通过司法途径解决，当然，也可以直接进入司法程序解决争议，主要指仲裁或诉讼。但是，不论采用何种方式解决发承包双方的争议，只有及时并有效的解决施工过程中的合同价款争议，才是工程建设顺利进行的必要保证。因此，立足于把争议解决在萌芽状态，或尽可能在争议前期过程中予以解决较为理想。

13.1   监理或造价工程师暂定

【概述】   本节全部为新增条款，共3条。从现行施工合同示范文本以及监理合同、造价咨询合同的内容来看，合同中一般会对总监理工程师或造价工程师在合同履行过程中对发承包双方的争议如何处理有所约定。因此，本节规定了总监理工程师或造价工程师对有关合同价款争议的处理流程和职责权限，明确了总监理工程师或造价工程师对争议处理和暂定结果的生效时限以及发承包双方或一方不同意总监理工程师或造价工程对合同价款争议处理暂定结果的解决办法，以求争议在施工过程中就能够由监理工程师或造价工程师予以解决。

【条文】   **13.1.1**   若发包人和承包人之间就工程质量、进度、价款支付与扣除、工期延期、索赔、价款调整等发生任何法律上、经济上或技术上的争议，首先应根据已签约合同的规定，提交合同约定职责范围内的总监理工程师或造价工程师解决，并应抄送另一方。总监理工程师或造价工程师在收到此提交件后14天内应将暂定结果通知发包人和承包人。发承包双方对暂定结果认可的，应以书面形式予以确认，暂定结果成为最终决定。

【要点说明】   本条规定了监理或造价工程师解决争议的事项。

【条文】   **13.1.2**   发承包双方在收到总监理工程师或造价工程师的暂定结果通知之后的14天内未对暂定结果予以确认也未提出不同意见的，应视为发承包双方已认可该暂定结果。

【要点说明】   本条规定了发承包双方未对暂定结果回复意见的后果。

【条文】   **13.1.3**   发承包双方或一方不同意暂定结果的，应以书面形式向总监理工程师或造价工程师提出，说明自己认为正确的结果，同时抄送另一方，此时该暂定结果成为争议。在暂定结果对发承包双方当事人履约不产生实质影响的前提下，发承包双方应实施该结果，直到按照发承包双方认可的争议解决办法被改变为止。

【要点说明】   本条规定了发承包双方或一方不同意暂定的解决方法。

13.2   管理机构的解释或认定

【概述】   本节是在"08规范"第4.9.1条基础上改写的，共3条，条文更具体、更具操作性。

在我国现行建筑管理体制下，各级工程造价管理机构在处理有关工程计价争议甚至合同价款纠纷中，仍然发挥着相当有效的作用，对及时化解工程合同价款纠纷具有重大意义。

因此，本节规定了工程造价管理机构对发承包双方提出的书面解释或认定的处理程序、效力等事项。

【条文】   **13.2.1**   合同价款争议发生后，发承包双方可就工程计价依据的争议以书面形式提请工程造价管理机构对争议以书面文件进行解释或认定。

【08条文】 4.9.1 在工程计价中，对工程造价计价依据、办法以及相关政策规定发生争议事项的，由工程造价管理机构负责解释。

【要点说明】 本条规定了工程造价计价依据的解释机构。

工程造价管理机构是工程造价计价依据、办法以及相关政策的管理机构。对发包人、承包人或工程造价咨询人在工程计价中，就计价依据、办法以及相关政策规定发生的争议进行解释是工程造价管理机构的职责。

【条文】 13.2.2 工程造价管理机构应在收到申请的10个工作日内就发承包双方提请的争议问题进行解释或认定。

【要点说明】 本条规定了工程造价管理机构答复时限。

工程造价管理机构应制定办事指南，明确规定解释流程、时间，认真做好此项工作。

【条文】 13.2.3 发承包双方或一方在收到工程造价管理机构书面解释或认定后仍可按照合同约定的争议解决方式提请仲裁或诉讼。除工程造价管理机构的上级管理部门作出了不同的解释或认定，或在仲裁裁决或法院判决中不予采信的外，工程造价管理机构作出的书面解释或认定应为最终结果，并应对发承包双方均有约束力。

【要点说明】 本条规定了工程造价机构解释的效力。

13.3 协 商 和 解

【概述】 本节以及第13.4、13.5节是在"08规范"4.9.3条的基础上改写的，将和解、调解、仲裁或诉讼进一步具体化。本节共2条，《中华人民共和国合同法》第一百二十八条规定："当事人可以通过和解或者调解解决合同争议"，因此，本节规定了计价争议发生后，发承包双方任何时候都可以进行协商。协商达成一致的，双方应签订书面和解协议，并明确和解协议对发承包双方均有约束力。如果协商不能达成一致协议，发包人或承包人都可以按合同约定的其他方式解决争议。

【条文】 13.3.1 合同价款争议发生后，发承包双方任何时候都可以进行协商。协商达成一致的，双方应签订书面和解协议，和解协议对发承包双方均有约束力。

【要点说明】 本条规定了发承包双方和解的要求。

【条文】 13.3.2 如果协商不能达成一致协议，发包人或承包人都可以按合同约定的其他方式解决争议。

【要点说明】 本条规定了发承包双方不能和解时争议的解决方法。

13.4 调 解

【概述】 本节共7条，借鉴了国外合同争议的争端裁决和争议评审机制，同时又结合我国现行法律的规定。按照《中华人民共和国合同法》的规定，当事人可以通过调解解决合同争议，但在工程建设领域，目前的调解主要出现在仲裁或诉讼中，即所谓司法调解；有的通过建设行政主管部门或工程造价管理机构处理，双方认可，即所谓行政调解。司法调解耗时较长，且增加了诉讼成本；行政调解受行政管理人员专业水平、处理能力等的影响，其效果也受到限制。因此，本节提出了由发承包双方约定相关专业工程的专家作为合同工程争议调解人的思路，类似于国外的争议评审或争端裁决，可定义为专业调解。这一调解方式在我国合同法的框架内，有法可依，使争议尽可能在合同履行过程中得到解决，确保工程建设顺利进行。

【条文】 13.4.1 发承包双方应在合同中约定或在合同签订后共同约定争议调解人，负责双方在合同履行过程中发生争议的调解。

【要点说明】　本条规定了调解人的约定。

【条文】　13.4.2　合同履行期间，发承包双方可协议调换或终止任何调解人，但发包人或承包人都不能单独采取行动。除非双方另有协议，在最终结清支付证书生效后，调解人的任期应即终止。

【要点说明】　本条规定了调解人的调换或终止。

【条文】　13.4.3　如果发承包双方发生了争议，任何一方可将该争议以书面形式提交调解人，并将副本抄送另一方，委托调解人调解。

【要点说明】　本条规定了争议的提出。

【条文】　13.4.4　发承包双方应按照调解人提出的要求，给调解人提供所需要的资料、现场进入权及相应设施。调解人应被视为不是在进行仲裁人的工作。

【要点说明】　本条规定了发承包双方对调解的配合。

【条文】　13.4.5　调解人应在收到调解委托后28天内或由调解人建议并经发承包双方认可的其他期限内提出调解书，发承包双方接受调解书的，经双方签字后作为合同的补充文件，对发承包双方均具有约束力，双方都应立即遵照执行。

【要点说明】　本条规定了调解的时限及双方的认可。

【条文】　13.4.6　当发承包双方中任一方对调解人的调解书有异议时，应在收到调解书后28天内向另一方发出异议通知，并应说明争议的事项和理由。但除非并直到调解书在协商和解或仲裁裁决、诉讼判决中作出修改，或合同已经解除，承包人应继续按照合同实施工程。

【要点说明】　本条规定了对调解书异议的解决。

【条文】　13.4.7　当调解人已就争议事项向发承包双方提交了调解书，而任一方在收到调解书后28天内均未发出表示异议的通知时，调解书对发承包双方应均具有约束力。

【要点说明】　本节规定了调解书的效力。

13.5　仲裁、诉讼

【概述】　本节共4条。《中华人民共和国合同法》第一百二十八条规定："当事人可以通过和解或者调解解决合同争议。当事人不愿和解、调解或者和解、调解不成的，可以根据仲裁协议向仲裁机构申请仲裁……当事人没有订立仲裁协议或者仲裁协议无效的，可以向人民法院起诉"，本节据此规定了发生工程合同价款纠纷时的仲裁或诉讼。

【条文】　13.5.1　发承包双方的协商和解或调解均未达成一致意见，其中的一方已就此争议事项根据合同约定的仲裁协议申请仲裁，应同时通知另一方。

【要点说明】　本条规定了发承包中的一方已就争议事项申请仲裁时，应同时通知另一方的要求。

需要指出的是，协议仲裁时，应遵守《中华人民共和国仲裁法》以下相关规定，第四条："当事人采用仲裁方式解决纠纷，应当双方自愿，达成仲裁协议。没有仲裁协议，一方申请仲裁的，仲裁委员会不予受理"；第五条："当事人达成仲裁协议，一方向人民法院起诉的，人民法院不予受理，但仲裁协议无效的除外"；第六条："仲裁委员会应当由当事人协议选定。仲裁不实行级别管辖和地域管辖"。

【条文】　13.5.2　仲裁可在竣工之前或之后进行，但发包人、承包人、调解人各自的义务不得因在工程实施期间进行仲裁而有所改变。当仲裁是在仲裁机构要求停止施工的情况下进行时，承包人应对合同工程采取保护措施，由此增加的费用应由败诉方承担。

【要点说明】　本条规定了仲裁期间发包人、承包人、调解人各自的义务。

【条文】　13.5.3　在本规范第13.1节至第13.4节规定的期限之内，暂定或和解协议或调解书已经有约束力的情况下，当发承包中一方未能遵守暂定或和解协议或调解书时，另一方可在不损害他可能具有的任何其他权利的情况下，将未能遵守暂定或不执行和解协议或调解书达成的事项提交仲裁。

【要点说明】 本条规定了在有关的暂定或和解协议或调解书已经有约束力的情况下，发承包中一方未能遵守另一方提交仲裁的事项。

【条文】 13.5.4 发包人、承包人在履行合同时发生争议，双方不愿和解、调解或者和解、调解不成，又没有达成仲裁协议的，可依法向人民法院提起诉讼。

【要点说明】 本条规定了发承包双方在履行合同时发生争议，依法向人民法院提起诉讼的事项。

14 工程造价鉴定

【概述】 在社会主义市场经济条件下，发承包双方在履行施工合同中，由于不同的利益诉求，仍有一些施工合同纠纷采用仲裁、诉讼的方式解决，因此，工程造价鉴定在一些施工合同纠纷案件处理中就成了裁决、判决的主要依据。由于施工合同纠纷进入司法程序解决，其工程造价鉴定除应符合工程计价的相关标准和规定外，还应遵守仲裁或诉讼的规定，因此，本规范将其专设一章，共3节19条，根据《中华人民共和国民事诉讼法》、《最高人民法院关于民事诉讼证据的若干规定》、《建设部关于对工程造价司法鉴定有关问题的复函》，在"08规范"第4.9.4条的基础上修订，对工程造价鉴定的委托、回避、取证、质询、鉴定等主要事项作了规定。

14.1 一般规定

【概述】 本节共6条，规定了工程造价鉴定机构、鉴定人员、鉴定原则、回避原则、出庭质询等事项。

【条文】 **14.1.1** 在工程合同价款纠纷案件处理中，需作工程造价司法鉴定的，应委托具有相应资质的工程造价咨询人进行。

【08条文】 **4.9.4** 在合同纠纷案件处理中，需作工程造价鉴定的，应委托具有相应资质的工程造价咨询人进行。

【要点说明】 本条规定了工程造价鉴定的机构。

当工程造价合同纠纷需作工程造价鉴定时，根据《工程造价咨询企业管理办法》（建设部令第149号）第二十条的规定，应委托具有相应资质的工程造价咨询人进行。

《建设部关于对工程造价司法鉴定有关问题的复函》（建办标函〔2005〕155号）第一条："从事工程造价司法鉴定，必须取得工程造价咨询资质，并在其资质许可范围内从事工程造价咨询活动。工程造价成果文件，应当由造价工程师签字，加盖执业专用章和单位公章后有效。"

【条文】 **14.1.2** 工程造价咨询人接受委托提供工程造价司法鉴定服务，应按仲裁、诉讼程序和要求进行，并应符合国家关于司法鉴定的规定。

【要点说明】 本条规定了工程造价司法鉴定的原则。

工程造价司法鉴定不仅应符合建设工程造价方面的规定，还应按照仲裁或诉讼程序的要求进行，并符合国家关于司法鉴定的相关规定，这是不言而喻的。

【条文】 **14.1.3** 工程造价咨询人进行工程造价司法鉴定时，应指派专业对口、经验丰富的注册造价工程师承担鉴定工作。

【要点说明】 本条规定了工程造价司法鉴定人员的专业要求。

按照《注册造价工程师管理办法》（建设部令第150号）的规定，工程计价活动应由造价工程师担任。

《建设部关于对工程造价司法鉴定有关问题的复函》（建办标函〔2005〕155号）第二条："从事工程造价司法鉴定的人员，必须具备注册造价工程师执业资格，并只得在其注册的机构从事工程造价司法鉴定工作，否则不具有在该机构的工程造价成果文件上签字的权力。"

鉴于进入司法程序的工程造价鉴定的难度一般较大，因此，本条规定工程造价咨询人进行工程造价司法鉴定时，应指派对鉴定项目专业对口、经验丰富的注册造价工程师承担鉴定工作，以保证工程造价司法鉴定的质量。

【条文】 **14.1.4** 工程造价咨询人应在收到工程造价司法鉴定资料后10天内，根据自身专业能力和证据资料判断能否胜任该项委托，如不能，应辞去该项委托。工程造价咨询人不得在鉴定期满后以上述理由不作出鉴定结论，影响案件处理。

【要点说明】 本条对工程造价咨询人能否胜任鉴定项目司法鉴定作了限制性规定。

当前，有的工程造价咨询人不顾自身专业人员能力的限制，接受鉴定后，又无力完成鉴定工作，影响案件处理。因此，本条规定了工程造价咨询人应根据自身专业能力和证据资料，判断能否胜任该项目造价鉴定，如没有能力承担，应不接受该项委托。禁止工程造价咨询人在鉴定期满后以上述理由不作出鉴定结论，以免影响案件处理。

【条文】 **14.1.5** 接受工程造价司法鉴定委托的工程造价咨询人或造价工程师如是鉴定项目一方当事人的近亲属或代理人、咨询人以及其他关系可能影响鉴定公正的，应当自行回避；未自行回避，鉴定项目委托人以该理由要求其回避的，必须回避。

【要点说明】 本条规定了回避原则。

为保证工程造价司法鉴定公正进行，工程造价咨询人或造价工程师如是鉴定项目一方当事人的近亲属或代理人、咨询人以及其他关系可能影响工程造价鉴定公正进行的，应当自行回避；未自行回避，鉴定项目委托人以该理由要求其回避的，必须回避。

【条文】 **14.1.6** 工程造价咨询人应当依法出庭接受鉴定项目当事人对工程造价司法鉴定意见书的质询。如确因特殊原因无法出庭的，经审理该鉴定项目的仲裁机关或人民法院准许，可以书面形式答复当事人的质询。

【要点说明】 本条规定了工程造价司法鉴定人出庭质询的要求。

《最高人民法院关于民事诉讼证据的若干规定》（法释〔2001〕33号）第五十九条规定"鉴定人应当出庭接受当事人质询"。本条规定了工程造价咨询人应当依法出庭接受鉴定项目当事人对工程造价司法鉴定意见书的质询。如确因特殊原因无法出庭的，经审理该鉴定项目的仲裁机关或人民法院准许，可以书面形式答复当事人的质询。

14.2 取 证

【概述】 本节共6条，规定了鉴定依据收集、现场勘验、缺陷资料补充等事项。

【条文】 **14.2.1** 工程造价咨询人进行工程造价鉴定工作时，应自行收集以下（但不限于）鉴定资料：

1 适用于鉴定项目的法律、法规、规章、规范性文件以及规范、标准、定额；

2 鉴定项目同时期同类型工程的技术经济指标及其各类要素价格等。

【要点说明】 本条规定了工程造价鉴定前的准备内容。

工程造价的确定与当时的法律法规、标准定额以及各种要素价格具有密切关系，为做好一些基础资料不完备的工程项目的造价鉴定，本条规定了工程造价咨询人进行工程造价司法鉴定工作，应自行收集适用于鉴定项目的法律、法规、规章、规范性文件以及规范、标准、定额以及同时期同类型工程的技术经济指标及其各类要素价格等。

【条文】 **14.2.2** 工程造价咨询人收集鉴定项目的鉴定依据时，应向鉴定项目委托人提出具体书面要求，其内容包括：

1 与鉴定项目相关的合同、协议及其附件；

2 相应的施工图纸等技术经济文件；

3 施工过程中的施工组织、质量、工期和造价等工程资料；

4 存在争议的事实及各方当事人的理由；

5 其他有关资料。

【要点说明】 本条规定了工程造价咨询人应收集的鉴定依据。

完整、真实、合法的鉴定依据是做好鉴定项目工程造价司法鉴定的前提。因此，接受委托的工程造价咨询人应从专业的角度向鉴定项目委托人提出所需依据的具体书面要求，保证鉴定工作的顺利进行。

【条文】 **14.2.3** 工程造价咨询人在鉴定过程中要求鉴定项目当事人对缺陷资料进行补充的，应征得鉴定项目委托人同意，或者协调鉴定项目各方当事人共同签认。

【要点说明】 本条规定了工程造价咨询人对缺陷资料补充时的原则。

工程造价咨询人在鉴定过程中要求鉴定项目当事人对缺陷资料进行补充的，根据《最高人民法院关于民事诉讼证据的若干规定》（法释〔2001〕33号）"证据应当在法庭上出示，由当事人质证。未经质证的证据，不能作为认定案件事实的依据"的规定，本条要求应征得鉴定项目委托人同意，或者协调鉴定项目各方当事人共同签认。

【条文】 **14.2.4** 根据鉴定工作需要现场勘验的，工程造价咨询人应提请鉴定项目委托人组织各方当事人对被鉴定项目所涉及的实物标的进行现场勘验。

【要点说明】 本条规定了根据鉴定工作需要进行现场勘验的组织。

工程建设的特殊性决定了发承包双方的某些纠纷不经现场勘测无法得出准确的鉴定结论，如某些工程项目的计量、隐蔽工程的实际施工情况等。对此，工程造价咨询人应果断作出专业判断，提请鉴定项目委托人组织现场勘验，以保证司法鉴定的顺利进行，保证鉴定质量。

【条文】 **14.2.5** 勘验现场应制作勘验记录、笔录或勘验图表，记录勘验的时间、地点、勘验人、在场人、勘验经过、结果，由勘验人、在场人签名或者盖章确认。绘制的现场图应注明绘制的时间、测绘人姓名、身份等内容。必要时应采取拍照或摄像取证，留下影像资料。

【要点说明】 本条规定了勘验现场的内容及注意事项。

《中华人民共和国民事诉讼法》第七十三条规定："……勘验人应当将勘验情况和结果制作笔录，由勘验人、当事人和被邀参加人签名或者盖章。"

【条文】 **14.2.6** 鉴定项目当事人未对现场勘验图表或勘验笔录等签字确认的，工程造价咨询人应提请鉴定项目委托人决定处理意见，并在鉴定意见书中作出表述。

【要点说明】 本条规定了鉴定项目当事人未对现场勘验图表或勘验笔录等签字确认的解决措施。

14.3 鉴　　定

【概述】 本节共7条，规定了鉴定原则、鉴定意见书的内容、鉴定时限、鉴定缺陷的补充等事项。

【条文】 **14.3.1** 工程造价咨询人在鉴定项目合同有效的情况下应根据合同约定进行鉴定，不得任意改变双方合法的合意。

【要点说明】 本条规定了合同有效情况下的鉴定原则。

合同价款争议主要是发承包双方对工程合同的不同理解或对一些履约行为的不同看法或对一些事实的是否存在等导致的。实践中，有的是无意而为，有的是有意为之。但不管怎样，由于建设工程造价兼有契约性与技术性的特点，发承包双方签订的工程合同必然是鉴定的基础，鉴定时不能以专业技术方面的惯例来否定合同的约定。《最高人民法院关于审理建设工程施工合同纠纷案件适用法律问题的解释》（法释〔2004〕14号）第十六条一款规定："当事人对建设工程的计价标准或者计价方法有约定的，按照约定结算工程价款"，因此，如鉴定项目委托人明确告之合同有效，就必须依据合同约定进行鉴定，不得随意改变发承包双方合法的合意。

【条文】 **14.3.2** 工程造价咨询人在鉴定项目合同无效或合同条款约定不明确的情况下应根据法律法规、相关国家标准和本规范的规定，选择相应专业工程的计价依据和方法进行鉴定。

【要点说明】 本条规定了合同无效或合同条款约定不明确情况下的鉴定原则。

1. 若鉴定项目委托人明确鉴定项目合同无效，工程造价咨询人应根据法律法规规定进行鉴定：

1)《最高人民法院关于审理建设工程施工合同纠纷案件适用法律问题的解释》（法释〔2004〕14

号）第二条规定："建设工程施工合同无效，但建设工程经竣工验收合格，承包人请求参照合同约定支付工程价款的，应予支持"，此时工程造价鉴定应参照合同约定鉴定。

2）《最高人民法院关于审理建设工程施工合同纠纷案件适用法律问题的解释》（法释〔2004〕14号）第三条规定："建设工程合同无效，且建设工程经竣工验收不合格的……（一）修复后的建设工程经竣工验收合格，发包人请求承包人承担修复费用的，应予支持"，此时，工程造价鉴定中应不包括修复费用，如系发包人修复，委托人要求鉴定修复费用，修复费用应单列；"（二）修复后的建设工程经竣工验收不合格，承包人请求支付工程价款的，不予支持"。

3）《最高人民法院关于审理建设工程施工合同纠纷案件适用法律问题的解释》（法释〔2004〕14号）第三条四款规定："因建设工程不合格造成的损失，发包人有过错的，也应承担相应的民事责任"，此时，工程造价鉴定也应根据过错大小作出鉴定意见。

2. 若合同中约定不明确的，工程造价咨询人应提醒合同双方当事人尽可能协商一致，予以明确，如不能协商一致，按照相关国家标准和本规范的规定，选择相应专业工程的计价依据和方法进行鉴定。

【条文】 **14.3.3** 工程造价咨询人出具正式鉴定意见书之前，可报请鉴定项目委托人向鉴定项目各方当事人发出鉴定意见书征求意见稿，并指明应书面答复的期限及其不答复的相应法律责任。

【要点说明】 本条规定了鉴定意见书出具前的征求意见事项。

工程造价司法鉴定的最终目的是尽可能将当事人之间的分歧缩小直至化解，为司法调解、裁决或判决提供科学合理的依据。因此，为保证工程造价鉴定的质量，本条规定工程造价咨询人在出具正式鉴定意见书之前，可报请鉴定项目委托人向鉴定项目各方当事人发出鉴定意见书征求意见稿，请他们就鉴定意见提出修改建议。同时在发出征求意见稿的函件中，应指明书面答复的期限及其不答复的相应法律责任，以引起当事人的重视。

【条文】 **14.3.4** 工程造价咨询人收到鉴定项目各方当事人对鉴定意见书征求意见稿的书面复函后，应对不同意见认真复核，修改完善后再出具正式鉴定意见书。

【要点说明】 本条规定了工程造价咨询人出具正式鉴定意见书的要求。

【条文】 **14.3.5** 工程造价咨询人出具的工程造价鉴定书应包括下列内容：

1 鉴定项目委托人名称、委托鉴定的内容；

2 委托鉴定的证据材料；

3 鉴定的依据及使用的专业技术手段；

4 对鉴定过程的说明；

5 明确的鉴定结论；

6 其他需说明的事宜；

7 工程造价咨询人盖章及注册造价工程师签名盖执业专用章。

【要点说明】 本条规定了工程造价咨询人出具的工程造价鉴定书应包括的内容。

本条根据《最高人民法院关于民事诉讼证据的若干规定》（法释〔2001〕33号）第二十九条的相关规定和工程造价管理的专业要求作出规定。

【条文】 **14.3.6** 工程造价咨询人应在委托鉴定项目的鉴定期限内完成鉴定工作，如确因特殊原因不能在原定期限内完成鉴定工作时，应按照相应法规提前向鉴定项目委托人申请延长鉴定期限，并应在此期限内完成鉴定工作。

经鉴定项目委托人同意等待鉴定项目当事人提交、补充证据的，质证所用的时间不应计入鉴定期限。

【要点说明】 本条规定了工程造价咨询人完成鉴定项目的时间要求。

进入仲裁或诉讼的施工合同纠纷案件，一般都有明确的结案时限。因此，工程造价咨询人应作好鉴定进度计划，尽可能在原定期限内完成鉴定工作，以免影响案件的处理。

【条文】　14.3.7　对于已经出具的正式鉴定意见书中有部分缺陷的鉴定结论，工程造价咨询人应通过补充鉴定作出补充结论。

【要点说明】　本条规定了对有缺陷的鉴定结论，应作出补充鉴定结论的要求。

《最高人民法院关于民事诉讼证据的若干规定》（法释［2001］33 号）第二十七条规定："……对有缺陷的鉴定结论，可以通过补充鉴定、重新质证或者补充质证等方法解决的，不予重新鉴定。"

15 工程计价资料与档案

【概述】　本章是新增，共13条。计价的原始资料是正确计价的凭证，也是工程造价争议处理鉴定的有效证据。计价文件归档才表明整个计价工作的完成，将之纳入计价规范使其更趋完善。

15.1 计价资料

【概述】　本节共6条。要有效减少甚至杜绝合同价款争议，发承包双方就应该认真履行合同义务，认真负责地处理、签署双方之间的函件，并共同管理好合同工程履约过程中双方之间的往来文件。因此，本节对计价文件的形式、送达、签收以及发承包双方管理人员对此的职责等作了规定。

【条文】　**15.1.1**　发承包双方应当在合同中约定各自在合同工程中现场管理人员的职责范围，双方现场管理人员在职责范围内签字确认的书面文件是工程计价的有效凭证，但如有其他有效证据或经实证证明其是虚假的除外。

【要点说明】　本条规定了发承包双方在合同中约定现场管理人员的职责范围，对其签字确认的书面文件是工程计价的有效凭证作了规定，主要有以下两方面：

1. 发承包双方现场管理人员的职责范围。首先是要明确发承包双方的现场管理人员，包括受其委托的第三方人员，如发包人委托的监理人、工程造价咨询人，仍然属于发包人现场管理人员的范畴；其次是明确管理人员的职责范围，也就是业务分工，并应明确在合同中约定，施工过程中如发生人员变动，应及时以书面形式通知对方，涉及到合同中约定的主要人员变动需经对方同意的，应事先征求对方的意见，同意后才能更换。

2. 现场管理人员签署的书面文件的效力。首先，双方现场管理人员在合同约定的职责范围签署的书面文件必定是工程计价的有效凭证，如双方现场管理人员对工程计量结果的确认、对现场签证的确认等；其次，双方现场管理人员签署的书面文件如有错误的应予纠正，这方面的失误主要有两方面的原因，一是无意识失误，属工作中偶发性错误，只要双方认真核对就可有效减少此类失误；二是有意致错，如双方现场管理人员以利益交换，有意犯错，如工程计量有意多计。因此，本条规定了如有其他有效证据，或经实证证明（如现场测量等）其是虚假的，则应更正。

【条文】　**15.1.2**　发承包双方不论在何种场合对与工程计价有关的事项所给予的批准、证明、同意、指令、商定、确定、确认、通知和请求，或表示同意、否定、提出要求和意见等，均应采用书面形式，口头指令不得作为计价凭证。

【要点说明】　本条规定了发承包双方对工程计价的事项均应采用书面形式。

【条文】　**15.1.3**　任何书面文件送达时，应由对方签收，通过邮寄应采用挂号、特快专递传送，或以发承包双方商定的电子传输方式发送，交付、传送或传输至指定的接收人的地址。如接收人通知了另外地址时，随后通信信息应按新地址发送。

【要点说明】　本条规定了任何书面文件送达方式和接收的地址。

【条文】　**15.1.4**　发承包双方分别向对方发出的任何书面文件，均应将其抄送现场管理人员，如系复印件应加盖合同工程管理机构印章，证明与原件相同。双方现场管理人员向对方所发任何书面文件，也应将其复印件发送给发承包双方，复印件应加盖合同工程管理机构印章，证明与原件相同。

【要点说明】　本条规定了发承包双方以及现场管理人员向对方所发任何书面文件的基本要求。

【条文】　**15.1.5**　发承包双方均应当及时签收另一方送达其指定接收地点的来往信函，拒不签收的，送达信函的一方可以采用特快专递或者公证方式送达，所造成的费用增加（包括被迫采用特殊送达方式所发生的费用）和延误的工期由拒绝签收一方承担。

【要点说明】　本条规定了发承包双方均应当及时签收另一方送达其指定接收地点的来往信函，

拒不签收的处理方式和应承担的责任。

【条文】 15.1.6 书面文件和通知不得扣压，一方能够提供证据证明另一方拒绝签收或已送达的，应视为对方已签收并应承担相应责任。

【要点说明】 本条规定了书面文件和通知不得扣压及其相应责任。

15.2 计 价 档 案

【概述】 本节共7条，对计价文件的归档作了规定。

【条文】 15.2.1 发承包双方以及工程造价咨询人对具有保存价值的各种载体的计价文件，均应收集齐全，整理立卷后归档。

【要点说明】 本条规定了计价文件的归档要求。

【条文】 15.2.2 发承包双方和工程造价咨询人应建立完善的工程计价档案管理制度，并应符合国家和有关部门发布的档案管理相关规定。

【要点说明】 本条规定了建立工程计价档案管理制度的要求。

【条文】 15.2.3 工程造价咨询人归档的计价文件，保存期不宜少于五年。

【要点说明】 本条规定了工程造价咨询人归档的计价文件的保存期限。

【条文】 15.2.4 归档的工程计价成果文件应包括纸质原件和电子文件，其他归档文件及依据可为纸质原件、复印件或电子文件。

【要点说明】 本条规定了归档的工程计价成果文件应保存的方式。

【条文】 15.2.5 归档文件应经过分类整理，并应组成符合要求的案卷。

【要点说明】 本条规定了归档文件应符合要求。

【条文】 15.2.6 归档可以分阶段进行，也可以在项目竣工结算完成后进行。

【要点说明】 本条规定了归档的时期。

【条文】 15.2.7 向接受单位移交档案时，应编制移交清单，双方应签字、盖章后方可交接。

【要点说明】 本条规定了向接受单位移交档案时，应办理的移交手续。

16　工程计价表格

【概述】　此次修订，计价表格的设置与本规范正文部分保持一致，包括工程量清单、招标控制价、投标报价、竣工结算和工程造价鉴定等各个阶段计价使用的 5 种封面 22 种（类）表样，大大增加了规范的实用价值。本章与"08 规范"不同的是：第 1 节介绍的各种表格移入本规范附录，保留第 2 节作为一章介绍表格使用上的规定，条文减少到 6 条。

【条文】　16.0.1　工程计价表宜采用统一格式。各省、自治区、直辖市建设行政主管部门和行业建设主管部门可根据本地区、本行业的实际情况，在本规范附录 B 至附录 L 计价表格的基础上补充完善。

【08 条文】　5.2.1　工程量清单与计价宜采用统一格式。各省、自治区、直辖市建设行政主管部门和行业建设主管部门可根据本地区、本行业的实际情况，在本规范计价表格的基础上补充完善。

【要点说明】　本条规定了工程计价表的格式要求。

本条对工程计价表作了示范格式，但由于行业、地区的一些特殊情况及使用习惯，省级或行业建设主管部门可在本规范提供计价格式的基础上予以补充。

【条文】　16.0.2　工程计价表格的设置应满足工程计价的需要，方便使用。

【要点说明】　本条规定了工程计价表格的设置原则。

【条文】　16.0.3　工程量清单的编制应符合下列规定：

1　工程量清单编制使用表格包括：封 - 1、扉 - 1、表 - 01、表 - 08、表 - 11、表 - 12（不含表 - 12 - 6 ~ 表 - 12 - 8）、表 - 13、表 - 20、表 - 21 或表 - 22。

2　扉页应按规定的内容填写、签字、盖章，由造价员编制的工程量清单应有负责审核的造价工程师签字、盖章。受委托编制的工程量清单，应有造价工程师签字、盖章以及工程造价咨询人盖章。

3　总说明应按下列内容填写：

1）工程概况：建设规模、工程特征、计划工期、施工现场实际情况、自然地理条件、环境保护要求等。

2）工程招标和专业工程发包范围。

3）工程量清单编制依据。

4）工程质量、材料、施工等的特殊要求。

5）其他需要说明的问题。

【要点说明】　本条对工程量清单编制表的使用作出了规定。

【条文】　16.0.4　招标控制价、投标报价、竣工结算的编制应符合下列规定：

1　使用表格：

1）招标控制价使用表格包括：封 - 2、扉 - 2、表 - 01、表 - 02、表 - 03、表 - 04、表 - 08、表 - 09、表 - 11、表 - 12（不含表 - 12 - 6 ~ 表 - 12 - 8）、表 - 13、表 - 20、表 - 21 或表 - 22。

2）投标报价使用的表格包括：封 - 3、扉 - 3、表 - 01、表 - 02、表 - 03、表 - 04、表 - 08、表 - 09、表 - 11、表 - 12（不含表 - 12 - 6 ~ 表 - 12 - 8）、13、16、招标文件提供的表 - 20、表 - 21 或表 - 22。

3）竣工结算使用的表格包括：封 - 4、扉 - 4、表 - 01、表 - 05、表 - 06、表 - 07、表 - 08、表 - 09、表 - 10、表 - 11、表 - 12、表 - 13、表 - 14、表 - 15、表 - 16、表 - 17、表 - 18、表 - 19、表 - 20、表 - 21 或表 - 22。

2　扉页应按规定的内容填写、签字、盖章，除承包人自行编制的投标报价和竣工结算外，受委托编制的招标控制价、投标报价、竣工结算，由造价员编制的应有负责审核的造价工程师签字、盖章以及工程造价咨询人盖章。

3 总说明应按下列内容填写：

　　1）工程概况：建设规模、工程特征、计划工期、合同工期、实际工期、施工现场及变化情况、施工组织设计的特点、自然地理条件、环境保护要求等。

　　2）编制依据等。

【要点说明】　本条对工程量清单计价表的使用作出了规定，特别强调在封面的有关签署和盖章中应遵守和满足有关工程造价计价管理规章的规定，这是工程造价文件是否生效的必备条件。

【条文】　**16.0.5**　工程造价鉴定应符合下列规定：

1　工程造价鉴定使用表格包括：封-5、扉-5、表-01、表-05~表-20、表-21或表-22。

2　扉页应按规定内容填写、签字、盖章，应有承担鉴定和负责审核的注册造价工程师签字、盖执业专用章。

3　说明应按本规范第14.3.5条第1至6款的规定填写。

【要点说明】　本条规定了工程造价鉴定使用表格及注册造价师签章的事宜。

【条文】　**16.0.6**　投标人应按招标文件的要求，附工程量清单综合单价分析表。

【08条文】　**5.2.4**　投标人应按招标文件的要求，附工程量清单综合单价分析表。

【要点说明】　本条规定了是否附工程量清单分析表，应按招标人招标文件的要求。

附录 A　物价变化合同价款调整方法

【概述】　本规范将物价变化的合同价款调整方法分为价格指数调整价格差额和造价信息调整价格差额两大类，与国家发展和改革委员会等九部委发布的 56 号令中的《通用合同条款》"16.1 物价波动引起的价格调整"中规定的两种物价波动引起的价格调整方式是一致的，是目前国内使用频率最多的。本规范总结实践经验，规定比"08 规范"更为详细，更具有可操作性。

A. 1　价格指数调整价格差额

【概述】　本节规定了用价格指数在物价波动的情况下调整合同价款的方法，该方法具有运用简单、管理方便、可操作性强的特点。此方法在国际上以及国内一些专业工程中广泛采用。

【条文】　**A. 1. 1**　价格调整公式。因人工、材料和工程设备、施工机械台班等价格波动影响合同价格时，根据招标人提供的本规范附录 L. 3 的表 -22，并由投标人在投标函附录中的价格指数和权重表约定的数据，应按下式计算差额并调整合同价款：

$$\Delta P = P_0 \left[A + \left(B_1 \times \frac{F_{t1}}{F_{01}} + B_2 \times \frac{F_{t2}}{F_{02}} + B_3 \times \frac{F_{t3}}{F_{03}} + \cdots + B_n \times \frac{F_{tn}}{F_{0n}} \right) - 1 \right] \tag{A. 1. 1}$$

式中　　　　　　　ΔP——需调整的价格差额；

P_0——约定的付款证书中承包人应得到的已完成工程量的金额。此项金额应不包括价格调整、不计质量保证金的扣留和支付、预付款的支付和扣回。约定的变更及其他金额已按现行价格计价的，也不计在内；

A——定值权重（即不调部分的权重）；

B_1、B_2、B_3、$\cdots$、B_n——各可调因子的变值权重（即可调部分的权重），为各可调因子在投标函投标总报价中所占的比例；

F_{t1}、F_{t2}、F_{t3}、$\cdots$、F_{tn}——各可调因子的现行价格指数，指约定的付款证书相关周期最后一天的前 42 天的各可调因子的价格指数；

F_{01}、F_{02}、F_{03}、$\cdots$、F_{0n}——各可调因子的基本价格指数，指基准日期的各可调因子的价格指数。

以上价格调整公式中的各可调因子、定值和变值权重，以及基本价格指数及其来源在投标函附录价格指数和权重表中约定。价格指数应首先采用工程造价管理机构提供的价格指数，缺乏上述价格指数时，可采用工程造价管理机构提供的价格代替。

【要点说明】　本条规定了价格指数调整合同价款的方式。

【条文】　**A. 1. 2**　暂时确定调整差额。在计算调整差额时得不到现行价格指数的，可暂用上一次价格指数计算，并在以后的付款中再按实际价格指数进行调整。

【要点说明】　本条规定了现行价格指数的采用的方法。

【条文】　**A. 1. 3**　权重的调整。约定的变更导致原定合同中的权重不合理时，由承包人和发包人协商后进行调整。

【要点说明】　本条规定了工程变更导致原约定的权重不合理时的调整事项。

【条文】　**A. 1. 4**　承包人工期延误后的价格调整。由于承包人原因未在约定的工期内竣工的，对原约定竣工日期后继续施工的工程，在使用第 A. 1. 1 条的价格调整公式时，应采用原约定竣工日期与实际竣工日期的两个价格指数中较低的一个作为现行价格指数。

【要点说明】　本条规定了因承包人原因导致工期延误时，采用价格指数的原则。

【条文】　**A. 1. 5**　若可调因子包括了人工在内，则不适用本规范第 3. 4. 2 条第 2 款的规定。

【要点说明】　本条规定了若人工因素已作为可调因子包括在变值权重内，则不再对其进行单项调整。

【示例】　××工程约定采用价格指数法调整合同价款，具体约定见下表数据，本期完成合同价款为：1584629.37元，其中：已按现行价格计算的计日工价款5600元，发承包双方确认应增加的索赔金额2135.87元，请计算应调整的合同价款差额。

承包人提供材料和工程设备一览表
（适用于价格指数调整法）

工程名称：××工程　　　　标段：　　　　　　　　　　　　　　　　　　　第1页共1页

序号	名称、规格、型号	变值权重 B	基本价格指数 F_0	现行价格指数 F_t	备注
1	人工费	0.18	110%	121%	
2	钢材	0.11	4000 元/t	4320 元/t	
3	预拌混凝土 C30	0.16	340 元/m³	357 元/m³	
4	页岩砖	0.05	300 元/千匹	318 元/千匹	
5	机械费	0.08	100%	100%	
	定值权重 A	0.42	—	—	
	合　　计	1	—	—	

【解析】　1. 本期完成合同价款应扣除已按现行价格计算的计日工价款和确认的索赔金额。
1584629.37 − 5600 − 2135.87 = 1576893.50（元）
2. 用公式（A.1.1）计算：

$$\Delta P = 1576893.50 \left[0.42 + \left(0.18 \times \frac{121}{110} + 0.11 \times \frac{4320}{4000} + 0.16 \times \frac{353}{340} + 0.05 \times \frac{317}{300} + 0.08 \times \frac{100}{100} \right) - 1 \right]$$

$$= 1576893.50 \left[0.42 + \left(0.18 \times 1.1 + 0.11 \times 1.08 + 0.16 \times 1.05 + 0.05 \times 1.06 + 0.08 \times 1 \right) - 1 \right]$$

$$= 1576893.50 \left[0.42 + \left(0.198 + 0.1188 + 0.168 + 0.053 + 0.08 \right) - 1 \right]$$

$$= 1576893.50 \times 0.0378$$

$$= 59606.57$$

本期应增加合同价款 59606.57 元。

假如此例中人工费单独按照本规范第3.4.2条第2款的规定进行调整，则应扣除人工费所占变值权重，将其列入定值权重。用公式（A.1.1）：

$$\Delta P = 1576893.50 \left[0.6 + \left(0.11 \times \frac{4320}{4000} + 0.16 \times \frac{353}{340} + 0.05 \times \frac{317}{300} + 0.08 \times \frac{100}{100} \right) - 1 \right]$$

$$= 1576893.50 \left[0.6 + \left(0.1188 + 0.168 + 0.053 + 0.08 \right) - 1 \right]$$

$$= 1576893.50 \times 0.0198$$

$$= 31222.49$$

本期应增加合同价款 31222.49 元。

A.2　造价信息调整价格差额

【概述】　本节规定了用造价信息调整合同价款的方法。

【条文】 A.2.1 施工期内，因人工、材料、工程设备和机械台班价格波动影响合同价格时，人工、机械使用费按照国家或省、自治区、直辖市建设行政管理部门、行业建设管理部门或其授权的工程造价管理机构发布的人工成本信息、机械台班单价或机械使用费系数进行调整；需要进行价格调整的材料，其单价和采购数应由发包人复核，发包人确认需调整的材料单价及数量作为调整合同价款差额的依据。

【要点说明】 本条规定了工、料、机价格变化的调整事项。

【条文】 A.2.2 人工单价发生变化且符合本规范第3.4.2条第2款规定的条件时，发承包双方应按省级或行业建设主管部门或其授权的工程造价管理机构发布的人工成本文件调整合同价款。

【要点说明】 本条规定了人工单价发生变化的调整事项。

人工成本的调整，目前主要采用对定额人工费出台调整系数（指数）的方式，同时对计日工出台单价的形式，需要指出的是，人工费的调整也应以调整文件的时间为界限进行。

【示例】 ××工程在施工期间，省工程造价管理机构发布了人工费调整10%的文件，适用时间为××年×月×日，该工程本期完成合同价款1576893.50元，其中人工费283840.83元，与定额人工费持平，本期人工费应否调增，调增多少？

【解析】 283840.83×10% = 28384.08（元）

【条文】 A.2.3 材料、工程设备价格变化按照发包人提供的本规范附录L.2的表–21，由发承包双方约定的风险范围按下列规定调整合同价款：

1 承包人投标报价中材料单价低于基准单价：施工期间材料单价涨幅以基准单价为基础超过合同约定的风险幅度值，或材料单价跌幅以投标报价为基础超过合同约定的风险幅度值时，其超过部分按实调整。

2 承包人投标报价中材料单价高于基准单价：施工期间材料单价跌幅以基准单价为基础超过合同约定的风险幅度值，或材料单价涨幅以投标报价为基础超过合同约定的风险幅度值时，其超过部分按实调整。

3 承包人投标报价中材料单价等于基准单价：施工期间材料单价涨、跌幅以基准单价为基础超过合同约定的风险幅度值时，其超过部分按实调整。

4 承包人应在采购材料前将采购数量和新的材料单价报送发包人核对，确认用于本合同工程时，发包人应确认采购材料的数量和单价。发包人在收到承包人报送的确认资料后3个工作日不予答复的视为已经认可，作为调整合同价款的依据。如果承包人未报经发包人核对即自行采购材料，再报发包人确认调整合同价款的，如发包人不同意，则不作调整。

【要点说明】 本条规定了材料、工程设备价格变化的调整原则。

【示例】 某工程采用预拌混凝土由承包人提供，所需品种见下表，在施工期间，在采购预拌混凝土时，其单价分别为C20：327元/m³，C25：335元/m³；C30：345元/m³，合同约定的材料单价如何调整？

承包人提供主要材料和工程设备一览表
（适用造价信息差额调整法）

工程名称：××中学教学楼工程　　　标段：　　　　　　　　　　　　第1页共1页

序号	名称、规格、型号	单位	数量	风险系数（%）	基准单价（元）	投标单价（元）	发承包人确认单价（元）	备注
1	预拌混凝土C20	m³	25	≤5	310	308	309.50	
2	预拌混凝土C25	m³	560	≤5	323	325	325	
3	预拌混凝土C30	m³	3120	≤5	340	340	340	

【解析】　1. C20：$327 \div 310 - 1 = 5.45\%$

投标单价低于基准价，按基准价算，已超过约定的风险系数，应予调整：

$308 + 310 \times 0.45\% = 308 + 1.495 = 309.50$（元）

2. C25：$335 \div 325 - 1 = 3.08\%$

投标单价高于基准价，按报价算，未超过约定的风险系数，不予调整；

3. C30：$345 \div 340 - 1 = 1.39\%$

投标价等于基准价，以基准价算，未超过约定的风险系数，不予调整。

【条文】　**A.2.4**　施工机械台班单价或施工机械使用费发生变化超过省级或行业建设主管部门或其授权的工程造价管理机构规定的范围时，按其规定调整合同价款。

【要点说明】　本条规定了施工机械台班单价或施工机械使用费的调整事项。

附录 B　工程计价文件封面

　　【概述】　本附录比"08 规范"增加了工程量清单、招标控制价、投标总价、竣工结算书、工程造价鉴定意见书 5 种计价文件的封面样式。

　　【表样】　**B.1**　招标工程量清单封面：封－1

　　【要点说明】　封面应填写招标工程项目的具体名称，招标人应盖单位公章，如委托工程造价咨询人编制，还应由其加盖相同单位公章。

　　【示例】　招标人自行编制招标工程量清单封面

　　　　　　　<u>　　××中学教学楼　　</u>　工程

招标工程量清单

　　　　招　标　人：<u>　　　××中学　　　</u>
　　　　　　　　　　　　　　（单位盖章）

　　　　　　　　　　××年×月×日

招标人委托工程造价咨询人编制招标工程量清单的封面除招标人盖单位公章外，还应加盖受委托编制招标工程量清单的工程造价咨询人的单位公章。

　　　×× 中学教学楼　　　　 工程

招标工程量清单

招　标　人：　　　×× 中学　　　

（单位盖章）

造价咨询人：　　×× 工程造价咨询　　

（单位盖章）

×× 年 × 月 × 日

【表样】 **B.2** 招标控制价封面：封-2

【要点说明】 封面应填写招标工程的具体名称、招标人应盖单位公章，如委托工程造价咨询人编制，还应由其加盖单位公章。

【示例】 招标人自行编制招标控制价封面

_____×× 中学教学楼_____ 工程

招标控制价

招 标 人：_____×× 中学_____
（单位盖章）

×× 年 × 月 × 日

招标人委托工程造价咨询人编制招标控制价封面，除招标人盖单位公章外，还应加盖受委托编制招标控制价的工程造价咨询人的单位公章。

_____×× 中学教学楼_____工程

招标控制价

招　标　人：_____××中学_____

（单位盖章）

造价咨询人：_____××工程造价咨询企业_____

（单位盖章）

××年×月×日

【要点说明】 应填写投标工程的具体名称，投标人应盖单位公章。

【示例】 投标人投标总价封面

_____×× 中学教学楼_____ 工程

投 标 总 价

投 标 人：_____××建筑公司_____

（单位盖章）

××年×月×日

【表样】 **B.4** 竣工结算书封面：封-4

【要点说明】 应填写竣工工程的具体名称，发承包双方应盖其单位公章，如委托工程造价咨询人办理的，还应加盖其单位公章。

【示例】 发承包双方自行办理竣工结算封面

_____×× 中学教学楼_____ 工程

竣 工 结 算 书

发 包 人： _____×× 中学_____

（单位盖章）

承 包 人： _____×× 建筑公司_____

（单位盖章）

×× 年 × 月 × 日

【示例】 发包人委托工程造价咨询人核对竣工结算封面。

_____×× 中学教学楼_____ 工 程

竣工结算书

发 包 人：_____×× 中学_____
（单位盖章）

承 包 人：_____×× 建筑公司_____
（单位盖章）

造价咨询人：_____×× 工程造价咨询企业_____
（单位盖章）

×× 年 × 月 × 日

【要点说明】　应填写鉴定工程项目的具体名称，填写意见书文号，工程造价咨询人盖单位公章。
【示例】　工程造价鉴定书封面

×　×　　　　　　　　　　　工程

编号：×××［20××］××号

工程造价鉴定意见书

造价咨询人：　××工程造价咨询企业

（单位盖章）

××年×月×日

附录 C 工程计价文件扉页

【概述】 本附录是在"08规范"第5.1.1封面的基础上修改的，增加了工程造价鉴定。定义为扉页，实为签字盖章页。

【表样】 C.1 招标工程量清单扉页：扉-1

【要点说明】 本条规定了招标工程量清单签章页的样式。

【示例】 招标人自行编制招标工程量清单扉页

招标人自行编制工程量清单时，由招标人单位注册的造价人员编制，招标人盖单位公章，法定代表人或其授权人签字或盖章。编制人是造价工程师的，由其签字盖执业专用章；编制人是造价员的，在编制人栏签字盖专用章，应由造价工程师复核，并在复核人栏签字盖执业专用章。

<u>　　　　××中学教学楼　　　　</u>工程

招标工程量清单

招　标　人：<u>　　××中学　　</u>
（单位盖章）

法定代表人
或其授权人：<u>　　×××　　　</u>
（签字或盖章）

编　制　人：<u>　　×××　　　</u>　　　复　核　人：<u>　　×××　　　</u>
（造价人员签字盖专用章）　　　　　　　　（造价工程师签字盖专用章）

编 制 时 间：××年×月×日　　　复 核 时 间：××年×月×日

扉-1

招标人委托工程造价咨询人编制工程量清单时，由工程造价咨询人单位注册的造价人员编制，工程造价咨询人盖单位资质专用章，法定代表人或其授权人签字或盖章。编制人是造价工程师的，由其签字盖执业专用章；编制人是造价员的，在编制人栏签字盖专用章，应由造价工程师复核，并在复核人栏签字盖执业专用章。

×× 中学教学楼 　　　 工程

招标工程量清单

招　标　人：　　×× 中学　　　
（单位盖章）

造价咨询人：×× 工程造价咨询企业
（单位资质专用章）

法定代表人
或其授权人：　×× 中学　×××　
（签字或盖章）

法定代表人
或其授权人：×× 工程造价咨询企业
（签字或盖章）

编　制　人：　　×××　　　
（造价人员签字盖专用章）

复　核　人：　　×××　　
（造价工程师签字盖专用章）

编制时间：××年×月×日　　　　复核时间：××年×月×日

扉-1

【要点说明】　本条规定了招标控制价签章页的样式。

招标人自行编制招标控制价时，由招标人单位注册的造价人员编制，招标人盖单位公章，法定代表人或其授权人签字或盖章。编制人是造价工程师的，由其签字盖执业专用章；编制人是造价员的，由其在编制人栏签字盖专用章，应由造价工程师复核，并在复核人栏签字盖执业专用章。

【示例】　招标人自行编制招标控制价的扉页

<u>　　　　　××中学教学楼　　　　　</u>工程

招标控制价

招标控制价（小写）：<u>　　　　　8413949　　　　　</u>

　　　　　（大写）：<u>　捌佰肆拾壹万叁仟玖佰肆拾玖元　</u>

招　标　人：<u>　　　××中学　　　</u>
（单位盖章）

法定代表人
或其授权人：<u>　　　×××　　　</u>
（签字或盖章）

编　制　人：<u>　　×××　　</u>　　　复　核　人：<u>　　×××　　</u>
（造价人员签字盖专用章）　　　　　　　（造价工程师签字盖专用章）

编 制 时 间：××年×月×日　　　复 核 时 间：××年×月×日

招标人委托工程造价咨询人编制招标控制价时，由工程造价咨询人单位注册的造价人员编制，工程造价咨询人盖单位资质专用章，法定代表人或其授权人签字或盖章。编制人是造价工程师的，由其签字盖执业专用章；编制人是造价员的，在编制人栏签字盖专用章，应由造价工程师复核，并在复核人栏签字盖执业专用章。

<u>　　　　　××中学　　　　　</u>工程

招标控制价

招标控制价（小写）：<u>　　　　　8413949　　　　　</u>

（大写）：<u>捌佰肆拾壹万叁仟玖佰肆拾玖元</u>

招　标　人：<u>　××中学　</u>
（单位盖章）

造价咨询人：<u>××工程造价咨询企业</u>
（单位资质专用章）

法定代表人 ××中学
或其授权人：<u>　××× 　</u>
（签字或盖章）

法定代表人 ××工程造价咨询企业
或其授权人：<u>　　××× 　　</u>
（签字或盖章）

编　制　人：<u>　××× 　</u>
（造价人员签字盖专用章）

复　核　人：<u>　××× 　</u>
（造价工程师签字盖专用章）

编制时间：××年×月×日

复核时间：××年×月×日

扉－2

【表样】 C.3 投标总价扉页：扉-3

【要点说明】 本条规定了投标总价签章页的样式。

投标人编制投标报价时，由投标人单位注册的造价人员编制，投标人盖单位公章，法定代表人或其授权人签字或盖章，编制的造价人员（造价工程师或造价员）签字盖执业专用章。

【示例】 投标总价扉页

投 标 总 价

招 标 人： _____×× 中学_____

工 程 名 称： _____×× 中学教学楼工程_____

投标总价（小写）： _____7972282_____

（大写）： _____柒佰玖拾柒万贰仟贰佰捌拾贰元_____

投 标 人： _____×× 建筑公司_____
（单位盖章）

法定代表人
或其授权人： _____×××_____
（签字或盖章）

编 制 人： _____×××_____
（造价人员签字盖专用章）

时 间： ×× 年 × 月 × 日

【表样】 **C.4** 竣工结算总价扉页：扉-4

【要点说明】 本条规定了竣工结算总价签章页的样式。

承包人自行编制竣工结算总价，由承包人单位注册的造价人员编制，承包人盖单位公章，法定代表人或其授权人签字或盖章，编制的造价人员（造价工程师或造价员）在编制人栏签字盖执业专用章。

发包人自行核对竣工结算时，由发包人单位注册的造价工程师核对，发包人盖单位公章，法定代表人或其授权人签字或盖章，造价工程师在核对人栏签字盖执业专用章。

【示例】 承包人自行编制发包人自行核对竣工结算扉页

_____×××中学教学楼_____ 工程

竣工结算总价

中　标　价（小写）：7972282 元 （大写）：柒佰玖拾柒万贰仟贰佰捌拾贰元

结　算　价（小写）：7937251 元 （大写）：柒佰玖拾叁万柒仟贰佰伍拾壹元

发　包　人：××中学　　　　　　　　承　包　人：××建筑公司
　　　　　　（单位盖章）　　　　　　　　　　　　　（单位盖章）

法定代表人 ××中学　　　　　　　　法定代表人 ××建筑公司
或其授权人：×××　　　　　　　　　或其授权人：×××
　　　　　　（签字或盖章）　　　　　　　　　　　　（签字或盖章）

编　制　人：_____×××_____　　　　核　对　人：_____×××_____
　　　　　　（造价人员签字盖专用章）　　　　　　　（造价工程师签字盖专用章）

编　制　时　间：××年×月×日　　　核　对　时　间：××年×月×日

扉-4

· 122 ·

发包人委托工程造价咨询人核对竣工结算时，由工程造价咨询人单位注册的造价工程师核对，发包人盖单位公章，法定代表人或其授权人签字或盖章；工程造价咨询人盖单位资质专用章，法定代表人或其授权人签字或盖章，造价工程师在核对人栏签字盖执业专用章。

除非出现发包人拒绝或不答复承包人竣工结算书的特殊情况，竣工结算办理完毕后，竣工结算总价封面发承包双方的签字、盖章应当齐全。

<u>　　　　×× 中学教学楼　　　　</u>　工程

竣工结算总价

中　标　价（小写）：<u>7972282 元</u>（大写）：<u>柒佰玖拾柒万贰仟贰佰捌拾贰元</u>

结　算　价（小写）：<u>7937251 元</u>（大写）：<u>柒佰玖拾叁万柒仟贰佰伍拾壹元</u>

发　包　人：<u>×× 中学</u>　承　包　人：<u>×× 建筑公司</u>　造价咨询人：<u>×× 工程造价企业</u>
　　　　　（单位盖章）　　　　　　　　（单位盖章）　　　　　　　　（单位资质专用章）

法定代表人　×× 中学　　法定代表人　×× 建筑公司　　法定代表人　×× 工程造价企业
或其授权人：<u>　×××　</u>　或其授权人：<u>　×××　</u>　或其授权人：<u>　×××　</u>
　　　　（签字或盖章）　　　　　　（签字或盖章）　　　　　　　（签字或盖章）

编　制　人：<u>　　×××　　</u>　　　核　对　人：<u>　　×××　　</u>
　　　　（造价人员签字盖专用章）　　　　　　（造价工程师签字盖专用章）

编 制 时 间：×× 年 × 月 × 日　　　核 对 时 间：×× 年 × 月 × 日

【表样】 C.5 工程造价鉴定意见书扉页：扉 – 5

【要点说明】 本条规定了工程造价意见书签章页的样式。

工程造价咨询人应盖单位资质专用章，法定代表人或其授权人签字或盖章，造价工程师签字盖执业专用章。

【示例】 工程造价鉴定书扉页

_____×× 中学教学楼_____ 工程

工程造价鉴定意见书

鉴定结论：

造价咨询人：_____×× 工程造价咨询企业_____

（盖单位章及资质专用章）

法定代表人：_____ ×××_____

（签字或盖章）

造价工程师：_____ ××× _____ ××× _____

（签字盖专用章）

××年×月×日

扉 – 5

附录 D 工程计价总说明

【概述】 本表与"08规范"一样，总说明表只列出了一个表，适用于工程计价各阶段。需要说明的是，在工程计价的不同阶段，说明的内容是有差别的，要求是不同的。

【表样】 总说明表：表-01

【要点说明】 1. 工程量清单，总说明的内容应包括：

1）工程概况：如建设地址、建设规模、工程特征、交通状况、环保要求等；

2）工程发包、分包范围；

3）工程量清单编制依据：如采用的标准、施工图纸、标准图集等；

4）使用材料设备、施工的特殊要求等；

5）其他需要说明的问题。

【示例】 工程量清单总说明

工程名称：××中学教学楼工程   第1页共1页

---

1. 工程概况：本工程为砖混结构，采用混凝土灌注桩，建筑层数为六层，建筑面积10940m²，计划工期为200日历天。施工现场距教学楼最近处为20m，施工中应注意采取相应的防噪措施。

2. 工程招标范围：本次招标范围为施工图范围内的建筑工程和安装工程。

3. 工程量清单编制依据：

（1）教学楼施工图；

（2）《建设工程工程量清单计价规范》GB 50500；

（3）《房屋建筑与装饰工程工程量计算规范》GB 50854；

（4）拟定的招标文件；

（5）相关的规范、标准图集和技术资料。

4. 其他需要说明的问题：

（1）招标人供应现浇构件的全部钢筋，单价暂定为4000元/t。

承包人应在施工现场对招标人供应的钢筋进行验收、保管和使用发放。

招标人供应钢筋的价款，由招标人按每次发生的金额支付给承包人，再由承包人支付给供应商。

（2）消防工程另进行专业发包。总承包人应配合专业工程承包人完成以下工作：

①为消防工程承包人提供施工工作面并对施工现场进行统一管理，对竣工资料进行统一整理汇总。

②为消防工程承包人提供垂直运输机械和焊接电源接入点，并承担垂直运输费和电费。

表-01

【要点说明】 2. 招标控制价，总说明的内容应包括：

1）采用的计价依据；

2）采用的施工组织设计；

3）采用的材料价格来源；

4）综合单价中风险因素、风险范围（幅度）；

5）其他。

【示例】 招标控制价总说明

工程名称：××中学教学楼工程 第 1 页共 1 页

---

1. 工程概况：本工程为砖混结构，采用混凝土灌注桩，建筑层数为六层，建筑面积10940m²，计划工期为200日历天。

2. 招标控制价包括范围：为本次招标的施工图范围内的建筑工程和安装工程。

3. 招标控制价编制依据：

(1) 招标工程量清单；

(2) 招标文件中有关计价的要求；

(3) 施工图；

(4) 省建设主管部门颁发的计价定额和计价办法及有关计价文件；

(5) 材料价格采用工程所在地工程造价管理机构××年×月工程造价信息发布的价格信息，对于工程造价信息没有发布价格信息的材料，其价格参照市场价。单价中均已包括≤5%的价格波动风险。

4. 其他（略）。

表 – 01

【要点说明】 3．投标报价，总说明的内容应包括：

1）采用的计价依据；

2）采用的施工组织设计；

3）综合单价中包含的风险因素、风险范围（幅度）；

4）措施项目的依据；

5）其他有关内容的说明等。

【示例】 投标总价总说明

1．工程概况：本工程为砖混结构，混凝土灌注桩基，建筑层数为六层，建筑面积10940m²，招标计划工期为200日历天，投标工期为180日历天。

2．投标报价包括范围：为本次招标的施工图范围内的建筑工程和安装工程。

3．投标报价编制依据：

（1）招标文件、招标工程量清单和有关报价要求，招标文件的补充通知和答疑纪要；

（2）施工图及投标施工组织设计；

（3）《建设工程工程量清单计价规范》GB 50500以及有关的技术标准、规范和安全管理规定等；

（4）省建设主管部门颁发的计价定额和计价办法及相关计价文件；

（5）材料价格根据本公司掌握的价格情况并参照工程所在地工程造价管理机构××年×月工程造价信息发布的价格。单价中已包括招标文件要求的≤5％的价格波动风险。

4．其他（略）。

表－01

【要点说明】 4. 竣工结算，总说明的内容应包括：

1）工程概况；

2）编制依据；

3）工程变更；

4）工程价款调整；

5）索赔；

6）其他等。

【示例】 承包人竣工结算总说明

工程名称：××中学教学楼工程 第 1 页共 1 页

1. 工程概况：本工程为砖混结构，混凝土灌注桩基，建筑层数为六层，建筑面积 10940m²，招标计划工期为 200 日历天，投标工期为 180 日历天，实际工期 175 日历天。 2. 竣工结算编制依据： （1）施工合同； （2）竣工图、发包人确认的实际完成工程量和索赔及现场签证资料； （3）省工程造价管理机构发布的人工费调整文件。 3. 本工程合同价为 7972282 元，结算价为 7975986 元。结算价中包括消防专业工程结算价款和发包人供应现浇构件钢筋价款。 合同中消防工程暂估价为 200000 元，结算价为 198700 元。暂列自行车雨棚 100000 元，结算价 62000 元。发包人供应的钢筋原暂估单价为 4000 元/t，数量 200t，暂估价 800000 元。发包人供应钢筋结算单价为 4306 元/t，数量 196t，价款 843976 元。低压开关柜 1 台暂估价 45000 元，实际结算价 44560 元。 专业工程价款和发包人供应材料价款已由发包人支付给我公司，我公司已按合同约定支付给专业工程承包人和供应商。 4. 综合单价变化说明： （1）省工程造价管理机构发布人工费调整文件，规定从××年×月×日起人工费调增 10%。本工程主体后的项目根据文件规定，人工费进行了调增并调整了相应综合单价，具体详见综合单价分析表。 （2）发包人供应的现浇混凝土用钢筋，原招标文件暂估价为 4000 元/t，实际供应价为 4306 元/t，根据实际供应价调整了相应项目综合单价。 5. 其他说明（略）。

表－01

【示例】 发包人竣工结算总说明

　　1．工程概况：本工程为砖混结构，混凝土灌注桩基，建筑层数为六层，建筑面积10940m²，招标计划工期为200日历天，投标工期为180日历天，实际工期175日历天。

　　2．竣工结算核对依据：

　　（1）承包人报送的竣工结算；

　　（2）施工合同；

　　（3）竣工图、发包人确认的实际完成工程量和索赔及现场签证资料；

　　（4）省工程造价管理机构发布的人工费调整文件。

　　3．核对情况说明：

　　原报送结算金额为7975986元，核对后确认金额为7937251元，金额变化的主要原因为：

　　（1）原报送结算中，发包人供应的现浇混凝土用钢筋，结算单价为4306元/t，根据进货凭证和付款记录，发包人供应钢筋的加权平均价格核对确认为4295元/t，并调整了相应项目综合单价和总承包服务费。

　　（2）计工日26528元，实际支付10690元，节支15838元；总承包服务费20760元，实际支付21000元，超支240元；规费239001元，实际支付240426元，超支1425元；税金262887元，实际支付261735元，节支1152元。增减相抵节支15325元。

　　（3）暂列金额350000万元，主要用于钢结构自行车棚62000元，工程量偏差及设计变更162130元，用于索赔及现场签证28541元，用于人工费调整36243元，发包人供应钢筋和低压开关柜暂估价变更41380元，暂列金额节余19706元。加上（2）项节支15325元，比签约合同价节余35031元。

　　4．其他（略）。

表－01

<u>　　　　×　×　　　　　</u>工程

工程造价鉴定意见书说明

一、基本情况

委托人：××市人民法院（附件1）

委托鉴定事项：对原告××公司与被告××公司建设工程施工合同纠纷一案中的××建设工程造价进行司法鉴定。

受理时间：20××年×月×日

鉴定材料：本次鉴定的材料由××市人民法院提供，具体情况详见交接清单。

鉴定日期：20××年×月×日至20××年×月×日

二、案情摘要

原、被告双方在××建设工程施工过程中发生纠纷，原告要求被告返还工程款，被告反述要求原告支付工程款。

三、鉴定过程

本次鉴定严格按照司法鉴定工作规定的程序和方法进行，按鉴定委托要求，确定鉴定人员，制订鉴定工作计划，主要工作流程如下：

20××年×月×日，收到××市人民法院鉴定委托书和鉴定资料。

20××年×月×日，我们针对已收到的鉴定资料，列出详细清单，并就需要补充的资料等，函告××市人民法院。

20××年×月×日、×月×日、×月×日及×月×日，我们先后四次在××市人民法院接收原被告双方送来的补充资料。通过对这几次资料的核查，发现部分工程资料仍然不完整。原被告双方同意按现有资料进行鉴定。

20××年×月×日，同承办法官及原被告双方一同踏勘现场。

20××年×月×日，承办法官提交合同及协议质证笔录。

我们在收到上述资料后，对送检资料进行了详细的阅读与理解，充分了解项目情况后，在现有资料和条件的基础上，经过仔细核对、分析、计算形成了《关于××建设工程工程造价鉴定意见书（初稿）》（以下简称《初稿》），并于20××年×月×日提交法院送原被告双方征求意见。

原被告双方针对《初稿》提出了不同的意见。×月×日及×月×日，我们两次组织原被告双方对《初稿》意见进行复核。×月×日，原被告双方在法院针对鉴定依据的争议进行协商，并对争议的处理方法达成一致，形成了《会议纪要》。×月×日，我们最后一次收到法院移交的桩基资料。结合原被告双方的意见及相关资料，最终形成本次鉴定意见。

四、鉴定依据

1. ××市人民法院鉴定委托书；

2. ××工程《建设工程施工合同》及《补充协议》；

3. 原被告双方提供的竣工图、设计变更通知、技术核定及签证认价单等；

4. ××市人民法院质证笔录；

5. 法院组织的现场勘测记录；

6. 国家、省、市颁布的与工程造价司法鉴定有关的法律、法规、标准、规范及规定；

7. 2000年《××省建筑工程计价定额》及相关配套文件；

8. ××《工程造价信息》；

9. 其他相关资料。

五、鉴定原则

本次鉴定中，遵循客观、公正、独立的原则，坚持实事求是，严格按照国家的相关法律、法规执行，维护双方的合法权益。

六、鉴定方法

本鉴定根据原被告双方签订的《建设工施工程合同》约定。

1. 工程内容依据竣工图、设计变更通知、技术核定单、签证及现场踏勘记录确定；

2. 材料价格以双方签字认可的报价单为准，双方未认价或有争议的材料价格，以施工期间××《工程造价信息》发布的信息价确定；

3. 工程相关费用根据《××市人民法院质证笔录》，按照××省规定的取费标准执行。

七、鉴定中特殊情况说明

±0.00以上填充墙按《××工程图纸会审纪要》第（25）条计算。

八、鉴定意见

根据现有送鉴资料，××建设工程造价为13632916元，大写：壹仟叁佰陆拾叁万贰仟玖佰壹拾陆元整（详见附件）。

九、对鉴定意见的说明

1. 本次鉴定系根据委托鉴定相关资料进行的，该资料的真实性、合法性和完整性由提供单位负责。本次鉴定提交后，如发现送鉴资料有误，导致了鉴定结果误差，应调整相关金额。

2. 本鉴定意见专为本次委托所做，非法律允许，不得作其他用途。

附件：

1. 《××人民法院鉴定委托书》

2. ××建设工程造价鉴定书

3. 送鉴资料交接清单

4. 《施工现场勘查记录》、现场照片

5. 会议纪要或记录

6. 设计变更通知

7. 现场签证单

8. 图纸会审纪要

9. 通知、报告、报价单等

10. 致原被告双方函件

附录 E　工程计价汇总表

【概述】　本附录是在"08规范"的基础上移入的，除个别文字调整外，未作改动。

E.1　建设项目招标控制价/投标报价汇总表：表–02

E.2　单项工程招标控制价/投标报价汇总表：表–03

E.3　单位工程招标控制价/投标报价汇总表：表–04

E.4　建设项目竣工结算汇总表：表–05

E.5　单项工程竣工结算汇总表：表–06

E.6　单位工程竣工结算汇总表：表–07

【要点说明】　规定了不同计价阶段使用汇总表的6个表样。

【表样】　1. 招标控制价使用表–02、表–03、表–04。

【要点说明】　由于编制招标控制价和投标价包含的内容相同，只是对价格的处理不同，因此，对招标控制价和投标报价汇总表的设计使用同一表格。实践中，招标控制价或投标报价可分别印制该表格。

【示例】　表–02

建设项目招标控制价汇总表

工程名称：××中学教学楼工程　　　　　　　　　　　　　　　　　　　　　　第1页共1页

序号	单项工程名称	金额（元）	其中：（元）		
			暂估价	安全文明施工费	规费
1	教学楼工程	8413949	845000	212225	241936
	合　计	8413949	845000	212225	241936

注：本表适用于建设项目招标控制价或投标报价的汇总。

说明：本工程仅为一栋教学楼，故单项工程即为建设项目。

表–02

单项工程招标控制价汇总表

工程名称：××中学教学楼工程 第 1 页共 1 页

序号	单位工程名称	金额（元）	其中：（元）		
			暂估价	安全文明施工费	规费
1	教学楼工程	8413949	845000	212225	241936
	合　计	8413949	845000	212225	241936

注：本表适用于单项工程招标控制价或投标报价的汇总。暂估价包括分部分项工程中的暂估价和专业工程暂估价。

单位工程招标控制价汇总表

工程名称：××中学教学楼工程

序号	汇总内容	金额（元）	其中：暂估价（元）
1	分部分项工程	6471819	845000
0101	土石方工程	108431	
0103	桩基工程	428292	
0104	砌筑工程	762650	
0105	混凝土及钢筋混凝土工程	2496270	800000
0106	金属结构工程	1846	
0108	门窗工程	411757	
0109	屋面及防水工程	264536	
0110	保温、隔热、防腐工程	138444	
0111	楼地面装饰工程	312306	
0112	墙柱面装饰与隔断、幕墙工程	452155	
0113	天棚工程	241228	
0114	油漆、涂料、裱糊工程	261942	
0304	电气设备安装工程	385177	45000
0310	给排水安装工程	206785	
2	措施项目	829480	—
0117	其中：安全文明施工费	212225	—
3	其他项目	593260	—
3.1	其中：暂列金额	350000	—
3.2	其中：专业工程暂估价	200000	—
3.3	其中：计日工	24810	—
3.4	其中：总承包服务费	18450	—
4	规费	241936	—
5	税金	277454	—
招标控制价合计 = 1+2+3+4+5		8413949	845000

注：本表适用于单位工程招标控制价或投标报价的汇总，如无单位工程划分，单项工程也使用本表汇总。

表-04

【表样】 2. 投标报价使用表–02、表–03、表–04。

【要点说明】 与招标控制价的表样一致，此处需要说明的是，投标报价汇总表与投标函中投标报价金额应当一致。就投标文件的各个组成部分而言，投标函是最重要的文件，其他组成部分都是投标函的支持性文件，投标函是必须经过投标人签字盖章，并且在开标会上必须当众宣读的文件。如果投标报价汇总表的投标总价与投标函填报的投标总价不一致，应当以投标函中填写的大写金额为准。实践中，对该原则一直缺少一个明确的依据，为了避免出现争议，可以在"投标人须知"中给予明确，用在招标文件中预先给予明示约定的方式来弥补法律法规依据的不足。

【示例】 表–02

建设项目投标报价汇总表

工程名称：××中学教学楼工程 第1页共1页

序号	单项工程名称	金额（元）	其中：（元）		
			暂估价	安全文明施工费	规费
1	教学楼工程	7972282	845000	209650	239001
	合　计	7972282	845000	209650	239001

注：本表适用于建设项目招标控制价或投标报价的汇总。

说明：本工程仅为一栋教学楼，故单项工程即为建设项目。

表–02

单项工程投标报价汇总表

工程名称：××中学教学楼工程

序号	单位工程名称	金额（元）	其中：（元）		
			暂估价	安全文明施工费	规费
1	教学楼工程	7972282	845000	209650	239001
	合　　计	7972282	845000	209650	239001

注：本表适用于单项工程招标控制价或投标报价的汇总。暂估价包括分部分项工程中的暂估价和专业工程暂估价。

表－03

单位工程投标报价汇总表

工程名称：××中学教学楼工程

序号	汇总内容	金额（元）	其中：暂估价（元）
1	分部分项工程	6134749	845000
0101	土石方工程	99757	
0103	桩基工程	397283	
0104	砌筑工程	725456	
0105	混凝土及钢筋混凝土工程	2432419	800000
0106	金属结构工程	1794	
0108	门窗工程	366464	
0109	屋面及防水工程	251838	
0110	保温、隔热、防腐工程	133226	
0111	楼地面装饰工程	291030	
0112	墙柱面装饰与隔断、幕墙工程	418643	
0113	天棚工程	230431	
0114	油漆、涂料、裱糊工程	233606	
0304	电气设备安装工程	360140	45000
0310	给排水安装工程	192662	
2	措施项目	738257	—
0117	其中：安全文明施工费	209650	—
3	其他项目	597288	—
3.1	其中：暂列金额	350000	—
3.2	其中：专业工程暂估价	200000	—
3.3	其中：计日工	26528	—
3.4	其中：总承包服务费	20760	—
4	规费	239001	—
5	税金	262887	—
招标控制价合计 = 1 + 2 + 3 + 4 + 5		7972282	845000

注：本表适用于工程单位控制价或投标报价的汇总，如无单位工程划分，单项工程也使用本表汇总。

表 - 04

【表样】 3．竣工结算汇总使用表–05、表–06、表–07。

【示例】 表–05

建设项目竣工结算汇总表

工程名称：××中学教学楼工程 第1页共1页

序号	单项工程名称	金额（元）	其中：（元）	
			安全文明施工费	规费
1	教学楼工程	7937251	210990	240426
合　计		7937251	210990	240426

表–05

【示例】 表–06

单项工程竣工结算汇总表

工程名称：××中学教学楼工程 第1页共1页

序号	单位工程名称	金额（元）	其中：（元）	
			安全文明施工费	规费
1	教学楼工程	7937251	210990	240426
合　计		7937251	210990	240426

表–06

单位工程竣工结算汇总表

工程名称：××中学教学楼工程   第1页共1页

序号	汇 总 内 容	金额（元）
1	分部分项工程	6426805
0101	土石方工程	120831
0103	桩基工程	423926
0104	砌筑工程	708926
0105	混凝土及钢筋混凝土工程	2493200
0106	金属结构工程	65812
0108	门窗工程	380026
0109	屋面及防水工程	269547
0110	保温、隔热、防腐工程	132985
0111	楼地面装饰工程	318459
0112	墙柱面装饰与隔断、幕墙工程	440237
0113	天棚工程	241039
0114	油漆、涂料、裱糊工程	256793
0304	电气设备安装工程	375626
0310	给排水安装工程	201640
2	措施项目	747112
0117	其中：安全文明施工费	210990
3	其他项目	258931
3.1	其中：专业工程结算价	198700
3.2	其中：计日工	10690
3.3	其中：总承包服务费	21000
3.4	索赔与现场签证	28541
4	规费	240426
5	税金	261735
竣工结算总价合计 = 1 + 2 + 3 + 4 + 5		7937251

注：如无单位工程划分，单项工程也使用本表汇总。

表-07

【表样】 4. 工程造价鉴定汇总使用表-05、表-06、表-07。

附录 F　分部分项工程和单价措施项目清单与计价表

【概述】　本附录将"08 规范"分部分项工程量清单与计价表和"措施项目清单与计价表"合并重新设置，以单价项目形式表现的措施项目与分部分项工程项目采用同一种表，措施项目表改为总价措施项目清单与计价表，增加综合单价调整表，更切合实际，增强了适用性。

【表样】　**F.1**　分部分项工程和单价措施项目清单与计价表：表 – 08

【要点说明】　本规范将招标工程量清单表与工程量清单计价表两表合一，大大减少了投标人因两表分设而可能带来的出错的几率，说明这种表现形式反映了良好的交易习惯。可以认为，这种表现形式可以满足不同专业工程计价的实际需要。

由于"03 规范"对措施项目只列出名称，未给予明确的计价方式，"08 规范"虽然指明了根据措施项目能否准确计量采用不同的计价方式，但未将措施项目具体化，也未完全解决计价方式这一问题。"08 规范"修订时，在各专业工程计量规范中，将措施项目单列一章，并根据各专业工程的实际，对措施项目按照能否计量进行分类，能计量的采用分部分项工程项目的方式列出项目编码、项目名称、项目特征、计量单位、计算规则，采用综合单价的方式计价；对不能计量的措施项目，仅列出项目编码、项目名称、工作内容及包含范围，以项目总价的方式计价。本规范将单价措施项目与分部分项工程项目清单与计价表合并，使用同一表格。

特别需要指出的是，此表不只是编制招标工程量清单的表式，也是编制招标控制价、投标价、竣工结算的最基本的用表。

【要点说明】　1　编制工程量清单时

"工程名称"栏应填写详细具体的工程称谓，对于房屋建筑而言，习惯上并无标段划分，可不填写"标段"栏。但相对于管道敷设、道路施工等则往往以标段划分，此时，应填写"标段"栏，其他各表涉及此类设置，道理相同。

"项目编码"栏应按相关工程国家计量规范项目编码栏内规定的 9 位数字另加 3 位顺序码填写。

各位数字的含义是：一、二位为专业工程代码（01—房屋建筑与装饰工程；02—仿古建筑工程；03—通用安装工程；04—市政工程；05—园林绿化工程；06—矿山工程；07—构筑物工程；08—城市轨道交通工程；09—爆破工程。以后进入国家标准的专业工程计量规范代码以此类推，顺序编列）；三、四位为专业工程附录分类顺序码；五、六位为分部工程顺序码；七、八、九位为分项工程项目名称顺序码；十至十二位为清单项目名称顺序码。

当同一标段（或合同段）的一份工程量清单中含有多个单位（项）工程且工程量清单是以单位（项）工程为编制对象时，在编制工程量清单时应特别注意对项目编码十至十二位的设置不得有重码的规定。

例如，一个标段（或合同段）的工程量清单中含有三个单位工程，每一单位工程中都有项目特征相同的实心砖墙砌体，在工程量清单中又需反映三个不同单位工程的实心砖墙砌体工程量时，则第一个单位工程的实心砖墙的项目编码应为 010401003001，第二个单位工程的实心砖墙的项目编码应为 010401003002，第三个单位工程的实心砖墙的项目编码应为 010401003003，并分别列出各单位工程实心砖墙的工程量。

"项目名称"栏应按相关工程国家计量规范规定根据拟建工程实际确定填写。

"03 规范"实施近十年来，在"项目名称"上如何填写存在两种情况，一是完全按照规范的项目名称不变，二是根据工程实际在计价规范项目名称下另定详细名称。这两种方式均是可行的，主要应针对具体项目而定。

例如，规范中有的项目名称包含范围很小，直接使用并无不妥，此时可直接使用，如 010102002

挖沟槽土方：有的项目名称包含范围较大，这时采用具体的名称则较为恰当，如011407001墙面喷刷涂料，可采用011407001001外墙乳胶漆、011407001002内墙乳胶漆，较为直观。

"项目特征"栏应按相关工程国家计量规范规定根据拟建工程实际予以描述。

(1) 必须描述的内容。

1) 涉及正确计量的内容必须描述。如门窗洞口尺寸或框外围尺寸，新规范虽然增加了按"m²"计量，如采用"樘"计量，上述描述仍是必需的。

2) 涉及结构要求的内容必须描述。如混凝土构件的混凝土强度等级，是使用C20还是C30或C40等，因混凝土强度等级不同，其价值也不同，必须描述。

3) 涉及材质要求的内容必须描述。如油漆的品种，是调和漆还是硝基清漆等；管材的材质，是碳钢管还是塑料管、不锈钢管等；还需要对管材的规格、型号进行描述。

4) 涉及安装方式的内容必须描述。如管道工程中的钢管的连接方式是螺纹连接还是焊接；塑料管是粘接连接还是热熔连接等就必须描述。

(2) 可不详细描述的内容。

1) 无法准确描述的可不详细描述。如土壤类别，由于我国幅员辽阔，南北东西差异较大，特别是对于南方来说，在同一地点，由于表层土与表层土以下的土壤，其类别是不相同的，要求清单编制人准确判定某类土壤在石方中所占比例是困难的。在这种情况下，可考虑将土壤类别描述为综合，但应注明由投标人根据地勘资料自行确定土壤类别，决定报价。

2) 施工图纸、标准图集标注明确的，可不再详细描述。对这些项目可描述为见××图集××页号及节点大样等。由于施工图纸、标准图集是发承包双方都应遵守的技术文件，这样描述，可以有效减少在施工过程中对项目理解的不一致。同时，对不少工程项目，真要将项目特征一一描述清楚，也是一件费力的事情，如果能采用这一方法描述，就可以收到事半功倍的效果。因此，建议这一方法在项目特征描述中能采用的尽可能采用。

3) 有一些项目虽然可不详细描述，但清单编制人在项目特征描述中应注明由投标人自定，如土方工程中的"取土运距"、"弃土运距"等。首先要清单编制人决定在多远取土或取、弃土运往多远是困难的；其次，由投标人根据在建工程施工情况统筹安排，自主决定取、弃土方的运距，可以充分体现竞争的要求。

4) 一些地方以项目特征见××定额的表述也是值得考虑的。"08规范"实施以来，对项目特征的描述已引起了广泛的注意，各地区、各专业也总结了一些好的做法。由于现行定额经过几十年的贯彻实施，每个定额项目实质上都是一定项目特征下的消耗量标准及其价值表示，因此，如清单项目的项目特征与现行定额某些项目的规定是一致的，也可采用见××定额项目的方式予以表述。

(3) 特征描述的方式。

特征描述的方式大致可划分为"问答式"与"简化式"两种。

1) 问答式主要是工程量清单编写者直接采用工程计价软件上提供的规范，在要求描述的项目特征上采用答题的方式进行描述。这种方式的优点是全面、详细，缺点是显得啰唆，打印用纸较多。

2) 简化式则与问答式相反，对需要描述的项目特征内容根据当地的用语习惯，采用口语化的方式直接表述，省略了规范上的描述要求，简洁明了，打印用纸较少。

两种表述方式的区分见下表：

分部分项工程和单价措施项目清单与计价表

工程名称：某工程

序号	项目编码	项目名称	项 目 特 征	
			问答式	简化式
1	010101003001	挖沟槽土方	1. 土壤类别：三类 2. 挖土深度：4.0m 3. 弃土运距：运输距离为10km	三类土、深度≤4m、弃土运距＜10km（或投标人自行考虑）
2	010401001001	砖基础	1. 砖品种、规格、强度等级：页岩标砖 MU15 240×115×53（mm） 2. 砂浆强度等级：M10 水泥砂浆 3. 防潮层种类及厚度：20mm 厚 1:2 水泥砂浆（防水粉 5%）	M10 水泥砂浆、MU15 页岩标砖砌条形基础，20mm 厚 1:2 水泥砂浆（防水粉 5%）防潮层
3	010401003001	实心主体砖墙	1. 砖品种、规格、强度等级：页岩标砖 MU10 240×115×53（mm） 2. 砂浆强度等级、配合比：M7.5 混合砂浆	M7.5 混合砂浆、MU10 页岩标砖
4	010502002001	现浇混凝土构造柱	1. 混凝土种类：现场搅拌 2. 混凝土强度等级：C20	C20 预拌混凝土
5	011201001001	墙面一般抹灰	1. 墙体类型：砖墙 2. 底层厚度、砂浆配合比：素水泥砂浆一遍，15mm 厚 1:1:6 水泥石灰砂浆 3. 面层厚度、砂浆配合比：5mm 厚 1:0.5:3 水泥石灰砂浆	砖墙素水泥砂浆一遍，1:1:6 水泥石灰砂浆底层厚 15mm，1:0.5:3 水泥石灰砂浆面层：厚 5mm
6	011406001001	抹灰墙面乳胶漆	1. 基层类型：抹灰面 2. 腻子种类：普通成品腻子膏 3. 刮腻子遍数：两遍 4. 油漆品种、刷漆遍数：乳胶漆、底漆一遍、面漆两遍	成品腻子满刮两遍，乳胶漆一底两面

表－08

"计量单位"应按相关工程国家计量规范的规定填写。

有的项目规范中有两个或两个以上计量单位的，应按照最适宜计量的方式选择其中一个填写。

例如门窗工程，规范以 m² 和樘两个计量单位表示，此时就应根据工程项目特点，选择其中一个即可。

"工程量"应按相关工程国家计量规范规定的工程量计算规则计算填写。

按照本表的注示：为了计取规费等的使用，可在表中增设其中："定额人工费"，由于各省、自治区、直辖市以及行业建设主管部门对规费计取基础的不同设置，可灵活处理。

【示例】 1．招标工程量清单

分部分项工程和单价措施项目清单与计价表

工程名称：××中学教学楼工程　　　　标段：　　　　　　　　　　　　　第1页共5页

序号	项目编码	项目名称	项 目 特 征	计量单位	工程量	金额（元）		
						综合单价	合价	其中暂估价
			0101 土石方工程					
1	010101003001	挖沟槽土方	三类土，垫层底宽2m，挖土深度＜4m，弃土运距＜10km	m³	1432			
			（其他略）					
			分部小计					
			0103 桩基工程					
2	010302003001	泥浆护壁混凝土灌注桩	桩长10m，护壁段长9m，共42根，桩直径1000mm，扩大头直径1100mm，桩混凝土为C25，护壁混凝土为C20	m	420			
			（其他略）					
			分部小计					
			0104 砌筑工程					
3	010401001001	条形砖基础	M10 水泥砂浆，MU15 页岩砖240 ×115 ×53（mm）	m³	239			
4	010401003001	实心砖墙	M7.5 混合砂浆，MU15 页岩砖240 ×115 ×53（mm），墙厚度240mm	m³	2037			
			（其他略）					
			分部小计					
			本页小计					
			合　　计					

注：为计取规费等的使用，可在表中增设其中："定额人工费"。

表－08

· 143 ·

分部分项工程和单价措施项目清单与计价表

序号	项目编码	项目名称	项 目 特 征	计量单位	工程量	金额（元）		
						综合单价	合价	其中 暂估价
		0105 混凝土及钢筋混凝土工程						
5	010503001001	基础梁	C30 预拌混凝土，梁底标高 −1.55m	m³	208			
6	010515001001	现浇构件钢筋	螺纹钢 Q235，φ14	t	200			
		（其他略）						
		分部小计						
		0106 金属结构工程						
7	010606008001	钢爬梯	U 型，型钢品种、规格详见 ××图	t	0.258			
		分部小计						
		0108 门窗工程						
8	010807001001	塑钢窗	80 系列 LC0915 塑钢平开窗 带纱 5mm 白玻	m²	900			
		（其他略）						
		分部小计						
		0109 屋面及防水工程						
9	010902003001	屋面刚性防水	C20 细石混凝土，厚 40mm，建筑油膏嵌缝	m²	1853			
		（其他略）						
		分部小计						
		本页小计						
		合　计						

注：为计取规费等的使用，可在表中增设其中："定额人工费"。

表−08

分部分项工程和单价措施项目清单与计价表

序号	项目编码	项目名称	项目特征	计量单位	工程量	金额（元）		
						综合单价	合价	其中 暂估价
			0110 保温、隔热、防腐工程					
10	011001001001	保温隔热屋面	沥青珍珠岩块 500×500×150（mm），1:3 水泥砂浆护面，厚25mm	m²	1853			
			（其他略）					
			分部小计					
			0111 楼地面装饰工程					
11	011101001001	水泥砂浆楼地面	1:3 水泥砂浆找平层，厚20mm，1:2 水泥砂浆面层，厚25mm	m²	6500			
			（其他略）					
			分部小计					
			0112 墙、柱面装饰与隔断、幕墙工程					
12	011201001001	外墙面抹灰	页岩砖墙面，1:3 水泥砂浆底层，厚15mm，1:2.5 水泥砂浆面层，厚6mm	m²	4050			
13	011202001001	柱面抹灰	混凝土柱面，1:3 水泥砂浆底层，厚15mm，1:2.5 水泥砂浆面层，厚6mm	m²	850			
			（其他略）					
			分部小计					
			本页小计					
			合　计					

注：为计取规费等的使用，可在表中增设其中："定额人工费"。

表-08

分部分项工程和单价措施项目清单与计价表

序号	项目编码	项目名称	项 目 特 征	计量单位	工程量	金额（元）		
						综合单价	合价	其中 暂估价
			0113 天棚工程					
14	011301001001	混凝土天棚抹灰	基层刷水泥浆一道加 107 胶，1:0.5:2.5 水泥石灰砂浆底层，厚12mm，1:0.3:3 水泥石灰砂浆面层厚4mm	m²	7000			
			（其他略）					
			分部小计					
			0114 油漆、涂料、裱糊工程					
15	011407001001	外墙乳胶漆	基层抹灰面满刮成品耐水腻子三遍磨平，乳胶漆一底二面	m²	4050			
			（其他略）					
			分部小计					
			0117 措施项目					
16	011701001001	综合脚手架	砖混、檐高22m	m²	10940			
			（其他略）					
			分部小计					
			本页小计					
			合　计					

注：为计取规费等的使用，可在表中增设其中："定额人工费"。

表－08

分部分项工程和单价措施项目清单与计价表

序号	项目编码	项目名称	项目特征	计量单位	工程量	金额（元）		
						综合单价	合价	其中
								暂估价
		0304 电气设备安装工程						
17	030404035001	插座安装	单相三孔插座，250V/10A	个	1224			
18	030411001001	电气配管	砖墙暗配 PC20 阻燃 PVC 管	m	9858			
		（其他略）						
		分部小计						
		0310 给排水安装工程						
19	031001006001	塑料给水管安装	室内 DN20/PP－R 给水管，热熔连接	m	1569			
20	031001006002	塑料排水管安装	室内 φ110UPVC 排水管，承插胶粘接	m	849			
		（其他略）						
		分部小计						
		本页小计						
		合　计						

注：为计取规费等的使用，可在表中增设其中："定额人工费"。

【要点说明】 2. 编制招标控制价时，其项目编码、项目名称、项目特征、计量单位、工程量栏不变，对"综合单价"、"合价"以及"其中：暂估价"按本规范的规定填写。

【示例】 2. 招标控制价

分部分项工程和单价措施项目清单与计价表

工程名称：××中学教学楼工程 　　　　标段：　　　　　　　　　　　　　　第1页共5页

序号	项目编码	项目名称	项目特征	计量单位	工程量	综合单价	合价	其中暂估价
			0101 土石方工程					
1	010101003001	挖沟槽土方	三类土，垫层底宽2m，挖土深度<4m，弃土运距<10km	m³	1432	23.91	34239	
			（其他略）					
			分部小计				108431	
			0103 桩与地基基础工程					
2	010302003001	泥浆护壁混凝土灌注桩	桩长10m，护壁段长9m，共42根，桩直径1000mm，扩大头直径1100mm，桩混凝土为C25，护壁混凝土为C20	m	420	336.27	141233	
			（其他略）					
			分部小计				428292	
			0104 砌筑工程					
3	010401001001	条形砖基础	M10 水泥砂浆，MU15 页岩砖240×115×53（mm）	m³	239	308.18	73655	
4	010401003001	实心砖墙	M7.5 混合砂浆，MU15 页岩砖240×115×53（mm），墙厚度240mm	m³	2037	323.64	659255	
			（其他略）					
			分部小计				762650	
			本页小计				1299373	—
			合计				1299373	—

注：为计取规费等的使用，可在表中增设其中："定额人工费"。

表－08

分部分项工程和单价措施项目清单与计价表

序号	项目编码	项目名称	项 目 特 征	计量单位	工程量	金额（元）		
						综合单价	合价	其中 暂估价
			0105 混凝土及钢筋混凝土工程					
5	010503001001	基础梁	C30 预拌混凝土，梁底标高 −1.55m	m³	208	367.05	76346	
6	010515001001	现浇构件钢筋	螺纹钢 Q235，φ14	t	200	4821.35	964270	800000
			（其他略）					
			分部小计				2496270	800000
			0106 金属结构工程					
7	010606008001	钢爬梯	U 型，型钢品种、规格详见 ××图	t	0.258	7155.00	1846	
			分部小计				1846	
			0108 门窗工程					
8	010807001001	塑钢窗	80 系列 LC0915 塑钢平开窗 带纱 5mm 白玻	m²	900	327.00	294300	
			（其他略）					
			分部小计				411757	
			0109 屋面及防水工程					
9	010902003001	屋面刚性防水	C20 细石混凝土，厚 40mm，建筑油膏嵌缝	m²	1853	22.41	41526	
			（其他略）					
			分部小计				264536	
			本页小计				3174409	800000
			合　　计				4473782	800000

注：为计取规费等的使用，可在表中增设其中："定额人工费"。

表 −08

分部分项工程和单价措施项目清单与计价表

序号	项目编码	项目名称	项目特征	计量单位	工程量	金额（元）		
						综合单价	合价	其中暂估价
			0110 保温、隔热、防腐工程					
10	011001001001	保温隔热屋面	沥青珍珠岩块 500×500×150（mm），1:3 水泥砂浆护面，厚 25mm	m²	1853	57.14	105880	
			（其他略）					
			分部小计				138444	
			0111 楼地面装饰工程					
11	011101001001	水泥砂浆楼地面	1:3 水泥砂浆找平层，厚 20mm　1:2 水泥砂浆面层，厚 25mm	m²	6500	35.60	231400	
			（其他略）					
			分部小计				312306	
			0112 墙、柱面装饰与隔断、幕墙工程					
12	011201001001	外墙面抹灰	页岩砖墙面，1:3 水泥砂浆底层，厚 15mm，1:2.5 水泥砂浆面层，厚 6mm	m²	4050	18.84	76302	
13	011202001001	柱面抹灰	混凝土柱面，1:3 水泥砂浆底层，厚 15mm，1:2.5 水泥砂浆面层，厚 6mm	m²	850	21.71	18454	
			（其他略）					
			分部小计				452155	
			本页小计				902905	—
			合　计				5376687	800000

注：为计取规费等的使用，可在表中增设其中："定额人工费"。

表 – 08

分部分项工程和单价措施项目清单与计价表

序号	项目编码	项目名称	项目特征	计量单位	工程量	金额（元）		
						综合单价	合价	其中 暂估价
			0113 天棚工程					
14	011301001001	混凝土天棚抹灰	基层刷水泥浆一道加107胶，1:0.5:2.5 水泥石灰砂浆底层，厚12mm，1:0.3:3 水泥石灰砂浆面层，厚4mm	m²	7000	17.51	122570	
			（其他略）					
			分部小计				241228	
			0114 油漆、涂料、裱糊工程					
15	011407001001	外墙乳胶漆	基层抹灰面满刮成品耐水腻子三遍磨平，乳胶漆一底二面	m²	4050	49.72	201366	
			（其他略）					
			分部小计				261942	
			0117 措施项目					
16	011701001001	综合脚手架	砖混、檐高22m	m²	10940	20.85	228099	
			（其他略）					
			分部小计				829480	
			本页小计				1332650	—
			合　计				6709337	800000

注：为计取规费等的使用，可在表中增设其中："定额人工费"。

表 - 08

分部分项工程和单价措施项目清单与计价表

序号	项目编码	项目名称	项 目 特 征	计量单位	工程量	综合单价	合价	其中 暂估价
			0304 电气设备安装工程					
17	030404035001	插座安装	单相三孔插座，250V/10A	个	1224	11.37	13917	
18	030411001001	电气配管	砖墙暗配 PC20 阻燃 PVC 管	m	9858	8.97	88426	
			（其他略）					
			分部小计				385177	
			0310 给排水安装工程					
19	031001006001	塑料给水管安装	室内 DN20/PP－R 给水管，热熔连接	m	1569	19.22	30156	
20	031001006002	塑料排水管安装	室内 φ110UPVC 排水管，承插胶粘接	m	849	50.82	43146	
			（其他略）					
			分部小计				206785	
			本页小计				591902	—
			合　　计				7301239	80000

注：为计取规费等的使用，可在表中增设其中："定额人工费"。

表－08

【要点说明】 3. 编制投标报价时，投标人对表中的"项目编码"、"项目名称"、"项目特征"、"计量单位"、"工程量"均不应作改动。"综合单价"、"合价"自主决定填写，对其中的"暂估价"栏，投标人应将招标文件中提供了暂估材料单价的暂估价进入综合单价，并应计算出暂估单价的材料在"综合单价"及其"合价"中的具体数额，因此，为更详细反应暂估价情况，也可在表中增设一栏"综合单价"其中的"暂估价"。

【示例】 3. 投标报价

分部分项工程和单价措施项目清单与计价表

工程名称：××中学教学楼工程　　　　　标段：　　　　　　　　　　　　　　　第1页共5页

序号	项目编码	项目名称	项目特征	计量单位	工程量	综合单价	合价	其中 暂估价
			0101 土石方工程					
1	010101003001	挖沟槽土方	三类土，垫层底宽2m，挖土深度<4m，弃土运距<7km	m³	1432	21.92	31389	
			（其他略）					
			分部小计				99757	
			0103 桩基工程					
2	010302003001	泥浆护壁混凝土灌注桩	桩长10m，护壁段长9m，共42根，桩直径1000mm，扩大头直径1100mm，桩混凝土为C25，护壁混凝土为C20	m	420	322.06	135265	
			（其他略）					
			分部小计				397283	
			0104 砌筑工程					
3	010401001001	条形砖基础	M10 水泥砂浆，MU15 页岩砖240×115×53（mm）	m³	239	290.46	69420	
4	010401003001	实心砖墙	M7.5 混合砂浆，MU15 页岩砖240×115×53（mm），墙厚度240mm	m³	2037	304.43	620124	
			（其他略）					
			分部小计				725456	
			本页小计				1222496	—
			合　计				1222496	—

注：为计取规费等的使用，可在表中增设其中："定额人工费"。

表-08

分部分项工程和单价措施项目清单与计价表

序号	项目编码	项目名称	项目特征	计量单位	工程量	金额（元）		
						综合单价	合价	其中 暂估价
			0105 混凝土及钢筋混凝土工程					
5	010503001001	基础梁	C30 预拌混凝土，梁底标高 −1.55m	m³	208	356.14	74077	
6	010515001001	现浇构件钢筋	螺纹钢 Q235，φ14	t	200	4787.16	957432	800000
			（其他略）					
			分部小计				2432419	
			0106 金属结构工程					
7	010606008001	钢爬梯	U 型，型钢品种、规格详见 ××图	t	0.258	6951.71	1794	
			分部小计				1794	
			0108 门窗工程					
8	010807001001	塑钢窗	80 系列 LC0915 塑钢平开窗带纱 5mm 白玻	m²	900	273.40	246060	
			（其他略）					
			分部小计				366464	
			0109 屋面及防水工程					
9	010902003001	屋面刚性防水	C20 细石混凝土，厚 40mm，建筑油膏嵌缝	m²	1853	21.43	39710	
			（其他略）					
			分部小计				251838	
			本页小计				3050721	800000
			合　计				4273217	800000

注：为计取规费等的使用，可在表中增设其中："定额人工费"。

表－08

分部分项工程和单价措施项目清单与计价表

序号	项目编码	项目名称	项目特征	计量单位	工程量	金额（元）		
						综合单价	合价	其中暂估价
			0110 保温、隔热、防腐工程					
10	011003101001	保温隔热屋面	沥青珍珠岩块 500×500×150（mm），1:3 水泥砂浆护面，厚25mm	m²	1853	53.81	99710	
			（其他略）					
			分部小计				133226	
			0111 楼地面装饰工程					
11	011101001001	水泥砂浆楼地面	1:3 水泥砂浆找平层，厚20mm，1:2 水泥砂浆面层，厚25mm	m²	6500	33.77	219505	
			（其他略）					
			分部小计				291030	
			0112 墙、柱面装饰与隔断、幕墙工程					
12	011201001001	外墙面抹灰	页岩砖墙面，1:3 水泥砂浆底层，厚15mm，1:2.5 水泥砂浆面层，厚6mm	m²	4050	17.44	70632	
13	011202001001	柱面抹灰	混凝土柱面，1:3 水泥砂浆底层，厚15mm，1:2.5 水泥砂浆面层，厚6mm	m²	850	20.42	17357	
			（其他略）					
			分部小计				418643	
		本页小计					842899	—
		合　计					5116116	800000

注：为计取规费等的使用，可在表中增设其中："定额人工费"。

分部分项工程和单价措施项目清单与计价表

序号	项目编码	项目名称	项 目 特 征	计量单位	工程量	金额（元）		
						综合单价	合价	其中 暂估价
			0113 天棚工程					
14	011301001001	混凝土天棚抹灰	基层刷水泥浆一道加 107 胶，1：0.5：2.5 水泥石灰砂浆底层，厚 12mm，1：0.3：3 水泥石灰砂浆面层，厚 4mm	m²	7000	16.53	115710	
			（其他略）					
			分部小计				230431	
			0114 油漆、涂料、裱糊工程					
15	011407001001	外墙乳胶漆	基层抹灰面满刮成品耐水腻子三遍磨平，乳胶漆一底二面	m²	4050	44.70	181035	
			（其他略）					
			分部小计				233606	
			0117 措施项目					
16	011701001001	综合脚手架	砖混、檐高 22m	m²	10940	19.80	216612	
			（其他略）					
			分部小计				738257	
			本页小计				1202294	—
			合　计				6318410	800000

注：为计取规费等的使用，可在表中增设其中："定额人工费"。

表－08

分部分项工程和单价措施项目清单与计价表

序号	项目编码	项目名称	项目特征	计量单位	工程量	综合单价	合价	其中 暂估价
			0304 电气设备安装工程					
17	030404035001	插座安装	单相三孔插座，250V/10A	个	1224	10.46	12803	
18	030411001001	电气配管	砖墙暗配 PC20 阻燃 PVC 管	m	9858	8.23	81131	
			（其他略）					
			分部小计				360140	
			0310 给排水安装工程					
19	031001006001	塑料给水管安装	室内 DN20/PP－R 给水管，热熔连接	m	1569	17.54	27520	
20	031001006002	塑料排水管安装	室内 φ110UPVC 排水管，承插胶粘接	m	849	46.96	39869	
			（其他略）					
			分部小计				192662	
			本页小计				552802	—
			合　计				6871212	80000

注：为计取规费等的使用，可在表中增设其中："定额人工费"。

表－08

【要点说明】 4．编制竣工结算时，使用本表可取消"暂估价"。

【示例】 4．竣工结算

分部分项工程和单价措施项目清单与计价表

工程名称：××中学教学楼工程　　　　标段：

第 1 页共 5 页

| 序号 | 项目编码 | 项目名称 | 项 目 特 征 | 计量单位 | 工程量 | 金额（元） | | |
						综合单价	合价	其中暂估价
			0101 土石方工程					
1	010101003001	挖沟槽土方	三类土，垫层底宽2m，挖土深度<4m，弃土运距<7km	m³	1503	21.92	32946	
			（其他略）					
			分部小计				120831	
			0103 桩基工程					
2	010302003001	泥浆护壁混凝土灌注桩	桩长10m，护壁段长9m，共42根，桩直径1000mm，扩大头直径1100mm，桩混凝土为C25，护壁混凝土为C20	m	432	322.06	139130	
			（其他略）					
			分部小计				423926	
			0104 砌筑工程					
3	010401001001	条形砖基础	M10 水泥砂浆，MU15 页岩砖240×115×53（mm）	m³	239	290.46	69420	
4	010401003001	实心砖墙	M7.5 混合砂浆，MU15 页岩砖240×115×53（mm），墙厚度240mm	m³	1986	304.43	604598	
			（其他略）					
			分部小计				708926	
			本页小计				1253683	
			合　计				1253683	

注：为计取规费等的使用，可在表中增设其中："定额人工费"。

表－08

· 158 ·

分部分项工程和单价措施项目清单与计价表

序号	项目编码	项目名称	项 目 特 征	计量单位	工程量	金额（元）		
						综合单价	合价	其中 暂估价
			0105 混凝土及钢筋混凝土工程					
5	010403001001	基础梁	C30 预拌混凝土，梁底标高 −1.55m	m³	208	356.14	74077	
6	010416001001	现浇构件钢筋	螺纹钢 Q235，φ14	t	196	5132.29	1005929	
			（其他略）					
			分部小计				2493200	
			0106 金属结构工程					
7	010606008001	钢爬梯	U 型，型钢品种、规格详见 ××图	t	0.258	7023.71	1812	
			分部小计				65812	
			0108 门窗工程					
8	010807001001	塑钢窗	80 系列 LC0915 塑钢平开窗 带纱 5mm 白玻	m²	900	276.66	248994	
			（其他略）					
			分部小计				380026	
			0109 屋面及防水工程					
9	010902003001	屋面刚性防水	C20 细石混凝土，厚 40mm，建筑油膏嵌缝	m²	1757	21.92	38513	
			（其他略）					
			分部小计				269547	
			本页小计				3142773	
			合　　　计				4396456	

注：为计取规费等的使用，可在表中增设其中："定额人工费"。

表 −08

分部分项工程和单价措施项目清单与计价表

序号	项目编码	项目名称	项 目 特 征	计量单位	工程量	金额（元）		其中
						综合单价	合价	暂估价
			0110 保温、隔热、防腐工程					
10	010803001001	保温隔热屋面	沥青珍珠岩块 500×500×150（mm），1：3 水泥砂浆护面，厚25mm	m²	1757	54.58	95897	
			（其他略）					
			分部小计				132985	
			0111 楼地面装饰工程					
11	011101001001	水泥砂浆楼地面	1：3 水泥砂浆找平层，厚20mm，1：2 水泥砂浆面层，厚25mm	m²	6539	33.90	221672	
			（其他略）					
			分部小计				318459	
			0112 墙、柱面装饰与隔断、幕墙工程					
12	011201001001	外墙面抹灰	页岩砖墙面，1：3 水泥砂浆底层，厚15mm，1：2.5 水泥砂浆面层，厚6mm	m²	4123	18.26	75286	
13	011202001001	柱面抹灰	混凝土柱面，1：3 水泥砂浆底层，厚15mm，1：2.5 水泥砂浆面层，厚6mm	m²	832	21.52	17905	
			（其他略）					
			分部小计				440237	
			本页小计				891681	
			合　计				5288137	

注：为计取规费等的使用，可在表中增设其中："定额人工费"。

表－08

分部分项工程和单价措施项目清单与计价表

序号	项目编码	项目名称	项目特征	计量单位	工程量	金额（元）		其中
						综合单价	合价	暂估价
			0113 天棚工程					
14	011301001001	混凝土天棚抹灰	基层刷水泥浆一道加 107 胶，1:0.5:2.5 水泥石灰砂浆底层，厚 12mm，1:0.3:3 水泥石灰砂浆面层，厚 4mm	m²	7109	17.36	123412	
			（其他略）					
			分部小计				241039	
			0114 油漆、涂料、裱糊工程					
15	011407001001	外墙乳胶漆	基层抹灰面满刮成品耐水腻子三遍磨平，乳胶漆一底二面	m²	4123	45.36	187019	
			（其他略）					
			分部小计				256793	
			0117 措施项目					
16	011701001001	综合脚手架	砖混、檐高 22m	m²	10940	20.79	227443	
			（其他略）					
			分部小计				747112	
			本页小计				1244944	
			合　计				6533081	

注：为计取规费等的使用，可在表中增设其中："定额人工费"。

表 -08

分部分项工程和单价措施项目清单与计价表

工程名称：××中学教学楼工程　　　　标段：　　　　　　　　　　第5页共5页

序号	项目编码	项目名称	项目特征	计量单位	工程量	综合单价	合价	其中暂估价
			0304 电气设备安装工程					
17	030404035001	插座安装	单项三孔插座，250V/10A	个	1224	10.96	13415	
18	030411001001	电气配管	砖墙暗配 PC20 阻燃 PVC 管	m	9937	8.58	85259	
			（其他略）					
			分部小计				375626	
			0310 给排水安装工程					
19	031001006001	塑料给水管安装	室内 DN20/PP－R 给水管，热熔连接	m	1569	18.62	29215	
20	031001006002	塑料排水管安装	室内 φ110UPVC 排水管，承插胶粘接	m	849	47.89	40659	
			（其他略）					
			分部小计				201640	
		本页小计					577266	
		合　计					7110347	

注：为计取规费等的使用，可在表中增设其中："定额人工费"。

表－08

· 162 ·

【表样】 F.2 综合单价分析表：表-09

【要点说明】 工程量清单综合单价分析表是评标委员会评审和判别综合单价组成以及其价格完整性、合理性的主要基础，对因工程变更、工程量偏差等原因调整综合单价也是必不可少的基础价格数据来源。采用经评审的最低投标价法评标时，该分析表的重要性更加突出。

综合单价分析表集中反映了构成每一个清单项目综合单价的各个价格要素的价格及主要的"工、料、机"消耗量。投标人在投标报价时，需要对每一个清单项目进行组价，为了使组价工作具有可追溯性（回复评标质疑时尤其需要），需要表明每一个数据的来源。该分析表实际上是投标人投标组价工作的一个阶段性成果文件，借助计算机辅助报价系统，可以由电脑自动生成，并不需要投标人付出太多额外劳动。

综合单价分析表一般随投标文件一同提交，作为已标价工程量清单的组成部分，以便中标后，作为合同文件的附属文件。投标人须知中需要就该分析表提交的方式作出规定，该规定需要考虑是否有必要对该分析表的合同地位给予定义。一般而言，该分析表所载明的价格数据对投标人是有约束力的，但是投标人能否以此作为投标报价中的错报和漏报等的依据而寻求招标人的补偿是实践中值得注意的问题。比较恰当的做法似乎应当是，通过评标过程中的清标、质疑、澄清、说明和补正机制，不但解决工程量清单综合单价的合理性问题，而且将合理化的综合单价反馈到综合单价分析表中，形成相互衔接、相互呼应的最终成果，在这种情况下，即便是将综合单价分析表定义为有合同约束力的文件，上述顾虑也就没有必要了。

编制综合单价分析表对辅助性材料不必细列，可归并到其他材料费中以金额表示。

如需将综合单价分析表打印成纸质材料，可根据表中内容多少，接着打印，无须一个单价一页表。

当前，一些地方的评标过程过于简化，时间极短，本应在评标过程中完成的清标、质疑、澄清、说明等过程往往被忽略了，导致投标文件中存在的问题在评标过程中没有解决，在工程施工过程中往往带来合同争议，加大了处理合同纠纷的难度，必须引起招标人的高度重视。为此，一些地方以及招标人为化解这一重大缺陷，通过在招标文件中明示、评标后清标的方式来解决此类问题，也收到了不错的效果。

【示例】 1. 招标控制价。编制招标控制价，使用本表应填写使用的省级或行业建设主管部门发布的计价定额名称。

综合单价分析表

项目编码	010515001001		项目名称	现浇构件钢筋	计量单位	t	工程量	200
清单综合单价组成明细								

定额编号	定额名称	定额单位	数量	单价				合价			
				人工费	材料费	机械费	管理费和利润	人工费	材料费	机械费	管理费和利润
AD0899	现浇构件钢筋制、安	t	1.07	317.57	4327.70	62.42	113.66	317.57	4327.70	62.42	113.66
人工单价		小　计						317.57	4327.70	62.42	113.66
80 元/工日		未计价材料费									
清单项目综合单价								4821.35			

	主要材料名称、规格、型号		单位	数量	单价（元）	合价（元）	暂估单价（元）	暂估合价（元）
材料费明细	螺纹钢筋 Q235，φ14		t	1.07			4000.00	4280.00
	焊条		kg	8.64	4.00	34.56		
	其他材料费				—	13.14	—	
	材料费小计				—	47.70	—	4280.00

项目编码	011407001001		项目名称	外墙乳胶漆	计量单位	m²	工程量	4050
清单综合单价组成明细								

定额编号	定额名称	定额单位	数量	单价				合价			
				人工费	材料费	机械费	管理费和利润	人工费	材料费	机械费	管理费和利润
BE0267	抹灰面满刮耐水腻子	100m²	0.010	363.73	3000		141.96	3.65	30.00		1.42
BE0276	外墙乳胶漆底漆一遍面漆二遍	100m²	0.010	342.58	989.24		133.34	3.43	9.89		1.33
人工单价		小　计						7.08	39.89		2.75
80 元/工日		未计价材料费									
清单项目综合单价								49.72			

	主要材料名称、规格、型号		单位	数量	单价（元）	合价（元）	暂估单价（元）	暂估合价（元）
材料费明细	耐水成品腻子		kg	2.50	12.00	30.00		
	××牌乳胶漆面漆		kg	0.353	21.00	7.41		
	××牌乳胶漆底漆		kg	0.136	18.00	2.45		
	其他材料费				—	0.03	—	
	材料费小计				—	39.89	—	

注：1. 如不使用省级或行业建设主管部门发布的计价依据，可不填定额编号、名称等。

　　2. 招标文件提供了暂估单价的材料，按暂估的单价填入表内"暂估单价"栏及"暂估合价"栏。

表-09

综合单价分析表

项目编码	030411001001	项目名称		电气配管	计量单位	m	工程量	9858

清单综合单价组成明细

定额编号	定额名称	定额单位	数量	单价				合价			
				人工费	材料费	机械费	管理费和利润	人工费	材料费	机械费	管理费和利润
CB1528	砖墙暗配管	100m	0.01	344.85	64.22		136.34	3.44	0.64		1.36
CB1792	暗装接线盒	10个	0.001	18.56	9.76		7.31	0.02	0.01		0.01
CB1793	暗装开关盒	10个	0.023	19.80	4.52		7.80	0.46	0.10		0.18
人工单价		小　计						3.92	0.75		1.55
85 元/工日		未计价材料费						2.75			
清单项目综合单价								8.97			

材料费明细	主要材料名称、规格、型号		单位	数量	单价（元）	合价（元）	暂估单价（元）	暂估合价(元)
	刚性阻燃管 DN20		m	1.10	2.20	2.42		
	××牌接线盒		个	0.012	2.00	0.02		
	××牌开关盒		个	0.236	1.30	0.31		
	其他材料费				—	0.75	—	
	材料费小计				—	3.50	—	

注：1. 如不使用省级或行业建设主管部门发布的计价依据，可不填定额编号、名称等。

　　2. 招标文件提供了暂估单价的材料，按暂估的单价填入表内"暂估单价"栏及"暂估合价"栏。

表－09

【示例】 2. 投标报价。编制投标报价，使用本表应填写使用的企业定额名称，也可填写使用的省级或行业建设主管部门发布的计价定额，如不使用则不填写。

综合单价分析表

工程名称：××中学教学楼工程　　　　标段：　　　　　　　　　　　　　　　第1页共2页

项目编码	010515001001		项目名称	现浇构件钢筋	计量单位	t	工程量	200
清单综合单价组成明细								

定额编号	定额名称	定额单位	数量	单价				合价			
				人工费	材料费	机械费	管理费和利润	人工费	材料费	机械费	管理费和利润
AD0899	现浇构件钢筋制、安	t	1.07	294.75	4327.70	62.42	102.29	294.75	4327.70	62.42	102.29
人工单价		小　计						294.75	4327.70	62.42	102.29
80元/工日		未计价材料费									
清单项目综合单价								4787.16			

材料费明细	主要材料名称、规格、型号		单位	数量	单价（元）	合价（元）	暂估单价(元)	暂估合价(元)
	螺纹钢筋 Q235，φ14		t	1.07			4000.00	4280.00
	焊条		kg	8.64	4.00	34.56		
	其他材料费				—	13.14	—	
	材料费小计				—	47.70	—	4280.00

项目编码	011407001001		项目名称	外墙乳胶漆	计量单位	m²	工程量	4050
清单综合单价组成明细								

定额编号	定额名称	定额单位	数量	单价				合价			
				人工费	材料费	机械费	管理费和利润	人工费	材料费	机械费	管理费和利润
BE0267	抹灰面满刮耐水腻子	100m²	0.010	338.52	2625		127.76	3.39	26.25		1.28
BE0276	外墙乳胶漆底漆一遍面漆二遍	100m²	0.010	317.97	940.37		120.01	3.18	9.40		1.20
人工单价		小　计						6.57	35.65		2.48
80元/工日		未计价材料费									
清单项目综合单价								44.70			

材料费明细	主要材料名称、规格、型号	单位	数量	单价（元）	合价（元）	暂估单价（元）	暂估合价（元）
	耐水成品腻子	kg	2.50	10.50	26.25		
	×××牌乳胶漆面漆	kg	0.353	20.00	7.06		
	×××牌乳胶漆底漆	kg	0.136	17.00	2.31		
	其他材料费			—	0.03	—	
	材料费小计			—	35.65	—	

注：1. 如不使用省级或行业建设主管部门发布的计价依据，可不填定额编号、名称等。
　　2. 招标文件提供了暂估单价的材料，按暂估的单价填入表内"暂估单价"栏及"暂估合价"栏。

表-09

综合单价分析表

项目编码	030411001001		项目名称		电气配管	计量单位	m	工程量	9858

清单综合单价组成明细									

定额编号	定额名称	定额单位	数量	单　价				合　价			
				人工费	材料费	机械费	管理费和利润	人工费	材料费	机械费	管理费和利润
CB1528	砖墙暗配管	100m	0.01	312.89	64.22		136.34	3.13	0.64		1.36
CB1792	暗装接线盒	10个	0.001	16.80	9.76		7.31	0.02	0.01		0.01
CB1793	暗装开关盒	10个	0.023	17.92	4.52		7.80	0.41	0.10		0.18
人工单价			小　计					3.56	0.75		1.55
85元/工日			未计价材料费					2.37			
清单项目综合单价								8.23			

材料费明细	主要材料名称、规格、型号			单位	数量	单价（元）	合价（元）	暂估单价（元）	暂估合价(元)
	刚性阻燃管 DN20			m	1.10	1.90	2.09		
	×××牌接线盒			个	0.012	1.80	0.02		
	×××牌开关盒			个	0.236	1.10	0.26		
	其他材料费					—	0.75	—	
	材料费小计					—	3.12	—	

注：1. 如不使用省级或行业建设主管部门发布的计价依据，可不填定额编号、名称等。

　　2. 招标文件提供了暂估单价的材料，按暂估的单价填入表内"暂估单价"栏及"暂估合价"栏。

表-09
·167·

【示例】 3. 工程结算。编制工程结算时，应在已标价工程量清单中的综合单价分析表中将确定的调整过的人工单价、材料单价等进行置换，形成调整后的综合单价。

综合单价分析表

工程名称：××中学教学楼工程　　　标段：　　　　　　　　　　　　　　　　　

项目编码	010515001001		项目名称	现浇构件钢筋	计量单位	t	工程量	196
清单综合单价组成明细								

定额编号	定额名称	定额单位	数量	单价				合价			
				人工费	材料费	机械费	管理费和利润	人工费	材料费	机械费	管理费和利润
AD0899	现浇构件钢筋制安	t	1.07	324.23	4643.35	62.42	102.29	324.23	4643.35	62.42	102.29
人工单价		小　计						324.23	4643.35	62.42	102.29
88 元/工日		未计价材料费									
清单项目综合单价								5132.29			

材料费明细	主要材料名称、规格、型号	单位	数量	单价（元）	合价（元）	暂估单价（元）	暂估合价（元）
	螺纹钢筋 Q235，ϕ14	t	1.07	4295.00	4595.65		
	焊条	kg	8.64	4.000	34.56		
	其他材料费			—	13.14	—	
	材料费小计			—	4643.35	—	

项目编码	011407001001		项目名称	外墙乳胶漆	计量单位	m²	工程量	4050
清单综合单价组成明细								

定额编号	定额名称	定额单位	数量	单价				合价			
				人工费	材料费	机械费	管理费和利润	人工费	材料费	机械费	管理费和利润
BE0267	抹灰面满刮耐水腻子	100m²	0.010	372.37	2625		127.76	3.72	26.25		1.28
BE0276	外墙乳胶漆底漆一遍面漆二遍	100m²	0.010	349.77	940.37		120.01	3.50	9.40		1.20
人工单价		小　计						7.22	35.65		2.48
88 元/工日		未计价材料费									
清单项目综合单价								45.35			

材料费明细	主要材料名称、规格、型号	单位	数量	单价（元）	合价（元）	暂估单价（元）	暂估合价（元）
	耐水成品腻子	kg	2.50	10.50	26.25		
	×××牌乳胶漆面漆	kg	0.353	20.00	7.06		
	×××牌乳胶漆底漆	kg	0.136	17.00	2.31		
	其他材料费			—	0.03	—	
	材料费小计			—	35.65	—	

注：1. 如不使用省级或行业建设主管部门发布的计价依据，可不填定额编号、名称等。

　　2. 招标文件提供了暂估单价的材料，按暂估的单价填入表内"暂估单价"栏及"暂估合价"栏。

表—09

综合单价分析表

项目编码	030411001001	项目名称		电气配管	计量单位	m²	工程量	9858

清单综合单价组成明细

定额编号	定额名称	定额单位	数量	单价				合价			
				人工费	材料费	机械费	管理费和利润	人工费	材料费	机械费	管理费和利润
CB1528	砖墙暗配管	100m	0.01	344.18	64.22		136.34	3.44	0.64		1.36
CB1792	暗装接线盒	10 个	0.001	18.48	9.76		7.31	0.02	0.01		0.01
CB1793	暗装开关盒	10 个	0.023	19.72	4.52		7.80	0.45	0.10		0.18
人工单价			小　计					3.91	0.75		1.55
93.5 元/工日			未计价材料费					2.37			
清单项目综合单价								8.58			

材料费明细	主要材料名称、规格、型号	单位	数量	单价（元）	合价（元）	暂估单价（元）	暂估合价(元)
	刚性阻燃管 DN20	m	1.10	1.90	2.09		
	×××牌接线盒	个	0.012	1.80	0.02		
	×××牌开关盒	个	0.236	1.10	0.26		
	其他材料费			—	0.75	—	
	材料费小计			—	3.12	—	

注：1. 如不使用省级或行业建设主管部门发布的计价依据，可不填定额编号、名称等。

　　2. 招标文件提供了暂估单价的材料，按暂估的单价填入表内"暂估单价"栏及"暂估合价"栏。

表 –09

·169·

【表样】　**F.3**　综合单价调整表：表-10

【要点说明】　本表是新增表格，用于由于各种合同约定调整因素出现时调整综合单价，此表实际上是一个汇总性质的表，各种调整依据应附表后，并且注意，项目编码、项目名称必须与已标价工程量清单保持一致，不得发生错漏，以免发生争议。

【示例】　综合单价调整表

综合单价调整表

序号	项目编码	项目名称	已标价清单综合单价（元）					调整后综合单价（元）				
			综合单价	其中				综合单价	其中			
				人工费	材料费	机械费	管理费和利润		人工费	材料费	机械费	管理费和利润
1	010515 001001	现浇构件钢筋	4787.16	294.75	4327.70	62.42	102.29	5132.29	324.23	4643.35	62.42	102.29
2	011407 001001	外墙乳胶漆	44.70	6.57	35.65		2.48	45.35	7.22	35.65		2.48
3	030411 001001	电气配管	8.23	3.56	3.12		1.55	8.58	3.91	3.12		1.55
造价工程师（签章）：　　发包人代表（签章）：　　　　　日期：								造价人员（签章）：　　承包人代表（签章）：　　　　日期：				

注：综合单价调整应附调整依据。

表-10

· 170 ·

【表样】 **F.4** 总价措施项目清单与计价表：表–11

【要点说明】 1. 编制工程量清单时，表中的项目可根据工程实际情况进行增减。

【示例】 1. 招标工程量清单

总价措施项目清单与计价表

工程名称：××中学教学楼工程　　　标段：　　　　　　　　　　　　　　　　　第1页共1页

序号	项目编码	项 目 名 称	计算基础	费率 （%）	金额 （元）	调整 费率 （%）	调整后金额 （元）	备注
		安全文明施工费						
		夜间施工增加费						
		二次搬运费						
		冬雨季施工增加费						
		已完工程及设备保护费						
	合　　计							

编制人（造价人员）：　　　　　　　　　　　　复核人（造价工程师）：

注：1. "计算基础"中安全文明施工费可为"定额基价"、"定额人工费"或"定额人工费＋定额机械费"，其他项目可为"定额人工费"或"定额人工费＋定额机械费"。

2. 按施工方案计算的措施费，若无"计算基础"和"费率"的数值，也可只填"金额"数值，但应在备注栏说明施工方案出处或计算方法。

表–11

【**要点说明**】　2.编制招标控制价时，计费基础、费率应按省级或行业建设主管部门的规定计取。

【**示例**】　2.招标控制价

总价措施项目清单与计价表

工程名称：××中学教学楼工程　　　　标段：　　　　　　　　　　　　　　　第1页共1页

序号	项目编码	项目名称	计算基础	费率（%）	金额（元）	调整费率（%）	调整后金额（元）	备注
		安全文明施工费	定额人工费	25	212225			
		夜间施工增加费	定额人工费	3	25466			
		二次搬运费	定额人工费	2	16977			
		冬雨季施工增加费	定额人工费	1	8489			
		已完工程及设备保护费			8000			
合　计								

编制人（造价人员）：　　　　　　　　　　　　　复核人（造价工程师）：

注：1."计算基础"中安全文明施工费可为"定额基价"、"定额人工费"或"定额人工费＋定额机械费"，其他项目可为"定额人工费"或"定额人工费＋定额机械费"。

2.按施工方案计算的措施费，若无"计算基础"和"费率"的数值，也可只填"金额"数值，但应在备注栏说明施工方案出处或计算方法。

表－11

【要点说明】 3. 编制投标报价时，除"安全文明施工费"必须按本规范的强制性规定，按省级或行业建设主管部门的规定计取外，其他措施项目均可根据投标施工组织设计自主报价。

【示例】 3. 投标报价

总价措施项目清单与计价表

工程名称：××中学教学楼工程　　　　标段：　　　　　　　　　　　　　　　　第1页共1页

序号	项目编码	项目名称	计算基础	费率（%）	金额（元）	调整费率（%）	调整后金额（元）	备注
		安全文明施工费	定额人工费	25	209650			
		夜间施工增加费	定额人工费	1.5	12479			
		二次搬运费	定额人工费	1	8386			
		冬雨季施工增加费	定额人工费	0.6	5032			
		已完工程及设备保护费			6000			
	合　　计							

编制人（造价人员）：　　　　　　　　　　　　　复核人（造价工程师）：

注：1. "计算基础"中安全文明施工费可为"定额基价"、"定额人工费"或"定额人工费+定额机械费"，其他项目可为"定额人工费"或"定额人工费+定额机械费"。

2. 按施工方案计算的措施费，若无"计算基础"和"费率"的数值，也可只填"金额"数值，但应在备注栏说明施工方案出处或计算方法。

表-11

【要点说明】 4. 编制工程结算时，如省级或行业建设主管部门调整了安全文明施工费，应按调整后的标准计算此费用，其他总价措施项目经发承包双方协商进行了调整的，按调整后的标准计算。

【示例】 4. 工程结算

总价措施项目清单与计价表

工程名称：××中学教学楼工程　　　标段：　　　　　　　　　　　　　　　　　第 1 页共 1 页

序号	项目编码	项 目 名 称	计算基础	费率（%）	金额（元）	调整费率（%）	调整后金额（元）	备注
		安全文明施工费	定额人工费	25	209650	25	210990	
		夜间施工增加费	定额人工费	1.5	12479	1.5	12654	
		二次搬运费	定额人工费	1	8386	1	8436	
		冬雨季施工增加费	定额人工费	0.6	5032	0.6	5062	
		已完工程及设备保护费			6000		6000	
	合　　计							

编制人（造价人员）：　　　　　　　　　　　　　　　复核人（造价工程师）：

注：1. "计算基础"中安全文明施工费可为"定额基价"、"定额人工费"或"定额人工费＋定额机械费"，其他项目可为"定额人工费"或"定额人工费＋定额机械费"。

2. 按施工方案计算的措施费，若无"计算基础"和"费率"的数值，也可只填"金额"数值，但应在备注栏说明施工方案出处或计算方法。

表 –11

附录 G　其他项目计价表

【概述】　本附录规定了其他项目清单的9种表格，除个别表样进行了修改外，与"08规范"基本上一致。

【表样】　**G.1**　其他项目清单与计价汇总表：表－12

【要点说明】　使用本表时，由于计价阶段的差异，应注意：

1. 编制招标工程量清单时，应汇总"暂列金额"和"专业工程暂估价"，以提供给投标人报价。

【示例】　1. 招标工程量清单

其他项目清单与计价汇总表

工程名称：××中学教学楼工程　　　　标段：　　　　　　　　　　　　第1页共1页

序号	项目名称	金额（元）	结算金额（元）	备　注
1	暂列金额	350000		明细详见表－12－1
2	暂估价	200000		
2.1	材料暂估价	—		明细详见表－12－2
2.2	专业工程暂估价	200000		明细详见表－12－3
3	计日工			明细详见表－12－4
4	总承包服务费			明细详见表－12－5
5				
合　计		550000		—

注：材料（工程设备）暂估单价进入清单项目综合单价，此处不汇总。

【要点说明】 2. 编制招标控制价时，应按有关计价规定估算"计日工"和"总承包服务费"。如招标工程量清单中未列"暂列金额"，应按有关规定编列。

【示例】 2. 招标控制价

其他项目清单与计价汇总表

工程名称：××中学教学楼工程　　　　标段：　　　　　　　　

序号	项目名称	金额（元）	结算金额（元）	备　注
1	暂列金额	350000		明细详见 表-12-1
2	暂估价	200000		
2.1	材料暂估价	—		明细详见 表-12-2
2.2	专业工程暂估价	200000		明细详见 表-12-3
3	计日工	24810		明细详见 表-12-4
4	总承包服务费	18450		明细详见 表-12-5
5				
合　计		585210		—

注：材料（工程设备）暂估单价进入清单项目综合单价，此处不汇总。

表-12

【要点说明】 3．编制投标报价时，应按招标工程量清单提供的"暂列金额"和"专业工程暂估价"填写金额，不得变动。"计日工"、"总承包服务费"自主确定报价。

【示例】 3．投标报价

其他项目清单与计价汇总表

工程名称：××中学教学楼工程 　　　标段：　　　　　　　　　　　　　　　第 1 页共 1 页

序号	项 目 名 称	金额（元）	结算金额（元）	备　注
1	暂列金额	350000		明细详见 表－12－1
2	暂估价	200000		
2.1	材料暂估价	—		明细详见 表－12－2
2.2	专业工程暂估价	200000		明细详见 表－12－3
3	计日工	26528		明细详见 表－12－4
4	总承包服务费	20760		明细详见 表－12－5
5				
	合　　计	583600		—

注：材料（工程设备）暂估单价进入清单项目综合单价，此处不汇总。

【要点说明】 4. 编制或核对工程结算，"专业工程暂估价"按实际分包结算价填写，"计日工"、"总承包服务费"按双方认可的费用填写，如发生"索赔"或"现场签证"费用，按双方认可的金额计入该表。

【示例】 4. 竣工结算

其他项目清单与计价汇总表

工程名称：××中学教学楼工程　　　标段：　　　　　　　　　　　　　　　

序号	项目名称	金额（元）	结算金额（元）	备注
1	暂列金额		—	明细详见 表-12-1
2	暂估价	200000	198700	
2.1	材料暂估价	—	—	明细详见 表-12-2
2.2	专业工程结算价	200000	198700	明细详见 表-12-3
3	计日工	26528	10690	明细详见 表-12-4
4	总承包服务费	20706	21000	明细详见 表-12-5
5	索赔与现场签证		28541	
	合　计			—

注：材料（工程设备）暂估单价进入清单项目综合单价，此处不汇总。

表-12

【表样】 **G. 2** 暂列金额明细表：表－12－1

【要点说明】 暂列金额在本规范的定义中已经明确。在实际履约过程中可能发生，也可能不发生。本表要求招标人能将暂列金额与拟用项目列出明细，但如确实不能详列也可只列暂定金额总额，投标人应将上述暂列金额计入投标总价中。

【示例】 招标工程量清单中给出的暂列金额及拟用项目如下表，投标人只需要直接将招标工程量清单中所列的暂列金额纳入投标总价，并且不需要在所列的暂列金额以外再考虑任何其他费用。

暂列金额明细表

工程名称：××中学教学楼工程　　　标段：　　　　　　　　　　　　　　　第1页共1页

序号	项 目 名 称	计量单位	暂定金额（元）	备注
1	自行车棚工程	项	100000	正在设计图纸
2	工程量偏差和设计变更	项	100000	
3	政策性调整和材料价格波动	项	100000	
4	其他	项	50000	
5				
6				
7				
8				
9				
10				
11				
12				
合　　计			350000	—

注：此表由招标人填写，如不能详列，也可只列暂定金额总额，投标人应将上述暂列金额计入投标总价中。

表－12－1

上述暂列金额虽然包含在投标总价中（所以也将包含在中标人的合同总价中），但并不属于承包人所有和支配，是否属于承包人所有则受合同约定的开支程序的制约。如果在合同履行过程中自行车棚工程确定要实施，如需招标发包时，由发包人和承包人按照合同约定的共同招标操作程序和原则选择专业分包人负责完成或由承包人直接完成，才能决定该项目的最终价款。同理，工程变更以及政策性调整和材料价格波动，应在其出现时经发承包双方按照合同约定进行确认后才能最终决定其价款。

【表样】　G.3　材料（工程设备）暂估单价及调整表：表-12-2

【要点说明】　暂估价是在招标阶段预见肯定要发生，只是因为标准不明确或者需要由专业承包人完成，暂时无法确定材料、工程设备的具体价格而采用的一种临时性计价方式。暂估价的材料、工程设备数量应在表内填写，拟用项目应在本表备注栏给予补充说明。

本规范要求招标人针对每一类暂估价给出相应的拟用项目，即按照材料、工程设备的名称分别给出，这样的材料、工程设备暂估价能够纳入到清单项目的综合单价中。

还有一种是给一个原则性的说明，原则性说明对招标人编制工程量清单而言比较简单，能降低招标人出错的概率。但是，对投标人而言，则很难准确把握招标人的意图和目的，很难保证投标报价的质量，轻则影响合同的可执行力，极端的情况下，可能导致招标失败，最终受损失的也包括招标人自己，因此，这种处理方式是不可取的方式。

一般而言，招标工程量清单中列明的材料、工程设备的暂估价仅指此类材料、工程设备本身运至施工现场内工地地面价，不包括这些材料、工程设备的安装以及安装所必需的辅助材料以及发生在现场内的验收、存储、保管、开箱、二次搬运、从存放地点运至安装地点以及其他任何必要的辅助工作（以下简称"暂估价项目的安装及辅助工作"）所发生的费用。暂估价项目的安装及辅助工作所发生的费用应该包括在投标报价中的相应清单项目的综合单价中并且固定包死。

【示例】　1．招标工程量清单

材料（工程设备）暂估单价及调整表

工程名称：××中学教学楼工程　　　　标段：　　　　　　　　　　第1页共1页

序号	材料（工程设备）名称、规格、型号	计量单位	数量		单价（元）		合价（元）		差额±（元）		备注
			暂估	确认	暂估	确认	暂估	确认	单价	合价	
1	钢筋（规格见施工图）	t	200		4000		800000				用于现浇钢筋混凝土项目
2	低压开关柜（CGD190380/220V）	台	1		45000		45000				用于低压开关柜安装项目
合　计							845000				

注：此表由招标人填写"暂估单价"，并在备注栏说明暂估价的材料、工程设备拟用在那些清单项目上，投标人应将上述材料、工程设备暂估单价计入工程量清单综合单价报价中。

材料（工程设备）暂估单价及调整表

工程名称：××中学教学楼工程　　　　标段：　　　　　　　　　　　　　　　　　　第1页共1页

序号	材料（工程设备）名称、规格、型号	计量单位	数量		单价（元）		合价（元）		差额±（元）		备注
			暂估	确认	暂估	确认	暂估	确认	单价	合价	
1	钢筋（规格见施工图）	t	200	196	4000	4306	800000	843976	306	43976	用于现浇钢筋混凝土项目
2	低压开关柜（CGD190380/220V）	台	1	1	45000	44560	45000	44560	−440	−440	用于低压开关柜安装项目
	合　　计						845000	888536		43536	

注：此表由招标人填写"暂估单价"，并在备注栏说明暂估价的材料、工程设备拟用在那些清单项目上，投标人应将上述材料、工程设备暂估单价计入工程量清单综合单价报价中。

表－12－2

【示例】　3. 工程结算（发承包人确认）

材料（工程设备）暂估单价及调整表

工程名称：××中学教学楼工程　　　　标段：　　　　　　　　　　　　　　　　第 1 页共 1 页

序号	材料（工程设备）名称、规格、型号	计量单位	数量		单价（元）		合价（元）		差额 ±（元）		备注
			暂估	确认	暂估	确认	暂估	确认	单价	合价	
1	钢筋（规格见施工图）	t	200	196	4000	4295	800000	841820	290	41820	用于现浇钢筋混凝土项目
2	低压开关柜（CGD190380/220V）	台	1	1	45000	44560	45000	44560	-440	-440	用于低压开关柜安装项目
	合　　计						845000	886380		41380	

注：此表由招标人填写"暂估单价"，并在备注栏说明暂估价的材料、工程设备拟用在那些清单项目上，投标人
　　应将上述材料、工程设备暂估单价计入工程量清单综合单价报价中。

表 - 12 - 2

· 182 ·

【表样】 **G.4** 专业工程暂估价表：表-12-3

【要点说明】 专业工程暂估价应在表内填写工程名称、工程内容、暂估金额，投标人应将上述金额计入投标总价中。

专业工程暂估价项目及其表中列明的专业工程暂估价，是指分包人实施专业工程的含税金后的完整价（即包含了该专业工程中所有供应、安装、完工、调试、修复缺陷等全部工作），除了合同约定的发包人应承担的总包管理、协调、配合和服务责任所对应的总承包服务费用以外，承包人为履行其总包管理、配合、协调和服务等所需发生的费用应该包括在投标报价中。

【示例】 1. 招标工程量清单

专业工程暂估价及结算价表

工程名称：××中学教学楼工程　　　　　标段：　　　　　　　　　　　　　　第1页共1页

序号	工程名称	工程内容	暂估金额（元）	结算金额（元）	差额±（元）	备注
1	消防工程	合同图纸中标明的以及消防工程规范和技术说明中规定的各系统中的设备、管道、阀门、线缆等的供应、安装和调试工作	200000			
	合　　计		200000			

注：此表"暂估金额"由招标人填写，投标人应将"暂估金额"计入投标总价中。结算时按合同约定结算金额填写。

表-12-3

·183·

【示例】 2. 工程结算

专业工程暂估价及结算价表

工程名称：××中学教学楼工程　　　标段：　　　　　　　　　　　　　第1页共1页

序号	工程名称	工程内容	暂估金额（元）	结算金额（元）	差额±（元）	备注
1	消防工程	合同图纸中标明的以及消防工程规范和技术说明中规定的各系统中的设备、管道、阀门、线缆等的供应、安装和调试工作	200000	198700	－1300	
合　计			200000	198700	－1300	

注：此表"暂估金额"由招标人填写，投标人应将"暂估金额"计入投标总价中。结算时按合同约定结算金额填写。

【要点说明】　1．编制工程量清单时，"项目名称"、"计量单位"、"暂估数量"由招标人填写。

【示例】　1．招标工程量清单

计 日 工 表

工程名称：××中学教学楼工程　　　标段：　　　　　　　　　　　　　　　　第1页共1页

编号	项目名称	单位	暂定数量	实际数量	综合单价（元）	合价（元）	
						暂定	实际
一	人工						
1	普工	工日	100				
2	技工	工日	60				
3							
4							
人 工 小 计							
二	材料						
1	钢筋（规格见施工图）	t	1				
2	水泥42.5	t	2				
3	中砂	m³	10				
4	砾门（5mm～40mm）	m³	5				
5	页岩砖（240mm×115mm×53mm）	千匹	1				
6							
材 料 小 计							
三	施工机械						
1	自升式塔吊起重机	台班	5				
2	灰浆搅拌机（400L）	台班	2				
3							
4							
施 工 机 械 小 计							
四、企业管理费和利润							
总　　　计							

注：此表项目名称、暂定数量由招标人填写，编制招标控制价时，单价由招标人按有关计价规定确定；投标时，单价由投标人自主报价，按暂定数量计算合价计入投标总价中。结算时，按发承包双方确认的实际数量计算合价。

【要点说明】 2. 编制招标控制价时，人工、材料、机械台班单价由招标人按有关计价规定填写并计算合价。

【示例】 2. 招标控制价

计 日 工 表

工程名称：××中学教学楼工程　　　标段：　　　　　　　　　　

编号	项目名称	单位	暂定数量	实际数量	综合单价（元）	合价（元）	
						暂定	实际
一	人工						
1	普工	工日	100		70	7000	
2	技工	工日	60		100	6000	
3							
4							
	人 工 小 计					13000	
二	材料						
1	钢筋（规格见施工图）	t	1		4000	4000	
2	水泥 42.5	t	2		571	1142	
3	中砂	m³	10		83	830	
4	砾门（5mm~40mm）	m³	5		46	230	
5	页岩砖（240mm×115mm×53mm）	千匹	1		340	340	
6							
	材 料 小 计					6542	
三	施工机械						
1	自升式塔吊起重机	台班	5		526.20	2631	
2	灰浆搅拌机（400L）	台班	2		18.38	37	
3							
4							
	施工机械小计					2668	
四、企业管理费和利润	按人工费的20%计					2600	
	总　　计					24810	

注：此表项目名称、暂定数量由招标人填写，编制招标控制价时，单价由招标人按有关计价规定确定；投标时，单价由投标人自主报价，按暂定数量计算合价计入投标总价中。结算时，按发承包双方确认的实际数量计算合价。

表 -12-4

【要点说明】 3. 编制投标报价时，人工、材料、机械台班单价由投标人自主确定，按已给暂估数量计算合价计入投标总价中。

【示例】 3. 投标报价

计 日 工 表

工程名称：××中学教学楼工程　　　标段：　　　　　　　　　　　　　　　　第 1 页共 1 页

编号	项目名称	单位	暂定数量	实际数量	综合单价（元）	合价（元）	
						暂定	实际
一	人工						
1	普工	工日	100		80	8000	
2	技工	工日	60		110	6600	
3							
4							
	人 工 小 计					14600	
二	材料						
1	钢筋（规格见施工图）	t	1		4000	4000	
2	水泥 42.5	t	2		600	1200	
3	中砂	m³	10		80	800	
4	砾门（5mm~40mm）	m³	5		42	210	
5	页岩砖（240mm×115mm×53mm）	千匹	1		300	300	
6							
	材 料 小 计					6510	
三	施工机械						
1	自升式塔吊起重机	台班	5		550	2750	
2	灰浆搅拌机（400L）	台班	2		20	40	
3							
4							
	施工机械小计					2790	
四、企业管理费和利润　按人工费18%计						2628	
	总　　　计					26528	

注：此表项目名称、暂定数量由招标人填写，编制招标控制价时，单价由招标人按有关计价规定确定；投标时，单价由投标人自主报价，按暂定数量计算合价计入投标总价中。结算时，按发承包双方确认的实际数量计算合价。

【要点说明】 4. 结算时，实际数量按发承包双方确认的填写。

【示例】 4. 竣工结算

计 日 工 表

工程名称：××中学教学楼工程　　　标段：　　　　　　　　　　　　第 1 页共 1 页

编号	项目名称	单位	暂定数量	实际数量	综合单价（元）	合价（元）	
						暂定	实际
一	人工						
1	普工	工日	100	40	80	8000	3200
2	技工	工日	60	30	110	6600	3300
3							
4							
	人 工 小 计						6500
二	材料						
1	水泥 42.5	t	2	1.5	600	1200	900
2	中砂	m³	10	6	80	800	480
3							
4							
5							
6							
	材 料 小 计						1380
三	施工机械						
1	自升式塔吊起重机	台班	5	3	550	2750	1650
2	灰浆搅拌机（400L）	台班	2	1	20	40	20
3							
4							
	施工机械小计						1670
四、企业管理费和利润　按人工费18%计							1170
	总　　计						10690

注：此表项目名称、暂定数量由招标人填写，编制招标控制价时，单价由招标人按有关计价规定确定；投标时，单价由投标人自主报价，按暂定数量计算合价计入投标总价中。结算时，按发承包双方确认的实际数量计算合价。

表–12–4

·188·

【表样】 **G.6** 总承包服务费计价表：表-12-5

【要点说明】 1．编制招标工程量清单时，招标人应将拟定进行专业发包的专业工程，自行采购的材料设备等决定清楚，填写项目名称、服务内容，以便投标人决定报价。

【示例】 1．招标工程量清单

总承包服务费计价表

工程名称：××中学教学楼工程 标段： 第1页共1页

序号	项目名称	项目价值（元）	服务内容	计算基础	费率（%）	金额（元）
1	发包人发包专业工程	200000	1．按专业工程承包人的要求提供施工工作面并对施工现场进行统一管理，对竣工资料进行统一整理汇总 2．为专业工程承包人提供垂直运输机械和焊接电源接入点，并承担垂直运输费和电费			
2	发包人供应材料	845000	对发包人供应的材料进行验收及保管和使用发放			
	合　计	—	—		—	

注：此表项目名称、服务内容由招标人填写，编制招标控制价时，费率及金额由招标人按有关计价规定确定；投标时，费率及金额由投标人自主报价，计入投标总价中。

表-12-5

【要点说明】 2. 编制招标控制价时，招标人按有关计价规定计价。

【示例】 2. 招标控制价

总承包服务费计价表

工程名称：××中学教学楼工程　　标段：　　　　　　　　　　

序号	项目名称	项目价值（元）	服务内容	计算基础	费率（%）	金额（元）
1	发包人发包专业工程	200000	1. 为消防工程承包人提供施工工作面并对施工现场进行统一管理，对竣工资料进行统一整理汇总 2. 为消防工程承包人提供垂直运输机械和焊接电源接入点，并承担垂直运输费和电费	项目价值	5	10000
2	发包人供应材料	845000	对发包人供应的材料进行验收及保管和使用发放	项目价值	1	8450
	合　计	—	—		—	18450

注：此表项目名称、服务内容由招标人填写，编制招标控制价时，费率及金额由招标人按有关计价规定确定；投标时，费率及金额由投标人自主报价，计入投标总价中。

表－12－5

【要点说明】 3.编制投标报价时，由投标人根据工程量清单中的总承包服务内容，自主决定报价。

【示例】 3.投标报价

总承包服务费计价表

工程名称：××中学教学楼工程　　　　　标段：　　　　　　　　　　　　　　　　第1页共1页

序号	项目名称	项目价值（元）	服务内容	计算基础	费率（%）	金额（元）
1	发包人发包专业工程	200000	1.按专业工程承包人的要求提供施工工作面并对施工现场进行统一管理，对竣工资料进行统一整理汇总 2.为专业工程承包人提供垂直运输机械和焊接电源接入点，并承担垂直运输费和电费	项目价值	7	14000
2	发包人供应材料	845000	对发包人供应的材料进行验收及保管和使用发放	项目价值	0.8	6760
	合　计	—	—	—	—	20760

注：此表项目名称、服务内容由招标人填写，编制招标控制价时，费率及金额由招标人按有关计价规定确定；投标时，费率及金额由投标人自主报价，计入投标总价中。

表-12-5

·191·

【要点说明】 4. 办理工程结算时，发承包双方应按承包人已标价工程量清单中的报价计算，如发承包双方确定调整的，按调整后的金额计算。

【示例】 4. 竣工结算

总承包服务费计价表

工程名称：××中学教学楼工程　　　　标段：　　　　　　　　　　　　　　　第 1 页共 1 页

序号	项目名称	项目价值（元）	服务内容	计算基础	费率（%）	金额（元）
1	发包人发包专业工程	198700	1. 按专业工程承包人的要求提供施工工作面并对施工现场进行统一管理，对竣工资料进行统一整理汇总 2. 为专业工程承包人提供垂直运输机械和焊接电源接入点，并承担垂直运输费和电费		7	13909
2	发包人供应材料	886380	对发包人供应的材料进行验收及保管和使用发放		0.8	7091
	合　计	—	—	—	—	21000

注：此表项目名称、服务内容由招标人填写，编制招标控制价时，费率及金额由招标人按有关计价规定确定；投标时，费率及金额由投标人自主报价，计入投标总价中。

表－12－5

【表样】 **G.7** 索赔与现场签证计价汇总表：表 – 12 – 6

【要点说明】 本表是对发承包双方签证认可的"费用索赔申请（核准）表"和"现场签证表"的汇总。

【示例】 工程结算

索赔与现场签证计价汇总表

工程名称：××中学教学楼工程　　　　标段：　　　　　　　　　　　　　　　　　第1页共1页

序号	签证及索赔项目名称	计量单位	数量	单价（元）	合价（元）	索赔及签证依据
1	暂停施工				3178.37	001
2	砌筑花池	座	5	500	2500	002
…	（其他略）				…	…
—	本页小计	—	—	—	28541	—
—	合　计	—	—	—	28541	—

注：签证及索赔依据是指经发承包双方认可的签证单和索赔依据的编号。

表 – 12 – 6

·193·

【要点说明】　本表将费用索赔申请与核准设置于一个表，非常直观。使用本表时，承包人代表应按合同条款的约定阐述原因，附上索赔证据、费用计算报发包人，经监理工程师复核（按照发包人的授权不论是监理工程师或发包人现场代表均可），经造价工程师（此处造价工程师可以是发包人现场管理人员，也可以是发包人委托的工程造价咨询企业的人员）复核具体费用，经发包人审核后生效，该表以在选择栏中"□"内作标识"√"表示。

【示例】

费用索赔申请（核准）表

工程名称：××中学教学楼工程　　　　标段：　　　　　　　　　　　　　　　编号：001

致：××中学住宅建设办公室		
根据施工合同条款第12条的约定，由于你方工作需要的原因，我方要求索赔金额（大写）叁仟壹佰柒拾捌元叁角柒分（小写3178.37元），请予核准。 附：1.费用索赔的详细理由和依据：根据发包人"关于暂停施工的通知"（详见附件1）。 　　2.索赔金额的计算：详见附件2。 　　3.证明材料：监理工程师确认的现场工人、机械、周转材料数量及租赁合同（略）。 　　　　　　　　　　　　　　　　　　　　　承包人（章）（略） 　　　　　　　　　　　　　　　　　　　　　承包人代表：××× 　　　　　　　　　　　　　　　　　　　　　日　　　期：××年×月×日		
复核意见： 　　根据施工合同条款第12条的约定，你方提出的费用索赔申请经复核： 　□不同意此项索赔，具体意见见附件。 　☑同意此项索赔，索赔金额的计算，由造价工程师复核。 　　　　　　　监理工程师：××× 　　　　　　　日　　　期：××年×月×日	复核意见： 　　根据施工合同条款第12条的约定，你方提出的费用索赔申请经复核，索赔金额为（大写）叁仟壹佰柒拾捌元叁角柒分（小写3178.37元）。 　　　　　　　造价工程师：××× 　　　　　　　日　　　期：××年×月×日	
审核意见： 　□不同意此项索赔。 　☑同意此项索赔，与本期进度款同期支付。 　　　　　　　　　　　　　　　　　　　　　发包人（章）（略） 　　　　　　　　　　　　　　　　　　　　　发包人代表：××× 　　　　　　　　　　　　　　　　　　　　　日　　　期：××年×月×日		

注：1.在选择栏中的"□"内作标识"√"。
　　2.本表一式四份，由承包人填报，发包人、监理人、造价咨询人、承包人各存一份。

表－12－7

附件1

关于暂停施工的通知

××建筑公司××项目部：

因我校教学工作安排，经校办公会研究，决定于××年×月×日下午，你项目部承建的我校教学楼工程暂停施工半天。

特此通知。

××中学

办公室（章）

××年×月×日

附件2

索赔费用计算表

一、人工费

1. 普工15人：15人×70元/工日×0.5＝525元

2. 技工35人：35人×100元/工日×0.5＝1750元

小计：2275元

二、机械费

1. 自升式塔式起重机1台：1×526.20元/台班×0.5×0.6＝157.86元

2. 灰浆搅拌机1台：1×18.38元/台班×0.5×0.6＝5.51元

3. 其他各种机械（台套数量及具体费用计算略）：50元

小计：213.37元

三、周转材料

1. 脚手脚钢管：25000m×0.012元/天×0.5＝150元

2. 脚手脚扣件：17000个×0.01元/天×0.5＝85元

小计：235元

四、管理费

2275×20%＝455.00元

索赔费用合计：3178.37元

××建筑公司××中学项目部

××年×月×日

【表样】　G.9　现场签证表：表 – 12 – 8

【要点说明】　现场签证种类繁多，发承包双方在工程实施过程中来往信函就责任事件的证明均可称为现场签证，但并不是所有的签证均可马上算出价款，有的需要经过索赔程序，这时的签证仅是索赔的依据，有的签证可能根本不涉及价款。本表仅是针对现场签证需要价款结算支付的一种，其他内容的签证也可适用。考虑到招标时招标人对计日工项目的预估难免会有遗漏，造成实际施工发生后，无相应的计日工单价，现场签证只能包括单价一并处理，因此，在汇总时，有计日工单价的，可归并于计日工，如无计日工单价的，归并于现场签证，以示区别。当然，现场签证全部汇总于计日工也是一种可行的处理方式。

【示例】

现场签证表

工程名称：××中学教学楼工程　　　标段：　　　　　　　　　　　　　　　编号：002

施工部位	学校指定位置	日　期	××年×月×日

致：××中学住宅建设办公室
　　根据×××2013 年 8 月 25 日的口头指令，我方要求完成此项工作应支付价款金额为（大写）贰仟伍佰元（小写2500.00 元），请予核准。
附：1. 签证事由及原因：为迎接新学期的到来，改变校容、校貌，学校新增加 5 座花池。
　　2. 附图及计算式：（略）。

承包人（章）（略）
承包人代表：×××
日　　　　期：××年×月×日

复核意见： 　　你方提出的此项签证申请经复核： 　　□不同意此项签证，具体意见见附件。 　　☑同意此项签证，签证金额的计算，由造价工程师复核。 　　　　　监理工程师：××× 　　　　　日　　　期：××年×月×日	复核意见： 　　☑此项签证按承包人中标的计日工单价计算，金额为（大写）贰仟伍佰元，（小写2500.00 元）。 　　□此项签证因无计日工单价，金额为（大写）_____元，（小写_____）。 　　　　　造价工程师：××× 　　　　　日　　　期：××年×月×日

审核意见：
　　□不同意此项签证。
　　☑同意此项签证，价款与本期进度款同期支付。

发包人（章）（略）
发包人代表：×××
日　　　　期：××年×月×日

注：1. 在选择栏中的"□"内作标识"√"；

　　2. 本表一式四份，由承包人在收到发包人（监理人）的口头或书面通知后，需要价款结算支付时填写，发包人、监理人、造价咨询人、承包人各存一份。

表 – 12 – 8

附录 H　规费、税金项目计价表

【概述】　规费、税金项目计价表保留了"08规范"的格式，但内容与目前国家相关法律、法规规定的项目保持一致。

【表样】　规费、税金项目计价表：表－13

【要点说明】　在施工实践中，有的规费项目，如工程排污费，并非每个工程所在地都要征收，实践中可作为按实计算的费用处理。

【示例】　1. 招标工程量清单

规费、税金项目计价表

工程名称：××中学教学楼工程　　　　标段：　　　　　　　　　　第1页共1页

序号	项目名称	计算基础	计算基数	计算费率（%）	金额（元）
1	规费	定额人工费			
1.1	社会保险费	定额人工费			
(1)	养老保险费	定额人工费			
(2)	失业保险费	定额人工费			
(3)	医疗保险费	定额人工费			
(4)	工伤保险费	定额人工费			
(5)	生育保险费	定额人工费			
1.2	住房公积金	定额人工费			
1.3	工程排污费	按工程所在地环境保护部门收取标准，按实计入			
2	税金	分部分项工程费＋措施项目费＋其他项目费＋规费－按规定不计税的工程设备金额			
合　计					

编制人（造价人员）：　　　　　　　　　　　　复核人（造价工程师）：

【示例】 2. 招标控制价

规费、税金项目计价表

工程名称：××中学教学楼工程　　　标段：

序号	项目名称	计算基础	计算基数	计算费率（%）	金额（元）
1	规费	定额人工费			241936
1.1	社会保险费	定额人工费	(1) +…+ (5)		191002
(1)	养老保险费	定额人工费		14	118846
(2)	失业保险费	定额人工费		2	16978
(3)	医疗保险费	定额人工费		6	50934
(4)	工伤保险费	定额人工费		0.25	2122
(5)	生育保险费	定额人工费		0.25	2122
1.2	住房公积金	定额人工费		6	50934
1.3	工程排污费	按工程所在地环境保护部门收取标准，按实计入			
2	税金	分部分项工程费＋措施项目费＋其他项目费＋规费－按规定不计税的工程设备金额		3.41	277454
合　计					519390

编制人（造价人员）：　　　　　　　　　复核人（造价工程师）：

表－13

【示例】 3. 投标报价

规费、税金项目计价表

工程名称：××中学教学楼工程　　　　标段：　　　　　　　　　　　　　　第1页共1页

序号	项目名称	计算基础	计算基数	计算费率（%）	金额（元）
1	规费	定额人工费			239001
1.1	社会保险费	定额人工费	（1）+…+（5）		188685
（1）	养老保险费	定额人工费		14	117404
（2）	失业保险费	定额人工费		2	16772
（3）	医疗保险费	定额人工费		6	50316
（4）	工伤保险费	定额人工费		0.25	2096.5
（5）	生育保险费	定额人工费		0.25	2096.5
1.2	住房公积金	定额人工费		6	50316
1.3	工程排污费	按工程所在地环境保护部门收取标准，按实计入			
2	税金	分部分项工程费＋措施项目费＋其他项目费＋规费－按规定不计税的工程设备金额		3.41	262887
合　计					501888

编制人（造价人员）：　　　　　　　　　　　复核人（造价工程师）：

表－13

·199·

【示例】 4. 工程结算

规费、税金项目计价表

工程名称：××中学教学楼工程　　　　标段：　　　　　　　　　　　

序号	项 目 名 称	计 算 基 础	计算基数	计算费率（%）	金额（元）
1	规费	定额人工费			240426
1.1	社会保险费	定额人工费	(1) +…+ (5)		189810
(1)	养老保险费	定额人工费		14	118104
(2)	失业保险费	定额人工费		2	16872
(3)	医疗保险费	定额人工费		6	50616
(4)	工伤保险费	定额人工费		0.25	2109
(5)	生育保险费	定额人工费		0.25	2109
1.2	住房公积金	定额人工费		6	50616
1.3	工程排污费	按工程所在地环境保护部门收取标准，按实计入			
2	税金	分部分项工程费＋措施项目费＋其他项目费＋规费－按规定不计税的工程设备金额		3.41	261735
合　　计					502161

编制人（造价人员）：　　　　　　　　　　　　复核人（造价工程师）：

表－13

附录 J 工程计量申请（核准）表

【概述】 本附录用表为新增，鉴于正确的工程计量是工程合同价款支付的前提，新设了此表。

【表样】 工程计量申请（核准）表：表-14

【要点说明】 使用本表填写的"项目编码"、"项目名称"、"计量单位"应与已标价工程量清单表中的一致，承包人应在合同约定的计量周期结束时，将申报数量填写在申报数量栏，发包人核对后如与承包人不一致，填在核实数量栏，经发承包双方共同核对确认的计量填在确认数量栏。

【示例】 工程计量申请（核准）表（承包人填报）

工程计量申请（核准）表

工程名称：××中学教学楼工程　　　标段：　　　　　　　　　　　　　　　第1页共1页

序号	项目编码	项目名称	计量单位	承包人申报数量	发包人核实数量	发承包人确认数量	备注
1	010101003001	挖沟槽土方	m^3	1593			
2	010302003001	泥浆护壁混凝土灌注桩	m	456			
3	010503001001	基础梁	m^3	210			
4	010515001001	现浇构件钢筋	t	25			
5	010401001001	条形砖基础	m^3	249			
	（略）						

承包人代表： ××× 日期：××年×月×日	监理工程师： ××× 日期：××年×月×日	造价工程师： ××× 日期：××年×月×日	发包人代表： ××× 日期：××年×月×日

表-14

工程计量申请（核准）表

工程名称：××中学教学楼工程　　　标段：　　　　　　　　　　　　　　　第1页共1页

序号	项目编码	项 目 名 称	计量单位	承包人申报数量	发包人核实数量	发承包人确认数量	备注
1	010101003001	挖沟槽土方	m³	1593	1578	1587	
2	010302003001	泥浆护壁混凝土灌注桩	m	456	456	456	
3	010503001001	基础梁	m³	210	210	210	
4	010515001001	现浇构件钢筋	t	25	25	25	
5	010401001001	条形砖基础	m³	249	245	245	
	（略）						

承包人代表： ××× 日期：××年×月×日	监理工程师： ××× 日期：××年×月×日	造价工程师： ××× 日期：××年×月×日	发包人代表： ××× 日期：××年×月×日

表－14

附录 K 合同价款支付申请（核准）表

【概述】 合同价款的支付申请和核准，各地方、各专业均有不少表格，此类表格是合同履行、价款支付的重要凭证。本规范总结了各地的经验，在"08规范"工程款支付申请（核准）表的基础上扩展而成，共分为5种表：

1. "预付款支付申请（核准）表"，专用于预付款支付；

2. "总价项目进度款支付分解表"，此表的设置为施工过程中无法计量的总价项目以及总价合同的进度款支付提供了解决方式；

3. "进度款支付申请（核准）表"，在"08规范"工程款支付申请（核准）表的基础上进一步完善，专用于进度款支付；

4. "竣工结算款支付申请（核准）表"，专用于竣工结算价款的支付；

5. "最终结清支付申请（核准）表"，是在缺陷责任期到期，承包人履行了工程缺陷修复责任后，对其预留的质量保证金的最终结算。

上述各表仍然将合同价款的承包人支付申请和发包人核准设置于一表，一一对应，表达直观。由承包人代表在每个计量周期结束后向发包人提出，由发包人授权的现场代表复核工程量（本表中设置为监理工程师），由发包人授权的造价工程师（可以是委托的工程造价咨询企业）复核应付款项，经发包人批准实施。

【表样】 **K.1** 预付款支付申请（核准）表：表–15

【示例】 承包人报送预付款支付申请（核准）表

预付款支付申请（核准）表

工程名称：××中学教学楼工程　　　　标段：　　　　　　　　　　　　编号：

致：_____××中学_____（发包人全称）

　　我方根据施工合同的约定，现申请支付工程预付款额为（大写）____玖拾贰万叁仟壹拾捌元____（小写923018 元），请予核准。

序号	名　　称	申请金额（元）	复核金额（元）	备注
1	已签约合同价款金额	7972282		
2	其中：安全文明施工费	209650		
3	应支付的预付款	797228		
4	应支付的安全文明施工费	125790		
5	合计应支付的预付款	923018		

承包人（章）

造价人员：___×××___　　承包人代表：___×××___　　日　期：××年×月×日

复核意见： 　□与合同约定不相符，修改意见见附件。 　□与合同约定相符，具体金额由造价工程师复核。 　　监理工程师：___×××___ 　　日　　期：___××年×月×日___	复核意见： 　　你方提出的支付申请经复核，应支付预付款金额为（大写）_____（小写_____）。 　　监理工程师：___×××___ 　　日　　期：___××年×月×日___

审核意见：
　□不同意。
　□同意，支付时间为本表签发后的 15 天内。

发包人（章）
发包人代表：___×××___
日　　期：___××年×月×日___

注：1. 在选择栏中的"□"内作标识"√"。
　　2. 本表一式四份，由承包人填报，发包人、监理人、造价咨询人、承包人各存一份。

表－15

预付款支付申请（核准）表

工程名称：××中学教学楼工程　　　标段：　　　　　　　　　　　　　　　编号：

致：　　　　××中学　　　　　　　　　　　　　　　　　　　　　　　　　（发包人全称）

我方根据施工合同的约定，现申请支付工程预付款额为（大写）　玖拾贰万叁仟壹拾捌元　（小写923018元），请予核准。

序号	名称	申请金额（元）	复核金额（元）	备注
1	已签约合同价款金额	7972282	7972282	
2	其中：安全文明施工费	209650	209650	
3	应支付的预付款	797228	776263	
4	应支付的安全文明施工费	125790	125790	
5	合计应支付的预付款	923018	902053	

计算依据见附件　　　　　　　　　　　　　　　　　　　　承包人（章）

造价人员：　××× 　　　承包人代表：　×××　　　　　　日　期：××年×月×日

复核意见：	复核意见：
□与合同约定不相符，修改意见见附件。 ☑与合同约定相符，具体金额由造价工程师复核。 监理工程师：　××× 日　　期：××年×月×日	你方提出的支付申请经复核，应支付预付款金额为（大写）玖拾万贰仟伍拾叁元（小写902053）。 造价工程师：　××× 日　　期：××年×月×日

审核意见：

□不同意。

☑同意，支付时间为本表签发后的 15 天内。

承包人（章）

发包人代表：　×××

日　　期：××年×月×日

注：1. 在选择栏中的"□"内作标识"√"。

　　2. 本表一式四份，由承包人填报，发包人、监理人、造价咨询人、承包人各存一份。

表－15

总价项目进度款支付分解表

工程名称：××中学教学楼工程　　　标段：　　　　　　　　　　　　　　单位：元

序号	项 目 名 称	总价金额	首次支付	二次支付	三次支付	四次支付	五次支付	
	安全文明施工费							
	夜间施工增加费							
	二次搬运费							
	略							
	社会保险费							
	住房公积金							
合　　计								

编制人（造价人员）：×××　　　　　　　　　　　　复核人（造价工程师）：×××

注：1. 本表应由承包人在投标报价时根据发包人在招标文件明确的进度款支付周期与报价填写，签订合同时，发承包双方可就支付分解协商调整后作为合同附件。

2. 单价合同使用本表，"支付"栏时间应与单价项目进度款支付周期相同。

3. 总价合同使用本表，"支付"栏时间应与约定的工程计量周期相同。

表－16

总价项目进度款支付分解表

工程名称：××中学教学楼工程　　　　标段：　　　　　　　　　　　　　　　　　单位：元

序号	项 目 名 称	总价金额	首次支付	二次支付	三次支付	四次支付	五次支付	
	安全文明施工费	209650	62895	62895	41930	41930		
	夜间施工增加费	12479	2496	2496	2496	2496	2495	
	二次搬运费	8386	1677	1677	1677	1677	1678	
	略							
	社会保险费	188685	37737	37737	37737	37737	37737	
	住房公积金	50316	10063	10063	10063	10063	10064	
	合　　计							

编制人（造价人员）：×××　　　　　　　　　　　　　复核人（造价工程师）：×××

注：1. 本表应由承包人在投标报价时根据发包人在招标文件明确的进度款支付周期与报价填写，签订合同时，
　　　发承包双方可就支付分解协商调整后作为合同附件。

　　2. 单价合同使用本表，"支付"栏时间应与单价项目进度款支付周期相同。

　　3. 总价合同使用本表，"支付"栏时间应与约定的工程计量周期相同。

表－16

进度款支付申请（核准）表

工程名称：××中学教学楼工程　　　标段：　　　　　　　　　　　　　编号：

致：_____（发包人全称）

　　我方于××至××期间已完成了±0～二层楼工作，根据施工合同的约定，现申请支付本周期的合同款额为（大写）壹佰壹拾壹万柒仟玖佰壹拾玖元壹角肆分（小写1117917.14），请予核准。

序号	名　　称	申请金额（元）	复核金额（元）	备注
1	累计已完成的合同价款	1233189.37	—	
2	累计已实际支付的合同价款	1109870.43	—	
3	本周期合计完成的合同价款	1576893.50	1419204.14	
3.1	本周期已完成单价项目的金额	1484047.80		
3.2	本周期应支付的总价项目的金额	14230.00		
3.3	本周期已完成的计日工价款	4631.70		
3.4	本周期应支付的安全文明施工费	62895.00		
3.5	本周期应增加的合同价款	11089.00		
4	本周期合计应扣减的金额	301285.00	301285.00	
4.1	本周期应抵扣的预付款	301285.00		
4.2	本周期应扣减的金额	0		
5	本周期应支付的合同价款	1475608.50	1117919.14	

附：上述3、4详见附件清单。　　　　　　　　　　　　　　承包人（章）

造价人员：___×××___　　　承包人代表：___×××___　　　日　期：××年×月×日

复核意见：	复核意见：
□与实际施工情况不相符，修改意见见附件。 □与实际施工情况相符，具体金额由造价工程师复核。 　　　　　　　　监理工程师：___×××___ 　　　　　　　　日　　期：___××年×月×日___	你方提出的支付申请经复核，本周期已完成合同款额为（大写）_____（小写___），本周期应支付金额为（大写）_____（小写___）。 　　　　　　　　造价工程师：___×××___ 　　　　　　　　日　期：___××年×月×日___

审核意见：

□不同意。

□同意，支付时间为本表签发后的15天内。

　　　　　　　　　　　　　　　　　　　　　　　　　发包人（章）

　　　　　　　　　　　　　　　　　　　　　　　　　发包人代表：___×××___

　　　　　　　　　　　　　　　　　　　　　　　　　日　期：××年×月×日

注：1. 在选择栏中的"□"内作标识"√"。

　　2. 本表一式四份，由承包人填报，发包人、监理人、造价咨询人、承包人各存一份。

进度款支付申请（核准）表

工程名称：××中学教学楼工程　　　　标段：　　　　　　　　　　　　　编号：

致：_____　　　　　　　　　　　（发包人全称）

我方于 ×× 至 ×× 期间已完成了 ±0 ～二层楼工作，根据施工合同的约定，现申请支付本周期的合同款额为（大写）壹佰壹拾壹万柒仟玖佰壹拾玖元壹角肆分（小写1117917.14），请予核准。

序号	名　称	申请金额（元）	复核金额（元）	备注
1	累计已完成的合同价款	1233189.37	—	1233189.37
2	累计已实际支付的合同价款	1109870.43	—	1109870.43
3	本周期合计完成的合同价款	1576893.50	1419204.14	1419204.14
3.1	本周期已完成单价项目的金额	1484047.80		
3.2	本周期应支付的总价项目的金额	14230.00		
3.3	本周期已完成的计日工价款	4631.70		
3.4	本周期应支付的安全文明施工费	62895.00		
3.5	本周期应增加的合同价款	11089.00		
4	本周期合计应扣减的金额	301285.00	301285.00	301897.14
4.1	本周期应抵扣的预付款	301285.00		301285.00
4.2	本周期应扣减的金额	0		612.14
5	本周期应支付的合同价款	1475608.50	1117919.14	1117307.00

附：上述 3、4 详见附件清单。　　　　　　　　　　　　　　　　承包人（章）

造价人员：　×××　　　　承包人代表：　×××　　　　　　日　期：××年×月×日

复核意见：	复核意见：
□与实际施工情况不相符，修改意见见附件。 ☑与实际施工情况相符，具体金额由造价工程师复核。 　　　　　　　监理工程师：　　××× 　　　　　　　日　　期：××年×月×日	你方提出的支付申请经复核，本周期已完成合同款额为（大写）壹佰伍拾柒万陆仟捌佰玖拾叁元伍角（小写1576893.50），本周期应支付金额为（大写）壹佰壹拾壹万柒仟叁佰零柒元（小写1117307.00）。 　　　　　　　造价工程师：　　××× 　　　　　　　日　　期：××年×月×日

审核意见：

□不同意。

☑同意，支付时间为本表签发后的 15 天内。

　　　　　　　　　　　　　　　　　　　发包人（章）

　　　　　　　　　　　　　　　　　　　发包人代表：　　×××

　　　　　　　　　　　　　　　　　　　日　　期：××年×月×日

注：1. 在选择栏中的"□"内作标识"√"。

　　2. 本表一式四份，由承包人填报，发包人、监理人、造价咨询人、承包人各存一份。

竣工结算款支付申请（核准）表

工程名称：××中学教学楼工程　　　标段：　　　　　　　　　　　　　　编号：

致：　　　××中学　　　　　　　　　　　　　　　　　　　　　　　　　（发包人全称）

　　我方于××至××期间已完成合同约定的工作，工程已经完工，根据施工合同的约定，现申请支付竣工结算合同款额为（大写）柒拾捌万叁仟贰佰陆拾伍元零捌分（小写783265.08），请予核准。

序号	名　称	申请金额（元）	复核金额（元）	备注
1	竣工结算合同价款总额	7932571.00		
2	累计已实际支付的合同价款	67526677.37		
3	应预留的质量保证金	396628.55		
4	应支付的竣工结算款金额	783265.08		

　　　　　　　　　　　　　　　　　　　　　　　　　　　承包人（章）

造价人员：×××　　　　　　承包人代表：×××　　　　日　期：××年×月×日

复核意见： □与实际施工情况不相符，修改意见见附件。 □与实际施工情况相符，具体金额由造价工程师复核。 　　　　　　监理工程师：　××× 　　　　　　日　期：××年×月×日	复核意见： 　　你方提出的竣工结算款支付申请经复核，竣工结算款总额为（大写）　　　　　　（小写　　），扣除前期支付以及质量保证金后应支付金额为（大写）　　　　　　（小写　　）。 　　　　　　造价工程师：　××× 　　　　　　日　期：××年×月×日

审核意见：
□不同意。
□同意，支付时间为本表签发后的15天内。

　　　　　　　　　　　　　　　　　　　　　　　　　　　发包人（章）
　　　　　　　　　　　　　　　　　　　　　　　　发包人代表：　×××
　　　　　　　　　　　　　　　　　　　　　　　　日　期：××年×月×日

注：1. 在选择栏中的"□"内作标识"√"。
　　2. 本表一式四份，由承包人填报，发包人、监理人、造价咨询人、承包人各存一份。

　　　　　　　　　　　　　　　　　　　　　　　　　　　　　　　　　　表－18

竣工结算款支付申请（核准）表

工程名称：××中学教学楼工程　　　　标段：　　　　　　　　　　　　　　　　编号：

致：＿＿＿＿＿＿××中学＿＿＿＿＿＿＿＿＿＿＿＿＿＿＿＿＿＿＿＿＿＿＿＿＿（发包人全称）

　　我方于××至××期间已完成合同约定的工作，工程已经完工，根据施工合同的约定，现申请支付竣工结算合同款额为（大写）柒拾捌万叁仟贰佰陆拾伍元零捌分（小写783265.08），请予核准。

序号	名　称	申请金额（元）	复核金额（元）	备注
1	竣工结算合同价款总额	7937251.00	7937251.00	
2	累计已实际支付的合同价款	6757123.37	6757123.37	
3	应预留的质量保证金	396862.55	396862.55	
4	应支付的竣工结算款金额	783265.08	783265.08	

承包人（章）

造价人员：×××　　　　　承包人代表：×××　　　　　日　期：××年×月×日

复核意见：	复核意见：
□与实际施工情况不相符，修改意见见附件。 ☑与实际施工情况相符，具体金额由造价工程师复核。 监理工程师：＿＿×××＿＿ 日　期：××年×月×日	你方提出的竣工结算款支付申请经复核，竣工结算款总额为（大写）柒佰玖拾叁万柒仟贰佰伍拾壹元（小写7937251.00），扣除前期支付以及质量保证金后应支付金额为（大写）柒拾捌万叁仟贰佰陆拾伍元零捌分（小写783265.08）。 造价工程师：＿＿×××＿＿ 日　期：××年×月×日

审核意见：

□不同意。

☑同意，支付时间为本表签发后的15天内。

发包人（章）

发包人代表：＿＿×××＿＿

日　期：××年×月×日

注：1. 在选择栏中的"□"内作标识"√"。

　　2. 本表一式四份，由承包人填报，发包人、监理人、造价咨询人、承包人各存一份。

最终结清支付申请（核准）表

工程名称：××中学教学楼工程　　　　标段：　　　　　　　　　　　　　编号：

致：_____（发包人全称）

　　我方于××至××期间已完成了缺陷修复工作，根据施工合同的约定，现申请支付最终结清合同款额为（大写）**叁拾玖万陆仟陆佰贰拾捌元伍角伍分**（小写396628.55），请予核准。

序号	名　称	申请金额（元）	复核金额（元）	备注
1	已预留的质量保证金	396862.55		
2	应增加因发包人原因造成缺陷的修复金额	0		
3	应扣减承包人不修复缺陷、发包人组织修复的金额	0		
4	最终应支付的合同价款	396862.55		

附：上述2、3详见附件清单。

承包人（章）

造价人员：×××　　　　　　承包人代表：×××　　　　　　日　期：××年×月×日

复核意见：	复核意见：
□与实际施工情况不相符，修改意见见附件。 □与实际施工情况相符，具体金额由造价工程师复核。 　　　　监理工程师：_____×××_____ 　　　　日　期：××年×月×日	你方提出的支付申请经复核，最终应支付金额为（大写）_____ （小写_____）。 　　　　造价工程师：_____×××_____ 　　　　日　期：××年×月×日

审核意见：

□不同意。

□同意，支付时间为本表签发后的15天内。

发包人（章）
发包人代表：_____×××_____
日　期：××年×月×日

注：1. 在选择栏中的"□"内作标识"√"。如监理人已退场，监理工程师栏可空缺。
　　2. 本表一式四份，由承包人填报，发包人、监理人、造价咨询人、承包人各存一份。

表-19

【示例】 2. 发包人报送最终结清支付申请（核准）表

最终结清支付申请（核准）表

工程名称：××中学教学楼工程　　　标段：　　　　　　　　　　　　　　编号：

致：＿＿＿＿＿＿＿＿＿＿＿＿＿＿＿＿＿＿＿＿＿＿＿＿＿＿＿＿（发包人全称）

　　我方于××至××期间已完成了缺陷修复工作，根据施工合同的约定，现申请支付最终结清合同款额为（大写）<u>叁拾玖万陆仟陆佰贰拾捌元伍角伍分</u>（小写396628.55），请予核准。

序号	名　称	申请金额（元）	复核金额（元）	备注
1	已预留的质量保证金	396862.55	396862.55	
2	应增加因发包人原因造成缺陷的修复金额	0	0	
3	应扣减承包人不修复缺陷、发包人组织修复的金额	0	0	
4	最终应支付的合同价款	396862.55	396862.55	

附：上述2、3详见附件清单。

　　　　　　　　　　　　　　　　　　　　　　　　　　　承包人（章）

造价人员：×××　　　　　　承包人代表：×××　　　　日　期：××年×月×日

复核意见： □与实际施工情况不相符，修改意见见附件。 ☑与实际施工情况相符，具体金额由造价工程师复核。 　　监理工程师：＿＿×××＿＿ 　　日　　期：××年×月×日	复核意见： 　　你方提出的支付申请经复核，最终应支付金额为（大写）<u>叁拾玖万陆仟捌佰陆拾贰元伍角伍分</u>（小写396862.55）。 　　造价工程师：＿＿×××＿＿ 　　日　　期：××年×月×日

审核意见：
□不同意。
☑同意，支付时间为本表签发后的15天内。

　　　　　　　　　　　　　　　　　　　　　　　　　　　发包人（章）
　　　　　　　　　　　　　　　　　　　　　　　发包人代表：＿＿×××＿＿
　　　　　　　　　　　　　　　　　　　　　　　日　　期：××年×月×日

注：1. 在选择栏中的"□"内作标识"√"。如监理人已退场，监理工程师栏可空缺。

　　2. 本表一式四份，由承包人填报，发包人、监理人、造价咨询人、承包人各存一份。

附录 L　主要材料、工程设备一览表

【概述】　本附录是新增，由于价料等价格占据合同价款的大部分，对材料价款的管理历来是发承包双方十分重视的，因此，本附录针对发包人供应材料设置了表－20，针对承包人供应材料按当前最主要的调整方法设置了两种表式。

【表样】　**L.1**　发包人提供材料和工程设备一览表：表－20

【示例】　发包人提供材料和工程设备一览表

发包人提供材料和工程设备一览表

工程名称：××中学教学楼工程　　　标段：　　　　　　　　　　　　第1页共1页

序号	材料（工程设备）名称、规格、型号	单位	数量	单价（元）	交货方式	送达地点	备注
1	钢筋（规格见施工图现浇构件）	t	200	4000		工地仓库	

注：此表由招标人填写，供投标人在投标报价、确定总承包服务费时参考。

表－20

【表样】 **L. 2** 承包人提供主要材料和工程设备一览表（适用造价信息差额调整法）：表-21

【要点说明】 本表"风险系数"应由发包人在招标文件中按照本规范的要求合理确定。本表将风险系数、基准单价、投标单价、发承包人确认单价在一个表内全部表示，可以大大减少发承包双方不必要的争议。

【示例】 1. 发包人在招标文件中提供的承包人提供主要材料和工程设备一览表

承包人提供主要材料和工程设备一览表
（适用造价信息差额调整法）

工程名称：××中学教学楼工程　　　　标段：　　　　　　　　　　　　　　　第1页共1页

序号	名称、规格、型号	单位	数量	风险系数（%）	基准单价（元）	投标单价（元）	发承包人确认单价（元）	备注
1	预拌混凝土 C20	m³	25	≤5	310			
2	预拌混凝土 C25	m³	560	≤5	323			
3	预拌混凝土 C30	m³	3120	≤5	340			

注：1. 此表由招标人填写除"投标单价"栏的内容，投标人在投标时自主确定投标单价。

　　2. 招标人应优先采用工程造价管理机构发布的单价作为基准单价，未发布的，通过市场调查确定其基准单价。

表-21

【示例】 2. 承包人在投标报价中按发包人要求填写的承包人提供主要材料和工程设备一览表

承包人提供主要材料和工程设备一览表
（适用造价信息差额调整法）

工程名称：××中学教学楼工程　　　标段：　　　　　　　　　　　　　　第1页共1页

序号	名称、规格、型号	单位	数量	风险系数（%）	基准单价（元）	投标单价（元）	发承包人确认单价（元）	备注
1	预拌混凝土 C20	m³	25	≤5	310	308		
2	预拌混凝土 C25	m³	560	≤5	323	325		
3	预拌混凝土 C30	m³	3120	≤5	340	340		
	略							

注：1. 此表由招标人填写除"投标单价"栏的内容，投标人在投标时自主确定投标单价。

2. 招标人应优先采用工程造价管理机构发布的单价作为基准单价，未发布的，通过市场调查确定其基准单价。

表－21

承包人提供主要材料和工程设备一览表
（适用造价信息差额调整法）

工程名称：××中学教学楼工程　　　　标段：　　　　　　　　　　

序号	名称、规格、型号	单位	数量	风险系数（%）	基准单价（元）	投标单价（元）	发承包人确认单价（元）	备注
1	预拌混凝土 C20	m³	25	≤5	310	308	309.50	
2	预拌混凝土 C25	m³	560	≤5	323	325	325	
3	预拌混凝土 C30	m³	3120	≤5	340	340	340	

注：1. 此表由招标人填写除"投标单价"栏的内容，投标人在投标时自主确定投标单价。

　　2. 招标人应优先采用工程造价管理机构发布的单价作为基准单价，未发布的，通过市场调查确定其基准单价。

表 –21

·217·

【示例】　1. 发包人在招标文件中提供的承包人提供主要材料和工程设备一览表

承包人提供主要材料和工程设备一览表
（适用于价格指数差额调整法）

工程名称：××中学教学楼工程　　　标段：　　　　　　　　　　　　　　　　第 1 页共 1 页

序号	名称、规格、型号	变值权重 B	基本价格指数 F_0	现行价格指数 F_t	备注
1	人工费		110%		
2	钢材		4000 元/t		
3	预拌混凝土 C30		340 元/m³		
4	页岩砖		300 元/千匹		
5	机械费		100%		
定值权重 A			—	—	
合　计		1	—	—	

注：1. "名称、规格、型号"、"基本价格指数"栏由招标人填写，基本价格指数应首先采用工程造价管理机构发布的价格指数，没有时，可采用发布的价格代替。如人工、机械费也采用本法调整，由招标人在"名称"栏填写。

　　2. "变值权重"栏由投标人根据该项人工、机械费和材料、工程设备价值在投标总报价中所占的比例填写，1 减去其比例为定值权重。

　　3. "现行价格指数"按约定的付款证书相关周期最后一天的前 42 天的各项价格指数填写，该指数应首先采用工程造价管理机构发布的价格指数，没有时，可采用发布的价格代替。

表－22

【示例】 2. 承包人在投标报价中，按发包人要求填写的承包人提供主要材料和工程设备一览表

承包人提供主要材料和工程设备一览表
（适用于价格指数差额调整法）

工程名称：××中学教学楼工程　　　　标段：　　　　　　　　　　　　　　　　　第1页共1页

序号	名称、规格、型号	变值权重 B	基本价格指数 F_0	现行价格指数 F_t	备注
1	人工	0.18	110%		
2	钢材	0.11	4000 元/t		
3	预拌混凝土 C30	0.16	340 元/m³		
4	页岩砖	0.15	300 元/千匹		
5	机械费	8	100%		
	定值权重 A	42	—	—	
	合　计	1	—	—	

注：1. "名称、规格、型号"、"基本价格指数"栏由招标人填写，基本价格指数应首先采用工程造价管理机构发布的价格指数，没有时，可采用发布的价格代替。如人工、机械费也采用本法调整，由招标人在"名称"栏填写。

2. "变值权重"栏由投标人根据该项人工、机械费和材料、工程设备价值在投标总报价中所占的比例填写，1 减去其比例为定值权重。

3. "现行价格指数"按约定的付款证书相关周期最后一天的前 42 天的各项价格指数填写，该指数应首先采用工程造价管理机构发布的价格指数，没有时，可采用发布的价格代替。

表 -22

· 219 ·

【示例】　3. 发承包双方确认的承包人提供主要材料和工程设备一览表

承包人提供主要材料和工程设备一览表
（适用于价格指数差额调整法）

工程名称：××中学教学楼工程　　　标段：　　　　　　　　　　第1页共1页

序号	名称、规格、型号	变值权重 B	基本价格 指数 F_0	现行价格 指数 F_t	备注
1	人工费	0.18	110%	121%	
2	钢材	0.11	4000 元/t	4320 元/t	
3	预拌混凝土 C30	0.16	340 元/m^3	357 元/m^3	
4	页岩砖	0.05	300 元/千匹	318 元/千匹	
5	机械费	0.08	100%	100%	
定值权重 A		0.42	—	—	
合　计		1	—	—	

注：1. "名称、规格、型号"、"基本价格指数"栏由招标人填写，基本价格指数应首先采用工程造价管理机构发布的价格指数，没有时，可采用发布的价格代替。如人工、机械费也采用本法调整，由招标人在"名称"栏填写。

2. "变值权重"栏由投标人根据该项人工、机械费和材料、工程设备价值在投标总报价中所占的比例填写，1 减去其比例为定值权重。

3. "现行价格指数"按约定的付款证书相关周期最后一天的前 42 天的各项价格指数填写，该指数应首先采用工程造价管理机构发布的价格指数，没有时，可采用发布的价格代替。

表－22

第 三 篇
《房屋建筑与装饰工程工程量计算规范》GB 50854—2013
内 容 详 解

一、概况

《房屋建筑与装饰工程工程量计算规范》是在《建设工程工程量清单计价规范》GB 50500—2008 附录 A、附录 B 基础上制订的。内容包括：正文、附录、条文说明三个部分，其中正文包括：总则、术语、工程计量，工程量清单编制，共计 29 项条款；附录部分包括附录 A 土石方工程，附录 B 地基处理与边坡支护工程，附录 C 桩基工程，附录 D 砌筑工程，附录 E 混凝土及钢筋混凝土工程，附录 F 金属结构工程，附录 G 木结构工程，附录 H 门窗工程，附录 J 屋面及防水工程，附录 K 保温、隔热、防腐工程，附录 L 楼地面装饰工程，附录 M 墙、柱面装饰与隔断、幕墙工程，附录 N 天棚工程，附录 P 油漆、涂料、裱糊工程，附录 Q 其他装饰工程，附录 R 拆除工程，附录 S 措施项目等 17 个附录，其中附录 R 拆除工程、附录 S 措施项目为新编。共计 557 个项目，在原"08 规范"附录 A、附录 B 基础上新增 188 个项目，减少 33 个项目。具体项目变化详见表 3 - 1。

表 3 - 1　房屋建筑与装饰工程工程量计算规范附录项目变化增减表

序号	附录名称	"08 规范" 项目数	"13 规范" 项目数	增加项目数（＋）	减少项目数（－）	备　注
1	附录 A　土石方工程	10	13	4	-1	
2	附录 B　地基处理与边坡支护工程	9	28	19		原为桩与地基基础工程
3	附录 C　桩基工程	3	11	8		
4	附录 D　砌筑工程	25	27	4	-2	砖砌构筑物移入《构筑物工程工程量计算规范》
5	附录 E　混凝土及钢筋混凝土工程	70	76	10	-4	构筑物项目取消
6	附录 F　金属结构工程	24	31	7		
7	附录 G　木结构工程	11	8	2	-5	厂库房大门、特种门移入门窗工程
8	附录 H　门窗工程	59	55	12	-16	厂库房大门移入 5 项，进行了综合项目和归并
9	附录 J　屋面及防水工程	12	21	9		
10	附录 K　防腐、隔热、保温工程	14	16	2		
11	附录 L　楼地面装饰工程	43	43	6	-6	"08 规范"楼地面工程"B.1.7 扶手、栏杆、栏板安装"移入其他装饰工程中

序号	附录名称	"08规范"项目数	"13规范"项目数	增加项目数（+）	减少项目数（-）	备　注
12	附录 M　墙柱面装饰与隔断工程	25	35	10	0	
13	附录 N　天棚工程	9	10	1	0	
14	附录 P　油漆、涂料、裱糊工程	30	36	6		
15	附录 Q　其他装饰工程	49	62	13		扶手、栏杆、栏板装饰项目移入
16	附录 R　拆除工程	0	37	37		
17	附录 S　措施项目	0	52	52		
合　计		393	561	202	-34	

二、修订依据

1. 中华人民共和国国家标准《建设工程工程量清单计价规范》GB 50500—2008；
2. 国家标准《岩土工程勘察规范》GB 50021—2001；
3. 国家标准《工程岩体分级标准》GB 50218—94 和《岩土工程勘察规范》GB 50021—2001；
4. 现行的施工规范、施工质量验收标准、安全技术操作规程、有代表性的标准图集。

三、本规范与"08 规范"相比的主要变化情况

1. 结构变化

（1）将原"08规范"附录 A、附录 B 内容融合为本规范，更名为"房屋建筑与装饰工程工程量计算规范"。

（2）将原"08规范"附录 A 中"A.2　桩与地基基础工程"拆分为"附录 B　地基处理与边坡支护工程"与"附录 C　桩基工程"。

（3）附录 D 砌筑工程，将"08规范""A.3　砌筑工程"整个章节的顺序做了调整，分"D.1 砖砌体"、"D.2 砌块砌体"、"D.3 石砌体"、"D.4 垫层"4 个小节，将砖基础、砖散水、地坪，砖地沟、明沟及砖检查井纳入砖砌体中，将砖石基础垫层纳入垫层小节，将砖烟囱、水塔、砖烟道取消，移入《构筑物工程工程量计算规范》。

（4）附录 E 混凝土及钢筋混凝土工程中，取消"08规范""A.4.15 混凝土构筑物"小节，移入《构筑物工程工程量计算规范》，新增常用的"化粪池、检查井"项目。

（5）附录 F 金属结构工程中，单列"F.1 钢网架"小节，将钢屋架、钢托架、钢桁架、钢架桥归并为 F.2 小节，将原"08规范""A.6.7 金属网"更名为"F.7 金属制品"小节，将金属网及其他金属制品统一并入金属制品小节。

（6）附录 G 木结构工程中，将原"08规范"厂库房大门、特种门小节移入附录 H 门窗工程中，

增列"G. 3 屋面木基层"小节。

（7）附录 J 屋面及防水工程中，将"08 规范""A. 7. 1 瓦型材屋面"更名为"J. 1 瓦型材及其他屋面"，将"A. 7. 2 屋面防水"更名为"J. 2 屋面防水及其他"，将"A. 7. 3 墙、地面防水、防潮"，拆分为"J. 3 墙面防水、防潮"和"J. 4 楼（地）面防水、防潮"二个小节。

（8）附录 K 保温、隔热、防腐工程中，将"08 规范""A. 8 防腐、隔热、保温工程"更名为"保温、隔热、防腐工程"，同时将"A. 8. 3 保温隔热"调到"A. 8. 1 防腐面层"、"A. 8. 2 其他防腐"的前面。

（9）将原"08 规范"附录"B. 1 楼地面工程"更名为"附录 L 楼地面装饰工程"，"B. 1. 7 扶手、栏杆、栏板装饰"移入附录 Q 其他装饰工程中。

（10）将原"08 规范"附录"B. 2 墙、柱面工程"更名为"附录 M 墙、柱面装饰与隔断、幕墙工程"。

（11）增补附录 R 拆除工程。

（12）增补附录 S 措施项目，包括"S. 1"、"S. 2 混凝土模板及支架（撑）"、"S. 3 垂直运输"、"S. 4 超高施工增加"、"S. 5 大型机械设备进出场及安拆"、"S. 6 施工排水、降水"、"S. 7 安全文明施工及其他措施项目"等小节。

2. 有关计量、计价规定的主要变化

（1）土石类别的划分。

1）原"08 规范""表 A. 1. 4 - 1 土壤及岩石（普氏）分类表"重新定义整理。其中：土壤分类按国家标准《岩土工程勘察规范》GB 50021—2001（2009 年版）定义；岩石分类按国家标准《工程岩体分级标准》GB 50218—94 和《岩土工程勘察规范》GB 50021—2001（2009 年版）整理。

2）取消原"08 规范""表 A. 2. 4 土质鉴别表"，桩与地基基础工程土壤及岩石分类执行新规范统一的"表 A. 1 - 1 土壤分类表"及"表 A. 2 - 1 岩石分类表"。

（2）沟槽、基坑、一般土方的划分与市政工程保持一致。

（3）现浇混凝土工程项目"工作内容"中包括模板工程的内容，同时又在措施项目中单列了现浇混凝土模板工程项目。对此，招标人应根据工程实际情况选用。若招标人在措施项目清单中未编列现浇混凝土模板项目清单，即表示现浇混凝土模板项目不单列，现浇混凝土工程项目的综合单价中应包括模板工程费用。

（4）预制混凝土构件按现场制作编制项目，"工作内容"中包括模板工程，不再另列，若采用成品预制混凝土构件时，构件成品价（混凝土、钢筋和模板等）应计入综合单价中。编制招标控制价时，可按各省、自治区、直辖市或行业建设主管部门发布的计价定额和造价信息组价。

（5）金属结构构件按成品编制项目，成品价应计入综合单价中，若采用现场制作，包括制作的所有费用。

（6）门窗（橱窗除外）按成品编制项目，成品价应计入综合单价中。若采用现场制作，包括制作的所有费用。

（7）对于工程量具有明显不确定性的项目，如挖淤泥、硫砂，桩，注浆地基，现浇构件中固定位置的支撑钢筋，双层钢筋用的铁马等，在注中明确：编制工程量清单时，设计没有明确，其工程数量可为暂估量，结算时按现场签证数量计算。

（8）为了计价方便，建筑物超高人工和机械降效不进入综合单价，与计价定额保持一致，进入"超高施工增加"项目。

3. 项目划分的主要变化

项目划分坚持"简洁适用，方便使用"原则，体现先进性、科学性、适用性。

（1）增加新技术、新工艺、新材料的项目。例如：现浇混凝土短肢剪力墙、声测管、机械连接、钢架桥、断桥窗、自流地坪楼地面等。

（2）将"防水工程"从原"08 规范"附录"B. 1 楼地面工程、瓦屋面项目"中分离出来，单独设置楼地面防水、防潮项目；将油漆工程从原"08 规范"附录"A.5 木结构工程"、"A.6 金属结构工程"、"B.4 门窗工程"分离出来，在本规范附录 N 油漆、涂料、裱糊工程中，增补与之相匹配的相关油漆项目。

（3）将砖基础与其垫层独立开来，单独在附录 D 砌筑工程中设置除混凝土垫层之外的垫层项目。

（4）在本规范附录 L 楼地面装饰工程中单独设置"平面砂浆找平层"项目，附录 M 墙、柱面装饰与隔断、幕墙工程中单独设置"立面砂浆找平层"项目，此项目适用于仅做找平层的平面、立面抹灰，屋面及墙面做防水工程和保温工程的找平层也按此项目执行。

（5）原"08 规范""A.7 屋面及防水工程""瓦屋面"项目中，将"檩条、椽子、走水条和挂瓦条"从项目中分离出来，单独在附录 G 木结构工程中设置"屋面木基层"项目。

（6）原"08 规范"附录"B.4 门窗工程"项目设置显得重复零乱，此次修订进行了大量综合和归并。例如：

1）将镶板木门、企口板门、实木装饰、胶合板门、夹板装饰门、木纱门、综合归并为"木质门"项目。

2）将金属平开门、金属推拉门、金属地弹门、全玻门（带金属扇框）、金属半玻门（带扇框）、塑钢门综合归并为"金属（塑钢）门"项目。

3）将木质平开窗、木质推拉窗、矩形木百叶窗、异形木百叶窗、木组合窗、木天窗、矩形木固定窗、异形木固定窗、装饰空花木窗综合归并为"木质窗"。

4）将金属推拉窗、金属平开窗、金属固定窗、金属组合窗、塑钢窗、金属防盗窗综合归并为"金属（塑钢、断桥）窗"项目。

（7）对措施项目均以清单形式列出了项目，对能计量的措施项目，列有项目特征、计量单位、计算规则。原"08 规范"附录 B 装饰装修工程措施项目"2.3 室内空气污染测试"取消（因第三方检测），在原"08 规范"基础上增补"非夜间施工照明"、"超高施工增加"项目。

4. 项目特征的主要变化

（1）对整个项目价值影响不大、难以描述或重复的项目特征均取消，例如：砖墙体高度、现浇混凝土柱、梁截面尺寸、柱高、梁底柱高、混凝土拌和料、颜色等。

（2）对"08 规范"设有反映的体现其自身价值的本质特征或对计价（投标报价）有影响的项目特征，进行了增补。例如：现浇混凝土构件增补了"混凝土种类"；门窗增补了"代号及洞口尺寸"，防水项目增补了"厚度"等。

（3）按招投标法规定"招标文件不得要求或者标明特定的生产供应者"，因此，取消"品牌"的项目特征描述。

（4）金属构件、门窗工程等均以成品编制项目，凡有关"制作"的项目特征描述均取消。例如：门窗工程取消"框断面尺寸、材质、骨架材料种类、面层材料的品种、规格、品牌、颜色、五金材料品种、规格等"。

（5）对项目特征不能笼统归并在一起的，均拆分且单独表述其特征。例如：木纱门与木门，石材门窗套与其他材质门窗套等独立表述。

（6）对项目特征不能准确描述的情况做了如下明示：

1）土壤分类应按本规范 A.1-1 土壤分类表确定，如土壤类别不能准确划分时，招标人可注明为"综合，由投标人根据地勘报告决定报价"。

2）对于地基处理与桩基工程的地层情况描述按表 A.1-1 土壤分类表和表 A.2-1 岩石分类表的规定，并根据岩土工程勘察报告按单位工程各地层所占比例（包括范围值）进行描述。对无法准确描述的地层情况，可注明"由投标人根据岩土工程勘察报告自行决定报价"。

（7）对施工图设计标注做法"详见标准图集"时，也明示了"在项目特征描述时，应注明标注图集的编码、页号及节点大样"。

5. 计量单位与计算规则的主要变化

（1）方便操作，本规范部分项目列有二个或二个以上的计量单位和计算规则。但编制清单时，应结合拟建工程项目的实际情况，同一招标工程选择其中一个确定，例如：金属结构油漆列有"t"、"m²"，柜类、货架列有"个"、"m"等两个计量单位和计算规则。

（2）"平整场地"改为"以建筑物首层建筑面积计算"。

（3）挖沟槽、基坑、一般土方计算规则按原"08规范"不变，但在注中说明：挖沟槽、基坑、一般土方因工作面和放坡增加的工程量（管沟工作面增加的工程量）是否并入各土方工程量中，应按各省、自治区、直辖市或行业建设主管部门的规定实施，如并入各土方工程量中，办理工程结算时，按经发包人认可的施工组织设计规定计算，编制工程量清单时，可按本规范规定的工作面、放坡计算。

（4）钢筋计量在注中说明，现浇构件中伸出构件的锚固钢筋应并入钢筋工程量内，除设计（包括规范规定）标明的搭接外，其他施工搭接不计算工程量，在综合单价中综合考虑。

（5）钢结构将"不扣除切边切肢"以及"不规则或多边形钢板，以其外接矩形面积以厚计算"取消，改为：按设计图示尺寸以质量计算，金属构件切边、切肢、不规则及多边形钢板发生的损耗在综合单价中考虑。

（6）膜结构屋面改为：按设计图示尺寸以需要覆盖的水平投影面积计算。

（7）楼（地）面防水、防潮，增补工程量计算规则为"楼（地）面防水反边高度≤300mm算作地面防水。反边高度>300mm按墙面防水计算"，且在注中说明：墙面、楼（地）面、屋面防水搭接及附加层用量不另行计算。

（8）石材楼地面和块料楼地面计算规则改为：按设计图示尺寸以面积计算。门洞、空圈、暖气包槽、壁龛的开口部分并入相应的工程量内。

6. 工作内容的主要变化

（1）"08规范""附录A.1.2石方工程"中取消有关爆破的工作内容，单独执行《爆破工程工程量计算规范》。

（2）石砌体增加"吊装"，砖检查井取消"土方挖运、回填"，执行管沟土石方项目。

（3）金属结构、木结构、木门窗、墙面装饰板、柱（梁）装饰、天棚装饰均取消项目中的"刷油漆"，单独执行附录P油漆、涂料、裱糊工程。与此同时，金属结构以成品编制项目，各项目中增补了"补刷油漆"的内容。

（4）金属结构、木门窗以成品编制项目，均取消有关"制作、运输"的工作内容。

（5）楼（地）面整体面层、块料面层取消"防水层铺设、垫层铺设"，在注中说明：楼地面混凝土垫层按附录E.1现浇混凝土基础中垫层项目编码列项，除混凝土外的其他材料垫层按附录"D.4垫层"项目编码列项。

（6）墙面装饰板、柱（梁）装饰项目取消"砂浆制作、运输、底层抹灰"工作内容。

四、正文部分内容详解

1 总 则

【概述】 本规范总则共4条，从"08规范"复制一条，新增3条，其中强制性条文1条，主要内容为制定本规范的目的，适用的工程范围、作用以及计量活动中应遵循的基本原则。

【条文】 1.0.1 为规范房屋建筑与装饰工程造价计量行为，统一房屋建筑与装饰工程工程量计算规则、工程量清单的编制方法，制定本规范。

【要点说明】 本条阐述了制定本规范的目的和意义。

制定本规范的目的是"规范房屋建筑与装饰工程造价计量行为，统一房屋建筑与装饰工程工程量计算规则、工程量清单的编制方法"，此条在"08 规范"基础上新增，此次"08 规范"修订，将分别制定"计价"与"工程量计算"规范，因此，新增此条。

【条文】 1.0.2 本规范适用于工业与民用的房屋建筑与装饰工程发承包及其实施阶段计价活动中的工程计量和工程量清单编制。

【要点说明】 本条说明本规范的适用范围。

本规范的适用范围是工业与民用的房屋建筑与装饰、装修工程施工发承包计价活动中的"工程量清单编制和工程计量"。此条在"08 规范"基础上新增，将"08 规范""工程量清单编制和工程计量"有关规定纳入本规范。

【条文】 1.0.3 房屋建筑与装饰工程计价，必须按本规范规定的工程量计算规则进行工程计量。

【要点说明】 本条为强制性条文，规定了执行本规范的范围，明确了无论国有资金投资的和非国有资金投资的工程建设项目，其工程计量必须执行本规范。此条在"08 规范"基础上新增，进一步明确本规范工程量计算规则的重要性。

【条文】 1.0.4 房屋建筑与装饰工程计量活动，除应遵守本规范外，尚应符合国家现行有关标准的规定。

【要点说明】 本条规定了本规范与其他标准的关系。

此条明确了本规范的条款是建设工程计价与计量活动中应遵守的专业性条款，在工程计量活动中，除应遵守本规范外，还应遵守国家现行有关标准的规定。此条系从"08 规范"复制。

2 术　语

【概述】 按照编制标准规范的要求，对本规范特有术语给予定义，以尽可能避免规范贯彻实施过程中由于不同理解造成争议。

本规范术语共计 4 条，均为新增。

【条文】 2.0.1 工程量计算　measurement quantities

指建设工程项目以工程设计图纸、施工组织设计或施工方案及有关技术经济文件为依据，按照相关工程国家标准的计算规则、计量单位等规定，进行工程数量的计算活动，在工程建设中简称工程计量。

【要点说明】 "工程量计算"指建设工程项目以工程设计图纸、施工组织设计或施工方案及有关技术经济文件为依据，按照相关工程国家标准的计算规则、计量单位等规定，进行工程数量的计算活动，在工程建设中简称工程计量。

【条文】 2.0.2 房屋建筑　building construction

在固定地点，为使用者或占用物提供庇护覆盖以进行生活、生产或其他活动的实体，可分为工业建筑与民用建筑。

【要点说明】 "房屋建筑"是指在固定地点，为使用者或占用物提供庇护覆盖以进行生活、生产或其他活动的实体，可分为工业建筑与民用建筑。

房屋建筑物与其他建筑物区别在于：一是有固定地点；二是实物体；三是功能满足为使用者或占用物提供生产、生活的庇护覆盖，用于工业与民用。

【条文】 2.0.3 工业建筑　industrial construction

提供生产用的各种建筑物，如车间、厂区建筑、动力站、与厂房相连的生活间、厂区内的库房和运输设施等。

【要点说明】 "工业建筑"是指提供生产用的各种建筑物，如车间、厂区建筑、动力站、与厂房相连的生活间、厂区内的库房和运输设施等。明确了工业建筑功能是提供生产使用，也进一步明确与生产使用相关联的建筑物亦归属工业建筑。

【条文】 **2.0.4** 民用建筑 civil construction

非生产性的居住建筑和公共建筑，如住宅、办公楼、幼儿园、学校、食堂、影剧院、商店、体育馆、旅馆、医院、展览馆等。

【要点说明】 "民用建筑"是指非生产性的居住建筑和公共建筑，如住宅、办公楼、幼儿园、学校、食堂、影剧院、商店、体育馆、旅馆、医院、展览馆等，明确了与工业建筑的区别是非生产性建筑物，又隶属房屋建筑，主要体现在居住和公共使用。

3 工 程 计 量

【概述】 本章共6条，均为新增条款，规定了工程计量的依据，原则，计量单位、工作内容的确定，小数点位数的取定以及房屋建筑与装饰工程与其他专业在使用上的划分界限。

【条文】 **3.0.1** 工程量计算除依据本规范各项规定外，尚应依据以下文件：

1 经审定通过的施工设计图纸及其说明；

2 经审定通过的施工组织设计或施工方案；

3 经审定通过的其他有关技术经济文件。

【要点说明】 本条规定了工程量计算的依据。明确工程量计算，一是应遵守《房屋建筑与装饰工程计量规范》的各项规定；二是应依据施工图纸、施工组织设计或施工方案和其他有关技术经济文件进行计算；三是，计算依据必须经审定通过。

【条文】 **3.0.2** 工程实施过程中的计量应按照现行国家标准《建设工程工程量清单计价规范》GB 50500的相关规定执行。

【要点说明】 本条进一步规定工程实施过程中的计量应按《建设工程工程量清单计价规范》的相关规定执行。

在工程实施过程中，相对工程造价而言，工程计价与计量是两个必不可少的过程，工程计量除了遵守本工程量计算规范外，必须遵守《建设工程工程量清单计价规范》的相关规定。

【条文】 **3.0.3** 本规范附录中有两个或两个以上计量单位的，应结合拟建工程项目的实际情况，确定其中一个为计量单位。同一工程项目的计量单位应一致。

【要点说明】 本条规定了本规范附录中有两个或两个以上计量单位的项目，在工程计量时，应结合拟建工程项目的实际情况，选择其中一个作为计量单位，在同一个建设项目（或标段、合同段）中，有多个单位工程的相同项目计量单位必须保持一致。

【条文】 **3.0.4** 工程计量时每一项目汇总的有效位数应遵守下列规定：

1 以"t"为单位，应保留小数点后三位数字，第四位小数四舍五入。

2 以"m"、"m²"、"m³"、"kg"为单位，应保留小数点后两位数字，第三位小数四舍五入。

3 以"个"、"件"、"根"、"组"、"系统"为单位，应取整数。

【要点说明】 本条规定了工程计量时，每一项目汇总工程量的有效位数应遵守下列规定，体现了统一性。

1. 以"t"为单位，应保留三位小数，第四位小数四舍五入；

2. 以"m³"、"m²"、"m"、"kg"为单位，应保留两位小数，第三位小数四舍五入；

3. 以"个"、"项"等为单位，应取整数。

【条文】 **3.0.5** 本规范各项目仅列出了主要工作内容，除另有规定和说明者外，应视为已经包括完成该项目所列或未列的全部工作内容。

【要点说明】　本条规定了工作内容应按以下三个方面规定执行：

1. 本规范对项目的工作内容进行了规定，除另有规定和说明外，应视为已经包括完成该项目的全部工作内容，未列内容或未发生，不应另行计算。

2. 本规范附录项目工作内容列出了主要施工内容，施工过程中必然发生的机械移动、材料运输等辅助内容虽然未列出，但应包括。

3. 本规范以成品考虑的项目，如采用现场制作的，应包括制作的工作内容。

【条文】　**3.0.6**　房屋建筑与装饰工程涉及电气、给排水、消防等安装工程的项目，按照现行国家标准《通用安装工程工程量计算规范》GB 50856 的相应项目执行；涉及仿古建筑工程的项目，按现行国家标准《仿古建筑工程工程量计算规范》GB 50855 的相应项目执行；涉及室外地（路）面、室外给排水等工程的项目，按现行国家标准《市政工程工程量计算规范》GB 50857 的相应项目执行；采用爆破法施工的石方工程按照现行国家标准《爆破工程工程量计算规范》GB 50862 的相应项目执行。

【要点说明】　本条指明了房屋建筑与装饰工程与其他"工程量计算规范"在执行上的界线范围和划分，以便正确执行规范。对于一个房屋建设项目来说，不仅建筑与装饰工程项目要满足国家标准要求，其他专业工程项目也要符合相应的国家标准的要求。此条为编制清单设置项目明确了应执行的规范。

4　工程量清单编制

【概述】　本章共3节15条，新增7条，移植"08规范"8条，强制性条文7条。规定了编制工程量清单的依据，原则要求以及执行本工程量计算规范应遵守的有关规定。

4.1　一 般 规 定

【概述】　本节共3条，新增1条，移植"08规范"2条，规定了清单的编制依据以及补充项目的编制规定。

【条文】　**4.1.1**　编制工程量清单应依据：

1　本规范和现行国家标准《建设工程工程量清单计价规范》GB 50500。

2　国家或省级、行业建设主管部门颁发的计价依据和办法。

3　建设工程设计文件。

4　与建设工程项目有关的标准、规范、技术资料。

5　拟定的招标文件。

6　施工现场情况、工程特点及常规施工方案。

7　其他相关资料。

【要点说明】　本条规定了工程量清单的编制依据。

本条从"08规范"移植，依据上增加"现行国家标准《建设工程工程量清计价规范》GB 50500"内容。体现了《建筑工程施工发包与承包计价管理办法》的规定"工程量清单依据招标文件、施工设计图纸、施工现场条件和国家制定的统一工程量计算规则、分部分项工程项目划分、计量单位等进行编制"。房屋建筑与装饰工程的工程量清单编制不仅应依据本工程量计算规范，同时应以《建设工程工程量清单计价规范》为依据。

【条文】　**4.1.2**　其他项目、规费和税金项目清单应按照现行国家标准《建设工程工程量清单计价规范》GB 50500 的相关规定编制。

【要点说明】　本条为新增条款，规定了其他项目、规费和税金项目清单应按现行国家标准《建设工程工程量清单计价规范》GB 50500的有关规定进行编制。其他项目清单包括：暂列金额、暂估价、计日工、总承包服务费；规费项目清单包括：社会保险费、住房公积金、工程排污费；税金项目清单包括：营业税、城市维护建设税、教育费附加、地方教育附加。

【条文】 4.1.3 编制工程量清单出现附录中未包括的项目，编制人应作补充，并报省级或行业工程造价管理机构备案，省级或行业工程造价管理机构应汇总报住房和城乡建设部标准定额研究所。

补充项目的编码由本规范的代码01与B和三位阿拉伯数字组成，并应从01B001起顺序编制，同一招标工程的项目不得重码。

补充的工程量清单需附有补充项目的名称、项目特征、计量单位、工程量计算规则、工作内容。不能计量的措施项目，需附有补充项目的名称、工作内容及包含范围。

【要点说明】 本条从"08规范"移植。工程建设中新材料、新技术、新工艺等不断涌现，本规范附录所列的工程量清单项目不可能包含所有项目。在编制工程量清单时，当出现本规范附录中未包括的清单项目时，编制人应作补充。在编制补充项目时应注意以下三个方面。

1. 补充项目的编码应按本规范的规定确定。具体做法如下：补充项目的编码由本规范的代码01与B和三位阿拉伯数字组成，并应从01B001起顺序编制，同一招标工程的项目不得重码。

2. 在工程量清单中应附补充项目的项目名称、项目特征、计量单位、工程量计算规则和工作内容。

3. 将编制的补充项目报省级或行业工程造价管理机构备案。

补充项目举例（表3-2）：

附录M 墙、柱面装饰与隔断、幕墙工程

表3-2 M.11 隔墙（编码：011211）

项目编码	项目名称	项目特征	计量单位	工程量计算规则	工作内容
01B001	成品GRC隔墙	1. 隔墙材料品种、规格 2. 隔墙厚度 3. 嵌缝、塞口材料品种	m²	按设计图示尺寸以面积计算，扣除门窗洞口及单个≥0.3m²的孔洞所占面积	1. 骨架及边框安装 2. 隔板安装 3. 嵌缝、塞口

4.2 分部分项工程

【概述】 本节共10条，新增4条，从"08规范"移植6条，强制性条文6条。一是规定了组成分部分项工程工程量清单的五个要件，即项目编码、项目名称、项目特征、计量单位、工程量计算规则五大要件的编制要求。二是对本规范部分项目的计价和计量活动进行了规定。

【条文】 4.2.1 工程量清单应根据附录规定的项目编码、项目名称、项目特征、计量单位和工程量计算规则进行编制。

【要点说明】 本条为强制性条文，从"08规范"移植，规定了构成一个分部分项工程量清单的五个要件——项目编码、项目名称、项目特征、计量单位和工程量，这五个要件在分部分项工程量清单的组成中缺一不可。

【条文】 4.2.2 工程量清单的项目编码，应采用十二位阿拉伯数字表示，一至九位应按附录的规定设置，十至十二位应根据拟建工程的工程量清单项目名称和项目特征设置，同一招标工程的项目编码不得有重码。

【要点说明】 本条为强制性条文，从"08规范"移植，规定了工程量清单编码的表示方式：十二位阿拉伯数字及其设置规定。

各位数字的含义是：一、二位为专业工程代码（01—房屋建筑与装饰工程；02—仿古建筑工程；03—通用安装工程；04—市政工程；05—园林绿化工程；06—矿山工程；07—构筑物工程；08—城市轨道交通工程；09—爆破工程。以后进入国标的专业工程代码以此类推）；三、四位为附录分类顺序码；五、六位为分部工程顺序码；七、八、九位为分项工程项目名称顺序码；十至十二位为清单项目名称顺序码。

当同一标段（或合同段）的一份工程量清单中含有多个单位工程且工程量清单是以单位工程为编制对象时，在编制工程量清单时应特别注意项目编码十至十二位的设置不得有重码的规定。例如一个标段（或合同段）的工程量清单中含有三个单位工程，每一单位工程中都有项目特征相同的实心砖墙砌体，在工程量清单中又需反映三个不同单位工程的实心砖墙砌体工程量时，则第一个单位工程的实心砖墙的项目编码应为010401003001，第二个单位工程的实心砖墙的项目编码应为010401003002，第三个单位工程的实心砖墙的项目编码应为010401003003，并分别列出各单位工程实心砖墙的工程量。

【条文】 4.2.3 工程量清单的项目名称应按附录的项目名称结合拟建工程的实际确定。

【要点说明】 本条规定了分部分项工程量清单的项目名称的确定原则。本条为强制性条文，从"08规范"移植。本条规定了分部分项工程量清单项目的名称应按附录中的项目名称，结合拟建工程的实际确定。特别是归并或综合较大的项目应区分项目名称，分别编码列项。例如：门窗工程中特殊门应区分冷藏门、冷冻间门、保温门、变电室门、隔音门、防射线门、人防门、金库门等。

【条文】 4.2.4 工程量清单项目特征应按附录中规定的项目特征，结合拟建工程项目的实际予以描述。

【要点说明】 本条规定了分部分项工程量清单的项目特征的描述原则。本条为强制性条文，从"08规范"移植。

工程量清单的项目特征是确定一个清单项目综合单价不可缺少的重要依据，在编制工程量清单时，必须对项目特征进行准确和全面的描述。但有些项目特征用文字往往又难以准确和全面地描述清楚。因此，为达到规范、简洁、准确、全面描述项目特征的要求，在描述工程量清单项目特征时应按以下原则进行：

1. 项目特征描述的内容应按附录中的规定，结合拟建工程的实际，能满足确定综合单价的需要。

2. 若采用标准图集或施工图纸能够全部或部分满足项目特征描述的要求，项目特征描述可直接采用详见××图集或××图号的方式。对不能满足项目特征描述要求的部分，仍应用文字描述。

【条文】 4.2.5 工程量清单中所列工程量应按附录中规定的工程量计算规则计算。

【要点说明】 本条规定了分部分项工程量清单项目的工程量计算原则。

本条为强制性条文，从"08规范"移植。强调工程计量中工程量应按附录中规定的工程量计算规则计算。工程量的有效位数应遵守本规范第3.0.4条有关规定。

【条文】 4.2.6 工程量清单的计量单位应按附录中规定的计量单位确定。

【要点说明】 本条规定了分部分项工程量清单项目的计量单位的确定原则。

本条为强制性条文。从"08规范"移植，规定了分部分项工程量清单的计量单位应按本规范附录中规定的计量单位确定。当计量单位有两个或两个以上时，应根据所编工程量清单项目的特征要求，选择最适宜表现该项目特征并方便计量和组成综合单价的单位。例如：门窗工程的计量单位为"樘/m^2"两个计量单位，实际工作中，就应选择最适宜，最方便计量和组价的单位来表示。

【条文】 4.2.7 本规范现浇混凝土工程项目"工作内容"中包括模板工程的内容，同时又在措施项目中单列了现浇混凝土模板工程项目。对此，招标人应根据工程实际情况选用。若招标人在措施项目清单中未编列现浇混凝土模板项目清单，即表示现浇混凝土模板项目不单列，现浇混凝土工程项目的综合单价中应包括模板工程费用。

【要点说明】 本条规定了现浇混凝土模板的内容。

本条为新增条款。对现浇混凝土模板采用两种方式进行编制，既考虑了各专业的定额编制情况，又考虑了使用者方便计价。即：本规范对现浇混凝土工程项目，一方面"工作内容"中包括模板工程的内容，以立方米计量，与混凝土工程项目一起组成综合单价；另一方面又在措施项目中单列了现浇混凝土模板工程项目，以平方米计量，单独组成综合单价。上述规定包含三层意思：一是招标人应根据工程的实际情况在同一个标段（或合同段）中在两种方式中选择其一；二是招标人若采用单列现浇混凝土模板工程，必须按本规范所规定的计量单位、项目编码、项目特征描述列出清单，同时，现浇混凝土项目中不含模板的工程费用，三是若招标人若不单列现浇混凝土模板工程项目，不再编列现浇混凝土模板项目清单，即意味着现浇混凝土工程项目的综合单价中包括了模板的工程费用。例如：现浇混土柱，招标人选择含模板工程；在编制清单时，不再单列现浇混凝土柱的模板清单项目，在组成综合单价或投标人报价时，现浇混凝土工程项目的综合单价中应包括模板工程的费用。反之，若招标人不选择含模板工程，在编制清单时，应按本规范附录S措施项目中"S.2混凝土模板及支架（撑）"单列现浇混凝土柱的模板清单项目，并列出项目编码、项目特征和计量单位。

【条文】 4.2.8 本规范对预制混凝土构件按现场制作编制项目，"工作内容"中包括模板工程，不再另列。若采用成品预制混凝土构件时，构件成品价（包括模板、钢筋、混凝土等所有费用）应计入综合单价中。

【要点说明】 本条规定了预制混凝土构件的内容。

本条为新增条款。本规范预制构件以现场预制编制项目，与"08规范"项目相比工作内容中包括模板工程，模板的措施费用不再单列，若采用成品预制混凝土构件时，成品价（包括模板、钢筋、混凝土等所有费用）计入综合单价中，即：成品的出厂价格及运杂费等进入综合单价。综上所述，预制混凝土构件，本规范只列不同构件名称的一个项目编码、项目特征描述、计量单位、工程量计算规则及工作内容，其中已综合了模板制作和安装、混凝土制作、构件运输、安装等内容，编制清单项目时，不得将模板、混凝土、构件运输、安装分开列项，组成综合单价时应包含如上内容。若采用现场预制，预制构件钢筋按本规范附录E混凝土及钢筋混凝土工程中"E.15钢筋工程"相应项目编码列项；若采用成品预制混凝土构件时，组成综合单价中，包括模板、钢筋、混凝土等所有费用。

【条文】 4.2.9 金属结构构件按成品编制项目，构件成品价应计入综合单价中，若采用现场制作，包括制作的所有费用。

【要点说明】 本条规定了金属结构构件的内容。

本条为新增条款。本规范中金属结构件按照目前市场多以工厂成品化生产的实际，按成品编制项目，成品价应计入综合单价。若采用现场制作，包括制作的所有费用应进入综合单价，不得再单列金属构件制作的清单项目。

【条文】 4.2.10 门窗（橱窗除外）按成品编制项目，门窗成品价应计入综合单价中。若采用现场制作，包括制作的所有费用。

【要点说明】 本条规定了门窗的内容。

本条为新增条款。按照目前市场门窗均以工厂化成品生产的情况，本规范门窗（橱窗除外）按成品编制项目，成品价（成品原价、运杂费等）应计入综合单价。若采用现场制作，包括制作的所有费用，即制作的所有费用应计入综合单价，不得再单列门窗制作的清单项目。

4.3 措 施 项 目

【概述】 本节共2条，均为新增，其中一条为强制性条文；与"08规范"相比，内容变化较大，一是，将原"08规范"中"3.3.1通用措施项目一览表"项目移入本规范附录R措施项目中，二是所有的措施项目均以清单形式列出了项目，对能计量的措施项目，列出了项目特征、计量单位、计算规则，不能计量的措施项目，仅列出项目编码、项目名称和包含的范围。

【条文】 **4.3.1** 措施项目中列出了项目编码、项目名称、项目特征、计量单位、工程量计算规则的项目，编制工程量清单时，应按照本规范4.2分部分项工程的规定执行。

【要点说明】 本条对措施项目能计量的且以清单形式列出的项目（即单价措施项目）作出了规定。

本条为新增强制性条文，规定了能计量的措施项目（即单价措施项目），也同分部分项工程一样，编制工程量清单时必须列出项目编码、项目名称、项目特征、计量单位。同时明确了措施项目的项目编码、项目名称、项目特征、计量单位、工程量计算规则，按本规范4.2分部分项工程的有关规定执行。本规范4.2节中，第4.2.1条～第4.2.6条对相关内容作出了规定，且均为强制性条款。

例如：综合脚手架（表3-3）

表3-3 分部分项工程和单价措施项目清单与计价表

工程名称：某工程

序号	项目编码	项目名称	项目特征描述	计量单位	工程量	金额（元）	
						综合单价	合价
1	011701001001	综合脚手架	1. 建筑结构形式：框剪 2. 檐口高度：60m	m²	18000		

【条文】 **4.3.2** 措施项目中仅列出项目编码、项目名称，未列出项目特征、计量单位和工程量计算规则的项目，编制工程量清单时，应按本规范附录S措施项目规定的项目编码、项目名称确定。

【要点说明】 本条对措施项目不能计量的且以清单形式列出的项目（即总价措施项目）作出了规定。

本条为新增条款，针对本规范对不能计量的仅列出项目编码、项目名称，但未列出项目特征、计量单位和工程量计算规则的措施项目（即总价措施项目），编制工程量清单时，必须按本规范规定的项目编码、项目名称确定清单项目，不必描述项目特征和确定计量单位。

例如：安全文明施工、夜间施工（表3-4）

表3-4 总价措施项目清单与计价表

工程名称：某工程

序号	项目编码	项目名称	计算基础	费率（%）	金额（元）	调整费率（%）	调整后金额	备注
1	011707001001	安全文明施工	定额基价					
2	011707002001	夜间施工	定额人工费					

五、附录部分主要变化

附录A 土石方工程

1. 项目划分

本章共计3节13个项目，在"08规范"基础，新增4个项目，减少1个项目。具体变化情况如下：

1) 土方工程：挖基础土方拆分为：挖沟槽土方、挖基坑土方。

2) 石方工程：石方开挖拆分为：挖一般石方、挖沟槽石方、挖基坑石方。

3) 回填：增加余方弃置。

2. 项目特征

1) 取消对整个项目价值影响不大或难于描述的项目特征：

①土方工程：挖土方取消挖土平均厚度描述。

②石方工程：取消爆破工程项目特征描述。

2) 土石方回填，项目特征描述修改为：①密实度要求；②填方材料品种；③填方粒径要求；④填方来源、运距。

3. 计量单位与工程量计算规则

1) 土方工程：平整场地的计算规则中将原来的"首层面积"改为"首层建筑面积"；管沟土方增加以立方米计量的单位及计算规则。

2) 石方工程：增加挖沟槽石方、挖基坑石方单位及工程量计算规则；管沟石方增加以立方米计量的单位及计算规则。

4. 工作内容

石方工程：取消爆破工程的工作内容。

5. 其他

1) 土方工程：①增加规定沟槽、基坑、一般土方的划分为：底宽≤7m，底长>3倍底宽为沟槽；底长>3倍底宽，底面积≤150m² 为基坑；超出上述范围则为一般土方。②取消土壤及岩石（普氏）分类表，增加按照国家标准《岩土工程勘察规范》GB 50021—2001 规定土分类列表。③取消土石方体积折算系数表，增加土方体积折算系数表、放坡系统表、基础施工所需工作面宽度计算表。④取消带型基础应按不同底宽和深度，独立基础和满堂基础应按不同底面积和深度分别编码列项。⑤增加挖沟槽、基坑、一般土方因工作面和放坡增加的工程量，应并入各土方工程量中。办理工程结算时，按经发包人认可的施工组织设计规定计算，编制工程量清单时，可按表 A. 1. 1 - 3. A. 1. 1 - 4. A. 1. 1 - 5 规定计算。⑥淤泥名词解释等七条注释。

2) 石方工程：①取消"土壤及岩石（普氏）分类表"，按照国家标准《工程岩体分级标准》GB 50218和《岩土工程勘察规范》GB 50021—2001 的岩石类别分类列表。②取消"土石方体积折算系数表"，增加"石方体积折算系数表"。

3) 土石方回填：项目特征描述修改为：①密实度要求；②填方材料品种；③填方粒径要求；④填方来源、运距。

6. 使用本附录应注意的问题

1) 土壤及岩石分类，重新进行了定义和整理，在使用新规范时，对土壤和岩石的类别划分按新标准执行。

2) 在编制工程量清单时，以新的一般土方、沟槽、基坑的划分标准确定清单项目。

3) 安装工程的管沟土石方项目，按本规范附录 A 土石方工程相应编码列项。石方爆破按爆破工程计量规范相关项目编码列项。

4) 挖沟槽、基坑、一般土方的工作面和放坡增加的工程量如何计量，本规范有了新的规定。

7. 典型分部分项工程工程量清单编制实例

【实例】

一、背景资料

（一）设计说明

1. 某工程 ±0.00 以下基础工程施工图详见图 3 - 1 ~ 图 3 - 4，室内外标高差为450mm。

2. 基础垫层为非原槽浇注，垫层支模，混凝土强度等级为 C10，地圈梁混凝土强度等级为 C20。

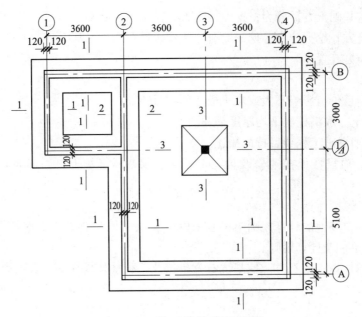

图 3-1　某工程基础平面图

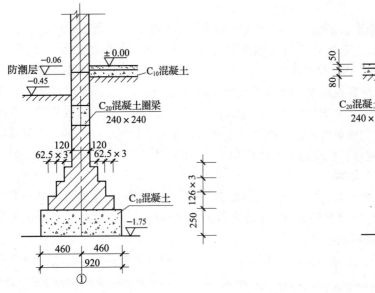

图 3-2　1—1 剖面

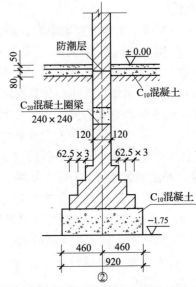

图 3-3　2—2 剖面

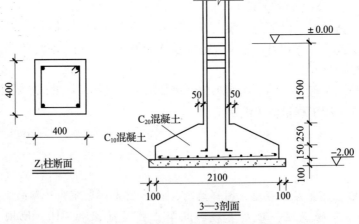

图 3-4　柱断面、基础剖面示意图

表 3 - 5　清单工程量计算表

工程名称：某工程

序号	清单项目编码	清单项目名称	计 算 式	工程量合计	计量单位
1	010101001001	平整场地	$S = 11.04 \times 3.24 + 5.1 \times 7.44 = 73.71$	73.71	m²
2	010101003001	挖沟槽土方	$L_{外} = (10.8 + 8.1) \times 2 = 37.8$ $L_{内} = 3 - 0.92 - 0.3 \times 2 = 1.48$ $S_{1-1(2-2)} = (0.92 + 2 \times 0.3) \times 1.3 = 1.98$ $V = (37.8 + 1.48) \times 1.98 = 77.77$	77.77	m³
3	010101004001	挖基坑土方	$S_{下} = (2.3 + 0.3 \times 2)^2 = 2.9^2$ $S_{上} = (2.3 + 0.3 \times 2 + 2 \times 0.33 \times 1.55)^2$ $\qquad = 3.92^2$ $V = \frac{1}{3} \times h \times (S_{上} + S_{下} + \sqrt{S_{上} S_{下}})$ $\quad = \frac{1}{3} \times 1.55 \times (2.9^2 + 3.92^2 + 2.9 \times 3.92)$ $\quad = 18.16$	18.16	m³
4	010103002001	土方回填	①垫层：$V = (37.8 + 2.08) \times 0.92 \times 0.250 + 2.3 \times 2.3 \times 0.1 = 9.70$ ②埋在土下砖基础（含圈梁）：$V = (37.8 + 2.76) \times (1.05 \times 0.24 + 0.0625 \times 3 \times 0.126 \times 4) = 40.56 \times 0.3465 = 14.05$ ③埋在土下的混凝土基础及柱：$V = \frac{1}{3} \times 0.25 \times (0.5^2 + 2.1^2 + 0.5 \times 2.1) + 1.05 \times 0.4 \times 0.4 + 2.1 \times 2.1 \times 0.15 = 1.31$ 基坑回填：$V = 77.77 + 18.16 - 9.7 - 14.05 - 1.31$ $\qquad\qquad = 70.87$ 室内回填：$V = (3.36 \times 2.76 + 7.86 \times 6.96 - 0.4 \times 0.4) \times (0.45 - 0.13) = 20.42$	91.29	m³
5	010103001001	余方弃置	$V = 95.93 - 91.29 = 4.64$	4.64	m³

注：1. 某省规定：挖沟槽、基坑因工作面和放坡增加的工程量，并入各土方工程量中。

　　2. 按表 A.1 - 3 三类土放坡起点应为 1.5m，因挖沟槽土方不应计算放坡。

表 3 - 6　分部分项工程和单价措施项目清单与计价表

工程名称：某工程

序号	项目编码	项目名称	项目特征描述	计量单位	工程量	金额（元）	
						综合单价	合价
1	010101001001	平整场地	1. 土壤类别：三类土 2. 弃土运距：5m 3. 取土运距：5m	m²	73.71		

序号	项目编码	项目名称	项目特征描述	计量单位	工程量	金额（元）	
						综合单价	合价
2	010101003001	挖沟槽土方	1. 土壤类别：三类土 2. 挖土深度：1.30m 3. 弃土运距：40m	m³	77.77		
3	010101004001	挖基坑土方	1. 土壤类别：三类土 2. 挖土深度：1.55m 3. 弃土运距：40m	m³	18.16		
4	010103002001	余方弃置	弃土运距：5km	m³	4.64		
5	010103001001	土方回填	1. 土质要求：满足规范及设计 2. 密实度要求：满足规范及设计 3. 粒径要求：满足规范及设计 4. 夯填（碾压）：夯填 5. 运输距离：40m	m³	91.29		

3. 砖基础，使用普通页岩标准砖，M5 水泥砂浆砌筑。

4. 独立柱基及柱为 C20 混凝土。

5. 本工程建设方已完成三通一平。

6. 混凝土及砂浆材料为：中砂、砾石、细砂均现场搅拌。

（二）施工方案

1. 本基础工程土方为人工开挖，非桩基工程，不考虑开挖时排地表水及基底钎探，不考虑支挡土板施工，工作面为 300mm，放坡系数为 1:0.33。

2. 开挖基础土，其中一部分土壤考虑按挖方量的 60% 进行现场运输、堆放，采用人力车运输，距离为 40m，另一部分土壤在基坑边 5m 内堆放。平整场地弃、取土运距为 5m。弃土外运 5km，回填为夯填。

3. 土壤类别三类土，均属天然密实土，现场内土壤堆放时间为三个月。

（三）计算说明

编制清单时，工作面和放坡增加的工程量，并入各土方工程量中。

二、问题

根据以上背景资料及现行国家标准《建设工程工程量清单计价规范》GB 50500、《房屋建筑与装饰工程工程量计算规范》GB 50854 试列出该 ±0.00 以下基础工程的平整场地、挖地槽、地坑、弃土外运、土方回填等项目的分部分项工程量清单。

附表 B　地基处理与边坡支护工程

1. 项目划分

本章共计 28 个项目，分为地基处理、基坑与边坡支护两节，在"08 规范"基础上新增 19 个项目。具体变化情况如下：

1）地基处理部分：增加换填垫层、铺设土工合成材料、预压地基、水泥粉煤灰碎石桩、深层搅拌桩、夯实水泥土桩、石灰桩、注浆地基、柱锤冲扩桩、褥垫层项目，将振冲灌注碎石划分为振冲密实（不填料）和振冲桩（填料），并将项目名称与技术规范相统一。

2）基坑与边坡支护部分：将原锚杆支护、土钉支护划分为锚杆（锚索）、土钉，以及喷射混凝土、水泥砂浆。增加咬合灌注桩、圆木桩、预制钢筋混凝土板桩、型钢桩、钢板桩、钢筋混凝土支撑、钢支撑项目。

2. 项目特征

1）将原"土壤级别"改为"地层情况"。

2）增加对空桩长度的描述。

3）取消对根数的描述。

3. 计量单位与工程量计算规则

1）锚杆（锚索）、土钉项目以"m/根"为计量单位。

2）将振冲密实（不填料）项目的计量单位改为"m^2"，将振冲密实（填料）项目的计量单位改为"m/m^3"。

4. 工作内容

增加打桩、锚杆（锚索）、土钉和喷射项目的工作平台搭拆。

5. 使用本附录应注意的问题

1）对地层情况的描述按表 A.1-1 和表 A.2-1 的土石划分，并根据岩土工程勘察报告进行描述，为避免描述内容与实际地质情况有差异而造成重新组价，可采用以下方法处理：

第一种方法是描述各类土石的比例及范围值；

第二种方法是分不同土石类别分别列项；

第三种方法是直接描述"详勘察报告"。

2）为避免"空桩长度、桩长"的描述引起重新组价，可采用以下方法处理：

第一种方法是描述"空桩长度、桩长"的范围值，或描述空桩长度、桩长所占比例及范围值；

第二种方法是空桩部分单独列项。

3）对于"预压地基"、"强夯地基"和"振冲密实（不填料）"项目的工程量按设计图示处理范围以面积计算，即根据每个点位所代表的范围乘以点数计算，如图 3-5。

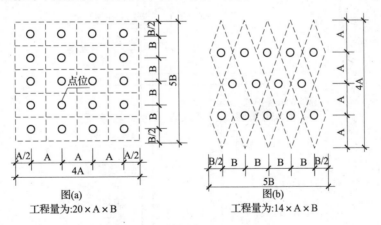

图3-5 工程量计算示意图

6. 典型分部分项工程工程量清单编制实例

【实例】 1

一、背景资料

某幢别墅工程基底为可塑粘土，不能满足设计承载力要求，采用水泥粉煤灰碎石桩进行地基处理，桩径为400mm，桩体强度等级为C20，桩数为52根，设计桩长为10m，桩端进入硬塑黏土层不少于1.5m，桩顶在地面以下1.5m～2m，水泥粉煤灰碎石桩采用振动沉管灌注桩施工，桩顶采用200mm厚人工级配砂石（砂:碎石=3:7，最大粒径30mm）作为褥垫层，如图3-6、图3-7所示。

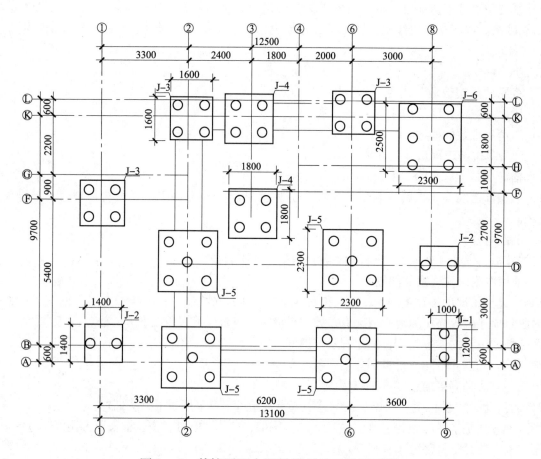

图3-6　某幢别墅水泥粉煤灰碎石桩平面图

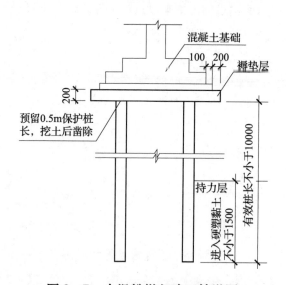

图3-7　水泥粉煤灰碎石桩详图

二、问题

根据以上背景资料及现行国家标准《建设工程工程量清单计价规范》GB 50500、《房屋建筑与装饰工程计量规范》GB 50854，试列出该工程地基处理分部分项工程量清单。

表 3 - 7 清单工程量计算表

工程名称：某工程

序号	清单项目编码	清单项目名称	计　算　式	工程量合计	计量单位
1	010201008001	水泥粉煤灰碎石桩	$L = 52 \times 10 = 520m$	520	m
2	010201017001	褥垫层	(1) J－1 $1.8 \times 1.6 \times 1 = 2.88$ m² (2) J－2 $2.0 \times 2.0 \times 2 = 8.00$ m² (3) J－3 $2.2 \times 2.2 \times 3 = 14.52$ m² (4) J－4 $2.4 \times 2.4 \times 2 = 11.52$ m² (5) J－5 $2.9 \times 2.9 \times 4 = 33.64$ m² (6) J－6 $2.9 \times 3.1 \times 1 = 8.99$ m² $S = 2.88 + 8.00 + 14.52 + 11.52 + 33.64 + 8.99$ $= 79.55$ m²	79.55	m²
3	010301004001	截（凿）桩头	$n = 52$ 根	52	根

表 3 - 8 分部分项工程和单价措施项目清单与计价表

工程名称：某工程

序号	项目编码	项目名称	项目特征描述	计量单位	工程量	金额（元）综合单价	金额（元）合价
1	010201008001	水泥粉煤灰碎石桩	1. 地层情况：三类土 2. 空桩长度、桩长：1.5m～2m、10m 3. 桩径：400mm 4. 成孔方法：振动沉管 5. 混合料强度等级：C20	m	520		
2	010201017001	褥垫层	1. 厚度：200mm 2. 材料品种及比例：人工级配砂石（最大粒径30mm），砂：碎石 = 3:7	m²	79.55		
3	010301004001	截（凿）桩头	1. 桩类型：水泥粉煤灰碎石桩 2. 桩头截面、高度：400mm、0.5m 3. 混凝土强度等级：C20 4. 有无钢筋：无	根	52		

注：根据规范规定，可塑黏土和硬塑黏土为三类土。

【实例】 2

一、背景资料

某边坡工程采用土钉支护,根据岩土工程勘察报告,地层为带块石的碎石土,土钉成孔直径为90mm,采用1根HRB335,直径25的钢筋作为杆体,成孔深度均为10.0m,土钉入射倾角为15度,杆筋送入钻孔后,灌注M30水泥砂浆。混凝土面板采用C20喷射混凝土,厚度为120mm,如图3-8、图3-9所示。

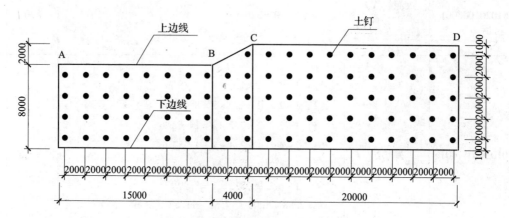

图3-8 AD段边坡立面图

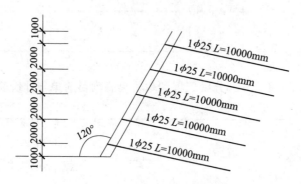

图3-9 AD段边坡剖面图

二、问题

根据以上背景资料及现行国家标准《建设工程工程量清单计价规范》GB 50500、《房屋建筑与装饰工程计量规范》GB 50854,试列出该边坡分部分项工程量清单(不考虑挂网及锚杆、喷射平台等内容)。

表3-9 清单工程量计算表

工程名称:某工程

序号	清单项目编码	清单项目名称	计 算 式	工程量合计	计量单位
1	010202008001	土钉	$n = 91$ 根	91	根
2	010202009001	喷射混凝土	(1) AB 段 $S_1 = 8 \div \sin \dfrac{\pi}{3} \times 15 = 138.56 \text{m}^2$ (2) BC 段 $S_2 = (10 + 8) \div 2 \div \sin \dfrac{\pi}{3} \times 4 = 41.57 \text{m}^2$ (3) CD 段 $S_3 = 10 \div \sin \dfrac{\pi}{3} \times 20 = 230.94 \text{m}^2$ $S = 138.56 + 41.57 + 230.94 = 411.07 \text{m}^2$	411.07	m²

表 3 - 10　分部分项工程和单价措施项目清单与计价表

工程名称：某工程

序号	项目编码	项目名称	项目特征描述	计量单位	工程量	金额（元）	
						综合单价	合价
1	010202008001	土钉	1. 地层情况：四类土 2. 钻孔深度：10m 3. 钻孔直径：90mm 4. 置入方法：钻孔置入 5. 杆体材料品种、规格、数量：1 根 HRB335，直径 25 的钢筋 6. 浆液种类、强度等级：M30 水泥砂浆	根	91		
2	010202009001	喷射混凝土	1. 部位：AD 段边坡 2. 厚度：120mm 3. 材料种类：喷射混凝土 4. 混凝土（砂浆）种类、强度等级：C20	m²	411.07		

注：根据规范规定，碎石土为四类土。

附录 C　桩 基 工 程

1. 项目划分

本章共计 11 个项目，分为打桩和灌注桩两节，在"08 规范"基础上新增 8 个项目，具体变化情况如下：

1）打桩部分：增加预制钢筋混凝土管桩、钢管桩、截（凿）桩头项目，并将"接桩"工作内容合并于上述项目中。

2）灌注桩部分：将原混凝土灌注桩分为泥浆护壁成孔灌注桩、沉管灌注桩、干作业成孔灌注桩、挖孔桩土（石）方、人工挖孔灌注桩。增加钻孔压浆桩、灌注桩后压浆项目。

2. 项目特征

1）将原"土壤级别"改为"地层情况"。

2）增加对空桩长度的描述。

3）取消对根数的描述。

3. 计量单位与工程量计算规则

对预制钢筋混凝土方桩、预制钢筋混凝土管桩、泥浆护壁成孔灌注桩、沉管灌注桩、干作业成孔灌注桩、人工挖孔灌注桩增加"m³"作为计量单位。

4. 工作内容

增加打桩项目的工作平台搭拆。

5. 使用本附录应注意的问题

1）对地层情况的描述按表 A.1-1 和表 A.2-1 的土石划分，并根据岩土工程勘察报告进行描述，为避免描述内容与实际地质情况有差异而造成重新组价，可采用以下方法处理：第一种方法是描述各类土石的比例及范围值；第二种方法是分不同土石类别分别列项；第三种方法是直接描述"详勘察报告"。

2）为避免"空桩长度、桩长"的描述引起重新组价，可采用以下方法处理：第一种方法是描述"空桩长度、桩长"的范围值，或描述空桩长度、桩长所占比例及范围值；第二种方法是空桩部分单独列项。

6．典型分部分项工程工程量清单编制实例

【实例】 1

一、背景资料

某工程采用人工挖孔桩基础，设计情况如图3-10，桩数10根，桩端进入中风化泥岩不少于1.5m，护壁混凝土采用现场搅拌，强度等级为C25，桩芯采用商品混凝土，强度等级为C25，土方采用场内转运。

地层情况自上而下为：卵石层（四类土）厚5m~7m，强风化泥岩（极软岩）厚3m~5m，以下为中风化泥岩（软岩）。

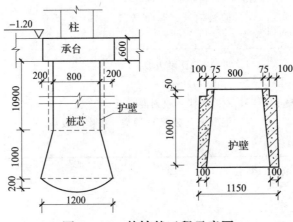

图3-10 某桩基工程示意图

二、问题

根据以上背景资料及现行国家标准《建设工程工程量清单计价规范》GB 50500、《房屋建筑与装饰工程计量规范》GB 50854，试列出该桩基础分部分项工程量清单。

表3-11 清单工程量计算表

工程名称：某工程

序号	清单项目编码	清单项目名称	计 算 式	工程量合计	计量单位
1	010302004001	挖孔桩土（石）方	（1）直芯 $V_1 = \pi \times \left(\dfrac{1.150}{2}\right)^2 \times 10.9 = 11.32$ （2）扩大头 $V_2 = \dfrac{1}{3} \times 1 \times (\pi \times 0.4^2 + \pi \times 0.6^2 + \pi \times 0.4 \times 0.6)$ $= \dfrac{1}{3} \times 1 \times 3.14 \times (0.4^2 + 0.6^2 + 0.4 \times 0.6) = 0.80$ （3）扩大头球冠 $V_3 = \pi \times 0.2^2 \times \left(R - \dfrac{0.2}{3}\right)$ $R = \dfrac{0.6^2 + 0.2^2}{2 \times 0.2} = 1$ $V_3 = 3.14 \times 0.2 \times \left(1 - \dfrac{0.2}{3}\right) = 0.12$ $V = V_1 + V_2 V_3 = (11.32 + 0.8 + 0.12) \times 10$ $= 122.40 \text{m}^3$	122.40	m³

续表

序号	清单项目编码	清单项目名称	计 算 式	工程量合计	计量单位
2	010302005001	人工挖孔灌注桩	(1) 护桩壁 C20 混凝土 $V = \pi \times \left[\left(\frac{1.15}{2} \right)^2 - \left(\frac{0.875}{2} \right)^2 \right] \times 10.9$ $= \pi \times (0.575^2 - 0.4375^2) \times 10.9 \times 10$ $= 47.65 \text{m}^3$ (2) 桩芯混凝土 $V = 122.4 - 47.65 = 74.75 \text{m}^3$	74.75	m³

表 3-12 分部分项工程和单价措施项目清单与计价表

工程名称：某工程

序号	项目编码	项目名称	项目特征描述	计量单位	工程量	金额（元）	
						综合单价	合价
1	010302004001	挖孔桩土（石）方	1. 土石类别：四类土厚 5m～7m，极软岩厚 3m～5m，软岩厚 1.5m 2. 挖孔深度：12.1m 3. 弃土（石）运距：场内转运	m³	122.40		
2	010302005001	人工挖孔灌注桩	1. 桩芯长度：12.1m 2. 桩芯直径：800mm，扩底直径：1200mm，扩底高度：1000mm 3. 护壁厚度：175mm/100mm，护壁高度：10.9m 4. 护壁混凝土种类、强度等级：现场搅拌 C25 5. 桩芯混凝土种类、强度等级：商品混凝土 C25	m³	74.75		

【实例】 2

一、背景资料

某工程采用排桩进行基坑支护，排桩采用旋挖钻孔灌注桩进行施工。场地地面标高为 495.50～496.10，旋挖桩桩径为 1000mm，桩长为 20m，采用水下商品混凝土 C30，桩顶标高为 493.50，桩数为 206 根，超灌高度不少于 1m。根据地质情况，采用 5mm 厚钢护筒，护筒长度不少于 3m。

根据地质资料和设计情况，一、二类土约占 25%，三类土约占 20%，四类土约占 55%。

二、问题

根据以上背景资料及现行国家标准《建设工程工程量清单计价规范》GB 50500、《房屋建筑与装饰工程计量规范》GB 50854，试列出该排桩分部分项工程量清单。

表 3 - 13　清单工程量计算表

工程名称：某工程

序号	清单项目编码	清单项目名称	计 算 式	工程量合计	计量单位
1	010302001001	泥浆护壁成孔灌注桩（旋挖桩）	$n = 206$ 根	206	根
2	010301004001	截（凿）桩头	$\pi \times 0.5^2 \times 1 \times 206 = 161.79 m^3$	161.79	m^3

表 3 - 14　分部分项工程和单价措施项目清单与计价表

工程名称：某工程

序号	项目编码	项目名称	项目特征描述	计量单位	工程量	金额（元）	
						综合单价	合价
1	010302001001	泥浆护壁成孔灌注桩（旋挖桩）	1. 地层情况：一、二类土约占 25%，三类土约占 20%，四类土约占 55%。 2. 空桩长度：2m～2.6m，桩长：20m 3. 桩径：1000mm 4. 成孔方法：旋挖钻孔 5. 护筒类型、长度：5mm 厚钢护筒、不少于 3m 6. 混凝土种类、强度等级：水下商品混凝土 C30	根	206		
2	010301004001	截（凿）桩头	1. 桩类型：旋挖桩 2. 桩头截面、高度：1000mm、不少于 1m 3. 混凝土强度等级：C30 4. 有无钢筋：有	m^3	161.79		

附录 D　砌　筑　工　程

1. 项目划分

本章共计 5 节 27 个项目，在"08 规范"基础上增加 4 项，减少 2 项。具体变化如下：

1）砖砌体：砖基础、空心砖墙、砖检查井、砖水池、化粪池、零星砌砖、砖散水、砖地坪、砖地沟、砖明沟移至此节；增加多孔砖墙、多孔砖柱、挖孔桩砖护壁。

2）砌块砌体：取消空心砖柱；空心砖墙移至砖砌体。

3）石砌体：与原规范保持一致。

4）垫层（除混凝土垫层外）：此节为新增。

2. 项目特征

1）对整个项目价值影响不大或难于描述或重复的项目特征均取消。

①砖砌体：砖基础取消基础深度描述；砖墙体取消墙体厚度、墙体高度的描述；砖柱取消柱截面、柱高的描述；砖散水、砖地坪、砖地沟、砖明沟增加砖品种、规格、强度等级的描述。

②砌块砌体：取消砌块墙体厚度、勾缝要求的描述。

③石砌体：石基础取消基础深度描述；石墙、石挡土墙取消厚度描述；石柱、石栏杆取消截面描述。

2）垫层：增加垫层的项目特征描述。

3. 计量单位与工程量计算规则

1）砖砌体：增加挖孔桩砖护壁计算规则；零星砌砖增加平方米、米、个不同计量单位的计算规则；砖地沟、明沟增加以立方米为计量单位的计算规则。

2）砌块砌体：与原规范保持一致。

3）石砌体：与原规范保持一致。

4）垫层：增加垫层的计算规则。

4. 工作内容

1）砖砌体：与原规范保持一致。

2）砌块砌体：与原规范保持一致。

3）石砌体：此节除石地沟、明沟外统一增加吊装工序，石挡土墙增加变形缝、泄水孔抹灰、滤水层等工序。

4）垫层：增加垫层的工作内容。

5. 其他

1）砖砌体：增加适用范围、相关编码列项等十四条注释。

2）砌块砌体：增加4条注释。

3）石砌体：增加适用范围、相关编码列项等12条注释。

6. 使用本附录应注意的问题

1）本附录列有垫层项目，主要指除混凝土垫层按附录E中相关项目编码列项外，没有包括垫层要求的清单项目应按本附录垫层项目编码列项，例如：灰土垫层、楼地面等（非混凝土）垫层按本附录编码列项。

2）砖砌构筑物（检查井除外）按构筑物工程计量规范相应项目编码列项。

3）本附录列有石作工程项目，在使用上要与仿古建筑工程相区别，若是仿古石作项目，应按仿古建筑工程相应项目编码列项。

7. 典型分部分项工程工程量清单编制实例

【实例】

一、背景资料

1. 某工程 ±0.00 以下条形基础平面、剖面大样图详见图 3-11，室内外高差为 150mm。

2. 基础垫层为原槽浇注，清条石 1000mm×300mm×300mm，基础使用水泥砂浆 M7.5 砌筑，页岩标砖，砖强度等级 MU7.5，基础为 M5 水泥砂浆砌筑。

3. 本工程室外标高为 -0.15。

4. 垫层为 3:7 灰土，现场拌和。

二、问题

根据以上背景资料及现行国家标准《建设工程工程量清单计价规范》GB 50500、《房屋建筑与装饰工程工程量计算规范》GB 50854，试列出该工程基础垫层、石基础、砖基础的分部分项工程量清单。

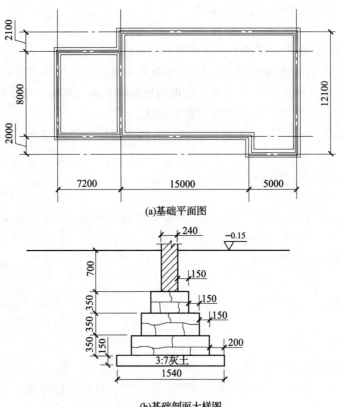

(a)基础平面图

(b)基础剖面大样图

图 3－11 某基础工程示意图

表 3－15 清单工程量计算表

工程名称：某工程

序号	清单项目编码	清单项目名称	计　算　式	工程量合计	计量单位
1	010404001001	垫层	$L_{外} = (27.2 + 12.1) \times 2 = 78.6$ $L_{内} = 8 - 1.54 = 6.46$ $V = (78.6 + 6.46) \times 1.54 \times 0.15 = 19.65$	19.65	m³
2	010403001001	石基础	$L_{外} = 78.6$ $L_{内1} = 8 - 1.14 = 6.86$ $L_{内2} = 8 - 0.84 = 7.16$ $L_{内3} = 8 - 0.54 = 7.46$ $V = (78.6 + 6.86) \times 1.14 \times 0.35 + (78.6 + 7.16) \times 0.84 \times 0.35 + (78.6 + 7.46) \times 0.54 \times 0.35 = 34.10 + 25.21 + 16.27 = 75.58$	75.58	m³
3	010401001001	砖基础	$L_{外} = 78.6$ $L_{内} = 8 - 0.24 = 7.76$ $V = (78.6 + 7.76) \times 0.24 \times 0.85 = 17.62$	17.62	m³

注：根据规范规定，石基础按设计图示尺寸以体积计算。

表 3−16　分部分项工程和单价措施项目清单与计价表

工程名称：某工程

序号	项目编码	项目名称	项目特征描述	计量单位	工程量	金额（元）	
						综合单价	合价
1	010404001001	垫层	垫层材料种类、配合比、厚度：3:7 灰土，150mm 厚	m³	19.65		
2	010403001001	石基础	1. 石料种类、规格：清条石、1000mm×300mm×300mm 2. 基础类型：条形基础 3. 砂浆强度等级：M7.5 水泥砂浆	m³	75.58		
3	010401001001	砖基础	1. 砖品种、规格、强度等级：页岩砖、240mm×115mm×53mm、MU7.5 2. 基础类型：条形 3. 砂浆强度等级：M5 水泥砂浆	m³	17.62		

注：依据规范规定，灰土垫层应按本附录"垫层"项目编码列项。

附录 E　混凝土及钢筋混凝土工程

1. 项目划分

本章共计 17 节 76 个项目，在"08 规范"基础上，增加 10 项，取消构筑物 4 项。具体变化如下：

1）现浇混凝土柱：增加"构造柱"1 项。

2）现浇混凝土墙：增加"短肢剪力墙"、"挡土墙"2 项。

3）现浇混凝土其他构件：增加"台阶"、"扶手"、"化粪池底"、"化粪池壁"、"化粪池顶"、"检查井底"、"检查井壁"、"检查井顶"8 项。

4）钢筋工程：增加"支撑钢筋（铁马）"、"声测管"2 项。

5）螺栓、铁件：增加"机械连接"1 项。

2. 项目特征

1）取消对整个项目价值影响不大或难于描述的内容，如混凝土拌和料、柱截面尺寸、柱高、梁截面尺寸、梁底标高、墙类型、墙厚等的描述。

2）在注中说明："如为毛石混凝土基础，项目特征应描述毛石所占比例"。

3. 计量单位与工程量计算规则

1）其他预制构件：增加以"m²"、"根"为计量单位。

2）计算规则变化：

钢筋计算规则在备注中说明如下：现浇构件中伸出构件的锚固钢筋等，应并入钢筋工程量内。除设计（包括规范）标明的搭接外，其他施工搭接不计算工程量，在综合单价中综合考虑。

4. 工作内容

1）现浇混凝土及钢筋混凝土实体工程项目"工作内容"中增加模板及支架的内容，并在正文中说明：招标人在措施项目清单中未编列现浇混凝土模板项目清单，即模板及支架工程不再单列，按混凝土及钢筋混凝土实体项目执行,综合单价中应包含模板及支架。

2)预制混凝土及钢筋混凝土构件按现场制作编制项目,工作内容中增补了模板工程。

5. 使用本附录应注意的问题

1)基础现浇混凝土垫层项目,按本附录垫层项目编码列项。

2)混凝土种类指清水混凝土、彩色混凝土等,若使用预拌(商品)混凝土或现场搅拌混凝土,在项目特征描述时,应注明。

3)预制混凝土及钢筋混凝土构件,本规范按现场制作编制项目,工作内容中包括模板制作、安装、拆除,不再单列,钢筋按预制构件钢筋项目编码列项。若是成品构件,钢筋和模板工程均不再单列,综合单价中包括钢筋和模板的费用。

4)现浇构件中固定位置的支撑钢筋,双层钢筋用的"铁马"以及螺栓、预埋铁件、机械连接的工程数量,在编制工程清单时,如果设计未明确,其工程数量可为暂估量,实际工程量按现场签证数量计算。

5)混凝土及钢筋混凝土构筑物项目,按构筑物工程相应项目编码列项。

6. 典型分部分项工程工程量清单编制实例

【实例】

一、背景资料

某工程钢筋混凝土框架(KJ$_1$)2根,尺寸如图3-12所示,混凝土强度等级柱为C40,梁为C30,混凝土采用泵送商品混凝土,由施工企业自行采购,根据招标文件要求,现浇混凝土构件实体项目包含模板工程。

二、问题

根据以上背景资料及现行国家标准《建设工程工程量清单计价规范》GB 50500、《房屋建筑与装饰工程工程量计算规范》GB 50854,试列出该钢筋混凝土框架(KJ$_1$)柱、梁的分部分项工程量清单。

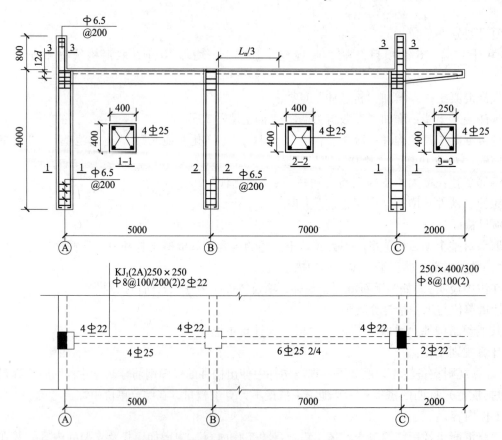

图3-12 某工程钢筋混凝土框架示意图

表 3 – 17　清单工程量计算表

工程名称：某工程

序号	清单项目编码	清单项目名称	计 算 式	工程量合计	计量单位
1	010502001001	矩形柱	$V = (0.4 \times 0.4 \times 4 \times 3 + 0.4 \times 0.25 \times 0.8 \times 2) \times 2$ $= 4.16$	4.16	m³
2	010503002001	矩形梁	$V_1 = (4.6 \times 0.25 \times 0.5 + 6.6 \times 0.25 \times 0.50) \times 2 = 2.8$ $V_2 = \frac{1}{3} \times 1.8 \times (0.4 \times 0.25 + 0.25 \times 0.3 + \sqrt{0.4 \times 0.25 \times 0.25 \times 0.3}) \times 2 = \frac{1}{3} \times 1.8 \times (0.1 + 0.075 + 0.087) \times 2 = 0.31$ $V = 2.8 + 0.31 = 3.11$	3.11	m³

注：根据规范的规定，①梁与柱连接时，梁长算至柱侧面；②不扣除构件内钢筋所占体积。

表 3 – 18　分部分项工程和单价措施项目清单与计价表

工程名称：某工程

序号	项目编码	项目名称	项目特征描述	计量单位	工程量	金额（元）	
						综合单价	合价
1	010502001001	矩形柱	1. 混凝土种类：商品混凝土 2. 混凝土强度等级：C40	m³	4.16		
2	010503002001	矩形梁	1. 混凝土种类：商品混凝土 2. 混凝土强度等级：C30	m³	3.11		

注：根据规范要求，现浇混凝土模板项目不单列，现浇混凝土工程项目的综合单价中应包括模板工程费用。

附录 F　金属结构工程

1. 项目划分

本章共计 8 节 31 个项目，在"08 规范"基础上，增加 7 个项目，具体变化如下：

1）新增钢桥架、空调百页护栏、成品栅栏、成品雨篷、钢丝网加固、钢板天沟、后浇带金属网等项目。

2）为了与装饰栏杆相区别将"钢栏杆"更名为"钢护栏"。

2. 项目特征

1）将"重量"统一更名为"质量"。

2）增补"螺栓种类和防火要求"，取消"油漆品种、刷漆遍数"，单独执行油漆章节。

3. 计量单位与工程量计算规则

1）取消"不扣除切边、切肢"及"不规则或多边形钢板以其外接矩形面积乘以厚度乘以单位理论质量计算"；钢网架项目中，取消"不扣除螺栓的质量"，即螺栓的质量要计算。

2）在钢楼板项目中，将"不扣除柱、垛及单个 0.3m² 以内的孔洞所占面积"改为"不扣除单个面积 ≤0.3m² 柱、垛及孔洞所占面积"。

3）金属网栏项目中，计算规则改为"按设计图示尺寸以框外围展开面积计算"。

4．工作内容

1）取消刷油漆，单独执行油漆章节。

2）部分钢构件项目按工厂成品化生产考虑编制项目，取消工作内容中"制作、运输"，同时增补"补刷油漆"的内容。例如：钢网架、钢屋架、钢托架、钢桁架、钢桥架、钢柱、梁、楼板、墙板、钢支撑、拉条、檩条、天窗架、挡风架、墙架等项目均按成品编制项目。

5．其他相关问题处理：

1）金属构件切边，不规则及多边形钢板发生的损耗在综合单价中考虑。

2）防火要求指耐火极限。

3）金属结构工程中部分钢构件按工厂成品化生产编制项目，购置成品价格或现场制作的所有费用应计入综合单价中。

6．使用本附录应注意的问题

1）为了与装饰栏杆相区别，此次修订将"钢栏杆"更名为"钢护栏"，装饰性栏杆按本规范"附录Q其他装饰工程"相关项目编码列项。

2）在工程量计算规则中，取消"不扣除切边，切肢"及"不规则或多边形钢板以其外接矩形面积乘以厚度以单位理论质量计算"。在金属结构工程计量上，不规则或多边形钢板按设计图示实际面积乘以厚度以单位理论质量计算，金属构件切边、切肢以及不规则及多边形钢板发生的损耗在综合单价中考虑。

3）钢构件除了极少数外均按工厂成品化生产编制项目，对于刷油漆按两种方式处理：一是若购置成品价不含油漆，单独按本规范附录P油漆、涂料、裱糊工程相关项目编码列项。二是若购置成品价含油漆，本规范工作内容中含"补刷油漆"。

7．典型分部分项工程工程量清单编制实例

一、背景资料

某工程空腹钢柱如图3-13所示（最底层钢板为-12mm厚），共2根，加工厂制作，运输到现场拼装、安装、超声波探伤、耐火极限为二级。钢材单位理论质量如表3-19。

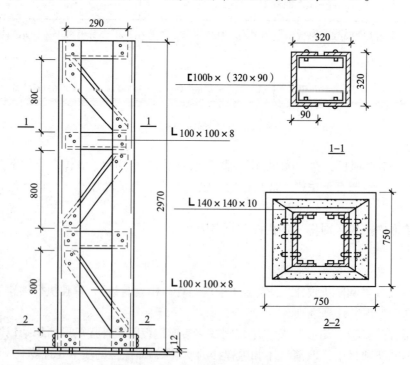

图3-13 空腹钢柱示意图

表 3 – 19　钢材单位理论质量表

规　格	单 位 质 量	备　注
⊏ 100b × (320 × 90)	43.25kg/m	槽钢
L 100 × 100 × 8	12.28kg/m	角钢
L 140 × 140 × 10	21.49kg/m	角钢
— 12	94.20kg/m²	钢板

二、问题

根据以上背景资料及现行国家标准《建设工程工程量清单计价规范》GB 50500、《房屋建筑与装饰工程工程量计算规范》GB 50854，试列出该工程空腹钢柱的分部分项工程量清单。

表 3 – 20　清单工程量计算表

序号	清单项目编码	清单项目名称	计　算　式	工程量合计	计量单位
1	010603002001	空腹钢柱	① ⊏ 100b × (320 × 90)：$G_1 = 2.97 \times 2 \times 43.25 \times 2 = 513.81$kg ② L 100 × 100 × 8：$G_2 = (0.29 \times 6 + \sqrt{0.8^2 + 0.29^2} \times 6) \times 12.28 \times 2 = 168.13$kg ③ L 140 × 140 × 10：$G_3 = (0.32 + 0.14 \times 2) \times 4 \times 21.49 \times 2 = 103.15$kg ④ — 12：$G_4 = 0.75 \times 0.75 \times 94.20 \times 2 = 105.98$kg $G = G_1 + G_2 + G_3 + G_4 = 513.81 + 168.13 + 103.15 + 105.98 = 891.07$kg	0.891	t

表 3 – 21　分部分项工程和单价措施项目清单与计价表

序号	项目编码	项目名称	项目特征描述	计量单位	工程量	金额（元）	
						综合单价	合价
1	010603002001	空腹钢柱	1. 柱类型：简易箱形 2. 钢材品种、规格：槽钢、角钢、钢板，规格详图 3. 单根柱质量：0.45t 4. 螺栓种类：普通螺栓 5. 探伤要求：超声波探伤 6. 防火要求：耐火极限为二级	t	0.891		

注：防火要求指耐火极限。

附录 G 木结构工程

1．项目划分

本章共计 3 节 8 项，在"08 规范"基础上，新增 2 项，减少 5 项。具体变化如下：

1) 将瓦屋面的檩条、椽子木基层的工作内容取消，在本章单独增列木檩条及屋面木基层项目。

2) 将原"08 规范"附录"A.5.1 厂库房大门、特种门"移入附录 H 门窗工程中。

2．项目特征

1) 在木屋架中增补"拉杆及夹板种类"，钢木屋架中增补"钢材品种规格、型号"。

2) 在楼梯中增补"楼梯形式"。

3) 取消油漆品种、刷漆遍数描述，单独执行油漆章节。

3．计量单位与工程量计算规则

木屋架计量单位增加"m³"计量，相应增加"以 m³"计量的计算规则为"按设计图示的规格尺寸以体积计算"。

4．工作内容

木屋架、木构件及屋面木基层均取消刷油漆，单独执行油漆章节。

5．使用本附录应注意的问题

1) "厂库房大门、特种门"按本规范附录 H 门窗工程相应项目编码列项。

2) 木结构"刷油漆"，按本规范附录 P 油漆、涂料、裱糊工程相应编码列项。

6．典型分部分项工程工程量清单编制实例

【实例】

一、背景资料

某厂房，方木屋架如图 3-14 所示，共 4 榀，现场制作，不刨光，拉杆为 φ10 的圆钢，铁件刷防锈漆一遍，轮胎式起重机安装，安装高度6m。

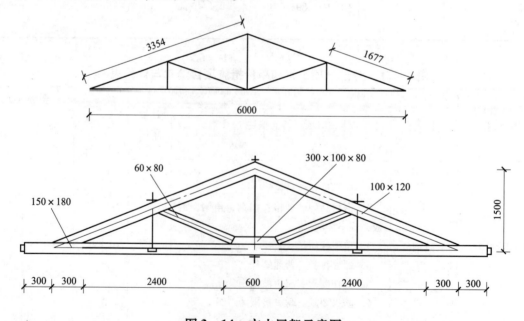

图 3-14 方木屋架示意图

二、问题

根据以上背景资料及现行国家标准《建设工程工程量清单计价规范》GB 50500、《房屋建筑与装饰工程工程量计算规范》GB 50854，试列出该工程方木屋架以立方米计量的分部分项工程量清单。

表 3 – 22　清单工程量计算表

工程名称：某厂房

序号	清单项目编码	清单项目名称	计　算　式	工程量合计	计量单位
1	010701001001	方木屋架	①下弦杆体积 = 0.15 × 0.18 × 6.6 × 4 = 0.713m³ ②上弦杆体积 = 0.10 × 0.12 × 3.354 × 2 × 4 = 0.322m³ ③斜撑体积 = 0.06 × 0.08 × 1.677 × 2 × 4 = 0.064m³ ④元宝垫木体积 = 0.30 × 0.10 × 0.08 × 4 = 0.010m³ 体积 = 0.713 + 0.322 + 0.064 + 0.010 = 1.11m³	1.11	m³

注：依据规范规定，以立方米计量，按设计图示的规格尺寸以体积计算。

表 3 – 23　分部分项工程和单价措施项目清单与计价表

工程名称：某工程

序号	项目编码	项目名称	项目特征描述	计量单位	工程量	金额（元）	
						综合单价	合价
1	010701001001	方木屋架	1. 跨度：6.00m 2. 材料品种、规格：方木、规格详图 3. 刨光要求：不刨光 4. 拉杆种类：φ10 圆钢 5. 防护材料种类：铁件刷防锈漆一遍	m³	1.11		

注：依据《房屋建筑与装饰工程工程量计算规范》规定，屋架的跨度以上、下弦中心线两交点之间的距离计算。

附录 H　门 窗 工 程

1. 项目划分

本章共计 10 节 55 项，在"08 规范"基础上，新增 12 项，减少 16 项。具体变化如下：

1）因原"08 规范"项目设置显得零乱，此次修订进行了大量的综合和归并，具体如下：

①木门：将镶板木门、企口板门、实木装饰门、胶合板门、夹板装饰门、木纱门、综合归并为"木质门"项目。

②金属门：将金属平开门、金属推拉门、金属地弹门、全玻门（带金属扇框）、金属半玻门（带扇框）、塑钢门综合归并为"金属（塑钢）门"项目。

③木窗：将木质平开窗、木质推拉窗、矩形木百叶窗、异形木百叶窗、木组合窗、木天窗、矩形木固定窗、异形木固定窗、装饰空花木窗综合归并为"木质窗"。

④金属窗：将金属推拉窗、金属平开窗、金属固定窗、金属组合窗、塑钢窗、金属防盗窗综合归并为"金属（塑钢、断桥）窗"项目。

2）新增项目包括：单独木门框、成品木质装饰门带套安装、门锁安装、成品钢质花饰大门安装、木（金属）橱窗、木（金属）飘（凸）窗、木质成品窗、金属纱窗、金属防火窗、断桥窗、成品木门窗套、窗帘等项目。

3）取消金属窗里"特殊五金"项目，因窗工作内容均包括了五金安装，不需要再单列"特殊五金"项目。

4）将原"08 规范"其他门中全玻门（带扇框）、半玻门（带扇框）分别移入木门和金属门项目中。

5）将原"08 规范"金属卷帘门中"金属格栅门"移入厂库房大门小节中。

2. 项目特征

1）门窗工程项目特征根据施工图"门窗表"表现形式和内容，均增补门代号及洞口尺寸，同时取消与此重复的内容，例如：类型、品种、规格等。

2）木门窗、金属门窗取消油漆品种、刷漆遍数，单独执行油漆章节。

3）项目特征不能归并在一起的均拆分，例如：木纱门、石材门窗套、石材窗台板等单独表述项目特征。

4）由于门窗（除木窗外）均以成品考虑，凡有关"制作"的项目特征描述均取消，例如：框断面尺寸、材质、骨架材料种类，面层材料的品种、规格、品牌、颜色，防护材料的种类，五金材料品种、规格等。

5）对整个项目价值影响不大且难于描述或重复的项目特征均取消，例如：颜色、单扇面积等。

6）按招投标法规定"招标文件不得要求或者标明特定的生产供应者"。因此，取消"品牌"的项目特征描述。

3. 计量单位与工程量计算规则

1）增补木（金属）橱窗、木（金属）飘（凸）窗的计量单位为"樘、平方米"，其计算规则为"以平方米计量，按设计图示尺寸以框外围展开面积计算"。

2）将"08 规范"门窗套以"m²"计量改为以"樘、m²、m"计量，相应增加计算规则为"以米计量，按设计图示中心以延长米计算"。

3）将"08 规范"窗台板以"m"计量改为以"m²"计量，相应增加计算规则为"按设计图示尺寸以展开面积计算"。

4）增加窗帘以"m、m²"为计量单位，增加计算规则为"以米计量，按设计图示尺寸以成活后长度计算"、"以平方米计量，按图示尺寸以成活后展开面积计算"。

5）针对无设计图示洞口尺寸情况，在注中说明：以平方米计量，无设计图示洞口尺寸，按门窗框扇外围以面积计算。

4. 工作内容

1）门窗工程（除木窗以外）均以成品门窗考虑，在工作内容栏中取消"制作"的工作内容。

2）取消刷油漆，单独执行油漆章节。

3）木、钻塑、金属窗台板以成品编制项目，取消"制作"工作内容。

5. 其他

1）将窗帘盒与轨分开单列项目，因工程实际是分开计量、计价。

2）"硬木筒子板"项目名称取消"硬"字。

6. 使用本附录应注意的问题

1）门窗（除个别门窗外）工程均成品编制项目，若成品中已包含油漆，不再单独计算油漆，不含油漆应按本规范附录 P 油漆、涂料、裱糊工程相应项目编码列项。

2）此次修订对门窗工程进行了大量的综合和归并，在编制清单列项目时，应区分门的类别，分别编码列项；例如：木质门应区分镶板木门、企口林反门、实木装饰门、胶合板门、夹板装饰门、木纱门、玻门（带木质扇框）、木质半玻门（带木质扇框）等项目，分别编码列项。

7. 典型分部分项工程工程量清单编制实例

【实例】

一、背景资料

某工程某户居室门窗布置如图3－15所示，分户门为成品钢质防盗门，室内门为成品实木门代套，⑥轴上⑧轴至©轴间为成品塑钢门代窗（无门套）；①轴上©轴至Ⓔ轴间为塑钢门，框边安装成品门套，展开宽度为350mm；所有窗为成品塑钢窗，具体尺寸详见"表3－24"。

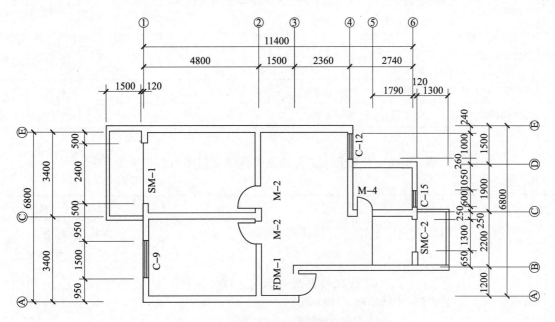

图3－15　某户居室门窗平面布置图

表3－24　某户居室门窗表

名　　　称	代　　号	洞口尺寸（mm）	备　　　注
成品钢质防盗门	FDM－1	800×2100	含锁、五金
成品实木门带套	M－2	800×2100	含锁、普通五金
	M－4	700×2100	
成品平开塑钢窗	C－9	1500×1500	
	C－12	1000×1500	
	C－15	600×1500	夹胶玻璃（6＋2.5＋6），型材为钢塑90系列，普通五金
成品塑钢门带窗	SMC－2	门（700×2100）、窗（600×1500）	
成品塑钢门	SM－1	2400×2100	

二、问题

根据以上背景资料及现行国家标准《建设工程工程量清单计价规范》GB 50500、《房屋建筑与装饰工程工程量计算规范》GB 50854，试列出该户居室的门窗、门窗套的分部分项工程量清单。

表 3 – 25　清单工程量计算表

工程名称：某工程

序号	清单项目编码	清单项目名称	计　算　式	工程量合计	计量单位
1	010702004001	成品钢质防盗门	$S = 0.8 \times 2.1 = 1.68 \text{m}^2$	1.68	m²
2	010801002001	成品实木门带套	$S = 0.8 \times 2.1 \times 2 + 0.7 \times 2.1 \times 1$ $= 4.83 \text{m}^2$	4.83	m²
3	010807001001	成品平开塑钢窗	$S = 1.5 \times 1.5 + 1 \times 1.5 + 0.6 \times 1.5 \times 2$ $= 5.55 \text{m}^2$	5.55	m²
4	010802001001	成品塑钢门	$S = 0.7 \times 2.1 + 2.4 \times 2.1 = 6.51 \text{m}^2$	6.51	m²
5	010808007001	成品门套	$n = 1$ 樘	1	樘

表 3 – 26　分部分项工程和单价措施项目清单与计价表

工程名称：某工程

序号	项目编码	项目名称	项目特征描述	计量单位	工程量	金额（元） 综合单价	合价
1	010702004001	防盗门	1. 门代号及洞口尺寸：FDM – 1（800mm×2100mm） 2. 门框、扇材质：钢质	m²	1.68		
2	010801002001	成品实木门带套	门代号及洞口尺寸：M – 2（800mm×2100mm）、M – 4（700mm×2100mm）	m²	4.83		
3	010807001001	成品平开塑钢窗	1. 窗代号及洞口尺寸： C – 9（1500mm×1500mm） C – 12（1000mm×1500mm） C – 15（600mm×1500mm） 2. 框扇材质：塑钢90系列 3. 玻璃品种、厚度：夹胶玻璃（6＋2.5＋6）	m²	5.55		
4	010802001001	成品塑钢门	1. 门代号及洞口尺寸：SM – 1、SMC – 2：洞口尺寸详门窗表 2. 门框、扇材质：塑钢90系列 3. 玻璃品种、厚度；夹胶玻璃（6＋2.5＋6）	m²	6.51		
5	010808007001	成品门套	1. 门代号及洞口尺寸：SM – 1（2400mm×2100mm） 2. 门套展开宽度：350mm 3. 门套材料品种：成品实木门套	樘	1		

注：洞口尺寸太多，可描述"详门窗表"。

附录 J 屋面及防水工程

1. 项目划分

本章共计 4 节 21 项，在"08 规范"基础上，新增 9 项。具体变化如下：

1) 增补项目包括：阳光板屋面、玻璃钢屋面、屋面排（透）气管、屋面（廊、阳台）吐水管、屋面变形缝。

2) 屋面刚性防水更名为"屋面刚性层"。

2. 项目特征

1) 瓦、型材及其他屋面中，项目特征均取消"颜色"的描述。

2) 型材屋面项目中，"骨架材料品种、规格"改为"檩条材料品种、规格"。

3) 屋面卷材防水增补"厚度"。

4) 屋面刚性层项目中取消防水层厚度，单独执行屋面防水项目。

5) 墙楼（地）面卷材和涂膜防水项目特征分开单列，卷材防水增补"厚度"。

6) 楼地面变形缝项目，增补"阻火带材料种类"。

7) 取消"品牌"的项目特征描述。

3. 计量单位与工程量计算规则

1) 膜结构屋面，"按设计图示尺寸以需要覆盖的水平面积计算"改为"按设计图示尺寸以需要覆盖的水平投影面积计算"。

2) 楼（地）面防水、防潮，增补工程量计算规则为"楼（地）面防水反边高度≤300mm 算作地面防水，反边高度>300mm 算按墙面防水计算"。

3) 在注中说明：墙面、楼（地）面、屋面防水搭接及附加层用量不另行计算。

4. 工作内容

1) 取消瓦屋面项目中，"檩条、椽子安装、安顺水条和挂瓦条、防水层"等，檩条、椽子、安顺水条、挂瓦条按木结构中檩条和木基层项目编码列项。防水层按屋面防水项目编码列项。

2) 取消屋面、墙、楼（地）面防水项目中的抹找平层，按附录 L 楼地面装饰工程中"平面砂浆找平层"项目，附录 M 墙、柱面装饰与隔断、幕墙工程中"立面沙浆找平层"项目编码列项。

3) 膜结构屋面项目，增补"锚固基座、挖土、回填"。

4) 屋面、楼地面、墙面"涂膜防水"项目工作内容进行了统一，屋面增补"刷基层处理剂"，同时将"涂防水膜"统一改为"铺布、喷涂防水层"。

5) 楼（地）面变形缝项目，增补"阻火带安装"。

5. 使用本附录应注意的问题

1) 楼（地）面与墙面防水界限为：楼（地）面防水反边高度≤300mm，其工程量并入地面防水项目，按楼（地）面防水相关项目编码列项；反边高度>300mm，按墙面防水计算，以墙面防水相关项目编码列项。

2) 计算工程量时，墙面、楼（地）面、屋面防水搭接及附加层用量不另行计算，组价时，在综合单价中考虑。

3) 本规范屋面、墙、楼（地）面防水项目，不包括垫层、找平层、保温层。垫层按本规范附录"D.4 垫层"以及附录"E.1 现浇混凝土基础"相关项目编码列项；找平层按本规范附录 L 楼地面装饰工程"平面砂浆找平层"以及附录 M 墙、柱面装饰与隔断、幕墙工程"立面砂浆找平层"项目编码列项，保温层按本规范附录 K 保温、隔热、防腐工程相关项目编码列项。

6. 典型分部分项工程工程量清单编制实例

【实例】

一、背景资料

某工程 SBS 改性沥青卷材防水屋面平面、剖面图如图 3-16 所示，其自结构层由下向上的做法为：钢筋混凝土板上用 1:12 水泥珍珠岩找坡，坡度 2%，最薄处 60mm；保温隔热层上 1:3 水泥砂浆找平层反边高 300mm，在找平层上刷冷底子油，加热烤铺，贴 3mm 厚 SBS 改性沥青防水卷材一道（反边高 300mm），在防水卷材上抹 1:2.5 水泥砂浆找平层（反边高 300mm）。不考虑嵌缝，砂浆以使用中砂为拌和料，女儿墙不计算，未列项目不补充。

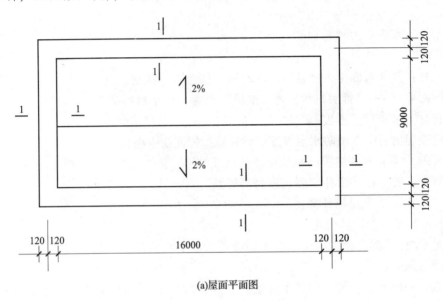

(a)屋面平面图

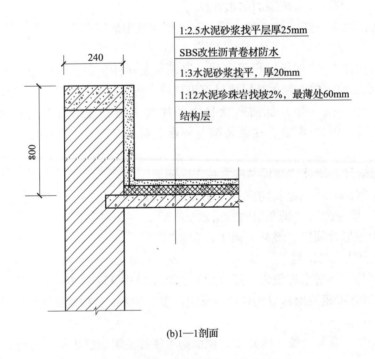

1:2.5水泥砂浆找平层厚25mm

SBS改性沥青卷材防水

1:3水泥砂浆找平，厚20mm

1:12水泥珍珠岩找坡2%，最薄处60mm

结构层

(b)1—1剖面

图 3-16　屋面平面、剖面图

二、问题

根据以上背景资料及现行国家标准《建设工程工程量清单计价规范》GB 50500、《房屋建筑与装饰工程工程量计算规范》GB 50854，试列出该屋面找平层、保温及卷材防水分部分项工程量清单。

表 3 - 27　清单工程量计算表

工程名称：某工程

序号	清单项目编码	清单项目名称	计 算 式	工程量合计	计量单位
1	011001001001	屋面保温	$S = 16 \times 9$	144	m²
2	010902001001	屋面卷材防水	$S = 16 \times 9 + (16 + 9) \times 2 \times 0.3$	159	m²
3	011101006001	屋面找平层	$S = 16 \times 9 + (16 + 9) \times 2 \times 0.3$	159	m²

表 3 - 28　分部分项工程和单价措施项目清单与计价表

工程名称：某工程

序号	项目编码	项目名称	项目特征描述	计量单位	工程量	金额（元）综合单价	合价
1	011001001001	屋面保温	1. 材料品种：1:12 水泥珍珠岩 2. 保温厚度：最薄处 60mm	m²	144		
2	010902001001	屋面卷材防水	1. 卷材品种、规格、厚度：3mm 厚 SBS 改性沥青防水卷材 2. 防水层数：一道 3. 防水层做法：卷材底刷冷底子油、加热烤铺。	m²	159		
3	011101006001	屋面砂浆找平层	找平层厚度、砂浆配合比:20mm 厚1:3 水泥砂浆找平层（防水底层）、25mm 厚 1:2.5 水泥砂浆找平层（防水面层）	m²	159		

附录 K　保温、隔热、防腐工程

1. 项目划分

本章共计 3 节 16 项，在"08 规范"基础上，增加 2 项。具体变化如下：

1）增补项目为：池、槽块料防腐面层，其他保温、隔热。

2）"保温柱"更名为"保温柱、梁"，"隔热楼地面"更名为"保温、隔热楼地面"。

2. 项目特征

1）在防腐面层中，增加"砂浆、胶泥种类及配合比"。

2）玻璃钢防腐面层增补"贴布材料种类"。

3）浸渍砖砌法中"平砌、立砌"放入注中，增补"胶泥种类"。

4）防腐涂料增补"刮腻子的种类、遍数"。

5）保温隔热方式"内保温、外保温、夹心保温"放入注中。

6）将保温隔热屋面、天棚、墙柱梁面、楼地面分开编列项目特征。

7）墙柱面保温隔热项目中，根据目前新做法，增补了"增强网及抗裂防水砂浆种类"。

3. 计量单位与工程量计算规则

由于"08"规范计算规则不明确，进行了如下修改：

1) 平面防腐改为"扣除凸出地面的构筑物、设备基础以及面积≥0.3m² 孔洞、柱、垛所占面积"。

2) 立面防腐改为"扣除面积≥0.3m² 孔洞、梁所占面积，门窗、洞口侧壁、垛等突出部分按展开面积并入墙面积内。"

3) 保温隔热屋面、天棚、地面改为"扣除面积＞0.3m² 柱、垛、孔洞所占面积"。

4) 保温隔热墙面：改为"扣除面积＞0.3m² 梁、孔洞所占面积"。

4. 工作内容

1) 防腐涂料增补"刮腻子"。

2) 保温隔热墙面取消"嵌缝"，按墙面变形缝项目编码列项。

3) 保温隔热墙面取消"底层抹灰"，按附录 M 墙、柱面装饰与隔断、幕墙工程中"立面砂浆找平层"项目编码列项。

4) 为了和现代墙面保温做法相一致，增补了刷界面剂、保温板安装、铺设增强格网及抹抗裂、防水砂浆面层等工作内容。

5) 保温、隔热项目中，"铺、刷防护材料"改为"铺、刷（喷）防护材料"。

5. 其他

1) 取消原规定"池槽保温隔热，池壁、池底应分别编码列项，池壁应并入墙面保温隔热工程量内，池底应并入地面保温隔热工程量内"，另外单独增列"其他保温隔热"项目，在注中说明"池、槽保温隔热按其他保温隔热项目编码列项"。

2) 在注中说明：保温隔热装饰面层，按本规范附录 L、M、N、P、Q 中相关项目编码列项，仅做找平层按本规范附录 L 中"平面砂浆找平层"或附录 M"立面砂浆找平层"项目编码列项。

6. 使用本附录应注意的问题

1) 保温隔热楼地面的垫层按本规范附录"D.4 垫层"以及附录"E.1 现浇混凝土基础"相关项目编码列项；其找平层按本规范附录 L 中"平面砂浆找平层"项目编码列项。墙面保温找平层按本规范附录 M"立面砂浆找平层"项目编码列项；保温隔热装饰面层，按本规范附录 L 楼地面装饰工程，附录 M 墙、柱面装饰与隔断、幕墙工程，附录 N 天棚工程，附录 P 油漆、涂料、裱糊工程，附录 Q 其他装饰工程相关项目编码列项。

2) 保温柱、梁项目只适用于不与墙、天棚相连的独立柱、梁，若与墙、天棚相连的柱、梁应分别并入墙、天棚项目中。

3) 本附录防腐面层没有踢脚线项目，按本规范附录"L.5 踢脚线"有关项目编码列项。

7. 典型分部分项工程工程量清单编制实例

【实例】 1

一、背景资料

某库房地面做 1:0.533:0.533:3.121 不发火沥青砂浆防腐面层，踢脚线抹 1:0.3:1.5:4 铁屑砂浆，厚度均为 20mm，踢脚线高度 200mm，如图 3-17 所示。墙厚均为 240mm，门洞地面做防腐面层，侧边不做踢脚线。

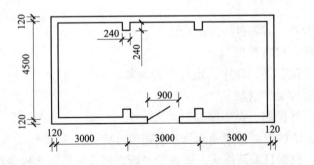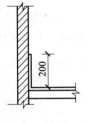

图 3-17 某库房平面示意图

二、问题

根据以上背景资料及现行国家标准《建设工程工程量清单计价规范》GB 50500、《房屋建筑与装饰工程工程量计算规范》GB 50854，试列出该库房工程防腐面层及踢脚线的分部分项工程量清单。

表 3 - 29 清单工程量计算表

工程名称：某库房

序号	清单项目编码	清单项目名称	计 算 式	工程量合计	计量单位
1	011002002001	防腐砂浆面层	$S = (9.00 - 0.24) \times (4.50 - 0.24) = 37.32$	37.32	m²
2	011105001001	砂浆踢脚线	$L = (9.00 - 0.24 + 0.24 \times 4 + 4.5 - 0.24) \times 2 - 0.90 = 27.06$	27.06	m

注：依据《房屋建筑与装饰工程工程量计算规范》规定，防腐地面不扣除面积≤0.3m² 垛，不增加门洞开口部分面积。

表 3 - 30 分部分项工程和单价措施项目清单与计价表

工程名称：某库房

序号	项目编码	项目名称	项目特征描述	计量单位	工程量	金额（元）	
						综合单价	合价
1	011002002001	防腐砂浆面层	1. 防腐部位：地面 2. 厚度：20mm 3. 砂浆种类、配合比：不发火沥青砂浆 1:0.533:0.533:3.121	m²	37.32		
2	011105001001	铁屑砂浆踢脚线	1. 踢脚线高度：200mm 2. 厚度、砂浆配合比：20mm，铁屑砂浆 1:0.3:1.5:4	m	27.06		

【实例】 2

一、背景资料

某工程建筑示意图如图 3 - 18 所示，该工程外墙保温做法：①基层表面清理；②刷界面砂浆5mm；③刷30mm 厚胶粉聚苯颗粒；④门窗边做保温宽度为120mm。

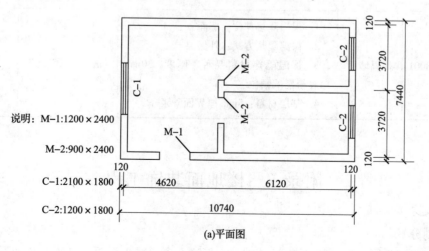

说明：M-1:1200 × 2400

M-2:900 × 2400

C-1:2100 × 1800

C-2:1200 × 1800

(a)平面图

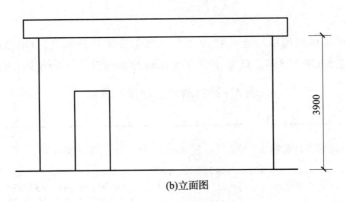

(b)立面图

图3-18 某工程建筑示意图

二、问题

根据以上背景资料及现行国家标准《建设工程工程量清单计价规范》GB 50500、《房屋建筑与装饰工程工程量计算规范》GB 50854，试列出该工程外墙外保温的分部分项工程量清单。

表3-31 清单工程量计算表

工程名称：某工程

序号	清单项目编码	清单项目名称	计 算 式	工程量合计	计量单位
1	011001003001	保温墙面	墙面：$S_1 = [(10.74+0.24)+(7.44+0.24)] \times 2 \times 3.90 - (1.2 \times 2.4 + 2.1 \times 1.8 + 1.2 \times 1.8 \times 2) = 134.57$ 门窗侧边： $S_2 = [(2.1+1.8) \times 2 + (1.2+1.8) \times 4 + (2.4 \times 2 + 1.2)] \times 0.12 = 3.10 \text{m}^2$	137.67	m²

注：《房屋建筑与装饰工程工程量计算规范》规定，门窗洞口侧壁保温并入墙体工程量内。

表3-32 分部分项工程和单价措施项目清单与计价表

工程名称：某工程

序号	项目编码	项目名称	项目特征描述	计量单位	工程量	金额（元）综合单价	合价
1	011001003001	保温墙面	1. 保温隔热部位：墙面 2. 保温隔热方式：外保温 3. 保温隔热材料品种、厚度：30mm厚胶粉聚苯颗粒 4. 基层材料：5mm厚界面砂浆	m²	137.67		

附录L 楼地面装饰工程

1. 项目划分

本章共计8节43项，在"08规范"基础上，新增6项，减少6项。具体变化如下：

1）在"楼地面整体面层及找平层"工程中增加了"自流地坪楼地面"、"平面砂浆找平层"2个项目，块料面层增加了"碎石材料楼地面"，"台阶"增加"拼碎块料台阶面"、"楼梯"增加"拼碎块料面层"、"橡胶板楼梯面"和"塑料板楼梯面"3个项目。

2）将"08规范"的"扶手、栏杆、栏板装饰"一节移到了附录Q其他装饰工程中。

2．项目特征

1）取消了"08规范"项目特征中的"垫层厚度、材料种类"。

2）楼地面整体面层：在特征中增加刷素水泥浆遍数和面层做法要求，并取消了"08规范""防水层厚度、材料种类"。

3）块料面层：在特征中取消了"08规范""防水层厚度、材料种类"、"填充材料种类、厚度"。

4）在橡塑面层和其他材料面层特征中取消了"08规范""找平层厚度、砂浆配合比"、"填充材料种类、厚度"，在其他材料面层中取消"油漆品种、刷漆遍数"。

5）木板楼梯面：①取消"08规范""找平层厚度、砂浆配合比"；②取消"油漆品种、刷漆遍数"。

6）塑料踢脚线、木质踢脚线、金属踢脚线、防静电踢脚线：在特征中取消了"08规范""底层厚度、砂浆配合比"、"油漆品种、刷漆遍数"。

7）地毯楼梯面楼梯面：在特征中取消了"08规范""找平层厚度、砂浆配合比"。

3．计量单位与计算规则

1）踢脚线镶贴面，增加以"m"为计量单位。

2）木质踢脚线：将"08规范"的计量单位"m²"改为"m"。

3）石材楼地面和块料楼地面：将计算规则改为"按设计图示尺寸以面积计算。门洞、空圈、暖气包槽、壁龛的开口部分并入相应的工程量内"。

4）踢脚线镶贴面：

石材踢脚线、块料踢脚线增加计算规则：以m计量，按沿长米计算。

4．工作内容：

1）楼地面整体面层：取消"垫层铺设"、"防水层铺设"。

2）块料面层：取消"防水层、填充层铺设"。

3）橡塑面层和其他材料面层：取消"抹找平层"、"铺设填充层"、"刷油漆"。

4）塑料踢脚线、木质踢脚线、金属踢脚线、防静电踢脚线：取消"底层抹灰"、"刷油漆"。

5）地毯楼梯面：取消了"抹找平层"。

5．使用本附录应注意的问题

1）取消"08规范"地面工程工作内容中的"垫层"内容，混凝土垫层按本规范"E.1垫层项目"编码列项，除混凝土以外的其他材料垫层按"D.4垫层"项目编码列项。

2）楼地面工程：整体面层、块料面层工作内容中包括抹找平层，但本附录又列有"平面砂浆找平层"项目，只适用于仅做找平层的平面抹灰。

3）"扶手、栏杆、栏板"按附录"Q.3扶手、栏杆、栏板装饰"相应项目编码列项。

4）楼地面工程中，防水工程项目按本规范附录J屋面及防水工程相关项目编码列项。

6．典型分部分项工程工程量清单编制实例

一、背景资料

某装饰工程地面、墙面、天棚的装饰工程如图3-19～图3-22所示，房间外墙厚度240，中到中尺寸为12000×18000，800×800独立柱4根，墙体抹灰厚度20（门窗占位面积80m²，门窗洞口侧壁抹灰15 m²、柱踩展开面积11m²），地砖地面施工完成后尺寸如图示，（12-0.24-0.04）×（18-0.24-0.04），吊顶高度3600（窗帘盒占位面积7m²），做法：地面20厚1:3水泥砂浆找平、20厚1:2干性水泥砂浆粘贴艳波化砖，玻化砖踢脚线，高度150mm（门洞宽度合计4m），乳胶漆一底两面，天棚轻钢龙骨石膏板面刮成品腻子面罩乳胶漆一底两面。柱面挂贴30厚花岗石板，花岗石板和柱结构面之间空隙填灌50厚的1:3水泥砂浆。

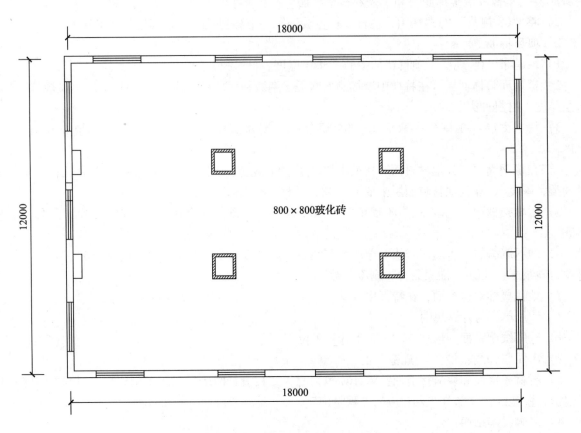

图3-19 某工程地面示意图

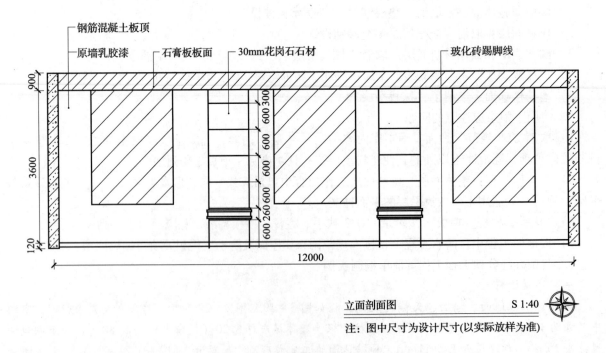

立面剖面图   S 1:40

注：图中尺寸为设计尺寸(以实际放样为准)

图3-20 某工程大厅立面图

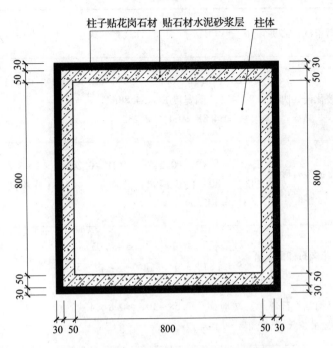

图 3 -21　某工程大厅立柱剖面图

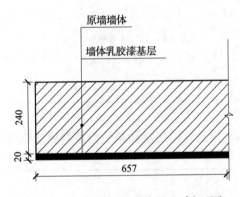

图 3 -22　某工程墙体抹灰剖面图

二、问题

根据以上背景资料及现行国家标准《建设工程工程量清单计价规范》GB 50500、《房屋建筑与装饰工程工程量计算规范》GB 50854，试列出该装饰工程地面、墙面、天棚等项目的分部分项工程量清单。

表 3 -33　清单工程量计算表

工程名称：某装饰工程

序号	清单项目编码	清单项目名称	计　算　式	工程量合计	计量单位
1	011102001001	玻化砖地面	$S = (12 - 0.24 - 0.04) \times (18 - 0.24 - 0.04) = 207.68 \text{m}^2$ 扣柱占位面积：$(0.8 \times 0.8) \times 4$ 根 $= 2.56 \text{m}^2$ 小计：$207.68 - 2.56 = 205.12 \text{m}^2$	205.12	m²

序号	清单项目编码	清单项目名称	计 算 式	工程量合计	计量单位
2	011105003001	玻化砖踢脚线	$L = [(12-0.24-0.04)+(18-0.24-0.04)] \times 2 - 4$（门洞宽度）$= 54.88$m $S = 54.88 \times 0.15 = 8.232$	8.23	m²
3	011201001001	墙面混合砂浆抹灰	$S = [(12-0.24)+(18-0.24)] \times 2 \times 3.6$（高度）$-80$（门窗洞口占位面积）$+11$（柱踝展开面积）$= 143.54$	143.54	m²
4	011205001001	花岗石柱面	柱周长：$[0.8+(0.05+0.03)\times 2]\times 4 = 3.84$m $S = 3.84 \times 3.6$（高度）$\times 4$ 根 $= 55.30$m²	55.30	m²
5	011302001001	轻钢龙骨石膏板吊顶天棚	同地面 $207.68 - 0.8 \times 0.8 \times 4 - 7$（窗帘盒占位面积）$= 198.12$m²	198.12	m²
6	011407001001	墙面喷刷乳胶漆	同墙面抹灰 $143.54 + 15$（门窗洞口侧壁）$= 158.54$m²	158.54	m²
7	011407002001	天棚喷刷乳胶漆	$207.68 - (0.8+0.05\times 2+0.03\times 2) \times (0.8+0.05\times 2+0.03\times 2) \times 4 - 7$（窗帘盒占位面积）$= 196.99$m²	196.99	m²

表 3−34　分部分项工程和单价措施项目清单与计价表

工程名称：某装饰工程

序号	项目编码	项目名称	项目特征描述	计量单位	工程量	金额（元）综合单价	金额（元）合价
1	011102001001	玻化砖地面	1. 找平层厚度、砂浆配合比：20 厚1:3 水泥砂浆 2. 结合层、砂浆配合比：20 厚 1:2 干硬性水泥砂浆 3. 面层品种、规格、颜色：米色玻化砖（详设计图纸）	m²	205.12		
2	011105003001	玻化砖踢脚线	1. 踢脚线高度：150 2. 粘接层厚度、材料种类：4 厚纯水泥浆（425 号水泥中掺 20% 白乳胶） 3. 面层材料种类：玻化砖面层，白水泥擦缝	m²	8.23		

序号	项目编码	项目名称	项目特征描述	计量单位	工程量	金额（元）	
						综合单价	合价
3	011201001001	墙面混合砂浆抹灰	1. 墙体类型：综合 2. 底层厚度、砂浆配合比：9 厚 1:1:6 混合砂浆打底、7 厚 1:1:6 混合砂浆垫层 3. 面层厚度、砂浆配合比：5 厚 1:0.3:2.5 混合砂浆	m²	143.54		
4	011205001001	花岗石柱面	1. 柱截面类型、尺寸：800×800 矩形柱 2. 安装方式：挂贴，石材与柱结构面之间 50 的空隙灌填 1:3 水泥砂浆 3. 缝宽、嵌缝材料种类：密缝，白水泥擦缝	m²	55.30		
5	011302001001	轻钢龙骨石膏板吊顶天棚	1. 吊顶形式、吊杆规格、高度：φ6.5 吊杆，高度 900 2. 龙骨材料种类、规格、中距：轻钢龙骨规格中距详设计图纸 3. 面层材料种类、规格：厚纸面石膏板 1200×2400×12	m²	198.12		
6	011407001001	墙面喷刷乳胶漆	1. 基层类型：抹灰面 2. 喷刷涂料部位：内墙面 3. 腻子种类：成品腻子 4. 刮腻子要求：符合施工及验收规范的平整度 5. 涂料品种、喷刷遍数：乳胶漆底漆一遍、面漆两遍	m²	158.54		
7	011407002001	天棚喷刷乳胶漆	1. 基层类型：石膏板面 2. 喷刷涂料部位：天棚 3. 腻子种类：成品腻子 4. 刮腻子要求：符合施工及验收规范的平整度 5. 涂料品种、喷刷遍数：乳胶漆底漆一遍、面漆两遍	m²	196.99		

附录 M 墙、柱面装饰与隔断、幕墙工程

1. 项目划分

本章共计 10 节 35 项，在"08 规范"基础上，新增 10 项。具体变化如下：

1）墙面抹灰增加了"立面砂浆找平层"。柱（梁）抹灰增加了"柱、梁面砂浆找平"，零星抹灰增加了"零星项目砂浆找平"。

2）表 M.7 增加了"墙面装饰浮雕"，表 M.8 中增加了"成品装饰柱"。

3）将"08 规范"的隔断项目 1 个拆分为了 6 个，增加了 5 个项目。

2. 项目特征

1）墙面一般抹灰：将"08 规范"装饰面材料种类修改为"装饰面材料种类、遍数"

2）柱面勾缝：取消了"墙体类型"

3）墙面装饰板：取消"08 规范""墙体类型"、"底层厚度、砂浆配合比"、"防护材料种类"、"油漆品种、刷漆遍数"。

4）柱（梁）装饰：取消"08 规范""柱（梁）体类型"、"底层厚度、砂浆配合比"、"防护材料种类"、"油漆品种、刷漆遍数"。

3. 工作内容

1）墙面装饰板：取消 08 规范"砂浆制作、运输"、"底层抹灰"、"刷防护材料、油漆"。

2）柱（梁）装饰：取消"08 规范""砂浆制作、运输"、"底层抹灰"、"刷防护材料、油漆"。

4. 使用本附录应注意的问题

1）墙、柱面的抹灰项目，工作内容仍包括"底层抹灰"；墙、柱（梁）的镶贴块料项目，工作内容仍包括"粘结层"，本附录列有"立面砂浆找平层"、"柱、梁面砂浆找平"及"零星项目砂浆找平"项目，只适用于仅做找平层的立面抹灰。

2）飘窗凸出外墙面增加的抹灰并入外墙工程量内，以外墙线作为分界线。

3）使用规范注意应按规范所列的一般抹灰与装饰抹灰进行区别编码列项。

4）本附录列有"墙面装饰浮雕"项目，在使用规范时，凡不属于仿古建筑工程的项目，可按本附录编码列项。

5）本附录有关墙面装饰项目，不含立面防腐、防水、保温以及刷油漆的工作内容。防水按本规范附录 J 屋面及防水工程相应项目编码列项；保温按规范附录 K 保温、隔热、防腐工程相应项目编码列项；刷油漆按附录 P 油漆、涂料、裱糊工程相应项目编码列项。

附录 N 天棚工程

1. 项目划分

本章共计 4 节 10 项，在"08 规范"基础上，增加了采光天棚 1 个项目。

2. 项目特征

天棚装饰：①取消"08 规范"面层材料颜色；②取消"油漆品种、刷漆遍数"。

3. 工作内容

天棚装饰：取消刷油漆

4. 使用本附录应注意的问题

1）采光天棚骨架不包括在工作内容中，应按本规范附录 F 金属结构工程相应项目编码列项。

2）天棚装饰刷油漆、涂料以及裱糊，按本规范附录 P 油漆、涂料、裱糊工程相应项目编码列项。

附录 P　油漆、涂料、裱糊工程

1. 项目划分

本章共计 8 节 36 项，在"08 规范"基础上，新增 6 项。具体变化如下：

油漆、涂料、裱糊工程新增加两个项目（金属门和金属窗油漆）。

1）门油漆细分为"木门油漆"、"金属门油漆"，增加 1 个项目。

2）窗油漆细分为"木窗油漆"、"金属窗油漆"，增加 1 个项目。

3）抹灰面油漆增加"满刮腻子" 1 个项目。

4）喷刷涂料细分为"墙面喷刷涂料"、"天棚喷刷涂料"、"金属物体刷防火涂料"、"木材构件喷刷防水涂料"，增加 3 个项目。

2. 项目特征

1）门窗油漆增加了门窗的代号和洞口尺寸，所有油漆项目中刮腻子要求改为刮腻子遍数。

2）木扶手及其他板条、线条油漆中，去掉了"油漆体单位展开面积"和"油漆部位长度"的描述。

3）金属油漆中增加了"构件名称"的描述要求。

4）抹灰面油漆中将抹灰面和抹灰线条作拆分描述。

5）空花格、栏杆及线条涂料里作拆分描述。

3. 计量单位与计算规则

1）门窗油漆中分别按"樘"和"m²"列出计算规则。

2）金属面油漆中分别按"t"和"m²"列出计算规则。

4. 使用本附录应注意的问题

1）本附录既列有"木扶手"和"木栏杆"的油漆项目，若是木栏杆带扶手，木扶手不应单独列项，应包括在木栏杆油漆中。

2）本附录抹灰面油漆和刷涂料工作内容中包括"刮腻子"，但又单独列有"满刮腻子"项目，此项目只适用于仅做"满刮腻子"的项目，不得将抹灰面油漆和刷涂料中"刮腻子"内容单独分出执行满刮腻子项目。

附录 Q　其他装饰工程

1. 项目划分

本章共计 8 节 62 个项目，在"08 规范"基础上，新增 13 项。具体变化如下：

将原"08"规范附录"B.1 楼地面工程"中"扶手、栏杆、栏板装饰"移植入本附录。"Q.8 美术字"中增加了"吸塑字"。

2. 项目特征

1）其他装饰工程的楼地面面层中取消所有找平层描述，单独按附录 2 楼地面装饰工程中"找平层"项目编码列项。

2）暖气罩中取消"单个罩垂直投影面积"和"油漆品种、刷漆遍数"的描述，单独执行油漆章节。

3）浴厕配件中取消有关材料和"油漆品种、刷漆遍数"的描述，油漆单独执行油漆章节。

4）柜类、货架的计量单位增加了"m"，相应真加了以 m 计量的计算规则。

3. 使用本附录应注意的问题

1）柜类、货架、涂刷配件、雨篷、旗杆、招牌、灯箱、美术字等单件项目，工作内容中包括了"刷油漆"，主要考虑整体性。不得单独将油漆分离，单列油漆清单项目；本附录其他项目，工作内容中没有包括"刷油漆"可单独按附录P相应项目编码列项。

2）凡栏杆、栏板含扶手的项目，不得单独将扶手进行编码列项。

附录R 拆除工程

1. 概况

本附录是新增的，适用于房屋工程的维修、加固、二次装修前的拆除，不适用于房屋的整体拆除。划分为15节共37个项目。分别为砖砌体拆除，混凝土及钢筋混凝土构件拆除，木构件拆除，抹灰层拆除，块料面层拆除，龙骨及饰面拆除，屋面拆除，铲除油漆涂料裱糊面，栏杆栏板、轻质隔断隔墙拆除，门窗拆除，金属构件拆除，管道及卫生洁具拆除，灯具、玻璃拆除，其他构件拆除，开孔（打洞）。

2. 使用本附录应注意的问题

1）本拆除工程适用于房屋建筑工程，仿古建筑、构筑物、园林景观工程等项目拆除，可按此附录编码列项，市政工程、园路、园桥工程等项目拆除，按《市政工程工程量计算规范》相应项目编码列项；城市轨道交通工程拆除，按《城市轨道交通工程工程量计算规范》相应项目编码列项。

2）对于只拆面层的项目，在项目特征中，不必描述基层（或龙骨）类型（或种类）；对于基层（或龙骨）和面层同时拆除的项目，在项目特征中，必须描述（基层或龙骨）类型（或种类）。

3）拆除项目工作内容中含"建渣场内、外运输"，因此，组成综合单价，应含建渣场内、外运输。

附录S 措施项目

1. 概况

本章共计7节52个项目，均为新增项目。内容包括：脚手架工程，钢筋混凝土模板及支架（撑），垂直运输，超高施工增加，大型机械设备进出场及安拆，施工排水、降水，安全文明施工及其他措施项目。

2. 各节主要变化

（1）脚手架工程。

1）项目划分：本节由综合脚手架、外脚手架、里脚手架、悬空脚手架、挑脚手架、满堂脚手架、整体提升架、外装饰吊篮组成。

2）项目特征：根据使用范围和部位的不同，分别立项按要求进行描述。

3）计量单位与工程量计算规则：根据计量单位及立项分别增加计算规则。

4）工作内容：按增设的各个项目分别增加工作内容。

5）其他：按增设的各个项目分别增加六条注释。

（2）钢筋混凝土模板及支架（撑）。

1）本节均为新编项目，共计41项。

2）计量单位为："m^2"

3）计算规则：以平方米计量，按模板与现浇混凝土构件的接触面积计算。

（3）垂直运输。改变原规范只有项目名称的形式，列出了项目编码、项目名称、项目特征、计量单位、工程量计算规则及相应的工作内容。

（4）超高施工增加。新增措施项目，列出了项目编码、项目名称、项目特征、计量单位、工程量计算规则及相应的工作内容。

（5）大型机械设备进出场及安拆。为新增措施项目。

（6）施工排水、降水。为新增措施项目。

（7）安全文明施工及其措施项目。新增了非夜间施工照明项目，以"项"计量，列出了工作内容及包含范围。另鉴于室内空气污染测试属于第三方检测，因而取消了原规范中的该项目。

3．使用本附录应注意的问题

1）在编制清单项目时，当列出了综合脚手架项目时，不得再列出单项脚手架项目。综合脚手架是针对整个房屋建筑的土建和装饰装修部分。

2）混凝土模板及支架（撑），只适用于单列而且以平方米计量的项目，若不单列且以立方米计量的模板工程计入综合单价中。另外，个别混凝土项目本规范未列的措施项目，例如垫层等，按混凝土及钢筋混凝土实体项目执行，其综合单价中包括模板及支撑。采用清水模板，应在项目特征中注明。

3）临时排水沟、排水设施安砌、维修、拆除，已包含在安全文明施工中，不包括在施工排水、降水措施项目。

4）表S.7"安全文明施工及其他措施项目"与其他项目的表现形式不同，没有项目特征，也没有"计量单位"和"工程量计算规则"，取而代之的是该措施项目的"工作内容及包含范围"，在使用时应充分分析其工作内容和包含范围，根据工程的实际情况进行科学、合理、完整地计量。未给出固定的计量单位，以便于根据工程特点灵活使用。

4．典型分部分项工程工程量清单编制实例

【实例】　1

一、背景资料

（1）图3-23为某工程框架结构建筑物某层现浇混凝土及钢筋混凝土柱梁板结构图，层高3.0m，其中板厚为120mm，梁、板顶标高为+6.00m，柱的区域部分为（+3.0m～+6.00m）。

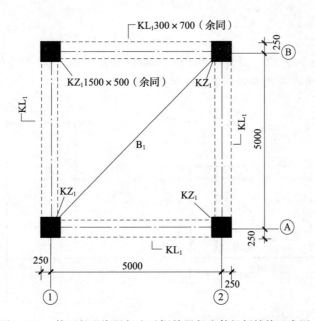

图3-23　某工程现浇混凝土及钢筋混凝土柱梁板结构示意图

（2）某工程在招标文件中要求，模板单列，不计入混凝土实体项目综合单价，不采用清水模板。

二、问题

根据以上背景资料及现行国家标准《建设工程工程量清单计价规范》GB 50500、《房屋建筑与装饰工程工程量计算规范》GB 50854，试列出该层现浇混凝土及钢筋混凝土柱、梁、板、模板工程的分部分项工程量清单。

表3-35 清单工程量计算表

工程名称：某工程

序号	清单项目编码	清单项目名称	计　算　式	工程量合计	计量单位
1	011702002001	矩形柱	$S = 4 \times (3 \times 0.5 \times 4 - 0.3 \times 0.7 \times 2 - 0.2 \times 0.12 \times 2) = 22.128$	22.13	m²
2	011702006001	矩形梁	$S = [(5-0.5) \times (0.7 \times 2 + 0.3)] - 4.5 \times 0.12 \times 4 = 28.44$	28.44	m²
3	011702014001	板	$S = (5.5 - 2 \times 0.3) \times (5.5 - 2 \times 0.3) - 0.2 \times 0.2 \times 4 = 4.9 \times 4.9 - 0.2 \times 0.2 \times 4 = 23.85$	23.85	m²

注：根据规范规定，现浇框架结构分别按柱、梁、板计算。

表3-36 单价措施项目清单与计价表

工程名称：某工程

序号	项目编码	项目名称	项目特征描述	计量单位	工程量	金额（元）	
						综合单价	合价
1	011702002001	矩形柱		m²	22.13		
2	011702006001	矩形梁		m²	28.44		
3	011702014001	板		m²	23.85		

注：根据规范规定，若现浇混凝土梁、板支撑高度超过3.6m时，项目特征要描述支撑高度，否则不描述。

【实例】 2

一、背景资料

某高层建筑如图3-24所示，框剪结构，女儿墙高度为1.8m，由某总承包公司承包，施工组织设计中，垂直运输，采用自升式塔式起重机及单笼施工电梯。

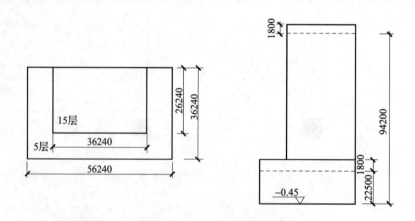

图3-24 某高层建筑示意图

二、问题

根据以上背景资料及现行国家标准《建设工程工程量清单计价规范》GB 50500、《房屋建筑与装饰工程工程量计算规范》GB 50854，试列出该高层建筑物的垂直运输、超高施工增加的分部分项工程量清单。

表 3 - 37　清单工程量计算表

序号	清单项目编码	项目名称	计　算　式	工程量合计	计量单位
1	011704001001	垂直运输 （檐高 94.20m 以内）	26.24 × 36.24 × 5 + 36.24 × 26.24 × 15	19018.75	m²
2	011704001002	垂直运输 （檐高 22.50m 以内）	（56.24 × 36.24 − 36.24 × 26.24）× 5	5436.00	m²
3	011705001001	超高施工增加	36.24 × 26.24 × 14	13313.13	m²

表 3 - 38　单价措施项目清单与计价表

工程名称：

序号	清单项目编码	项目名称	项目特征描述	计量单位	工程量	金额（元）	
						综合单价	合价
1	011704001001	垂直运输（檐高 94.20m 以内	1. 建筑物建筑类型及结构形式：现浇框架结构 2. 建筑物檐口高度、层数：94.20m、20 层	m²	19018.75		
2	011704001002	垂直运输（檐高 22.50m 以内）	1. 建筑物建筑类型及结构形式：现浇框架结构 2. 建筑物檐口高度、层数：22.50m、5 层	m²	5436.00		
3	011705001001	超高施工增加	1. 建筑物建筑类型及结构形式：现浇框架结构 2. 建筑物檐口高度、层数：94.20m、20 层	m²	13313.13		

注：规范规定，同一建筑物有不同檐高时，按建筑物不同檐高做纵向分割，分别计算建筑面积，以不同檐高分别编码列项。

六、房屋建筑与装饰工程工程量清单编制实例

（一）背景资料

1. 设计说明

（1）某工程施工图（平面图、立面图、剖面图）、基础平面布置图如图 3 - 25 ~ 图 3 - 29。

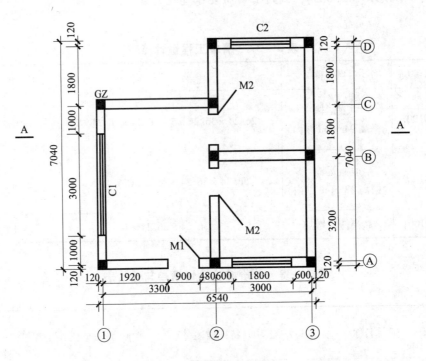

图 3-25　某工程平面图

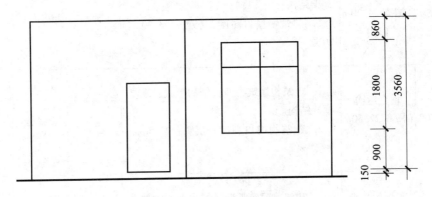

图 3-26　某工程正立面图

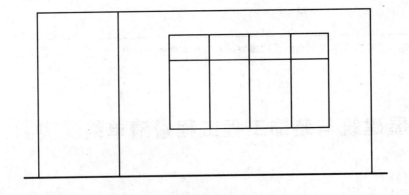

图 3-27　某工程Ⓓ-Ⓐ立面图

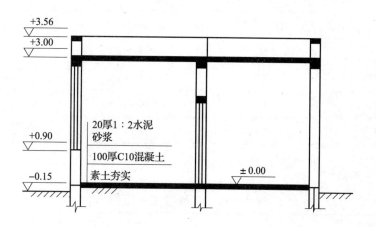

图 3—28 某工程 A—A 剖面图

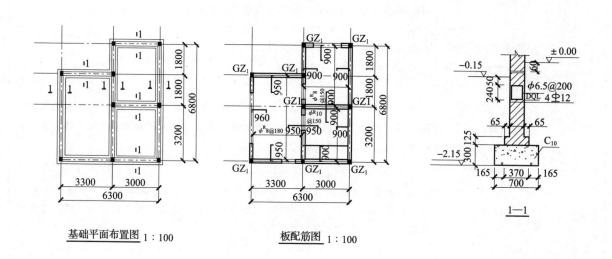

基础平面布置图 1：100　　　　　板配筋图 1：100

说明：

1. 材料：地圈梁，构造柱C20，其余梁，
   板混凝土；C25；钢筋：ϕ—HPB235
   Φ—HRB335，ϕ^R—冷轧带肋钢筋（CRB550）；
   基础采用MU15承重实心砖，M10水泥砂浆；±0.00
   以上采用MU10承重实心砖，M7.5混合砂浆；
   女儿墙采用MU10承重实心砖，M5.0水泥砂浆。
2. 凡未标注的现浇板钢筋均为 ϕ^R8@200。
3. 图中未画出的板上部钢筋的架立钢筋为 ϕ6@150。
4. 本图中未标注的结构板厚为100。
5. 本图应配合建筑及设备专业图纸预留孔洞，不得事后打洞。
6. 过梁根据墙厚及洞口净宽选用相对应类型的过梁，荷载级
   别除注明外均为2级。凡过梁与构造柱相交处，均将过梁改为现浇。
7. 顶层沿240墙均设置圈梁（QL*）圈梁与其他现浇梁相遇时，
   圈梁钢筋伸入梁内500。
8. 构造柱应锚入地圈梁中。

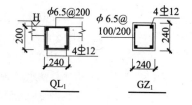

图 3—29 某工程基础平面布置图

（2）该工程为砖混结构，室外地坪标高为 −0.150m，屋面混凝土板厚为100mm。

（3）门窗详表 3—39，均不设门窗套。

表 3 - 39　门窗表

名　　称	代　号	洞口尺寸	备　注
成品钢制防盗门	M1	900×2100	
成品实木门	M2	800×2100	带锁，普通五金
塑钢推拉窗	C1	3000×1800	中空玻璃 5 + 6 + 5；型材
塑钢推拉窗	C2	1800×1800	为钢塑 90 系列；普通五金

（4）工程做法详表 3 - 40。

表 3 - 40　工程做法一览表

序号	工程部位	工　程　做　法
1	地面	面层 20mm 厚 1:2 水泥砂浆地面压光；垫层为 100mm 厚 C10 素混凝土垫层（中砂，砾石 5mm～40mm）；垫层下为素土夯实
2	踢脚线 （120mm 高）	面层：6mm 厚 1:2 水泥砂浆抹面压光 底层：20mm 厚 1:3 水泥砂浆
3	内墙面	混合砂浆普通抹灰，基层上刷素水泥浆一遍，底层 15mm 厚 1:1:6 水泥石灰砂浆，面层 5mm 厚 1:0.5:3 水泥石灰砂浆罩面压光，满刮普通成品腻子膏两遍，刷内墙立邦乳胶漆三遍（底漆一遍，面漆两遍）
4	天棚	钢筋混凝土板底面清理干净，刷水泥 801 胶浆一遍，7mm 厚 1:1:4 水泥石灰砂浆，面层 5mm 厚 1:0.5:3 水泥石灰砂浆，满刮普通成品腻子膏两遍，刷内墙立邦乳胶漆三遍（底漆一遍，面漆两遍）
5	外墙面保温（－0.15 标高至女儿墙压顶）	砌体墙表面做外保温（浆料），外墙面胶粉聚苯颗粒 30mm 厚
6	外墙面贴块料（－0.15 标高至女儿墙压顶）	8mm 厚 1:2 水泥砂浆粘贴 100mm×100mm×5mm 的白色外墙砖，灰缝宽度为 6mm，用白水泥勾缝，无酸洗打蜡要求
7	屋面	在钢筋混凝土板面上做 1:6 水泥炉渣找坡层，最薄处 60mm（坡度 2%）；做 1:2 厚度 20mm 的水泥砂浆找平层（上翻 300mm）；做 3mm 厚 APP 改性沥青卷材防水层（上卷 300mm）；做 1:3 厚度 20mm 的水泥砂浆找平层（上翻 300mm）；做刚性防水层 40 厚 C20 细石混凝土（中砂）内配 φ6.5 钢筋单层双向中距 φ200，建筑油膏嵌缝沿着女儿墙与刚性层相交处以及沿 B 轴线和 2 轴线贯通
8	女儿墙	女儿墙高度为 560mm；顶部设置 240×60 混凝土强度等级为 C20（中砂砾石 5mm～10mm）的混凝土压顶；构造柱布置同平面图；女儿墙墙体用 M5 水泥砂浆（细纱）砌筑（标砖 MU10 页岩砖 240×115×53）
9	构造柱、圈梁、过梁强度等级（中砂，砾石 5mm～40mm）	GZ：C20，GZ 埋设在地圈梁中，且伸入压顶顶部，女儿墙内不再设其他构造柱 QL：C25 GL：C20 考虑为现浇 240×120，每边伸入墙内 250mm

续表

序号	工程部位	工程做法
10	墙体砌筑	（±0.00 以上 +3.00 以下）砌体用 M7.5 混合砂浆砌筑（细纱标砖 M10 页岩砖 240×115×53），不设置墙体拉结筋。
11	过梁钢筋	主筋为 2ϕ12，分布筋为 ϕ8@200
12	在 −0.150 处沿建筑物外墙一圈设有宽度 800mm 散水	C20 混凝土散水面层 80mm（中砂，砾石 5mm~40mm），其下 C10 混凝土垫层（中砂，砾石 5mm~40mm），20mm 厚；再下面是素土夯实；沿散水与外墙交界一圈及散水长度方向每 6m 设变形缝进行建筑油膏嵌缝
13	基础	基础埋深为室外地坪以下 2m（垫层底面标高为 −2.000）；垫层 C10 为混凝土（中砂，砾石 5mm~40mm）；砖基础为 M15 页岩标砖，用 M10 水泥砂浆砌筑（细纱）；在 −0.06m 处设置 20mm 厚 1:2 水泥砂浆（中砂）防潮层一道（防水粉 5%）

2. 施工说明

土壤类别为三类土壤，土方全部通过人力车运输堆放在现场 50m 处，人工回填，均为天然密实土壤，无桩基础，余土外运 1km。混凝土考虑为现场搅拌，散水未考虑土方挖填，混凝土垫层非原槽浇捣，挖土方放坡不支挡土板，垂直运输机械考虑卷扬机，不考虑夜间施工、二次搬运、冬雨季施工、排水、降水，要考虑已完工程及设备保护。

3. 计算说明

（1）挖土方，工作面和放坡增加的工程量并入土方工程量中。

（2）内墙门窗侧面、顶面和窗底面均抹灰、刷乳胶漆，其乳胶漆计算宽度均按 100mm 计算，并入内墙面刷乳胶漆项目内。外墙保温，其门窗侧面、顶面和窗底面不做。外墙贴块料，其门窗侧面、顶面和窗底面要计算，计算宽度均按 150mm 计算，归入零星项目。门洞侧壁不计算踢脚线。

（3）计算工程数量以"m"、"m³"、"m²"为单位，步骤计算结果保留三位小数，最终计算结果保留两位小数。

（二）问题

根据以上背景资料以及现行国家标准《建设工程工程量清单计价规范》GB 50500、《房屋建筑与装饰工程工程量计算规范》GB 50854 及其他相关文件的规定等，编制一份该房屋建筑与装饰工程分部分项工程和措施项目清单。

注："其他项目清单、规费、税金项目计价表、主要材料、工程设备一览表"不举例，其应用在《建设工程工程量清单计价规范》"表格应用"中体现。

表 3−41 清单工程量计算表

工程名称：某工程（房屋建筑与装饰工程）

序号	清单项目编码	清单项目名称	计算式	工程量合计	计量单位
		建筑面积	$S=$（6.54+0.03×2）×（7.04+0.03×2）−3.3×1.8 = 6.6×7.1−3.3×1.8 = 40.92	40.92	m²
1	010101001001	平整场地	$S=$ 首层建筑面积 = 40.92	40.92	m²

序号	清单项目编码	清单项目名称	计 算 式	工程量合计	计量单位
2	010101003001	挖基础沟槽土方	$L_{外中}=(6.3+6.8)\times2=26.2$ $L_{内净}=[5-(0.7+0.3\times2)]+[3-(0.7+0.3\times2)]=5.4$ $V=(0.7+0.3\times2+0.33\times2)\times2\times(26.2+5.4)=123.87$	123.87	m³
3	010103001001	回填土方	1. 基础回填 $V_1=123.87-6.89-13.48-1.94-0.10+33.72\times0.24\times0.15=102.67$ 2. 室内回填 $V_2=(3.06\times4.76+3.36\times2.76+2.76\times2.96)\times(0.15-0.02-0.08)=32.01\times0.05=1.60$ $V=102.67+1.60=104.27$	104.27	m³
4	010103002001	余方弃置	$V=123.87-104.27=19.6$	19.6	m³
5	010501001001	砖基垫层	$L_{外中}=26.2$ $L_{内净}=(5-0.7+3-0.7)=6.6$ $V=0.7\times0.30\times32.8=6.89$	6.89	m³
6	010503004001	地圈梁	$L_{外中}=26.2m$ $L_{内净}=(5-0.24+3-0.24)=7.52$ $V=0.24\times0.24\times33.72=1.94$	1.94	m³
7	010401001001	砖基础	$L_{外中}=26.2$ $L_{内净}=(5-0.24+3-0.24)=7.52$ $V=(0.125\times0.13+1.85\times0.24)\times(26.2+7.52)-1.94-0.14(构造柱)=13.44$	13.44	m³
8	010401003001	主体砖墙	$V=(26.2+7.52)\times0.24\times3.0-1.04-0.12-2.04-17.13\times0.24=16.97$	16.97	m³
9	010401003002	砌女儿砖墙	$V=26.2\times0.56\times0.24-0.32-0.34=2.86$	2.86	m³
10	010502002001	构造柱	1. ±0 以下 $V_1=(0.24\times0.24\times0.2)\times9+0.24\times0.03\times22\times0.2=0.14+0.032=0.14$ 2. ±0 以上 $V_2=(0.24\times0.24\times3)\times9+0.24\times0.03\times3\times22=1.56+0.48=2.04$ 3. 女儿墙 $V_3=(0.24\times0.24\times0.56)\times8+0.24\times0.03\times16\times0.56=0.26+0.06=0.32$ $V=V_1+V_2+V_3=0.14+2.04+0.32=2.50$	2.50	m³
11	010503004002	圈梁	$V=0.24\times(0.24-0.10)\times33.72-0.24\times0.24\times0.14\times9-0.24\times0.03\times22\times0.14=0.24\times0.14\times33.72-0.07-0.02=1.04$	1.04	m³

序号	清单项目编码	清单项目名称	计 算 式	工程量合计	计量单位
12	010503005001	过梁	$V = 0.24 \times 0.12 \times [(0.8 + 0.25 \times 2) \times 2 + (0.9 + 0.25 \times 2)] = 0.24 \times 0.12 \times (2.6 + 1.4) = 0.12$	0.12	m³
13	010505003001	现浇混凝土板	$V = (6.54 \times 7.04 - 1.8 \times 3.3) \times 0.10 = 4.01$	4.01	m³
14	010507004001	现浇混凝土压顶	$V = 0.24 \times 0.06 \times (26.2 - 0.30 \times 8) = 0.34$	0.34	m³
15	010507001001	散水	$S = 27.16 \times 0.8 + 4 \times 0.8 \times 0.8 = 24.29$	24.29	m²
16	010801001001	成品实木门	$S = 0.8 \times 2.1 \times 2 = 3.36$	3.36	m²
17	010802004001	成品钢制防盗门	$S = 0.9 \times 2.1 \times 1 = 1.89$	1.89	m²
18	010807001001	塑钢推拉窗	$S = 3.0 \times 1.8 + 1.8 \times 1.8 \times 2 = 11.88$	11.88	m²
19	010902001001	屋面APP卷材防水	$S = (6.06 \times 4.76 + 2.76 \times 1.8) + (6.06 + 6.56) \times 2 \times 0.30 = 33.81 + 7.57 = 41.38 m^2$	41.38	m²
20	010902003001	屋面刚性层	$S = 6.06 \times 4.76 + 2.76 \times 1.8 = 33.81$	33.81	m²
21	011001001001	屋面保温层	$S = 6.06 \times 4.76 + 2.76 \times 1.8 = 33.81$ 屋面保温层平均厚度 $= 0.06 + 6.3/4 \times 2\% = 0.06 + 0.03 = 0.09 m$	33.81	m²
22	011101006001	屋面砂浆找平层	$S = $ 卷材防水工程量 $= 41.38$	41.38	m²
23	011001003001	外墙外保温	$S = (6.54 + 7.04) \times 2 \times 3.71 - 0.9 \times 2.1 - 3 \times 1.8 - 1.8 \times 1.8 \times 2 = 86.99$	86.99	m²
24	010515001001	现浇构件钢筋φ10以内	$G = 0.41$（计算式略）	0.41	t
25	010515001002	现浇构件钢筋φ10以外	$G = 0.16$（计算式略）	0.16	t
26	010515001003	现浇构件钢筋螺纹钢	$G = 0.42$（计算式略）	0.42	t
27	011101001001	水泥砂浆楼地面	$S = 3.06 \times 4.76 + 3.36 \times 2.76 + 2.76 \times 2.96 = 32.01$	32.01	m²
28	010501001001	地面垫层	$V = 32.01 \times 0.10 = 3.20$	3.20	m³
29	011105001001	水泥砂浆踢脚线	$S = (15.64 + 12.24 + 11.44) \times 0.12 - (0.8 \times 4 + 0.9 \times 1) \times 0.12 = 4.23$	4.23	m²

续表

序号	清单项目编码	清单项目名称	计　算　式	工程量合计	计量单位
30	011201001001	墙面抹灰	$S = (15.64 + 12.24 + 11.44) \times 2.9 - (0.9 \times 2.1 + 0.8 \times 2.1 \times 4 + 3.0 \times 1.8 + 1.8 \times 1.8 \times 2) = 39.32 \times 2.9 - 20.49 = 93.54$	93.54	m²
31	011201001002	女儿墙内侧抹灰	$S = (6.06 + 6.56) \times 2 \times (0.56 + 0.24) = 20.19$	20.19	m²
32	011301001001	天棚抹灰	$S = 3.06 \times 4.76 + 3.36 \times 2.76 + 2.76 \times 2.96 = 32.01$	32.01	m²
33	011204003001	块料墙面	$S = [(6.54 + 0.043 \times 2) + (7.04 + 0.043 \times 2)] \times 2 \times 3.71 - (0.874 \times 2.087 + 2.974 \times 1.774 + 1.774 \times 1.774 \times 2) = (6.626 + 7.126) \times 2 \times 3.71 - 13.39 = 88.65$	88.65	m²
34	011206002001	块料零星项目	$S = (2.087 \times 2 + 0.874 + 2.974 \times 2 + 1.774 \times 2 + 1.774 \times 4 \times 2) \times 0.15 = 28.74 \times 0.15 = 4.31$	4.31	m²
35	011406001001	抹灰墙面乳胶漆	$S = 93.54 + (0.8 \times 4 + 2.1 \times 2 \times 2 \times 2 + 1.8 \times 4 \times 2 + 3 \times 2 + 1.8 \times 2 + 0.9 + 2.1 \times 2) \times 0.10 = 49.1 \times 0.1 + 93.54 = 98.45$	98.45	m²
36	011406001002	天棚抹灰面乳胶漆	$S = $ 天棚抹灰工程量 $= 32.01$	32.01	m²
37	011701001001	综合脚手架	$S = $ 建筑面积 $= 40.92$	40.92	m²
38	011703001001	垂直运输	$S = $ 建筑面积 $= 40.92$	40.92	m²

注：1. 根据国家建筑面积计算规范，保温厚度应计算建筑面积。

2. 挖沟槽土方，将工作面和放坡增加的工程量并入土方工程量中，工作面、放坡根据《房屋建筑与装饰工程工程量计算规范》附录表 A.1-3、A.1-4 规定计算。

3. 现浇混凝土基础垫层执行《房屋建筑与装饰工程工程量计算规范》附录 E.1 垫层项目。

4. 根据规范的规定，圈梁与板连接算至板底。

5. 门窗以平方米计量。

6. 按规范规定，屋面防水反边应并入清单工程量。

7. 根据规范规定，屋面找平层按附录 K.1 楼地面装饰工程"平面砂浆找平层"项目编码列项。

8. 外保温不考虑门窗洞口侧壁作保温。

9. 门侧壁不考虑踢脚线。

10. 地面混凝土垫层，按附录 E.1 垫层项目编码列项。

11. 墙抹灰工程量计算根据规范规定，不扣踢脚线，门窗侧壁亦不增加。

12. 块料墙面根据规范规定：按镶贴表面积计算。

13. 块料零星项目主要指门窗侧壁。

14. 现浇混凝土及钢筋混凝土模板及支撑（架）不单列，混凝土及钢筋混凝土实体项目综合单价中包含模板及支架。

___× ×___工程

招标工程量清单

招 标 人：___× ×公司___
（单位盖章）

造价咨询人：___× ×造价咨询公司___
（单位盖章）

× ×年×月×日

_____×× _____工程

招标工程量清单

招　标　人：___××公司___
（单位盖章）

工 程 造 价
咨　询　人：___××造价咨询公司___
（单位资质专用章）

法定代表人
或其授权人：___×××___
（签字或盖章）

法定代表人
或其授权人：___×××___
（签字或盖章）

编　制　人：___×××___
（造价人员签字盖专用章）

复　核　人：___×××___
（造价工程师签字盖专用章）

编 制 时 间：××年×月×日　　复 核 时 间：××年×月×日

总 说 明

一、工程概况

本工程为一层房屋建筑，檐高 3.05m，建筑面积 40.92m²，砖混结构，室外地坪标高为 −0.15m，其地面、天棚、内外装饰装修工程做法详见施工图及设计说明。

二、工程招标和分包范围

1. 工程招标范围：施工图范围内的建筑工程、装饰装修工程，详见工程量清单。

2. 分包范围：无分包工程。

三、清单编制依据

1. 《建设工程工程量清单计价规范》GB 50500—2013、《房屋建筑与装饰工程工程量计算规范》GB 50854—2013 及解释和勘误。

2. 本工程的施工图。

3. 与本工程有关的标准（包括标准图集）、规范、技术资料。

4. 招标文件、补充通知。

5. 其他有关文件、资料。

四、其他说明事项

1. 一般说明

（1）施工现场情况：以现场踏勘情况为准。

（2）交通运输情况：以现场踏勘情况为准。

（3）自然地理条件：本工程位于某市某县。

（4）环境保护要求：满足省、市及当地政府对环境保护的相关要求和规定。

（5）本工程投标报价按《建设工程工程量清单计价规范》、《房屋建筑与装饰工程工程量计算规范》的规定及要求，使用表格及格式按《建设工程工程量清单计价规范》要求执行，有更正的以勘误和解释为准。

（6）工程量清单中每一个项目，都需填入综合单价及合价，对于没有填入综合单价及合价的项目，不同单项及单位工程中的分部分项工程量清单中相同项目（项目特征及工作内容相同）的报价应统一，如有差异，按最低一个报价进行结算。

（7）《承包人提供材料和工程设备一览表》中的材料价格应与综合单价及《综合单价分析表》中的材料价格一致。

（8）本工程量清单中的分部分项工程量及措施项目工程量均是根据本工程施工图，按照"工程量计算规范"的规定进行计算的，仅作为施工企业投标报价的共同基础，不能作为最终结算与支付价款的依据，工程量的变化调整以业主与承包商签字的合同约定为准，或按《建设工程工程量清单计价规范》有关规定执行。

（9）工程量清单及其计价格式中的任何内容不得随意删除或涂改，若有错误，在招标答疑时及时提出，以"补遗"资料为准。

（10）分部分项工程量清单中对工程项目的项目特征及具体做法只作重点描述，详细情况见施工图设计、技术说明及相关标准图集。组价时应结合投标人现场勘察情况包括完成所有工序工作内容的全部费用。

（11）投标人应充分考虑施工现场周边的实际情况对施工的影响，编制施工方案，并作出报价。

（12）暂列金额为：3340.05 元

（13）本说明未尽事项，以计价规范、工程量计算规范、计价管理办法、招标文件以及有关的法律、法规、建设行政主管部门颁发的文件为准。

表 −01

2. 有关专业技术说明

（1）本工程使用普通混凝土，现场搅拌。

（2）本工程现浇混凝土及钢筋混凝土模板及支撑（架）不单列，按混凝土及钢筋混凝土实体项目执行，综合单价中应包含模板及支架。

（3）本工程挖基础土方清单工程量含工作面和放坡增加的工程量，按《房屋建筑与装饰工程工程量计算规范》的规定计算；办理结算时以批准的施工组织设计规定的工作面和放坡，按实计算工程量。

表 –01

·284·

分部分项工程和单价措施项目清单与计价表

序号	项目编码	项目名称	项目特征描述	计量单位	工程量	金额（元）			
						综合单价	合价	其中	
								定额人工费	暂估价
土（石）方工程									
1	010101001001	平整场地	1. 土壤类别：三类 2. 取弃土运距：由投标人根据施工现场情况自行考虑	m²	40.92				
2	010101003001	挖基础沟槽土方	1. 土壤类别：三类 2. 挖土深度：2.0m 3. 弃土运距：现场内运输堆放距离为50m、场外运输距离为1km	m³	123.87				
3	010103001001	土方回填	1. 密实度要求：符合规范要求 2. 填方运距：50m	m³	104.27				
4	010103002001	余方弃置	运距：运输1km	m³	19.60				
砌筑工程									
5	010401001001	砖基础	1. 砖品种、规格、强度等级：页岩标砖 MU15 240×115×53mm 2. 砂浆强度等级：M10 水泥砂浆 3. 防潮层种类及厚度：20mm厚1:2水泥砂浆（防水粉5%）	m³	13.44				
6	010401003001	实心主体砖墙	1. 砖品种、规格、强度等级：页岩标砖 MU10 240×115×53mm 2. 砂浆强度等级、配合比：M7.5混合砂浆	m³	16.97				
7	010401003002	实心女儿砖墙	1. 砖品种、规格、强度等级：页岩标砖 MU10 240×115×53mm 2. 砂浆强度等级、配合比：M5水泥砂浆	m³	2.86				
混凝土及钢筋混凝土工程									
8	010501001001	砖基垫层	1. 混凝土种类：现场搅拌 2. 混凝土强度等级：C10	m³	6.89				
9	010501001002	地面垫层	1. 混凝土种类：现场搅拌 2. 混凝土强度等级：C10	m³	3.20				
10	010502002001	现浇混凝土构造柱	1. 混凝土种类：现场搅拌 2. 混凝土强度等级：C20	m³	2.50				

表-08

分部分项工程和单价措施项目清单与计价表

序号	项目编码	项目名称	项目特征描述	计量单位	工程量	金额（元）			
						综合单价	合价	其中	
								定额人工费	暂估价
11	010503004001	现浇混凝土地圈梁	1. 混凝土类别：现场搅拌 2. 混凝土强度等级：C25	m³	1.94				
12	010503004002	现浇混凝土圈梁	1. 混凝土类别：现场搅拌 2. 混凝土强度等级：C25	m³	1.04				
13	010503005001	现浇混凝土过梁	1. 混凝土类别：现场搅拌 2. 混凝土强度等级：C20	m³	0.12				
14	010505003001	现浇混凝土平板	1. 混凝土类别：现场搅拌 2. 混凝土强度等级：C25	m³	4.01				
15	010507004001	现浇混凝土压顶	1. 混凝土类别：现场搅拌 2. 混凝土强度等级：C20	m³	0.34				
16	010507001001	散水	1. 垫层材料种类、厚度：C10混凝土、厚20mm 2. 面层厚度：80mm 3. 混凝土强度等级：C20 4. 填塞材料种类：建筑油膏	m²	24.29				
17	010515001001	现浇构件钢筋（φ10以内）	钢筋种类、规格：Ⅰ级φ6.5、φ8、φ10	t	0.41				
18	010515001002	现浇构件钢筋（φ10以上）	钢筋种类、规格：Ⅰ级φ12	t	0.16				
19	010515001003	现浇构件钢筋（螺纹）	钢筋种类、规格：Ⅱ级φ12	t	0.42				
		屋面及防水工程							
20	010902001001	APP卷材防水	1. 卷材品种、规格：APP防水卷材、厚3mm 2. 防水层做法：详见西南地区建筑标准设计通用图、屋面（第一分册）刚性、卷材、涂膜防水及隔热屋面（西南03J201-1）、P19卷材防水屋面类型表（三）、2210卷材防水屋面（上人）a保温	m²	41.38				

表-08

分部分项工程和单价措施项目清单与计价表

序号	项目编码	项目名称	项目特征描述	计量单位	工程量	金额（元）			
						综合单价	合价	定额人工费	暂估价
								其中	
21	010902003001	刚性防水	1. 刚性层厚度：刚性防水层 40 厚 2. 混凝土种类：细石混凝土 3. 混凝土强度等级：C20 4. 嵌缝材料种类：建筑油膏嵌缝，沿着女儿墙与刚性层相交处以及沿 B 轴和 2 轴线贯通 5. 钢筋规格、型号：内配 $\phi 6.5$ 钢筋双向中距 $\phi 200$	m²	33.81				
22	011101006001	屋面找平层	找平层厚度、配合比：20 厚 1:2 水泥砂浆、20 厚 1:3 水泥砂浆	m²	41.38				
			防腐、隔热、保温工程						
23	011001001001	保温屋面	1. 部位：屋面 2. 材料品种及厚度：水泥炉渣 1:6、找坡 2%、最薄处 60mm	m²	33.81				
24	011001003001	外墙保温	1. 部位：外墙面 2. 材料品种及厚度：30mm 厚胶粉聚苯颗粒	m²	86.99				
			楼地面工程						
25	011101001001	水泥砂浆楼地面	面层厚度、砂浆配合比：20mm 厚 1:2 水泥砂浆	m²	32.01				
26	011105001001	水泥砂浆踢脚线	1. 踢脚线高度：120mm 2. 底层厚度、砂浆配合比：20mm 厚 1:3 水泥砂浆 3. 面层厚度、砂浆配合比：6mm 厚 1:2 水泥砂浆	m²	4.23				
			墙、柱面工程						
27	011201001001	墙面一般抹灰	1. 墙体类型：砖墙 2. 底层厚度、砂浆配合比：素水泥砂浆一遍，15mm 厚 1:1:6 水泥石灰砂浆 3. 面层厚度、砂浆配合比：5mm 厚 1:0.5:3 水泥石灰砂浆	m²	93.54				

表 – 08

· 287 ·

分部分项工程和单价措施项目清单与计价表

序号	项目编码	项目名称	项目特征描述	计量单位	工程量	金额（元）			
						综合单价	合价	其中	
								定额人工费	暂估价
28	011201001002	女儿墙内面抹灰	1．墙体类型：砖墙 2．底层厚度、砂浆配合比：素水泥砂浆一遍，15mm厚1∶1∶6水泥石灰砂浆 3．面层厚度、砂浆配合比：5mm厚1∶0.5∶3水泥石灰砂浆	m²	20.19				
29	011204003001	块料墙面	1．墙体类型：砖外墙 2．粘结层厚度、材料种类：8mm厚1∶2水泥砂浆 3．面层材料品种、规格、颜色：100mm×100mm白色外墙砖、厚5mm 4．缝宽、嵌缝材料种类：灰缝宽6mm白水泥勾缝	m²	88.65				
30	011206002001	块料零星项目	1．墙体类型：砖外墙 2．粘结层厚度、材料种类：8mm厚1∶2水泥砂浆 3．面层材料品种、规格、颜色：100mm×100mm白色外墙砖、厚5mm	m²	4.31				
天 棚 工 程									
31	011301001001	天棚抹灰	1．基层类型：混凝土板底 2．抹灰厚度、材料种类：12mm厚水泥石灰砂浆 3．砂浆配合比：水泥801胶浆一遍，7mm厚1∶1∶4水泥石灰砂浆，5mm厚1∶0.5∶3水泥石灰砂浆	m²	32.01				
门 窗 工 程									
32	010801001001	成品实木门安装	1．门类型及代号：实木装饰门、M2 2．五金：包括合页、锁	m²	3.36				
33	010802004001	防盗门	1．门类型及代号：钢质防盗门、M1 2．五金：包括合页、不含锁	m²	1.89				

表－08

分部分项工程和单价措施项目清单与计价表

序号	项目编码	项目名称	项目特征描述	计量单位	工程量	金额（元）			
						综合单价	合价	其中	
								定额人工费	暂估价
门 窗 工 程									
34	010807001001	塑钢窗	1. 窗类型及代号：塑钢推拉窗、C1、C2 2. 玻璃品种、厚度：中空玻璃 5＋6＋5 3. 五金材料：拉手、内撑	m²	11.88				
油漆、涂料、裱糊工程									
35	011406001001	墙抹灰面乳胶漆	1. 基层类型：抹灰面 2. 腻子种类：普通成品腻子膏 3. 刮腻子遍数：两遍 4. 油漆品种、刷漆遍数：立邦乳胶漆、底漆一遍、面漆两遍	m²	98.45				
36	011406001002	天棚抹灰面乳胶漆	1. 基层类型：抹灰面 2. 腻子种类：普通成品腻子膏 3. 刮腻子遍数：两遍 4. 油漆品种、刷漆遍数：立邦乳胶漆、底漆一遍、面漆两遍	m²	32.01				
措 施 项 目									
37	011701001001	脚手架	1. 建筑结构形式：砖混结构 2. 檐口高度：3.05m	m²	40.92				
38	011703001001	垂直运输机械	1. 建筑物建筑类型及结构形式：房屋建筑、砖混结构 2. 建筑物檐口高度、层数：3.05m、一层	m²	40.92				

表－08

总价措施项目清单与计价表

工程名称：某工程

序号	项目编码	项 目 名 称	计算基础	费率 （%）	金额 （元）	调整 费率 （%）	调整后金额 （元）	备注
1	011707001001	安全文明施工	定额人工费					
2	011707007001	已完工程及设备保护	定额人工费					
		略						
合　计								

编制人（造价人员）：   复核人（造价工程师）：

注：1. "计算基础"中安全文明施工费可为"定额基价"、"定额人工费"或"定额人工费＋定额机械费"，其他项目可为"定额人工费"或"定额人工费＋定额机械费"。

2. 按施工方案计算的措施费，若无"计算基础"和"费率"的数值，也可只填"金额"数值，但应在备注栏说明施工方案出处或计算方法。

表－11

第 四 篇
《仿古建筑工程工程量计算规范》GB 50855—2013
内 容 详 解

一、概况

《仿古建筑工程工程量计算规范》是根据 2011 年 5 月主编单位提出的"关于改进现行《建设工程工程量清单计价规范》的实施方案"要求，从原《建设工程工程量清单计价规范》GB 50500—2008）修编时增编的附录 C 仿古建筑工程转化而来。

《仿古建筑工程工程量计算规范》系新增加的计量规范，序号为"02"。本规范共分正文、附录及条文说明三大部分。

正文共分总则、术语、工程计量、工程量清单编制四个部分；附录共十一个，分别为：附录 A 砖作工程、附录 B 石作工程、附录 C 琉璃砌筑工程、附录 D 混凝土及钢筋混凝土工程、附录 E 木作工程、附录 F 屋面工程、附录 G 地面工程、附录 H 抹灰工程、附录 J 油漆彩画工程、附录 K 措施项目、附录 L 古建筑名词对照表。其中附录 A 至附录 J 为实体部分；附录 K 为措施项目，内容包括：脚手架、模板、垂直运输、超高施工增加、大型机械设备进出场及安拆、施工降水排水工程、安全文明施工及其他措施项目等。

本规范项目部分附录共 84 节 566 个清单项目，其节、项目数量如表 4 - 1 所示。

表 4 - 1　项目部分附录节、项目数量表

序号	附录名称	节数量	项目数量
1	附录 A　砖作工程	12	77
2	附录 B　石作工程	8	56
3	附录 C　琉璃砌筑工程	3	29
4	附录 D　混凝土及钢筋混凝土工程	13	74
5	附录 E　木作工程	14	135
6	附录 F　屋面工程	4	30
7	附录 G　地面工程	6	16
8	附录 H　抹灰工程	5	17
9	附录 J　油漆彩画工程	12	60
10	附录 K　措施项目	7	72
	小　计	84	566

二、编制依据

1. 《建设工程工程量清单计价规范》GB 50500—2008；
2. 建设部《仿古建筑及园林工程预算定额》（1988 年）；
3. 北京市地方标准《房屋修缮工程工程量清单计价规范》（2009 年）；

4.《北京市建设工程预算定额》第三册仿古建筑工程（2001 年）；

5.《江苏省仿古建筑与园林工程计价表》（2007）；

6. 部分省市《仿古建筑及园林工程预算定额》。

三、编制工作概况

1. 编制小组在收集意见的基础上，讨论确定了"仿古建筑工程工程量计算规范"编制工作的实施意见，明确了工作分工和工作进度安排。根据实际情况，采用集中与分散方式开展工作，在本省多次征求有关地区和单位的意见。为了实地学习了解北方建筑，北京市造价管理处积极协助编制组成员到北京、山西两地进行了专门的古建筑参观学习，收集有关一手资料，河南省造价总站等兄弟省站也为编制组提供了有关资料，使得本规范的编制工作得以顺利完成。参加本规范编制的主要单位有：江苏省建设工程造价管理总站、北京市建设工程造价管理处、四川省建设工程造价管理总站、广东省建设工程造价管理总站、浙江省建设工程造价管理总站、苏州市工程造价管理处、南通市工程造价管理处、苏州园林发展股份有限公司、苏州香山古建集团公司等。

2. 由于仿古建筑工程施工做法的特殊性与复杂性，各个地区做法存在差异、各个朝代做法不同、皇家与民间做法并存的情况下，为了提高《仿古建筑工程计量规范》编制工作的质量，编制组在章节编排、清单项目设置、有关情况的解释与说明等等方面，作了多方面考虑和努力，以增强规范实施时的全国统一性、地区适应性和使用适用性。

3. 本规范的编制依据，在执行上级有关规定与要求的前提下，主要采用 1988 年建设部颁发的《仿古建筑及园林工程预算定额》，并在此基础上结合北京市、江苏省等部分省市现行预算定额进行了必要的调整与补充；同时参考了北京市地方标准《房屋修缮工程工程量清单计价规范》、梁思成著《清式营造则例》、姚承祖原著张至刚增编《营造法原》、刘大可著《中国古建筑瓦石营法》、边精一著《中国古建筑油漆彩画》等有关书籍；并吸收了各地与各位专家提供的宝贵意见和建议。

4. 本规范在编制中采用的有关名词名称，根据专家组会议纪要要求，以官式（北方）建筑名称为主，在附录各节最后以注的形式标注出其他名称，同时在规范最后以附录形式随附"附录 K 古建筑名词对照表"。

5. 各附录中"节"的划分方式：

(1) 砖作工程、石作工程、琉璃砌筑工程及抹灰工程以项目所处部位来确定；

(2) 钢筋混凝土构件按照现浇构件与预制构件顺序，以构件种类进行划分；

(3) 木作工程按照构件种类进行划分；

(4) 屋面工程分别材料品种、按照项目类别进行划分；

(5) 地面工程按照施工做法及类别进行分类；

(6) 油漆彩画工程分别按油漆彩画分类，以构件种类及所处位置进行划分；

(7) 措施项目中的脚手架、模板、垂直运输机械费等参照实体项目和实际施工发生情况设置清单项目。

四、正文部分内容详解

1 总   则

【概述】 本规范总则共 4 条，从"08 规范"复制一条，新增 3 条，其中强制性条文 1 条，主要内容为制定本规范的目的，适用的工程范围、作用以及计量活动中应遵循的基本原则。

【条文】 1.0.1　为规范仿古建筑工程造价计量行为，统一仿古建筑工程工程量计算规则、工程量清单的编制方法，制定本规范。

【要点说明】　本条阐述了制定本规范的目的和意义。

制定本规范的目的是"规范仿古建筑工程造价计量行为，统一仿古建筑工程工程量计算规则、工程量清单的编制方法"，此条在"08规范"基础上新增，此次"08规范"修订，将分别制定计价与计量规范，因此，新增此条。

【条文】 1.0.2　本规范适用于仿古建筑物、构筑物和纪念性建筑等工程发承包及实施阶段计价活动中的工程计量和工程量清单编制。

【要点说明】　本条说明本规范的适用范围。

本规范的适用范围是仿古建筑物、构筑物和纪念性建筑等工程施工发承包计价活动中的"工程量清单编制和工程计量"，此条在"08规范"基础上新增，将"08规范"工程量清单编制和工程计量纳入此条。

【条文】 **1.0.3　仿古建筑工程计价，必须按本规范规定的工程量计算规则进行工程计量。**

【要点说明】　本条为强制性条文，规定了执行本规范的范围，明确了无论国有资金投资的还是非国有资金投资的工程建设项目，其工程计量必须执行本规范。此条在"08规范"基础上新增，进一步明确本规范工程量计算规则的重要性。

【条文】 1.0.4　仿古建筑工程计量活动，除应遵守本规范外，尚应符合国家现行有关标准的规定。

【要点说明】　本条规定了本规范与其他标准的关系。

此条明确了本规范的条文是建设工程计价与计量活动中应遵守的专业性条款，在工程计量活动中，除应遵守本规范外，还应遵守国家现行有关标准的规定。此条是从"08规范"中复制的一条。

2　术　　语

【概述】　按照编制标准规范的要求，术语是对本规范特有术语给予的定义，尽可能避免规范贯彻实施过程中由于不同理解造成的争议。

本规范术语共计4条，与"08规范"相比，此四条均为新增。

【条文】 2.0.1　工程量计算　measurement of quantities

指建设工程项目以工程设计图纸、施工组织设计或施工方案及有关技术经济文件，按照相关工程国家标准的计算规则、计量单位等规定，进行工程数量的计算活动，在工程建设中简称工程计量。

【要点说明】

"工程量计算"指建设工程项目以工程设计图纸、施工组织设计或施工方案及有关技术经济文件，按照相关工程国家标准的计算规则、计量单位等规定，进行工程数量的计算活动，在工程建设中简称工程计量。

【条文】 2.0.2　古建筑　　ancient building

主要指古代原始社会、奴隶社会和封建社会遗留的建筑物。

【要点说明】

"古建筑"是中华民族悠久历史文化遗产中的一颗璀璨明珠，经过了数千年的演变，其特有的建筑形式、布局型制、结构构架、做工用材、油饰彩绘等都体现了中华祖先的聪明才智，具有卓越的成就和独特的风格，在世界建筑史上占有重要地位。

【条文】 2.0.3　仿古建筑　　pseudo classic building

仿照古建筑式样而运用现代结构、材料及技术建造的建筑物、构筑物和纪念性建筑。

【要点说明】 "仿古建筑"是根据我国古代官式建筑及地方传统作法型制建造的建筑,是对传统建筑技术和工艺的研究与继承,它传承了古代建筑文化,又推陈出新,有所变化和发展,推动了中国建筑不断向前发展。

【条文】 2.0.4 纪念性建筑 memorial building
以纪念为目的,具有纪念性功能和纪念意义的表明某种特征的建筑。

【要点说明】 "纪念性建筑"具有怀念性、标志性、歌颂性、表彰性、庆功性以及历史性等方面的内涵。纪念性建筑以精神功能为主。如:纪念堂、纪念塔、纪念亭、纪念碑、纪念柱、陵墓等。

3 工 程 计 量

【概述】 本章共6条,与"08规范"相比,均为新增条款,规定了工程计量的依据、原则、计量单位、工作内容的确定,小数点位数的取定以及仿古建筑工程与其他专业在使用上的划分界限。

【条文】 3.0.1 工程量计算除依据本规范各项规定外,尚应依据以下文件:
1 经审定通过的施工设计图纸及其说明。
2 经审定通过的施工组织设计或施工方案。
3 经审定通过的其他有关技术经济文件。

【要点说明】 本条规定了工程量计算的依据。明确工程量计算,一是应遵守《仿古建筑工程工程量计算规范》的各项规定;二是应依据施工图纸、施工组织设计或施工方案,其他有关技术经济文件进行计算;三是,计算依据必须经审定通过。

【条文】 3.0.2 工程实施过程中的计量应按照现行国家标准《建设工程工程量清单计价规范》GB 50500的相关规定执行。

【要点说明】 本条进一步规定工程实施过程中的计量应按照《建设工程工程量清单计价规范》的相关规定执行。

在工程实施过程中,相对工程造价而言,工程计价与计量是两个必不可少的过程,工程计量除了遵守本计量规范外,还必须遵守《建设工程工程量清单计价规范》的相关规定。

【条义】 3.0.3 本规范附录中有两个或两个以上计量单位的,应结合拟建工程项目的实际情况,确定其中一个为计量单位。同一工程项目的计量单位应一致。

【要点说明】 本条规定了本规范附录中有两个或两个以上计量单位的项目,在工程计量时,应结合拟建工程项目的实际情况,选择其中一个作为计量单位,在同一个建设项目(或标段、合同段)中,有多个单位工程的相同项目计量单位必须保持一致。

【条文】 3.0.4 工程计量时每一项目汇总的有效位数应遵守下列规定:
1 以"t"为单位,应保留小数点后三位数字,第四位小数四舍五入。
2 以"m"、"m²"、"m³"、"kg"为单位,应保留小数点后两位数字,第三位小数四舍五入;
3 以"个"、"只"、"块"、"根"、"件"、"对"、"份"、"樘"、"座"、"攒"、"榀"等为单位,应取整数。

【要点说明】 本条规定了工程计量时每一项目汇总工程量的有效位数,体现了统一性。

【条文】 3.0.5 本规范各项目仅列出了主要工作内容,除另有规定和说明外,应视为已经包括完成该项目所列或未列的全部工作内容。

【要点说明】 本条规定了工作内容应按以下三个方面规定执行:

1. 对本规范所列项目的工作内容进行了规定,除另有规定和说明外,应视为已经包括所完成该项目的全部工作内容,未列内容或未发生,不应另行计算。

2. 本规范附录项目工作内容列出了主要施工内容，施工过程中必然发生的机械移动、材料运输等辅助内容虽然未列出，也应包括。

3. 本规范以成品考虑的项目，如采用现场制作的，应包括制作的工作内容。

【条文】 **3.0.6** 仿古建筑工程涉及土石方工程、地基处理与边坡支护工程、桩基工程、钢筋工程、小区道路等工程项目时，按照现行国家标准《房屋建筑与装饰工程工程量计算规范》GB 50854的相应项目执行；涉及电气、给排水、消防等安装工程的项目，按照现行国家标准《通用安装工程工程量计算规范》GB 50856的相应项目执行；涉及市政道路、室外给排水等工程的项目，按照现行国家标准《市政工程工程量计算规范》GB 50857的相应项目执行；涉及园林绿化工程的项目，按照现行国家标准《园林绿化工程工程量计算规范》GB 50858的相应项目执行。采用爆破法施工的石方工程按照现行国家标准《爆破工程工程量计算规范》GB 50862的相应项目执行。

【要点说明】 本条指明了仿古建筑工程与其他"工程量计算规范"在执行上的界线范围和划分，以便正确执行规范。对于一个仿古建筑建设项目来说，不仅仿古建筑工程项目要满足国家标准要求，涉及其他专业工程项目，也要满足相关国家标准要求。此条为编制清单设置项目明确了应执行的规范。

4 工程量清单编制

【概述】 本章共3节，13条，新增5条，移植"08规范"8条，强制性条文7条。规定了编制工程量清单的依据，原则要求以及执行本计量规范应遵守的有关规定。

4.1 一般规定

【概述】 本节共3条，新增1条，移植"08规范"2条，规定了清单的编制依据以及补充项目的编制规定。

【条文】 **4.1.1** 编制工程量清单应依据：

1 本规范和现行国家标准《建设工程工程量清单计价规范》GB 50500。

2 国家或省级、行业建设主管部门颁发的计价依据和办法。

3 建设工程设计文件。

4 与建设工程项目有关的标准、规范、技术资料。

5 拟定的招标文件。

6 施工现场情况、工程特点及常规施工方案。

7 其他相关资料。

【要点说明】 本条规定了工程量清单的编制依据。

本条从"08规范"移植，增加"《建设工程工程量清计价规范》"内容。体现了《建筑工程施工发包与承包计价管理办法》的规定"工程量清单依据招标文件、施工设计图纸、施工现场条件和国家制定的统一工程量计算规则、分部分项工程项目划分、计量单位等进行编制"。本规范为工程量计算规范，工程量清单的编制同时应以《建设工程工程量清单计价规范》为依据。

【条文】 **4.1.2** 其他项目、规费和税金项目清单应按照现行国家标准《建设工程工程量清单计价规范》GB 50500的相关规定编制。

【要点说明】 本条为新增条款，规定了其他项目、规费和税金项目清单应按现行国家标准《建设工程工程量清单计价规范》的有关规定进行编制，其他项目清单包括：暂列金额、暂估价、计日工、总承包服务费；规费项目清单包括：社会保险费、住房公积金、工程排污费；税金项目清单包括：营业税、城市维护建设税、教育费附加、地方教育附加。

【条文】 4.1.3 编制工程量清单出现附录中未包括的项目，编制人应作补充，并报省级或行业工程造价管理机构备案，省级或行业工程造价管理机构应汇总报住房和城乡建设部标准定额研究所。

补充项目的编码由本规范的代码 02 与 B 和三位阿拉伯数字组成，并应从 02B001 起顺序编制，同一招标工程的项目不得重码。

补充的工程量清单需附有补充项目的名称、项目特征、计量单位、工程量计算规则、工作内容。不能计量的措施项目，需附有补充项目的名称、工作内容及包含范围。

【要点说明】 本条从"08 规范"移植。工程建设中新材料、新技术、新工艺等不断涌现，本规范附录所列的工程量清单项目不可能包含所有项目。在编制工程量清单时，当出现本规范附录中未包括的清单项目时，编制人应作补充。在编制补充项目时应注意以下三个方面。

1. 补充项目的编码应按本规范的规定确定。具体做法如下：补充项目的编码由本规范的代码 02 与 B 和三位阿拉伯数字组成，并应从 02B001 起顺序编制，同一招标工程的项目不得重码。

2. 在工程量清单中应附补充项目的项目名称、项目特征、计量单位、工程量计算规则和工作内容。

3. 将编制的补充项目报省级或行业工程造价管理机构备案。

4.2 分部分项工程

【概述】 本节共 9 条，新增 3 条，从"08 规范"移植 6 条，强制性条文 6 条。一是规定了组成分部分项工程工程量清单的五个要件，即项目编码、项目名称、项目特征、计量单位、工程量计算规则五大要件的编制要求。二是规定了本规范部分项目在计价和计量方面的有关规定。

【条文】 4.2.1 工程量清单应根据附录规定的项目编码、项目名称、项目特征、计量单位和工程量计算规则进行编制。

【要点说明】 本条为强制性条文，从"08 规范"移植，规定了构成一个分部分项工程量清单的五个要件——项目编码、项目名称、项目特征、计量单位和工程量，这五个要件在分部分项工程量清单的组成中缺一不可。

【条文】 4.2.2 工程量清单的项目编码，应采用十二位阿拉伯数字表示，一至九位应按附录的规定设置，十至十二位应根据拟建工程的工程量清单项目名称和项目特征设置，同一招标工程的项目编码不得有重码。

【要点说明】 本条为强制性条文，从"08 规范"移植，规定了工程量清单编码的表示方式：十二位阿拉伯数字及其设置规定。

各位数字的含义是：一、二位为专业工程代码（01—房屋建筑与装饰工程；02—仿古建筑工程；03—通用安装工程；04—市政工程；05—园林绿化工程；06—矿山工程；07—构筑物工程；08—城市轨道交通工程；09—爆破工程。以后进入国标的专业工程代码以此类推）；三、四位为附录分类顺序码；五、六位为分部工程顺序码；七、八、九位为分项工程项目名称顺序码；十至十二位为清单项目名称顺序码。

当同一标段（或合同段）的一份工程量清单中含有多个单位工程且工程量清单是以单位工程为编制对象时，在编制工程量清单时应特别注意对项目编码十至十二位的设置不得有重码的规定。例如一个标段（或合同段）的工程量清单中含有三个单位工程，每一单位工程中都有项目特征相同的石踏跺项目，在工程量清单中又需反映三个不同单位工程的石踏跺工程量时，则第一个单位工程的石踏跺的项目编码应为 020201002001，第二个单位工程的石踏跺的项目编码应为 020201002002，第三个单位工程的石踏跺的项目编码应为 020201002003，并分别列出各单位工程石踏跺的工程量。

【条文】 4.2.3 工程量清单的项目名称应按附录的项目名称结合拟建工程的实际确定。

【要点说明】 本条规定了分部分项工程量清单的项目名称的确定原则。本条为强制性条文，从"08 规范"移植。本条规定了分部分项工程量清单项目的名称应按附录中的项目名称，结合拟建工程的实际确定。特别是归并或综合较大的项目应区分项目名称，分别编码列项。例如：现浇混凝土斗拱工程。

【条文】 **4.2.4 工程量清单项目特征应按附录中规定的项目特征，结合拟建工程项目的实际予以描述。**

【要点说明】 本条规定了分部分项工程量清单的项目特征的描述原则，本条为强制性条文，从"08规范"移植。

工程量清单的项目特征是确定一个清单项目综合单价不可缺少的重要依据，在编制工程量清单时，必须对项目特征进行准确和全面的描述。但有些项目特征用文字往往又难以准确和全面的描述清楚。因此，为达到规范、简洁、准确、全面描述项目特征的要求，在描述工程量清单项目特征时应按以下原则进行。

1. 项目特征描述的内容应按附录中的规定，结合拟建工程的实际，能满足确定综合单价的需要。

2. 若采用标准图集或施工图纸能够全部或部分满足项目特征描述的要求，项目特征描述可直接采用详见××图集或××图号的方式。对不能满足项目特征描述要求的部分，仍应用文字描述。

【条文】 **4.2.5 工程量清单中所列工程量应按附录中规定的工程量计算规则计算。**

【要点说明】 本条规定了分部分项工程量清单项目的工程量计算原则。

本条为强制性条文，从"08规范"移植。强调工程计量中工程量应按附录中规定的工程量计算规则计算。工程量的有效位数应遵守本规范第3.0.4条有关规定。

【条文】 **4.2.6 工程量清单的计量单位应按附录中规定的计量单位确定。**

【要点说明】 本条规定了分部分项工程量清单项目的计量单位的确定原则。

本条为强制性条文，从"08规范"移植，规定了分部分项工程量清单的计量单位应按本规范附录中规定的计量单位确定。当计量单位有两个或两个以上时，应根据所编工程量清单项目的特征要求，选择最适宜表现该项目特征并方便计量和组成综合单价的单位。例如：须弥座的计量单位为"座/m"两个计量单位，实际工作中，就应选择最适宜，最方便计量和组价的单位来表示。

【条文】 **4.2.7 本规范混凝土工程项目"工作内容"中包括模板工程的内容，同时又在措施项目中单列了混凝土模板工程项目。对此，应由招标人根据工程实际情况选用，若招标人在措施项目清单中未编列混凝土模板项目清单，即表示混凝土模板项目不单列，混凝土工程项目的综合单价中应包括模板工程费用。**

【要点说明】 本条规定了现浇混凝土模板的内容。

本条为新增条款。对现浇混凝土模板采用两种方式进行编制，既考虑了各专业的定额编制情况，又考虑了使用者方便计价，即：本规范对现浇混凝土工程项目，一方面"工作内容"中包括模板工程的内容，以立方米计量，与混凝土工程项目一起组成综合单价；另一方面又在措施项目中单列了现浇混凝土模板工程项目，以平方米计量，单独组成综合单价。上述规定包含三层意思：一是招标人应根据工程的实际情况在同一个标段（或合同段）中将两种方式中选择其一；二是招标人若采用单列现浇混凝土模板工程，必须按本规范所规定的计量单位、项目编码、项目特征描述列出清单，同时，现浇混凝土项目中不含模板的工程费用；三是若招标人若不单列现浇混凝土模板工程项目，不再编列现浇混凝土模板项目清单，现浇混凝土工程项目的综合单价中包括了模板的工程费用。例如：现浇混凝土花架柱，招标人选择含模板工程；在编制清单时，不再单列现浇混凝土花架柱的模板清单项目，在组成综合单价或投标人报价时，现浇混凝土工程项目的综合单价中应包括模板工程的费用。反之，若招标人不选择含模板工程，在编制清单时，应按本规范附录K措施项目中"K.2混凝土模板及支架"单列现浇混凝土花架柱的模板清单项目，并列出项目编码、项目特征描述和计量单位。

【条文】 **4.2.8 本规范对预制混凝土构件按现场制作构件编制项目，"工作内容"中包括模板工程，不再另列。若采用成品预制混凝土构件时，构件成品价（包括模板、钢筋、混凝土等所有费用）应计入综合单价中。**

【要点说明】 本条规定了预制混凝土构件的内容。

本条为新增条款，本规范预制构件以现场预制编制项目，与"08 规范"项目相比工作内容中包括模板工程，模板的措施费用不再单列，预制构件钢筋应按《房屋建筑与装饰工程工程量计算规范》附录 E 混凝土及钢筋混凝土工程中"E.15 钢筋工程"相应项目编码列项；若采用成品预制混凝土构件时，成品价（包括模板、钢筋、混凝土等所有费用）计入综合单价中，即：成品的出厂价格及运杂费等进入综合单价。综上所述，对预制混凝土构件，本规范只列有不同构件名称的一个项目编码、项目特征描述、计量单位、工程量计算规则及工作内容，其中已综合了模板制作、混凝土制作、构件运输、安装等内容，编制清单项目时，不得将模板、混凝土、构件运输、安装分开列项。组成综合单价时应包含如上内容。

【条文】 4.2.9 门窗按现场制作编制项目，若采用成品，门窗成品价应计入综合单价中。

【要点说明】 本条规定了门窗的内容。

本条为新增条款。按照目前仿古建筑的实际情况，本规范门窗按现场制作编制项目，若采用成品购买，成品价（成品原价、运杂费等）应计入综合单价。

4.3 措施项目

【概述】 本节共 2 条，均为新增，其中一条为强制性条款；与"08 规范"相比，内容变化较大，一是将原"08 规范"中"3.3.1 通用措施项目一览表"项目移入本规范附录 K 措施项目中，二是所有的措施项目均以清单形式列出了项目，对能计量的措施项目，列出了项目特征、计量单位、计算规则，不能计量的措施项目，仅列出项目编码、项目名称和包含的范围。

【条文】 4.3.1 措施项目中列出了项目编码、项目名称、项目特征、计量单位、工程量计算规则的项目，编制工程量清单时，应按照本规范 4.2 分部分项工程的规定执行。

【要点说明】 本条对措施项目能计量的且以清单形式列出的项目作出了规定。

本条为新增强制性条文，规定了能计量的措施项目也同分部分项工程一样，编制工程量清单必须列出项目编码、项目名称、项目特征、计量单位。同时明确了措施项目的计量，项目编码、项目名称、项目特征、计量单位、工程量计算规则，按"本规范第 4.2 节"的有关规定执行。本规范第 4.2 节中，第 4.2.1 ~ 第 4.2.6 条对相关内容作出了规定、且均为强制性条款。

例如：垂直运输（表 4 - 2）

表 4 - 2 分部分项工程和单价措施项目清单与计价表

工程名称：某工程

序号	项目编码	项目名称	项目特征描述	计量单位	工程量	综合单价	合价
1	021004007001	塔垂直运输	1. 建筑形式 2. 结构形式 3. 地下/地上层数 4. 檐口高度	天	250		

【条文】 4.3.2 措施项目中仅列出项目编码、项目名称，未列出项目特征、计量单位和工程量计算规则的项目，编制工程量清单时，应按本规范附录 K 措施项目规定的项目编码、项目名称确定。

【要点说明】 本条对措施项目不能计量的且以清单形式列出的项目作出了规定。

本条为新增条款，针对本规范对不能计量的仅列出项目编码、项目名称，但未列出项目特征、计量单位和工程量计算规则的措施项目，编制工程量清单时，必须按本规范规定的项目编码、项目名称确定清单项目，不必描述项目特征和确定计量单位。

例如：安全文明施工、夜间施工（表 4 - 3）

表4-3 总价措施项目清单与计价表

工程名称：某工程

序号	项目编码	项目名称	计算基础	签约费率	签约金额	调整费率（%）	调整后金额	备注
1	021001001001	安全文明施工	定额基价					
2	021001002001	夜间施工	定额人工费					

五、附录编制中有关问题的处理

1. 本规范附录的设置，原则上以标准定额司的"修改工作大纲"为准，实体部分九个附录、措施项目一个附录，另外增加"附录L古建筑名词对照表"。

2. 每一个附录中"节"的设置，以清单项目所处部位、构件种类（或类别）、材料种类及做法种类等进行划分，并尽量将同类项目、部位靠在一起的项目置于同一"节"内，难以归类的项目归入"其他项目"一节。

每一个附录中"节"的设置，可以合并的进行合并，难以合并的以全统仿古园林定额第二册与第三册进行区分，全统定额第三册项目在前、全统定额第二册项目在后；项目编码则采用连续流水号。

3. 清单项目的设置，力求反映出当前我国施工做法、施工工艺，删除一些技术规范已淘汰的项目，以建设部1988年《仿古建筑及园林工程预算定额》作为主要依据，北京和江苏地区预算定额次之，同时参考了其他省市仿古建筑及园林工程预算定额。

清单项目的设置，把握宜粗不宜细的原则，不面面俱到，注意与其他计量规范内容的相互呼应协调；其他计量规范已有的通用项目一般不考虑，如基础、一般混凝土构件、一般金属构件、土方项目等等。

4. 项目名称、术语的确定：

（1）项目名称、术语主要参考《清式营造则例》、《营造法原》、《古建筑修建工程质量检验评定标准》、北京市造价处《仿古建筑名词解释》等。

（2）《清式营造则例》（第三册）与《营造法原》（第二册）做法都有的，以目前通常名称取定，其他地区特有的名称根据各省市提供的确定。

（3）《清式营造则例》（第三册）与《营造法原》分别单独存在的，按照各自的称呼确定，并且以《清式营造则例》名称在前，《营造法原》名称置后。

（4）清单项目名称一般都与本规范附录中古建筑名词术语对照表中的"本规范用语"保持一致，并尽量做到与现有预算定额项目保持较好衔接。

5. 项目特征的描述：

（1）描述的内容着重考虑决定工程项目自身价值的要求、影响组建综合单价的需要，如材料种类、规格、做法样式等。

（2）对项目计价无实质影响的内容不作规定。

（3）由投标人根据市场情况及技术可能决定的内容不作规定。

（4）对应由施工组织设计确定并可以体现充分竞争要求的内容，在附注中加以说明。

（5）结合相关预算定额项目及步距的划分要求，确定描述内容，做到对项目特征的描述准确，使用方便，以方便造价从业人员清单编制及清单计价工作。

6. 计量单位的选定：

（1）按照要求采用了基本计量单位，如：m、m²、m³、t、座、樘、只、块、攒、根等。

（2）一个清单项目可以采用两个以上计量单位时，其效力相同。

（3）计量单位的选定以方便计量为前提，并兼顾各地区预算定额使用的计量单位。

7. 工程量计算规则：

（1）工程量计算规则努力实现明确、具体，避免含混不清产生歧义，以便于使用。

（2）对于应扣除、不扣除的内容作出明确规定，避免太过笼统。

（3）对两个及以上计量单位的清单项目，工程量计算规则分别规定，并注意保持与预算定额计算规则的衔接与协调。

8. 工作内容：

（1）工作内容努力做到全面完整，包括项目施工全过程的主要工作项目。

（2）工作内容中涉及工程项目计价的内容，也同时放在项目特征中描述。

9. 附录的书写与表格样式同 2008 清单计价规范，其中"工程内容"一栏已按照大纲要求改为"工作内容"。

10. 清单项目的单独问题以"注"的形式标注在各节的下方，各章共性的问题作为各章的最后一节表现。

11. 按照修编要求，屋面琉璃瓦仍然放在了屋面工程内，琉璃漏窗项目放在琉璃砌筑工程中。

12. 典型分部分项工程工程量清单编制实例。

【实例】

一、背景资料

某仿古建筑工程施工图如图 4-1~图 4-5 所示，采用砖细博风板；小青瓦屋面。其屋面做法为：粘土小青瓦屋面（混合砂浆窝底瓦），20 厚 1:3 水泥砂浆找平层内设 16 #镀锌铁丝网孔距 25×25 一层钉牢，铺贴 SBS 防水卷材（350g），作细望砖，木橼子（用料、间距见相应剖面图），钢丝网铺设方向为垂直屋脊（翻脊）以防止屋面瓦下滑。

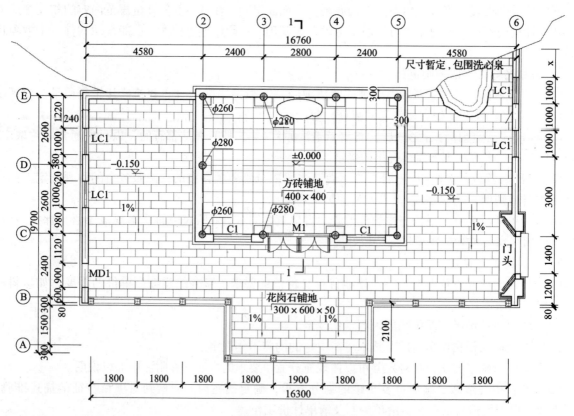

图 4-1 总平面图

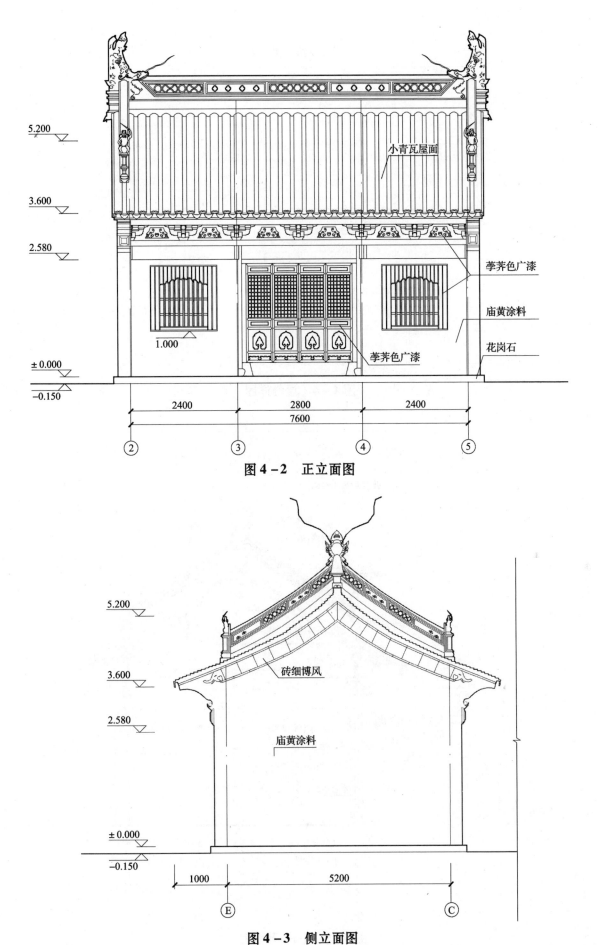

5.200

3.600

2.580

1.000

± 0.000
−0.150

小青瓦屋面

荸荠色广漆

庙黄涂料

花岗石

荸荠色广漆

2400   2800   2400
        7600

② ③ ④ ⑤

图 4-2 正立面图

5.200

3.600

2.580

± 0.000
−0.150

砖细博风

庙黄涂料

1000   5200

Ⓔ   Ⓒ

图 4-3 侧立面图

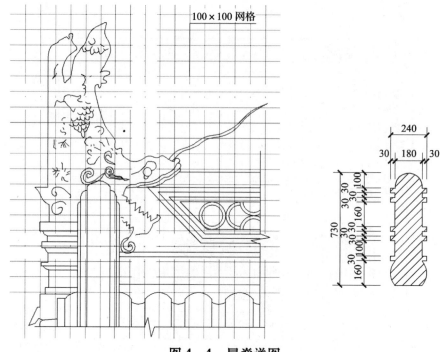

图 4-4 屋脊详图

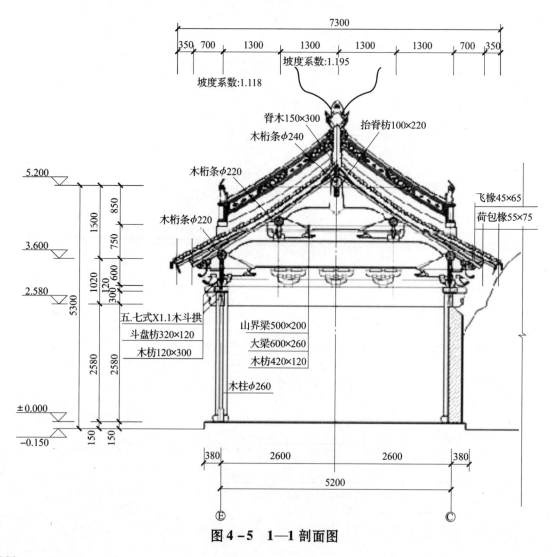

图 4-5 1—1 剖面图

二、问题

请根据以上背景资料及现行国家标准《建设工程工程量清单计价规范》GB 50500、《仿古建筑工程工程量计算规范》GB 50855，试分别列出该工程砖细博风、屋面瓦作分部分项工程量清单，凡按《房屋建筑与装饰工程工程量计算规范》相关项目编码列项的不计算。

表4-4　砖细博风清单工程量计算表

工程名称：某仿古建筑工程

序号	清单项目编码	清单项目名称	计　算　式	工程量合计	计量单位
1	020111002001	博风	3.2×2×2	12.80	m
2	020111006001	砖细博风板头		4	份
3	020112001001	砖雕刻	0.4×0.4×4	0.64	m²
4	020110006001	博风板线脚	(3.293+3.018)×4	25.24	m

表4-5　分部分项工程和单价措施项目清单与计价表

工程名称：某仿古建筑工程（砖细博风）

序号	项目编码	项目名称	项目特征描述	计量单位	工程量	综合单价	合价	定额人工费	暂估价
1	020111002001	博风	1. 博风宽度：40cm 2. 方砖品种、规格、强度等级：刨面方砖 40cm×40cm×4cm 3. 铁件种类、规格：型钢 4. 防护剂名称、涂刷遍数：桐油二遍	m	12.80				
2	020111006001	砖细博风板头	1. 砖细博风板头形式：砖雕象头 2. 方砖品种、规格、强度等级：刨面方砖 40cm×40cm×4cm 3. 铁件种类、规格：型钢 4. 防护剂名称、涂刷遍数：桐油二遍	份	4				
3	020112001001	砖雕刻	1. 方砖雕刻形式：复杂 2. 雕刻深度：浅浮雕 3. 图案加工形式：象头	m²	0.64				
4	020110006001	博风板线脚	1. 方砖品种、规格、强度等级：刨面方砖 40cm×40cm×4cm 2. 构件截面尺寸：4cm 厚 3. 防护剂名称、涂刷遍数：桐油二遍	m	25.24				

表4-6 屋面工程清单工程量计算表

工程名称：某仿古建筑工程

序号	清单项目编码	清单项目名称	计 算 式	工程量合计	计量单位
1	020601001001	铺望砖·	椽子上 $(0.7+1.3) \times (7.6+0.28 \times 2) \times$ $1.118 \times 2 = 36.492$ $1.3 \times (7.6+0.28 \times 2) \times 1.195 \times 2 =$ 25.353 飞椽上 $(0.095 \times 4) \times (7.6+0.28 \times 2) \times$ $2 = 6.202$	68.05	m²
2	020601001002	铺望砖	飞椽上 $(0.1 \times 8) \times (7.6+0.28 \times 2) \times 2$	13.06	m²
3	020601003001	厅堂小青瓦屋面	$(0.35+0.7+1.3) \times (7.6+0.28 \times 2) \times$ $1.118 \times 2 = 42.878$ $1.3 \times (7.6+0.28 \times 2) \times 1.195 \times 2 =$ 25.353	68.23	m²
4	020602002001	屋面窑制正脊筒瓦脊五瓦条暗亮花筒		7.60	m
5	020602004001	垂脊筒瓦脊四瓦条竖带	$(1.3 \times 1.118 + 1.3 \times 1.195) \times 4$	12.03	m
6	020602009001	檐头（口）附件花边瓦	$(7.6+0.28 \times 2) \times 2$	16.32	m
7	020602009002	檐头（口）附件滴水瓦	$(7.6+0.28 \times 2) \times 2$	16.32	m
8	020602011001	五套龙吻、高 30cm×120cm		2	只
9	020602011002	竖带吞头	2×2	4	只
10	020602014001	天王座（含天王）	2×2	4	座

表4-7 分部分项工程和单价措施项目清单与计价表

工程名称：某仿古建筑工程（屋面工程）

序号	项目编码	项目名称	项目特征描述	计量单位	工程量	金额（元）			
						综合单价	合价	其中	
								定额人工费	暂估价
1	020601001001	铺望砖	1. 望砖规格尺寸：21cm×9.5cm×1.5cm 2. 望砖形式：刨面望砖 3. 铺设位置：木椽子上	m²	68.05				
2	020601001002	铺望砖	1. 望砖规格尺寸：21cm×10cm×1.7cm 2. 望砖形式：糙望 3. 铺设位置：飞椽上	m²	13.06				

续表

序号	项目编码	项目名称	项目特征描述	计量单位	工程量	综合单价	合价	定额人工费	暂估价
								金额（元）	
								其中	
3	020601003001	小青瓦屋面	1. 屋面类型：蝴蝶瓦屋面厅堂 2. 瓦件规格尺寸：底瓦19cm×20cm、盖瓦16cm×17cm 3. 坐浆配合比及强度等级：混合砂浆 M5 4. 基层材料种类：砂浆	m²	68.23				
4	020602002001	屋面窑制正脊	1. 脊类型、位置：筒瓦脊五瓦条暗亮花筒 2. 脊件类型、规格尺寸：筒瓦28cm×14cm、筒瓦13cm×12cm、盖瓦16cm×17cm、望砖21cm×10.5cm×1.7cm 3. 高度：100cm 4. 铁件种类、规格：型钢 5. 坐浆配合比及强度等级：混合砂浆 M7.5、水泥纸筋灰砂浆 1:2:4、纸筋石灰浆	m	7.60				
5	020602004001	垂脊	1. 脊件类型、规格尺寸：筒瓦脊四瓦条竖带 2. 高度：80cm 3. 坐浆的配合比及强度等级：混合砂浆 M7.5、水泥纸筋灰砂浆 1:2:4、纸筋石灰浆	m	12.03				
6	020602009001	檐头（口）附件	1. 窑制瓦件类型：花边瓦 2. 瓦件规格尺寸：18cm×18cm（中）	m	16.32				
7	020602009002	檐头（口）附件	1. 窑制瓦件类型：滴水瓦 2. 瓦件规格尺寸：200mm×190mm 3. 坐浆配合比及强度等级：混合砂浆 M5、纸筋石灰浆	m	16.32				
8	020602011001	屋脊头、吞头	1. 类型、规格尺寸：屋脊头五套龙吻、高 30cm×120cm 2. 坐浆配合比及强度等级：混合砂浆 M5、水泥纸筋灰砂浆 1:2:4、纸筋石灰浆 3. 铁件种类、规格：型钢	只	2.00				

序号	项目编码	项目名称	项目特征描述	计量单位	工程量	综合单价	合价	定额人工费	暂估价
								金额（元）	
								其中	
9	020602011002	屋脊头、吞头	1. 类型、规格尺寸：竖带吞头 2. 坐浆配合比及强度等级：混合砂浆 M5、混合砂浆 1∶1∶6、纸筋石灰浆 3. 铁件种类、规格：型钢	只	4.00				
10	020602014001	中堆、宝顶、天王座	1. 类型：天王座（含天王） 2. 规格尺寸：长 20cm、宽 24cm、高 100cm（含天王） 3. 坐浆配合比及强度等级：混合砂浆 M5、混合砂浆 1∶1∶6、纸筋石灰浆 4. 铁件种类、规格：型钢	座	4.00				

六、仿古建筑工程工程量清单编写实例

（一）背景资料

某仿古建筑工程施工图，如图 4-6～图 4-14 所示。

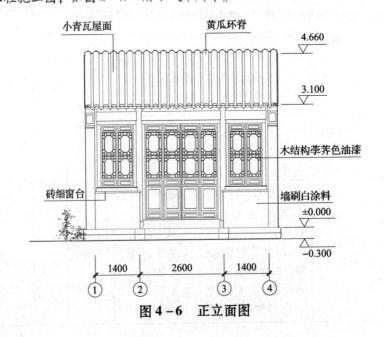

图 4-6　正立面图

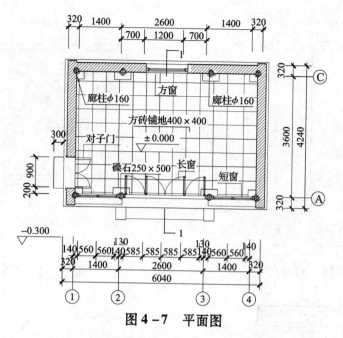

图 4 - 7　平面图

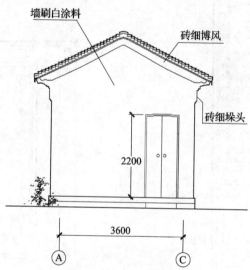

图 4 - 8　侧立面图

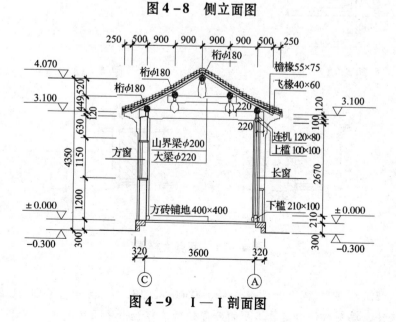

图 4 - 9　I — I 剖面图

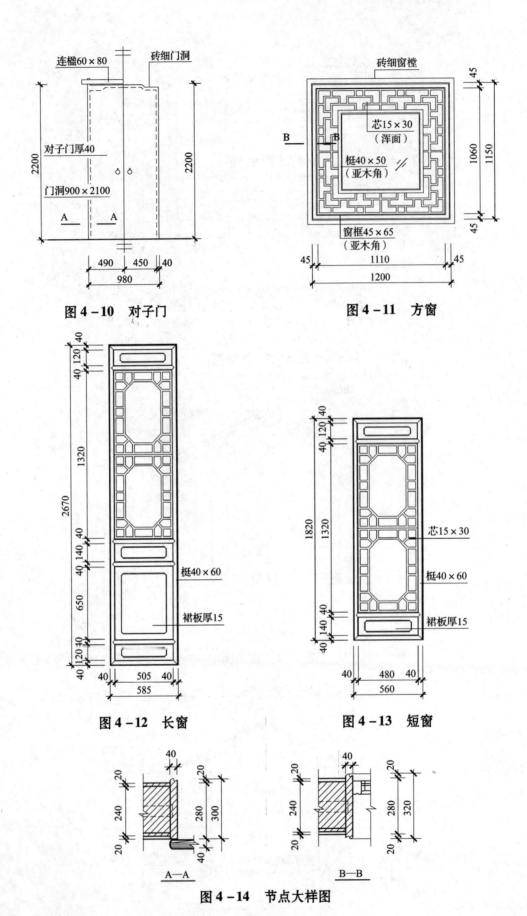

图 4 - 10　对子门

图 4 - 11　方窗

图 4 - 12　长窗

图 4 - 13　短窗

图 4 - 14　节点大样图

（二）问题

　　根据《建设工程工程量清单计价规范》GB 50500—2013、《仿古建筑工程工程量计算规范》GB 50855及相关文件，编制该仿古建筑工程的分部分项工程和措施项目清单，不考虑夜间施工、二次搬运、冬雨季施工。

　　注：其他项目清单、规费、税金项目计价表、主要材料、工程设备一览表不举例，其应用在《建设工程工程量清单计价规范》"表格应用"中体现。

表4-8　清单工程量计算表

工程名称：某工程（仿古建筑工程）　　　　　　　标段：

序号	清单项目编码	清单项目名称	计　算　式	工程量合计	计量单位
		建筑面积	$S = 6.04 \times 4.24 = 25.61$		m^2
1	020105003001	砖细茶壶档顶板	0.98	0.98	m
2	020105003002	砖细门洞侧壁	2.2×2	4.4	m
3	020105004001	砖细窗框顶板	1.28	1.28	m
4	020105004002	砖细窗框侧壁	$(1.15 + 0.08) \times 2 + 1.28$	3.74	m
5	020105004003	砖细窗台板	1.4×2	2.8	m
6	020111004001	砖细垛头	4	4	只
7	020111002001	砖细博风	斜长 2.73×4	10.92	m
8	020201001001	阶条石	$(2.6 + 0.9) \times 0.32$	1.12	m^2
9	020201002001	踏跺	$(2.34 + 0.9) \times 0.32$	1.04	m^2
10	020201003001	陡板石（侧塘石）	$[(6.04 + 4.24) \times 2 - 2.6 - 0.9] \times 0.2$	3.41	m^2
11	020201005001	锁口石	$(4.24 \times 2 - 0.9 + 5.4 + 1.4 \times 2) \times 0.32$	5.05	m^2
12	020206001001	柱顶石（鼓磴）	8	8	只
13	020206003001	磉墩（磉石）250×500	4	4	只
14	020206003002	磉墩（磉石）250×250	4	4	只
15	020201009001	象眼（菱角石）	$0.35 \times 0.3 \times 0.5 \times 2$	0.11	m^2
16	020501001001	圆柱 $\phi 160$	查材积表：$H = 3.1 - 0.21 + 0.09 = 2.98$m　8根	0.596	m^3
17	020501004001	童柱 $\phi 240$	查材积表：$H = 0.52 + 0.18 + 0.1 = 0.8$m　4根	0.152	m^3
18	020501004002	童柱 $\phi 260$	查材积表：$H = 0.449 + 0.1 + 0.11 = 0.659$m　8根	0.294	m^3
19	020502001001	圆梁　大梁 $\phi 220$	查材积表：$L = 3.6 + 0.22 \times 2 = 4.04$m　4根	0.772	m^3
20	020502001002	圆梁　山界梁 $\phi 200$	查材积表：$L = 1.8 + 0.22 \times 2 = 2.24$m　4根	0.329	m^3
21	020503001001	圆桁　$\phi 180$	查材积表：$L = 2.6 + 0.16 = 2.76$m　5根	0.424	m^3
			查材积表：$L = 1.4 + 0.16 = 1.56$m　10根	0.439	m^3
		小　计		0.863	
22	020503003001	连机	$0.12 \times 0.08 \times 5.4 \times 2$	0.104	m^3
23	020505002001	矩形椽子　55×75	间距0.22cm　$5.4 \div 0.22 + 1 = 26$根		
			斜长2.5m　$2.5 \div 2.3 = 1.09$系数		
			$0.055 \times 0.075 \times (2.3 + 0.075 \times 2) \times 1.09 \times 26 \times 2$	0.573	m^3
24	020505007001	矩形飞椽　40×60	$0.04 \times 0.06 \times 0.75 \times 1.09 \times 26 \times 2$	0.102	m^3
25	020508006001	水浪机	18	18	只
26	020508016001	里口木	5.4×2	10.8	m

序号	清单项目编码	清单项目名称	计 算 式	工程量合计	计量单位
27	020508017001	眠沿、勒望	5.4 ×2 ×2	21.6	m
28	020508018001	瓦口板	(5.4 +0.24 +0.24 +0.1) ×2	11.96	m
29	020508019001	封檐板	5.98 ×2	11.96	m
30	020508020001	闸档板（闸椽）	5.4 ×2 ×2	21.6	m
31	020509001001	槅扇（长窗）	2.67 ×0.585 ×4	6.25	m²
32	020509002001	槛窗（短窗）	1.82 ×0.56 ×4	4.08	m²
33	020509003001	支摘窗（和合窗）	1.2 ×1.15	1.38	m²
34	020509007001	长窗框	(2.44 +2.67) ×2	10.22	m²
35	020509007002	短窗框	(1.24 +1.82) ×2 ×2	12.24	m
36	020509014001	贡式堂门（对子门）	2.2 ×0.98	2.16	m²
37	020509023001	古式门窗五金　短窗	4	4	副
38	020509023002	长窗	4	4	副
39	020509023003	对子门	1	1	副
40	020601001001	铺望砖	斜长系数同前 1.09　2.55 ×1.09 ×5.4 ×2	30.02	m²
41	020601001002	铺糙望	斜长系数同前 1.09　0.5 ×1.09 ×5.4 ×2	5.89	m²
42	020601003001	小青瓦屋面	斜长系数同前 1.09　2.73 ×1.09 ×5.98 ×2	35.59	m²
43	020602006001	过垄脊（黄瓜环脊）	5.98	5.98	m
44	020602009001	檐头附件（花边滴水）	5.98 ×2	11.96	m
45	020701001001	细墁方砖（方砖铺地）	5.4 ×3.6	19.44	m²
46	020902001001	连檐、瓦口板油漆	10.8 +21.6 +11.96 +11.96	56.32	m
47	020902003001	椽子油漆	2.55 ×1.09 ×5.4 ×2	30.02	m²
48	020903001001	柱、梁、机油漆	柱　0.16 ×3.14 ×2.98 ×8	11.98	m²
			梁　0.22 ×3.14 ×4.04 ×4 + 0.11 ×0.11 ×3.14 ×8	11.47	m²
			梁　0.20 ×3.14 ×2.24 ×4 + 0.10 ×0.10 ×3.14 ×8	5.88	m²
		小　计		29.33	m²
49	020903001002	圆桁油漆	0.18 ×3.14 × (2.6 ×5 +1.4 ×10)	15.26	m²
50	020904003001	水浪机油漆	(0.055 ×2 +0.07) ×0.5 ×18	1.62	m²
51	020904005001	童柱油漆	0.24 ×3.14 ×0.8 ×4 +0.26 ×3.14 ×0.659 ×8	6.72	m²
52	020905001001	对子门油漆	2.16	2.16	m²
53	020905002001	长短窗油漆	和合窗 1.38	1.38	m²
			长窗　(2.67 +0.21 +0.1) ×2.44	7.27	m²
			短窗　(1.82 +0.1 +0.1) ×1.24 ×2	5.01	m²
		小　计		13.66	

注：通用部分按《房屋建筑与装饰工程工程量计算规范》的有关规定计算。

_____×××_____工程

招标工程量清单

招　标　人：_____×× 公司_____
(单位盖章)

造价咨询人：_____×× 造价咨询公司_____
(单位盖章)

×× 年 × 月 × 日

_____×× _____工程

招标工程量清单

招 标 人：　××公司
（单位盖章）

工 程 造 价
咨 询 人：　××造价咨询公司
（单位资质专用章）

法定代表人
或其授权人：　×××
（签字或盖章）

法定代表人
或其授权人：　×××
（签字或盖章）

编 制 人：　×××
（造价人员签字盖专用章）

复 核 人：　×××
（造价工程师签字盖专用章）

编 制 时 间：××年×月×日　　复 核 时 间：××年×月×日

总 说 明

工程名称：某工程

一、工程概况

本工程为一层房屋建筑，檐高3.1m，建筑面积25.61m²，砖木结构，室外地坪标高为 -0.30m，古建部分做法详见施工图（图4-6~图4-14）。

二、工程招标和分包范围

1. 工程招标范围：施工图范围内的古建工程。

2. 分包范围：无分包工程。

三、清单编制依据

1.《建设工程工程量清单计价规范》GB 50500—2013及解释和勘误。

2.《仿古建筑工程工程量计算规范》GB 50855—2013。

3. 业主提供的关于本工程的施工图。

4. 与本工程有关的标准（包括标准图集）、规范、技术资料。

5. 招标文件、补充通知。

6. 其他有关文件、资料。

四、其他说明事项

1. 一般说明

（1）施工现场情况：以现场踏勘情况为准。

（2）交通运输情况：以现场踏勘情况为准。

（3）自然地理条件：本工程位于某市某县。

（4）环境保护要求：满足省、市及当地政府对环境保护的相关要求和规定。

（5）本工程投标报价按《建设工程工程量清单计价规范》的规定及要求，使用表格及格式按《建设工程工程量清单计价规范》执行，有更正的以勘误和解释为准。

（6）工程量清单中每一个项目，都需填入综合单价及合价，对于没有填入综合单价及合价的项目，不同单项及单位工程中的分部分项工程量清单中相同项目（项目特征及工作内容相同）的报价应统一，如有差异，按最低一个报价进行结算。

（7）《承包人提供材料和工程设备一览表》中的材料价格应与《综合单价分析表》中的材料价格一致。

（8）本工程量清单中的分部分项工程量及措施项目工程量均是根据施工图，按照"工程量计算规范"的规定进行计算的，仅作为施工企业投标报价的共同基础，不能作为最终结算与支付价款的依据，工程量的变化调整以业主与承包商签字的合同约定为准。

（9）工程量清单及其计价格式中的任何内容不得随意删除或涂改，若有错误，在招标答疑时及时提出，以"补遗"资料为准。

（10）分部分项工程量清单中对工程项目的项目特征及具体做法只作重点描述，详细情况见施工图设计、技术说明及相关标准图集。组价时应结合投标人现场勘察情况包括完成所有工序工作内容的全部费用。

（11）投标人编制施工方案，应充分考虑施工现场周边的实际情况对施工的影响，并作出报价。

（12）本说明未尽事项，以"计价规范"、"计价管理办法"、"工程量计算规范"招标文件以及有关的法律、法规、建设行政主管部门颁发的文件为准。

2. 有关专业技术说明

（1）本工程基础及砌筑防水等通用部分执行《房屋建筑与装饰工程计量规范》。

（2）图纸未明之处按传统古建营造做法。

分部分项工程和单价措施项目清单与计价表

工程名称：某工程　　　标段：

序号	项目编码	项目名称	项目特征描述	计量单位	工程量	金额（元）			
						综合单价	合价	其中	
								定额人工费	暂估价
砖作工程									
1	020105003001	月洞、地穴砌套	1. 构件规格尺寸：300 宽 2. 构件部位：门洞茶壶档顶板 3. 构件形式：单出口 4. 线脚类型：双线 5. 方砖品种、规格、强度等级：300×300×40 磨细方砖 6. 防护剂名称、涂刷遍数：有机硅两遍	m	0.98				
2	020105003002	月洞、地穴砌套	1. 构件规格尺寸：300 宽 2. 构件部位：门洞侧壁 3. 构件形式：单出口 4. 线脚类型：双线 5. 方砖品种、规格、强度等级：300×300×40 磨细方砖 6. 防护剂名称、涂刷遍数：有机硅两遍	m	4.4				
3	020105004001	门窗砌套	1. 构件规格尺寸：320 宽 2. 构件部位：窗顶板 3. 构件形式：双出口 4. 线脚类型：双线 5. 方砖品种、规格、强度等级：350×350×40 刨面方砖 6. 防护剂名称、涂刷遍数：有机硅两遍	m	1.28				
4	020105004002	门窗砌套	1. 构件规格尺寸：320 宽 2. 构件部位：窗侧壁 3. 构件形式：双出口 4. 线脚类型：双线 5. 方砖品种、规格、强度等级：350×350×40 刨面方砖 6. 防护剂名称、涂刷遍数：有机硅两遍	m	3.74				

序号	项目编码	项目名称	项目特征描述	计量单位	工程量	综合单价	合价	定额人工费	暂估价
						金额（元）		其中	
5	020105004003	门窗砌套	1．构件规格尺寸：320 宽 2．构件部位：窗台板 3．构件形式：单出口 4．线脚类型：双线 5．方砖品种、规格、强度等级：350×350×40 刨面方砖 6．防护剂名称、涂刷遍数：有机硅两遍	m	2.8				
6	020111004001	垛头	1．墙体厚：240 宽 2．雕刻要求：无雕刻 3．方砖品种、规格、强度等级：350×350×40 刨面方砖 4．防护剂名称、涂刷遍数：桐油两遍	只	4				
7	020111002001	砖细博风	1．博风宽度：400 2．方砖品种、规格、强度等级：400×400×40 刨面方砖 3．防护剂名称、涂刷遍数：桐油两遍	m	10.92				
			石 作 工 程						
8	020201001001	阶条石	1．粘结层材料种类、厚度、砂浆强度等级：30 厚 1:3 干硬性水泥砂浆 2．石料种类、构件规格：150 厚浅黄灰色花岗石	m²	1.12				
9	020201002001	踏跺	1．粘结层材料种类、厚度、砂浆强度等级：30 厚 1:3 干硬性水泥砂浆 2．石料种类、构件规格：150 厚浅黄灰色花岗石	m²	1.04				
10	020201003001	陡板石（侧塘石）	1．粘结层材料种类、厚度、砂浆强度等级：30 厚 1:3 干硬性水泥砂浆 2．石料种类、构件规格：150 厚浅黄灰色花岗石	m²	3.41				

序号	项目编码	项目名称	项目特征描述	计量单位	工程量	金额（元）			
						综合单价	合价	其中	
								定额人工费	暂估价
11	020201005001	锁口石	1. 粘结层材料种类、厚度、砂浆强度等级：30 厚 1：3 干硬性水泥砂浆 2. 石料种类、构件规格：150 厚浅黄灰色花岗石	m²	5.05				
12	020206001001	柱顶石（鼓磴）	1. 石料种类、构件规格：φ300 石浅黄灰色花岗石 2. 式样：圆形	只	8				
13	020206003001	磉墩（磉石）	1. 石料种类、构件规格：250×500 磉石浅黄灰色花岗石 2. 式样：方形	只	4				
14	020206003002	磉墩（磉石）	1. 石料种类、构件规格：250×250 浅黄灰色花岗石 2. 式样：方形	只	4				
15	020201009001	象眼（菱角石）	1. 粘结层材料种类、厚度、砂浆强度等级：干硬性水泥砂浆 2. 石料种类、构件规格：350×300 浅黄灰色花岗石	m²	0.11				
			木 作 工 程						
16	020501001001	圆柱	1. 木材品种：优质杉木 2. 构件规格：φ16cm 以内 3. 刨光要求：表面刨光	m³	0.596				
17	020501004001	童柱	1. 木材品种：优质杉木 2. 构件规格：φ24cm 3. 刨光要求：表面刨光 4. 收分、胖势等均按传统做法	m³	0.152				
18	020501004002	童柱	1. 构件名称、类别：童柱 2. 木材品种：优质杉木 3. 构件规格：φ26cm 4. 刨光要求：表面刨光 5. 收分、胖势等均按传统做法	m³	0.294				

序号	项目编码	项目名称	项目特征描述	计量单位	工程量	综合单价	合价	定额人工费	暂估价
						金额（元）			
								其中	
19	020502001001	圆梁 大梁	1. 构件名称、类别：圆梁大梁 2. 木材品种：优质杉木 3. 构件规格：φ22cm 4. 刨光要求：表面刨光 5. 收分、起拱、胖势等均按传统做法	m³	0.772				
20	020502001002	圆梁山界梁	1. 构件名称、类别：圆梁山界梁 2. 木材品种：优质杉木 3. 构件规格：φ22cm 4. 刨光要求：表面刨光 5. 收分、起拱、胖势等均按传统做法	m³	0.329				
21	020503001001	圆桁	1. 构件名称. 类别：圆桁φ180 2. 木材品种：优质杉木 3. 刨光要求：表面刨光	m³	0.863				
22	020503003001	连机	1. 构件名称. 类别：连机厚度8cm以外 2. 木材品种：优质杉木 3. 刨光要求：表面刨光		0.104				
23	020505002001	矩形椽子	1. 构件截面尺寸：5.5cm×7.5cm 2. 木材品种：优质杉木 3. 刨光要求：表面刨光	m³	0.573				
24	020505007001	矩形飞椽	1. 构件截面尺寸：4cm×6cm 2. 木材品种：优质杉木 3. 刨光要求：表面刨光	m³	0.102				
25	020508006001	水浪机	1. 构件尺寸：5cm×7cm以内 2. 木材品种：优质杉木 3. 刨光要求：表面刨光 4. 雕刻纹样：无	只	18				
26	020508016001	里口木	1. 木材品种：杉木 2. 刨光要求：表面刨光	m	10.8				

续表

序号	项目编码	项目名称	项目特征描述	计量单位	工程量	金额（元）			
						综合单价	合价	其中	
								定额人工费	暂估价
27	020508017001	眠沿、勒望	1. 木材品种：杉木 2. 刨光要求：表面刨光	m	21.6				
28	020508018001	瓦口板	1. 木材品种：杉木 2. 刨光要求：表面刨光	m	11.96				
29	020508019001	封檐板	1. 木材品种：杉木 2. 刨光要求：表面刨光	m	11.96				
30	020508020001	闸档板 （闸椽）	1. 木材品种：杉木 2. 刨光要求：表面刨光	m	21.6				
31	020509001001	槅扇	1. 窗芯类型、式样：宫式古式长窗 2. 木材品种：优质杉木 3. 玻璃品种、厚度：单层5mm平板玻璃 4. 雕刻类型：无	m²	6.25				
32	020509002001	槛窗	1. 窗芯类型、式样：宫式古式短窗 2. 木材品种：优质杉木 3. 玻璃品种、厚度：单层5mm平板玻璃 4. 雕刻类型：无	m²	4.08				
33	020509003001	支摘窗	1. 窗芯类型、式样：宫式占式和合窗 2. 木材品种：优质杉木 3. 玻璃品种、厚度：单层5mm平板玻璃 4. 雕刻类型：无	m²	1.38				
34	020509007001	长窗框	1. 截面尺寸：上槛10cm×10cm下槛21cm×10cm 2. 木材品种：优质杉木	m	10.22				
35	020509007002	短窗框	1. 截面尺寸：上槛10cm×10cm下槛10cm×10cm 2. 木材品种：优质杉木	m	12.24				
36	020509014001	贡式堂门	1. 门类型、式样：对子门 2. 板厚度：40mm 3. 木材品种：优质杉木	m²	2.16				

序号	项目编码	项目名称	项目特征描述	计量单位	工程量	金额（元）			
						综合单价	合价	其中	
								定额人工费	暂估价
37	020509023001	古式短窗五金	五金件材质：摇梗下配铁转轴、短窗外配铜风钩、短窗内配铜搭风圈和插销	套	4				
38	020509023002	古式长窗五金	五金件材质：摇梗下配铁转轴、长窗外配铜拉手、长窗内配铜风圈、长窗下配铜插销	套	4				
39	020509023003	古式对子门五金	五金件材质：里外铜风圈	套	1				
			屋 面 工 程						
40	020601001001	铺望砖	1. 望砖规格尺寸：21cm×10cm×1.7cm 2. 望砖形式：做细 3. 铺设位置：椽子上	m²	30.02				
41	020601001002	铺糙望	1. 望砖规格尺寸：21cm×10cm×1.7cm 2. 望砖形式：糙望 3. 铺设位置：椽子上	m²	5.89				
42	020601003001	小青瓦屋面	1. 瓦件规格尺寸：盖瓦16cm×17cm、底瓦19cm×20cm 2. 坐浆配合比及强度等级：25mm厚1:3混合砂浆坐浆	m²	35.59				
43	020602006001	过垄脊（黄瓜环脊）	1. 瓦脊类型、位置：黄瓜环脊 2. 瓦件类型：黄瓜环 3. 规格尺寸：黄瓜环盖32cm×17cm、黄瓜环底32cm×17cm 4. 坐浆配合比及强度等级：M7.5混合砂浆坐浆	m	5.98				

序号	项目编码	项目名称	项目特征描述	计量单位	工程量	金额（元）			
						综合单价	合价	其中	
								定额人工费	暂估价
44	020602009001	檐头附件（花边滴水）	1. 窑制瓦件类型：花边滴水 2. 瓦件规格尺寸：花边瓦18cm×18cm、滴水瓦20cm×19cm 3. 坐浆配合比及强度等级：M5混合砂浆坐浆	m	11.96				
			地 面 工 程						
45	020701001001	细墁方砖（方砖铺地）	1. 方砖规格：40cm×40cm×4cm做细方砖 2. 垫层材料种类、厚度：30厚粗砂垫层掺适量水泥 3. 结合层材料种类、厚度：100厚C20细石混凝土找平 4. 防护材料种类：有机硅	m²	19.44				
			油漆彩画工程						
46	020902001001	连檐、瓦口板油漆	1. 基层处理方法：清扫灰土、磨多遍砂纸 2. 地仗（腻子）做法：石膏腻子 3. 油漆品种、刷漆遍数：栗壳色调和漆，底油一遍，调和漆三遍	m²	56.32				
47	020902003001	椽子油漆	1. 基层处理方法：清扫灰土、磨多遍砂纸 2. 地仗（腻子）做法：石膏腻子 3. 油漆品种、刷漆遍数：栗壳色调和漆，底油一遍，调和漆三遍	m²	30.02				
48	020903001001	柱、梁、机油漆	1. 檐柱径：φ160 2. 基层处理方法：清扫灰土、磨多遍砂纸 3. 地仗（腻子）做法：广漆石膏老粉腻子 4. 油漆品种、刷漆遍数：广漆明光三遍	m²	29.33				

续表

序号	项目编码	项目名称	项目特征描述	计量单位	工程量	金额（元）			
						综合单价	合价	其中	
								定额人工费	暂估价
49	020903001002	圆桁油漆	1. 檐柱径：φ160 2. 基层处理方法：清扫灰土、磨多遍砂纸 3. 地仗（腻子）做法：石膏腻子 4. 油漆品种、刷漆遍数：栗壳色调和漆，底油一遍，调和漆三遍	m²	16.96				
50	020904003001	水浪机油漆	1. 基层处理方法：清扫灰土、磨多遍砂纸 2. 地仗（腻子）做法：广漆石膏老粉腻子 3. 油漆品种、刷漆遍数：广漆明光三遍	m²	1.62				
51	020904005001	童柱油漆	1. 基层处理方法：清扫灰土、磨多遍砂纸 2. 地仗（腻子）做法：广漆石膏老粉腻子 3. 油漆品种、刷漆遍数：广漆明光三遍	m²	6.72				
52	020905001001	对子门油漆	1. 门类型：对子门 2. 基层处理方法：清扫灰土、磨多遍砂纸 3. 地仗（腻子）做法：广漆石膏老粉腻子 4. 油漆品种、刷漆遍数：广漆明光三遍	m²	2.14				
53	020905002001	长短窗油漆	1. 窗类型：长短窗 2. 基层处理方法：清扫灰土、磨多遍砂纸 3. 地仗（腻子）做法：广漆石膏老粉腻子 4. 油漆品种、刷漆遍数：广漆明光三遍	m²	13.66				

总价措施项目清单与计价表

序号	项目编码	项目名称	计算基础	费率 （%）	金额 （元）	调整费率 （%）	调整后金额 （元）	备注
1	021007001001	安全文明施工	定额人工费					
2	021007007001	已完工程及设备保护	定额人工费					
		（略）						
		合　计						

编制人（造价人员）：   复核人（造价工程师）：

   注：1. "计算基础"中安全文明施工费可为"定额基价"、"定额人工费"或"定额人工费＋定额机械费"，其他项目可为"定额人工费"或"定额人工费＋定额机械费"。

      2. 按施工方案计算的措施费，若无"计算基础"和"费率"的数值，也可只填"金额"数值，但应在备注栏说明施工方案出处或计算方法。

表－11

第 五 篇
《通用安装工程工程量计算规范》GB 50856—2013 内 容 详 解

一、概况

《通用安装工程工程量计算规范》在《建设工程工程量清单计价规范》GB 50500—2008 附录 C 基础上制订的。内容包括：正文、附录、条文说明共三个部分，其中，正文包括：总则、术语、工程计量、工程量清单编制（包括一般规定、分部分项工程、措施项目）四章，共计 26 项条款；附录部分包括附录 A 机械设备安装工程，附录 B 热力设备安装工程，附录 C 静置设备与工艺金属结构制作安装工程，附录 D 电气设备安装工程，附录 E 建筑智能化工程，附录 F 自动化控制仪表安装工程，附录 G 通风空调工程，附录 H 工业管道工程，附录 J 消防工程，附录 K 给排水、采暖、燃气工程，附录 L 通信设备及线路工程，附录 M 刷油、防腐蚀、绝热工程，附录 N 措施项目。共计 13 部分 1044 个项目，在原"08 规范"附录 C 基础上新增 320 个项目，减少 191 个项目。具体项目变化详见表 5－1。其中附录 M 刷油、防腐蚀、绝热工程，附录 N 措施项目为新编内容。

表 5－1 通用安装工程工程量计算规范项目变化增减表

序号	附 录 名 称	"08 规范"项目数	新规范项目数	增加项目数（＋）	减少项目数（－）	备注
1	附录 A 机械设置安装工程	114	122	8	0	
2	附录 B 热力设备安装工程	71	98	27	0	
3	附录 C 静置设备与工艺金属结构制作安装工程	53	49	1	－5	
4	附录 D 电气设备安装工程	111	148	44	－7	
5	附录 E 建筑智能化工程	68	96	42	－14	
6	附录 F 自动化控制仪表安装工程	68	52	24	－40	
7	附录 G 通风空调工程	43	52	10	－1	
8	附录 H 工业管道工程	123	127	21	－17	
9	附录 J 消防工程	50	51	13	12	
10	附录 K 给排水、采暖、燃气工程	74	101	44	－17	
11	附录 L 通信设备及线路工程	270	168	0	－102	
12	附录 M 刷油、防腐蚀、绝热工程	0	59	59	0	
13	附录 N 措施项目	0	25	25	0	
14	炉窑砌筑工程	21			－21	
15	长距离输送管道	23			－23	
	合 计	1015	1144	320	－191	

二、修订依据

1. 中华人民共和国国家标准《建设工程工程量清单计价规范》GB 50500—2008；
2. 《机械设备安装工程施工及验收通用规范》GB 50231—2009；
3. 《金属切削机床安装工程施工及验收规范》GB 50271—2009；
4. 《锻压设备安装工程施工及验收规范》GB 50272—2009；
5. 《铸造设备安装工程施工及验收规范》GB 50277—2010；
6. 《压缩机、风机、泵安装工程施工及验收规范》GB 50275—2010；
7. 《制冷设备、空气分离设备安装工程施工及验收规范》GB 50274—2010；
8. 《起重设备安装工程施工及验收规范》GB 50278—2010；
9. 《连续输送设备安装工程施工及验收规范》GB 50270—2010；
10. 《钢制压力容器》GB 150—2011；
11. 《现场设备、工业管道焊接工程施工质量验收规范》GB 50683—2010；
12. 《电力建设施工及验收技术规范》锅炉机组篇 DL/T 5047—95；
13. 《火电施工质量检验及评定标准》（锅炉篇）（1996 年版）；
14. 《电力建设安全工作规程》（火力发电厂部分）DL 5009.1—2002；
15. 《火力发电厂工程建设预算编制与计算标准》（2006 年版）；
16. 《电气装置安装工程高压电器施工及验收规范》GB 50147—2010；
17. 《电气装置安装工程母线装置施工及验收规范》GB 50149—2010；
18. 《电气装置安装工程电缆线路施工及验收规范》GB 50168—2006；
19. 《电气装置安装工程接地装置施工及验收规范》GB 50169—2006；
20. 《电气装置安装工程低压电器施工及验收规范》GB 50254—96；
21. 《建筑电气工程施工质量验收规范》GB 50303—2011；
22. 《民用建筑电气设计规范》JCJ 16—2008；
23. 《工业企业照明设计标准》GB 50034—92；
24. 《工业自动化仪表工程施工及验收规范》GB 50093—2002；
25. 《自动化仪表工程施工及验收规范》GB 50131—2007；
26. 《自动化仪表工程施工质量验收规范》GB 50131—2007；
27. 《分散型控制系统工程设计规范》HG/T 20573—2012；
28. 《仪表配管配线设计规定》HG 20512—2000；
29. 《仪表系统接地设计规定》HG 20513—2000；
30. 《仪表及管线伴热和绝热保温设计规定》HG/T 20514—2000；
31. 《仪表隔离和吹洗设计规定》HG 20515—2000；
32. 《自动分析室设计规定》HG/T 20516—2000；
33. 《计算机设备安装与调试工程施工及验收规范》YBJ—89；
34. 《采暖通风和空气调节设计规范》GB 50019—2003；
35. 《通风与空调工程施工质量验收规范》GB 50243—2010；
36. 《暖通空调设计选用手册》；
37. 《设备及管道保温技术通则》GB 4272—92；
38. 《工业设备及管道绝热工程施工质量验收规范》GB 50185—2010；
39. 《工业设备及管道防腐蚀工程施工质量验收规范》GB 50727—1011；
40. 《埋地钢质管环氧煤沥青防腐层技术标准》SY/T0447—1996；

41.《石油化工企业设备与管道涂料防腐蚀设计与施工规程》SHJ22—1990；

42. 现行的施工规范、施工质量验收标准、安全技术操作规程、有代表性的标准图集。

三、本规范与"08规范"相比的主要变化

（一）结构变化

1. 取消"08规范"中"C.4 炉窑砌筑工程"、"C.13 长距离输送管道工程"，待以后在《冶金及有色金属工程工程量计算规范》及《石油工程工程量计算规范》专业工程附录中编制。

2. 将原"08规范"附录 C 中"C.12 建筑智能化系统设备安装工程"、"C.11.3 建筑与建筑群综合布线统一"融合更名为"附录 E 建筑智能化工程"，只编制建筑智能化安装项目。取消有关"电子工程"的项目。

3. 将附录 C 静置设备与工艺金属结构制作安装工程中，取消"08规范"C.5.2 中"污水处理设备"，移入《市政工程工程量计算规范》。

4. 将"08规范"各章节项目的"刷油、防腐蚀与绝热"从项目特征和工作内容中取消，单独设置"附录 M 刷油、防腐蚀与绝热工程"。但"补漆"工作内容仍保留在各章节的项目中，并在注中加以说明"工作内容含补漆的工序，可不进行特征描述，由投标人在投标中根据相关规范标准自行考虑报价"。

5. 增补附录 M 刷油、防腐蚀、绝热工程 59 个项目；增补附录 N 措施项目 25 个项目。

（二）有关计量、计价规定的主要变化

附录 D 电气设备安装工程中的电线、电缆、母线均应按设计要求、规范、施工工艺规程规定的预留量及附加长度计入工程量中，并增加"附加长度表"。

（三）项目划分的主要变化

项目划分坚持"简洁适用，方便使用"原则，体现先进性、科学性、适用性。

1. 增加新技术、新工艺、新材料的项目。

1）附录 A 机械设备安装工程新增"自动步行道"、"液压电梯"、"轮椅升降台"、"透平式压缩机"、"热力机组"。

2）附录 E 建筑智能化工程按照《安全防范工程技术规范》GB 50348—2004 要求，调整合并了原规范中一些项目，增加了安全检查设备、GPS 设备、楼宇可视对讲设备、SPD 设备分系统调试、全系统联调和安防工程试运行等项目。

3）附录 G 通风空调工程增加"人防过滤吸收器"、"人防超压自动排气阀"、"人防手动密闭阀"等项目。

4）附录 H 工业管道工程管道材质增加锆及锆合金、镍及镍合金管道项目。

5）附录 J 消防工程新增"灭火器"、"消防水炮"、"无管网气体灭火装置"等项目，气体灭火介质增加七氟丙烷、IG541 等介质，取消卤代烷。

6）附录 K 给排水、采暖、燃气工程增加医疗气体设备及附件各项目。

2. 将原"08规范"中项目划分比较大的分项按计量单位、工作内容和专业工程项目划分规定的具体情况，分解为更具可操作性的项目。

1）"08规范"中中压锅炉设备安装一个项目现分为："钢炉架安装"、"汽包安装"、"水冷系统安装"、"过热系统安装"、"省煤器安装"、"管式空气预热器安装"、"回转式空气预热器安装"、"本体管路系统安装"、"本体金属结构安装"、"本体平台扶梯安装"、"炉排及燃烧装置安装"、"除渣装置安装"、"锅炉酸洗及试验"13 个项目；汽轮发电机组安装一个项目现分为："汽轮机安装"、"发电机、励磁机安装"和"汽轮发电机组空负荷试运"3 个项目。补充了"08规范"中的缺项，增加"循环流化床锅炉的旋风分离器"、"旋风分离器内衬砌筑"、"炉墙耐火砖砌筑"、"渣仓"、"气力除

灰设备"、"脱硫设备"等项目。

2）附录 D 电气设备安装工程电缆安装 5 个项目现分为："电力电缆"、"控制电缆"、"电缆终端头"、"电缆中间头"等 11 个项目；防雷及接地装置原 3 个项目现分为 11 个项目。

3）将管道工序中的"套管制作安装"单独设置清单项目。

3．将原"08 规范"中项目设置复杂凌乱的项目进行了综合归并。例如：

1）将原"08"规范弱电工程中的"凿（压）槽、打孔、打洞、人孔、手孔"融入电气设备安装工程中，在电气安装工程中增加"附属工程"小节。

2）"08 规范"附录 F 自动化控制仪表安装工程包括 9 节 68 项，因过程检测仪表和过程控制仪表的项目划分已不太适用，按照现行仪表设置重新划分清单项目。此外，自动化控制安装工程中集中监视与控制仪表、工业计算机安装与调试、工厂通信、供电与建筑智能化和电气设备安装工程有重复的内容，本次修编进行了整合。

3）附录 K 给排水、采暖、燃气工程将水龙头、地漏、排水栓、地面扫出口等项目，合并为"给排水附（配）件"项目；取消钢制闭式、板式、壁板式、柱式散热器等项目，合并为"钢制散热器"项目。一方面简化了项目设置，同时也解决了清单项目缺项，需自行补充许多项目的情况；将原"塑料复合管"改为"复合管"，适用于钢塑复合管、铝塑复合管、钢骨架复合管等复合型管道安装；调整阀门安装项目，取消按名称设置的项目，按连接方式设置了"螺纹连接"、"螺纹法兰连接"、"焊接法兰连接"等项目。

（四）项目特征的主要变化

对"08 规范"没有反映体现其自身价值的本质特征或对计价（投标报价）有影响的项目特征，进行了增补。例如静置设备制作增补了"压力等级"；工艺金属结构制作安装增补"构造形式"；仪表阀门增加"型号，规格，研磨要求，脱脂要求"。

（五）计量单位与计算规则的主要变化

1．为方便操作，本规范部分项目列有二个或二个以上的计量单位和计算规则。编制清单时，应结合拟建工程项目的实际情况，同一招标工程确定其中一个为计量单位。例如：皮带机列有以"台"、"m"；小电器列有以"个"、"套""台"。

2．将"08 规范"中工程量计算规则中的具体计算内容列入本节的备注栏内。如"通风管道制作安装的面积计算，不扣除检查孔、测定孔、送风口、吸风口等所占面积"；"管道工程量计算不扣除阀门、管件所占长度"等。

3．静置设备制作设备质量的计算规则增加"外构件和外协件的质量应从制造图的质量内扣除，按成品单价计入容器制作中"的说明。

4．将原工程量计算规则中"注"的内容列入节的备注栏内。

5．附录 G 通风空调工程中，消声器的计量单位由原来的"kg"改为"个"。

（六）工作内容的主要变化

1．所有附录工作内容描述中取消了"除锈、刷漆、保温"，单独执行附录 L 刷油、防腐蚀、绝热工程，增补"补刷油漆"的工作内容。

2．附录 A 机械设备安装工程新增了"按规范和设计要求，单机试运转"工作内容。

3．电气设备安装工程取消"电缆头"、"接线盒"安装工作内容，单独设置"电缆头"、"接线盒"项目。

4．管道安装工程取消"热处理"、"套管"安装工作内容，单独设置管道"热处理"、"套管"项目。

5．胎具的制作、安装与拆除等费用列入专业措施项目。

四、正文部分内容详解

1 总 则

【概述】 本规范总则共4条，从"08规范"复制一条，新增3条，其中强制性条文1条，主要内容为制定本规范的目的，适用的工程范围、作用以及计量活动中应遵循的基本原则。

【条文】 1.0.1 为规范通用安装工程造价计量行为，统一通用安装工程工程量计算规则、工程量清单的编制方法，制定本规范。

【要点说明】 本条阐述了制定本规范的目的和意义。

制定本规范的目的是"规范通用安装工程造价计量行为，统一通用安装工程工程量计算规则、工程量清单的编制方法"，此条在"08规范"基础上新增，此次修订，分别制定计价规范与工程量计算规范，因此，新增此条。

【条文】 1.0.2 本规范适用于工业、民用、公共设施建设安装工程的计量和工程量清单编制。

【要点说明】 本条说明本规范的适用范围。

本规范的适用范围是工业、民用、公共设施建设安装工程施工发承包计价活动中的工程量清单编制和工程计量，此条在"08规范"基础上新增，将"08规范""工程量清单编制和工程计量"有关规定纳入本规范。

【条文】 1.0.3 通用安装工程计价，必须按本规范规定的工程量计算规则进行工程计量。

【要点说明】 本条为强制性条文，规定了执行本规范的范围，明确了无论国有资金投资的还是非国有资金投资的工程建设项目，其工程计量必须执行本规范。此条在"08规范"基础上新增，进一步明确本规范工程量计算规则的重要性。

【条文】 1.0.4 通用安装工程计量活动，除应遵守本规范外，尚应符合国家现行有关标准的规定。

【要点说明】 本条规定了本规范与其他标准的关系。

此条明确了本规范的条款是建设工程计价与计量活动中应遵守的专业性条款，在工程计量活动中，除应遵守本规范外，还应遵守国家现行有关标准的规定。此条是从"08规范"中复制的一条。

2 术 语

【概述】 按照编制标准规范的要求，术语是对本规范特有术语给予的定义，尽可能避免规范贯彻实施过程中由于不同理解造成的争议。

本规范术语共计2条，与"08规范"相比，此条为新增。

【条文】 2.0.1 工程量计算 measurement quantities

指建设工程项目以工程设计图纸、施工组织设计或施工方案及有关技术经济文件为依据，按照相关工程国家标准的计算规则、计量单位等规定，进行工程数量的计算活动，在工程建设中简称工程计量。

【要点说明】 "工程量计算"指建设工程项目以工程设计图纸、施工组织设计或施工方案及有关技术经济文件为依据，按照相关工程国家标准的计算规则、计量单位等规定，进行工程数量的计算活动，在工程建设中简称工程计量。

【条文】 **2.0.2** 安装工程 building service work

安装工程是指各种设备、装置的安装工程。

通常包括：工业、民用设备，电气、智能化控制设备，自动化控制仪表，通风空调，工业、消防、给排水、采暖燃气管道以及通信设备安装等。

【要点说明】 安装工程是指各种设备、装置的安装工程。

3 工 程 计 量

【概述】 本章共8条，与"08规范"相比，为新增条款，规定了工程计量的依据、原则、计量单位、工作内容的确定、小数点位数的取定以及安装工程与其他专业在使用上的划分界限。

【条文】 **3.0.1** 工程量计算除依据本规范各项规定外，尚应依据以下文件：

1 经审定通过的施工设计图纸及其说明；

2 经审定通过的施工组织设计或施工方案；

3 经审定通过的其他有关技术经济文件。

【要点说明】 本条规定了工程量计算的依据。明确工程量计算，一是应遵守《通用安装工程工程量计算规范》的各项规定；二是应依据施工图纸、施工组织设计或施工方案、其他有关技术经济文件；三是计算依据必须经审定通过。

【条文】 **3.0.2** 工程实施过程中的计量应按照现行国家标准《建设工程工程量清单计价规范》GB 50500 的相关规定执行。

【要点说明】 本条进一步规定工程实施过程中的计量应按《建设工程工程量清单计价规范》的相关规定执行。

在工程实施过程中，相对工程造价而言，工程计价与计量是两个必不可少的过程，工程计量除了遵守本工程量计算规范外，必须遵守《建设工程工程量清单计价规范》的相关规定。

【条文】 **3.0.3** 本规范附录中有两个或两个以上计量单位的，应结合拟建工程项目的实际情况，确定其中一个为计量单位。同一工程项目的计量单位应一致。

【要点说明】 本条规定了本规范附录中有两个或两个以上计量单位的项目，在工程计量时，应结合拟建工程项目的实际情况，确定其中一个为计量单位，在同一个建设项目（或标段、合同段）中，有多个单位工程的相同项目计量单位必须保持一致。

【条文】 **3.0.4** 工程计量时每一项目汇总的有效位数应遵守下列规定：

1 以"t"为单位，应保留小数点后三位数字，第四位小数四舍五入；

2 以"m"、"m²"、"m³"、"kg"为单位，应保留小数点后两位数字，第三位小数四舍五入；

3 以"台"、"个"、"件"、"套"、"根"、"组"、"系统"为单位，应取整数。

【要点说明】 本条规定了工程计量时，每一项目汇总工程量的有效位数。

【条文】 **3.0.5** 本规范各项目仅列出了主要工作内容，除另有规定和说明者外，应视为已经包括完成该项目所列或未列的全部工作内容。

【要点说明】 本条规定了工作内容应按以下三个方面规定执行：

1. 对本规范所列项目的工作内容进行了规定，"除另有规定和说明外，应视为已经包括完成该项目的全部工作内容，未列内容或不发生不应另行计算"。

2. 本规范附录项目工作内容列出了主要施工内容，施工过程中必然发生的机械移动，材料运输等辅助内容虽然未列出，但应包括。

3. 本规范以成品考虑的项目，如采用现场制作的，应包括制作的工作内容。

【条文】 **3.0.6** 本规范电气设备安装工程适用于电气 10kV 以下的工程。

【要点说明】 本条规定了电气设备安装工程适用于电气 10kV 以下的工程。

【条文】 3.0.7 本规范与现行国家标准《市政工程工程量计算规范》GB 50857 相关内容在执行上的划分界线如下：

1 本规范电气设备安装工程与市政工程路灯工程的界定：厂区、住宅小区的道路路灯安装工程、庭院艺术喷泉等电气设备安装工程按通用安装工程"电气设备安装工程"相应项目执行；涉及市政道路、市政庭院等电气安装工程的项目，按市政工程中"路灯工程"的相应项目执行。

2 本规范工业管道与市政工程管网工程的界定：给水管道以厂区入口水表井为界；排水管道以厂区围墙外第一个污水井为界；热力和燃气以厂区入口第一个计量表（阀门）为界。

3 本规范给排水、采暖、燃气工程与市政工程管网工程的界定：室外给排水、采暖、燃气管道以市政管道碰头井为界；厂区、住宅小区的庭院喷灌及喷泉水设备安装按本规范相应项目执行；公共庭院喷灌及喷泉水设备安装按现行国家标准《市政工程工程量计算规范》GB 50857 管网工程的相应项目执行。

【要点说明】 本条规定了《通用安装工程工程量计算规范》与《市政工程工程量计算规范》相关内容在执行上的划分界线。

【条文】 3.0.8 本规范涉及管沟、坑及井类的土方开挖、垫层、基础、砌筑、抹灰、地沟盖板预制安装、回填、运输、路面开挖及修复、管道支墩的项目，按现行国家标准《房屋建筑与装饰工程工程量计算规范》GB 50854 和《市政工程工程量计算规范》GB 50857 的相应项目执行。

【要点说明】 本条指明了通用安装工程与其他"工程量计算规范"在执行上的界线范围和划分，以便正确执行规范。对于通用安装工程来说，不仅通用安装工程工程项目要满足国家标准要求，涉及其他专业的工程项目也要满足相关国家标准要求。此条为编制清单设置项目明确了应执行的规范。

4 工程量清单编制

【概述】 本章共 3 节，12 条，新增 4 条，移植"08 规范"8 条，强制性条文 7 条。规定了编制工程量清单的依据，原则要求以及执行本工程量计算规范应遵守的有关规定。

4.1 一 般 规 定

【概述】 本节共 3 条，新增 1 条，移植"08 规范"2 条，规定了清单的编制依据以及补充项目的编制规定。

【条文】 4.1.1 编制工程量清单应依据：

1 本规范和现行国家标准《建设工程工程量清单计价规范》GB 50500；

2 国家或省级、行业建设主管部门颁发的计价依据和办法；

3 建设工程设计文件；

4 与建设工程项目有关的标准、规范、技术资料；

5 拟定的招标文件；

6 施工现场情况、工程特点及常规施工方案；

7 其他相关资料。

【要点说明】 本条规定了工程量清单的编制依据。

本条从"08 计价规范移植"，增加"现行国家标准《建设工程工程量清计价规范》GB 50500"内容。体现了《建筑工程施工发包与承包计价管理办法》的规定："工程量清单依据招标文件、施工设计图纸、施工现场条件和国家制定的统一工程量计算规则、分部分项工程项目划分、计量单位等进行编制"。工程量清单的编制不仅依据本工程量计算规范，同时应以《建设工程工程量清单计价规范》为依据。

【条文】 4.1.2 其他项目、规费和税金项目清单应按照现行国家标准《建设工程工程量清单计价规范》GB 50500 的相关规定编制。

【要点说明】 本条为新增条款，规定了其他项目、规费和税金项目清单应按国家标准《建设工程工程量清单计价规范》的有关规定进行编制。其他项目清单包括：暂列金额、暂估价、计日工、总承包服务费；规费项目清单包括：社会保险费、住房公积金、工程排污费；税金项目清单包括：营业税、城市维护建设税、教育费附加、地方教育附加。

【条文】 4.1.3 编制工程量清单出现附录中未包括的项目，编制人应作补充，并报省级或行业工程造价管理机构备案，省级或行业工程造价管理机构应汇总报住房和城乡建设部标准定额研究所。

补充项目的编码由本规范的代码03与B和三位阿拉伯数字组成，并应从03B001起顺序编制，同一招标工程的项目不得重码。

补充的工程量清单需附有补充项目的名称、项目特征、计量单位、工程量计算规则、工作内容。不能计量的措施项目，需附有补充项目的名称、工作内容及包含范围。

【要点说明】 本条从"08规范"移植。工程建设中新材料、新技术、新工艺等不断涌现，本规范附录所列的工程量清单项目不可能包含所有项目。在编制工程量清单时，当出现本规范附录中未包括的清单项目时，编制人应作补充。在编制补充项目时应注意以下三个方面。

1. 补充项目的编码应按本规范的规定确定。具体做法如下：补充项目的编码由本规范的代码03与B和三位阿拉伯数字组成，并应从03B001起顺序编制，同一招标工程的项目不得重码。

2. 在工程量清单中应附补充项目的项目名称、项目特征、计量单位、工程量计算规则和工作内容。

3. 将编制的补充项目报省级或行业工程造价管理机构备案。

4.2 分部分项工程

【概述】 本节共7条，新增1条，从"08规范"移植6条，强制性条文6条。一是规定了组成分部分项工程工程量清单的五个要件，即项目编码、项目名称、项目特征、计量单位、工程量计算规则五大要件的编制要求。二是对本规范部分项目的计价和计量活动作出了规定。

【条文】 4.2.1 工程量清单应根据附录规定的项目编码、项目名称、项目特征、计量单位和工程量计算规则进行编制。

【要点说明】 本条为强制性条文，从"08规范"移植，规定了构成一个分部分项工程量清单的五个要件——项目编码、项目名称、项目特征、计量单位和工程量，这五个要件在分部分项工程量清单的组成中缺一不可。

【条文】 4.2.2 工程量清单的项目编码，应采用十二位阿拉伯数字表示，一至九位应按附录的规定设置，十至十二位应根据拟建工程的工程量清单项目名称和项目特征设置，同一招标工程的项目编码不得有重码。

【要点说明】 本条为强制性条文，从"08规范"移植，规定了工程量清单编码的表示方式：十二位阿拉伯数字及其设置规定。

各位数字的含义是：一、二位为专业工程代码（01—房屋建筑与装饰工程；02—仿古建筑工程；03—通用安装工程；04—市政工程；05—园林绿化工程；06—矿山工程；07—构筑物工程；08—城市轨道交通工程；09—爆破工程。以后进入国标的专业工程代码以此类推）；三、四位为附录分类顺序码；五、六位为分部工程顺序码；七、八、九位为分项工程项目名称顺序码；十至十二位为清单项目名称顺序码。

当同一标段（或合同段）的一份工程量清单中含有多个单位工程且工程量清单是以单位工程为编制对象时，在编制工程量清单时应特别注意项目编码十至十二位的设置不得有重码的规定。

【条文】 **4.2.3 工程量清单的项目名称应按附录的项目名称结合拟建工程的实际确定。**

【要点说明】 本条规定了分部分项工程量清单的项目名称的确定原则。本条为强制性条文，从"08 计价规范"移植，规定了分部分项工程量清单项目的名称应按附录中的项目名称，结合拟建工程的实际确定。特别是归并或综合较大的项目应区分项目名称，分别编码列项。例如：附录 K 给排水、采暖、燃气工程中，K.4 卫生器具 031004014 给、排水附（配）件指独立的水嘴、地漏、地面扫出口等。在列清单项目名称时，应结合拟建工程的实际确定其项目名称：水嘴或者是地漏。

【条文】 **4.2.4 工程量清单项目特征应按附录中规定的项目特征，结合拟建工程项目的实际予以描述。**

【要点说明】 本条规定了分部分项工程量清单的项目特征的描述原则，本条为强制性条文，从"08 规范"移植。

工程量清单的项目特征是确定一个清单项目综合单价不可缺少的重要依据，在编制工程量清单时，必须对项目特征进行准确和全面的描述，但有些项目特征用文字往往又难以准确和全面的描述清楚。因此，为达到规范、简洁、准确、全面描述项目特征的要求，在描述工程量清单项目特征时应按以下原则进行：

1. 项目特征描述的内容应按附录中的规定，结合拟建工程的实际，能满足确定综合单价的需要。

2. 若采用标准图集或施工图纸能够全部或部分满足项目特征描述的要求，项目特征描述可直接采用详见××图集或××图号的方式，应注明标图集的编码，页号及节点大样。对不能满足项目特征描述要求的部分，仍应用文字描述。

3. 按招投标法规定"招标文件不得要求或者标明特定的生产供应者"，因此，取消"品牌"的项目特征描述。

【条文】 **4.2.5 分部分项工程量清单中所列工程量应按附录中规定的工程量计算规则计算。**

【要点说明】 本条规定了分部分项工程量清单项目的工程量计算原则。

本条为强制性条文，从"08 规范"移植。强调工程计量中工程量应按附录中规定的工程量计算规则计算。工程量的有效位数应遵守本规范第 3.0.4 条规定。

【条文】 **4.2.6 分部分项工程量清单的计量单位应按附录中规定的计量单位确定。**

【要点说明】 本条规定了分部分项工程量清单项目的计量单位的确定原则。

本条为强制性条文，从"08 规范"移植，规定了分部分项工程量清单的计量单位应按本规范附录中规定的计量单位确定。当计量单位有两个或两个以上时，应根据所编工程量清单项目的特征要求，选择最适宜表现该项目特征并方便计量和组成综合单价的单位。

【条文】 **4.2.7 项目安装高度若超过基本高度时，应在"项目特征"中描述。本规范安装工程各附录基本安装高度为：附录 A 机械设备安装工程 10m；附录 D 电气设备安装工程 5m；附录 E 建筑智能化工程 5m；附录 G 通风空调工程 6m；附录 J 消防工程 5m；附录 K 给排水、采暖、燃气工程 3.6m；附录 M 刷油、防腐蚀、绝热工程 6m。**

【要点说明】 本条规定了安装工程各附录基本安装高度。

本条为新增条款。既考虑了各安装专业的定额编制情况，又考虑了使用者方便计价。

4.3 措 施 项 目

【概述】 本节共 2 条，均为新增，有一条强制性条文；与"08 规范"相比，内容变化较大，一是将原"08 规范"中"3.3.1 通用措施项目一览表"项目移入本规范附录 M 措施项目中，二是所有的措施项目均以清单形式列出了项目，对能计量的措施项目，应列出"项目特征、计量单位、计算规则"，不能计量的措施项目，仅列出项目编码、项目名称和包含的范围。

【条文】 **4.3.1 措施项目中列出了项目编码、项目名称、项目特征、计量单位、工程量计算规则的项目，编制工程量清单时，应按照本规范 4.2 分部分项工程的规定执行。**

【要点说明】 本条对措施项目能计量的且以清单形式列出的项目（即单价措施项目）作出了规定。

本条为新增强制性条文，规定了能计量的措施项目，也同分部分项工程一样，编制工程量清单时必须列出项目编码、项目名称、项目特征、计量单位。同时明确了措施项目的项目编码、项目名称、项目特征、计量单位、工程量计算规则，按本规范4.2分部分项工程的有关规定执行。本规范4.2中，"4.2.1、4.2.2、4.2.3、4.2.4、4.2.5、4.2.6"条款对相关内容作出了规定且均为强制性条款。

【条文】 4.3.2 措施项目中仅列出项目编码、项目名称，未列出项目特征、计量单位和工程量计算规则的项目，编制工程量清单时，应按本规范附录N措施项目规定的项目编码、项目名称确定。

【要点说明】 本条对措施项目不能计量的且以清单形式列出的项目（即总价措施项目）作出了规定。

本条为新增条款，针对本规范对不能计量的仅列出项目编码、项目名称，但未列出项目特征、计量单位和工程量计算规则的措施项目，编制工程量清单时，必须按本规范规定的项目编码、项目名称确定清单项目，不必描述项目特征和确定计量单位。

例如：脚手架搭拆、安全文明施工（表5-2）

表5-2 总价措施项目清单与计价表

工程名称：某工程

序号	项目编码	项目名称	计算基础	签约费率	签约金额	调整费率（%）	调整后金额	备注
1	031301017001	脚手架搭拆	定额人工费					
2	031302001001	安全文明施工	定额人工费					

五、附录部分主要变化

附录A 机械设备安装工程

1. 项目划分

附录A机械设备安装工程包括14节122项（详见表5-3），增加8个项目，分别为：自动步行道、液压电梯、轮椅升降台、其他风机、其他泵、透平式压缩机、热力机组、风力发电机。

表5-3 附录A 机械设备安装工程项目变化增减表

序号	名 称	"08规范"项目数	新规范项目数	项目增加数（+）	项目减少数（-）	备 注
A.1	切削设备安装	19	19			
A.2	锻压设备安装	7	7			
A.3	铸造设备安装	9	9			
A.4	起重设备安装	8	8			

续表 5 - 3

序号	名 称	"08 规范"项目数	新规范项目数	项目增加数（+）	项目减少数（−）	备 注
A.5	起重机轨道安装	1	1			
A.6	输送设备安装	8	8			
A.7	电梯安装	5	8	3		增加自动步行道、液压电梯、轮椅升降台
A.8	风机安装	5	6	1		增加其他风机
A.9	泵安装	11	12	1		增加其他泵
A.10	压缩机安装	3	4	1		增加透平式压缩机
A.11	工业炉安装	9	9			
A.12	煤气发生设备安装	5	5			
A.13	其他机械安装	24	26	2		增加热力机组、风力发电机
	合 计	114	122	8	0	

2. 项目名称的变化

规范项目名称内容，将名称中带有制作、安装的字眼全部删除。

1）A.1 项目名称"车床"改为"卧式车床"。

2）A.3 项目名称"造芯设备"改为"制芯设备"。

3）A.4 项目名称"电动壁行悬挂式起重机"改为"电动壁行悬臂挂式起重机"；"悬臂立柱式起重机"改为"旋臂立柱式起重机"。

4）A.6 项目名称"气力输送设备"改为"螺旋输送机"。

5）A.9 项目名称"简易移动潜水泵"改为"潜水泵"。

6）A.10 项目名称"离心式压缩机（电动机驱动）"改为"离心式压缩机"。

7）A.13 项目名称"溴化锂吸收式制冷机"改为"冷水机组"；项目名称"玻璃钢冷却塔"改为"冷却塔"。

3. 项目特征的变化

1）A.1 新增了"规格"，"灌浆配合比"，"单机试运转要求"，"保护罩材质、形式"。

2）A.2 新增了"规格"，"灌浆配合比"，"单机试运转要求"。

3）A.3 新增了"规格"，"安装方式"，"灌浆配合比"，"单机试运转要求"。

4）A.4 新增了"质量"，"跨距"，"配线材质、规格、敷设方式"，"单机试运转要求"。

5）A.5 新增了"规格"，"车挡材质"。

6）A.6 新增了"质量"，"规格"，"单机试运转要求"。

7）A.7 新增了"运行速度"，"层高"，"扶手中心距"，"宽度、长度"，"前后轮距"，"配线材质、规格、敷设方式"，"运转调试要求"。

8）A.8 新增了"规格"，"材质"，"减振底座形式、数量"，"灌浆配合比"，"单机试运转要求"。

9）A.9 新增了"规格"，"灌浆配合比"，"单机试运转要求"，删除了"输送介质，压力"。

10）A.10 新增了"驱动方式"，"灌浆配合比"，"单机试运转要求"。

11）A.11 新增了"车挡材质"，"试压标准"。

12）A.12 新增了"构件材质","灌浆配合比";删除了"直径"。

13）A.13 新增了"制冷（热）形式","制冷（热）量","材质","单机试运转要求","规格","灌浆配合比",删除了"直径","冷却面积","蒸发面积","容积","类型"。

4. 计量单位的变化

A.7 中"自动扶梯"的计量单位"台"改为"部"。

5. 工程量计算规则的变化

1）A.3 删除了"注：设备质量应包括抛丸机、回转台、斗式提升机、螺旋输送机、电动小车等设备以及框架、平台、梯子、栏杆、漏斗、漏管等金属结构件的总质量"。

2）A.8 删除了"2. 直联式风机的质量包括本体及电机、底座的总质量"。

3）A.9 删除了"直联式泵的质量包括本体、电动机及底座的总质量；非直联式的不包括电动机质量；深井泵的质量包括本体、电动机、底座及设备扬水管的总质量"。

4）A.10 删除了"设备质量包括同一底座上主机、电动机、仪表盘及附件、底座等的总质量，但立式及 L 型压缩机、螺杆式压缩机、离心式压缩机不包括电动机等动力机械的质量"、"活塞式 D、M、H 型对称平衡压缩机的质量包括主机、电动机及随主机到货的附属设备的质量，但不包括附属设备安装"。

6. 工作内容的变化

1）A.1 新增了"本体安装","单机试运转";删除了"安装","除锈、刷漆"。

2）A.2 新增了"本体安装","单机试运转";删除了"安装，除锈，刷漆"。

3）A.3 新增了"本体安装、组装","设备钢梁基础检查、复核调整","管道酸洗、液压油冲洗","安全护栏制作安装","轨道安装调整","单机试运转","抛丸清理室地轨安装","平台制作、安装",删除了"安装","地脚螺栓孔灌浆","抛丸清理室安装","除锈、刷漆","方型（梁式）铸铁平台安装、除锈、刷漆"。

4）A.4 新增了"本体组装","起重设备电气安装、调试","单机试运转",删除了"本体安装"。

5）A.5 新增了"轨道安装";删除了"安装"。

6）A.6 新增了"本体安装","单机试运转";删除了"安装"。

7）A.7 新增了"辅助项目安装","单机试运转及调试"。

8）A.8 新增了"减振台座制作、安装","单机试运转"。

9）A.9 新增了"单机试运转"。

10）A.10 新增了"单机试运转"。

11）A.11 新增了"内衬砌筑、烘炉";删除了"砌筑","炉体结构件及设备刷漆";

12）A.12 新增了"本体安装";删除了"安装"。

13）A.13 新增了"单机试运转";删除了"保温，保护层，刷漆"。

7. 其他

1）A.14 相关问题及说明，增加了"A.14.2 钢结构及支架制作、安装按本规范附录 C 静置设备与工艺金属结构制作安装工程相关项目编码列项"、"A.14.3 电气系统（起重设备和电梯除外）、仪表系统、通风系统、设备本体第一个法兰以外的管道系统等的安装、调试，应分别按本规范附录 D 电气设备安装工程、附录 F 自动化控制仪表安装工程、附录 G 通风空调工程、附录 H 工业管道工程相关项目编码列项"、"A.14.4 工业炉烘炉、设备负荷试运转、联合试运转、生产准备试运转按本规范附录 M 措施项目相关项目编码列项"、"A.14.5 设备的除锈、刷漆（补刷漆除外）、保温及保护层安装，应按本规范附录 L 刷油、防腐蚀、绝热工程相关项目编码列项"、"A.14.6 工作内容含补漆的工序，可不进行特征描述，由投标人在投标中根据相关规范标准自行考虑报价"、"A.14.7 大型设备安装所需的专用机具、专用垫铁、特殊垫铁和地脚螺栓需在清单项目工作内容、项目特征中描述，组成完整地工程实体"。

2）表A.3增加注"抛丸清理室设备质量应包括抛丸机、回转台、斗式提升机、螺旋输送机、电动小车等设备以及框架、平台、梯子、栏杆、漏斗、漏管等金属结构件的总质量"。

3）表A.8增加注"1 直联式风机的质量包括本体及电机、底座的总质量。2 风机支架按本规范附录C静置设备与工艺金属结构制作安装工程相关项目编码列项"。

4）表A.9增加注"直联式泵的质量包括本体、电动机及底座的总质量；非直联式的不包括电动机质量；深井泵的质量包括本体、电动机、底座及设备扬水管的总质量"。

5）表A.10增加注"1设备质量包括同一底座上主机、电动机、仪表盘及附件、底座等的总质量，但立式及L型压缩机、螺杆式压缩机、离心式压缩机不包括电动机等动力机械的质量。2 活塞式D、M、H型对称平衡压缩机的质量包括主机、电动机及随主机到货的附属设备的质量，但其安装不包括附属设备安装。3 随机附属静止设备，按本规范附录C静置设备与工艺金属结构制作安装工程相关项目编码列项"。

6）表A.11增加注"附属设备钢结构及导轨，按本规范附录C静置设备与工艺金属结构制作安装工程相关项目编码列项"。

7）表A.12增加注"附属设备钢结构及导轨，按本规范附录C静置设备与工艺金属结构制作安装工程相关项目编码列项"。

8）表A.13增加注"附属设备钢结构及导轨，按本规范附录C静置设备与工艺金属结构制作安装工程相关项目编码列项"。

8．使用本附录应注意的问题

1）大型设备安装所需的专用机具、专用垫铁、特殊垫铁和地脚螺栓应在清单项目特征中描述，组成完整的工程实体。

2）如主项项目工程与需综合项目工程量不对应，项目特征应描述综合项目的规格、数量。

3）专业措施项目应按本规范附录N措施项目编码列项。

4）机械设备需投标人购置应在招标文件中予以说明。

9．典型分部分项工程工程量清单编制实例

【实例】

一、背景资料

本工程为某辖区内某首层加工车间车床安装工程，层高为3.5m。

（一）设计说明

1．本加工车间需安装以下车床：

1）普通卧式车床2台，型号为C620，规格2680×1320×1380，质量4t；

2）普通卧式车床2台，型号为C61100，规格11100×2100×1790，质量14.5t；

3）摇臂钻床1台，型号为Z35A，规格2630×1010×2840，质量4.5t；

4）立式钻床1台，型号为Z5150A，规格1090×910×2530，质量1.25t；

5）牛头刨床3台，型号为B6080，规格为3110×1350×1680，质量3.6t；

6）牛头刨床1台，型号为B60100，规格3510×1460×1760，质量4.5t。

2．车床安装所需的混凝土基础由土建单位施工。

3．配电控制系统另行施工。

（二）计算范围

根据设计要求计算该加工车间车床安装的清单工程量。

注：设备由投标人采购。

二、问题

根据以上背景资料及现行国家标准《建设工程工程量清单计价规范》GB 50500、《通用安装工程工程量计算规范》GB 50856，试列出该机械设备安装工程分部分项工程量清单。

表5-4 工程量计算表

工程名称：某加工车间机械设备安装工程

序号	清单项目编码	清单项目名称	计算式	工程量合计	计量单位
1	030101002001	卧式车床	普通卧式车床 2	2	台
2	030101002002	卧式车床	普通卧式车床 2	2	台
3	030101004001	钻床	摇臂钻床 1	1	台
4	030101004002	钻床	立式钻床 1	1	台
5	030101010001	刨床	牛头刨床 3	3	台
6	030101010002	刨床	牛头刨床 1	1	台

表5-5 分项工程和单价措施项目清单与计价表

工程名称：某加工车间机械设备安装工程 　　　　标段：　　　　　　　　　　　第1页共1页

序号	项目编码	项目名称	项目特征描述	计量单位	工程数量	综合单价	合价	人工费	暂估价
							金额（元）		
								其中	
1	030101002001	卧式车床	1. 名称：普通卧式车床 2. 型号：C620 3. 规格：2680×1320×1380 4. 质量·4t	台	2				
2	030101002002	卧式车床	1. 名称：普通卧式车床 2. 型号：C61100 3. 规格：11100×2100×1790 4. 质量：14.5t	台	2				
3	030101004001	钻床	1. 名称：摇臂钻床 2. 型号 Z35A 3. 规格 2630×1010×2840 4. 质量4.5t	台	1				
4	030101004002	钻床	1. 名称：立式钻床 2. 型号：Z5150A 3. 规格：1090×910×2530 4. 质量：1.25t	台	1				

序号	项目编码	项目名称	项目特征描述	计量单位	工程数量	金额（元）			
						综合单价	合价	其中	
								人工费	暂估价
5	030101010001	刨床	1. 名称：牛头刨床 2. 型号：B6080 3. 规格：3110 × 1350 × 1680 4. 质量：3.6t	台	3				
6	030101010002	刨床	1. 名称：牛头刨床 2. 型号：B60100 3. 规格：3510 × 1460 × 1760 4. 质量：4.5t	台	1				

表 − 08

附录 B 热力设备安装工程

1. 项目划分

附录 B 热力设备安装工程共 25 节，比"08 规范"附录 C.3 热力设备安装工程增加 3 节。内容包括：中压锅炉本体设备安装及分部试验及试运、中压锅炉附属机械及辅助设备安装、中压锅炉炉墙砌筑、汽轮发电机本体安装、汽轮发电机辅助设备及附属设备安装、热力系统输煤和除灰设备安装、化学水处理系统设备安装、脱硫设备安装、低压锅炉设备及附属、辅助设备安装。其中，中压锅炉分部试验及试运脱硫设备安装、气力除灰设备安装为新增加内容。分项设置 101 项，比"08 规范"增加项目 27 个（详见表 5 − 6）。

表 5 − 6　附录 B 热力设备安装工程项目变化增减表

序号	名　　称	"08 规范"项目数	新规范项目数	增加项目数（＋）	减少项目数（－）	备　　注
B.1	中压锅炉本体设备安装	1	13	12		根据实际需要，把原中压锅炉设备安装分解为 13 个分项目
B.2	中压锅炉分部试验及试运	0	1	1		
B.3	中压锅炉风机安装	1	1			
B.4	中压锅炉除尘装置安装	1	1			
B.5	中压锅炉制粉系统安装	4	4			
B.6	中压锅炉烟、风、煤管道安装	6	6			

序号	名　称	"08 规范"项目数	新规范项目数	增加项目数（＋）	减少项目数（－）	备　注
B.7	中压锅炉其他辅助设备安装	5	5			
B.8	中压锅炉炉墙砌筑	1	3	2		增加循环流化床锅炉旋风分离器内衬砌筑项目
B.9	汽轮发电机本体安装	1	3	2		根据实际需要，把原汽轮发电机组安装分解为 3 个分项目
B.10	汽轮发电机辅助设备安装	4	4			
B.11	汽轮发电机附属设备安装	6	6			
B.12	卸煤设备安装	2	2			
B.13	煤场机械设备安装	2	2			
B.14	碎煤设备安装	3	3			
B.15	上煤设备安装	8	8			
B.16	水力冲渣、冲灰设备安装	10	11	1		增加金属渣仓制作安装项目
B.17	气力除灰设备安装	0	6	6		完全新增项目
B.18	化学水预处理系统设备安装	2	2			
B.19	锅炉补给水除盐系统设备安装	3	3			
B.20	凝结水处理系统设备安装	1	1			
B.21	循环水处理系统设备安装	1	1			
B.22	给水、炉水校正处理系统设备安装	1	1			
B.23	脱硫设备安装	0	3	3		完全新增项目
B.24	低压锅炉本体设备安装	2	2			
B.25	低压锅炉附属及辅助设备安装	6	6			
合　计		71	98	27		

2. 各节主要变化

1) 把"08 规范"中项目划分比较大的分项按计量单位、工作内容和电力工程项目划分规定的具体情况分解为更具可操作性的项目。

①原中压锅炉设备安装现分为：钢炉架安装、汽包安装、水冷系统安装、过热系统安装、省煤器安装、管式空气预热器安装、回转式空气预热器安装、本体管路系统安装、本体金属结构安装、本体平台扶梯安装、炉排及燃烧装置安装、除渣装置安装、锅炉酸洗及试验等 13 个项目。

②原汽轮发电机组安装现分为：汽轮机安装，发电机、励磁机安装，汽轮发电机组空负荷试运 3 个项目。

2) 补充了 2008 版《建设工程工程量清单计价规范》中的缺项。

①在汽轮发电机辅助设备凝汽器安装项目中补充了胶球清洗装置安装的工作内容。

②在中压锅炉其他辅助设备安装中增加循环流化床锅炉的旋风分离器安装项目。

③在中压锅炉炉墙砌筑中增加循环流化床锅炉的旋风分离器内衬砌筑和炉墙耐火砖砌筑项目。

④在水力冲渣、冲灰设备安装中增加渣仓制作安装项目。

⑤增加了气力除灰设备安装，包括负压风机、灰斗气化风机、布袋收尘器、袋式排气过滤器、加热器和回转式给料机的安装 6 个项目。

⑥增加了脱硫设备安装，包括石粉仓、吸收塔安装和脱硫附属机械及辅助设备安装 3 个项目。

3. 其他

附录中对本专业项目的适用范围、锅炉压力等级的划分、与其他专业关系的划分、未在附录中包括的工作内容等在"B.26 相关问题及说明"中统一说明。

4. 使用本附录应注意的问题

1) 如主项项目工程与需综合项目工程量不对应，项目特征应描述综合项目的规格、数量。

2) 专业措施项目应按本规范附录 N 措施项目编码列项。

3) 由国家或地方检测验收部门进行的检测验收应按本规范附录 N 措施项目编码列项。

4) 热力设备需投标人购置应在招标文件中予以说明。

5. 典型分部分项工程工程量清单编制实例

【实例】1

一、背景资料

某工程动力站设计安装 20MW 汽轮发电机组 1 套，具体设备规格型号如表 5−7。

表 5−7　设备规格型号

序号	设备名称	规格及型号	单位	数量
1.1	汽轮机	高温高压抽背式汽轮机 CB20−8.83/4.6/1.3	台	2
1.2	发电机	QF−20−2 额定功率：20000kW 额定电压：10.5kV 额定电流：17180A 效率：>97.57% 额定功率因数：cosϕ=0.8 励磁方式：机端自并励静止励磁系统	台	2

注：设备由发包人提供。

二、问题

根据以上背景资料及现行国家标准《建设工程工程量清单计价规范》GB 50500、《通用安装工程工程量计算规范》GB 50856 附录 B 热力设备安装工程，列出该汽轮发电机组的分部分项工程量清单。

表 5-8　清单工程量计算表

工程名称：某工程

序号	清单项目编码	清单项目名称	计算式	工程量合计	计量单位
1	020209001001	汽轮机	2	2	台
2	020209002001	发电机	2	2	台
3	020209003001	汽轮发电机组空负荷试运	2	2	台

表 5-9　分部分项工程量清单与计价表

工程名称：某工程

序号	项目编码	项目名称	项目特征描述	计量单位	工程量	金额（元）综合单价	金额（元）合计
1	020209001001	汽轮机	1. 结构形式：高温高压抽背式汽轮机 2. 型号：CB20-8.83/4.6/1.3	台	2		
2	020209002001	发电机	1. 结构形式：机端自并励静止励磁系统 2. 型号：QF-20-2 3. 功率：20000kW	台	2		
3	020209003001	汽轮发电机组空负荷试运	机组容量：20MW 机组	台	2		

【实例】2

一、背景资料

（一）设计说明

某工程动力站的输煤系统范围内的主要设备材料见表 5-10。

表 5-10　主要设备材料一览表

序号	设备名称	规格及型号	单位	数量
1	卸煤设备			
1)	叶轮给煤机	型号：QYG-500A，出力：$Q=100\sim500t/h$（可调），带宽 $B=1000mm$	台	4
2	储煤设备			
1)	斗轮堆取料机	DQL600/1200.30 型堆料：1200t/h 取料：600t/h 回转半径：30m	台	1

序号	设 备 名 称	规格及型号	单位	数量
3	带式输送机			
1)	C1 带式输送机	$B=1000\text{mm}$, $V=2.0\text{m/s}$, $Q=500\text{t/h}$, $L_\text{h}=271\text{m}$, $H=41.6\text{m}$	台	2
2)	C2 带式输送机	$B=800\text{mm}$, $V=2.0\text{m/s}$, $Q=300\text{t/h}$, $L_\text{h}=110\text{m}$, $H=5.3\text{m}$	台	2
3)	C3 带式输送机	$B=800\text{mm}$, $V=2.0\text{m/s}$, $Q=300\text{t/h}$, $L_\text{h}=138\text{m}$, $H=22.2\text{m}$	台	2
4)	C4 带式输送机	$B=800\text{mm}$, $V=2.0\text{m/s}$, $Q=300\text{t/h}$, $L_\text{h}=133\text{m}$, $H=41.9\text{m}$	台	2
5)	C5 带式输送机	$B=800\text{mm}$, $V=2.0\text{m/s}$, $Q=300\text{t/h}$, $L_\text{h}=84\text{m}$, $H=0\text{m}$	台	2
4	筛碎设备			
1)	环锤式碎煤机	HCSC - 4 型, $Q=400\text{t/h}$, 入料粒度 ≤ 300mm, 出料粒度≤30mm	台	2
2)	高幅振动细筛	GFS - X - 300 型, $Q=300\text{t/h}$, 筛下粒度 ≤ 8mm	台	2
5	计量、质检、监测设备			
1)	电子皮带秤	适用带宽 $B=800\text{mm}$, 带速 $V=2.0\text{m/s}$, 动态累计误差: ≤ ±2.5%	台	2
2)	动态链码校验装置	TC - 510 型, 适用带宽 $B=800\text{mm}$, 带速 $V=2.0\text{m/s}$	台	2
3)	入炉煤机械采制样装置	适用带宽 $B=800\text{mm}$, 带速 $V=2.0\text{m/s}$, 自动采样、破碎、缩分	台	2
6	带式输送机附属设备			
1)	带式电磁除铁器	型号: RCDD - 8, 适用带宽 $B=800\text{mm}$	台	4
2)	盘式电磁除铁器	型号: RCDY - 10, 适用带宽 $B=1000\text{mm}$	台	2
3)	电动三通挡板	口径: 700×700, $\alpha=60°$	台	2
4)	电动双侧犁式卸料器	$B=1000\text{mm}$, $\lambda=35°$	台	10
5)	电动双侧犁式卸料器	$B=800\text{mm}$, $\lambda=35°$	台	10

注: 设备由发包人提供。

（二）施工说明

符合定额规定的正常施工条件。

二、问题

根据以上背景资料及现行国家标准《建设工程工程量清单计价规范》GB 50500、《通用安装工程工程量计算规范》GB 50856，编制该工程的分部分项工程清单。

表 5-11　清单工程量计算表

工程名称：某工程（动力站输煤系统安装工程）

序号	清单项目编码	清单项目名称	计算式	工程量合计	计量单位
		卸煤设备			
1	020212002001	叶轮给煤机	4	4	台
		煤场机械			
1	010103001001	斗轮堆取料机	1	1	台
		碎煤设备			
1	020214002001	环锤式碎煤机	2	2	台
2	020214003001	高幅振动细筛	2	2	台
		上煤设备			
1	020215001001	C1 带式输送机	2	2	台
2	020215001002	C2 带式输送机	2	2	台
3	020215001003	C3 带式输送机	2	2	台
4	020215001004	C4 带式输送机	2	2	台
5	020215001005	C5 带式输送机	2	2	台
6	020215004001	电子皮带秤	2	2	台
7	020215004002	动态链码校验装置	2	2	台
8	020215005001	入炉煤机械采制样装置	2	2	台
9	020215008001	带式电磁除铁器	4	4	台
10	020215008002	盘式电磁除铁器	2	2	台
11	020215003001	电动三通挡板	2	2	台
12	020215006001	电动双侧犁式卸料器	10	10	台
13	020215006002	电动双侧犁式卸料器	10	10	台

工程名称：某工程（热力设备安装工程）　　　　　　标段：　　　　　　　　　　第 1 页共 2 页

序号	项目编码	项目名称	项目特征描述	计量单位	工程数量	金额（元）			
						综合单价	合价	其中	
								定额人工费	暂估价
卸煤设备									
1	020212002001	叶轮给煤机（变频调速）	1. 型号：QYG－500A 2. 规格：带宽 $B=1000mm$ 3. 输送量：$Q=100\sim500t/h$（可调）	台	4				
储煤设备									
1	010103001001	斗轮堆取料机	1. 型号：DQL600/1200.30型 2. 跨度：回转半径：30m 3. 装载量：堆料：1200t/h 取料：600t/h	台	1				
碎煤设备									
1	020214002001	环锤式碎煤机	1. 型号：HCSC－4 型 2. 规格：$Q=400t/h$	台	2				
2	020214003001	高幅振动细筛	1. 型号：GFS－X－300 型 2. 规格：$Q=300t/h$	台	2				
上煤设备									
1	020215001001	C1 带式输送机	1. 规格：$Q=500t/h$ $V=2.0m/s$ 2. 长度：$L_h=271m$、$H=41.6m$ 3. 皮带宽度：$B=1000mm$	台	2				
2	020215001002	C2 带式输送机	1. 规格：$Q=300t/h$ $V=2.0m/s$ 2. 长度：$L_h=110m$，$H=5.3m$ 3. 皮带宽度：$B=800mm$	台	2				
3	020215001003	C3 带式输送机	1. 规格：$Q=300t/h$ $V=2.0m/s$ 2. 长度：$L_h=138m$，$H=22.2m$ 3. 皮带宽度：$B=800mm$	台	2				
4	020215001004	C4 带式输送机	1. 规格：$Q=300t/h$ $V=2.0m/s$ 2. 长度：$L_h=133m$，$H=41.9m$ 3. 皮带宽度：$B=800mm$	台	2				

工程名称：某工程（热力设备安装工程）　　　　　　　　标段：　　　　　　　　第 2 页共 2 页

序号	项目编码	项目名称	项目特征描述	计量单位	工程数量	金额（元）			
						综合单价	合价	其　中	
								定额人工费	暂估价
5	020215001005	C5 带式输送机	1. 规格：$Q = 300t/h$ $V = 2.0m/s$ 2. 长度：$L_h = 84m$, $H = 0m$ 3. 皮带宽度：$B = 800mm$	台	2				
6	020215004001	皮带秤	1. 名称：电子皮带秤 2. 规格：适用带宽 $B = 800mm$，带速 $V = 2.0m/s$，动态累计误差：$\leq \pm 2.5\%$	台	2				
7	020215004002	皮带秤	1. 名称：动态链码校验装置 2. 规格：适用带宽 $B = 800mm$，带速 $V = 2.0m/s$ 3. 型号：TC－510 型	台	2				
8	020215005001	机械采样装置及除木器	1. 名称：入炉煤机械采制样装置 2. 规格：适用带宽 $B = 800mm$，带速 $V = 2.0m/s$，自动采样、破碎、缩分	台	2				
9	020215008001	电磁分离器	1. 型号：RCDD－8， 2. 结构形式：带式电磁除铁器 3. 规格：适用带宽 $B = 800mm$	台	4				
10	020215008002	电磁分离器	1. 型号：RCDY－10， 2. 结构形式：盘式电磁除铁器 3. 规格：适用带宽 $B = 1000mm$	台	2				
11	020215003001	输煤转运站落煤设备	1. 名称：电动三通挡板 2. 型号：口径：700×700，$\alpha = 60°$	台	2				
12	020215006001	电动犁式卸料器	1. 名称：电动双侧犁式卸料器 2. 规格：$B = 1000mm$，$\lambda = 35°$	台	10				
13	020215006002	电动犁式卸料器	1. 名称：电动双侧犁式卸料器 2. 规格：$B = 800mm$，$\lambda = 35°$	台	10				

附录 C 静置设备与工艺金属结构制作安装工程

1. 项目划分

1) 附录 C 静置设备与工艺金属结构制作安装工程包括 11 节 49 项，增加 1 个项目，减少 5 个项目（详见表 5-13），分别为：静置设备制作，静置设备安装，工业炉安装，金属油罐制作，金属油罐安装，球形罐组对安装，气柜制作安装，工艺金属结构制作安装，铝制、铸铁、非金属设备安装，撬块安装，无损检验、相关问题及说明。

表 5-13 附录 C 静置设备与工艺金属结构制作安装工程项目变化增减表

序号	名称	"08 规范"项目数	新规范项目数	项目增（＋）	项目减（－）	备注
C.1	静置设备制作	3	3			
C.2	静置设备安装	17	14		－3	
C.3	工业炉安装	7	7			
C.4	金属油罐制作安装	5	5			
C.5	球形罐组对安装	2	1		－1	
C.6	气柜制作安装	1	1			
C.7	工艺金属结构制作安装	8	8			
C.8	铝制、铸铁、非金属设备安装	3	3			
C.9	撬块安装	1	1			
C.10	无损检验	5	6	1		
C.11	衬里（喷涂）工程	1	0		－1	
	合　计	53	49	1	－5	

2) 金属油罐、球罐本体的梯子、栏杆、扶手制作安装工作内容，"08 规范"是另列项目编码计价，但本规范将其并入罐本体安装中。

3) 取消 "08 规范" "030502015 污水处理设备"、"030502016 焊缝热处理" 项目。

2. 项目特征

1) 静置设备制作：

①容器制作取消 "立式、卧式、内部构件"，新增 "压力等级" 描述。

②塔器制作取消 "内部构件"，新增 "压力等级" 描述。

③换热器制作新增"压力等级"描述。

2）静置设备安装：

①容器组装新增"构造形式"描述。

②整体容器安装将"立式、卧式"改成"安装形式"。

③塔器组装新增"构造形式"、"填充材料种类"描述。

④整体塔器安装将"立式、卧式"改成"安装形式"，新增"规格"描述。

⑤热交换器类设备安装新增"名称"描述。

⑥反应器安装将原"内有复杂装置的反应器、内有填料的反应器"合并成"内部结构形式"。

⑦催化裂化再生器安装新增"名称"描述。

⑧空分分馏塔安装新增"构造形式"、"规格型号"描述。

⑨电解槽安装新增"底座材质"描述。

⑩电除雾器安装新增"构造形式"描述。

⑪工业炉安装新增"附件种类、规格及数量"描述。

⑫废热锅炉安装新增"燃烧床形式"描述。

⑬凡工作内容中涉及灌浆，均在项目特征里增加了"灌浆配合比"描述。

3）工业炉安装：

①新增"附件种类、规格及数量"描述。

②取消工业炉砌筑材料描述。

4）金属油罐制作安装：

①拱顶罐制作、安装新增"安装位置"描述。

②浮顶罐制作、安装新增"安装位置"描述，将原"内浮顶罐容积"、"单、双盘罐容积"合并成"容积"描述。

③新增低温双壁金属罐制作、安装项目清单描述及项目工作内容。

5）球形罐组对安装：新增"支柱耐火层保温"描述。

6）气柜制作、安装：新增"本体平台、梯子、栏杆材质及类型"描述。

7）工艺金属结构制作安装：

①"桁架、管廊、设备框架、单梁结构制作安装"项目新增"构造形式"描述。

②烟囱、烟道制作安装新增"材质"描述。

③火炬及排气筒制作安装新增"构造形式"、"安装高度"描述。

8）铝制、铸铁、非金属设备安装：

①"容器安装"新增"名称"描述。

②"塔器安装"新增"名称"、"规格型号"描述。

③"热交换器安装"新增"材质"描述。

9）撬块安装：新增"灌浆配合比"描述

3．工作内容

1）静置设备制作：

①将接管、人孔、手孔、鞍座、支座、设备法兰、地脚螺栓制作等内容合并成"附件制作"。

②胎具的制作、安装与拆除的费用列入专业措施项目。

2）静置设备安装：取消容器、塔器组装成整体后的就位吊装工作内容，并入整体容器的安装。

3）金属油罐制作安装：

①将积水坑、排水管、接管与配件、加热盘管、浮顶加热器、人孔制作等工作内容合并成"附件制作"。

②胎具的制作、安装与拆除的费用列入专业措施项目。

4）球形罐组对安装：

①将焊接工艺评定的工作内容列入专业措施项目。

②胎具的制作、安装与拆除的费用列入专业措施项目。

5）气柜制作、安装：增加本体平台、梯子、栏杆、附件制作安装

4. 计量单位与工程量计算规则

1）静置设备制作：

①将原工程量计算规则中"注"的内容列入本节的备注栏内。

②关于设备质量的计算规则增加"外构件和外协件的质量应从制造图的质量内扣除，按成品单价计入容器制作中"的说明。

2）静置设备安装：将原工程量计算规则中"注"的内容列入本节的备注栏内。

3）金属油罐制作安装：将原工程量计算规则中"注"的内容列入本节的备注栏内

4）球形罐组对安装：将原工程量计算规则中"注"的内容列入本节的备注栏内。

5. 其他

1）项目名称"分片、分段容器"改为"容器组装"。

2）项目名称"分片、分段塔器"改为"塔器组装"。

3）项目名称"箱式玻璃钢电除雾器"改为"电除雾器"。

6. 使用本附录应注意的问题

1）静置设备制作、安装在设置工程量清单项目时，项目名称应用该实体的本名称。

2）整体热处理按本规范列入无损检测相关项目编码列项。

3）胎具制作、安装与拆除，按本规范附录 N 措施项目相关项目编码列项。

4）设备刷油按本规范列入附录 M 刷油、防腐蚀、绝热工程相关编码列项。

5）设备需投标人购置应在招标文件中予以说明。

7. 典型分部分项工程工程量清单编制实例

一、背景资料

（一）设计说明

（1）某工程设备制作施工图（立面图、剖面图）A—A 如图 5−1 所示。

（2）技术要求

1）设备组装后，搅拌轴下端摆动量不大于 1mm。

2）设备试验合格、全部组装完毕后，先进行空运转，时间不小于 30 分钟；然后以水代料进行负荷运转，时间不得少于 4 小时，设备充水至工作液位高度。在试运转过程中，不得有不正常的噪声［≤85db（A）］和震动等不良现象。

3）搅拌轴应在减速机与机架订货后，校核轴的尺寸后加工，搅拌轴旋转方向应与图示相符。

4）组装时槽钢架与角钢圈焊接。

5）管口方位在现场按工艺配管图开孔焊接。

6）本设备制作完毕后，筒体内外壁及顶、底板内外表面、设备支架喷射除锈，刷环氧树脂底漆二遍、面漆二遍。除锈等级为 Sa2。

（二）计算说明

（1）设备本体制作按图示尺寸计算，减速器、联轴器按外购件，搅拌轴按外协件。

（2）设备材质为碳钢，立式配制桶一台。

（3）工程数量步骤计算结果保留三位小数，最终计算结果保留两位小数。

二、问题

根据以上背景资料及现行国家标准《建设工程工程量清单计价规范》GB 50500、《通用安装工程工程量计算规范》GB 50856 编制该静置设备工程分部分项工程量清单。

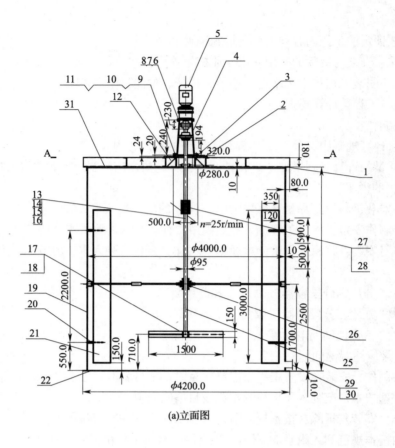

(a)立面图

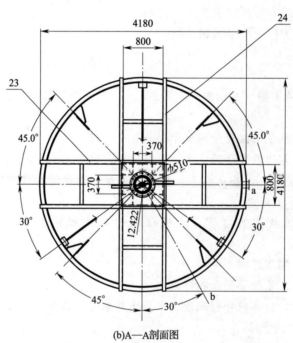

(b)A—A剖面图

图5-1 某工程立面、剖面示意图

表5-14 管口表

符号	公称尺寸	连接尺寸标准	连接面形式	名称或用途
α	125	HG20592-97 PL125RF-0.6	RF	料液出口

表 5 - 15　材料表

序号	图号或标准号	名　　　称	数量	材料	单重（kg）	总重（kg）	备注
1	ZYJ1747 - 1	角钢圈L 70×70×8	2	Q235 - A	106.77	213.54	
2	ZYJ1747 - 2	平底板 δ=24	1	Q235 - A	127.54	127.54	860×860
3	ZYJ1747 - 3	固定板 δ=24	1	Q235 - A	31.66	31.66	500×500
4	机架型号 JXLD7	机架 H=740	1	外购件	178	178	配带联轴器
5	XLD8 - 59 - 11	减速机 p=11kW n=25rpm，i=17	1	外购件	330	330	
6	GB 5782 - 86	螺栓 M16×80	8	Q235 - A	0.15	1.2	
7	GB 6170 - 86	螺母 M16	8	Q235 - A	0.03	0.24	
8	GB 93 - 76	弹簧垫圈 16	16	16Mn	0.01	0.16	
9	GB 5782 - 86	螺栓 M20×115	12	Q235 - A	0.24	2.88	
10	GB 6170 - 86	螺母 M20	12	Q235 - A	0.05	0.6	
11	GB 93 - 76	弹簧 20 - 100HV	12	Q235 - A	0.02	0.24	
12	ZYJ1747 - 4	筋板 δ=8	8	Q235 - A	2.0075	16.06	180×180
13	ZYJ1747 - 5	搅拌上轴 ϕ95	1	45	66	66	
14	GB 812 - 76	圆螺母 M90×2	2	45	0.83	1.66	
15	GB 1096 - 79	键 22×100	1	45	0.24	0.24	
16	GB 858 - 76	止退垫圈 90	1	Q235 - A	0.06	0.06	
17	HG5 - 220 - 65 - 11	搅拌器 1500 - 80	1	Q235 - A	45.52	45.52	
18	GB 880 - 86	带孔销 ϕ16×135	1	2Cr13	0.21	0.21	
19	ZYJ1747 - 6	筒体 ϕ4000×10	1	Q235 - A	3953.57	3953.57	L=4000
20	ZYJ1747 - 7	连接筋板 δ=6	8	Q235 - A	3.01	24.08	320×200
21	ZYJ1747 - 8	挡板 3000×350×6	4	Q235 - A	49.46	197.84	
22	ZYJ1747 - 9	桶底板 ϕ4200×10	1	Q235 - A	1086.99	1086.99	
23	ZYJ1747 - 10	槽钢架 a 型号 18a	4	Q235 - A	84.31	337.24	L=4180
24	ZYJ1747 - 11	槽钢架 b 型号 18b	4	Q235 - A	16.14	64.56	L=800
25	ZYJ1747 - 12	搅拌下轴 ϕ95	1	Q235 - A	189	189	
26	LBJ - Z - 21	中间轴承 DN95	1	组件	52	52	
27	HG5 - 213 - 65 - 6	联轴器 DN85	1	组件	30.16	30.16	
28	GB 1096 - 79	键 22×110	2	45	0.27	0.54	
29	ZYJ1747 - 13	接管 ϕ133×5	1	20	2.37	2.37	L=150
30	ZYJ1747 - 14	法兰 PL125 RF - 0.6	1	Q235 - A	3.94	3.94	
31	ZYJ1747 - 15	桶顶板 ϕ4020δ=10	1	Q235 - A	955.82	955.82	

表 5−16　清单工程量计算表

工程名称：某工程（静置设备与工艺金属结构制作安装工程）

序号	清单项目编码	清单项目名称	计　算　式	工程量合计	计量单位
1	030301001001	容器制作	筒体 $S = 4.010 \times 3.14 \times 4 = 50.364\text{m}^2$ $G = 50.364 \times 7.85 \times 10 = 3953.57\text{kg}$ 桶底板 $S = 2.1^2 \times 3.14 = 13.847\text{m}^2$ $G = 13.847 \times 7.85 \times 10 = 1086.99\text{kg}$ 桶顶板 $S = 2.01^2 \times 3.14 = 12.686\text{m}^2$ $G = 12.686 \times 7.85 \times 10 = 955.82\text{kg}$ 角钢圈 $S = (4.02 + 2 \times 0.0203) \times 3.14 = 12.752\text{m}$ $G = 12.752 \times 8.373 \times 2 = 213.54\text{kg}$ 挡板 $S = 3.0 \times 0.35 = 1.05\text{m}^2$ $G = 1.05 \times 7.85 \times 6 \times 4 = 197.83\text{kg}$ 连接筋板 $S = 0.32 \times 0.2 = 0.064\text{m}^2$ $G = 0.064 \times 7.85 \times 6 \times 8 = 24.10\text{kg}$ 接管 $DN125$　1 个 2.37kg 法兰 PL125 RF − 0.6　1 个 3.94kg	1	台
2	030307005001	设备支架制作、安装	槽钢 $S = 4.18 \times 4 + 0.8 \times 4 = 19.92\text{m}$ $G = 19.92 \times 20.17 = 401.79\text{kg}$ 固定板 $S = 0.5 \times 0.5 - 0.16^2 \times 3.14 = 0.168\text{m}^2$ $G = 0.168 \times 7.85 \times 24 = 31.66\text{kg}$ 平底板 $S = 0.86 \times 0.86 - 0.14^2 \times 3.14 = 0.677\text{m}^2$ $G = 0.678 \times 7.85 \times 24 = 127.54\text{kg}$ 加强筋板 $S = 0.18 \times 0.18 = 0.032\text{m}^2$ $G = 0.032 \times 7.85 \times 8 \times 8 = 16.06\text{kg}$	0.58	t
3	030302002001	整体容器安装	筒体 $S = 4.010 \times 3.14 \times 4 = 50.364\text{m}^2$ $G = 50.364 \times 7.85 \times 10 = 3953.57\text{kg}$ 桶底板 $S = 2.1^2 \times 3.14 = 13.847\text{m}^2$ $G = 13.847 \times 7.85 \times 10 = 1086.99\text{kg}$ 桶顶板 $S = 2.01^2 \times 3.14 = 12.686\text{m}^2$ $G = 12.686 \times 7.85 \times 10 = 955.82\text{kg}$ 角钢圈 $S = (4.02 + 2 \times 0.0203) \times 3.14 = 12.752\text{m}$ $G = 12.752 \times 8.373 \times 2 = 213.54\text{kg}$ 挡板 $S = 3.0 \times 0.35 = 1.225\text{m}^2$ $G = 1.05 \times 7.85 \times 6 \times 4 = 197.83\text{kg}$ 连接筋板 $S = 0.32 \times 0.2 = 0.064\text{m}^2$ $G = 0.064 \times 7.85 \times 6 \times 8 = 24.10\text{kg}$ 接管 $DN125$　1 个 2.37kg 法兰　PL125RF − 0.6　1 个 3.94kg 外购件及外协件重量：见材料表	1	台

序号	清单项目编码	清单项目名称	计 算 式	工程量合计	计量单位
4	031201002001	设备刷油	1. 筒体外 $S = 4.02 \times 3.14 \times 4 = 50.49\text{m}^2$ 2. 筒体内 $S = 4.0 \times 3.14 \times 4 = 50.24\text{m}^2$ 3. 底板 $S = 2.1^2 \times 3.14 \times 2 = 27.69\text{m}^2$ 4. 顶板 $S = 2.01^2 \times 3.14 \times 2 = 25.37\text{m}^2$	153.79	m^2
5	031201003001	金属结构刷油	槽钢 $S = 4.18 \times 4 + 0.8 \times 4 = 19.92\text{m}$ $G = 19.92 \times 20.17 = 401.79\text{kg}$ 固定板 $S = 0.5 \times 0.5 - 0.16^2 \times 3.14 = 0.168\text{m}^2$ $G = 0.168 \times 7.85 \times 24 = 31.66\text{kg}$ 平底板 $S = 0.86 \times 0.86 - 0.14^2 \times 3.14 = 0.677\text{m}^2$ $G = 0.678 \times 7.85 \times 24 = 127.54\text{kg}$ 加强筋板 $S = 0.18 \times 0.18 = 0.032\text{m}^2$ $G = 0.032 \times 7.85 \times 8 \times 8 = 16.06\text{kg}$	577.05	kg

注：根据国家通用安装计算规范，容器本体、容器内部固定件、开孔件、加强板、裙座（支座）的金属质量。其质量按制造图示尺寸计算，不扣除容器孔洞面积。外构件和外协件的质量应从制造图的重量内扣除，按成品单价计入容器制作中。

表 5 – 17　分部分项工程和单价措施项目清单与计价表

工程名称：某工程（静置设备与工艺金属结构制作安装工程）　　　　　　标段：　　　　　　第 1 页共 1 页

序号	项目编码	项目名称	项目特征描述	计量单位	工程数量	金额（元）			
						综合单价	合价	其中	
								定额人工费	暂估价
静置设备与金属工艺结构制作安装工程									
1	030301001001	容器制作	1. 名称：配制桶 2. 构造形式：立式 3. 材质：碳钢 4. 容积：44m³ 5. 规格：$\phi4000\ H = 4000$ 6. 质量：6438.16kg 7. 压力等级：常压 8. 附件种类、规格及数量：接管 $DN125$ 1 个 9. 焊接方式：电弧焊	台	1				
2	030302002001	整体容器安装	1. 名称：配制桶 2. 构造形式：立式 3. 质量：7336.91kg 4. 规格：$\phi4000 H = 4000$ 5. 安装高度：0.5m 6. 灌浆混凝土强度等级：C20	台	1				

序号	项目编码	项目名称	项目特征描述	计量单位	工程数量	金额（元）			
						综合单价	合价	其中	
								定额人工费	暂估价
静置设备与金属工艺结构制作安装工程									
3	030307005001	设备支架制作安装	1. 名称：减速器支架 2. 材质：碳钢 3. 支架每组质量：0.58t	t	0.58				
刷油、防腐蚀、绝热工程									
4	031201002001	设备刷油	1. 除锈级别：Sa2 2. 油漆品种：环氧树脂漆 3. 涂刷遍数：底漆二遍、面漆二遍	m²	153.8				
5	031201003001	金属结构刷油	1. 除锈级别：Sa2 2. 油漆品种：环氧树脂漆 3. 结构类型：一般钢结构 4. 涂刷遍数：底漆二遍、面漆二遍	kg	577.05				

表 −08

附录 D　电气设备安装工程

1. 项目划分

附录 D 电气设备安装工程包括 15 节 148 项（详见表 5 −18），增加 44 个项目，减少 7 个项目。增加项目包括：始端箱、分线箱，插座箱，端子箱，风扇，照明开关，插座，其他电器，太阳能电池，电缆槽盒，铺砂、盖保护板（砖），电缆头终端头，电缆中间头，防火堵洞，防火隔板，防火涂料，电缆分支箱，接地极，接地母线，避雷引下线，均压环，避雷网，避雷针，等电位端子箱，测试板，绝缘垫，浪涌保护器，降阻剂，横担组装，杆上设备，事故照明切换装置，不间断电源，电容器，电除尘器，电缆试验，接线箱，接线盒，高度标志（障碍）灯，中杆灯，铁构件，凿（压）槽，打洞（孔），管道包封，人（手）孔砌筑，人（手）孔防水。减少项目包括：环网柜、配电（电源）屏、电缆桥架、电缆支架、避雷装置、接地装置、广场灯。

表 5 – 18 附录 D 电气设备安装工程项目变化增减表

序号	名 称	"08 规范"项目数	新规范项目数	项目增加数（＋）	项目减少数（－）	备 注
D.1	变压器安装	7	7			
D.2	配电装置安装	19	18		－1	减少环网柜
D.3	母线安装	7	8	1		增加始端箱、分线箱
D.4	控制设备及低压电器安装	31	36	6	－1	增加插座箱，端子箱，风扇，照明开关，插座，其他电器；减少配电（电源）屏
D.5	蓄电池安装	1	2	1		增加太阳能电池
D.6	电机检查接线及调试	12	12			
D.7	滑触线装置安装	1	1			
D.8	电缆安装	5	11	8	－2	增加电缆槽盒，铺砂、盖保护板（砖），电缆终端头，电缆中间头，防火堵洞，防火隔板，防火涂料，电缆分支箱；减少电缆桥架，电缆支架
D.9	防雷及接地装置	3	11	10	－2	增加接地极，接地母线，避雷引下线，均压环，避雷网，避雷针，等电位端子箱，测试板，绝缘垫，浪涌保护器，降阻剂；减少避雷装置，接地装置
D.10	10kV 以下架空配电线路	2	4	2		增加横担组装，杆上设备
D.11	配管、配线	3	6	3		增加桥架，接线箱，接线盒
D.12	照明器具安装	10	11	2	－1	增加高度标志（障碍）灯，中杆灯；减少广场灯
D.13	附属工程	0	6	6		增加铁构件，凿（压）槽，打洞（孔），管道包封，人（手）孔砌筑，人（手）孔防水
D.14	电气调整试验	10	15	5		增加事故照明切换装置，不间断电源，电容器，电除尘器，电缆试验
	合 计	111	148	44	－7	

2. 项目名称的变化

1）规范项目名称内容，将名称中带有制作安装的字眼全部删除。

2）D.1 项目名称"带负荷调压变压器"改为"有载调压变压器"；"自耦式变压器"改为"自耦变压器"。

3）D.4 项目名称"低压开关柜"改为"低压开关柜（屏）"。

4）D.11 项目名称"中央信号装置、事故照明切换装置、不间断电源"改为"中央信号装置"；"电抗器、消弧线圈、电除尘器"改为"电抗器、消弧线圈"。

5）D.12 项目名称"电气配管"改为"配管"；"电气配线"改为"配线"。

6）D.13 项目名称"普通吸顶灯及其他灯具"改为"普通灯具"。

3. 项目特征的变化

1）D.1 新增了"电压（kV）"，"油过滤要求"，"干燥要求"，"基础型钢形式、规格"，"网门、保护门材质、规格"，"温控箱型号、规格"。

2）D.2 新增了"电压等级（kV）"，"安装条件"，"操作机构名称及型号"，"基础型钢规格"，"油过滤要求"。

3）D.3 新增了"材质"，"绝缘子类型、规格"，"穿墙套管材质、规格"，"穿通板材质、规格"，"母线桥材质、规格"，"引下线材质、规格"，"伸缩节、过渡板材质、规格"，"分相漆品种"，"线制"，"安装部位"，"伸缩器及导板规格"；删除了"数量（跨/三相）"。

4）D.4 新增了"种类"，"基础型钢形式、规格"，"接线端子材质、规格"，"端子板外部接线材质、规格"，"小母线材质、规格"，"屏边规格"。

5）D.5 新增了"防震支架形式、材质"，"充放电要求"。

6）D.6 新增了"干燥要求"，"接线端子材质、规格"，"类别"。

7）D.7 新增了"支架形式、材质"，"移动软电缆材质、规格、安装部位"，"伸缩接头材质、规格"；

8）D.8 新增了"名称"，"部位"，"材质"；

9）D.10 新增了"名称"，"型号"，"土质"，"底盘、拉盘、卡盘规格"，"拉线材质、规格、类型"，"现浇基础类型、钢筋类型、规格，基础垫层要求"，"电杆防腐要求"，"跨越类型"。

10）D.11 新增了"名称"，"接地要求"，"钢索材质、规格"，"配线部位，配线线制"；删除"敷设部位或线制"。

11）D.12 新增了"类型"，"灯杆材质、规格"，"附件配置要求"，"基础形式、砂浆配合比"，"杆座材质、规格"，"接线端子材质、规格"，"编号"，"接地要求"；删除"安装高度"。

4. 计量单位的变化

1）D.4 中"电阻器"的计量单位"台"改为"箱"。

2）D.4 中"分流器"的计量单位"台"改为"个"。

3）D.4 中"小电器"的计量单位"个（套）"改为"个（套、台）"。

4）D.5 中"蓄电池"的计量单位"个"改为"个（组件）"。

5）D.10 中"电杆组立"的计量单位"根"改为"根（基）"。

6）D.11 中"特殊保护装置"的计量单位"系统"改为"台（套）"；"自动投入装置"的计量单位"套"改为"系统（台、套）"；"中央信号装置"的计量单位"系统"改为"系统（台）"；"接地装置"的计量单位"系统"改为"1. 系统 2. 组。"

5. 工程量计算规则的变化

1）D.3 软母线、组合软母线、带形母线、槽形母线的工程量计算规则"按设计图示尺寸以单线长度计算"改为"按设计图示尺寸以单相长度计算（含预留长度）"。

2）D.3 共箱母线、低压封闭式插接母线槽的工程量计算规则"按设计图示尺寸以长度计算"改为"按设计图示尺寸以中心线长度计算"。

3）D.7 滑触线的工程量计算规则"按设计图示单相长度计算"改为"按设计图示尺寸以单相长度计算（含预留长度）"。

4）D.10 导线架设的工程量计算规则"按设计图示尺寸以长度计算"改为"按设计图示尺寸以单线长度计算（含预留长度）"。

5）D.11 配管的工程量计算规则"按设计图示尺寸以延长米计算。不扣除管路中间的接线箱

（盒）、灯头盒、开关盒所占长度"改为"按设计图示尺寸以长度计算"。D.11配线的工程量计算规则"按设计图示尺寸以单线延长米计算"改为"按设计图示尺寸以单线长度计算（含预留长度）"。

6）D.14中央信号装置的工程量计算规则"按设计图示系统计算"改为"按设计图示数量计算"。

6. 工作内容的变化

1）D.1新增了"补刷（喷）油漆"，"接地"，"温控箱安装"；删除"端子箱（汇控箱）安装，刷（喷）油漆"。

2）D.2新增了"基础型钢制作、安装"，"补刷（喷）油漆"，"接地"，"本体安装"；删除"支架制作安装"，"柜体安装"，"支持绝缘子、穿墙套管耐压试验及安装"，"穿通板制作、安装"，"母线桥安装"，"刷（喷）油漆"，"安装"；

3）D.3新增了"母线安装"，"绝缘子安装"，"本体安装"，"补刷（喷）油漆"；删除"软母线安装"，"两端铁构件制作、安装及支持瓷瓶安装"，"进、出分线箱安装"，"始端箱安装"，"刷（喷）油漆（共箱母线）"，"支承绝缘子安装"。

4）D.4新增了"端子板安装"，"补刷（喷）油漆"，"接地"，"基础型钢制作、安装"，"基础浇筑"，"本体安装"；删除"基础槽钢制作、安装"，"盘柜安装"，"屏（柜）安装"。

5）D.6新增了"本体安装"；删除"安装"。

6）D.7新增了"移动软电缆安装"，"伸缩接头制作、安装"；删除"刷油"。

7）D.8新增了"接地"，删除"电缆头制作、安装"，"过路保护管敷设"，"防火堵洞"，"电缆防护"，"电缆防火隔板、电缆防火涂料"，"制作，除锈，刷油，安装"。

8）D.9新增了"本体安装"；删除"安装"。

9）D.10新增了"施工定位"，"电杆防腐"，"现浇基础、基础垫层"；删除"木电杆防腐"，"横担安装"。

10）D.11新增了"预留沟槽"，"本体安装"，"补刷（喷）油漆"；删除"刨沟槽"，"支架制作、安装"，"接线盒（箱）、灯头盒、开关盒、插座盒安装"，"防腐油漆"，"安装"，"油漆"，"管内穿线"。

11）D.12新增了"本体安装"，"基础浇筑"，"灯架及灯具附件安装"，"补刷（喷）油漆"；删除"安装"，"支架、铁构件制作、安装"，"组装"，"油漆"，"引下线支架制作、安装"，"除锈，刷油"，"基础浇筑（包括土石方）"。

7. 其他

1）表D.1增加注："变压器油如需试验、化验、色谱分析应按本规范附录N措施项目相关项目编码列项。"

2）表D.2增加注："1 空气断路器的储气罐及储气罐至断路器的管路应按规范附录H工业管道工程相关项目编码列项。2 干式电抗器项目适用于混凝土电抗器、铁芯干式电抗器、空心干式电抗器等。3 设备安装未包括地脚螺栓、浇注（二次灌浆、抹面），如需安装应按现行国家标准《房屋建筑与装饰工程计量规范》GB 50854相关项目编码列项。"

3）表D.4增加注："1 控制开关包括：自动空气开关、刀型开关、铁壳开关、胶盖刀闸开关、组合控制开关、万能转换开关、风机盘管三速开关、漏电保护开关等。2 小电器包括：按钮、电笛、电铃、水位电气信号装置、测量表计、继电器、电磁锁、屏上辅助设备、辅助电压互感器、小型安全变压器等。3 其他电器安装指：本节未列的电器项目。4 其他电器必须根据电器实际名称确定项目名称，明确描述工作内容、项目特征、计量单位、计算规则。"

4）表D.6增加注："1 可控硅调速直流电动机类型指一般可控硅调速直流电动机、全数字式控制可控硅调速直流电动机。2 交流变频调速电动机类型指交流同步变频电动机、交流异步变频电动机。3 电动机按其质量划分为大、中、小型：3t以下为小型，3t～30t为中型，30t以上为大型。"

5）表D.7增加注："1 支架基础铁件及螺栓是否浇注需说明。2 滑触线安装预留长度见表15.7－4"。

6）表 D.8 增加注："1 电缆穿刺线夹按电缆中间头编码列项。2 电缆井、电缆排管、顶管，应按现行国家标准《市政工程工程量计算规范》GB 50857 相关项目编码列项。"

7）表 D.9 增加注："1 利用桩基础作接地极，应描述桩台下桩的根数，每桩台下需焊接柱筋根数，其工程量按柱引下线计算；利用基础钢筋作接地极按均压环项目编码列项。2 利用柱筋作引下线的，需描述柱筋焊接根数。3 利用圈梁筋作均压环的，需描述圈梁筋焊接根数。4 使用电缆、电线作接地线，应按本附录 D.8、D.12 相关项目编码列项。"

8）表 D.10 增加注："1 杆上设备调试，应按表 D.14 相关项目编码列项。2 架空导线预留长度见表 15.7-7"。

9）表 D.14 增加注："1 功率大于 10kW 电动机及发电机的启动调试用的蒸汽、电力和其他动力能源消耗及变压器空载试运转的电力消耗及设备需烘干处理应说明。2 配合机械设备及其他工艺的单体试车，应按本规范附录 N 措施项目相关项目编码列项。3 计算机系统调试应按本规范附录 F 自动化控制仪表安装工程相关项目编码列项。"

10）表 D.11 增加注："1 配管、线槽安装不扣除管路中间的接线箱（盒）、灯头盒、开关盒所占长度。2 配管名称指：电线管、钢管、防爆管、塑料管、软管、波纹管等。3 配管配置形式指：明配、暗配、吊顶内、钢结构支架、钢索配管、埋地敷设、水下敷设、砌筑沟内敷设等。4 配线名称指：管内穿线、瓷夹板配线、塑料夹板配线、绝缘子配线、槽板配线、塑料护套配线、线槽配线、车间带形母线等。5 配线形式指：照明线路、动力线路、木结构、顶棚内、砖、混凝土结构、沿支架、钢索、屋架、梁、柱、墙，以及跨屋架、梁、柱。6 配线保护管遇到下列情况之一时，应增设管路接线盒和拉线盒：（1）管长度每超过 30m，无弯曲；（2）管长度每超过 20m，有 1 个弯曲；（3）管长度每超过 15m，有 2 个弯曲；（4）管长度每超过 8m，有 3 个弯曲。垂直敷设的电线保护管遇到下列情况之一时，应增设固定导线用的拉线盒：（1）管内导线截面为 50mm² 及以下，长度每超过 30m；（2）管内导线截面为 70mm²~95mm²，长度每超过 20m；（3）管内导线截面为 120mm²~240mm²，长度每超过 18m。在配管清单项目计量时，设计无要求时上述规定可以作为计量接线盒、拉线盒的依据。7 配管安装中不包括凿槽、刨沟，应按本附录 D.13 相关项目编码列项。8 配线进入箱、柜、板的预留长度见表 D.15.7-8。"

11）表 D.12 增加注："1 普通灯具包括：圆球吸顶灯、半圆球吸顶灯、方形吸顶灯、软线吊灯、座头灯、吊链灯、防水吊灯、壁灯等。2 工厂灯包括工厂罩灯、防水灯、防尘灯、碘钨灯、投光灯、泛光灯、混光灯、密闭灯等。3 高度标志（障碍）灯包括：烟囱标志灯、高塔标志灯、高层建筑屋顶障碍指示灯等。4 装饰灯包括：吊式艺术装饰灯、吸顶式艺术装饰灯、荧光艺术装饰灯、几何型组合艺术装饰灯、标志灯、诱导装饰灯、水下（上）艺术装饰灯、点光源艺术灯、歌舞厅灯具、草坪灯具等。5 医疗专用灯包括：病房指示灯、病房暗脚灯、紫外线杀菌灯、无影灯等。6 中杆灯是指安装在高度小于或等于 19m 的灯杆上的照明器具。7 高杆灯是指安装在高度大于 19m 的灯杆上的照明器具。"

12）D.15 相关问题及说明增加：

①D.15.1……车间动力电气设备及电气照明、防雷及接地装置安装、配管配线、电气调试管。

②D.15.7 预留长度、附加长度表。

8. 使用本附录应注意的问题

1）D.8 电缆安装中"防火堵洞"按 0.25m²/处、不足 0.25m² 按一处计，保护管按 1 处/两端计算。

2）如主项项目工程与需综合项目工程量不对应，项目特征应描述综合项目的型号、规格、数量。

3）由国家或地方检测验收部门进行的检测验收应按本规范附录 N 措施项目编码列项。

4）电气设备需投标人购置应在招标文件中予以说明。

9. 典型分部分项工程工程量清单编制实例

【实例】

一、工程概况

本工程为某辖区内某 6 层高办公楼电气系统安装工程，首层为车库，层高为 4m，标准层 2~6 层为办公区，各层高均为 3.2m，天面女儿墙高为 1m。详见图 5-2~图 5-5。

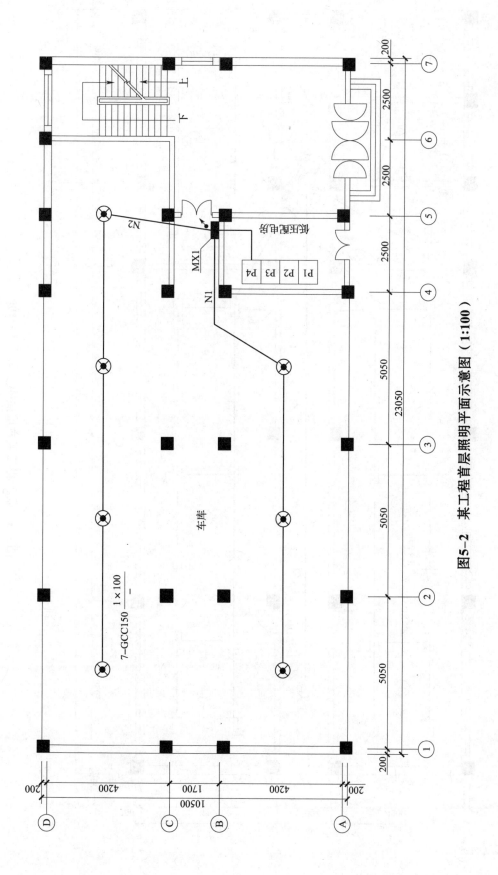

图5-2 某工程首层照明平面示意图（1:100）

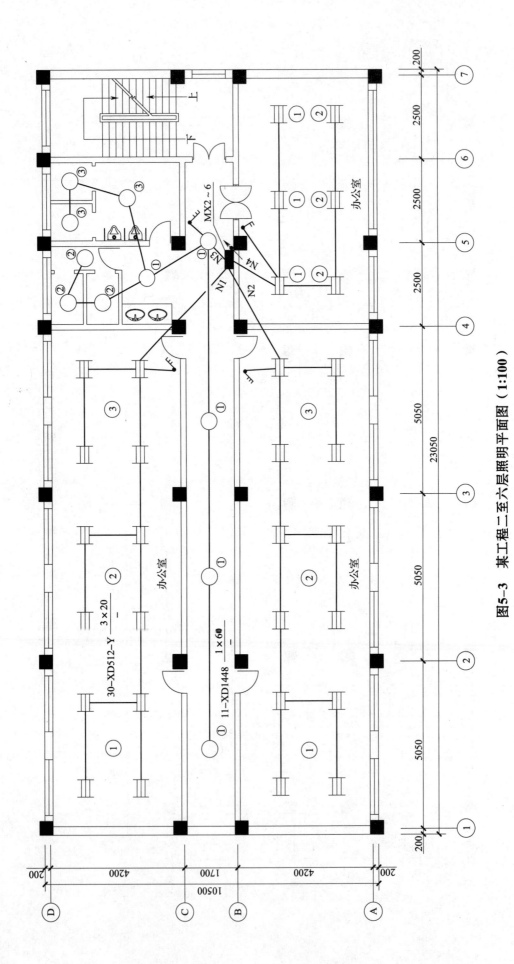

图5-3 某工程二至六层照明平面图（1:100）

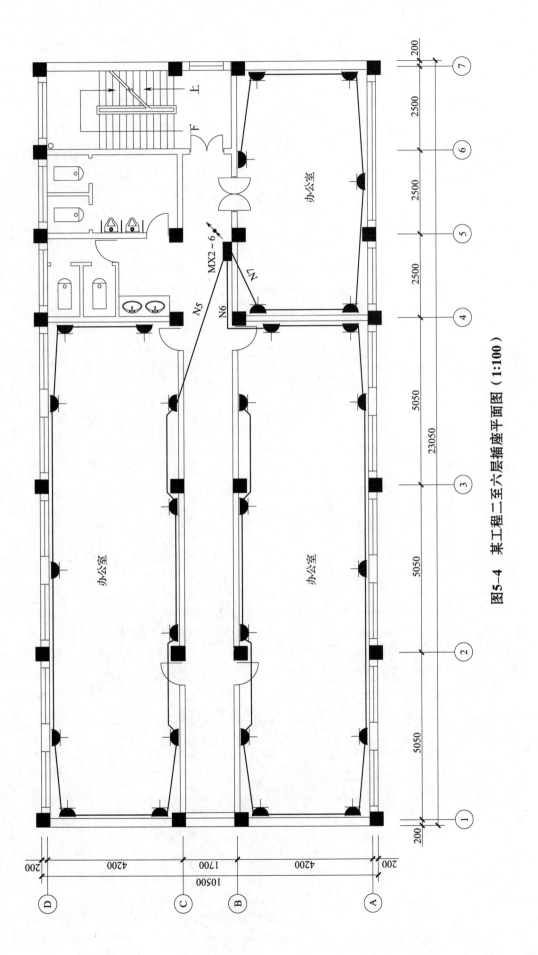

图5-4 某工程二至六层插座平面图（1:100）

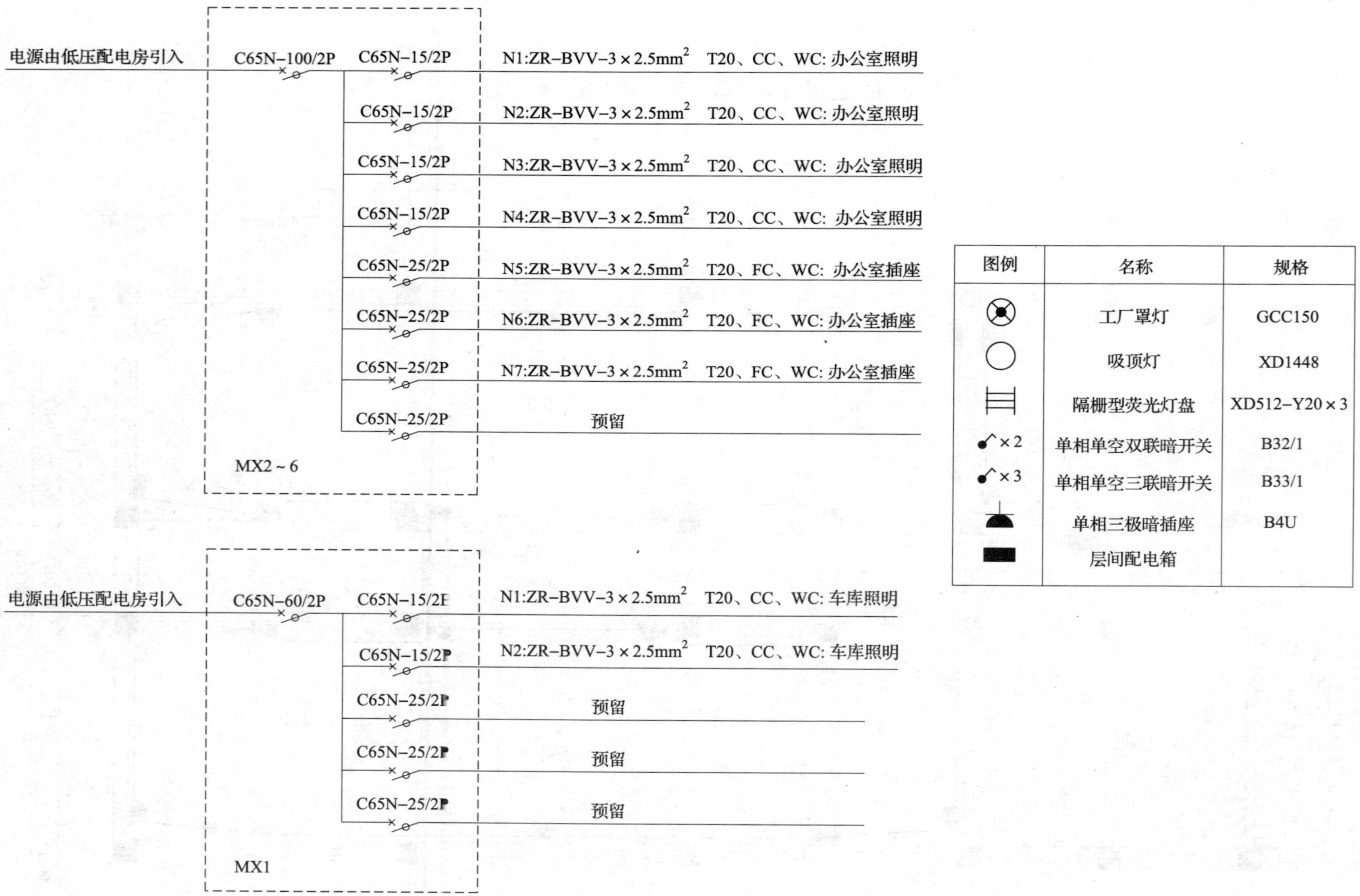

图例	名称	规格
⊗	工厂罩灯	GCC150
○	吸顶灯	XD1448
卌	隔栅型荧光灯盘	XD512–Y20×3
↗×2	单相单空双联暗开关	B32/1
↗×3	单相单空三联暗开关	B33/1
(半圆)	单相三极暗插座	B4U
(黑块)	层间配电箱	

MX2 ~ 6

电源由低压配电房引入 — C65N–100/2P

- C65N–15/2P — N1:ZR–BVV–3×2.5mm² T20、CC、WC: 办公室照明
- C65N–15/2P — N2:ZR–BVV–3×2.5mm² T20、CC、WC: 办公室照明
- C65N–15/2P — N3:ZR–BVV–3×2.5mm² T20、CC、WC: 办公室照明
- C65N–15/2P — N4:ZR–BVV–3×2.5mm² T20、CC、WC: 办公室照明
- C65N–25/2P — N5:ZR–BVV–3×2.5mm² T20、FC、WC: 办公室插座
- C65N–25/2P — N6:ZR–BVV–3×2.5mm² T20、FC、WC: 办公室插座
- C65N–25/2P — N7:ZR–BVV–3×2.5mm² T20、FC、WC: 办公室插座
- C65N–25/2P — 预留

MX1

电源由低压配电房引入 — C65N–60/2P

- C65N–15/2P — N1:ZR–BVV–3×2.5mm² T20、CC、WC: 车库照明
- C65N–15/2P — N2:ZR–BVV–3×2.5mm² T20、CC、WC: 车库照明
- C65N–25/2P — 预留
- C65N–25/2P — 预留
- C65N–25/2P — 预留

图5-5 某工程系统图

（一）设计说明

1. 电源由室外高压开关房引入本办公楼低压配电房，采用三相四线制供电。

2. 从低压配电房出线柜至层间配电箱进线采用电缆沿电缆桥架敷设，各层用电分别由同层层间配电箱采用难燃铜芯双塑线穿镀锌电线管方式供给。所有镀锌电线管均需配合土建预埋。

3. 配电箱规格为 MX1：300×200；MX2~6：500×400，离楼地面 1.7m 暗装；扳式开关离楼地面 1.4m 暗装；插座离楼地面 0.3m 暗装，插座配管暗敷设在同层地板内；所有灯具均为吸顶式安装。

4. 工程完工后保安接地电阻值不得大于 4Ω。

（二）计算范围

1. 根据所给图纸，从层间配电箱出线（包括配电箱本体）开始计算至各用电负载止（包括用电设备）（工程量计算保留小数后一位有效数字，第二位四舍五进）。

2. 照明配电箱由投标人购置

二、问题

根据以上背景资料及国家现行标准《建设工程工程量清单计价规范》GB 50500、《通用安装工程工程量计算规范》GB 50856，试列出该电气安装工程分部分项工程量清单。

表 5-19 清单工程量计算表

工程名称：某六层办公楼电气安装工程　　　　　　　　　　　　　　　　　　　　　第 1 页共 3 页

序号	清单项目特征	计算式	清单工程量	计量单位
		首层照明		
1	镀锌电线管 T20　δ=1.2 暗敷	N1：10+2.8+3.1+（4-1.7-0.2）	18	m
2	难燃铜芯双塑线 ZR-BVV-2.5mm² 穿管	N1：[10+2.8+3.1+（4-1.7-0.2）]×3+（0.3+0.2）×3（预留）	55.5	m
3	镀锌电线管 T20　δ=1.2 暗敷	N2：15.1+3.9+（4-1.7-0.2）	21.1	m
4	难燃铜芯双塑线 ZR-BVV-2.5mm² 穿管照明线路	N2：[15.1+3.9+（4-1.7-0.2）]×3+（0.3+0.2）×3（预留）	64.8	m
5	工厂罩灯 GCC-1×100 吸顶	3+4	7	套
6	照明配电箱 MX1 300×200 金属箱体暗装	1	1	台
7	镀锌灯头盒 86 型　暗装	3+4	7	个
		二~六层照明		

表 5 – 20　清单工程量计算表

序号	清单项目特征	清单工程量计算过程	清单工程量	计量单位
8	镀锌电线管 T20　$\delta = 1.2$ 暗敷	N1：$[(2.6+1.8) \times 3 + 2.6 + 2.5 + 4.5 + (3.2-1.7-0.4)] \times 5$	119.5	m
9	镀锌电线管 T25　$\delta = 1.2$ 暗敷	N1：$[2.6+2.5+2.6+1.2+(3.2-1.4)] \times 5$	53.5	m
10	难燃铜芯双塑线 ZR – BVV – 2.5mm^2 穿管照明线路	N1：$[(2.6+1.8) \times 3 \times 3 + 2.6 \times 3 + 2.5 \times 3 + 2.6 \times 4 + 2.5 \times 4 + 2.6 \times 5 + 1.2 \times 5 + 1.8 \times 4 + 4.5 \times 3 + 1.1 \times 3] \times 5 + (0.5+0.4) \times 3 \times 5$（预留）	605	m
11	格栅荧光灯盘 XD512 – Y20 ×3 吸顶	12×5	60	套
12	单相单控三联暗开关 B53/1 86 型	1×5	5	套
13	镀锌灯头盒 86 型　暗装	$4 \times 3 \times 5$	60	个
14	镀锌开关盒 86 型　暗装	1×5	5	个
15	镀锌电线管 T20　$\delta = 1.2$ 暗敷	N2：$[(2.6+1.8) \times 3 + 2.6 + 2.5 + 3.6 + (3.2-1.7-0.4)] \times 5$	115	m
16	镀锌电线管 T25　$\delta = 1.2$ 暗敷	N2：$[2.6+2.5+2.6+1.2+(3.2-1.4)] \times 5$	53.5	m
17	难燃铜芯双塑线 ZR – BVV – 2.5mm^2 穿管照明线路	N2：$[(2.6+1.8) \times 3 \times 3 + 2.6 \times 3 + 2.5 \times 3 + 2.6 \times 4 + 2.5 \times 4 + 2.6 \times 5 + 1.2 \times 5 + 1.8 \times 4 + 3.6 \times 3 + 1.1 \times 3] \times 5 + (0.5+0.4) \times 3 \times 5$（预留）	591.5	m
18	格栅荧光灯盘 XD512 – Y20 ×3 吸顶	12×5	60	套
19	单相单控三联暗开关 B53/1 86 型	1×5	5	套
20	镀锌灯头盒 86 型　暗装	$4 \times 3 \times 5$	60	个
21	镀锌开关盒 86 型　暗装	1×5	5	个
22	镀锌电线管 T20　$\delta = 1.2$ 暗敷	N3：$[15.3+1.6+1.1+1.5+2.5+1.9+1.3+0.8+(3.2-1.7-0.4)] \times 5$	135.5	m
23	镀锌电线管 T25　$\delta = 1.2$ 暗敷	N3：$(2.3+1+1.8) \times 5$	25.5	m
24	难燃铜芯双塑线 ZR – BVV – 2.5mm^2 穿管照明线路	N3：$[15.3 \times 3 + 2.3 \times 5 + (1.6+1.1+1.5+2.5+1.9+1.3) \times 3 + (1+1.8) \times 4 + 0.8 \times 3 + (3.2-1.7-0.4)] \times 3 + [(0.5+0.4) \times 3$（预留）$] \times 5$	533.5	m
25	半圆球吸顶灯 XD1448 – 1 ×60ϕ250	11×5	55	套

序号	清单项目特征	清单工程量计算过程	清单工程量	计量单位
26	单相单控三联暗开关 B53/1 86 型	1×5	5	套
27	镀锌灯头盒 86 型暗装	(5+3+3)×5	55	个
28	镀锌开关盒 86 型暗装	1×5	5	个
29	镀锌电线管 T20　$\delta=1.2$ 暗敷	N4：[5.2×2+1.8+2.1+(3.2-1.4)+1.6+1.1]×5	94	m
30	难燃铜芯双塑线 ZR – BVV – 2.5mm² 穿管照明线路	N4：(5.2×2+1.8+2.1+1.8+1.6+1.1)×3×5+(0.5+0.4)×3×5（预留）	295.5	m
31	单相单控双联暗开关　B52/1　86 型	1×5	5	套
32	格栅荧光灯盘 XD512 – Y20×3 吸顶	6×5	30	套
33	照明配电箱 MX2~6　500×400 金属箱体暗装	1×5	5	台
34	镀锌灯头盒 86 型　暗装	3×2×5	30	个
35	镀锌开关盒 86 型　暗装	1×5	5	个
		二~六层插座		
36	镀锌电线管 T20　$\delta=1.2$ 暗敷	N5、N6：[(2.5+2.3+10+2.3+2.9+2.3+10)×2+4.8+1.75+1.4+2.3+1.75+0.35×21×2]×5	456.5	m
37	镀锌电线管 T20　$\delta=1.2$ 暗敷	N7：(2.7+2.9+3.3+3.9+2.9+2.2+1.75+0.35×11)×5	117.5	m
38	难燃铜芯双塑线 ZR – BVV – 2.5mm² 穿管照明线路	N5、N6：[(2.5+2.3+10+2.3+2.9+2.3+10)×2+4.8+1.75+1.4+2.3+1.75+0.35×21×2]×5×3+(0.5+0.4)×3×2×5（预留）	1423.5	m
39	难燃铜芯双塑线 ZR – BVV – 2.5mm² 穿管照明线路	N7：(2.7+2.9+3.3+3.9+2.9+2.2+1.75+0.35×11)×5×3+(0.5+0.4)×3×5（预留）	366	m
40	单相三极暗插座 B5/10S　86 型	(11×2+6)×5	140	套
41	镀锌插座盒 86 型　暗装	(11×2+6)×5	140	个
42	送配电系统调试 1kV 以下	1	1	系统
43	接地电阻测试接地网	1	1	系统

表 5 - 21 清单工程量汇总表

工程名称：某六层办公楼电气安装工程

序号	清单项目编码	清单项目名称	计 算 式	工程量合计	计量单位
1	030411001001	配管	镀锌电线管 T20 δ=1.2 暗敷 18 + 21.1 + 119.5 + 115 + 135.5 + 94 + 456.5 + 117.5	1077.1	m
2	030411001002	配管	镀锌电线管 T25 δ=1.2 暗敷 53.5 + 53.5 + 25.5	132.5	m
3	030411004001	配线	难燃铜芯双塑线 ZR - BVV - 2.5mm² 穿管照明线路 55.5 + 64.8 + 605 + 591.5 + 533.5 + 295.5 + 1423.5 + 366	3935.3	m
4	030412002001	工厂灯	工厂罩灯 GCC - 1 ×100 吸顶 7	7	套
5	030412005001	荧光灯	格栅荧光灯盘 XD512 - Y20 ×3 吸顶 60 + 60 + 30	150	套
6	030412001001	普通灯具	半圆球吸顶灯 XD1448 - 1 ×60 φ250 55	55	套
7	030404034001	照明开关	单相单控双联暗开关 B52/1 86 型 5	5	套
8	030404034002	照明开关	单相单控三联暗开关 B53/1 86 型 5 + 5 + 5	15	套
9	030404035001	插座	单相三极暗插座 B5/10S 86 型 140	140	套
10	030404017001	配电箱	照明配电箱 MX1 300 ×200 金属箱体 暗装 1	1	台
11	030404017002	配电箱	照明配电箱 MX2 ~6 500 ×400 金属箱体 暗装 5	5	台
12	030411006001	接线盒	镀锌灯头盒 86 型 暗装 7 + 60 + 60 + 55 + 30	212	个
13	030411006002	接线盒	镀锌开关盒、插座盒 86 型 暗装 5 + 5 + 5 + 5 + 140	160	个
14	030414002001	送配电装置系统	送配电系统调试 1kV 以下 1	1	系统
15	030414011001	接地装置	接地电阻测试 接地网 1	1	系统

表 5−22　分部分项工程和单价措施项目清单与计价表

工程名称：某六层办公楼电气安装工程　　　　　　　　标段：A−1 标段　　　　　　　　第 1 页共 2 页

序号	项目编码	项目名称	项目特征描述	计量单位	工程数量	金额（元）			
						综合单价	合价	其中	
								人工费	暂估价
1	030411001001	配管	1. 名称：电线管 2. 材质：镀锌 3. 规格：T20　$\delta=1.2$ 4. 配置形式：暗配	m	1077.1				
2	030411001002	配管	1. 名称：电线管 2. 材质：镀锌 3. 规格：T25　$\delta=1.2$ 4. 配置形式：暗配	m	132.5				
3	030411004001	配线	1. 名称：难燃铜芯双塑线 2. 配线形式：照明线路穿管 3. 型号：ZR−BVV 4. 规格：2.5mm² 5. 材质：铜芯	m	3935.3				
4	030412002001	工厂灯	1. 名称：工厂罩灯 2. 型号：GCC 3. 规格：$1\times100W$ 4. 安装形式：吸顶安装	套	7				
5	030412005001	荧光灯	1. 名称：格栅荧光灯盘 2. 型号：XD512−Y 3. 规格：$3\times20W$ 4. 安装形式：吸顶安装	套	150				
6	030412001001	普通灯具	1. 名称：半圆球吸顶灯 2. 型号：XD1448 3. 规格：$1\times60W\phi250$ 4. 类型：吸顶安装	套	55				
7	030404034001	照明开关	1. 名称：单相单控双联暗开关 2. 规格：250V/10A 86 型 3. 安装方式：暗装	套	5				

序号	项目编码	项目名称	项目特征描述	计量单位	工程数量	金额（元）			
						综合单价	合价	其中	
								人工费	暂估价
8	030404034002	照明开关	1. 名称：单相单控三联暗开关 2. 规格：250V/10A 86 型 3. 安装方式：暗装	套	15				
9	030404035001	插座	1. 名称：单相三极暗插座 2. 规格：B5/10S 86 型 3 极 250V/10A 3. 安装方式：暗装	套	140				
10	030404017001	配电箱	1. 名称：照明配电箱 MX1 2. 规格：300×200（宽×高） 3. 安装方式：嵌墙暗装，底边距地 1.7m	台	1				
11	030404017002	配电箱	1. 名 称：照明配电箱 MX2~6 2. 规格：500×400（宽×高） 3. 安装方式：嵌墙暗装，底边距地 1.7m	台	5				
12	030411006001	接线盒	1. 名称：灯头盒 2. 材质：钢质镀锌 3. 规格：86H 4. 安装形式：暗装	个	212				
13	030411006002	接线盒	1. 名称：开关、插座接线盒 2. 材质：钢质镀锌 3. 规格：86H 4. 安装形式：暗装	个	160				
14	030414002001	送配电装置系统	1. 名称：低压送配电系统调试 2. 电压等级：1kV 以下 4. 类型：综合	系统	1				
15	030414011001	接地装置	1. 名称：系统调试 2. 类别：接地网	系统	1				

附录 E　建筑智能化工程

1. 项目划分

附录 E 建筑智能化工程包括 98 个项目（详见表 5-23）。内容包括：E.1 计算机应用、网络系统工程；E.2 综合布线系统工程；E.3 建筑设备自动化系统工程；E.4 建筑信息综合管理系统工程；E.5 有线电视、卫星接收系统工程；E.6 音频、视频系统工程；E.7 安全防范系统工程。

表 5-23　附录 E 建筑智能化工程项目变化表

序号	名　称	"08 规范"项目数	新规范项目数	增加项目数（+）	减少项目数（-）	备注
	通讯系统设备	8	0	0	-8	
E.1	计算机应用、网络系统工程	11	17	6	0	
E.2	综合布线系统工程	0	20	20		
E.3	建筑设备自动化系统工程	13	10		-3	
E.4	建筑信息综合管理系统	0	8	8	0	
E.5	有线电视、卫星接收系统工程	10	14	4	0	
E.6	音频、视频系统工程	4	8	4	0	
E.7	安全防范系统工程	22	19		-3	
	合　计	68	96	42	-14	

2. 各节的主要变化

（1）计算机应用、网络系统工程。

"08 规范"原有项目数 11 个，此次修订增加了 5 个，依据计算机系统的五大部件考虑，进行项目设置。包括计算机系统的中央处理器、控制器、存储器、输入设备、输出设备等，并且增加了调试项目以及基础软件的项目。

（2）综合布线系统工程。

"08 规范"通信设备及线路工程原有项目数 34 个，此次修订减少了 14 个，合并原规范中一些子目，补充了一些项目，例如：配线架、跳线架、跳块、线管理器等。综合布线施工中的走线管、槽、底盒等的安装应按本规范附录 D 相关项目编码列项。

（3）建筑设备自动化系统工程。

"08 规范"原设置了 C.12.3 楼宇、小区多表远传系统和 C.12.4 楼宇、小区自控系统共 13 个项目，此次修订相应调整为 E.4 建筑设备自动化系统工程和 E.5 建筑信息综合管理系统，设置了 9 个项目。

（4）建筑信息综合管理系统。

此次修订设置了 8 个项目。

（5）有线电视、卫星接收系统工程。

"08 规范"原有项目数 10 个，此次修订增加了 4 个，主要是考虑到有线电视、卫星接收系统的前端设备、播控系统、管理系统以及小区的干线传输和分配到户。

（6）音频、视频系统工程。

"08 规范"中只有 C.12.6 扩声、背景音乐系统的 4 个项目，此次修订增加了视频系统工程。

（7）安全防范系统工程。

"08 规范"原有项目数 18 个，此次修订未做修改，只是按照《安全防范工程技术规范》GB 50348—2004 要求，调整合并了原规范中一些项目，增加了安全检查设备、GPS 设备、楼宇可视对讲设备、SPD 设备，另外设置了分系统调试、全系统联调和安防工程的试运行项目。

3. 使用本附录应注意的问题

（1）如主项项目工程与需综合项目工程量不对应，项目特征应描述综合项目的规格、数量。

（2）由国家或地方检测验收部门进行的检测验收应按本规范附录 N 措施项目相关项目编码列项。

（3）设备需投标人购置应在招标文件中予以说明。

（4）各类线、缆预留长度参照附录 D 电气设备安装工程中各类线缆预留长度及附加长度表执行。

4. 典型分部分项工程工程量清单编制实例

【实例】

一、背景资料

北京市某小区占地 4.1 公顷，有 10 栋 20 层板式高层住宅楼。主体结构及内外装修已基本完工，所有用于弱电系统的走线管、槽、预埋盒已安装完毕。此时开发商对该项目的智能化电子系统工程开始对外招标（详见图 5-6）。

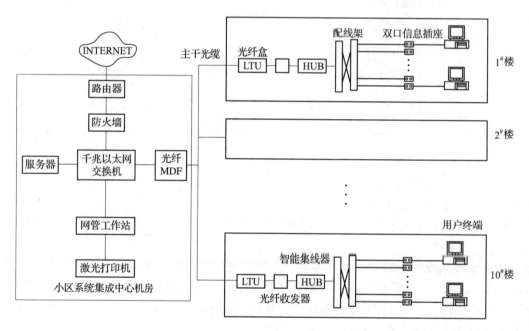

图 5-6 计算机网络及综合布线系统示意图

1. 计算机网络系统工程：建小区宽带局域网并与因特网相联。网络中每个信息点速率应能达到 10Mbps 专用带宽。

2. 综合布线系统工程：全部采用超五类布线系统。工程安装完毕后需进行光缆及超五类测试。

工作区子系统：终端采用标准 RJ45 双口信息插座。安装在墙上距地面 30 公分高的预埋盒上。

1）水平子系统：采用超五类 UTP 双绞线，由配线间出来沿弱电井金属线槽到每一楼层，穿预埋管到用户信息插座底盒。超五类 UTP 双绞线敷设（线槽及管道中安装各占 50 %）。

2）设备间子系统：主配线间设在系统集成中心机房，在每一栋楼中间单元的首层弱电井中设分配线间。在配线间中安装机架、配线架、光纤盒等。计算机网络系统的智能集线器也可安装在该配线间中（24 口配线架、线管理器甲供）。

3）管理子系统：数据通信管理可由光纤跳线来完成。

4) 建筑群子系统：楼群到机房之间采用室外管道中敷设四芯多模光缆做传输干线。

注：除注明者外，设备均有投标人采购。

二、问题

根据以上背景资料及现行国家标准《建设工程工程量清单计算规范》GB 50500、《通用安装工程工程量计算规范》GB 50856 试列出该工程计算机网络系统的分部分项工程量清单。

表 5－24　清单工程量计算表

工程名称：某工程

序号	清单项目编码	清单项目名称	计算式	工程量合计	计量单位
一		计算机网络系统			
1	030501012001	24 口千兆以太网交换机	1	1	台
2	030501013001	单机支持 50 个用户服务器	2	2	台
3	030501013002	单机支持 8 个用户服务器	1	1	台
4	030501009001	8 口路由器	1	1	台
5	030501011001	动态检测防火墙	1	1	台
6	030501008001	机架型智能集线器	40	40	台
7	030501002001	A4 彩色激光打印机	1	1	台
8	030501010001	AVU－ST 光纤收发器	20	20	台
9	030501005001	BA123 标准机柜	20	20	台
10	030501017001	1.5GB 系统软件	1	1	套
11	030501017002	1.2GB 应用软件	1	1	套
二		综合布线系统			
1	030502005001	超五类 UTP 双绞线	70	70	箱
	030502005002	超五类 UTP 双绞线	70	70	箱
2	030502007001	四芯多模光缆	1500	1500	米
3	030502001001	壁挂式机架	10	10	个
4	030502010001	24 口配线架	40	40	条
5	030502017001	线管理器	40	40	个
6	030502013001	光纤盒（连接盘）	11	11	块
7	030502012001	双口信息插座	950	950	个
8	030502014001	连接光纤（熔接法）	80	80	芯
9	030502019001	超五类双绞线缆测试	1900	1900	点
10	030502020001	光纤测试	40	40	芯

表 5 – 25　分部分项工程量清单与计价表

工程名称：某工程（计算机网络系统）　　　　　　　　标段：　　　　　　　　　　

第1页共2页

序号	项目编码	项目名称	项目特征	计量单位	工程量	综合单价	合价	其中：暂估金额
1	030501012001	交换机	1. 名称：以太网交换机 2. 层数：24 口千兆	台	1			
2	030501013001	网络服务器	1. 名称：网络服务器 2. 类别：企业级	台	2			
3	030501013002	网络服务器	1. 名称：网络服务器 2. 类别：工作组级	台	1			
4	030501009001	路由器	1. 名称：路由器： 2. 类别：桌面型 3. 规格：8 口 4. 功能：8 口桌面型	台	1			
5	030501011001	防火墙	1. 名称：防火墙 2. 功能：动态检测	台	1			
6	030501008001	智能集线器	1. 名称：智能集代器 2. 类别：机架型	台	40			
7	030501002001	输出设备	1. 名称：打印机 2. 类别：彩色激光 3. 规格：A4	台	1			
8	030501010001	收发器	1. 名称：光纤收发器 2. 类别：AVU – ST	台	20			
9	030501005001	插箱、机柜	1. 名称：标准机柜 2. 规格：BA123	台	20			
10	030501017001	软件	1. 名称：系统软件 2. 容量：1.5GB	套	1			
11	030501017002	软件	1. 名称：应用软件 2. 容量：1.2GB	套	1			

工程名称：某工程（综合布线系统）　　　　　　标段：　　　　　　　　　　　　第 2 页共 2 页

序号	项目编码	项目名称	项目特征	计量单位	工程量	金额（元）		
						综合单价	合价	其中：暂估金额
1	030502005001	双绞线缆	1. 名称：超五类线缆 2. 线缆对数：4 对 3. 敷设方式：管内敷设	m	21350			
2	030502005002	双绞线缆	1. 名称：超五类线缆 2. 线缆对数：4 对 3. 敷设方式：线槽敷设	m	21350			
3	030502007001	光缆	1. 名称：四芯多模光缆 2. 线缆对数：四芯 3. 敷设方式：室外管道内敷设	m	1500			
4	030502001001	机柜、机架	1. 名称：机架 2. 安装方式：壁挂式安装	台	10			
5	030502010001	配线架	1. 名称：配线架 2. 规格：24 口	条	40			
6	030502017001	线管理器	1. 名称：线管理器 2. 安装部位：机柜中安装	个	40			
7	030502013001	连接盒	1. 名称：连接盘 2. 类别：光纤连接盘	块	11			
8	030502012001	信息插座	1. 名称：信息插座 2. 类别：8 位模块式 3. 规格：双口 4. 安装方式：壁装 5. 底盒材质、规格：已预留	个	950			
9	030502014001	光纤连接	1. 方法：溶接法 2. 模式：多模	芯	80			
10	030502019001	双绞线缆测试	1. 测试类别：超五类 2. 测试内容：电缆链路系统测试	点	1900			
11	030502020001	光纤测试	1. 测试类别：光纤 2. 测试内容：光纤链路系统测试	芯	40			

附录 F 自动化控制仪表安装工程

1. 项目划分

附录 F 自动化控制仪表安装工程包括 12 节 52 项（详见表 5 – 26）。

表 5 – 26 附录 F 自动化控制仪表安装工程项目变化增减表

序号	名　称	"08 规范"项目数	新规范项目数	项目增加数（+）	项目减少数（－）	备　注
F.1	过程检测仪表	5	5	1	−1	移入变送单元仪表；移出显示仪表
F.2	显示及调节控制仪表	17	5	2	−14	移入显示仪表，调节仪表；减少显示单元仪表，计算单元仪表，转换单元仪表，给定单元仪表，输入输出组件，信号处理组件，调节组件，分配切换等其他组件；移出变送单元仪表，执行机构，调节阀，自力式调节阀，仪表回路模拟试验
F.3	执行仪表（新增）	0	4	4		从"08 规范"过程控制仪表移入执行机构，调节阀，自力式调节阀；增加执行仪表附件
F.4	机械量仪表（新增）	8	3	2	−7	从"08 规范"集中检测装置仪表移入测厚测宽及金属检测装置旋转机械检测仪表、称重及皮带跑偏检测装置
F.5	过程分析和物性检测仪表（新增）	0	5	5		从"08 规范"集中检测装置仪表移入过程分析仪表，物性检测仪表，特殊预处理装置，分析柜、室，气象环保检测仪表
F.6	仪表回路模拟试验（新增）	0	4	4		从"08 规范"过程控制仪表移入，分为检测回路模拟试验，调节回路模拟试验，报警联锁回路模拟试验，工业计算机系统回路模拟试验

续表 5－26

序号	名　　称	"08 规范"项目数	新规范项目数	项目增加数（＋）	项目减少数（－）	备　　注
F.7	安全监测及报警装置	7	6		－1	减少工业电视
F.8	工业计算机安装与调试	18	11	6	－13	增加组件（卡件），网络系统及设备联调，工业计算机系统，与其他系统数据传递，专用线缆，线缆头；减少辅助存储装置，管理计算机双机切换装置，管理计算机网络设备，小规模（DCS），中规模（DCS）、大规模（DCS），可编程逻辑控制装置（PLC），操作站及数据通讯网络，过程 I/O 组件，与其他设备接口，直接数字控制系统（DDC），操作站（FCS），现场总线仪表
F.9	仪表管路敷设	5	5			
	工厂通讯、供电	3	0		－3	减少工厂通讯线路、工厂通讯设备、供电系统
F.10	仪表盘、箱、柜及附件安装	2	2			
F.11	仪表附件安装	3	2		－1	减少仪表支吊架
	合　　计	68	52	24	－40	

2. 项目特征的变化

（1）F.1 新增了"型号"，"套管材质、规格"，"挠性管材质、规格"，"防雨罩、保护（温）箱形式、材质"，"支架形式、材质"，"脱脂要求"、"调试要求"；删除了"类型"。

（2）F.2 新增了"型号"，"挠性管材质、规格"，"保护（温）箱形式、材质"，"支架形式、材质"，"调试要求"，"配线材质、规格"；删除了"类型"。

（3）F.3 新增了"型号"，"挠性管材质、规格"，"支架形式、材质"；删除了"类型"。

（4）F.7 新增了"型号，规格"，"挠性管材质、规格"，"基础型钢规格、形式"，"支架形式、材质"；删除了"类型"。

（5）F.8 新增了"型号"，"规格"，"基础形式"，"支架形式"，"芯数"，"敷设方式"，"辅助元件型号、规格"，"测试段数"；删除了"类型"。

（6）F.9 新增了"规格"，"伴热要求"，"脱脂要求"，"支架形式、材质"，"焊口酸洗钝化要求"；删除了"管径"。

（7）F.10 新增了"型号"，"基础型钢形式、规格"，"支架形式、材质"，"接线方式"；删除了"类型"。

(8) F.11 新增了"型号","规格","研磨要求","脱脂要求";删除了"类型"。

3. 计量单位的变化

(1) F.7 中"安全监测装置"的计量单位"套"改为"台（套）"。

(2) F.10 中"盘柜附件、元件制作安装"的计量单位"个"改为"个（节）"。

4. 工作内容的变化

(1) F.1 新增了"取源部件配合安装";删除了"刷油"。

(2) F.2 删除了"刷油"。

(3) F.3 新增了"取源部件配合安装";删除了"刷油"。

(4) F.7 删除了"刷油"。

(5) F.8 删除了"刷油"。

(6) F.9 删除了"除锈，刷油"。

(7) F.10 新增了"本体制作、安装","盘柜配线","端子板校、接线";删除了"本体安装，制作，刷油"。

(8) F.11 新增了"本体制作"，删除了"制作，除锈，刷油，混凝土浇筑"。

5. 其他

(1) 表 F.1 增加注："1 温度仪表规格需描述接触式温度计的尾长。2 物位检测仪表规格需描述仪表长度或测量范围。"

(2) 表 F.3 增加注："开关阀、电磁阀、伺服放大器，按调节阀编码列项。"

(3) 表 F.7 增加注："工业电视按本规范附录 E 建筑智能化工程相关项目编码列项。"

(4) 表 F.8 增加注："本附录中的专用线缆敷设预留及附加长度见本附录 D 电气设备安装工程的表 D.15.7-3、表 D.15.7-5、表 D.15.7-8。"

(5) 表 F.9 增加注："仪表导压管敷设工程量计算不扣除阀门、管件所占长度。"

(6) 表 F.11 增加注："本节仪表附件是具有相对独立性的仪表附件（如压缩空气净化分配器等）。"

(7) F.12 相关问题及说明增加：

F.12.1 自动化控制仪表安装工程适用于自动化仪表工程的过程检测仪表，显示及调节控制仪表，执行仪表，机械量仪表，过程分析和物性检测仪表，仪表回路模拟试验，安全监测及报警装置，工业计算机安装与调试，仪表管路敷设，仪表盘、箱、柜及附件安装，仪表附件安装。

F.12.2 土石方工程，应按现行国家标准《房屋建筑与装饰工程计量规范》GB 50854 相关项目编码列项。

F.12.3 自控仪表工程中的控制电缆敷设、电气配管配线、桥架安装、接地系统安装，应按本规范附录 D 电气设备安装工程相关项目编码列项。

F.12.4 在线仪表和部件（流量计、调节阀、电磁阀、节流装置、取源部件等）安装，应按本规范附录 H 工业管道工程相关项目编码列项。

F.12.5 火灾报警及消防控制等，应按本规范附录 J 消防工程相关项目编码列项。

F.12.6 设备的除锈、刷漆（补刷漆除外）、保温及保护层安装，应按本规范附录 M 刷油、防腐蚀、绝热工程相关项目编码列项。

F.12.7 管路敷设的焊口热处理及无损探伤按本规范附录 H 工业管道工程相关项目编码列项。

F.12.8 工业通讯设备安装与调试，应按本规范附录 L 通信设备及线路工程相关项目编码列项。

F.12.9 供电系统安装，应按本规范附录 D 电气设备安装工程相关项目编码列项。

F.12.10 项目特征中调试要求指：单体调试、功能测试等。

删除了原来的说明：

1 自控仪表工程中的控制电缆敷设、电气配管配线、桥架安装、接地系统安装，应按本附录 C.2 相关项目编码列项。

2 在线仪表和部件（流量计、调节阀、电磁阀、节流装置、取源部件等）安装，应按本附录 C.6 相关项目编码列项。

3 火灾报警及控制应按本附录 C.7 相关项目编码列项。

4 土石方工程应按附录 A 相关项目编码列项。

5 使用本附录应注意的问题

（1）如主项项目工程与需综合项目工程量不对应，项目特征应描述综合项目的规格、数量。

（2）由国家或地方检测验收部门进行的检测验收应按本规范附录 N 措施项目编码列项。

（3）仪器仪表需投标人购置应在招标文件中予以说明。

（4）如主项项目工程与需综合项目工程量不对应，项目特征应描述综合项目的型号、规格、数量。

（5）线、缆预留长度参照附录 D 电气设备安装工程预留长度及附加长度表执行。

6. 典型分部分项工程工程量清单编制实例

【实例】

一、背景资料

本工程为某辖区内某首层车间仪表安装工程，层高为 3.5m。

（一）设计说明：

1. 本车间需安装以下仪表：

（1）标准计算机柜 1 台，规格为 H1600×W700×D650；

（2）万向型双金属温度计 1 支，型号为 WSS－420，φ100，0℃～150℃，精度等级 1.5，尾长 200，可动外螺纹连接，不锈钢套管 DN15；

（3）一体化温变热电阻 1 支，型号为 WZPB，分度号 Pt100，精度等级 A 级；

（4）真空压力表 1 台，型号为 YZ－100，0～1.0MPa，精度等级 1.5；

（5）耐震隔膜压力表 38 台，型号为 YTF－100，0～1.0MPa，精度等级 1.5，法兰连接；

（6）美国 SOR 防水压力开关 8 台，型号为 4NN－K4－N4－C2A－TTX834，可调范围 0.5～2bar，最大工作耐压 100bar，回差 35mbar，精度±1%。

2. 标准计算机柜安装采用 10 号槽钢作为基础。

3. 配电控制系统另行施工。

（二）计算范围

根据设计要求计算该车间仪表安装的清单工程量。

二、问题

根据以上背景资料及现行国家标准《建设工程工程量清单计价规范》GB 50500、《通用安装工程工程量计算规范》GB 50856，试列出该仪表安装工程分部分项工程量清单。

表 5－27 工程量计算表

工程名称：某车间仪表安装工程

序号	清单项目编码	清单项目名称	计 算 式	工程量合计	计量单位
1	030608001001	工业计算机柜	标准计算机柜 1	1	台
2	030601001001	温度仪表	万向型双金属温度计 1	1	支
3	030601001002	温度仪表	一体化温变热电阻 1	1	支
4	030601002001	压力仪表	真空压力表 1	1	台
5	030601002002	压力仪表	耐震隔膜压力表 38	38	台
6	030601002003	压力仪表	美国 SOR 防水压力开关 8	8	台

工程名称：某车间仪表安装工程　　　　　　　标段：　　　　　　　　　　　　第1页共1页

序号	项目编码	项目名称	项目特征描述	计量单位	工程数量	金额（元）			
						综合单价	合价	其中	
								人工费	暂估价
1	030608001001	工业计算机柜	1. 名称：标准计算机柜 2. 规格：H1600×W700×D650 3 基础形式：10号槽钢基础	台	1				
2	030601001001	温度仪表	1. 名称：万向型双金属温度计 2. 型号：WSS−420 3. 规格：φ100，0～150℃精度等级1.5　尾长200可动外螺纹连接 4. 套管材质，规格：不锈钢套管DN15	支	1				
3	030601001002	温度仪表	1. 名称：一体化温变热电阻 2. 型号：WZPB 3. 规格：分度号Pt100，精度等级A级	支	1				
4	030601002001	压力仪表	1. 名称：真空压力表 2. 型号：YZ−100 3. 规格：0～1.0MPa，精度等级1.5 4. 压力表弯材质，规格：铜弯管DN15 5. 压力表旋塞阀DN15	台	1				
5	030601002002	压力仪表	1. 名称：耐震隔膜压力表 2. 型号：YZ−100 3. 规格：0～1.0MPa，精度等级1.5 4. 连接形式：法兰连接	台	38				
6	030601002003	压力仪表	1. 名称：美国SOR防水压力开关 2. 型号：4NN−K4−N4−C2A−TTX834 3. 规格：可调范围0.5～2bar，最大工作耐压100bar，回差35mbar，精度±1%	台	8				

表−08

附录 G 通风空调工程

1. 项目划分

附录 G 通风空调工程包括 5 节 50 项（详见表 5 - 29），增加 8 个项目，减少 1 个项目。分别为：增加表冷器，弯头导流叶片，风管检查孔，温度、风量测定孔，人防过滤吸收器，人防超压自动排气阀，人防手动密闭阀，风管漏光试验、漏风试验，减少通风机。

表 5 - 29　附录 G 通风空调工程项目变化增减表

序号	名　　称	"08 规范" 项目数	新规范 项目数	项目增 加数（＋）	项目减 少数（－）	备　　注
G.1	通风及空调设备及 部件制作安装	13	15	3	－ 1	增加表冷器，减少通 风机
G.2	通风管道制作安装	8	11	3		增加弯头导流叶片， 风管检查孔，温度、风 量测定孔
G.3	通风管道部件制作安装	21	24	3		增加人防过滤吸收器， 人防超压自动排气阀， 人防手动密闭阀
G.4	通风工程检测、调试	1	2	1		增加风管漏光试验、 漏风试验
合　　计		43	52	10	－ 1	

2. 项目名称的变化

（1）规范项目名称内容，将名称中带有制作、安装的字眼全部删除。

（2）G.3 项目名称"碳钢调节阀制作安装"改为"碳钢阀门"，"塑料风管阀门"改为"塑料阀门"，"柔性接口及伸缩节制作安装"改为"柔性接口"。

3. 项目特征的变化

（1）G.1 新增了"名称"，"型号"，"隔振垫（器）、支架形式，材质"；删除了"支架规格"，"除锈、刷油设计要求"，"特征（带视孔或不带视孔）"，"安装位置"，"用途"，"过滤功效"。

（2）G.2 新增了"名称"，"规格"，"管件、法兰等附件及支架设计要求"；删除了"除锈、刷油、防腐绝热及保护层设计要求"，"周长或直径"，"形状（圆形、矩形）"，"保温套管设计要求"。

（3）G.3 新增了"名称"，"型号"，"支架形式"、"材质"，"风帽筝绳、泛水设计要求"；删除了"周长"，"除锈、刷油防腐设计要求"，"周长或直径"，"风帽附件设计要求"，"法兰接口设计要求"。

4. 计量单位的变化

（1）G.1 中挡水板的计量单位"m²"改为"个"；

（2）G.1 中滤水器、溢水盘、金属壳体的计量单位"kg"改为"个"；

（3）G.3 中碳钢罩类、塑料罩类、消声器的计量单位"kg"改为"个"；

（4）G.3 中静压箱的计量单位"m²"改为"1. 个；2. m²"。

5. 工程量计算规则的变化

（1）G.2 新增了"按设计图示内径尺寸以展开面积计算"，"按设计图示外径尺寸以展开面积计算"，删除了"1. 按设计图示以展开面积计算，不扣除……直径和周长按图示尺寸为准展开。2. 渐缩管：圆形风管按平均直径，矩形风管按平均周长；包括弯头、三通、变径管、天圆地方等管件的长度，但不包括部件所占的长度。"

（2）G.3 删除了"（包括空气加热器上通阀、空气加热器旁通阀、圆形瓣式启动阀、风管蝶阀、风管止回阀、密闭式斜插板阀、矩形风管三通调节阀、对开多叶调节阀、风管防火阀、各型风罩调节阀制作安装等），2. 若调节阀为成品时，制作不再计算"；"（包括塑料蝶阀、塑料插板阀、各型风罩塑料调节阀）"；"……（包括百叶风口、矩形送风口、矩形空气分布器、风管插板风口、旋转吹风口、圆形散流器、方形散流器、流线型散流器、送吸风口、活动算式风口、网式风口、钢百叶窗等），2. 百叶窗按设计图示以框内面积计算，3. 风管插板风口制作已包括安装内容；4. 若风口、分布器、散流器、百叶窗为成品时，制作不再计算"；"……（包括风口、分布器、散流器、百叶窗）2. 若风口、分布器、散流器、百叶窗为成品时，制作不再计算"；"……（包括玻璃钢百叶风口、玻璃钢矩形送风口）"；"2. 若风帽为成品时，制作不再计算"；"2. 若伞形风帽为成品时，制作不再计算"；"（包括园伞形风帽、锥形风帽、筒形风帽）"；"（包括皮带防护罩、电动机防雨罩、侧吸罩、中小型零件焊接台排气罩、整体分组式槽边侧吸罩、吹吸式槽边通风罩、条缝槽边抽风罩、泥心烘炉排气罩、升降式回转排气罩、上下吸式圆形回转罩、升降式排气罩、手锻炉排气罩等）"；"（包括塑料槽边侧吸罩、塑料槽边风罩、塑料条缝槽边抽风罩）"；"（包括片式消声器、矿棉管式消声器、聚酯泡沫管式消声器、卡普隆纤维管式消声器、弧形声流式消声器、阻抗复合式消声器、微穿孔板消声器、消声弯头）"。静压箱项目新增了"2. 按设计图示尺寸以展开面积计算"。

6. 工作内容的变化

（1）G.1 新增了"本体安装"，"本体制作"，"设备支架制作、安装"，"试压"；删除了"制作"，"安装"，"支架台座除锈、刷油"，"软管接口制作、安装"，"除锈、刷油"。

（2）G.2 删除了"安装"，"风管保温、保护层"，"风管、法兰、法兰加固框、支吊架除锈刷油"，"保护层及支架、法兰除锈"，"刷油"，"弯头导流叶片制作、安装"，"风管检查孔制作"，"温度、风量测定孔制作"。

（3）G.3 新增了"阀体安装"，"支架制作、安装"，"风口制作、安装"，"散流器制作、安装"，"罩类制作"，"罩类安装"，"柔性接口制作"，"柔性接口安装"，"消声器制作"，"消声器安装"，"静压箱制作、安装"；删除了"安装"，"制作"，"除锈"，"刷油"，"防腐"。

7. 其他

（1）表 G.1 增加注："通风空调设备安装的地脚螺栓按设备自带考虑。"

（2）表 G.2 增加注："1 风管展开面积，不扣除检查孔、测定孔、送风口、吸风口等所占面积；风管长度一律以设计图示中心线长度为准（主管与支管以其中心线交点划分），包括弯头、三通、变径管、天圆地方等管件的长度，但不包括部件所占的长度。风管展开面积不包括风管、管口重叠部分面积。风管渐缩管：圆形风管按平均直径，矩形风管按平均周长。2 穿墙套管按展开面积计算，计入通风管道工程量中。3 通风管道的法兰垫料或封口材料，按图纸要求应在项目特征中描述。4 净化通风管的空气洁净度按 100000 度标准编制，净化通风管使用的型钢材料如要求镀锌时，工作内容应注明支架镀锌。5 弯头导流叶片数量，按设计图纸或规范要求计算。6 风管检查孔、温度测定孔、风量测定孔数量，按设计图纸或规范要求计算。"

（3）表 G.3 增加注："1 碳钢阀门包括：空气加热器上通阀、空气加热器旁通阀、圆形瓣式启动阀、风管蝶阀、风管止回阀、密闭式斜插板阀、矩形风管三通调节阀、对开多叶调节阀、风管防火阀、各型风罩调节阀。2 塑料阀门包括：塑料蝶阀、塑料插板阀、各型风罩塑料调节阀。3 碳钢风口、散流器、百叶窗包括：百叶风口、矩形送风口、矩形空气分布器、风管插板风口、旋转吹风口、圆形散流器、方形散流器、流线型散流器、送吸风口、活动算式风口、网式风口、钢百叶窗等。4 碳钢罩类包括：皮带防护罩、电动机防雨罩、侧吸罩、中小型零件焊接台排气罩、整体分组式槽边侧吸罩、吹吸式槽边通风罩、条缝槽边抽风罩、泥心烘炉排气罩、升降式回转排气罩、上下吸式圆形回转罩、升降式排气罩、手锻炉排气罩。5 塑料罩类包括：塑料槽边侧吸罩、塑料槽边风罩、塑料条缝槽边抽风罩。6 柔性接口指：金属、非金属软接口及伸缩节。7 消声器包括：片式消声器、矿棉管式消声器、聚酯泡沫管式消声器、卡普隆纤维管式消声器、弧形声流式消声器、阻抗复合式消声器、微穿孔板消声器、消声弯头。8 通风部件图纸要求制作安装、要求用成品部件只安装不制作，这类特征在项目特征中应明确描述。9 静压箱的面积计算：按设计图示尺寸以展开面积计算，不扣除开口的面积。"

(4) G.5 相关问题及说明增加了以下内容：

G.5.2 冷冻机组站内的设备安装、通风机安装及人防两用通风机安装，应按本规范附录 A 机械设备安装工程相关项目编码列项。

G.5.3 冷冻机组站内的管道安装，应按本规范附录 H 工业管道工程相关项目编码列项。

G.5.4 冷冻站外墙皮以外通往通风空调设备的供热、供冷、供水等管道，应按本规范附录 K 采暖、给排水、燃气工程相关项目编码列项。

G.5.5 设备和支架的除锈、刷漆、保温及保护层安装，应按本规范附录 M 刷油、防腐蚀、绝热工程相关项目编码列项。

8. 使用本附录应注意的问题

(1) 玻璃钢通风管道、复合型风管按设计图示外径尺寸以展开面积计算。

(2) 型钢刷漆应包含所有支吊架及风管加固型钢、角钢法兰等（包括软接法兰型钢）。

(3) 风管漏光试验、漏风试验面积按实际检测面积为准（现场签证或检测报告）。

(4) 装有风口的支风管长度应是风口至主风管中心线的长度。

(5) 采暖、空调设备需投标人购置应在招标文件中予以说明。

9. 典型分部分项工程工程量清单编制实例

【实例】

一、背景资料

本工程为某辖区内某首层电子零部件加工车间通风空调系统安装工程，层高为4m。详图5-7。

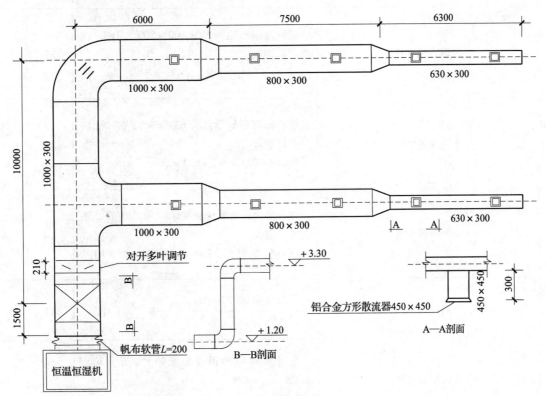

图 5-7 某工程首层通风空调平面图

（一）设计说明

1. 本加工车间采用1台恒温恒湿机进行室内空气调节，并配合土建砌筑混凝土基础和预埋地脚螺栓安装，其型号为YSL-DHS-225，外形尺寸为1200×1100×1900。

2. 风管采用镀锌薄钢板矩形风管，法兰咬口连接，风管规格1000×300，板厚δ1.20；风管规格800×300，板厚δ1.00；风管规格630×300，板厚δ1.00；风管规格450×450，板厚δ0.75。

3. 对开多叶调节阀为成品购买，铝合金方形散流器规格为450×450。

4. 风管采用橡塑玻璃棉保温，保温厚度为δ25。

（二）计算范围

根据所给图纸，从恒温恒湿机（包括本体）开始计算至各风口止（包括风口）（工程量计算保留小数后一位有效数字，第二位四舍五进）。

注：设备由投标人采购。

二、问题

根据以上背景资料及现行国家标准《建设工程工程量清单计价规范》GB 50500、《通用安装工程工程量计算规范》GB 50856，试列出该通风空调安装工程分部分项工程量清单。

表5-30　清单工程量计算表

工程名称：某电子加工车间通风空调安装工程

序号	清单项目特征	清单工程量计算过程	清单工程量	计量单位
1	碳钢通风管道	镀锌薄钢板矩形风管1000×300，δ1.2，法兰咬口连接 （1+0.3）×2×[1.5+（10-0.21）+（3.3-1.2）+6×2]	66	m²
2	碳钢通风管道	镀锌薄钢板矩形风管800×300，δ1.0，法兰咬口连接 （0.8+0.3）×2×7.5×2	33	m²
3	碳钢通风管道	镀锌薄钢板矩形风管630×300，δ1.0，法兰咬口连接 （0.63+0.3）×2×6.3×2	23.4	m²
4	碳钢通风管道	镀锌薄钢板矩形风管450×450，δ0.75，法兰咬口连接 （0.45+0.45）×2×（0.3+0.15）×10	8.1	m²
5	柔性接口	帆布软管1000×300，L=200 （1+0.3）×2×0.2	0.5	m²
6	弯头导流叶片	单叶片镀锌薄钢板导流叶片，H=300，δ0.75 0.314×7	2.2	m²

序号	清单项目特征	清单工程量计算过程	清单工程量	计量单位
7	空调器	恒温恒湿机　型号 YSL – DHS – 225 外形尺寸 1200 × 1100 × 1900,350kg,橡胶隔振垫,$\delta 20$,落地安装 1	1	台
8	碳钢阀门	对开多叶调节阀 1000 × 300,$L = 210$ 1	1	个
9	铝及铝合金散流器	铝合金方形散流器 450 × 450 10	10	个
10	通风管道绝热	矩形风管橡塑玻璃棉保温 $\delta 25$ $[2(1 + 0.3) + 1.033 \times 0.025] \times 1.033 \times 0.025 \times 25.39 + [2(0.8 + 0.3) + 1.033 \times 0.025] \times 1.033 \times 0.025 \times 15 + [2(0.63 + 0.3) + 1.033 \times 0.025] \times 1.033 \times 0.025 \times 12.6 + [2(0.45 + 0.45) + 1.033 \times 0.025] \times 1.033 \times 0.025 \times 4.5$	8.6	m³
11	金属结构刷油	风管型钢人工除轻锈、刷红丹防锈漆 2 遍 37.81kg/10m² × (6.6 + 3.3) + 38.92kg/10m² × (2.34 + 0.81) + 26.651kg/m² × 0.5	510.43	kg
12	通风工程检测、调试	通风系统检测、调试 1	1	系统
13	风管漏光试验、漏风试验	矩形风管漏光试验、漏风试验 66 + 33 + 23.4 + 8.1 + 0.5	131	m²

表 5 – 31　分部分项工程和单价措施项目清单与计价表

工程名称：某电子加工车间通风空调安装工程　　　　　标段：　　　　　　　　　　第 1 页共 2 页

序号	项目编码	项目名称	项目特征描述	计量单位	工程量	金额（元）			
						综合单价	合价	其中	
								人工费	暂估价
1	030702001001	碳钢通风管道	1. 名称：薄钢板通风管道 2. 材质：镀锌 3. 形状：矩形 4. 规格：1000 × 300 5. 板材厚度：$\delta 1.2$ 6. 接口形式：法兰咬口连接	m²	66				

工程名称：某电子加工车间通风空调安装工程　　　　　标段：　　　　　　　　　　第 2 页共 2 页

序号	项目编码	项目名称	项目特征描述	计量单位	工程量	金额（元）			
						综合单价	合价	其中	
								人工费	暂估价
2	030702001002	碳钢通风管道	1. 名称：薄钢板通风管道 2. 材质：镀锌 3. 形状：矩形 4. 规格：800×300 5. 板材厚度：δ1.0 6. 接口形式：法兰咬口连接	m²	33				
3	030702001003	碳钢通风管道	1. 名称：薄钢板通风管道 2. 材质：镀锌 3. 形状：矩形 4. 规格：630×300 5. 板材厚度：δ1.0 6. 接口形式：法兰咬口连接	m²	23.4				
4	030702001004	碳钢通风管道	1. 名称：薄钢板通风管道 2. 材质：镀锌 3. 形状：矩形 4. 规格：450×450 5. 板材厚度：δ0.75 6. 接口形式：法兰咬口连接	m²	8.1				
5	030703019001	柔性接口	1. 名称：软接口 2. 规格：1000×300 L=200 3. 材质：帆布	m²	0.5				
6	030702009001	弯头导流叶片	1. 名称：导流叶片 2. 材质：镀锌薄钢板 3. 规格：0.314m² 4. 形式：单叶片	m²	2.2				

序号	项目编码	项目名称	项目特征描述	计量单位	工程量	综合单价	合价	人工费	暂估价
7	030701003001	空调器	1. 名称：恒温恒湿机 2. 型号：YSL-DHS-225 3. 规格：外形尺寸1200×1100×1900 4. 安装形式：落地安装 5. 质量：350kg 6. 隔振垫（器）、支架形式、材质：橡胶隔振垫δ20	台	1				
8	030703001001	碳钢阀门	1. 名称：对开多叶调节阀 2. 规格：1000×300L=210	个	1				
9	030703011001	铝及铝合金散流器	1. 名称：铝合金方形散流器 2. 规格：450×450	个	10				
10	031208003001	通风管道绝热	1. 绝热材料品种：橡塑玻璃棉保温 2. 绝热厚度：δ25	m³	8.6				
11	031201003001	金属结构刷油	1. 除锈级别：人工除轻锈 2. 油漆品种：红丹防锈漆 3. 结构类型：风管型钢 4. 涂刷遍数、漆膜厚度：2遍	kg	510.43				
12	030704001001	通风工程检测调试	风管工程量：通风系统	系统	1				
13	030704002001	风管漏光试验、漏风试验	漏光试验、漏风试验、设计要求：矩形风管漏光试验、漏风试验	m²	131				

附录 H 工业管道工程

1. 项目划分

附录 H 工业管道工程。包括 18 节 127 项，减 17 个项目，增 21 个项目。详见表 5 - 32。

表 5 - 32 附录 H 工业管道工程项目增减表

序号	名 称	"08 规范"项目数	新规范项目数	项目增加数（+）	项目减少数	备 注
H.1	低压管道	20	20			删2，增2
H.2	中压管道	7	8	1		删1，增2
H.3	高压管道	3	3			
H.4	低压管件	15	18	3		删1，增4
H.5	中压管件	5	8	3		增3
H.6	高压管件	3	3			
H.7	低压阀门	8	5		-3	删3
H.8	中压阀门	6	5		-1	删1
H.9	高压阀门	3	3			
H.10	低压法兰	11	10		-1	删5，增4
H.11	中压法兰	7	8	1		删2，增3
H.12	高压法兰	4	4			
H.13	板卷管制作	3	3			
H.14	管件制作	11	11			
H.15	管架制作安装	1	1			
H.16	无损探伤及热处理	7	9	2		增2
H.17	其他项目制作安装	9	8		-1	删2，增1
	合 计	123	127	4		删17，增21

2. 各节主要变化

（1）管道安装，取消刷油、防腐及绝热，执行附录 L 刷油、防腐蚀、绝热工程。

（2）管道安装，项目特征增加焊接方法、脱脂设计要求等的描述。

（3）管道材质增加锆及锆合金、镍及镍合金管道，铝管改为铝及铝合金管道，把有缝钢管、碳钢管合并为低压碳钢管，把法兰铸铁管、承插铸铁管合并为低压铸铁管等。根据压力等级对相应管件、阀门、法兰也作了调整和增加。

（4）支架制作安装，项目特征增加对支架衬垫、减震器的内容描述。

（5）管材表面探伤增加计量单位"m²"；焊缝射线探伤，增加计量单位"口"；重新调整探伤的项目设置、特征描述、单位、计算规则及工作内容。

（6）把热处理内容从管道安装中拿出，单独设置了项目。

（7）套管制作安装单独设置清单项目。

附录 J 消 防 工 程

1. 项目划分

附录 J 消防工程。包括 6 节 51 项，删除 12 项，增加 13 项。详见表 5 - 33。

表 5-33　附录 J 消防工程项目增减表

序号	名　　称	"08 规范"项目数	新规范项目数	项目数增减	备　　注
J.1	水灭火系统	20	14	-6	删除 9 项，增加 3 项
J.2	气体灭火系统	8	9	+1	删除 1 项，增加 2 项
J.3	泡沫灭火系统	8	8	-1	删除 2 项，增加 1 项
J.4	火灾自动报警系统	10	17	+7	增加 7 项
J.5	消防系统调试	4	4	0	
	合　　计	50	51	+1	删除 12 项，增加 13 项

注：删除原"08 规范"C.7.4 管道支架制作安装。

2. 各节主要变化

（1）新增灭火器、消防水炮、无管网气体灭火装置、消防警铃、声光报警器、消防报警电话插孔（电话）、消防广播（扬声器）、火灾报警系统控制主机、消防广播及对讲电话主机（柜）、火灾报警、控制微机（CRT）、备用电源及电池主机（柜）等项目。

（2）消防管道安装，取消套管制作安装工作内容，执行附录 K 采暖、给排水、燃气工程；取消管道中除锈、刷油及防腐工作内容，执行附录 M 刷油、防腐蚀、绝热工程。

（3）气体灭火系统、泡沫灭火系统中的不锈钢管、铜管安装项目不包括不锈钢管管件、铜管件，不锈钢管管件、铜管件单独设置清单项目计算。

（4）消火栓安装分室内消火栓、室外消火栓。项目特征增加对消火栓配件材质、规格的描述。

（5）取消阀门、法兰、水表、水箱、稳压装置等项目，执行附录 K 采暖、给排水、燃气工程。

（6）取消管道支架制作安装，执行附录 K 采暖、给排水、燃气工程。

（7）气体灭火介质，根据规范要求取消卤代烷，增加七氟丙烷、IG541 等介质。

（8）新增"无管网气体灭火装置"项目，无管网气体灭火系统由柜式预制灭火装置、火灾探测器、火灾自动报警灭火控制器等组成，具有自动控制和手动控制两种启动方式。无管网气体灭火装置安装，包括气瓶柜装置和自动报警控制装置两整套装置的安装。

（9）新增"报警联动一体机"清单项目。

（10）水灭火控制装置调试，应按灭火系统不同分别列项计算。自动喷洒系统按水流指示器数量以点（支路）计算；消火栓系统按消火栓启泵按钮数量以点计算；消防水炮系统按水炮数量以点计算。

3. 使用本附录应注意的问题

（1）如主项项目工程与需综合项目工程量不对应，项目特征应描述综合项目的规格、数量。

（2）由国家或地方检测验收部门进行的检测验收应按本规范附录 M 措施项目编码列项。

（3）消防设备需投标人购置应在招标文件中予以说明。

4. 典型分部分项工程工程量清单编制实例

【实例】

一、背景资料

（一）设计说明

1. 本工程为某公司办公楼，层高 4.0m，地上四层。

2. 办公楼消防工程包括室内消火栓系统、简易自动喷水灭火系统、火灾自动报警系统。详见图 5-8 ~ 图 5-17。

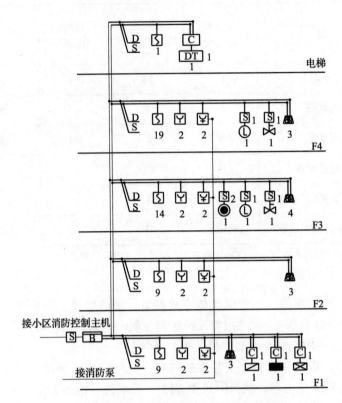

图 5 - 8 某工程火灾自动报警系统图

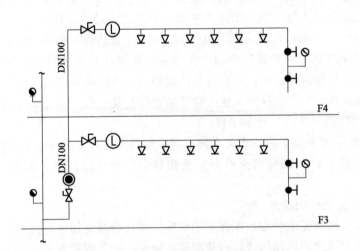

图 5 - 9 某工程简易水喷系统示意图

图例	名称	图例	名称
Ⓢ	感烟探测器	◉	湿式报警阀
Ⓒ	控制模块	Ⓛ	水流指示器
⊘	动力配电柜	⋈	遥控信号阀
▭▭	火灾报警控制器	Ⓨ	手动报警装置
⚏	组合声光报警装置	Ⓢ	监视模块
▬	照明配电柜	⊠	应急照明配电柜

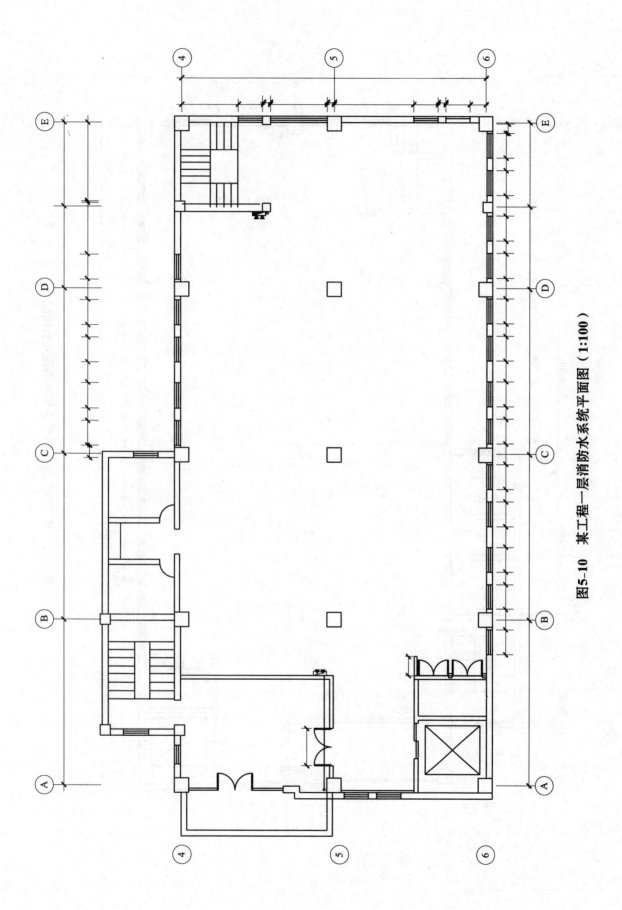

图5-10 某工程一层消防水系统平面图（1:100）

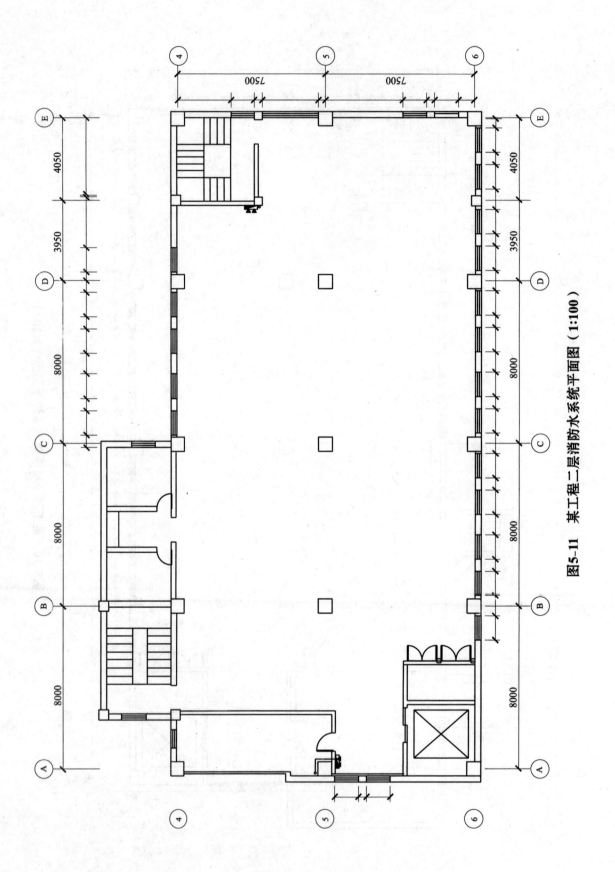

图5-11 某工程二层消防水系统平面图（1:100）

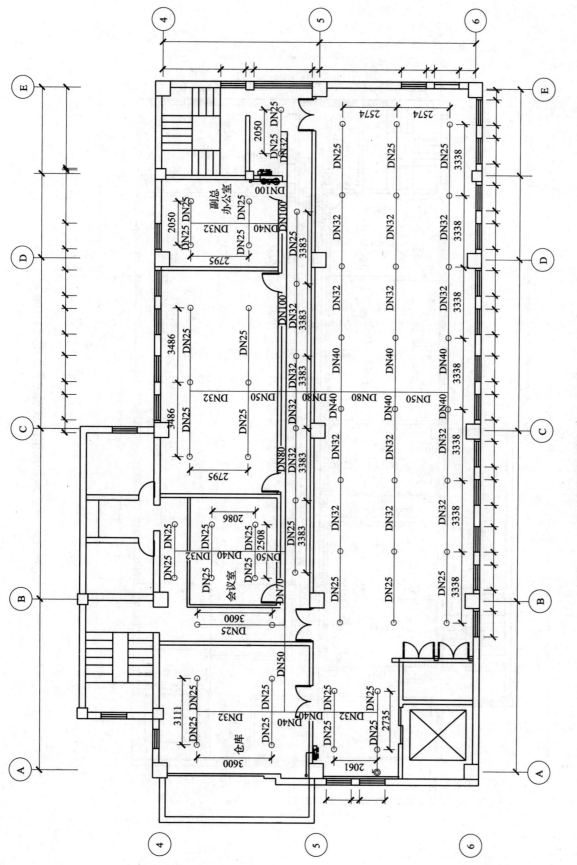

图5-12 某工程三层消防水系统平面图（1:100）

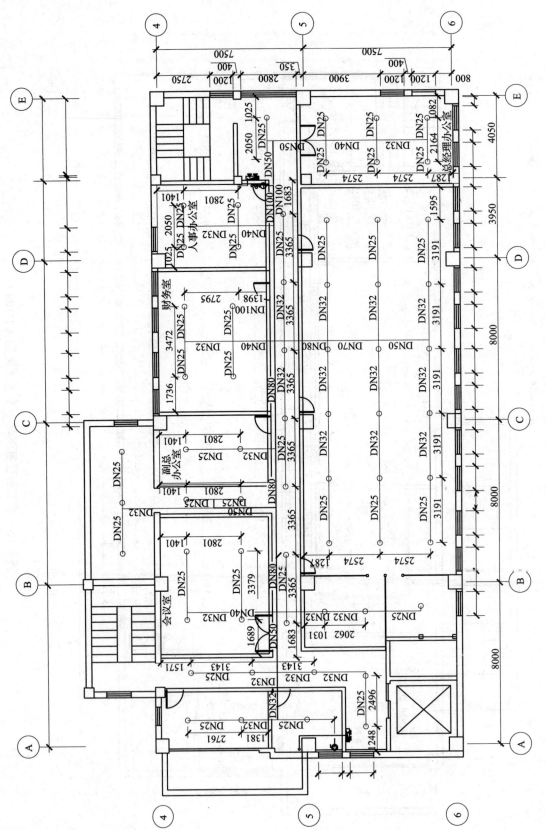

图5-13 某工程四层消防水系统平面图（1:100）

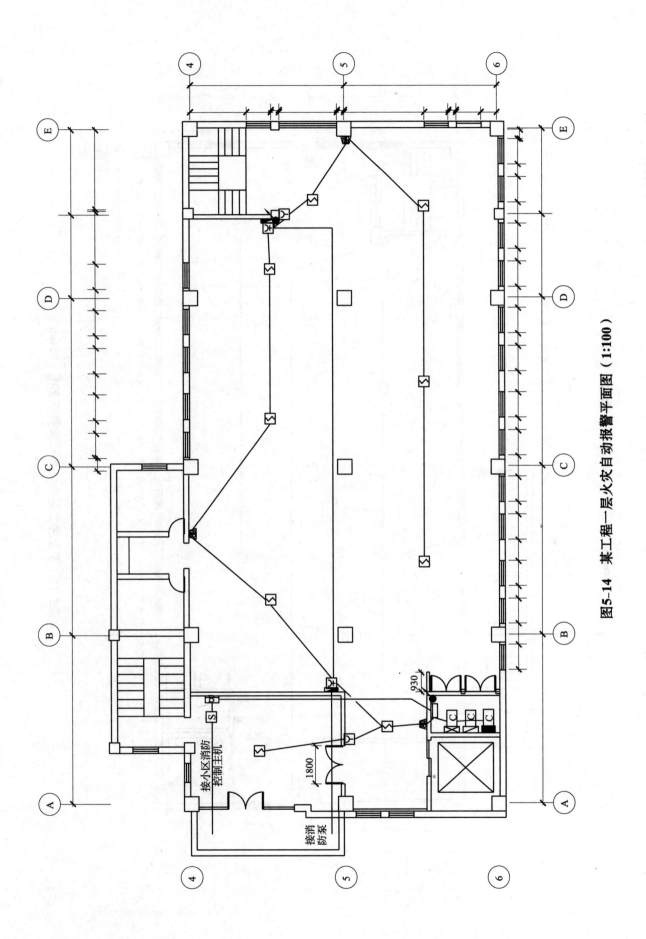

图5-14 某工程一层火灾自动报警平面图（1:100）

接小区消防控制主机

接消防泵

930

1800

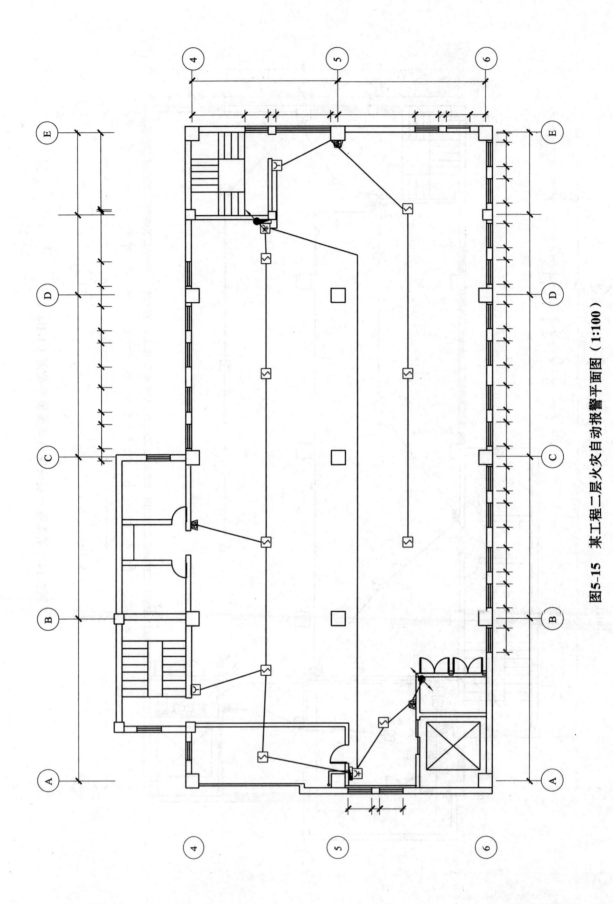

图5-15 某工程二层火灾自动报警平面图（1:100）

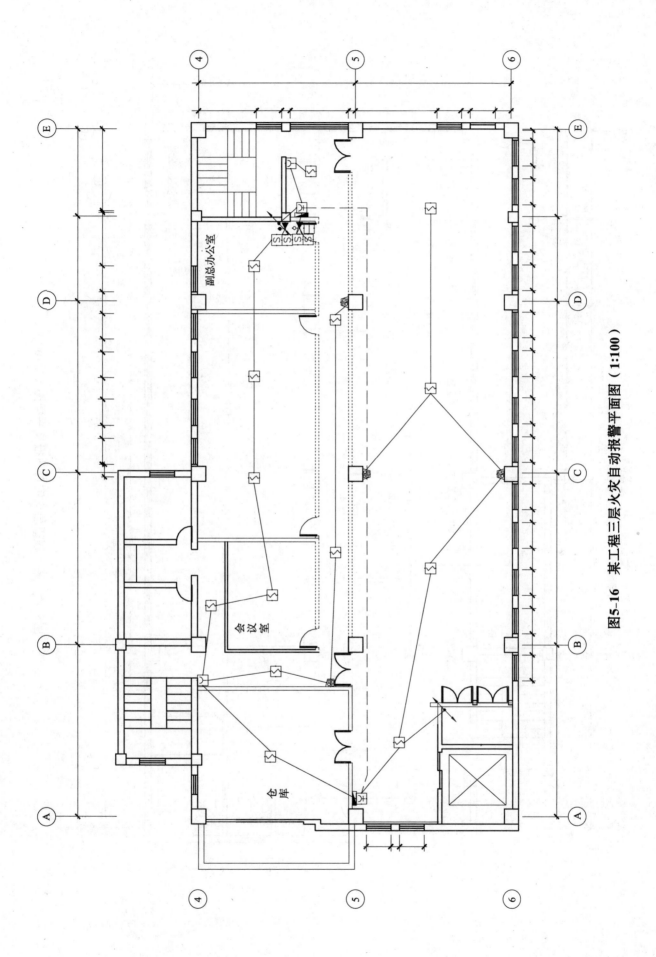

图5-16 某工程三层火灾自动报警平面图（1:100）

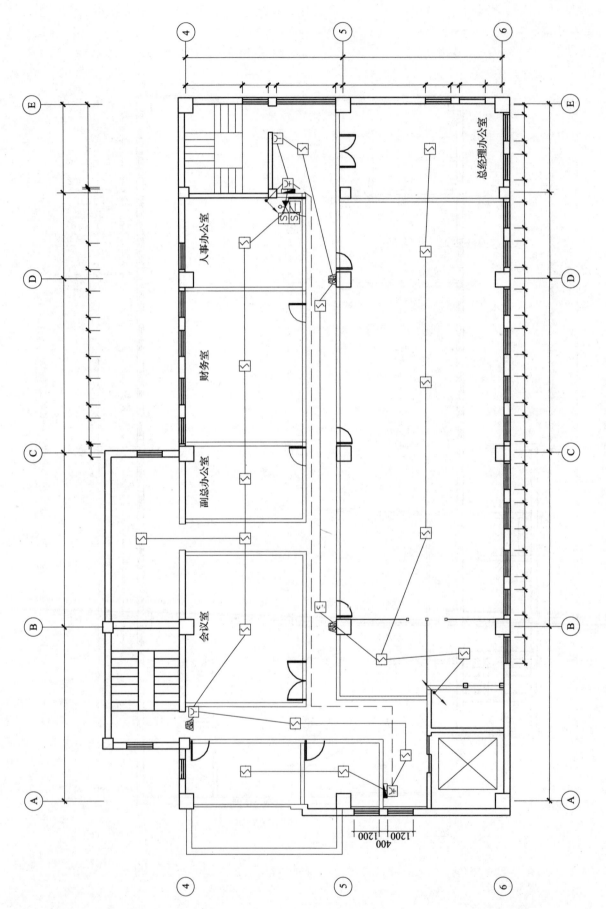

会议室

副总办公室

财务室

人事办公室

总经理办公室

图5-17 某工程四层火灾自动报警平面图（1:100）

3. 室内消火栓系统：每层设置两组消火栓，消火栓采用 SN 系列单出口单阀消火栓，每个消防箱下均配备 MFZ/ABC1 手提式干粉灭火器 2 具。

4. 简易自动喷水灭火系统：系统由消防水源、湿式报警阀、ZSJZ 型水流指示器、ZSTX - 15A 快速响应洒水喷头、末端试水装置、管道、水泵接合器等设施组成。

5. 火灾自动报警系统：本楼的火灾报警系统主机设在一层，当发生火灾时楼内的主机向小区内消防主机发出信号。在房间、走道等公共场所设置感烟探测器，在公共场所设有手动报警按钮、编码声光报警器。当探测器、手动报警按钮报火警时，自动切断相应层的生活用电，启动编码声光报警器，提醒人员有序疏散。水喷淋系统的水流指示器、信号阀和湿式报警阀处设置监视模块将水流报警信号送到消防报警主机。

（二）施工要求

1. 水系统管道材料用内外热镀锌钢管，DN80 以内管道采用丝扣连接，DN80 以外采用沟槽件连接。

2. 管道冲洗合格后安装喷头，喷头在安装时距墙、柱、遮挡物的距离应严格按照施工验收规范要求进行。

3. 消火栓安装，详见《建筑设备施工安装通用图集》91SB11 - 1（2007）。

4. 自动喷水湿式报警阀组安装、湿式系统末端试水装置安装，详见《建筑设备施工安装通用图集》91SB12 - 1（2007）。

5. 管网安装完毕后，应进行强度试验和严密性试验。

6. 设备安装完后根据系统报警回路和联动要求进行火灾报警和联动功能调试。

（三）计算说明

1. 水系统中的电气接线、支架、水压试验项目应综入相关项目列项中；支架及管道防腐按本规范附录 M 刷油、防腐蚀、绝热工程相关项目编码列项。

2. 消防报警系统配管、配线、接线盒均按本规范附录 D 电气设备安装工程相关项目编码列项。

3. 工程量按延长米计算的为示意性数量。

二、问题

根据以上背景资料及现行国家标准《建设工程工程量清单计价规范》GB 50500、《通用安装工程工程量计算规范》GB 50856 试列出该消防工程的分部分项工程项目清单。

表 5 - 34　清单工程量计算表

工程名称：某工程（消防水工程）

序号	清单项目编码	清单项目名称	计算式	工程量合计	计量单位
		消火栓系统			
1	030901002001	消火栓镀锌钢管　丝接 DN70	13	13	m
2	030901002002	消火栓镀锌钢管　沟槽连接 DN100	20	20	m
3	030901010001	室内消火栓 DN70	8	8	套
4	030901013001	手提式干粉灭火器	8×2	16	具
		喷淋系统			
1	030901001001	水喷淋镀锌钢管　丝接 DN25	221.74	221.74	m
2	030901001002	水喷淋镀锌钢管　丝接 DN32	133.78	133.78	m

序号	清单项目编码	清单项目名称	计 算 式	工程量合计	计量单位
3	030901001003	水喷淋镀锌钢管　丝接 DN40	27.18	27.18	m
4	030901001004	水喷淋镀锌钢管　丝接 DN50	23.53	23.53	m
5	030901001005	水喷淋镀锌钢管　丝接 DN70	6.51	6.51	m
6	030901001006	水喷淋镀锌钢管　丝接 DN80	27.8	27.8	m
7	030901001007	水喷淋镀锌钢管　沟槽连接 DN100	27.52	27.52	m
8	030901003001	水喷淋喷头 DN15	121	121	个
9	030901004001	湿式报警装置 DN100	1	1	组
10	030901006001	水流指示器 DN100	2	2	个
11	030901008001	末端试水装置 DN25	2	2	组

表 5 - 35　清单工程量计算表

工程名称：某工程（消防报警工程）

序号	清单项目编码	清单项目名称	计 算 式	工程量合计	计量单位
1	030904001001	感烟探测器	51	51	个
2	030904003001	手动报警装置	8	8	个
3	030904003002	消火栓启泵按钮	8	8	个
4	030904005001	组合声光报警装置	13	13	个
5	030904008001	监视模块（单输入）	6	6	个
6	030904008002	监视模块（多输入）	1	1	个
7	030904008003	控制模块	4	4	个
8	030904009001	火灾报警控制器	1	1	台
9	030905001001	自动报警系统调试	1	1	系统
10	030905002001	自动喷洒控制装置调试（水流指示器）	2	2	点
11	030905002002	消火栓控制装置调试（消火栓按钮）	8	8	点

表5－36 分部分项工程项目清单与计价表

工程名称：某工程（消防水工程）　　　　　　　　标段：　　　　　　　　　

序号	项目编码	项目名称	项目特征描述	计量单位	工程量	金额（元）			
						综合单价	合价	其中	
								定额人工费	暂估价
		消火栓系统							
1	030901002001	消火栓钢管	1. 安装部位：室内 2. 材质、规格：镀锌钢管、DN70 3. 连接形式：丝接 4. 压力试验、水冲洗：按规范要求	m	13				
2	030901002002	消火栓钢管	1. 安装部位：室内 2. 材质、规格：镀锌钢管、DN100 3. 连接形式：沟槽连接 4. 压力试验、水冲洗：按规范要求	m	20				
3	030901010001	室内消火栓	1. 安装方式：挂墙明装 2. 型号、规格：SN系列单出口单阀、DN70消火栓，主要器材详见91SB11－1 P11～12	套	8				
4	030901013001	灭火器	1. 形式：手提式干粉灭火器 2. 规格、型号：MFZ/ABC1，2.1kg	具	16				
		喷淋系统							
1	030901001001	水喷淋钢管	1. 安装部位：室内 2. 材质、规格：镀锌钢管、DN25 3. 连接形式：丝接 4. 压力试验、水冲洗：按规范要求	m	221.74				
2	030901001002	水喷淋钢管	1. 安装部位：室内 2. 材质、规格：镀锌钢管、DN32 3. 连接形式：丝接 4. 压力试验、水冲洗：按规范要求	m	133.78				
3	030901001003	水喷淋钢管	1. 安装部位：室内 2. 材质、规格：镀锌钢管、DN40 3. 连接形式：丝接 4. 压力试验、水冲洗：按规范要求	m	27.18				

工程名称：某工程（（消防水工程）   标段：   第 2 页共 2 页

序号	项目编码	项目名称	项目特征描述	计量单位	工程量	综合单价	合价	定额人工费	暂估价
4	030901001004	水喷淋钢管	1. 安装部位：室内 2. 材质、规格：镀锌钢管、DN50 3. 连接形式：丝接 4. 压力试验、水冲洗：按规范要求	m	23.53				
5	030901001005	水喷淋钢管	1. 安装部位：室内 2. 材质、规格：镀锌钢管、DN70 3. 连接形式：丝接 4. 压力试验、水冲洗：按规范要求	m	6.51				
6	030901001006	水喷淋钢管	1. 安装部位：室内 2. 材质、规格：镀锌钢管、DN80 3. 连接形式：丝接 4. 压力试验、水冲洗：按规范要求	m	27.8				
7	030901001007	水喷淋钢管	1. 安装部位：室内 2. 材质、规格：镀锌钢管、DN100 3. 连接形式：沟槽连接 4. 压力试验、水冲洗：按规范要求	m	27.52				
8	030901003001	水喷淋喷头 DN15	1. 安装部位：室内顶板下 2. 材质、规格、型号：ZSTX –15A 下垂型快速响应玻璃球洒水喷头 3. 连接形式：有吊顶	个	121				
9	030901004001	报警装置	1. 名称：自动喷水湿式报警阀组 2. 规格、型号：ZSFZ 系列，详见 91SB11 –1 P6 ~ 7	组	1				
10	030901006001	水流指示器 DN100	1. 规格、型号：ZSJZ 型水流指示器 2. 连接形式：沟槽法兰连接	个	2				
11	030901008001	末端试水装置	1. 规格、型号：湿式系统末端试水装置试水阀 DN25 2. 组装形式：见 91SB12 –1（2007）P116	组	2				

表 5 −37 分部分项工程项目清单与计价表

工程名称：某工程（（消防报警工程）　　　　　标段：　　　　　　　

序号	项目编码	项目名称	项目特征描述	计量单位	工程量	金额（元）			
						综合单价	合价	其　中	
								定额人工费	暂估价
1	030904001001	点型探测器	1. 名称：感烟探测器 2. 线制：总线制 3. 类型：点型感烟探测器	个	51				
2	030904003001	按钮	名称：手动报警装置	个	8				
3	030904003002	按钮	名称：消火栓启泵按钮	个	8				
4	030904005001	声光报警装置	名称：组合声光报警装置	个	13				
5	030904008001	模块	1. 名称：模块 2. 类型：监视模块 3. 输出形式：单输入	个	6				
6	030904008002	模块	1. 名称：模块 2. 类型：监视模块 3. 输出形式：多输入	个	1				
7	030904008003	模块	1. 名称：模块 2. 类型：控制模块 3. 输出形式：单输出	个	4				
8	030904009001	火灾报警控制器	线制：总线制 安装方式：壁挂式 控制点数量：128 点以内	台	1				
9	030905001001	自动报警系统调试	1. 点数：128 点以内 2. 线制：总线制	系统	1				
10	030905002001	水灭火控制装置调试	系统形式：自动喷洒系统（水流指示器）	点	2				
11	030905002002	水灭火控制装置调试	系统形式：消火栓系统（消火栓按钮）	点	8				

附录 K 给排水、采暖、燃气工程

1. 项目划分

附录 K 采暖、给排水、燃气工程包括 10 节 101 项，删除 19 项，移出 1 项，增加 47 项（详见表 5－38）。

2. 各节主要变化

（1）附录 K.6 采暖、给排水设备、附录 K.8 医疗气体设备及附件二节均为新增加内容。

（2）新增项目包括直埋式预制保温管、室外管道碰头、设备支架、套管、倒流防止器、热量表、其他成品卫生器具、其他成品散热器、地板辐射采暖管、热媒集配装置制作安装、调压箱、调压装置、引入口砌筑、空调水工程系统调试等。

表 5－38 K 采暖、给排水、燃气工程项目增减表

序号	名　称	"08 规范"项目数	新规范项目数	项目数增减	备　注
K.1	给排水、采暖、燃气管道	13	11	－2	删除 4 项，新增 2 项
K.2	支架及其他	1	3	＋2	新增 2 项
K.3	管道附件	18	17	－1	删除 3 项，移至 J.7 节 3 项，新增 5 项
K.4	卫生器具	27	19	－8	删除 6 项，移至 J.6 节 6 项，新增 4 项
K.5	供暖器具	8	8	0	删除 3 项，移至附录 G1 项，新增 4 项
K.6	采暖、给排水设备	0	15	＋15	新增一节。由 J.4 移过 6 项，新增 9 项
K.7	燃气器具及其他	6	12	＋6	由 J.3 移过 3 项，新增 3 项
K.8	医疗气体设备及附件	0	14	＋14	新增一节
K.9	采暖、空调水工程系统调试	1	2	＋1	新增 1 项
合　计		74	101	＋27	删除 16 项，新增 44 项，移出本附录 1 项

（3）取消水龙头、地漏、排水栓、地面扫出口等项目，合并为给排水附（配）件项目，取消钢制闭式、板式、壁板式、柱式散热器等项目，合并为钢制散热器项目。一方面简化了项目设置，同时也解决了清单项目缺项，需自行补充许多项目的情况。

（4）原承插铸铁管、柔性抗震铸铁管项目合并为铸铁管项目，适用于承插铸铁管、球墨铸铁管、柔性抗震铸铁管。

（5）原塑料复合管改为复合管，适用于钢塑复合管、铝塑复合管、钢骨架复合管等复合型管道安装。

（6）对于室外埋设管道要求描述警示带铺设内容。

（7）调整阀门安装项目，取消按名称设置的项目，按连接方式设置了螺纹连接、螺纹法兰连接、焊接法兰连接等项目，项目特征增加对压力等级、焊接方法的描述。

(8) 对于 K.6 采暖、给排水设备一节，有些项目为新增，有些项目是从各节归纳到本节中的。

(9) 管道及设备的刷油、防腐、绝热以及支架刷油、防腐等均执行附录 L 刷油、防腐蚀、绝热工程。

3. 使用本附录应注意的问题

(1) 如主项项目工程与需综合项目工程量不对应，项目特征应描述综合项目的规格、数量。

(2) 给排水、采暖、燃气设备需投标人购置应在招标文件中予以说明。

4. 典型分部分项工程工程量清单编制实例

【实例】1

一、背景资料

（一）设计说明

1. 本工程为某公共卫生间，单层建筑。

2. 本工程采用独立给、排水系统。生活给水来自市政给水管网；排水系统污废合流，污水排入室外化粪池，经处理后排至市政污水管网。详见图 5 - 18 ~ 图 5 - 21。

3. 卫生洁具采用节水型产品。坐便器采用连体式坐便器（用水量为 6L/次），蹲便器采用脚踏阀蹲式大便器，洗脸盆采用全自动感应水嘴立柱式洗面器盆，小便器采用自闭式冲洗阀立式小便器。

4. 卫生间内设置水泥拖布池、铸铁地漏。

5. 给水管道上设置阀门，采用 J11W - 10T 截止阀。

（二）施工要求

1. 给水干、立管采用镀锌钢管，螺纹连接；给水支管采用 PP - R 塑料管，热熔连接。

2. 排水管道采用 A 型柔性排水铸铁管，法兰连接。

3. 阀门连接方式同给水管道。

4. 卫生洁具安装详见《建筑设备施工安装通用图集》91SB2 - 1 (2005)。

5. 卫生洁具连接管安装高度除图纸注明外，均按《建筑设备施工安装通用图集》91SB2 - 1 (2005) 施工。

6. 给水管道系统安装完毕，按规范要求应进行水压试验；系统投入使用前必须进行水冲洗。

7. 排水管道系统安装完毕，按规范要求进行闭水试验；排水主立管及水平干管管道均应做通球试验，通球球径不小于排水管道管径 2/3，通球率必须达到 100%。

（三）计算要求

本实例的设计说明及施工要求中未提及之处不计算。

二、问题

根据以上背景资料及现行国家标准《建设工程工程量清单计价规范》GB 50500、《通用安装工程工程量计算规范》GB 50856，试列出该给排水工程分部分项工程项目清单表。

名　　称	图　例	名　　称	图　例
给水管	G———	存水弯(位于楼板上)	
污水管	W———	普通龙头	
截止阀	●	洗面器	
水表	▶	洗面器龙头	
截止阀	◁▷	地面清扫口	
蹲便器	⬭	清扫口	
圆形地漏	Y	脚踏龙头	
坐便器	♀		

图 5 - 18　图例

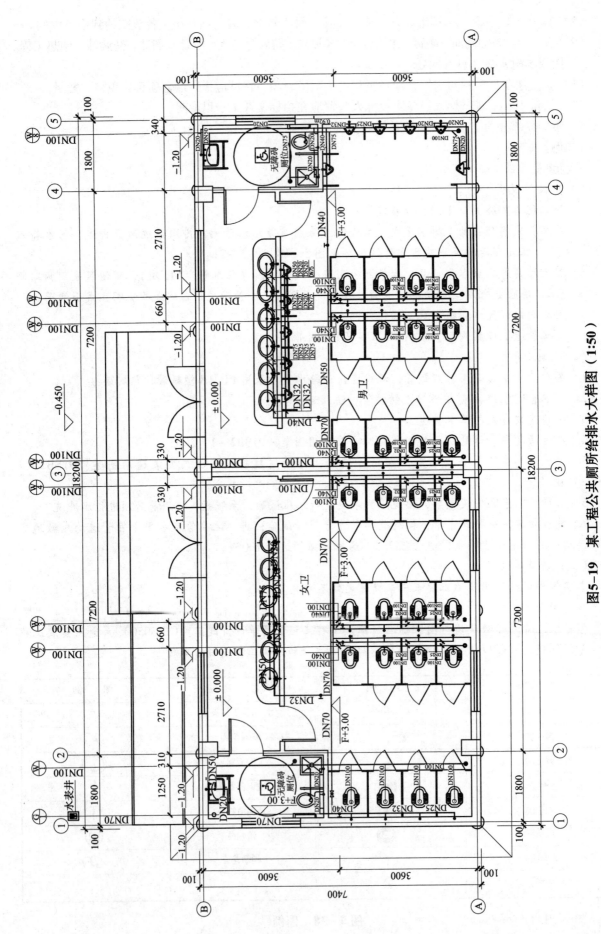

图5-19 某工程公共厕所给排水大样图（1:50）

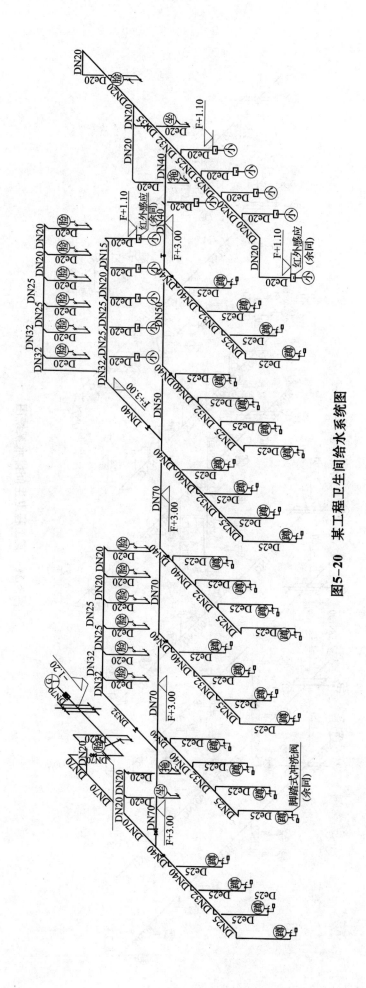

图5-20 某工程卫生间给水系统图

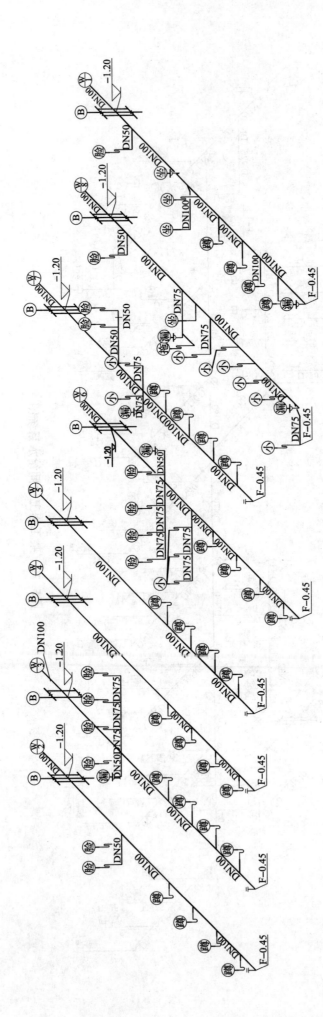

图5-21　某工程卫生间排水系统图

表 5–39 清单工程量计算表

工程名称：某工程（给排水工程）

序号	清单项目编码	清单项目名称	计 算 式	工程量合计	计量单位
1	031001001001	镀锌钢管给水管道 DN20	$0.8 \times 14 + 2$	13.2	m
2	031001001002	镀锌钢管给水管道 DN25	0.8×16	12.8	m
3	031001001003	镀锌钢管给水管道 DN32	$0.8 \times 13 + 1.5$	11.9	m
4	031001001004	镀锌钢管给水管道 DN40	$0.8 \times 14 + 1.5 + 5$	17.7	m
5	031001001005	镀锌钢管给水管道 DN50	6	6	m
6	031001001006	镀锌钢管给水管道 DN70	$1.5 + 1.2 + 3 + 3.6 + 12 + 21.3$	42.6	m
7	031001006001	PP–R 塑料管给水管道 De20	$(1.9 + 0.2) \times (14 + 2 + 2 + 11)$	60.9	m
8	031001006002	PP–R 塑料管给水管道 De25	$1.9 \times 28 + 0.2 \times 28$	58.8	m
9	031001005001	柔性排水铸铁管 DN50	$14 \times (1.2 + 0.45) + 2 \times (1.0 + 0.45) + 6 \times (0.45 + 0.5)$	31.7	m
10	031001005002	柔性排水铸铁管 DN75	$11 \times (0.45 + 0.5) + 1 \times 0.95$	11.4	m
11	031001005003	柔性排水铸铁管 DN100	$28 \times 0.95 + 6 \times 0.45 + 2 \times (0.45 + 0.6) + 8 \times (8 + 1.5)$	107.4	m
12	031002001001	型钢管道支架制作、安装	$(13.2 + 12.8 + 11.9 + 17.7 + 6 + 42.6)/2.5 \times 0.4 + (31.7 + 11.4)/2 \times 0.9 + 107.4/2.5 \times 1.2$	87.62	kg
13	031003001001	螺纹截止阀 DN70	$1 + 1$	2	个
14	031003001002	螺纹截止阀 DN40	1×9	9	个
15	031003001003	螺纹截止阀 DN32	1	1	个
16	031004003001	洗脸盆	$6 + 6 + 2$	14	组
17	031004006001	蹲便器	4×7	28	组
18	031004006002	连体式水箱坐便器	$1 + 1$	2	组
19	031004007001	立式小便器	$6 + 5$	11	组
20	031004014001	水嘴 DN15	$1 + 1$	2	个
21	031004014002	带存水弯排水栓 DN50	$1 + 1$	2	个
22	031004014003	地漏 DN50	1×6	6	个
23	031004014004	地漏 DN75	1	1	个
24	031004014005	地面清扫口 DN100	1×6	6	个

表5-40 分部分项工程项目清单与计价表

工程名称：某工程（给排水工程）　　　　　　　　标段：　　　　　　　　　

序号	项目编码	项目名称	项目特征描述	计量单位	工程量	金额（元）			
						综合单价	合价	其中	中
								定额人工费	暂估价
1	031001001001	镀锌钢管	1. 安装部位：室内 2. 介质：给水 3. 规格、压力等级：DN20 低压 4. 连接形式：丝接 5. 压力试验、水冲洗：按规范要求	m	13.2				
2	031001001002	镀锌钢管	1. 安装部位：室内 2. 介质：给水 3. 规格、压力等级：DN25 低压 4. 连接形式：丝接 5. 压力试验、水冲洗：按规范要求	m	12.8				
3	031001001003	镀锌钢管	1. 安装部位：室内 2. 介质：给水 3. 规格、压力等级：DN32 低压 4. 连接形式：丝接 5. 压力试验、水冲洗：按规范要求	m	11.9				
4	031001001004	镀锌钢管	1. 安装部位：室内 2. 介质：给水 3. 规格、压力等级：DN40 低压 4. 连接形式：丝接 5. 压力试验、水冲洗：按规范要求	m	17.7				
5	031001001005	镀锌钢管	1. 安装部位：室内 2. 介质：给水 3. 规格、压力等级：DN50 低压 4. 连接形式：丝接 5. 压力试验、水冲洗：按规范要求	m	6				
6	031001001006	镀锌钢管	1. 安装部位：室内 2. 介质：给水 3. 规格、压力等级：DN70 低压 4. 连接形式：丝接 5. 压力试验、水冲洗：按规范要求	m	42.6				
7	031001006001	塑料管	1. 安装部位：室内 2. 介质：给水 3. 材质、规格：PP-R，De20 4. 连接形式：热熔连接 5. 压力试验、水冲洗：按规范要求	m	60.9				

表-08

工程名称：某工程（给排水工程）　　　　　　　　　　　标段：　　　　　　　　　　　第 2 页共 4 页

序号	项目编码	项目名称	项目特征描述	计量单位	工程量	综合单价	合价	其中定额人工费	暂估价
8	031001006002	塑料管	1. 安装部位：室内 2. 介质：给水 3. 材质、规格：PP – P、De25 4. 连接形式：热熔连接 5. 压力试验、水冲洗：按规范要求	m	58.8				
9	031001005001	铸铁管	1. 安装部位：室内 2. 介质：排水 3. 材质、规格：柔性排水铸铁管 DN50 4. 连接形式：柔性法兰连接 5. 闭水、通球试验：按规范要求	m	31.7				
10	031001005002	铸铁管	1. 安装部位：室内 2. 介质：排水 3. 材质、规格：柔性排水铸铁管 DN75 4. 连接形式：柔性法兰连接 5. 闭水、通球试验：按规范要求	m	11.4				
11	031001005003	铸铁管	1. 安装部位：室内 2. 介质：排水 3. 材质、规格：柔性排水铸铁管 DN100 4. 连接形式：柔性法兰连接 5. 闭水、通球试验：按规范要求	m	107.4				
12	031002001001	管道支架	1. 材质：型钢 2. 管架形式：一般管架	kg	87.62				
13	031003001001	螺纹阀门	1. 类型：J11W – 10T 截止阀 2. 材质：铜 3. 规格、压力等级：DN70 低压 4. 连接形式：丝接	个	2				
14	031003001002	螺纹阀门	1. 类型：J11W – 10T 截止阀 2. 材质：铜 3. 规格、压力等级：DN40 低压 4. 连接形式：丝接	个	9				

表 –08

· 407 ·

工程名称：某工程（给排水工程）　　　　　　　　　标段：　　　　　　　　　　　　第 3 页共 4 页

序号	项目编码	项目名称	项目特征描述	计量单位	工程量	金额（元）			
						综合单价	合价	其中	
								定额人工费	暂估价
15	031003001003	螺纹阀门	1. 类型：J11W – 10T 截止阀 2. 材质：铜 3. 规格、压力等级：DN32 低压 4. 连接形式：丝接	个	1				
16	031004003001	洗脸盆	1. 材质：陶瓷 2. 规格、类型：单孔、立柱式洗脸盆 3. 组装形式：感应水嘴 4. 附件：见 91SB2 – 1（2005）P22 主要材料表	组	14				
17	031004006001	大便器	1. 材质：陶瓷 2. 规格、类型：蹲便器 3. 组装形式：脚踏阀冲水 4. 附件：见 91SB2 – 1（2005）P151 主要材料表	组	28				
18	031004006002	大便器	1. 材质：陶瓷 2. 规格、类型：连体坐便器 3. 组装形式：直排水 4. 附件：见 91SB2 – 1（2005）P161 主要材料表	组	2				
19	031004007001	小便器	1. 材质：陶瓷 2. 规格、类型：立式小便器 3. 组装形式：自闭阀冲洗，落地安装 4. 附件：见 91SB2 – 1（2005）P128 主要材料表	组	11				
20	031004014001	水嘴	1. 材质：全铜 2. 型号、规格：陶瓷片密封水嘴 DN15	个	2				
21	031004014002	带存水弯排水栓	1. 材质：尼龙排水栓、PVC – U 存水弯 2. 规格：DN50 3. 安装方式：见 91SB2 – 1（2005）P57	个	2				
22	031004014003	地漏	1. 材质：铸铁 2. 规格：DN50 3. 安装方式：见 91SB2 – 1（2005）P222	个	6				

表 – 08

· 408 ·

工程名称：某工程（给排水工程）　　　　　　标段：　　　　　　第 4 页共 4 页

序号	项目编码	项目名称	项目特征描述	计量单位	工程量	综合单价	合价	定额人工费	暂估价
23	031004014004	地漏	1. 材质：铸铁 2. 规格：DN75 3. 安装方式：见 91SB2-1（2005）P222	个	1				
24	031004014005	地面清扫口	1. 材质：铸铁 2. 规格：DN100 3. 安装方式：见 91SB2-1（2005）P229	个	6				

表-08

【实例】2

一、背景资料

（一）设计说明

1. 某工程为某职工宿舍楼，层高 3.6m，地上四层。

2. 本工程采用上供下回单管式热水采暖系统，供水干管敷设在四层楼板下，回水干管敷设在首层暖气沟内。详见图 5-22~图 5-24。

3. 采暖热媒为 95℃/70℃低温热水，由室外供热管网供给。

4. 散热器采用 T-750 型辐射直翼对流铸铁散热器，工作压力 P=1.0MPa，落地安装。

5. 供水干管末端设自动排气阀，采用 ZP88-1 型立式铸铜自动排气阀；回水干管末端设泄水阀。

6. 供回水干管阀门采用 Z44T-16 闸阀，工作压力 P=1.6MPa；供回水立、支管阀门及循环阀、泄水阀均采用 Z15W-16T 铜截止阀；顶层散热器上设置手动放风阀。

（二）施工要求

1. 采暖管道采用焊接钢管，DN32 以内采用螺纹连接，大于 DN32 采用焊接。

2. 阀门连接方式同采暖管道。

3. 所有管道、管件、支架表面除锈后，刷防锈漆两道，明装不保温部分再刷银粉漆两道。

4. 敷设在暖气沟内的管道均需保温，保温材料采用岩棉管壳，厚度 40mm，外缠玻璃布保护层一道，具体做法见《建筑设备施工安装通用图集》91SB1-1（2005）。

5. 系统安装完毕按规范要求应进行分段和整体水压试验。

6. 系统投入使用前必须进行水冲洗。

（三）计算说明

二、问题

根据以上背景资料及现行国家标准《建设工程工程量清单计价规范》GB 50500、《通用安装工程工程量计算规范》GB 50856，试列出该采暖工程分部分项工程项目清单。

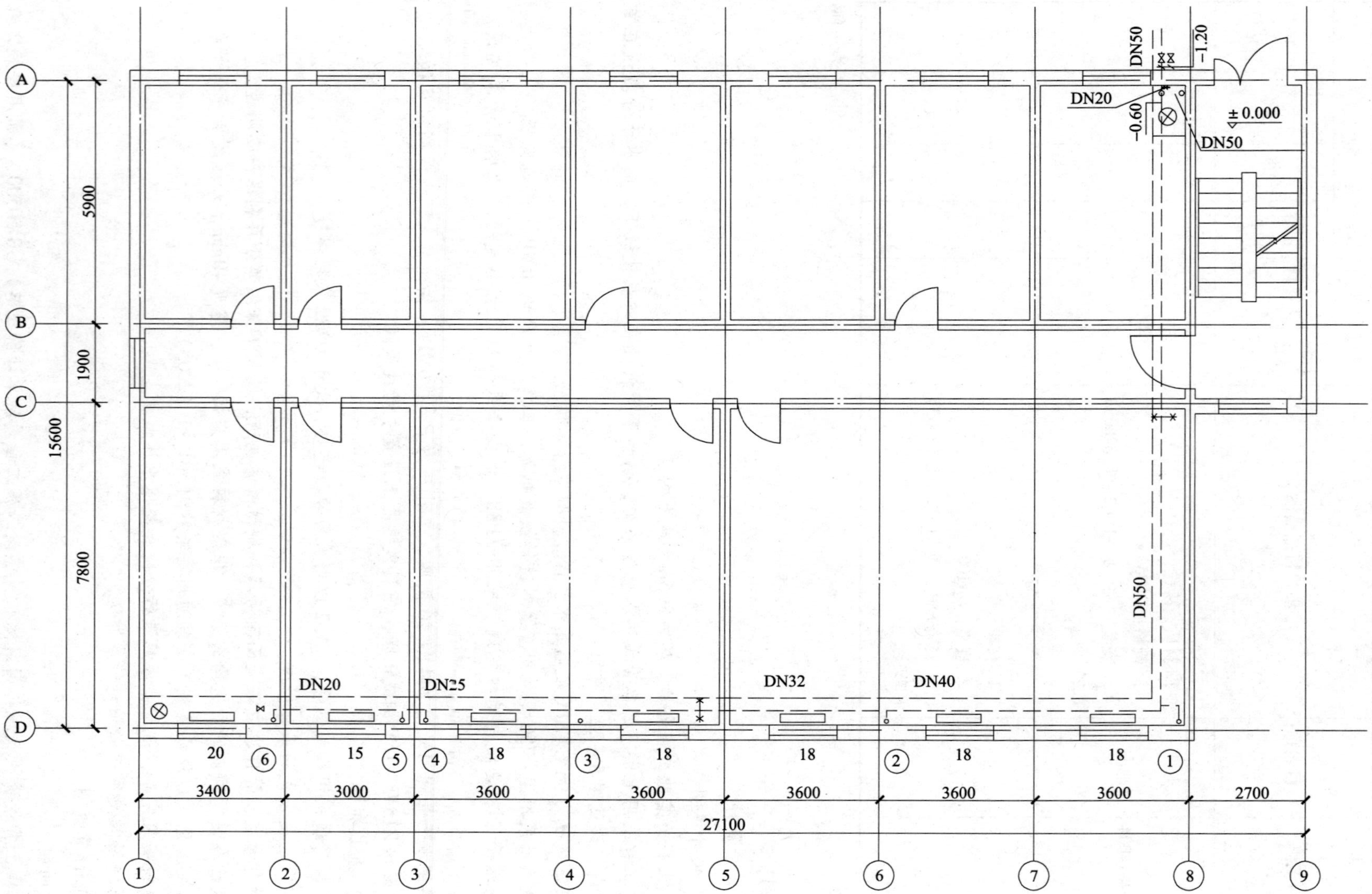

图5-22 某工程首层采暖平面图（1:100）

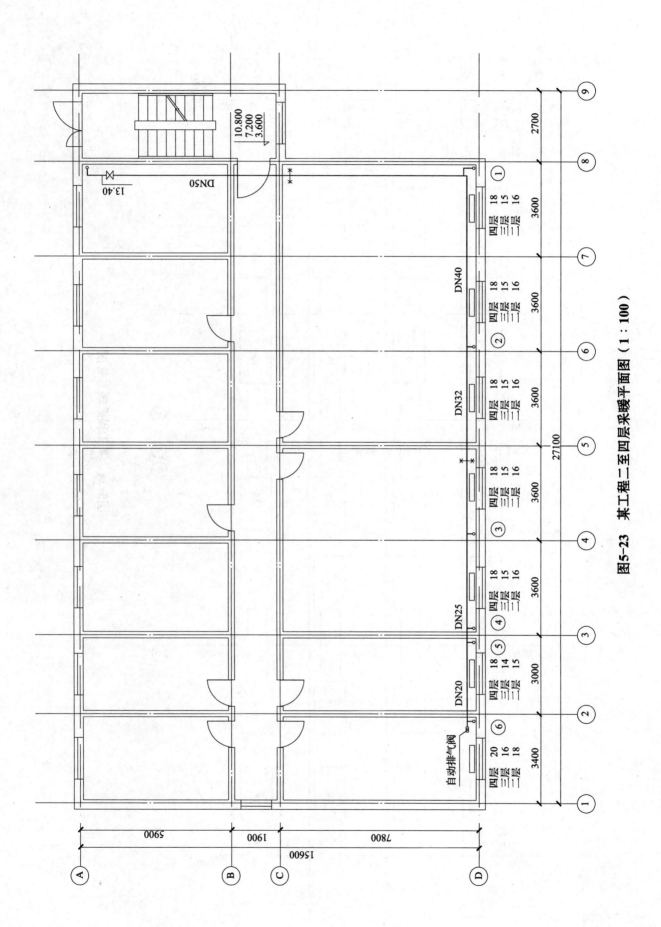

图5-23 某工程二至四层采暖平面图（1:100）

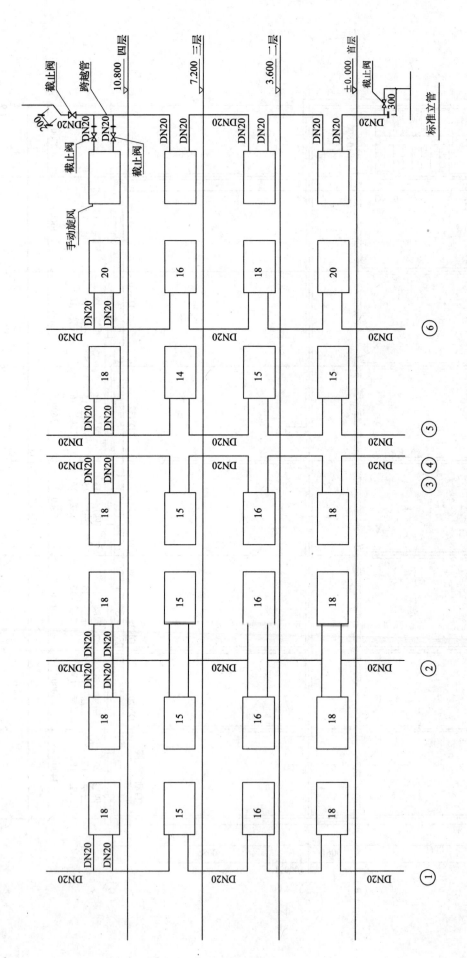

图5-24 某工程采暖立管图

表 5 −41　清单工程量计算表

工程名称：某工程（采暖工程）

序号	清单项目编码	清单项目名称	计　算　式	工程量合计	计量单位
1	031001002001	焊接钢管 采暖管道丝接 DN20	$0.5+3.2+3.3+（13.4-0.55\times3+0.2+0.3+0.6）\times6+1.6\times2\times4\times7$	173.7	m
2	031001002002	焊接钢管 采暖管道丝接 DN25	$4.4+4$	8.4	m
3	031001002003	焊接钢管 采暖管道丝接 DN32	$6.8+7.5$	14.3	m
4	031001002004	焊接钢管 采暖管道焊接 DN40	$6.5+6.5$	13.0	m
5	031001002005	焊接钢管 采暖管道焊接 DN50	$16.7+0.6+1.5+1.5+1.2+2.5+13.4+15$	52.4	m
6	031002001001	型钢管道支架制作、安装	$18.2\times1.1+12.07\times0.8+4\times0.7+24\times0.3$	39.67	kg
7	031003003001	焊接法兰闸阀 $P=1.6MPa$ DN50	$2+1$	3	个
8	031003001001	螺纹截止阀 DN20	$1+1+2\times6+2\times7$	28	个
9	031003001002	自动排气阀 DN20	1	1	个
10	031003001003	手动放风阀 DN10	7	7	个
11	031005001001	辐射对流散热器落地安装	$67\times5+62+74$	471	片
12	031201001001	管道刷防锈漆二遍	$0.1885\times52.4+0.1508\times13+0.1329\times14.3+0.1053\times8.4+0.0842\times173.7$	29.25	m²
13	031201001002	管道刷银粉漆二遍	$0.1885\times52.4+0.1508\times13+0.1329\times14.3+0.1053\times8.4+0.0842\times173.7$	29.25	m²
14	031208002001	管道岩棉管壳保温 δ40	$（3.8+0.9\times6）\times0.0088+4.4\times0.0097+6.8\times0.0109+6.5\times0.0116+23\times0.0132$	0.577	m³
15	031208007001	玻璃布保护层	$（3.8+0.9\times6）\times0.3739+4.4\times0.3949+6.8\times0.4225+6.5\times0.4405+23\times0.4782$	21.912	m²

表 5 –42　分部分项工程项目清单与计价表

工程名称：某工程（采暖工程）　　　　　　　　　　标段：　　　　　　　　　　第 1 页共 2 页

序号	项目编码	项目名称	项目特征描述	计量单位	工程量	金额（元）			
						综合单价	合价	其中	
								定额人工费	暂估价
1	031001002001	钢管	1. 安装部位：室内 2. 介质：热媒体 3. 规格：DN20 4. 连接形式：丝接 5. 压力试验、水冲洗：按规范要求	m	173.7				
2	031001002002	钢管	1. 安装部位：室内 2. 介质：热媒体 3. 规格：DN25 4. 连接形式：丝接 5. 压力试验、水冲洗：按规范要求	m	8.4				
3	031001002003	钢管	1. 安装部位：室内 2. 介质：热媒体 3. 规格：DN32 4. 连接形式：丝接 5. 压力试验、水冲洗：按规范要求	m	14.3				
4	031001002004	钢管	1. 安装部位：室内 2. 介质：热媒体 3. 规格：DN40 4. 连接形式：焊接 5. 压力试验、水冲洗：按规范要求	m	13.0				
5	031001002005	钢管	1. 安装部位：室内 2. 介质：热媒体 3. 规格：DN50 4. 连接形式：焊接 5. 压力试验、水冲洗：按规范要求	m	52.4				
6	031002001001	管道支架	1. 材质：型钢 2. 管架形式：一般管架	kg	39.67				
7	031003003001	焊接法兰阀门	1. 类型：Z44T – 16 闸阀 2. 材质：碳钢 3. 规格：DN50 4. 压力：P = 1.6MPa 5. 焊接方法：平焊	个	3				

表 –08

・414・

工程名称：某工程（采暖工程）   标段：   第 2 页共 2 页

序号	项目编码	项目名称	项目特征描述	计量单位	工程量	金额（元）			
						综合单价	合价	其中	
								定额人工费	暂估价
8	031003001001	螺纹阀门	1. 类型：Z15W – 16T 截止阀 2. 材质：铜 3. 规格：DN20 3. 压力：P = 1.6MPa 4. 连接形式：丝接	个	28				
9	031003001002	螺纹阀门	1. 类型：ZP88 – 1 型立式铸铜自动排气阀 2. 材质：铜 3. 规格：DN20 4. 压力：P = 1.0MPa 5. 连接形式：丝接	个	1				
10	031003001003	螺纹阀门	1. 类型：手动放风阀 2. 材质：铜 3. 规格：DN10 4. 安装位置：散热器上	个	7				
11	031005001001	铸铁散热器	1. 型号、规格：T – 750 型辐射直翼对流铸铁散热器 2. 安装方式：落地安装 3. 托架：厂配	片	471				
12	031201001001	管道刷油	1. 除锈级别：手工除微锈 2. 油漆品种：红丹防锈漆 3. 涂刷遍数：二遍	m²	29.25				
13	031201001002	管道刷油	1. 除锈级别：手工除微锈 2. 油漆品种：银粉漆 3. 涂刷遍数：二遍	m²	29.25				
14	031208002001	管道绝热	1. 绝热材料：岩棉管壳 2. 绝热厚度：40mm	m³	0.577				
15	031208007001	保护层	1. 材料：玻璃布 2. 层数：一层	m²	21.912				

表 – 08

· 415 ·

附录 L　通信设备及线路工程

1. 项目划分

附录 L 通信设备及线路工程包括 4 节 168 项，减 102 个项目。详见表 5-43。

表 5-43　附录 L 通信设备及线路工程项目增减表

序　号	名　称	"08 规范"项目数	新规范项目数	项目数增减	备　注
L.1	通信设备	134	108	-26	合并、删除 26 项
L.2	移动通信设备工程	28	27	-1	删除 1 项
L.3	通信线路工程	74	33	-41	删除 41 项
原 C.10.3	建筑与建筑群综合布线	34	0	0	删除该节，并入附录 E
合　计		270	168	-102	合并、删除 102 项

2. 各节主要变化

(1) 取消原附录 C.10.3 建筑与建筑群综合布线，按照附录 E 相关项目编码列项。

(2) 项目特征根据满足组建综合单价、体现项目自身价值的要求，增加应描述的内容。

(3) 把类似的项目计量单位统一。如：通信线路管道铺设，均按 "m" 计算，原项目有 "m"、"km" 等。

(4) 设备支架刷油、防腐，执行附录 M。

3. 使用本附录应注意的问题

(1) 如主项项目工程与需综合项目工程量不对应，项目特征应描述综合项目的规格、数量。

(2) 通信设备需投标人购置应在招标文件中予以说明。

(3) 各类线、缆预留长度参照附录 D 电气设备安装工程中各类线缆预留长度及附加长度表执行。

附录 M　刷油、防腐蚀、绝热工程

1. 项目划分

附录 M 刷油、防腐蚀、绝热工程包括 11 节 58 项（详见表 5-44），分别为：刷油工程，防腐蚀涂料工程，手工糊衬玻璃钢工程，橡胶板及塑料板衬里工程，衬铅及搪铅工程，喷镀（涂）工程，耐酸砖、板衬里工程，绝热工程，管道补口补伤工程，阴极保护及牺牲阳极项目，均为新增项目。

表 5-44　附录 M 刷油、防腐蚀、绝热工程项目增减表

序号	名　称	"08 规范"项目数	新规范项目数	项目增（+）	项目减（-）	备注
M.1	刷油工程		9	9		
M.2	防腐蚀涂料工程		10	10		
M.3	手工糊衬玻璃钢工程		3	3		

序号	名　　　称	"08 规范"项目数	新规范项目数	项目增（＋）	项目减（－）	备注
M. 4	橡胶板及塑料板衬里工程		7	7		
M. 5	衬铅及搪铅工程		4	4		
M. 6	喷镀（涂）工程		4	4		
M. 7	耐酸砖、板衬里工程		7	7		
M. 8	绝热工程		8	8		
M. 9	管道补口补伤工程		4	4		
M. 10	阴极保护及牺牲阳极		3	3		
	合　　计		59	59		

2. 使用本附录应注意的问题

工作内容含补漆的工序，不在此列项，由投标人在投标中根据相关规范标准自行考虑报价。

附录 N　措　施　项　目

1. 项目划分

措施项目章主要指安装措施项目，共计 3 节，27 个项目（详见表 5 - 45）。内容包括：专业措施项目、安全文明施工及其他措施项目，均为新增项目。

表 5 - 45　附录 N 措施项目

序号	章名称	"08 规范"项目数	新规范项目数	项目增（＋）	项目减（－）	备注
N. 1	专业措施项目		18	18		
N. 2	安全文明施工及其他措施项目		7	7		
	合　　计		25	25		

2. 使用本附录应注意的问题

设备、材料的运输应按附录 N 措施项目编码列项。

六、通用安装工程工程量清单编制实例

（一）背景资料

（1）某工程为二层楼房安装工程。

（2）该安装工程设计施工图详见照明、电话平面图、系统图、接地平面图、屋顶防雷平面图；给排水平面图、大样图、系统图（图5-25～图5-37）。主要设备材料见表5-46。

1. 设计说明

（1）照明、电话部分

1）电力电缆采用干包式电缆头。室外电缆埋深0.9m，一般土壤。

2）照明、电话系统电气暗配线管埋深均为0.1m。

3）房间层高为3m，门框高度2m。

4）手孔井为小手孔220×320×220（SSK）。

5）屋面上暗设φ8热镀锌圆钢做避雷带。

6）利用柱内2根φ16主筋作引下线。

7）沿建筑基槽外四周敷设一根-40×4热镀锌扁钢，埋深0.75m，作为防雷接地、工作接地、保护接地等共用接地装置，户内引上墙面部分接地扁钢为-40×4热镀锌扁钢；接地电阻不大于1.0Ω。

8）本工程设总等电位联接，总等电位箱设于一楼。

（2）给排水部分

1）给水系统：

①给水采用小区室外管网直接供水，接口压力0.25MPa。室内给水管采用PP-R管，承插热容连接给水管材及管件采用公称压力不低于1.6MPa生活用水管安装参照国标给水塑料管安装＜02SS405-1～4＞。

②室内生活给水管采用暗装，暗装管道安装完毕分别经1.0MPa试压合格后才能隐蔽。

③暗装给水管道如墙里剔槽影响结构性能时，应加设厚60mm混凝土带或按结构要求处理。

2）排水系统：

①本工程采用雨、污分流系统生活排水排至室外化粪池，经初处理后排入市政污水管网。

②排水管坡度除图中注明者外，均按标准坡度安装。地漏均低于相应完成地面5mm，存水弯和地漏水封深度不得小于50mm。

③排水系统采用UPVC硬聚氯乙烯塑料管标准坡度，粘接安装见国标96S406。

④UPVC排水管上的三通或四通，均为45度三通或四通，90度斜三通或四通；出户管立管底部转弯处和水平干管转90度弯处采用两个45度弯头连接。

⑤蹲便器预留孔位置由便器型号决定，若型号未定则蹲便器预留孔距后墙0.64m，蹲便器周边均低于相应完成后地面5mm。

2. 计算说明

（1）进户电力电缆由低压配电柜底边至手孔井前端电缆按30m计算，手孔井前端室外电缆保护管按20m计算。

（2）电话电缆工程量计算至手孔井。

（3）给水工程量算至水表阀门处。

（4）计算工程数量步骤计算结果保留三位小数，清单计价表工程量保留两位小数。

（5）照明配电箱由投标人购置。

（二）问题

根据以上背景资料及现行国家标准《建设工程工程量清单计价规范》GB 50500、《通用安装工程工程量计量规范》GB 50856及其他相关文件，编制该安装工程单位工程分部分项工程和措施项目清单。

注："其他项目清单、规费、税金项目计价表、主要材料、工程设备一览表"不举例，其应用在《建设工程工程量清单计价规范》"表格应用"中体现。

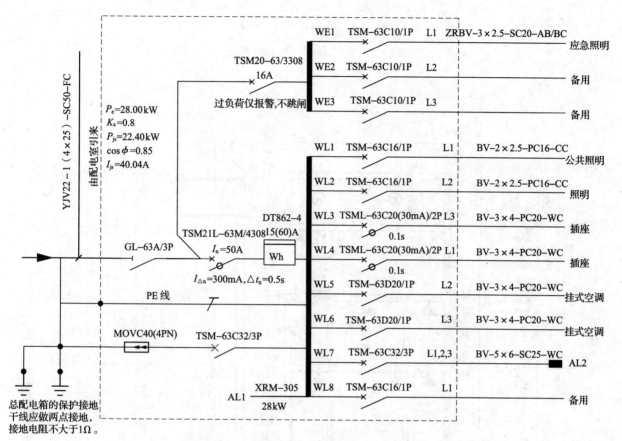

图5-25 某工程一层配电箱（AL1）系统图

YJV22-1（4×25）-SC50-FC

由配电室引来

$P_e=28.00kW$
$K_x=0.8$
$P_{js}=22.40kW$
$\cos\phi=0.85$
$I_{js}=40.04A$

TSM20-63/3308
16A
过负荷仅报警,不跳闸

WE1　TSM-63C10/1P　　L1　ZRBV-3×2.5-SC20-AB/BC　　应急照明
WE2　TSM-63C10/1P　　L2　　　　　　　　　　　　　　备用
WE3　TSM-63C10/1P　　L3　　　　　　　　　　　　　　备用

WL1　TSM-63C16/1P　　L1　BV-2×2.5-PC16-CC　　公共照明
WL2　TSM-63C16/1P　　L2　BV-2×2.5-PC16-CC　　照明
WL3　TSML-63C20(30mA)/2P L3　BV-3×4-PC20-WC　　插座
　　　　　　　　　　　0.1s
WL4　TSML-63C20(30mA)/2P L1　BV-3×4-PC20-WC　　插座
　　　　　　　　　　　0.1s
WL5　TSM-63D20/1P　　L2　BV-3×4-PC20-WC　　挂式空调
WL6　TSM-63D20/1P　　L3　BV-3×4-PC20-WC　　挂式空调
WL7　TSM-63C32/3P　　L1,2,3　BV-5×6-SC25-WC　　AL2
WL8　TSM-63C16/1P　　L1　　　　　　　　　　　　备用

DT862-4
TSM21L-63M/4308 15(60)A
$I_n=50A$　Wh
$I_{\triangle n}=300mA,\triangle t_n=0.5s$

GL-63A/3P

PE线

MOVC40(4PN)　TSM-63C32/3P

总配电箱的保护接地
干线应做两点接地,
接地电阻不大于1Ω。

AL1
XRM-305
28kW

图5-26 某工程二层配电箱（AL2）系统图

从AL1箱引来

BV-5×6-SC25-WC

$P_e=13kW$
$K_x=1$
$P_{js}=13kW$
$\cos\phi=0.85$
$I_{js}=24.06A$

单相最大电流

TSM-63C32/3P

WL1　TSM-63C16/1P　　L1　BV-2×2.5-PC16-CC　　照明
WL2　TSML-63C20(30mA)/2P L2　BV-3×4-PC20-WC　　插座
　　　　　　　　　　　0.1s
WL3　TSML-63C20(30mA)/2P L3　BV-3×4-PC20-WC　　插座
　　　　　　　　　　　0.1s
WL4　TSML-63D20(30mA)/2P L1　BV-3×4-PC20-WC　　柜式空调
　　　　　　　　　　　0.1s
WL5　TSML-63D20(30mA)/2P L2　BV-3×4-PC20-WC　　柜式空调
　　　　　　　　　　　0.1s
WL6　TSM-63D20/1P　　L3　BV-3×4-PC20-WC　　挂式空调
WL7　TSM-63C16/1P　　L1　　　　　　　　　　　　备用

AL2
XRM-305
13kW

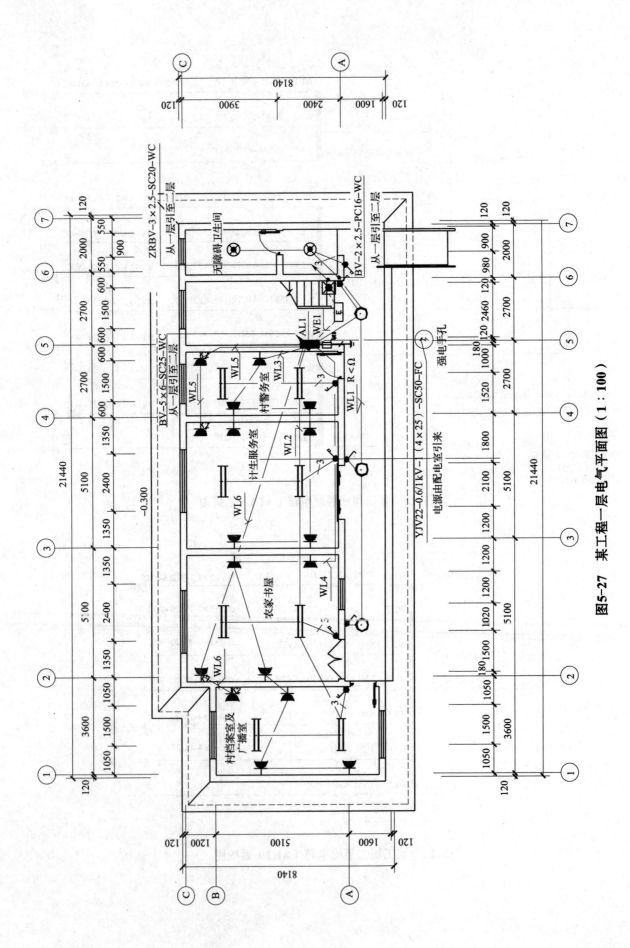

图5-27 某工程一层电气平面图（1：100）

村档案室及广播室

农家书屋

计生服务室

村警务室

无障碍卫生间

ZRBV-3×2.5-SC20-WC
从一层引至二层

BV-2×2.5-PC16-WC
从一层引至二层

BV-5×6-SC25-WC
从一层引至二层

YJV22-0.6/1kV-（4×25）-SC50-FC
电源由配电室引来

强电手孔

AL1

WE1

WL1 R<Ω

WL2

WL3

WL4

WL5

WL6

-0.300

8140

21440

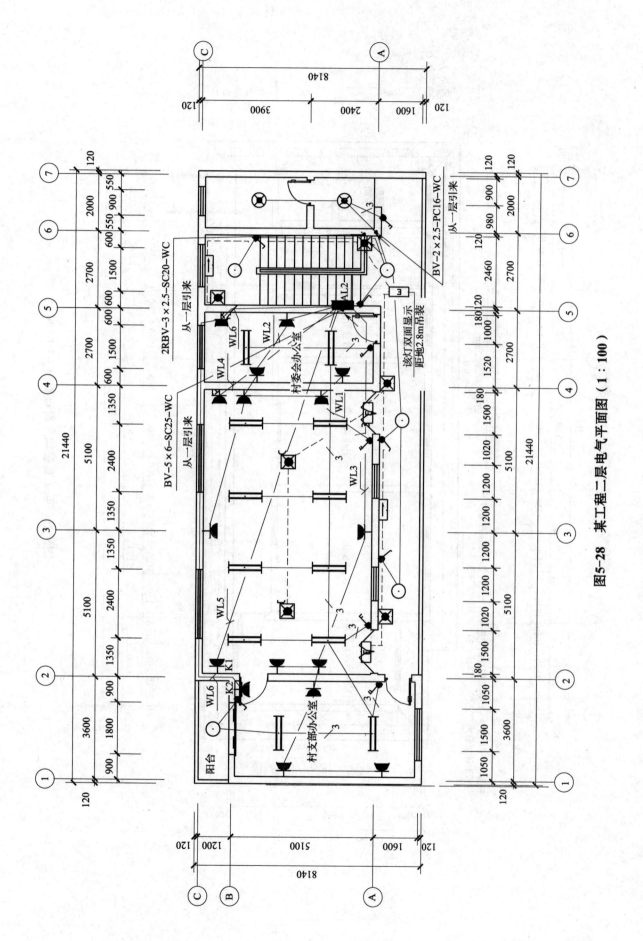

图5-28 某工程二层电气平面图（1∶100）

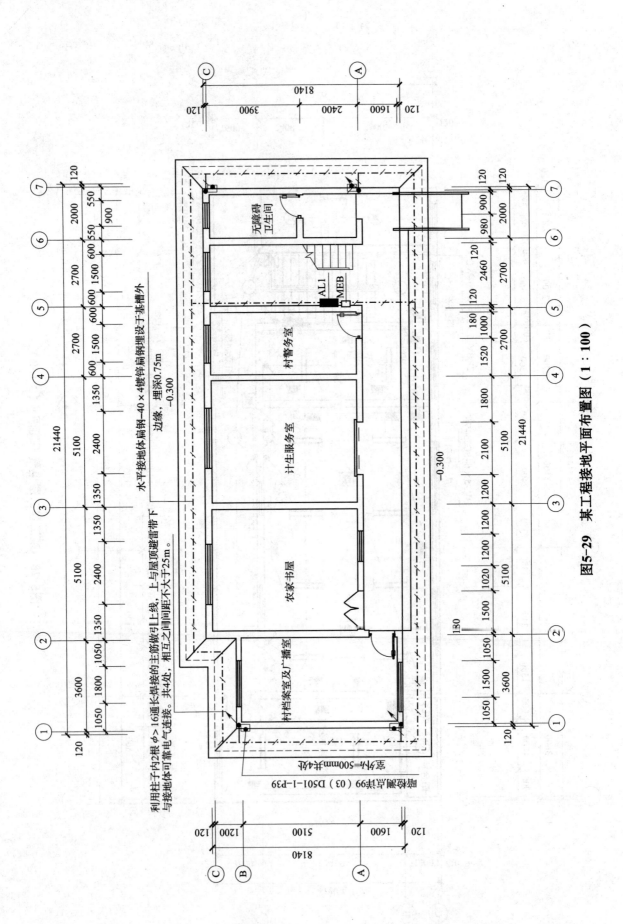

图5-29 某工程接地平面布置图（1：100）

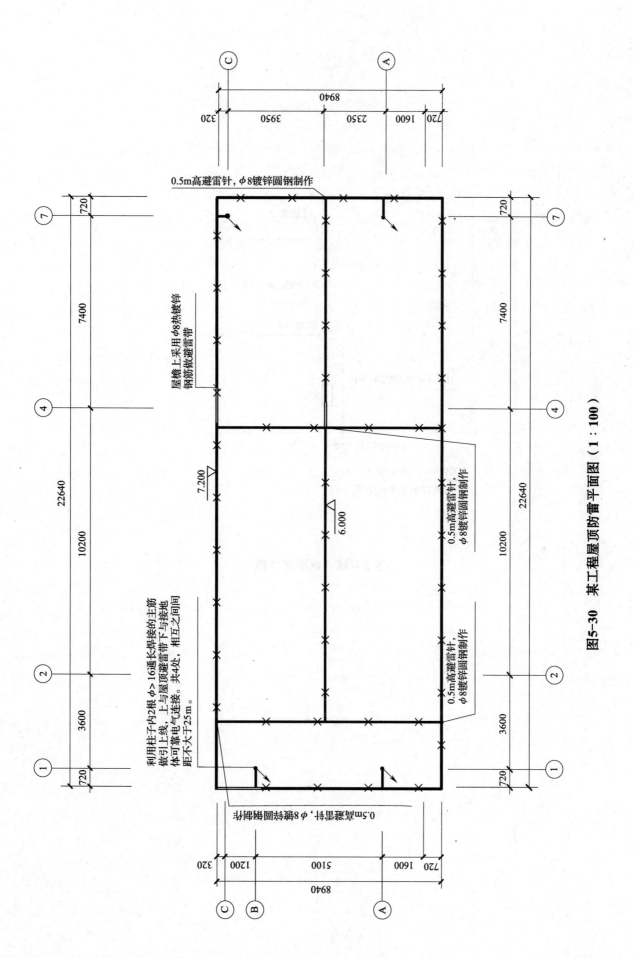

图5-30 某工程屋顶防雷平面图（1：100）

0.5m高避雷针，φ8镀锌圆钢制作

屋檐上采用φ8热镀锌钢筋做避雷带

7.200

6.000

利用柱子内2根 φ>16通长焊接的主筋做引上线，上与屋顶避雷带下与接地体可靠电气连接。共4处，相互之间间距不大于25m。

0.5m高避雷针，φ8镀锌圆钢制作

0.5m高避雷针，φ8镀锌圆钢制作

0.5m高避雷针，φ8镀锌圆钢制作

22640

720 7400 10200 3600 720

8940

320 3950 2350 1600 720

320 1200 5100 1600 720

8940

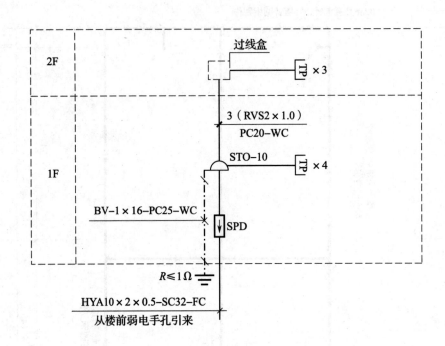

图 5 –31　电话系统图

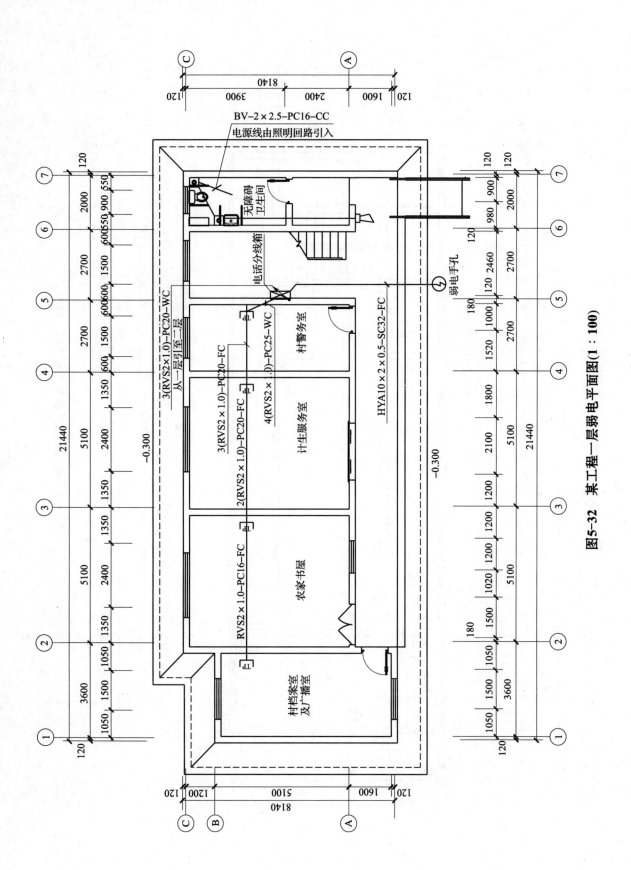

图5-32 某工程一层弱电平面图(1:100)

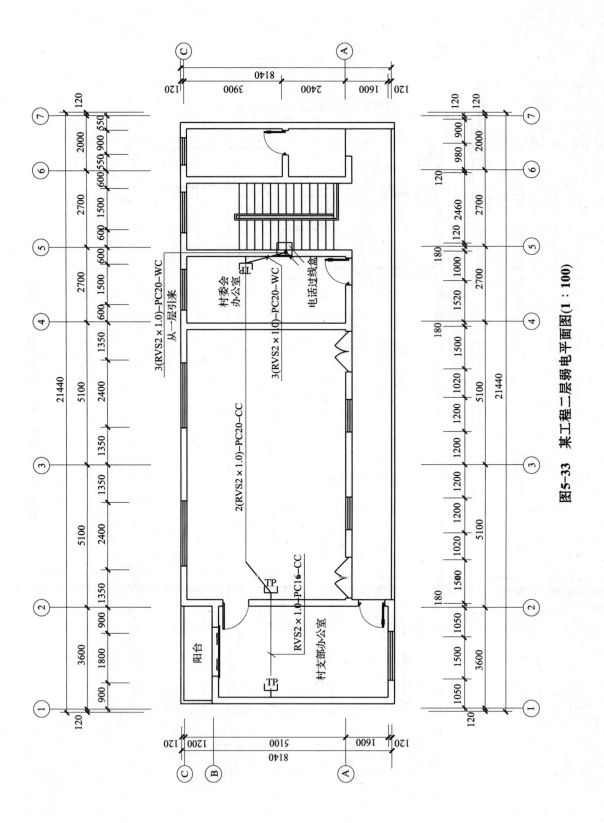

图5-33 某工程二层弱电平面图(1 : 100)

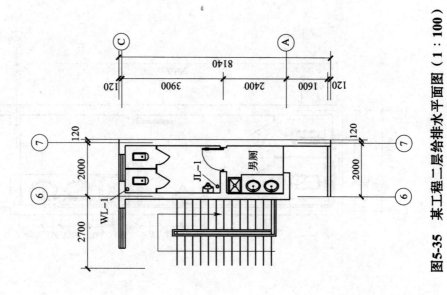

图5-35 某工程二层给排水平面图（1：100）

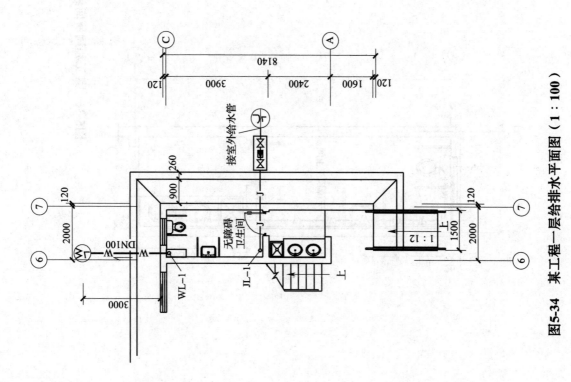

图5-34 某工程一层给排水平面图（1：100）

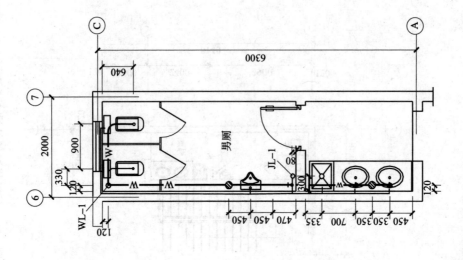

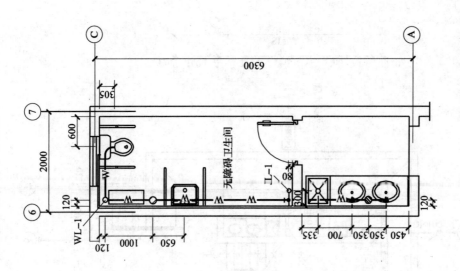

图5-36　某工程厕所间给排水管道布置大样图（1：50）

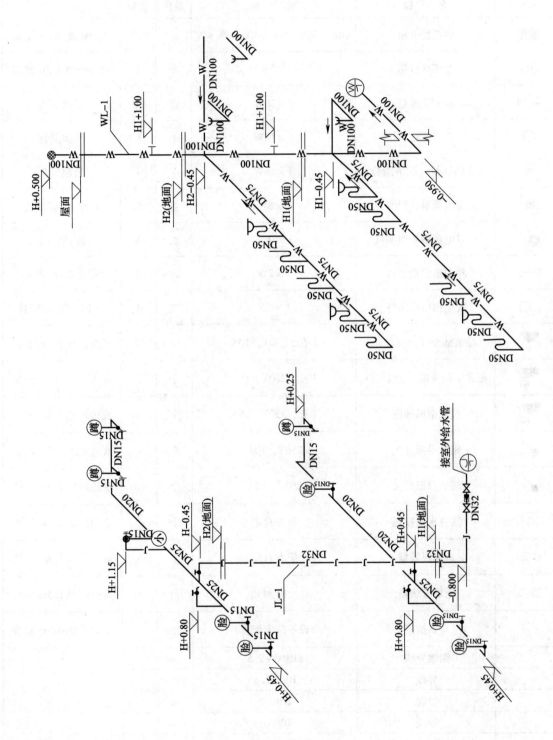

图5-37 某工程给排水系统图

· 429 ·

表 5-46 主要设备材料表

序号	图例	名称	规格	单位	数量	备注
1	▬	照明配电箱	XRM-305（600+400）高+宽	台	2	底边距地1.5m暗装
2	MEB	总等电位箱	MEB	台	1	底边距地0.3m暗装
3	⊨	双管荧光灯	2×36W	盏	20	吸顶安装
4	○	节能灯	1×16W	个	8	吸顶安装
5	⊗	防水防法灯（配节能装）	1×16W	个	4	吸顶安装
6	▣	自带电源事故照明灯	2×8W	盏	5	距地2.5m壁装
7	▣C	自带电源事故照明灯	1×16W	盏	2	嵌顶安装
8	▭	单向疏散指示灯	1×2W	盏	2	距地0.4m安装
9	E	安全出口标志灯	1×2W	盏	4	门上方0.2m安装
10	⏚	暗装插座（安全型）	5孔,250V,10A	个	25	底边距地0.3m安装
11	⏚K1	柜式空调插座（安全型）	3孔,250V,15A	个	2	底边距地0.3m安装
12	⏚K2	挂式空调插座	3孔,250V,15A	个	6	底边距地2.2m安装
13	⎯•	暗装单极开关	250V,10A	个	8	底边距地1.3m安装
14	⎯•	暗装双极开关	250V,10A	个	10	底边距地1.3m安装
15	◎	紧急求救按钮	甲方自定	个	2	底边距地1.2m安装
16	◁	声光报警器	甲方自定	个	1	底边距地2.8m安装
17	⊠	电话分线箱	10对	台	1	底边距地1.5m安装
18	TP	电话插座	设备厂家配套	个	7	底边距地0.3m安装
19		阻燃导线	ZRBV-2.5	m		
20		导线	BV-2.5	m		
21		导线	BV-4	m		
22		导线	BV-6	m		
23		电力电缆（0.6/1kV）	YJV22-4×25	m		
24		电话电缆	HYA10×2×0.5	m		数量详见施工预算
25		电话线	RVS2×0.5	m		
26		塑料管	PC16~PC25	m		
27		钢管	SC20~SC50	m		
28		镀锌圆钢	φ8	m		
29		镀锌扁钢	-40×4	m		

表5-47 清单工程量计算表

工程名称：某工程（电气照明安装工程）

序号	清单项目编码	清单项目名称	计 算 式	工程量合计	计量单位
1	030404017001	配电箱	一层 AL1 XRM—305	1	台
2	030404017002	配电箱	二层 AL2 XRM—305	1	台
3	030404035001	插座	5孔插座（安全型）250V.10A 一层：（WL3回路）7+（WL4回路）6=13 二层：（WL2回路）6+（WL3回路）6=12	25	个
4	030404035002	插座	柜式空调3孔插座250V.15A 二层：（WL4回路）1+（WL5回路）1=2	2	个
5	030404035002	插座	挂式空调3孔插座250V.15A 一层：（WL5回路）2+（WL6回路）2=4 二层：（WL6回路）2	6	个
6	030404034001	照明开关	单极开关250V.10A 一层：（WL1回路）3+5	8	个
7	030404034002	照明开关	双极开关250V.10A 一层（WL1回路）1+（WL2回路）4=5 二层：（WL1回路）5	10	个
8	030404031001	小电器	一层紧急求救按钮	2	个
9	030404036001	其他电器	一层声光报警器	1	个
10	030408003001	电缆保护管	镀锌钢管SC50：手孔井前端（含埋深）20+手孔井至配电箱4.3+埋深0.9+至配电箱底边1.5=16.7	26.7	m
11	030408001001	电力电缆	YJV22 4×25：（配电室内10+保护管长度26.7+配电箱预留1+低压配电柜预留2+电缆头两端预留1.5+1.5）=42.7×（电缆敷设弛度、波形弯度、交叉2.5%）1.025	43.768	m
12	030408006001	电力电缆头	两端各一个	2	个
13	010101001001	管沟土方	电缆沟：沟深0.9×沟宽（0.3×2+0.05）×沟长24.3	14.216	m³
14	030409002001	接地母线	户外接地母线-40×4热镀锌扁钢：水平长度70.95+埋深至配电箱、总等电位箱地平面0.75×2+埋深至引下线接点（0.75+0.5）×4=77.45×（接地母线附加长度3.9%）1.039	80.471	m
15	030409002002	接地母线	户内接地母线-40×4热镀锌扁钢：至配电箱、总等电位箱（1.5+0.3）×1.039	1.870	m
16	010101001002	管沟土方	户外接地母线=沟深0.34×沟长70.95	24.123	m³

序号	清单项目编码	清单项目名称	计 算 式	工程量合计	计量单位
17	030409003001	避雷引下线	主筋引下线 2 根：6 × 4	24.000	m
18	030409005001	避雷网	φ8 热镀锌圆钢避雷带：水平长度 73.85 + 至引下线 0.7 × 3 + 至引下线 0.3 + 避雷针 0.5 × 3 + 女儿墙至屋面 8 × 1.2 = 108.65 × 1.039	112.887	m
19	030409008001	等电位端子箱、测试板	总等电位箱：一层 1	1	台
20	030409008002	等电位端子箱、测试板	断接卡箱、断接卡：室外 4	4	块
21	030411006001	接线盒	钢质接线盒配镀锌钢管 SC20：（应急灯具）2 + 11	13	个
22	030411006002	接线盒	塑料接线盒配刚性阻燃管：（灯具）20 + 8 + 4	32	个
23	030411006003	接线盒	塑料接线盒配刚性阻燃管：（开关）18 + （插座）33	51	个
24	030412001001	普通灯具	节能灯：一层 3 + 二层 5	8	套
25	030412001002	普通灯具	防水防尘灯（配节能灯）：一层 2 + 二层 2	4	套
26	030412001003	普通灯具	自带电源事故照明灯（壁装）：一层 1 + 二层 4	5	套
27	030412001004	普通灯具	自带电源事故照明灯（吸顶）：二层 2	2	套
28	030412004001	装饰灯	单向疏散指示灯：二层 2	2	套
29	030412004002	装饰灯	安全出口指示灯：一层 1 + 二层 3	4	套
30	030412005001	荧光灯	双管荧光灯：一层 8 + 二层 12	20	套
31	030413005001	人（手）孔砌筑	220 × 320 × 220 手孔：室外 1	1	个
32	030413006	人（手）孔防水	0.22 × 0.32 × 4 + 0.22 × 0.22 × 2	0.379	m²
33	030411001001	配管	镀锌钢管 SC20（配线 ZRBV − 3 × 2.5）： 1）WE1 回路：↑顶（层高 3 − 箱底 1.5 − 箱高 0.6 以下↑顶公式同此）0.9 + →1.5 + ↓标志灯 0.8 + 标志灯↑0.8 + →1.4 + ↓事故照明灯 0.5 = 5.9 2）引上二层事故照明灯↑顶 0.5 + ↑二层顶 3 + 二层水平管 29.7 + ↑↓单向指示灯 2 × 2.6 + ↑↓事故照明灯 6 × 0.5 + ↑↓标志灯 2 × 0.2 + 2 × 0.8 = 43.4 合计：5.9 + 43.4 = 49.3	49.300	m
34	030411001002	配管	镀锌钢管 SC25（配线 BV − 5 × 6）：WL7 回路引上二层 AL2：↑顶 0.9 + ↑AL2 箱底 1.5 = 2.4	2.400	

序号	清单项目编码	清单项目名称	计 算 式	工程量合计	计量单位
35	030411001003	配管	刚性阻燃管 PC16： 一、（配线 BV-2×2.5） （1）一层 1）WL1 回路：→16.8 + ↑顶 0.9 + ↑↓开关 1.7×3 = 22.8 2）WL1 回路：引上二层↑二层顶 3 + 二层→ 29.4 + ↑↓开关 1.7×5 = 40.9 3）WL2 回路：→26.6 + ↑顶 0.9 = 27.5 4）卫生间紧急求救按钮：箱顶至屋顶↑0.9 + →12.4 + ↑↓按钮 1.8×4 + ↓报警器 0.2 = 20.7 （2）二层 WL1 回路：→23.2 + ↑↓开关 1.7 = 25.8 二、（配线 BV-3×2.5） （1）一层 1）WL1 回路：→1.5 + ↓双极开关 1.7 = 3.2 2）WL2 回路：→6.7 + ↓双极开关 1.7×4 = 13.5 （2）二层 WL1 回路：→8.9 + ↑顶 0.9 + ↑↓开关 1.7× 4 = 15.7 合计： 22.8 + 40.9 + 27.5 + 20.7 + 25.8 + 3.2 + 13.5 + 15.7 = 170.1	170.100	m
36	030411001004	配管	刚性阻燃管 PC20（配线 BV-3×4）： 一、一层 1）WL3 回路：箱底至地内↓（1.5 + 0.1）+ →15.2 + 插座↑↓（0.3 + 0.1）×9 = 20.4 2）WL4 回路：箱底至地内↓（1.5 + 0.1）+ →24.7 + 插座↑↓（0.3 + 0.1）×9 = 10.7 3）WL5 回路：箱顶至屋顶↑0.9 + →6.7 + 插座↑↓插座 0.8×3 = 10 4）WL6 回路：箱顶至屋顶↑0.9 + →14.1 + 插座↑↓插座 0.8×3 = 17.4 二、二层 1）WL2 回路：→13.1 + 箱↓地（1.5 + 0.1）插座↑↓（0.3 + 0.1）×11 = 19.1 2）WL3 回路：→20.5 + 箱↓地（1.5 + 0.1）插座↑↓（0.3 + 0.1）×11 = 26.5 3）WL4 回路：→5 + 箱↓地（1.5 + 0.1）+ ↑插座（0.1 + 0.3）= 7 4）WL5 回路：→12 + 箱↓地（1.5 + 0.1）+ ↑插座（0.1 + 0.3）= 14 5）WL 回路：→17.5 + ↑顶 0.9 + ↑↓插座 0.8×3 = 20.8 合计： 20.9 + 10.7 + 10 + 17.4 + 19.1 + 26.5 + 7 + 14 + 20.8 = 145.9	145.900	m

序号	清单项目编码	清单项目名称	计 算 式	工程量合计	计量单位
37	030411004001	配线	ZRBV2.5mm²—层 WE1 回路：配管长度 49.3 + 配电箱预留长度 1 = 50.3 × 3 芯 = 150.9	150.900	m
38	030411004002	配线	BV2.5mm² 一层 WL1、WL2 回路（2×2.5）配管长度 91.2 × 182.4 + WL1 回路（BV3×2.5）3.2×3 + WL2 回路（3×2.5）13.5×3 = 232.5 + WLI、WL2 回路配电箱预留长度 1×4 = 236.5 + 卫生间 20.7×2 + 预留 1×2 = 279.9 二层 WL1 回路（2×2.5）配管长度 25.8×2 = 51.6 + WL1 回路（BV3×2.5）15.7×3 = 98.7 + WLI 回路配电箱预留长度 1×2 = 100.7 合计：279.9 + 100.7 = 380.6	380.600	m
39	030411004003	配线	BV4.0mm² 一层 WL3、WL4、WL5、WL6 回路配管长度 77.7×3 = 233.1 + WL3、WL4、WL5、WL6 回路配电箱预留长度 1×12 = 245.1 二层 BV4.0mm² = WL2、WL3、WL4、WL5、WL6 回路配管长度 87.4×3 = 262.2 + WL2、WL3、WL4、WL5、WL6 回路配电箱预留长度 1×15 = 277.2 合计：245.1 + 277.2 = 522.3	522.300	m
40	030411004004	配线	BV6.0mm² = WL7 配管长度 2.4×5 = 12 + 两端配电箱预留长度 1×5×2 = 22	22.000	m
41	030414011001	接地装置	接地装置系统调试：1	1	系统
42	030414002001	送配电装置系统	低压系统调试：1	1	系统

注：1. 根据规范的规定计算电缆、电线、接地母线、避雷网的工程量。

2. 为简化计算，配电箱向上引至顶的埋深不计、屋顶向下计算至接线盒的底边；暗敷于墙内的管（盒）计算至墙中心。

3. 计算式中↑—表示管向上敷设，→—表示水平敷设，↓—表示向下敷设，↑↓—表示同一部位向上敷设后又向下敷设（或向下敷设后又向上敷设）。

表5－48 清单工程量计算表

工程名称：某工程（电话安装工程）

序号	清单项目编码	清单项目名称	计 算 式	工程量合计	计量单位
1	030502003001	分线接线箱（盒）	10 对 200×100 一层	1	台
2	030502004	电视、电话插座	电话插座：一层 4 ＋二层 3	7	个
3	030502006001	大对数电缆	HYA10×2×0.5＝保护管长度 7.9 ＋分线箱预留 0.3 ＝8.2	8.200	m
4	010101001001	管沟土方	电缆沟＝沟深 0.9×沟宽（0.3×2＋0.032）×沟长 5.5＝3.128	3.128	m³
5	030411006004	接线盒	塑料过线盒 86H	1	个
6	030411006005	接线盒	电话塑料底盒 86H（配刚性阻燃管）＝4＋3＝7	7	个
7	030413005002	人（手）孔砌筑	220×320×220 手孔＝1	1	个
8	030413006002	人（手）孔防水	0.22×0.32×4＋0.22×0.22×2＝0.379	0.379	m²
9	030411001005	配管	进户电缆 管镀锌钢管 S32（配线 HYA10×2×0.5）＝（手孔井前端不计）手孔井至分线箱 5.5＋埋深 0.9＋至分线箱底边 1.5＝7.9	7.900	m
10	030411001006	配管	刚性阻燃管 PC25 一层 1）接地（配线 BV－1×16）：分线箱↓（1.5＋0.1）＋→1.8＋↑总等电位箱（0.1＋0.3）＝3.8 2）配线 4（RVS－2×1.0）：分线箱↓（1.5＋0.1）＋→1＋↑插座（0.1＋0.3）＝3 合计：3.8＋3＝6.8	6.800	m

序号	清单项目编码	清单项目名称	计　算　式	工程量合计	计量单位
11	030411001004	配管	刚性阻燃管 PC20 一层 1）配线 3（RVS－2×1.0）：→4 2）配线 2（RVS－2×1.0）＝→4.7＋插座↑↓（0.3＋0.1）×2＝5.5 二层 1）配线 3（RVS－2×1.0）＝一层引上（3－1.5－0.1）＋至过线盒底 0.3＋→1.5＋插座↑↓（0.3＋0.1）×2＝4 2）配线 2（RVS－2×1.0）：→11.4＋插座↑↓（0.3＋0.1）×2＝12.2 合计：4＋5.5＋4＋12.2＝25.7	25.700	m
12	030411001003	配管	刚性阻燃管 PC16 一层 配线（RVS－2×1.0）＝→4.7＋插座↑↓（0.3＋0.1）×2＝5.5 二层 刚性阻燃管 PC16 配线（RVS2×1.0）＝水平管 3.6＋插座↑↓（0.3＋0.1）×2＝4.4 合计：5.5＋4.4＝9.9	9.900	m
13	030411004005	配线	一层 接地线 BV16：配管量 3.8＋预留 0.3＝4.1	4.100	m
14	—	接线端子	BV16 两端各一个	2	个
15	030502005001	双绞线缆	电话线 RVS2×1.0 一层 4 对配管量 3×4＋预留 0.3×4＝13.2 3 对配管量 4×3＝12 2 对配管量 5.5×2＝11 1 对配管量 5.5 二层 3 对配管量 4×3 预留 0.3×3＝12.9 2 对配管量 12.2×2＝24.4 1 对配管量 4.4 合计： 13.2＋12＋11＋5.5＋12.9＋24.4＋4.4＝83.4	83.400	m

注：1. 根据规范的规定计算电缆、电线的工程量。

2. 暗敷于墙内的管（盒）计算至墙中心。

3. 计算式中↑—表示管向上敷设，→—表示水平敷设，↓—表示向下敷设，↑↓—表示同一部位向上敷设后又向下敷设（或向下敷设后又向上敷设）。

表5-49 清单工程量计算表

工程名称：某工程（给排水安装工程）

序号	清单项目编码	清单项目名称	计 算 式	工程量合计	计量单位
1	031001006001	塑料管	给水：PPR DN15 无障碍厕所（一层）$L = 0.35 + 0.35 + 2.8 + (0.45 - 0.25) + 0.1 + (0.8 - 0.45) = 3.95\text{m}$ 男厕（二层）$L = 0.35 + 0.35 + 0.9 + 0.1 + (0.8 - 0.45) = 2.05\text{m}$	6	m
2	031001006002	塑料管	给水：PPR DN20 无障碍厕所（一层）$L = 2.1 + 0.7$ 男厕（二层）$L = 3.4 + 0.7$	6.9	m
3	031001006003	塑料管	给水：PPR DN25 无障碍厕所（一层）$L = 0.3 + 0.6$ 男厕（二层）$L = 0.3 + 0.6 + 0.8$	2.6	m
4	031001006004	塑料管	给水立管：PPR DN32 $L = 3.3 + 0.45 + 0.8 + 4.1$	8.65	m
5	031001006005	塑料管	排水：UPVC DN50 无障碍厕所（一层）$L = 0.45 \times 5 + 0.35$ 男厕（二层）$L = 0.45 \times 5$	4.5	m
6	031001006005	塑料管	排水：UPVC DN75 无障碍厕所（一层）$L = 5.2$ 男厕（二层）$L = 5.2 + 0.35$	10.75	m
7	031001006006	塑料管	排水：UPVC DN75 无障碍厕所（一层）$L + 1.2 + 0.45$ 男厕（二层）$L = 1.6 + 0.5 + 0.45 \times 2$ 立管 $L = 0.95 + 3.3 + 3.3 + 0.5 + 3.3$	11.5	m
8	031004006001	大便器	蹲式大便器 $L = 2$	2	个
9	031004006002	大便器	座式大便器 $L = 1$	1	个
10	031004007001	小便器	挂式小便器 $L = 1$	1	个

序号	清单项目编码	清单项目名称	计 算 式	工程量合计	计量单位
11	031004003001	洗脸盆	台上式洗脸盆 $L=2+2$	4	个
12	031004003002	洗脸盆	挂式洗脸盆 $L=1$	1	个
13	031003011001	水表	$DN32$ $L=1$	1	组
14	031003001001	螺纹阀	$DN32$ J11W-16T $L=1+1+1$	3	个
15	031004014001	水龙头	$L=1+1$	2	个
16	031004014001	地漏	UPVC $DN50$ $L=2+2$	4	个
17	031002003001	穿楼板套管	$DN50$ $L=1$	1	个
18	031002003002	刚性防水套管	$DN50$ $L=1$	1	个
19	031002003003	刚性防水套管	$DN100$ $L=1+1=2$	2	个

注：1. 给排水、采暖、燃气工程量计算根据规范规定，不扣阀门及管件所占的长度。

2. 室内给水算至水表后阀门处。

3. 管沟土方不单列。

×× 工程

招标工程量清单

招 标 人： ＿＿＿＿×× 公司＿＿＿＿

（单位盖章）

造价咨询人： ＿＿＿＿×× 造价咨询公司＿＿＿＿

（单位盖章）

×× 年 × 月 × 日

_____×　×_____工程

招标工程量清单

<table>
<tr><td>招　标　人:　_____××公司_____</td><td>工　程　造　价
咨　询　人:　_____××造价咨询公司_____</td></tr>
<tr><td>（单位盖章）</td><td>（单位资质专用章）</td></tr>
</table>

法定代表人
或其授权人:_____×××_____
　　　　　　　　　（签字或盖章）

法定代表人
或其授权人:_____×××_____
　　　　　　　　　（签字或盖章）

编　制　人:　×××签字
盖造价工程师
或造价员专用章
（造价人员签字盖专用章）

复　核　人:　×××签字
盖造价工程师专用章
（造价工程师签字盖专用章）

编 制 时 间：××年×月×日　　复 核 时 间：××年×月×日

扉－1

总 说 明

一、工程概况

本工程为二层房屋建筑，檐高 6.00m 安装工程做法详见施工图及设计说明。

二、工程招标和分包范围

1. 工程招标范围：施工图范围内的电气设备、电话、管道安装工程，详见工程量清单。

2. 分包范围：无分包工程。

三、清单编制依据

1.《建设工程工程量清单计价规范》及解释和勘误。

2. 本工程的施工图（包括电气设备、给排水工程）。

3. 与本工程有关的标准（包括标准图集）、规范、技术资料。

4. 招标文件、补充通知。

5. 其他有关文件、资料。

四、其他说明的事项

1. 施工现场情况：以现场踏勘情况为准。

2. 交通运输情况：以现场踏勘情况为准。

3. 自然地理条件：本工程位于某市某县。

4. 环境保护要求：满足省、市及当地政府对环境保护的相关要求和规定。

5. 本工程投标报价按《建设工程工程量清单计价规范》的规定及要求使用表格及格式。

6. 工程量清单中每一个项目，都需填入综合单价及合价，对于没有填入综合单价及合价的项目，不同单项及单位工程中的分部分项工程量清单中相同项目（项目特征及工作内容相同）的报价应统一，如有差异，按最低的一个报价进行结算。

7.《承包人提供材料和工程设备一览表》中的材料价格应与《综合单价分析表》中的材料价格一致。

8. 本工程量清单中的分部分项工程量及措施项目工程量均是根据施工图，按照《通用安装工程工程量计算规范》进行计算的，仅作为施工企业投标报价的共同基础，不能作为最终结算与支付价款的依据，工程量的变化调整以业主与承包商签字的合同约定为准。

9. 工程量清单及其计价格式中的任何内容不得随意删除或涂改，若有错误，在招标答疑时及时提出，以"补遗"资料为准。

10. 分部分项工程量清单中对工程项目的项目特征及具体做法只作重点描述，详细情况见施工图设计、技术说明、技术措施表及相关标准图集。组价时应结合投标人现场勘察情况包括完成所有工序工作内容的全部费用，清单描述不能作为投标人漏项、漏序的借口。

11. 投标人编制施工方案应充分考虑施工现场周边的实际情况对施工的影响，并作出报价。

12. 暂列金额为：1200.00 元

13. 本说明未尽事项，以计价规范、计价管理办法、工程量计算规范、招标文件以及有关的法律、法规、建设行政主管部门颁发的文件为准。

表 –01

分部分项工程和单价措施项目清单与计价表

序号	项目编码	项目名称	项目特征描述	计量单位	工程量	金额（元）			
						综合单价	合价	定额人工费	暂估价
								其　中	
1	030404017001	配电箱	1. 名称：照明配电箱 AL1 2. 型号：XRM－305 3. 规格：600＋400（高＋宽） 4. 端子板外部接线材质、规格：BV2.5mm² 7个、BV4.0mm² 12个、6.0mm² 10个 5. 安装方式：嵌墙暗装，底边距地 1.5m	台	1				
2	030404017002	配电箱	1. 名称：照明配电箱 AL2 2. 型号：XRM－305 3. 规格：600＋400（高＋宽） 4. 端子板外部接线材质、规格：BV2.5mm² 2个、BV4.0mm² 20个 5. 安装方式：嵌墙暗装，底边距地 1.5m	台	1				
3	030404035001	插座	1. 名称：普通插座（安全型） 2. 规格：5孔 250V. 10A 3. 安装方式：暗装	个	25				
4	030404035002	插座	1. 名称：柜式空调插座 2. 规格：3孔 250V. 15A 3. 安装方式：暗装	个	2				
5	030404035003	插座	1. 名称：挂式空调插座 2. 规格：3孔 250V. 15A 3. 安装方式：暗装	个	6				
6	030404034001	照明开关	1. 名称：单极开关 2. 规格：250V. 10A 3. 安装方式：暗装	个	8				
7	030404034002	照明开关	1. 名称：双极开关 2. 规格：250V. 10A 3. 安装方式：暗装	个	10				

表－08

分部分项工程和单价措施项目清单与计价表

序号	项目编码	项目名称	项目特征描述	计量单位	工程量	金额（元）			
						综合单价	合价	其　中	
								定额人工费	暂估价
8	030404031001	按钮	1. 名称：紧急求救按钮 2. 规格：86 型	个	2				
9	030404036001	报警器	1. 名称：声光报警器 2. 规格：86 型 3. 安装方式：墙上明装	个	1				
10	030408003001	电缆保护管	1. 名称：电缆保护管 2. 材质：镀锌钢管 3. 规格：SC50 4. 敷设方式：埋地敷设	m	26.70				
11	030408001001	电力电缆	1. 名称：电力电缆 2. 型号：YJV22 3. 规格：4×25 4. 材质：铜芯电缆 5. 敷设方式、部位：穿管敷设 6. 电压等级（kV）：1kV 以下 7. 地形：平地	m	43.77				
12	030408006001	电力电缆头	1. 名称：电力电缆头 2. 型号：YJV22 3. 规格：4×25 4. 材质、类型：铜芯电缆、干包式 5. 安装部位：配电柜、箱 6. 电压等级（kV）：1kV 以下	个	2				
13	010101001001	管沟土方	1. 名称：电缆沟 2. 土壤类别：一般土壤	m³	14.22				
14	030409002001	接地母线	1. 名称：户外接地母线 2. 材质：镀锌扁钢 3. 规格：40×4 4. 安装部位：埋地 0.75m	m	80.47				
15	030409002002	接地母线	1. 名称：户内接地母线 2. 材质：镀锌扁钢 3. 规格：40×4 4. 安装部位：沿墙	m	1.87				
16	010101001002	管沟土方	1. 名称：接地母线沟 2. 土壤类别：建筑垃圾土	m³	24.12				

表 -08

分部分项工程和单价措施项目清单与计价表

序号	项目编码	项目名称	项目特征描述	计量单位	工程量	金额（元）			
						综合单价	合价	其　中	
								定额人工费	暂估价
17	030409003001	避雷引下线	1. 名称：避雷引下线 2. 规格：2 根 $\phi16$ 主筋 3. 安装形式：利用柱内主筋做引下线 4. 断接卡子、箱材质、规格：钢制 146mm×80mm　4 套	m	24.00				
18	030409005001	避雷网	1. 名称：避雷网 2. 材质：镀锌圆钢 3. 规格：$\phi8$ 4. 安装形式：沿女儿墙敷设	m	112.89				
19	030409008001	等电位端子箱	1. 名称：总等电位箱 2. 材质：钢制 3. 规格：146mm×80mm	台	1				
20	030411001001	配管	1. 名称：钢管 2. 材质：镀锌钢管 3. 规格：SC20 4. 配置形式：暗配	m	49.30				
21	030411001002	配管	1. 名称：钢管 2. 材质：镀锌钢管 3. 规格：SC25 4. 配置形式：暗配	m	2.40				
22	030411001003	配管	1. 名称：刚性阻燃管 2. 材质：PVC 3. 规格：PC16 4. 配置形式：暗配	m	170.10				
23	030411001004	配管	1. 名称：刚性阻燃管 2. 材质：PVC 3. 规格：PC20 4. 配置形式：暗配	m	145.90				
24	030411004001	配线	1. 名称：管内穿线 2. 配线形式：照明线路 3. 型号：ZRBV 4. 规格：2.5mm^2 5. 材质：铜芯线	m	150.90				

表－08

分部分项工程和单价措施项目清单与计价表

序号	项目编码	项目名称	项目特征描述	计量单位	工程量	金额（元）			
						综合单价	合价	其中	
								定额人工费	暂估价
25	030411004002	配线	1. 名称：管内穿线 2. 配线形式：照明线路 3. 型号：BV 4. 规格：2.5mm^2 5. 材质：铜芯线	m	380.60				
26	030411004003	配线	1. 名称：管内穿线 2. 配线形式：照明线路 3. 型号：BV 4. 规格：4mm^2 5. 材质：铜芯线	m	522.30				
27	030411004004	配线	1. 名称：管内穿线 2. 配线形式：照明线路 3. 型号：BV 4. 规格：6mm^2 5. 材质：铜芯线	m	22.00				
28	030411006001	接线盒	1. 名称：灯具接线盒 2. 材质：钢制 3. 规格：86H 4. 安装形式：暗装	个	13				
29	030411006002	接线盒	1. 名称：灯具接线盒 2. 材质：PVC 3. 规格：86H 4. 安装形式：暗装	个	32				
30	030411006003	接线盒	1. 名称：开关、插座接线盒 2. 材质：PVC 3. 规格：86H 4. 安装形式：暗装	个	51				
31	030412001001	普通灯具	1. 名称：节能灯 2. 规格：1×16W 3. 类型：吸顶安装	套	8				
32	030412001002	普通灯具	1. 名称：防水防尘灯（配节能灯管） 2. 规格：1×16W 3. 类型：吸顶安装	套	4				

表－08

分部分项工程和单价措施项目清单与计价表

序号	项目编码	项目名称	项目特征描述	计量单位	工程量	金额（元）			
						综合单价	合价	其　中	
								定额人工费	暂估价
33	030412001003	普通灯具	1. 名称：自带电源事故照明灯 2. 规格：2×8W 3. 类型：底边距地 2.5m 壁装	套	5				
34	030412001003	普通灯具	1. 名称：自带电源事故照明灯 2. 规格：1×16W 3. 类型：吸顶安装	套	2				
35	030412004001	装饰灯	1. 名称：单向疏散指示灯 2. 规格：1×2W 3. 安装形式：距地 0.4m	套	2				
36	030412004002	装饰灯	1. 名称：安全出口标志灯 2. 规格：1×2W 3. 安装形式：距门上 0.2m	套	4				
37	030412005001	荧光灯	1. 名称：双管荧光灯 2. 规格：2×36W 3. 安装形式：吸顶安装	套	20				
38	030413005001	人（手）孔砌筑	1. 名称：手孔 2. 规格：220×320×220 3. 类型：混凝土	个	1				
39	030413006001	人（手）孔防水	1. 名称：手孔防水 2. 防水材质及做法：防水砂浆抹面（五层）	m²	0.38				
40	030414011001	接地装置	1. 名称：系统调试 2. 类别：接地网	系统	1				
41	030414002001	送配电装置系统	1. 名称：低压系统调试 2. 电压等级：（380V） 4. 类型：综合	系统	1				

表 –08

分部分项工程和单价措施项目清单与计价表

序号	项目编码	项目名称	项目特征描述	计量单位	工程量	金额（元）			
						综合单价	合价	其　中	
								定额人工费	暂估价
1	030502003001	分线接线箱	1. 名称：电话分线接线箱 2. 材质：PVC 3. 规格：100×200 4. 安装方式：嵌墙暗装	台	1				
2	030502004	电话插座	1. 名称：电话插座 2. 安装方式：嵌墙暗装 3. 底盒材质、规格：PVC、86H	台	7				
3	030502006001	大对数电缆	1. 名称：HYV 电话电缆 2. 规格：10×2×0.5 3. 线缆对数：10 对 4. 敷设方式：管内敷设	m	8.20				
4	010101001001	管沟土方	1. 名称：电缆沟 2. 土壤类别：一般土壤	m³	3.13				
5	030411001005	配管	1. 名称：刚性阻燃管 2. 材质：PVC 3. 规格：PC16 4. 配置形式：暗配	m	9.90				
6	030411001006	配管	1. 名称：刚性阻燃管 2. 材质：PVC 3. 规格：PC20 4. 配置形式：暗配	m	25.70				
7	030411001007	配管	1. 名称：刚性阻燃管 2. 材质：PVC 3. 规格：PC25 4. 配置形式：暗配	m	6.80				
8	030411001008	配管	1. 名称：钢管 2. 材质：镀锌钢管 3. 规格：SC32 4. 配置形式：暗配	m	7.90				

表 –08

分部分项工程和单价措施项目清单与计价表

序号	项目编码	项目名称	项目特征描述	计量单位	工程量	金额（元）			
						综合单价	合价	其　中	
								定额人工费	暂估价
9	030411004005	配线	1. 名称：管内穿线 2. 配线形式：动力线路 3. 型号：ZRBV 4. 规格：16mm^2 5. 材质：铜芯线 6. 铜接线端子2个	m	4.10				
10	030502005001	双绞线缆	1. 名称：RVS 电话线 2. 规格：2×0.5 3. 敷设方式：管内敷设	m	83.40				
11	030411006004	接线盒	1. 名称：过线盒 2. 材质：PVC 3. 规格：86H 4. 安装形式：暗装	个	1				
12	030411006005	接线盒	1. 名称：电话插座接线盒 2. 材质：PVC 3. 规格：86H 4. 安装形式：暗装	个	7				
13	030413005001	人（手）孔砌筑	1. 名称：手孔 2. 规格：220×320×220 3. 类型：混凝土	个	1				
14	030413006001	人（手）孔防水	1. 名称：手孔防水 2. 防水材质及做法：防水砂浆抹面（五层）	m^2	0.38				

表－08

分部分项工程和单价措施项目清单与计价表

序号	项目编码	项目名称	项目特征描述	计量单位	工程量	金额（元）			
						综合单价	合价	定额人工费	暂估价
								其　中	
给排水、采暖、燃气工程									
1	031001006001	塑料管	1. 安装部位：室内 2. 介质：给水 3. 材质、规格：PPR DN15 4. 连接形式：热熔 5. 压力试验及吹、洗设计要求：水压试验	m	6.00				
2	031001006002	塑料管	1. 安装部位：室内 2. 介质：给水 3. 材质、规格：PPR DN20 4. 连接形式：热熔 5. 压力试验及吹、洗设计要求：水压试验	m	6.90				
3	031001006003	塑料管	1. 安装部位：室内 2. 介质：给水 3. 材质、规格：PPR DN25 4. 连接形式：热熔 5. 压力试验及吹、洗设计要求：水压试验	m	2.60				
4	031001006004	塑料管	1. 安装部位：室内 2. 介质：给水 3. 材质、规格：PPR DN32 4. 连接形式：热熔 5. 压力试验及吹、洗设计要求：水压试验	m	8.65				
5	031001006005	塑料管	1. 安装部位：室内 2. 介质：排水 3. 材质、规格：UPVC DN50 4. 连接形式：粘接 5. 压力试验及吹、洗设计要求：灌水、通水试验	m	4.50				

分部分项工程和单价措施项目清单与计价表

序号	项目编码	项目名称	项目特征描述	计量单位	工程量	综合单价	合价	定额人工费	暂估价
6	031001006006	塑料管	1. 安装部位：室内 2. 介质：排水 3. 材质、规格：UPVC DN75 4. 连接形式：粘接 5. 压力试验及吹、洗设计要求：灌水、通水试验	m	10.75				
7	031001006007	塑料管	1. 安装部位：室内 2. 介质：排水 3. 材质、规格：UPVC DN100 4. 连接形式：粘接 5. 阻火圈设计要求：耐火极限/h≥2 小时 6. 压力试验及吹、洗设计要求：灌水、通水试验	m	11.50				
8	031004006001	大便器	1. 材质：陶瓷 2. 规格、类型：6202 3. 组装形式：蹲式（低水箱）自带水封 4. 附件名称、数量：角阀 DN15 一个	组	2				
9	031004006002	大便器	1. 材质：陶瓷 2. 规格、类型：CP－2195 3. 组装形式：座式（联体水箱） 4. 附件名称、数量：角阀 DN15 一个	组	1				
10	031004007001	小便器	1. 材质：陶瓷 2. 规格、类型：HD700 3. 组装形式：挂式 4. 附件名称、数量：自闭冲洗阀 DN15 一个，角阀 DN15 一个	组	1				
11	031004003001	洗脸盆	1. 材质：陶瓷 2. 规格、类型：KC－2196－4 3. 组装形式：冷水 4. 附件名称、数量：镀铜铬水嘴 DN15 一个，角阀 DN15 一个	组	4				

表－08

分部分项工程和单价措施项目清单与计价表

序号	项目编码	项目名称	项目特征描述	计量单位	工程量	综合单价	合价	定额人工费	暂估价
							金额（元）		
								其　中	
12	031004003002	洗脸盆	1. 材质：陶瓷 2. 规格、类型：M2212 3. 组装形式：冷水 4. 附件名称、数量：铜镀铬水嘴 DN15 一个 角阀 DN15 一个	组	1				
13	031003011001	水表	1. 安装部位：（室内） 2. 型号、规格：DN32 3. 连接形式：螺纹连接 4. 附件配置：截止阀 T11W－16T DN32 一个	组	1				
14	031003001001	螺纹阀门	1. 类型：J11W－16T 截止阀 2. 材质：铜质 3. 规格、压力等级：DN32 4. 连接形式：螺纹	个	3				
15	031004014001	水嘴	1. 材质：塑料水嘴 2. 型号、规格：DN15 3. 安装方式：螺纹连接	个	2				
16	031004014002	地漏	1. 材质：塑料地漏 2. 型号、规格：DN50 3. 安装方式：粘接	个	4				
17	031002003001	套管	1. 名称、类型：穿楼板套管 2. 材质：碳钢 3. 规格：DN50 4. 填料材质：油麻	个	1				
19	031002003002	套管	1. 名称、类型：刚性防水套管 2. 材质：碳钢 3. 规格：DN50 4. 填料材质：油麻	个	1				
20	031002003003	套管	1. 名称、类型：刚性防水套管 2. 材质：碳钢 3. 规格：DN100 4. 填料材质：油麻	个	2				

总价措施项目清单与计价表

序号	项目编码	项目名称	计算基础	费率（%）	金额（元）	调整费率（%）	调整后金额（元）	备注
1	031302001001	安全文明施工	定额人工费					
2	031301017001	脚手架搭拆	定额人工费					
3	031302006001	已完工程及设备保护	定额人工费					
		（略）						
	合　　计							

编制人（造价人员）：　　　　　　　　　　　　　　　　　　复核人（造价工程师）：

注：1. "计算基础"中安全文明施工费可为"定额基价"、"定额人工费"或"定额人工费＋定额机械费"，其他项目可为"定额人工费"或"定额人工费＋定额机械费"。

　　2. 按施工方案计算的措施费，若无"计算基础"和"费率"的数值，也可只填"金额"数值，但应在备注栏说明施工方案出处或计算方法。

表－11

第 六 篇

《市政工程工程量计算规范》GB 50857—2013
内 容 详 解

一、概况

《市政工程工程量计算规范》包括附录 A 土石方工程、附录 B 道路工程、附录 C 桥涵工程、附录 D 隧道工程、附录 E 管网工程、附录 F 水处理工程、附录 G 生活垃圾处理工程、附录 H 路灯工程、附录 J 钢筋工程、附录 K 拆除工程和附录 L 措施项目共 11 个清单附录、564 个清单项目。其中，附录 F 水处理工程中水处理构筑物由"构筑物"移入，水处理设备由"设备安装"移入并补充；附录 G 生活垃圾处理工程、附录 H 路灯工程和附录 L 措施项目为新编内容。项目具体变化情况详见表 6 - 1。

表 6 - 1 《市政工程工程量计算规范》清单项目变化增减表

序号	附录名称	"08 规范"项目数	"规范"项目数	增加项目数（+）	减少项目数（-）	备 注
1	附录 A 土石方工程	12	10	0	-2	
2	附录 B 道路工程	60	80	+25	-5	
3	附录 C 桥涵工程	74	86	+27	-15	1. 增加"基坑与边坡支护"一节； 2. 删除"挡墙、护坡"一节
4	附录 D 隧道工程	82	85	+14	-11	
5	附录 E 管网工程	110	51	+14	-73	1. "构筑物"一节 30 个清单项目移入水处理工程中"水处理构筑物"； 2. "设备安装"一节 22 个清单项目移入水处理工程中"水处理设备"； 3. 原"顶管工程"一节 5 个清单项目移入本附录"管道铺设中"。
6	附录 F 水处理工程	0	76	+76	0	
7	附录 G 生活垃圾处理工程	0	26	+26	0	全部为新增项目
8	附录 H 路灯工程	0	63	+63	0	全部为新增项目
9	附录 J 钢筋工程	5	10	+5	0	
10	附录 K 拆除工程	8	11	+4	-1	
11	附录 L 措施项目	0	66	66	0	全部为新增项目
	合 计	351	564	+320	-107	

二、修订依据

1.《建设工程工程量清单计价规范》GB 50500—2008；

2．《全国统一市政工程预算定额》GYD-301~309-1999；

3．《市政工程投资估算指标—垃圾处理工程》HZG47-110-2008；

4．《〈建设工程工程量清单计价规范〉GB 50500—2008 附录修编工作方案》；

5．市政工程相关的标准、规范等。

三、正文部分内容详解

1 总 则

【概述】 本规范总则共4条，从"08规范"复制1条，新增3条，其中强制性条文1条，主要内容为制定本规范的目的，适用的工程范围、作用以及计量活动中应遵循的基本原则。

【条文】 1.0.1 为规范市政工程造价计量行为，统一市政工程工程量计算规则、工程量清单的编制方法，制定本规范。

【要点说明】 本条阐述了制定本规范的目的和意义。

制定本规范的目的是"规范市政工程造价计量行为，统一市政工程工程量计算规则、工程量清单的编制方法"。此条在"08规范"基础上新增。

【条文】 1.0.2 本规范适用于市政工程发承包及实施阶段计价活动中的工程计量和工程量清单编制。

【要点说明】 本条说明本规范的适用范围。

本规范的适用范围是只适用于市政工程发承包及其实施阶段计价活动中的"工程量清单编制和工程计量"。此条在"08规范"基础上新增，将"08规范"工程量清单编制和工程计量纳入此条。

【条文】 1.0.3 市政工程计价，必须按本规范规定的工程量计算规则进行工程计量。

【要点说明】 本条为强制性条文，规定了执行本规范的范围，明确了无论是国有投资的资金还是非国有资金投资的工程建设项目，其工程计量必须执行本规范。此条在"08规范"基础上新增，进一步明确本规范工程量计算规则的重要性。

【条文】 1.0.4 市政工程计量活动，除应遵守本规范外，尚应符合国家现行有关标准的规定。

【要点说明】 本条规定了本规范与其他标准的关系。

此条明确了本规范的条款是建设工程计价与计量活动中应遵守的专业性条款，在工程计量活动中，除应遵守专业性条款外，还应遵守国家现行有关标准的规定。此条是从"08规范"中复制的一条。

2 术 语

【概述】 按照编制标准规范的要求，术语是对本规范特有术语给予的定义，尽可能避免规范贯彻实施过程中由于不同理解造成的争议。本规范术语共计2条，与"08规范"相比为新增。

【条文】 2.0.1 工程量计算 measurement of quantities

指建设工程项目以工程设计图纸、施工组织设计或施工方案及有关技术经济文件为依据，按照相关工程国家标准的计算规则、计量单位等规定，进行工程数量的计算活动，在工程建设中简称工程计量。

【要点说明】 "工程量计算"指建设工程项目以工程设计图纸、施工组织设计或施工方案及有关技术经济文件为依据，按照相关工程国家标准的计算规则、计量单位等规定进行工程数量的计算活动，在工程建设中简称工程计量。

【条文】 2.0.2 市政工程　public utilities works

指市政道路、桥梁、广（停车）场、隧道、管网、污水处理、生活垃圾处理、路灯等公用事业工程。

3　工　程　计　量

【概述】　本章共7条，与"08规范"相比，为新增条款。规定了工程计量的依据、原则、计量单位、工作内容的确定，小数点位数的取定以及市政工程与其他专业在使用上的划分界限。

【条文】 3.0.1　工程量计算除依据本规范各项规定外，尚应依据以下文件：

1 经审定通过的施工设计图纸及其说明；

2 经审定通过的施工组织设计或施工方案；

3 经审定通过的其他有关技术经济文件。

【要点说明】　本条规定了工程量计算的依据。明确工程量计算，一是应遵守《市政工程工程量计算规范》的各项规定；二是应依据施工图纸、施工组织设计或施工方案、其他有关技术经济文件进行计算；三是计算依据必须经审定通过。

【条文】 3.0.2　工程实施过程中的计量应按照现行国家标准《建设工程工程量清单计价规范》GB 50500—2013的相关规定执行。

【要点说明】　本条进一步规定工程实施过程中的计量应按《建设工程工程量清单计价规范》的相关规定执行。

在工程实施过程中，相对工程造价而言，工程计价与计量是两个必不可少的过程，工程计量除了遵守本计量规范外，必须遵守《建设工程工程量清单计价规范》的相关规定。

【条文】 3.0.3　本规范附录中有两个或两个以上计量单位的，应结合拟建工程项目的实际情况，确定其中一个为计量单位。同一工程项目的计算单位应一致。

【要点说明】　本条规定了本规范附录中有两个或两个以上计量单位的项目，在工程计量时，应结合拟建工程项目的实际情况，选择其中一个作为计量单位，在同一个建设项目（或标段、合同段）中，有多个单位工程的相同项目计量单位必须保持一致。

【条文】 3.0.4　工程计量时每一项目汇总的有效位数应遵守下列规定：

1 以"t"为单位，应保留小数点后三位数字，第四位小数四舍五入；

2 以"m"、"m²"、"m³"、"kg"为单位，应保留小数点后两位数字，第三位小数四舍五入；

3 以"个"、"件"、"根"、"组"、"系统"等为单位，应取整数。

【要点说明】　本条规定了工程计量时，每一项目汇总工程量的有效位数。

【条文】 3.0.5　本规范各项目仅列出了主要工作内容，除另有规定和说明外，应视为已经包括完成该项目所列或未列的全部工作内容。

【要点说明】　本条规定工作内容应按以下三个方面规定执行：

1. 本规范对所列项目的工作内容进行了规定，除另有规定和说明外，应视为已经包括完成该项目的全部工作内容，未列内容或未发生的，不应另行计算。

2. 本规范附录工作内容列出了主要施工内容，施工过程中必然发生的机械移动、材料运输等辅助内容虽然未列出，也应包括。

3. 本规范以成品考虑的项目，如采用现场制作的，应包括制作的工作内容。

【条文】 3.0.6　市政工程涉及房屋建筑和装饰装修工程的项目，按照现行国家标准《房屋建筑与装饰工程工程量计算规范》GB 50854的相应项目执行；涉及电气、给排水、消防等安装工程的项目，按照现行国家标准《通用安装工程工程量计算规范》GB 50856的相应项目执行；涉及园林绿化工程的项目，按照现行国家标准《园林绿化工程工程量计算规范》GB 50858 的相应项目执行；采用爆破法施工的石方工程按照现行国家标准《爆破工程工程量计算规范》GB 50862 的相应项目执行。具体划分界限确定如下：

1 本规范管网工程与现行国家标准《通用安装工程工程量计算规范》GB 50856 中工业管道工程的界定：给水管道以厂区入口水表井为界；排水管道以厂区围墙外第一个污水井为界；热力和燃气管道以厂区入口第一个计量表（阀门）为界。

2 本规范管网工程与现行国家标准《通用安装工程工程量计算规范》GB 50856 中给排水、采暖、燃气工程的界定：室外给排水、采暖、燃气管道与市政管道以与市政管道碰头井为界；厂区、住宅小区的庭院喷灌及喷泉水设备安装按现行国家标准《通用安装工程工程量计算规范》GB 50856 中的相应项目执行；市政庭院喷灌及喷泉水设备安装按本规范的相应项目执行。

3 本规范水处理工程、生活垃圾处理工程与现行国家标准《通用安装工程工程量计算规范》GB 50856 中设备安装工程的界定：本规范只列了水处理工程和生活垃圾处理工程专用设备的项目，各类仪表、泵、阀门等标准、定型设备应按现行国家标准《通用安装工程工程量计算规范》GB 50856 中相应项目执行。

4 本规范路灯工程与现行国家标准《通用安装工程工程量计算规范》GB 50856 中电气设备安装工程的界定：市政道路路灯安装工程、市政庭院艺术喷泉等电气安装工程的项目，按本规范路灯工程的相应项目执行；厂区、住宅小区的道路路灯安装工程、庭院艺术喷泉等电气设备安装工程按现行国家标准《通用安装工程工程量计算规范》GB 50856 中"电气设备安装工程"的相应项目执行。

【要点说明】 本条指明了市政工程与其他"工程量计算规范"在执行上的界线范围和划分，以便正确执行规范。对于一个市政项目来说，不仅牵涉到市政工程各分册的界限划分，还涉及其他专业工程项目，此条为编制清单设置项目明确了应执行的规范。

4 工程量清单编制

【概述】 本章共 3 节，14 条，新增 6 条，移植"08 规范"8 条，强制性条文 7 条。规定了编制工程量清单的依据，原则要求以及执行本计量规范应遵守的有关规定。

4.1 一般规定

【概述】 本节共 3 条，新增 1 条，移植"08 规范"2 条，规定了清单的编制依据以及补充项目的编制规定。

【条文】 **4.1.1** 编制工程量清单应依据：

1 本规范和现行国家标准《建设工程工程量清单计价规范》GB 50500；

2 国家或省级、行业建设主管部门颁发的计价依据和办法；

3 建设工程设计文件；

4 与建设工程项目有关的标准、规范、技术资料；

5 拟定的招标文件；

6 施工现场情况、工程特点及常规施工方案；

7 其他相关资料。

【要点说明】 本条规定了工程量清单的编制依据。

本条从"08 规范"移植，增加依据《建设工程工程量清计价规范》内容。体现了《建筑工程施工发包与承包计价管理办法》的规定"工程量清单依据招标文件、施工设计图纸、施工现场条件和国家制定的统一工程量计算规则、分部分项工程项目划分、计量单位等进行编制"。本规范为工程量计算规范，工程量清单的编制同时应以《建设工程工程量清单计价规范》为依据。

【条文】 **4.1.2** 其他项目、规费和税金项目清单应按照现行国家标准《建设工程工程量清单计价规范》GB 50500 的相关规定编制。

【要点说明】 本条为新增条款。规定了其他项目、规费和税金项目清单应按国家标准《建设工程工程量清单计价规范》的有关规定进行编制，其他项目清单包括：暂列金额、暂估价、计日工、总承包服务费；规费项目清单包括：社会保险费、住房公积金、工程排污费；税金项目清单包括：营业税、城市维护建设税、教育费附加、地方教育附加。

【条文】 **4.1.3** 编制工程量清单出现附录中未包括的项目，编制人应做补充，并报省级或行业工程造价管理机构备案，省级或行业工程造价管理机构应汇总报住房和城乡建设部标准定额研究所。

补充项目的编码由本规范的代码04 与 B 和三位阿拉伯数字组成，并应从04B001 起顺序编制，同一招标工程的项目不得重码。

补充的工程量清单需附有补充项目的名称、项目特征、计量单位、工程量计算规则、工作内容。不能计量的措施项目，需附有补充项目的名称、工作内容及包含范围。

【要点说明】 本条从"08 规范"移植。随着工程建设中新材料、新技术、新工艺等的不断涌现，本规范附录所列的工程量清单项目不可能包含所有项目。在编制工程量清单时，当出现本规范附录中未包括的清单项目时，编制人应做补充。在编制补充项目时应注意以下三个方面。

1. 补充项目的编码应按本规范的规定确定。具体做法如下：补充项目的编码由本规范的代码04与 B 和三位阿拉伯数字组成，并应从04B001 起顺序编制，同一招标工程的项目不得重码。

2. 在工程量清单中应附补充项目的项目名称、项目特征、计量单位、工程量计算规则和工作内容。

3. 将编制的补充项目报省级或行业工程造价管理机构备案。

4.2 分部分项工程

【概述】 本节共9条，新增3条，从"08 规范"移植6条，强制性条文6条。一是规定了组成分部分项工程工程量清单的五个要件，即项目编码、项目名称、项目特征、计量单位、工程量计算规则五大要件的编制要求。二是规定了本规范部分项目在计价和计量方面的有关规定。

【条文】 **4.2.1** 工程量清单应根据附录规定的项目编码、项目名称、项目特征、计量单位和工程量计算规则进行编制。

【要点说明】 本条为强制性条文，从"08 规范"移植，规定了构成一个分部分项工程量清单的五个要件——项目编码、项目名称、项目特征、计量单位和工程量，这五个要件在分部分项工程量清单的组成中缺一不可。

【条文】 **4.2.2** 工程量清单的项目编码，应采用十二位阿拉伯数字表示，一至九位应按附录的规定设置，十至十二位应根据拟建工程的工程量清单项目名称和项目特征设置，同一招标工程的项目编码不得有重码。

【要点说明】 本条为强制性条文，从"08 规范"移植，规定了工程量清单编码的表示方式：十二位阿拉伯数字及其设置规定。

各位数字的含义是：一、二位为专业工程代码（01—房屋建筑与装饰工程；02—仿古建筑工程；03—通用安装工程；04—市政工程；05—园林绿化工程；06—矿山工程；07—构筑物工程；08—城市轨道交通工程；09—爆破工程。以后进入国标的专业工程代码以此类推）；三、四位为附录分类顺序码；五、六位为分部工程顺序码；七、八、九位为分项工程项目名称顺序码；十至十二位为清单项目名称顺序码。

当同一标段（或合同段）的一份工程量清单中含有多个单位工程且工程量清单是以单位工程为编制对象时，在编制工程量清单时应特别注意对项目编码十至十二位的设置不得有重码的规定。例如一个标段（或合同段）的工程量清单中含有3个单位工程，每一单位工程中都有项目特征相同的挖一般土方项目，在工程量清单中又需反映3个不同单位工程的挖一般土方工程量时，则第一个单位工程挖一般土方的项目编码应为040101001001，第二个单位工程挖一般土方的项目编码应为040101001002，第三个单位工程挖一般土方的项目编码应为040101001003，并分别列出各单位工程挖一般土方的工程量。

【条文】 4.2.3 工程量清单的项目名称应按附录的项目名称结合拟建工程的实际确定。

【要点说明】 本条规定了分部分项工程量清单的项目名称的确定原则。本条为强制性条文，从"08规范"移植。本条规定了分部分项工程量清单项目的名称应按附录中的项目名称，结合拟建工程的实际确定。特别是归并或综合较大的项目应区分项目名称，分别编码列项。

【条文】 4.2.4 工程量清单项目特征应按附录中规定的项目特征，结合拟建工程项目的实际予以描述。

【要点说明】 本条规定了分部分项工程量清单的项目特征的描述原则，本条为强制性条文，从"08规范"移植。

工程量清单的项目特征是确定一个清单项目综合单价不可缺少的重要依据，在编制工程量清单时，必须对项目特征进行准确和全面的描述。但有些项目特征用文字往往又难以准确和全面的描述清楚。因此，为达到规范、简洁、准确、全面描述项目特征的要求，在描述工程量清单项目特征时应按以下原则进行。

1. 项目特征描述的内容应按附录中的规定，结合拟建工程的实际，能满足确定综合单价的需要。

2. 若采用标准图集或施工图纸能够全部或部分满足项目特征描述的要求，项目特征描述可直接采用详见××图集或××图号的方式。对不能满足项目特征描述要求的部分，仍应用文字描述。

【条文】 4.2.5 工程量清单中所列工程量应按附录中规定的工程量计算规则计算。

【要点说明】 本条规定了分部分项工程量清单项目的工程量计算原则。

本条为强制性条文，从"08规范"移植。强调工程计量中工程量应按附录中规定的工程量计算规则计算。工程量的有效位数应遵守本规范3.0.4条有关规定。

【条文】 4.2.6 工程量清单的计量单位应按附录中规定的计量单位确定。

【要点说明】 本条规定了分部分项工程量清单项目的计量单位的确定原则。

本条为强制性条文。从"08规范"移植，规定了分部分项工程量清单的计量单位应按本规范附录中规定的计量单位确定。当计量单位有两个或两个以上时，应根据所编工程量清单项目的特征要求，选择最适宜表现该项目特征并方便计量和组成综合单价的单位。例如：地基注浆工程的计量单位为"m"和"m³"两个计量单位，实际工作中，就应选择最适宜，最方便计量和组价的单位来表示。

【条文】 4.2.7 本规范现浇混凝土工程项目在"工作内容"中包括模板工程的内容，同时又在"措施项目"中单列了现浇混凝土模板工程项目。对此，由招标人根据工程实际情况选用，若招标人在措施项目清单中未编列现浇混凝土模板项目清单，即表示现浇混凝土模板项目不单列，现浇混凝土工程项目的综合单价中应包括模板工程费用。

【要点说明】 本条规定了现浇混凝土模板的内容。

本条为新增条款。既考虑了各专业的定额编制情况，又考虑了使用者方便计价，对现浇混凝土模板采用两种方式进行编制，即：本规范对现浇混凝土工程项目，一方面"工作内容"中包括模板工程的内容，以"m³"计量，与混凝土工程项目一起组成综合单价；另一方面又在"措施项目"中单列了现浇混凝土模板工程项目，以"m²"计量，单独组成综合单价。对此，就有三层内容：一是招标人根据工程的实际情况在同一个标段（或合同段）在两种方式中选择其一；二是招标人若采用单列现浇混凝土模板工程，必须按本规范所规定的计量单位，项目编码、项目特征描述列出清单，同时，现浇混凝土项目中不含模板的工程费用；三是若招标人不单独编列现浇混凝土模板项目清单，则表示现浇混凝土工程项目的综合单价中包括了模板的工程费用。例如：现浇混凝土柱，招标人选择含模板工程；在编制清单时，不再单列现浇混凝土柱的模板清单项目，在组成综合单价或投标人报价时，现浇混凝土工程项目的综合单价中应包括模板工程的费用。反之，若招标人不选择含模板工程，在编制清单时，应按本规范附录L措施项目中"L.3混凝土模板及支架"单列现浇混凝土柱的模板清单项目，并列出项目编码、项目特征描述和计量单位及工程量。

【条文】 4.2.8 本规范对预制混凝土构件按现场制作编制项目，"工作内容"中包括模板工程，不再另列。若采用成品预制混凝土构件时，构件成品价（包括模板、钢筋、混凝土等所有费用）应计入综合单价中。

【要点说明】 本条规定了预制混凝土构件的内容。

本条为新增条款，本规范预制构件以现场预制编制项目，与"08规范"项目相比，"工作内容"中包括模板工程，模板的措施费用不再单列，若采用成品预制混凝土构件时，成品价（包括模板、钢筋、混凝土等所有费用）计入综合单价中，即：成品的出厂价格及运杂费等进入综合单价。综上所述，预制混凝土构件，本规范只列有不同构件名称的一个项目编码、项目特征描述、计量单位、工程量计算规则及工作内容，综合了模板制作和安装、混凝土制作、构件运输、安装等内容，编制清单项目时，不得将模板、混凝土、构件运输、安装分开列项。组成综合单价时应包含如上内容，若采用现场预制，预制构件钢筋按本规范附录J钢筋工程相应项目编码列项，若采用成品预制混凝土构件时，组成综合单价中包括模板、钢筋、混凝土等所有费用。

【条文】 4.2.9 金属结构构件按成品编制项目，构件成品价应计入综合单价中，若采用现场制作，包括制作的所有费用。

【要点说明】 本条为新增条款，规定了金属结构件以目前市场工厂化生产的实际，按成品编制项目，成品价应计入综合单价；若采用现场制作，包括制作的所有费用应进入综合单价，不得再单列金属构件制作的清单项目。

4.3 措 施 项 目

【概述】 本节共2条，为新增，有一条强制性条文；与"08规范"相比，内容变化较大，一是将原"08规范"中"3.3.1通用措施项目一览表"项目移植，列入本规范附录R措施项目中，二是所有的措施项目均以清单形式列出了项目，对能计量的措施项目，列有"项目特征、计量单位、计算规则"，不能计量的措施项目，仅列出项目编码、项目名称和包含的范围。

【条文】 4.3.1 措施项目中列出了项目编码、项目名称、项目特征、计量单位、工程量计算规则的项目，编制工程量清单时，应按照本规范4.2分部分项工程的规定执行。

【要点说明】 本条对措施项目能计量的且以清单形式列出的项目作出了规定。

本条为新增强制性条文，规定了能计量的措施项目也同分部分项工程一样，编制工程量清单必须列出项目编码、项目名称、项目特征、计量单位。同时明确了措施项目的计量，项目编码、项目名称、项目特征、计量单位、工程量计算规则按本规范4.2节的有关规定执行。本规范4.2中4.2.1、4.2.2、4.2.3、4.2.4、4.2.5、4.2.6条款对相关内容作出了规定且均为强制性条款。

例如：井字架

表6-2 分部分项工程和单价措施项目清单与计价表

工程名称：某工程

序号	项目编码	项目名称	项目特征描述	计量单位	工程量	综合单价	合计
1	041102005001	井字架	井深：3.2m	座	6		

【条文】 4.3.2 措施项目中仅列出项目编码、项目名称，未列出项目特征、计量单位和工程量计算规则的项目，编制工程量清单时，应按本规范附录L"措施项目"规定的项目编码、项目名称

确定。

【要点说明】 本条对措施项目不能计量的且以清单形式列出的项目作出了规定。

本条为新增条款，针对本规范对不能计量的仅列出项目编码、项目名称，但未列出项目特征、计量单位和工程量计算规则的措施项目，编制工程量清单时，必须按本规范规定的项目编码、项目名称确定清单项目。不必描述项目特征和确定计量单位。

例如：安全文明施工、夜间施工

表 6 - 3　总价措施项目清单与计价表

工程名称：某工程

序号	项目编码	项目名称	计算基础	费率 （%）	金额 （元）	调整费率 （%）	调整后金额	备注
1	041101001001	安全文明施工	定额基价					
2	041101002001	夜间施工	定额人工费					

四、附录部分主要变化

附录 A　土石方工程

本章包括土方工程、石方工程、回填方及土石方运输和相关问题及说明，共 4 节 10 个项目。

1. 项目设置

1）土方工程，删除了"竖井挖土方"清单项目；将原"挖淤泥"清单项目调整为"挖淤泥、流砂"。

2）回填方及土石方运输，将原"填方"清单项目调整为"回填方"；删除"缺方内运"清单项目。

2. 项目特征

1）土方工程，在"暗挖土方"和"挖淤泥、流砂"中增加了运距的描述。

2）回填方及土石方运输，在"回填方"清单项目中增加了填方粒径要求和填方来源、运距的描述。

3. 计量单位和工程量计算规则

1）土方工程，将挖一般土方中"按设计图示开挖线以体积计算"修改为"按设计图示尺寸以体积计算"；将挖沟槽、基础土方"原地面线以下按构筑物最大水平投影面积乘以挖土深度以体积计算"修改为"按设计图示尺寸以基础垫层底面积乘以挖土深度计算"，将挖沟槽、基坑土方的工程量计算规则相统一。

2）石方工程，将挖一般石方中"按设计图示开挖线以体积计算"修改为"按设计图示尺寸以体积计算"；将挖沟槽、基础石方"原地面线以下按构筑物最大水平投影面积乘以挖石深度以体积计算"修改为"按设计图示尺寸以基础垫层底面积乘以挖石深度计算"，将挖沟槽、基坑石方的工程量计算规则相统一。

4. 工作内容

1）土方工程，删除"土方开挖"、"围护、支撑"、"平整、夯实"，增加了"排地表水"、"围护（挡土板）及拆除"、"基底钎探"的工作内容。

2）石方工程，删除"围护、支撑"，增加了"排地表水"的工作内容。

3）回填方及土石方运输，删除"填方"，增加了"运输"、"回填"的工作内容。

5. 其他

1）增加了有关土壤类别和岩石类别判别标准的说明。

2）增加计算沟槽、基坑土方时工作面、放坡系数等参数的确定原则。

3）增加了管沟施工每侧所需工作面宽度的计算说明。

4）增加了隧道石方开挖按附录 D 隧道工程中相关项目编码列项的说明。

5）增加了废料及余方弃置清单项目中如需发生弃置、堆放费用的，投标人应根据当地有关规定计取相应费用，并计入综合单价中的说明。

6. 使用本附录应注意的问题

1）和"08 规范"相比，土石方工程一章中的计算规则变化较大。原规则是按照图纸尺寸乘以挖土深度计算的，而"13 规范"则在此基础上还需考虑因工作面、放坡所需增加的工程量。

2）挖一般土石方、沟槽、基坑土石方和暗挖土方的工作内容中仅考虑了场内运输，如需场外运输的，还应按余方弃置项目编码列项。而挖淤泥、流砂工作内容中的运输项目，包括了场内、外运输。

7. 典型分部分项工程工程量清单编制实例

【实例】

一、背景资料

某排水工程，采用钢筋混凝土承插管，管径 $\phi600$。管道长度100m，土方开挖深度平均为3m，回填至原地面标高，余土外运。土方类别为三类土，采用人工开挖及回填，回填压实率为95%（图6-1）。

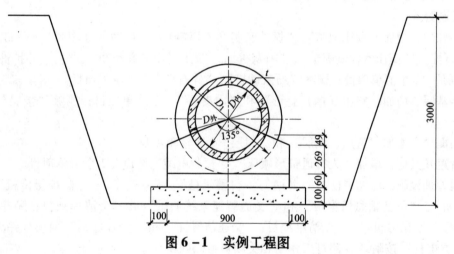

图 6-1 实例工程图

二、问题

根据以上背景资料及《建设工程工程量清单计价规范》、《市政工程工程量计算规范》，试根据以下要求列出该管道土方工程的分部分项工程量清单。

①沟槽土方因工作面和放坡增加的工程量，并入清单土方工程量中；

②本题中暂不考虑检查井等所增加土方的因素；

③混凝土管道外径为 $\phi720$，管道基础（不含垫层）每米混凝土工程量为 $0.227m^3$。

表 6-4 清单工程量计算表

工程名称：某排水工程

序号	清单项目编码	清单项目名称	计　算　式	工程量合计	计量单位
1	040101002001	挖沟槽土方	$(0.9 + 0.5 \times 2 + 0.33 \times 3) \times 3 \times 100$	867	m^3
2	040103001001	回填方	$867 - 74.42$	792.58	m^3
3	040103002001	余方弃置	$(1.1 \times 0.1 + 0.227 + 3.1416 \times 0.36 \times 0.36) \times 100$	74.42	m^3

表6-5 分部分项工程和单价措施项目清单与计价表

工程名称：某排水工程

序号	项目编码	项目名称	项目特征描述	计量单位	工程量	金额（元）	
						综合单价	合计
1	040101002001	挖沟槽土方	1. 土壤类别：三类土 2. 挖土深度：平均3m	m²	867		
2	040103001001	回填方	1. 密实度要求：95% 2. 填方材料品种：原土回填 3. 填方来源、运距：就地回填	m²	792.58		
3	040103002001	余方弃置	1. 废弃料品种：土方 2. 运距：由投标单位自行考虑	m²	74.42		

附录 B 道 路 工 程

本章包括路基处理、道路基层、道路面层、人行道及其他和交通管理设施，共5节80个项目。

1. 项目设置

1）路基处理，增加"预压地基"、"振冲密实（不填料）"、"振冲桩（填料）"、"砂石桩"、"水泥粉煤灰碎石桩"、"高压水泥旋喷桩"、"石灰桩"、"灰土（土）挤密桩"、"柱锤冲扩桩"、"地基注浆"、"褥垫层"11个清单项；删除"石灰砂桩"、"碎石桩"2个清单项目。

2）道路基层，增加"路床（槽）整形"和"山皮石"2个清单项目；删除"垫层"1个清单项目。

3）道路面层，增加"透层、粘层"和"封层"2个清单项目。

4）人行道及其他，增加"人行道整形碾压"、"预制电缆沟铺设"2个清单项目。

5）交通管理设施，增加"防撞筒（墩）"、"警示柱"、"减速垄"、"监控摄像机"、"数码相机"、"道闸机"、"可变信息情报板"和"交通智能系统调试"共8个清单项目；删除"接线工作井"、"立电杆"、"信号机箱"3个清单项目；"交通信号灯"和"信号灯架"两项合并为"信号灯"1个项目。"立电杆"按附录H路灯工程中相关项目编码列项。

2. 项目名称

1）路基处理，将原清单项目中"强夯土方"修改为"强夯地基"；"土工布"修改为"土工合成材料"；"喷粉桩"修改为"粉喷桩"；"塑料排水板"修改为"排水板"。

2）道路基层，将原清单项目中"炉渣"修改为"矿渣"；"橡胶、塑料弹性面层"修改为"弹性面层"。

3）交通管理设施，将原清单项目中"接线工作井"修改为"人（手）孔井"；将"环形检测线安装"修改为"环形检测线圈"；将"值警亭安装"修改为"值警亭"；将"隔离护栏安装"修改为"隔离护栏"；将"信号灯架空走线"修改为"架空走线"；将"信号机箱"修改为"设备控制机箱"。

3. 项目特征

1）路基处理。

①强夯地基增加"夯击能量、夯击遍数、地耐力要求、夯填材料种类"的描述，取消密实度的描述；

②将原"材料"、"规格"等的不同项目特征描述方式，统一为"材料品种、规格"；

③增加各类桩中"空桩长度、桩长"的描述；

④土工合成材料增加"搭接长度"的描述；

⑤排水沟、截水沟划分部位对材料品种、厚度、强度等级进行描述，增加"盖板材质、规格"的描述。

2）道路基层，石灰、粉煤灰、碎砾石取消材料品种的描述，砂砾石、卵石、碎石、块石等增加"石料规格"的描述，粉煤灰三渣取消"石料规格"的描述。

3）道路面层。

①沥青混凝土增加"沥青混凝土品种、掺和料"的描述。

②水泥混凝土取消"配合比"的描述，增加"嵌缝材料"的描述。

4）人行道及其他，混凝土取消"石料最大粒径"的描述。安砌侧平石取消"尺寸及形状"的描述。

5）交通管理设施。

①人（手）孔井增加"垫层、基础的材料品种、厚度"和"盖板材质、规格"的描述；

②将原清单项目"电缆保护管铺设"、"标杆"和"标志板"共用的项目特征，根据实际工作内容分别设置不同项目特征予以描述；

③视线诱导器、标线增加"材料品种"的描述；

④环形检测线圈与值警亭分列项目特征描述。环形检测线圈删除有关垫层、基础的描述；

⑤管内配线增加"材质"的描述。

4．计量单位和工程量计算规则

交通管理设施中"标杆"计量单位由"套"修改为"根"；"交通信号灯"和"信号灯架"合并为"信号灯"1个项目，计量单位修改为"套"；环形检测线圈计量单位由"m"修改为"个"；"标线"、"架空走线"和"管内配线"的计量单位由"km"修改为"m"；增补"标线"、"标记"的计量单位"m²"。

5．工作内容

1）路基处理。

①"掺石灰"、"掺干土"、"掺石"增加"夯实"的内容；

②"袋装砂井"工作内容调整为"制作砂袋、定位沉管、下砂袋、拔管"；

③进一步明确了"土工合成材料"、"排水板"工作内容。

2）"道路基层"增加"运输"工作内容。

3）道路面层。

①"沥青表面处治"、"沥青贯入式"增加"布料"工作内容；

②"沥青贯入式"增加"摊铺碎石"工作内容；

③"沥青混凝土、黑色碎石"取消洒铺底油，单独列项；

④"黑色碎石、沥青混凝土、水泥混凝土"增加"拌和、运输"工作内容；

⑤"水泥混凝土"删除"传力杆及套筒制作、安装"，增加"刻防滑槽"。

4）人行道及其他。

①"人行道整形碾压"从"人行道块料铺设、现浇混凝土人行道及进口坡"分离，单列清单；

②混凝土增加"拌和、运输"工作内容；

③"树池砌筑"增加"基础、垫层铺筑"工作内容。

5）交通管理设施。

①"基础浇筑"统一修改为"垫层、基础铺筑"；

②"信号灯、环形检测线圈"与"值警亭"分列工作内容，删除环形检测线圈与值警亭项目中的"基础浇捣"工作内容，增加信号灯和环形检测线圈项目中的"调试"工作内容。

6．其他

1）增加关于采用碎石、粉煤灰、砂等作为路基处理的填方材料时如何编码列项的说明。

2）增加关于道路基层设计截面为梯形时如何确定面积的说明。

3）增加了关于水泥路面中传力杆和拉杆如何编码列项的说明。

4）对透层、粘层、封层的规范出处作了说明。

5）增加了交通管理设施中土（石）方开挖、破除混凝土路面、回填夯实、立电杆、值警亭采用砖砌、与标杆相连的用于安装标志板的配件等如何编码列项的说明。

7．使用本附录应注意的问题

1）项目特征中的桩长应包括桩尖，空桩长度＝孔深－桩长，孔深为自然地面至设计桩底的深度。

2）如采用碎石、粉煤灰、砂等作为路基处理的填方材料时，应按附录 A 土石方工程"回填方"项目编码列项。

3）道路基层设计截面如为梯形时，应按其截面平均宽度计算面积，并在项目特征中对截面参数加以描述。

4）交通管理设施清单项目如发生破除混凝土路面、土石方开挖、回填夯实等，应分别按附录 K 拆除工程及附录 A 土石方工程中相关项目编码列项。

5）值警亭按半成品现场安装考虑，实际采用砖砌等形式的，按《房屋建筑与装饰工程工程量计算规范》中相关项目编码列项。

附录 C　桥涵工程

本章清单项目包括桩基、基坑边坡与支护、现浇混凝土构件、预制混凝土构件、砌筑、立交箱涵、钢结构、装饰、其他和相关问题及说明，共 10 节 86 个项目。

1．项目设置和项目名称

将桩基分为桩基、基坑边坡与支护两个项目名称。

1）桩基。增加"泥浆护壁成孔灌注桩、沉管灌注桩、干作业成孔灌注桩、钻孔压浆桩、灌注桩后注浆、截桩头、声测管"7 个清单，删除机械成孔灌注桩清单，将预制钢筋混凝土方桩（管桩）分开设预制钢筋混凝土方桩、预制钢筋混凝土管桩。

2）基坑与边坡支护。原桩基移入圆木桩、预制混凝土板桩 2 个清单，增加"地下连续墙、咬合灌注桩、型钢水泥土搅拌墙（深层水泥搅拌桩成墙）、锚杆（索）、土钉、喷谢混凝土"6 个清单。

3）现浇混凝土构件。

①增加"混凝土垫层、搭板枕梁"和"钢管拱混凝土"共 3 个清单项目，将原挡墙、护坡一节中"混凝土挡墙墙身"和"混凝土挡墙压顶"移入本节；

②删除原"桥面铺装"清单项目，增加有关桥面铺装应按附录 D.2 相关清单项目编码列项的说明；

4）砌筑，增加"垫层"、"砖砌体"两个清单项目；将原挡墙、护坡一节中"护坡"移入本节；删除原"浆砌拱圈"清单项目。

5）删除原"08 规范"D.3.5 挡墙、护坡一节，其清单项目分解到"现浇混凝土"、"砌筑"等小节。

6）立交箱涵，增加"透水管"清单项目。

7）钢结构，将原清单项目名称"钢构件"和"钢拉索"分别修改为"其他钢构件"和"悬（斜拉）索"。

8）装饰，删除原"水刷石饰面"、"拉毛"、"水刷石饰面"3 个清单项目，将原清单项目名称"水质涂料"修改为"涂料"。

9）其他。

①增加"石质栏杆"、"混凝土栏杆"2 个清单项目；

②将原清单项目"隔音屏障"移入 D.2.5 交通管理设施一节；

③删除"钢桥维修设备"清单项目。

2．项目特征

1）桩基。

①删除各类桩中"斜率"的描述；

②增加预制桩和钢管桩中"桩顶标高"和"原地面标高"的描述；

③增加钢筋混凝土管桩和钢管桩中"桩芯填充材料"的描述。

2）现浇混凝土，删除所有混凝土类构件中关于"石料最大粒径"的描述，删除混凝土基础中关于垫层内容的描述。

3）预制混凝土，统一项目特征的描述内容。

4）砌筑，干砌块料和浆砌块料增加"材料品种、规格"、"泄水孔材料品种、规格"、"滤水层要求"的描述。

5）立交箱涵。

①删除滑板、箱涵底板中"透水管材料品种、规格"以及有关垫层内容的描述；

②将箱涵底板中有关石蜡层和塑料薄膜的描述移至"滑板"清单项目中；

③增加箱涵底板中"防水层工艺要求"的描述；

④增加混凝土构件中"混凝土抗渗要求"的描述。

6）钢结构，钢构件中增加"探伤要求"的描述。

7）其他，对支座、伸缩装置等增加"规格、型号"的描述；伸缩装置增加"嵌缝要求"的描述。

3．计量单位和工程量计算规则

1）桩基，根据不同需要增加计量单位"m³"、"根"、"吨"，并增加相应的工程量计算规则；明确灌注混凝土工程量计算时应增加超灌部分体积。

2）现浇混凝土构件，楼梯增加计量单位"m²"。

3）其他，金属栏杆增加计量单位"m"；桥梁伸缩装置增加计量单位"套"。

4．工作内容

1）桩基。

①删除各类桩中"桩机竖拆"等的内容，该部分按措施项目相关清单项目编码列项；

②删除各类桩中"凿除桩头"和"废料外运"的内容，该部分应按单独编码列项；

③删除各类预制混凝土桩中"混凝土浇捣"的内容，在说明中注明按成品桩考虑。

2）现浇混凝土，增加混凝土构件中"搅拌、运输"的内容。

3）预制混凝土，将工作内容统一为"1．模板制作、安装、拆除；2．混凝土制作、运输浇筑、养护；3．构件安装；4．砂浆制作、运输；5．接头灌浆"。

4）立交箱涵。

①删除"滑板"清单项目中"透水管铺设"和"垫层铺筑"的内容，增加"涂石蜡层"和"铺塑料薄膜"；

②删除"箱涵底板"清单项目中"石蜡层"和"塑料薄膜"的内容。

5）钢结构，钢构件中增加"探伤"的内容。

6）装饰，统一增加"基层清理"的内容。

5．其他

1）桩基。

①增加有关打试桩和打斜桩时如何编码列项的说明；

②增加有关超灌高度如何确定的说明；

③增加挖孔桩土方、石方以及废土清理、外运如何编码列项的说明；

④增加钢筋笼制作、安装如何编码列项的说明。

2）现浇混凝土，增加有关模板工程量计量方式的说明。

3）装饰，增加有关清单项目缺项时有关问题的说明。

6. 使用本附录应注意的问题

1）桩基工程中，地下连续墙和喷射混凝土的钢筋网制作、安装，按附录Ⅰ钢筋工程中相关项目编码列项。基坑与边坡支护的排桩按本规范附录 C.1 中相关项目编码列项。水泥土墙、坑内加固按附录 B 道路工程中 B.1 中相关项目编码列项。混凝土挡土墙、桩顶冠梁、支撑体系按附录 D 隧道工程中相关项目编码列项。

2）预制箱涵按 C.6 立交箱涵相应清单编码列项。

7. 典型分部分项工程工程量清单编制实例

【实例】

一、背景资料

某桥梁重力式桥台，台身采用 M10 水泥砂浆砌块石，台帽采用 M10 水泥砂浆砌料石，见图 6-2 工程所示，共 2 个台座，长度 12m。φ100PVC 泄水管安装间距 3m。50×50 级配碎石反滤层、泄水孔进口二层土工布包裹。

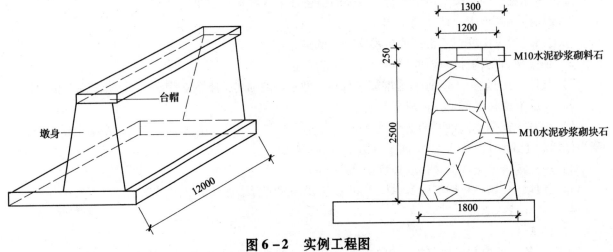

图 6-2 实例工程图

二、问题

根据以上背景资料及《建设工程工程量清单计价规范》、《市政工程工程量计算规范》，试列出该桥梁台身及台帽工程的分部分项工程量清单（不考虑基础及勾缝等内容）。

表 6-6 清单工程量计算表

工程名称：某桥梁工程

序号	清单项目编码	清单项目名称	计 算 式	工程量合计	计量单位
1	040304004001	浆砌块石台帽	$1.3 \times 0.25 \times 12 \times 2$	7.8	m^3
2	040304005001	浆砌料石台身	$(1.8 + 1.2) \div 2 \times 2.5 \times 12 \times 2$	90	m^3

表 6-7 分部分项工程和单价措施项目清单与计价表

工程名称：某桥梁工程

序号	项目编码	项目名称	项目特征描述	计量单位	工程量	金额（元） 综合单价	合价
1	040305003001	浆砌块石台帽	1. 部位：台帽 2. 材料品种、规格：块石 3. 砂浆强度等级：M10 水泥砂浆	m^3	7.8		

序号	项目编码	项目名称	项目特征描述	计量单位	工程量	金额（元）	
						综合单价	合价
2	040305003002	浆砌料石台身	1. 部位：台身 2. 材料品种、规格：料石 3. 砂浆强度等级：M10 水泥砂浆 4. 泄水孔材料品种、规格：ϕ100PVC 泄水管 5. 滤水层要求：50×50 级配碎石反滤层、泄水孔进口二层土工布包裹	m³	90		

附录 D 隧 道 工 程

本章包括隧道岩石开挖，岩石隧道衬砌，盾构掘进，管节顶升、旁通道，隧道沉井，混凝土结构，沉管隧道，共 7 节 85 个项目。

1. 项目设置

1）隧道岩石开挖，增加"小导管"、"管棚"和"注浆"3 个清单项目。

2）岩石隧道衬砌，增加"仰拱填充"、"沟道盖板"、"透水管"和"变形缝"的清单项目，将"混凝土拱部衬砌"分为"混凝土仰拱衬砌"和"混凝土顶拱衬砌"分别编码列项。共增加 5 个清单项目。删除"浆砌块石"和"干砌块石"2 个清单项目。

3）盾构掘进，增加"盾构机调头"、"盾构机转场运输"和"盾构基座"3 个清单项目，删除"钢筋混凝土复合管片"和"钢管片"2 个项目。

4）管节顶升和旁通道，增加"钢筋混凝土顶升管节"、"垂直顶升设备安、拆"、"钢筋混凝土复合管片"和"钢管片"4 个项目。

5）隧道沉井，增加"沉井混凝土隔墙"的清单项目。

6）混凝土结构，删除"混凝土衬墙"、"隧道内衬侧墙"、"隧道内支承墙"、"隧道内衬弓形底板"、"隧道内混凝土路面"5 个项目，其中"混凝土衬墙"、"隧道内衬侧墙"、"隧道内支承墙"、"隧道内衬弓形底板"分别并入混凝土结构的"混凝土墙"和"混凝土底板"的清单项目列项。

7）沉管隧道，与"08 规范"保持一致。

8）删除地下连续墙一节，共 4 个项目。

2. 项目特征

1）隧道岩石开挖，将平洞开挖、斜洞开挖和竖井开挖增加"弃渣场内利用要求和外运运距"的描述。地沟开挖增加"弃渣外运运距"的描述。新增小导管、管棚和注浆清单项目的特征描述。

2）岩石隧道衬砌。

①删除仰拱和顶拱衬砌的"断面尺寸"描述，增加"拱跨径"和"厚度"的描述；

②删除边墙衬砌的"断面尺寸"描述，增加"部位"和"厚度"的描述；

③删除竖井衬砌的"断面尺寸"描述，增加"厚度"的描述。喷射混凝土增加"结构形式"和"掺加材料品种、用量"的描述；

④洞门砌筑和柔性防水层的"材料"描述更改为"材料品种"；

⑤锚杆增加"砂浆强度等级"的描述；

⑥新增"仰拱填充"、"沟道盖板"、"透水管"和"变形缝"清单项目的特征描述。

3）盾构掘进。

①新增"盾构机调头"、"盾构机转场运输"和"盾构基座"清单项目的特征描述；

②"盾构吊装及吊拆"增加"始发方式"的描述；

③"盾构掘进"增加"掘进施工段类别"、"密封舱添加土体改良材料品种"和"弃土运距"的描述；

④"衬砌壁后压浆"删除"砂浆强度等级、石料最大粒径"的描述；

⑤"隧道洞口柔性接缝环"增加"部位"和"混凝土强度等级"的描述。

4）管节顶升和旁通道，新增"钢筋混凝土顶升管节"、"垂直顶升设备安、拆"、"钢筋混凝土复合管片"和"钢管片"清单项目的描述。

5）隧道沉井。

①沉井井壁混凝土增加"规格"的描述。

②新增"沉井混凝土隔墙"清单项目的特征描述。

6）混凝土结构。

①删除混凝土地梁和混凝土底板"垫层厚度、材料品种、强度"的描述；

②增加混凝土底板、混凝土柱、混凝土墙、混凝土梁、混凝土平台、顶板的"部位"描述；

③增加隧道内其他结构混凝土"部位、名称"的描述。

7）沉管隧道，与"08规范"保持一致。

3. 计量单位和工程量计算规则

1）隧道岩石开挖，新增"小导管、管棚"和"注浆"清单项目的计量单位和工程量计算规则。

2）岩石隧道衬砌，新增"仰拱填充"、"沟道盖板"、"透水管"和"变形缝"清单项目的计量单位和工程量计算规则。

3）盾构掘进。新增"盾构机调头"、"盾构机转场运输"和"盾构基座"清单项目的计量单位和工程量计算规则。

4）管节顶升和旁通道，新增"钢筋混凝土顶升管节"、"垂直顶升设备安、拆"、"钢筋混凝土复合管片"和"钢管片"清单项目的计量单位和工程量计算规则。

5）隧道沉井，将沉井井壁混凝土的"按设计尺寸以井筒混凝土体积计算"更改为"按设计尺寸以外围井筒混凝土体积计算"。新增"沉井混凝土隔墙"清单项目的计量单位和工程量计算规则。

6）混凝土结构，将圆隧道内架空路面的计量单位"m²"更改为"m³"，其工程量计算规则由"按设计图示尺寸以面积计算"更改为"按设计图示尺寸以体积计算"。

7）沉管隧道，与"08规范"保持一致。

4. 工作内容

1）隧道岩石开挖。

①将平洞开挖、斜井开挖、竖井开挖、地沟开挖的工作内容修改为"1. 爆破或机械开挖；2. 施工面排水；3. 出碴；4. 弃碴场内堆放、运输；5. 弃碴外运"；

②新增"小导管"、"管棚"和"注浆"清单项目的工作内容。

2）岩石隧道衬砌，将工作内容的"混凝土浇筑"修改为"混凝土拌和、运输、浇筑"，并增加"模板制作、安装、拆除、清理"的工作内容。新增"仰拱填充"、"沟道盖板"、"透水管"和"变形缝"清单项目的工作内容。

3）盾构掘进。

①新增"盾构机调头"、"盾构机转场运输"和"盾构基座"清单项目的工作内容；

②"盾构掘进"增加"管片拼装"、"密封舱添加土体改良材料"和"泥浆池制作、输送和处理"的工作内容；

③"衬砌壁后压浆"增加"制浆、送浆、封堵和清洗"的工作内容；

④"隧道洞口柔性接缝环"原工作内容"1. 拆临时防水环板；2. 安装、拆除临时止水带"修改为"1. 制作、安装临时防水环板；2. 制作、安装、拆除临时止水缝；3. 拆除临时钢环板"，其余不变。

4）管节顶升和旁通道。

①管节垂直顶升的工作内容修改为"1. 管节吊运；2. 首节顶升；3. 中间节顶升；4. 尾节顶升"；

②隧道内旁通道开挖中的"地基加固"修改为"土体加固"；

③新增"钢筋混凝土顶升管节"、"垂直顶升设备安、拆"、"钢筋混凝土复合管片"和"钢管片"清单项目的工作内容。

5）隧道沉井，沉井下沉增加"触变泥浆制作、输送"的工作内容。

6）混凝土结构，混凝土地梁删除"垫层铺设"的工作内容。

7）沉管隧道，与"08 规范"保持一致。

5. 其他

1）岩石隧道衬砌增加砌筑构筑物的清单列项说明。

2）盾构掘进增加衬砌壁后压浆、预制钢筋混凝土管片和盾构基座 3 项清单列项的使用说明。

4）增加隧道沉井垫层的清单列项说明。

5）增加隧道内道路路面铺装、顶部和边墙内衬装饰、垫层、基础、内衬弓形底板、侧墙、支承墙等项目的清单列项说明。

6. 使用本附录应注意的问题

1）遇岩石隧道衬砌清单项目未列的砌筑构筑物时，应按本规范附录 C 桥涵工程中相关项目编码列项。

2）衬砌壁后压浆清单项目在编制工程量清单时，其工程数量可为暂估量，结算时按现场签证数量计算。

3）盾构基座清单项目系指常用的钢结构，如果是钢筋混凝土结构，应按本规范附录 D.7 中相关项目进行列项。

4）钢筋混凝土管片按成品编制项目，购置费用应计入综合单价中。如采用现场预制，包括预制构件制作和试拼装的所有费用。

5）沉井垫层按本规范附录 C 桥涵工程中相关项目编码列项。

6）隧道洞内道路路面铺装应按本规范附录 B 道路工程相关清单项目编码列项。

7）隧道洞内顶部和边墙内衬的装饰应按本规范附录 C 桥涵工程相关清单项目编码列项。

8）隧道内其他结构混凝土包括楼梯、电缆沟、车道侧石等。

9）垫层、基础应按本规范附录 C 桥涵工程相关清单项目编码列项。

10）隧道内衬弓形底板、侧墙、支承墙应按本规范附录混凝土底板、混凝土墙的相关清单项目编码列项，并在项目特征中描述其类别、部位。

附 录 E　管 网 工 程

本章包括管道铺设，管件、阀门及附件安装，支架制作及安装、管道附属构筑物和相关问题及说明，共 5 节 51 个项目。

1. 主要变化

1）管道铺设。

①为方便使用，将"08 规范"分散在不同小节的相关项目进行调整汇集至本节：如"08 规范""D5.2 管件、钢支架制作、安装及新旧管连接"中的新旧管连接项目；"D5.5 顶管工程"所有项目；"D5.6 构筑物"中方沟项目统一并入管道铺设；

②删除了陶土管铺设、镀锌管铺设、管道沉管跨越和 D5.7 构筑物中的牺牲阳极项目。将各类管材的顶进项目合并统一执行顶管项目，在项目特征中描述管材材质。增加了直埋式预制保温管管道铺设、夯管、顶（夯）管工作坑、土壤加固、临时放水管线和警示（示踪）带铺设项目；

③调整了部分项目的特征描述内容，特别是有关防腐、刷油、保温的特征描述全部取消。

2）管件、阀门及附件安装。

①对"08 规范"D5.2 管件、钢支架制作、安装及新旧管连接及 D5.3 阀门、水表、消火栓安装两节的名称和内容进行了调整。将涉及管件、阀门及附件安装的所有项目设置为管件、阀门及附件安装；将涉及支架、支墩的所有项目移至支架制作及安装；

②删除了预应力混凝土管转换件安装、气体置换、钢管道间法兰连接、法兰钢管件安装、调长器项目。增加了法兰盘安装项目。将原防水套管制作、安装项目名称改为套管制作、安装；

③调整了部分项目的特征描述内容。

3）支架制作及安装。

①对"08 规范"D5.2 管件、钢支架制作、安装及新旧管连接中涉及支架的项目与 D5.4 井类、设备基础中涉及支墩的项目移至本节内；

②增加了金属吊架制作安装、砌筑支墩项目；

③调整了部分项目的特征描述内容。

4）管道附属构筑物。

①删除了雨水进水井、其他砌筑井、设备基础、混凝土工作井项目，增加了砌筑井筒和预制混凝土井筒项目；

②增加了预制塑料检查井、整体化粪池、雨水口项目；

③调整了部分项目的特征描述内容。

2. 使用本附录应注意的问题

040501020 警示带（示踪带）铺设：计算工程量时还要注意相关规范对不同管径铺设条数的规定。

3. 典型分部分项工程工程量清单编制实例

【实例】

一、背景资料

某热力外线工程热力小室工艺安装见图 6 - 3 所示。小室内主要材料：

横向型波纹管补偿器 FA50502A、DN250、T = 150°、PN1.6；横向型波纹管补偿器 FA50501A、DN250、T = 150°、PN1.6；球阀 DN250、PN2.5；机制弯头 90°、DN250、R = 1.00；柱塞阀 U41S - 25C、DN100、PN2.5；柱塞阀 U41S - 25C、DN50、PN2.5；机制三通 DN600 - 250；直埋穿墙套袖 DN760（含保温）；直埋穿墙套袖 DN400（含保温）。

表 6 - 8　清单工程量计算表

工程名称：某热力外线小室工程

序号	清单项目编码	清单项目名称	计 算 式	工程量合计	计量单位
1	040502002001	钢管管件制作、安装（弯头）		2	个
2	040502002002	钢管管件制作、安装（三通）		2	个
3	040502005001	阀门（球阀）		2	个
4	040502005002	阀门（柱塞阀）		2	个
5	040502005003	阀门（柱塞阀）	设计图示数量	2	个
6	040502008001	套管制作、安装（直埋穿墙套袖）		8	个
7	040502008002	套管制作、安装（直埋穿墙套袖）		4	个
8	040502011001	补偿器（波纹管）		1	个
9	040502011002	补偿器（波纹管）		1	个

二、问题

根据以上背景资料及《建设工程工程量清单计价规范》、《市政工程工程量计算规范》，试列出该热力小室工艺安装分部分项工程量清单。

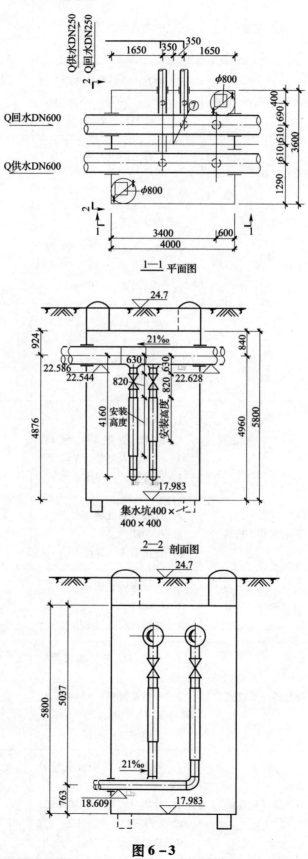

1—1 平面图

2—2 剖面图

图 6-3

表 6 – 9 分部分项工程和单价措施项目清单与计价表

工程名称：某热力外线小室工程

序号	项目编码	项目名称	项目特征描述	计量单位	工程量	金额（元）	
						综合单价	合计
1	040502002001	钢管管件制作、安装	1. 种类：机制弯头 90° 2. 规格：DN250，R = 1.00 3. 连接形式：焊接	个	2		
2	040502002002	钢管管件制作、安装	1. 种类：机制三通 2. 规格：DN600 – DN250 3. 连接形式：焊接	个	2		
3	040502005001	阀门	1. 种类：球阀 2. 材质及规格：钢制、DN250、PN2.5 3. 连接形式：焊接	个	2		
4	040502005002	阀门	1. 种类：柱塞阀 2. 材质及规格：钢制、U41S – 25C、DN100、PN = 2.5 3. 连接形式：焊接	个	2		
5	040502005003	阀门	1. 种类：柱塞阀 2. 材质及规格：钢制、U41S – 25C、DN50、PN = 2.5 3. 连接形式：焊接	个	2		
6	040502008001	套管制作、安装	1. 直埋穿墙套袖 2. DN760 3. 连接形式：焊接	个	8		
7	040502008002	套管制作、安装	1. 直埋穿墙套袖 2. DN400 3. 连接形式：焊接	个	4		
8	040502011001	补偿器（波纹管）	1. 种类：横向型波纹管补偿器 2. 材质及规格：FA50502A、DN250、T = 150°、PN1.6 3. 连接形式：焊接	个	1		
9	040502011002	补偿器（波纹管）	1. 种类：横向型波纹管补偿器 2. 材质及规格：FA50501A、DN250、T = 150°、PN1.6 3. 连接形式：焊接	个	1		

附录 F　水处理工程

本章项目包括水处理构筑物和水处理设备，以及相关问题及说明，共 3 节 76 个项目。其中，水处理构筑物一节为"08 规范"附录中 D.5.6 构筑物中的项目移入而成，水处理设备一节包括了"08 规范"附录中 D.5.7 设备安装中的给水工程设备和增补的污水处理设备。

1. 项目设置

水处理设备，增加"压榨机"、"刮砂机"、"吸砂机"、"刮吸泥机"、"撇渣机"、"砂（泥）水分离器"、"滗水器"、"推进器"、"加药设备"等 21 个项目；删除"管道安装"项目；将燃气"凝水缸"等项目移入管网工程。

2. 项目特征

1）水处理构筑物。

①对于混凝土类清单项目，删除"石料最大粒径"的描述，将"混凝土抗渗需求"修改为"防水、抗渗要求"；

②删除"沉井混凝土底板"中关于地梁和垫层的描述；

③增加"沉井下沉"中"断面尺寸"的描述；

④增加"池槽"中"盖板材质"的描述。

2）水处理设备，增加各类设备中"类型"、"材质"和"参数"的描述。

3. 计量单位和工程量计算规则

1）水处理构筑物，沉井下沉的工程量计算规则中"按自然地坪至设计底板垫层底的高度"修改为"按自然面标高至设计垫层底标高间的高度"；"金属扶梯、栏杆"增加计量单位"m"，并增补相应的工程量计算规则。

2）水处理设备，"格栅"增加计量单位"套"，并增补相应的工程量计算规则。

4. 工作内容

1）水处理构筑物。

①删除"现浇混凝土沉井井壁及隔墙"和"沉井混凝土底板"中关于垫层铺筑的工作内容；

②增加预制混凝土类构件中"构件运输"的工作内容。

2）水处理设备，"闸门"、"旋转门"和"堰门"增加"操纵装置安装"及"调试"的工作内容。

5. 其他

1）增加各类垫层如何编码列项的说明。

2）增加水处理工程中建筑物、园林绿化等如何编码列项的说明。

3）增加各类标准、定型设备如何编码列项的说明。

6. 使用本附录应注意的问题

1）水处理工程中建筑物应按《房屋建筑和装饰工程工程量计算规范》中相关项目编码列项；园林绿化项目应按《园林绿化工程工程量计算规范》中相关项目编码列项。

2）本章清单项目工作内容中均未包括土（石）方开挖、回填夯实等内容，发生时应按附录 A 土石方工程中相关项目编码列项。

3）本章设备安装工程只列了水处理工程专用设备的项目，各类仪表、泵、阀门等标准、定型设备应按《通用安装工程工程量计算规范》中相关项目编码列项。

附录 G　生活垃圾处理工程

本章项目全部为新增内容，包括垃圾卫生填埋、垃圾焚烧和相关问题及说明，共 3 节 26 个项目。

1）垃圾卫生填埋，包括垃圾坝、压实黏土防渗层、高密度聚乙烯（HDPE）膜和钠基膨润土防水毯（GCL）等共20个项目。填埋场渗沥液处理系统按本规范附录F.5水处理工程相关项目编码列项。

2）垃圾焚烧，包括汽车衡、自动感应洗车装置、破碎机和垃圾卸料门共6个清单项目。垃圾焚烧工程中的除尘装置、除渣设备、烟气净化设备、飞灰固化设备、发电设备及各类风机、仪表、泵、阀门等标准、定型设备按《通用安装工程工程量计算规范》中相关项目编码列项。

3）使用本附录应注意的问题。

①垃圾处理工程中的建筑物、园林绿化等应按相关专业计量规范中清单项目编码列项。

②本章清单项目工作内容中均未包括土（石）方开挖、回填夯实等，应按附录A土石方工程中相关项目编码列项；边坡处理应按附录C桥涵工程中相关项目编码列项。

③本章设备安装工程只列了生活垃圾处理工程专用设备的项目，其余设备应按《通用安装工程工程量计算规范》中相关项目编码列项。

附录 H 路 灯 工 程

本章项目全部为新增内容，包括变配电设备工程、10kV以下架空线路工程、电缆工程、配管配线工程、照明器具安装工程、防雷接地装置工程和电气调整试验、相关问题及说明，共8节63个项目。

1）变配电设备工程，共设置杆上变压器、地上变压器、组合型成套箱式变电站、高压成套配电柜、低压成套控制柜、落地式控制箱、杆上控制箱、杆上配电箱、悬挂嵌入式配电箱、落地式配电箱、控制屏、继电信号屏、低压开关柜（配电屏）、弱电控制返回屏、控制台、电力电容器、跌落式熔断器、避雷器、低压熔断器、隔离开关、负荷开关、真空断路器、限位开关、控制器、接触器、磁力启动器、分流器、小电器、照明开关、插座、线缆断线报警装置、铁构件制安、其他电器等安装共计33个项目。

2）10kV以下架空线路工程，设置电杆组立、横担组装、导线架设等共计3个项目。

3）电缆工程，设置电缆、电缆保护管、电缆排管、管道包封、电缆终端头、电缆中间头和铺砂、盖保护板（砖）等共7个项目。

4）配管、配线工程，设置配管、配线、接线箱、接线盒、带型母线等共5个项目。

5）照明器具安装工程，设置常规照明灯具、中杆照明灯具、高杆照明灯具、景观照明灯具、桥栏杆照明灯具、地道涵洞照明灯具等共6个项目。

6）防雷接地装置工程，设置接地极、接地母线、避雷引下线、避雷针、降阻剂等共5个项目。

7）电气调整试验，设置变压器系统调试、供电系统调试、接地装置调试和电缆试验等共4个项目。

8）路灯工程与《通用安装工程工程量计算规范》中电气设备安装项目的界限划分：厂区、住宅小区的道路路灯安装工程、庭院艺术喷泉等电气设备安装工程按《通用安装工程工程量计算规范》中电气设备安装工程相应项目执行；涉及市政道路、庭院艺术喷泉等电气设备安装工程的项目，按本规范相应项目执行。

9）本章清单项目工作内容中均未包括土（石）方开挖及回填、破除混凝土路面等，发生时应按本规范附录A土石方工程及附录K拆除工程中的相关项目编码列项。

10）本章清单项目工作内容中均未包括除锈、刷漆（补刷漆除外），发生时应按《通用安装工程工程量计算规范》中的相关项目编码列项。

11）本章清单项目工作内容包含补漆的工序，可不进行特征描述，由投标人在投标中根据相关规范标准自行考虑报价。

12) 本章中的母线、电线、电缆、架空导线等，按表 H.8.4-1~H.8.4-5 中的规定计算附加长度（波形长度或预留量）计入工程量中。

附录 J 钢 筋 工 程

本章包括钢筋工程 1 节共 10 个项目。

1. 项目设置

1）将原"非预应力钢筋"调整为"现浇构件钢筋"。

2）增加"预制构件钢筋"、"钢筋网片"、"钢筋笼"、"植筋"和"高强螺栓"5 个项目。

2. 项目特征

1）删除预应力钢筋项目外项目特征中"部位"一项。

2）将"预埋铁件"和"型钢"项目特征修改为"1. 材料种类 2. 材料规格"。

3）将"先张法预应力钢筋"项目特征修改为"1. 部位 2. 预应力筋种类 3. 预应力筋规格"。

4）将"后张法预应力钢筋"项目特征修改为"1. 部位 2. 预应力筋种类 3. 预应力筋规格 4. 锚具种类、规格 5. 砂浆强度等级 6. 压浆管材质、规格"。

3. 计量单位和工程量计算规则

1）将"预埋铁件"的计量单位由"kg"修改为"t"。

2）修改钢筋有关工程量计算规则，明确有关钢筋搭接和支撑的工程量计算规则。

4. 工作内容

对于预埋铁件、现浇构件钢筋和预制构件钢筋"工作内容"中增加"运输"一项。

附录 K 拆 除 工 程

本章包括拆除工程 1 节共 11 个项目。

1. 项目设置

1）删除"伐树、挖树兜"清单项目，发生时按《园林绿化工程工程量计算规范》相应项目编码列项。

2）增加铣刨路面、拆除井、拆除电杆和拆除管片 4 个项目。

2. 项目特征

"拆除基础"中增加"部位"一项。

3. 计量单位和工程量计算规则

删除"08 规范"工程量计算规则中有关"施工组织设计计算"的内容。

4. 工作内容

将原工作内容"1. 拆除 2. 运输"修改为"1. 拆除、清理 2. 场内外运输"。

附录 L 措 施 项 目

本章包括脚手架工程，混凝土模板及支架，围堰，便道及便桥，洞内临时设施，大型机械设备进出场及安拆，施工排水、降水，处理、监测、监控，安全文明施工及其他措施项目和相关问题及说明共 10 节 66 个项目。

1）脚手架工程包括墙面脚手架、柱面脚手架、仓面脚手、沉井脚手架和井字架共 5 个项目，根据使用范围和部位的不同，分别列项并按要求进行清单项目特征描述。

2）钢筋混凝土模板包括现浇混凝土模板、水上桩基础支架平台和桥涵支架等共 40 个项目。其中，现浇混凝土模板根据混凝土与模板接触面积或混凝土的实体积分别以"m²"或"m³"为计量单位计算相应的工程量。

①以"m³"为计量单位，模板工程不再单列，按混凝土及钢筋混凝土实体项目执行，综合单价中应包含模板费用。

②以"m²"计量单位，模板工程量按模板与现浇混凝土构件的接触面积计算，按措施项目清单列项。

③编制工程量清单时，应注明模板的计量方式，在同一个混凝土工程中的模板项目不得同时使用两种计量方式。

3）围堰包括围堰、筑岛 2 个项目，分别以"m²"或"m³"为计量单位计算相应的工程量。

4）便道及便桥包括便道、便桥 2 个项目，分别以"m²"或"座"为计量单位计算相应的工程量。

5）洞内临时设施包括洞内通风设施、洞内供水设施、洞内供电及照明设施、洞内通讯设施和洞内外轨道铺设共 5 个项目，按设计图示隧道长度计算工程量。

6）处理、监测、监控项目包括地下管线交叉处理和施工监测、监控 2 个项目，按"项"为计量单位计算工程量。

7）安全文明施工及其他措施项目包括安全文明施工、夜间施工、二次搬运、冬雨季施工等 10 个项目。

8）在其他有关问题的说明中规定了措施项目若无相关设计方案，其工程数量可为暂估量，在办理结算时，按经批准的施工组织设计方案计算。

9）删除"08 规范"中"驳岸块石清理"的措施项目。

五、市政道路工程工程量清单编制实例

（一）背景资料

某市区新建次干道道路工程，设计路段桩号为 K0+100—K0+240，在桩号 0+180 处有一丁字路口（斜交）。该次干道主路设计横断面路幅宽度为 29m，其中车行道为 18m，两侧人行道宽度各为 5.5m。斜交道路设计横断面路幅宽度为 27m，其中车行道为 16m，两侧人行道宽度同主路。在人行道两侧共有 52 个 1m×1m 的石质块树池。道路路面结构层依次为：20cm 厚混凝土面层（抗折强度 4.0MPa）、18cm 厚 5% 水泥稳定碎石基层、20cm 厚块石底层（人机配合施工），人行道采用 6cm 厚彩色异形人行道板，具体如图 6-4 所示。有关说明如下：

1. 该设计路段土路基已填筑至设计路基标高。

2. 6cm 厚彩色异形人行道板、12cm×37cm×100cm 花岗岩侧石及 10cm×20cm×100cm 花岗岩树池均按成品考虑，具体材料取定价：彩色异形人行道板 45 元/m²、花岗岩侧石 80 元/m、花岗岩树池 20 元/m。

3. 水泥混凝土、水泥稳定碎石砂采用现场集中拌制，平均场内运距 70m，采用双轮车运输。

4. 混凝土路面考虑塑料膜养护，路面刻防滑槽。

5. 混凝土嵌缝材料为沥青木丝板。

6. 路面钢筋 $\phi 10$ 以内 5.62t。

7. 斜交路口转角面积计算公式：$F = R^2 \times \left(\mathrm{tg}\dfrac{\alpha}{2} - 0.00873\alpha \right)$。

（二）问题

根据《建设工程工程量清单计价规范》GB-50500-2013 和《市政工程工程量计算规范》及其他相关文件编制一份该单位工程分部分项工程和措施项目清单。

注：其他项目清单、规费、税金项目计价表、主要材料、工程设备一览表不举例，其应用在《建设工程工程量清单计价规范》"表格应用"中体现。

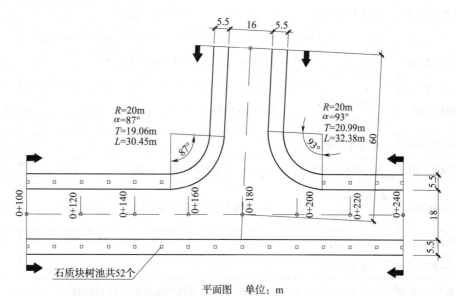

平面图　单位：m

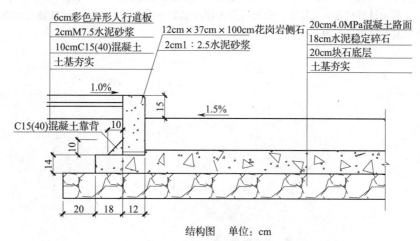

结构图　单位：cm

图 6 – 4

表 6 – 10　清单工程量计算表

工程名称：某工程

序号	清单项目编码	清单项目名称	计 算 式	工程量合计	计量单位
1	—	道路面积	$(240-100) \times 18 + (60-9/\sin87) \times 16 + 202 \times (tg87°/2 - 0.00873 \times 87) + 202 \times (tg93°/2 - 0.00873 \times 93)$	3508.34	m²
2	—	侧石长度	$140 \times 2 - (19.06 + 20.99 + 16/\sin87° + 30.45 + 32.38 + (60 - 9/\sin87° - 19.06) + (60 - 9/\sin87° - 20.99)$	348.69	m²
3	040202001001	路床（槽）整形	$3508.34 + 348.69 \times (0.12 + 0.18 + 0.2 + 0.25)$	3769.86	m²
4	040202012001	20cm 块石基层	$3508.34 + 348.69 \times 0.5$	3682.69	m²

序号	清单项目编码	清单项目名称	计　算　式	工程量合计	计量单位
5	040202015001	18cm 水泥稳定碎石基层	3508.34 + 348.69 × 0.3 × 0.14/0.18	3589.7	m²
6	040203007001	20cm 混凝土路面	等于道路面积	3508.34	m²
7	040901001001	现浇构件钢筋		5.62	t
8	040204001001	人行道整形碾压	348.69 × 5.5 + 348.69 × 0.25	2004.97	m²
9	040204002001	彩色异形人行道板安砌	348.69 × 5.5 – 348.69 × 0.12 – 1 × 1 × 52	1823.95	m²
10	040204004001	花岗岩侧石	侧石长度	348.69	m²
11	040204007001	树池砌筑		52	个

注：1. 对侧石下水泥稳定碎石，可按其厚度折算后并入主路面的水泥稳定碎石计算。

　　2. 根据工程量计算规范有关说明，模板可并入相应混凝土清单项目，也可按措施费单独列项计算，本工程并入相应的清单项目内。

_____××_____工程

招标工程量清单

招 标 人：_____××公司_____
（单位盖章）

造价咨询人：_____××造价咨询公司_____
（单位盖章）

××年×月×日

_____×× _____工程

招标工程量清单

招   标   人:_____××公司_____
(单位盖章)

工 程 造 价
咨   询   人:_____××造价咨询公司_____
(单位资质专用章)

法定代表人
或其授权人:_____×××_____
(签字或盖章)

法定代表人
或其授权人:_____×××_____
(签字或盖章)

编 制 人:_____×××_____
(造价人员签字盖专用章)

复 核 人:_____×××_____
(造价工程师签字盖专用章)

编 制 时 间:××年×月×日

复 核 时 间:××年×月×日

扉-1

总 说 明

工程名称：某工程

一、工程概况

某市区新建次干道道路工程，设计路段桩号为 K0＋100—K0＋240，在桩号 0＋180 处有一丁字路口（斜交）。该次干道主路设计横断面路幅宽度为 29m，其中车行道为 18m，两侧人行道宽度各为 5.5m。斜交道路设计横断面路幅宽度为 27m，其中车行道为 16m，两侧人行道宽度同主路。工程做法详见施工图及设计说明。

二、工程招标和分包范围

1. 工程招标范围：施工图范围内的市政工程，详见工程量清单。

2. 分包范围：无分包工程。

三、清单编制依据

1.《建设工程工程量清单计价规范》GB 50500—2013《市政工程工程量计算规范》及解释和勘误。

2. 业主提供的关于本工程的施工图。

3. 与本工程有关的标准（包括标准图集）、规范、技术资料。

4. 招标文件、补充通知。

5. 其他有关文件、资料。

四、其他说明的事项

1. 施工现场情况：以现场踏勘情况为准。

2. 交通运输情况：以现场踏勘情况为准。

3. 自然地理条件：本工程位于某市某县。

4. 环境保护要求：满足省、市及当地政府对环境保护的相关要求和规定。

5. 本工程投标报价按《建设工程工程量清单计价规范》、《市政工程工程量计算规范》的规定及要求。

6. 工程量清单中每一个项目，都需填入综合单价及合价，对于没有填入综合单价及合价的项目，不同单项及单位工程中的分部分项工程量清单中相同项目（项目特征及工作内容相同）的报价应统一，如有差异，按最低的一个报价进行结算。

7. 本工程量清单中的分部分项工程量及措施项目工程量均是根据施工图，按照《建设工程工程量清单计价规范》、《市政工程工程量计算规范》进行计算的，仅作为施工企业投标报价的共同基础，不能作为最终结算与支付价款的依据，工程量的变化调整以业主与承包商签字的合同约定为准。

8. 工程量清单及其计价格式中的任何内容不得随意删除或涂改，若有错误，在招标答疑时及时提出，以"补遗"资料为准。

9. 分部分项工程量清单中对工程项目项目特征及具体做法只作重点描述，详细情况见施工图设计、技术说明及相关标准图集。组价时应结合投标人现场勘察情况包括完成所有工序工作内容的全部费用。

10. 投标人应充分考虑施工现场周边的实际情况对施工的影响编制施工方案，并作出报价。

11. 暂列金额为 20000 元。

12. 本说明未尽事项，以"计价规范"、"计量规范"招标文件以及有关的法律、法规、建设行政主管部门颁发的文件为准。

分部分项工程和单价措施项目清单与计价表

工程名称：某工程

序号	项目编码	项目名称	项目特征描述	计量单位	工程量	金额（元）			
						综合单价	合价	其　中	
								定额人工费	暂估价
			土（石）方工程						
		（略）							
			道路工程						
1	040202012001	路床（槽）整形	部位：车行道	m²	3769.86				
2	040202012001	块石基层	厚度：20cm	m²	3682.69				
3	040202015001	水泥稳定碎石基层	1. 厚度：18cm 2. 水泥掺量：5%	m²	3589.7				
4	040203007001	混凝土路面	1. 混凝土抗折强度：4.0MPa 2. 厚度：20cm 3. 嵌缝材料：沥青木丝板嵌缝 4. 其他：路面刻防滑槽	m²	3508.34				
5	040204002001	人行道整形碾压	部位：人行道	m²	2004.97				
6	040204002001	彩色异形人行道板安砌	1. 块料品种、规格：6cm厚彩色异形人行道板 2. 基础、垫层：2cmM10水泥砂浆砌筑；10cmC10（40）混凝土垫层 3. 图形：无图形要求	m²	1823.95				
7	040204004001	花岗岩侧石	1. 块料品种、规格：12cm×37cm×100cm花岗岩侧石 2. 基础、垫层：2cm1：2.5水泥砂浆铺筑；10cm×10cmC10（40）混凝土靠背	m²	348.69				
8	040204007001	树池砌筑	1. 材料品种、规格：10cm×20cm×100cm花岗岩 2. 树池规格：1m×1m 3. 树池盖面材料品种：无	个	52				
			钢筋工程						
9	040901001001	现浇构件钢筋	1. 钢筋种类：圆钢 2. 钢筋规格：φ12	t	5.62				

总价措施项目清单与计价表

工程名称：某工程

序号	项目编码	项目名称	计算基础	费率（%）	金额（元）	调整费率（%）	调整后金额（元）	备注
1	041109001001	安全文明施工	定额人工费					
2	041109002001	夜间施工	定额人工费					
3	041109003001	二次搬运	定额人工费					
4	041109004001	冬雨季施工	定额人工费					
5	041109005001	行车、行人干扰	定额人工费					
6	041109006001	大型机械设备进出场及安拆	定额人工费					
7	041109006001	地上、地下设施、建筑物的临时保护设施	定额人工费					
8	041109007001	已完工程及设备保护	定额人工费					
		（略）						
		合　计						

编制人（造价人员）：　　　　　　　　　　　　　复核人（造价工程师）：

注：1. "计算基础"中安全文明施工费可为"定额基价"、"定额人工费"或"定额人工费 + 定额机械费"，其他项目可为"定额人工费"或"定额人工费 + 定额机械费"。

2. 按施工方案计算的措施费，若无"计算基础"和"费率"的数值，也可只填"金额"数值，但应在备注栏说明施工方案出处或计算方法。

表－11

第 七 篇
《园林绿化工程工程量计算规范》GB 50858—2013
内 容 详 解

一、概况

本规范是根据 2011 年 5 月主编单位提出的"关于改进现行《建设工程工程量清单计价规范》的实施方案"要求，从《建设工程工程量清单计价规范》GB 50500—2008"附录 E 园林绿化工程工程量清单项目及计算规则"修编为"附录 F 园林绿化工程"再转化而来。参加修编的主要单位有：住房城乡建设部标准定额研究所、江苏省建设工程造价管理总站、四川省建设工程造价管理总站、北京市建设工程造价管理处、广东省建设工程造价管理总站、浙江省建设工程造价管理总站、南京万荣园林实业有限公司、苏州市绿化管理站、苏州市工程造价管理处、南京风景园林工程监理有限公司等。

《园林绿化工程工程量计算规范》在各工程量计算规范排序序号中为"05"。本规范共分正文、附录及条文说明三大部分。正文部分有总则、术语、工程计量、工程量清单编制等四个部分；附录分别为：附录 A 绿化工程、附录 B 园路园桥工程、附录 C 园林景观工程、附录 D 措施项目，共 18 节 144 个项目，本次修编共增加了 57 个项目，其中附录 A～附录 C 为实体部分；附录 D 为措施项目，内容包括脚手架、模板、树木支撑架、草绳绕树干、围堰、排水工程、安全文明施工及其他措施项目等，措施项目为新编附录。

二、修订依据

1. 《建设工程工程量清单计价规范》GB 50500—2008；
2. 《建设工程工程量清单计价规范》GB 50500—2008 附录修编工作大纲；
3. 关于改进现行《建设工程工程量清单计价规范》的实施方案；
4. 关于《建设工程工程量清单计价规范》附录修订专家组会议纪要的函（建标造函［2010］27 号）；
5. 《建设工程工程量清单计价规范》GB 50500—2008 附录修订征求意见稿意见汇总及处理表（附录 F 园林绿化工程）；
6. 《建设工程工程量清单计价规范》GB 50500—2008 附录修订"修改稿"专家审查意见；
7. 《园林绿化工程工程量计算规范》征求意见稿意见汇总及处理表；
8. 建设部《仿古建筑及园林工程预算定额》（1988 年）；
9. 《江苏省仿古建筑与园林工程计价表》（2007）；
10. 《北京市建设工程预算定额》第十册庭园工程（2001 年）；
11. 部分省市《仿古建筑及园林工程预算定额》。

三、本规范与"08 规范"相比的主要变化情况

1. 将原来仅作为计价规范的专业附录升级为专业工程工程量计算规范。

2. 增加了一些新的分部分项工程项目。

3. 增补了措施项目，将部分专业措施项目按照分部分项项目形式表现。

4. 本规范项目组成调整情况如表 7-1 所示。

表 7-1　园林绿化工程工程量计算规范项目变化增减表

序号	附录名称	节数量		项目数量			备　注
		"08 规范"	"13 规范"	"08 规范"	"13 规范"	增（减）	
1	附录 A　绿化工程	4	3	19	30	11	
2	附录 B　园路、园桥工程	4	2	27	20	-7	假山 8 项移至 3 "园林景观工程"
3	附录 C　园林景观工程	7	8	41	61	20	2 "园路园桥工程" 移来假山 8 项
4	附录 D　措施项目	—	5	—	33	33	
	小　计	15	18	87	144	57	

四、正文部分内容详解

1　总　　则

【概述】　总则共 4 条，从 "08 规范" 复制 1 条，新增 3 条，其中强制性条文 1 条，主要内容为制定本规范的目的，适用的工程范围、作用以及计量活动中应遵循的基本原则。

【条文】　1.0.1　为规范园林绿化工程造价计量行为，统一园林绿化工程工程量计算规则、工程量清单的编制方法，制定本规范。

【要点说明】　本条阐述了制定本规范的目的和意义。

制定本规范的目的是 "规范园林绿化工程造价计量行为，统一园林绿化工程工程量计算规则、工程量清单的编制方法"，此条在 "08 规范" 基础上新增。

【条文】　1.0.2　本规范适用于园林绿化工程发承包及实施阶段计价活动中的工程计量和工程量清单编制。

【要点说明】　本条说明本规范的适用范围。

本规范的适用范围是只适用于园林绿化工程施工发承包计价活动中的 "工程计量和工程量清单编制"，此条在 "08 规范" 基础上新增，将 "08 规范" 工程量清单编制和工程计量纳入此条。

【条文】　1.0.3　园林绿化工程计价，必须按本规范规定的工程量计算规则进行工程计量。

【要点说明】　本条为强制性条款，规定了执行本规范的范围，明确了国有投资的资金和非国有资金投资的工程建设项目，其工程计量必须执行本规范。此条在 "08 规范" 基础上新增，进一步明确本规范工程量计算规则的重要性。

【条文】　1.0.4　园林绿化工程计量活动，除应遵守本规范外，尚应符合国家现行有关标准的规定。

【要点说明】　本条规定了本规范与其他标准的关系。

此条明确了本规范的条款是建设工程计价与计量活动中应遵守的专业性条款，在工程计量活动中，除应遵守专业性条款外，还应遵守国家现行有关标准的规定。此条是从"08规范"中复制的1条。

2 术 语

【概述】 按照编制标准规范的要求，术语是对本规范特有术语给予的定义，尽可能避免规范贯彻实施过程中由于不同理解造成的争议。

本规范术语共计5条，与"08规范"相比，均为新增条款。

【条文】 2.0.1 工程量计算 measurement of quantities

指建设工程项目以工程设计图纸、施工组织设计或施工方案及有关技术经济文件为依据，按照相关工程国家标准的计算规则、计量单位等规定，进行工程数量的计算活动，在工程建设中简称工程计量。

【要点说明】 "工程量计算"指建设工程项目以工程设计图纸、施工组织设计或施工方案及有关技术经济文件为依据，按照相关工程国家标准的计算规则、计量单位等规定，进行工程数量的计算活动，在工程建设中简称工程计量。

【条文】 2.0.2 园林工程 landscapes works

在一定地域内运用工程及艺术的手段，通过改造地形、建造建筑（构筑）物、种植花草树木、铺设园路、设置小品和水景等，对园林各个施工要素进行工程处理，使目标园林达到一定的审美要求和艺术氛围，这一工程的实施过程称为园林工程。

【要点说明】 中国古典园林是随着古代文明的发展而出现的一种艺术构筑。中国园林的建造历史悠久，已逾3000年，园林的要素主要是山、水、物（植物、动物）和建筑。园林通常以游赏和休闲为主。目前一般认为，园林工程是指在一定地域内运用工程及艺术的手段，通过适度地人工开发，改造地形、建造建筑（构筑）物、种植花草树木、铺设园路、设置小品和水景等途径创造而成的人工环境和游赏休息设施，这一工程的实施过程就称为园林工程。

【条文】 2.0.3 绿化工程 plantation works

树木、花卉、草坪、地被植物等的植物种植工程。

【要点说明】 "绿化工程"即通过种植树木花草，以达到改善气候、净化空气、美化环境以及防止水土流失的功能与作用。绿化工程应注重环境的生态、经济、社会效益的统一，代表的是一种绿意盎然的景观。

【条文】 2.0.4 园路 garden path

园林中的道路。

【要点说明】 园林道路是园林的组成部分，分为主路、支路、小路、园务路。其功能是组织空间、交通运输、引导游览、休憩观景；其本身也成为观赏对象。

【条文】 2.0.5 园桥 garden pridge

园林内供游人通行的步桥。

【要点说明】 园桥是园林的组成部分。园桥的基本功能是联系园林水体两岸上的道路。园桥是水面上联系交通的建筑，既有联系景点交通、组织游览路线、变化观赏视线的实用功能，又有美化、点缀山水景观，增加水面空间层次等美学功能。

3 工 程 计 量

【概述】 本章共6条，与"08规范"相比，为新增条款，规定了工程计量的依据、原则、计量单位、工作内容的确定、小数点位数的取定以及园林绿化工程与其他专业在使用上的界限划分。

【条文】 **3.0.1** 工程量计算除依据本规范各项规定外，尚应依据以下文件：

1 经审定通过的施工设计图纸及其说明；

2 经审定通过的施工组织设计或施工方案；

3 经审定通过的其他有关技术经济文件。

【要点说明】 本条规定了工程量计算的依据。明确工程量计算一是应遵守《园林绿化工程工程量计算规范》的各项规定；二是应依据施工图纸、施工组织设计或施工方案，其他有关技术经济文件进行计算；三是计算依据必须经审定通过。

【条文】 **3.0.2** 工程实施过程中的计量应按照现行国家标准《建设工程工程量清单计价规范》GB 50500 的相关规定执行。

【要点说明】 本条进一步规定工程实施过程中的计量应按照《建设工程工程量清单计价规范》的相关规定执行。

在工程实施过程中，相对工程造价而言，工程计价与计量是两个必不可少的过程，工程计量除了遵守本计量规范外，必须遵守《建设工程工程量清单计价规范》的相关规定。

【条文】 **3.0.3** 本规范附录中有两个或两个以上计量单位的，应结合拟建工程项目的实际情况，确定其中一个为计量单位。同一工程项目的计量单位应一致。

【要点说明】 本条规定了本规范附录中有两个或两个以上计量单位的项目，在工程计量时，应结合拟建工程项目的实际情况，选择其中一个作为计量单位，在同一个建设项目（或标段、合同段）中，有多个单位工程的相同项目计量单位必须保持一致。

【条文】 **3.0.4** 工程计量时每一项目汇总的有效位数应遵守下列规定：

1 以"t"为单位，应保留小数点后三位数字，第四位小数四舍五入；

2 以"m"、"m²"、"m³"为单位，应保留小数点后两位数字，第三位小数四舍五入；

3 以"株"、"丛"、"缸"、"套"、"个"、"支"、"只"、"块"、"根"、"座"等为单位，应取整数。

【要点说明】 本条规定了工程计量时，每一项目汇总工程量的有效位数，体现了统一性。

【条文】 **3.0.5** 本规范各项目仅列出了主要工作内容，除另有规定和说明外，应视为已经包括完成该项目所列或未列的全部工作内容。

【要点说明】 本条规定了工作内容应按以下三个方面规定执行：

1. 对本规范所列项目的工作内容进行了规定，除另有规定和说明外，应视为已经包括完成该项目的全部工作内容，未列内容或未发生，不应另行计量算。

2. 本规范附录项目工作内容列出了主要施工内容，施工过程中必然发生的机械移动、材料运输等辅助内容虽然未列出，也应包括。

3. 本规范以成品考虑的项目，如采用现场制作的，应包括制作的工作内容。

【条文】 **3.0.6** 园林绿化工程（另有规定者除外）涉及普通公共建筑物等工程的项目以及垂直运输机械、大型机械设备进出场及安拆等项目，按现行国家标准《房屋建筑与装饰工程工程量计算规范》GB 50854 的相应项目执行；涉及仿古建筑工程的项目，按现行国家标准《仿古建筑工程工程量计算规范》GB 50855 的相应项目执行；涉及电气、给排水等安装工程的项目，按照现行国家标准《通用安装工程工程量计算规范》GB 50856 的相应项目执行；涉及市政道路、路灯等市政工程的项目，按现行国家标准《市政工程工程量计算规范》GB 50857 的相应项目执行。

【要点说明】 本条指明了园林绿化工程与其他"工程量计算规范"在执行上的界线范围和划分，以便正确执行规范。对于一个园林绿化建设项目来说，不仅涉及园林绿化工程项目，还涉及其他专业工程项目，此条为编制清单设置项目明确了使用规范。

4 工程量清单编制

【概述】 本章共3节，13条，新增5条，移植"08规范"8条，其中强制性条文7条。规定了编制工程量清单的依据，原则要求以及执行本计量规范应遵守的有关规定。

4.1 一 般 规 定

【概述】 本节共3条，新增1条，移植"08规范"2条，规定了清单的编制依据以及补充项目的编制规定。

【条文】 **4.1.1** 编制工程量清单应依据：

1 本规范和现行国家标准《建设工程工程量清单计价规范》GB 50500；

2 国家或省级、行业建设主管部门颁发的计价依据和办法；

3 建设工程设计文件；

4 与建设工程项目有关的标准、规范、技术资料；

5 拟定的招标文件；

6 施工现场情况、工程特点及常规施工方案；

7 其他相关资料。

【要点说明】 本条规定了工程量清单的编制依据。

本条从"08规范"移植，增加《建设工程工程量清计价规范》内容。体现了《建筑工程施工发包与承包计价管理办法》的规定"工程量清单依据招标文件、施工设计图纸、施工现场条件和国家制定的统一工程量计算规则、分部分项工程项目划分、计量单位等进行编制"。本规范为计量规范，工程量清单的编制同时应以《建设工程工程量清单计价规范》为依据。

【条文】 **4.1.2** 其他项目、规费和税金项目清单应按照现行国家标准《建设工程工程量清单计价规范》GB 50500 的相关规定编制。

【要点说明】 本条为新增条款，规定了其他项目、规费和税金项目清单应按国家标准《建设工程工程量清单计价规范》的有关规定进行编制，其他项目清单包括：暂列金额、暂估价、计日工、总承包服务费；规费项目清单包括：社会保险费、住房公积金、工程排污费；税金项目清单包括：营业税、城市维护建设税、教育费附加、地方教育附加。

【条文】 **4.1.3** 编制工程量清单出现附录中未包括的项目，编制人应做补充，并报省级或行业工程造价管理机构备案，省级或行业工程造价管理机构应汇总报住房城乡建设部标准定额研究所。

补充项目的编码由本规范的代码05与B和三位阿拉伯数字组成，并应从05B001起顺序编制，同一招标工程的项目不得重码。

补充的工程量清单需附有补充项目的名称、项目特征、计量单位、工程量计算规则、工作内容。不能计量的措施项目，需附有补充项目的名称、工作内容及包含范围。

【要点说明】 本条从"08规范"移植。随着工程建设中新材料、新技术、新工艺等的不断涌现，本规范附录所列的工程量清单项目不可能包含所有项目。在编制工程量清单时，当出现本规范附录中未包括的清单项目时，编制人应做补充。在编制补充项目时应注意以下三个方面。

1. 补充项目的编码应按本规范的规定确定。具体做法如下：补充项目的编码由本规范的代码05与B和三位阿拉伯数字组成，并应从05B001起顺序编制，同一招标工程的项目不得重码。

2. 在工程量清单中应附补充项目的项目名称、项目特征、计量单位、工程量计算规则和工作内容。

3. 将编制的补充项目报省级或行业工程造价管理机构备案。

4.2 分部分项工程

【概述】 本节共8条，新增2条，从"08规范"移植6条，强制性条文6条。一是规定了组成分部分项工程工程量清单的五个要件，即项目编码、项目名称、项目特征、计量单位、工程量计算规则五大要件的编制要求。二是规定了本规范部分项目在计价和计量方面的有关规定。

【条文】 4.2.1 工程量清单应根据附录规定的项目编码、项目名称、项目特征、计量单位和工程量计算规则进行编制。

【要点说明】 本条为强制性条文，从"08规范"移植，规定了构成一个分部分项工程量清单的五个要件——项目编码、项目名称、项目特征、计量单位和工程量，这五个要件在分部分项工程量清单的组成中缺一不可。

【条文】 4.2.2 工程量清单的项目编码，应采用十二位阿拉伯数字表示，一至九位应按附录的规定设置，十至十二位应根据拟建工程的工程量清单项目名称和项目特征设置，同一招标工程的项目编码不得有重码。

【要点说明】 本条为强制性条文，从"08规范"移植，规定了工程量清单编码的表示方式：十二位阿拉伯数字及其设置规定。

各位数字的含义是：一、二位为专业工程代码（01—房屋建筑与装饰工程；02—仿古建筑工程；03—通用安装工程；04—市政工程；05—园林绿化工程；06—矿山工程；07—构筑物工程；08—城市轨道交通工程；09—爆破工程。以后进入国标的专业工程代码以此类推）；三、四位为附录分类顺序码；五、六位为分部工程顺序码；七、八、九位为分项工程项目名称顺序码；十至十二位为清单项目名称顺序码。

当同一标段（或合同段）的一份工程量清单中含有多个单位工程且工程量清单是以单位工程为编制对象时，在编制工程量清单时应特别注意对项目编码十至十二位的设置不得有重码的规定。例如一个标段（或合同段）的工程量清单中含有3个单位工程，每一单位工程中都有项目特征相同的栽植乔木项目，在工程量清单中又需反映3个不同单位工程的栽植乔木工程量时，则第一个单位工程的栽植乔木的项目编码应为050102001001，第二个单位工程的栽植乔木的项目编码应为050102001002，第三个单位工程的栽植乔木的项目编码应为050102001003，并分别列出各单位工程栽植乔木的工程量。

【条文】 4.2.3 工程量清单的项目名称应按附录的项目名称结合拟建工程的实际确定。

【要点说明】 本条规定了分部分项工程量清单的项目名称的确定原则。本条为强制性条文，从"08规范"移植，本条规定了分部分项工程量清单项目的名称应按附录中的项目名称，结合拟建工程的实际确定。特别是归并或综合较大的项目应区分项目名称，分别编码列项，例如园路工程。

【条文】 4.2.4 工程量清单项目特征应按附录中规定的项目特征，结合拟建工程项目的实际予以描述。

【要点说明】 本条规定了分部分项工程量清单的项目特征的描述原则，本条为强制性条文，从"08规范"移植。

工程量清单的项目特征是确定一个清单项目综合单价不可缺少的重要依据，在编制工程量清单时，必须对项目特征进行准确和全面的描述。但有些项目特征用文字往往又难以准确和全面的描述清楚。因此，为达到规范、简洁、准确、全面描述项目特征的要求，在描述工程量清单项目特征时应按以下原则进行。

1. 项目特征描述的内容应按附录中的规定，结合拟建工程的实际，能满足确定综合单价的需要。

2. 若采用标准图集或施工图纸能够全部或部分满足项目特征描述的要求，项目特征描述可直接采用详见××图集或××图号的方式。对不能满足项目特征描述要求的部分，仍应用文字描述。

【条文】 4.2.5 工程量清单中所列工程量应按附录中规定的工程量计算规则计算。

【要点说明】 本条规定了分部分项工程量清单项目的工程量计算原则。

本条为强制性条文，从"08规范"移植。强调工程计量中工程量应按附录中规定的工程量计算规则计算。工程量的有效位数应遵守本规范3.0.4条有关规定。

【条文】 4.2.6 工程量清单的计量单位应按附录中规定的计量单位确定。

【要点说明】 本条规定了分部分项工程量清单项目的计量单位的确定原则。

本条为强制性条文。从"08规范"移植，规定了分部分项工程量清单的计量单位应按本规范附录中规定的计量单位确定。当计量单位有两个或两个以上时，应根据所编工程量清单项目的特征要求，选择最适宜表现该项目特征并方便计量和组成综合单价的单位。例如：点风景石的计量单位为"块"、"t"两个计量单位，实际工作中，就应选择最适宜、最方便计量和组价的单位来表示。

【条文】 4.2.7 本规范现浇混凝土工程项目在"工作内容"中包括模板工程的内容，同时又在"措施项目"中单列了混凝土模板工程项目。对此，由招标人根据工程实际情况选用，若招标人在措施项目清单中未编列现浇混凝土模板项目清单，即表示现浇混凝土模板项目不单列，现浇混凝土工程项目的综合单价中应包括模板工程费用。

【要点说明】 本条规定了现浇混凝土模板的内容。

本条为新增条款。既考虑了各专业的定额编制情况，又考虑了使用者方便计价，对现浇混凝土模板采用两种方式进行编制，即：本规范对现浇混凝土工程项目，一方面"工作内容"中包括模板工程的内容，以立方米计量，与混凝土工程项目一起组成综合单价；另一方面又在措施项目中单列了现浇混凝土模板工程项目，以平方米计量，单独组成综合单价。对此，就有三层内容：一是招标人根据工程的实际情况在同一个标段（或合同段）中将两种方式中选择其一；二是招标人若采用单列现浇混凝土模板工程，必须按本规范所规定的计量单位、项目编码、项目特征描述列出清单，同时现浇混凝土项目中不含模板的工程费用；三是若招标人不单列现浇混凝土模板工程项目，不再编列现浇混凝土模板项目清单，现浇混凝土工程项目的综合单价中包括了模板的工程费用。例如：现浇混凝土花架柱，招标人选择含模板工程；在编制清单时，不再单列现浇混凝土花架柱的模板清单项目，在组成综合单价或投标人报价时，现浇混凝土工程项目的综合单价中应包括模板工程的费用。反之，若招标人不选择含模板工程，在编制清单时，应按本规范附录D措施项目中"D.3模板工程"单列现浇混凝土花架柱的模板清单项目，并列出项目编码、项目特征描述和计量单位。

【条文】 4.2.8 本规范对预制混凝土构件按现场制作编制项目，"工作内容"中包括模板工程，不再另列。若采用成品预制混凝土构件时，构件成品价（包括模板、钢筋、混凝土等所有费用）应计入综合单价中。

【要点说明】 本条规定了预制混凝土构件的内容。

本条为新增条款，本规范预制构件以现场预制编制项目，与"08规范"项目相比工作内容中包括模板工程，模板的措施费用不再单列，预制构件钢筋应按《房屋建筑与装饰工程工程量计算规范》附录E混凝土及钢筋混凝土工程中"E.15钢筋工程"相应项目编码列项；若采用成品预制混凝土构件时，成品价（包括模板、钢筋、混凝土等所有费用）计入综合单价中，即：成品的出厂价格及运杂费等进入综合单价。综上所述，预制混凝土构件，本规范只列有不同构件名称的一个项目编码、项目特征描述、计量单位、工程量计算规则及工作内容，综合了模板制作、混凝土制作、构件运输、安装等内容，编制清单项目时，不得将模板、混凝土、构件运输、安装分开列项。组成综合单价时应包含如上内容。

4.3 措 施 项 目

【概述】 本节共2条，均为新增条款，有1条强制性条款；与"08规范"相比，内容变化较大，一是将"08规范"中"3.3.1通用措施项目一览表"项目移植，列入本规范附录D措施项目中，二是所有的措施项目均以清单形式列出了项目，对能计量的措施项目，列有"项目特征、计量单位、工程量计算规则"，不能计量的措施项目，仅列出项目编码、项目名称和包含的范围。

【条文】 **4.3.1** 措施项目中列出了项目编码、项目名称、项目特征、计量单位、工程量计算规则的项目，编制工程量清单时，应按照本规范4.2分部分项工程的规定执行。

【要点说明】 本条对措施项目能计量的且以清单形式列出的项目作出了规定。

本条为新增强制性条款，规定了能计量的措施项目也同分部分项工程一样，编制工程量清单必须列出项目编码、项目名称、项目特征、计量单位。同时明确了措施项目的计量，项目编码、项目名称、项目特征、计量单位、工程量计算规则按本规范4.2的有关规定执行。本规范4.2中4.2.1、4.2.2、4.2.3、4.2.4、4.2.5、4.2.6条款对相关内容作出了规定且均为强制性条款。

例如：树木支撑架

表7-2 分部分项工程和单价措施项目清单与计价表

工程名称：某园林工程

序号	项目编码	项目名称	项目特征描述	计量单位	工程量	综合单价	合计
1	050404001001	树木支撑架	1. 支撑类型、材质 2. 支撑材料规格 3. 单株支撑材料数量	株	50		

【条文】 **4.3.2** 措施项目中仅列出项目编码、项目名称，未列出项目特征、计量单位和工程量计算规则的项目，编制工程量清单时，应按本规范附录D措施项目规定的项目编码、项目名称确定。

【要点说明】 本条对措施项目不能计量的且以清单形式列出的项目作出了规定。

本条为新增条款，针对本规范对不能计量的仅列出项目编码、项目名称，但未列出项目特征、计量单位和工程量计算规则的措施项目，编制工程量清单时，必须按本规范规定的项目编码、项目名称确定清单项目。不必描述项目特征和确定计量单位。

例如：安全文明施工、夜间施工

表7-3 总价措施项目清单与计价表

工程名称：某园林景观工程

序号	项目编码	项目名称	计算基础	费率 （%）	金额 （元）	调整费率 （%）	调整后 金额	备注
1	050401001001	安全文明施工	定额基价					
2	050401002001	夜间施工	定额人工费					

五、附录部分主要变化

附录 A 绿 化 工 程

1. 项目划分

1）绿地整理，将砍伐乔木、挖树根（蔸）分拆成两个项目。增加清除地被植物、屋面清理、种植土回（换）填、绿地起坡造型等项目。

2）栽植花木，增加垂直墙体绿化种植、花卉立体布置、植草砖内植草（籽）、挂网、箱/钵栽植等项目。

3）绿地喷灌，将喷灌设施一项拆分成喷灌管线安装及喷灌配件安装两项。

2. 项目特征

1）砍挖灌木丛及根项目增加了"蓬径"。

2）整理绿化用地项目将"土质要求"更加具体明确为"回填土质要求"，并增加了"找平找坡要求"。

3）屋顶花园基底处理项目"屋顶高度"改为"屋面高度"，并增加了"阻根层厚度、材质、做法"。

4）栽植乔木项目将"胸径"调整为"规格"。

5）栽植灌木项目增加了"起挖方式"，将"冠丛高"调整为"规格"。

6）栽植竹类项目增加了"根盘丛径"。

7）栽植棕榈类项目增加了"地径"。

8）栽植绿篱项目增加了"单位面积株数"，将"株距"改为"蓬径"。

9）栽植攀缘植物项目增加了"地径"和"单位长度株数"。

10）栽植色带项目增加了"单位面积株数"，将"株距"改为"株高或蓬径"。

11）栽植花卉项目增加了"单位面积株数"，将"株距"改为"株高或蓬径"。

12）栽植水生植物增加了"株高或蓬径或芽数/株"以及"单位面积株数"。

13）清除草皮项目中的"丛高"改为"草皮种类"。

14）栽植色带项目中的"苗木种类"改为"苗木、花卉种类"。

3. 计量单位与工程量计算规则

1）砍挖灌木丛及根、砍挖竹及根、栽植乔木及栽植竹类项目取消计量单位"株丛"。

2）砍挖灌木丛及根和栽植灌木项目增加"m²"为计量单位。

3）砍挖竹及根与栽植竹类项目增加"丛"为计量单位。

4）栽植攀缘植物项目增加了"m"为计量单位。

5）栽植花卉项目增加了"丛"、"缸"为计量单位。

6）栽植水生植物项目增加"缸"为计量单位。

7）将喷灌管线安装项目的计算规则参照通用安装工程说法进行了调整，现为"按设计图示管道中心线长度以延长米计算，不扣除检查（阀门）井、阀门、管件及附件所占的长度"。

4. 工作内容

1）砍挖灌木丛及根项目将"灌木砍挖"改为"灌木及根砍挖"。

2）砍挖竹及根项目将"砍挖竹根"改为"竹及根砍挖"。

3）砍挖芦苇及根项目将"苇根砍挖"改为"芦苇及根砍挖"。

4）屋顶花园基底处理项目增加"阻根层铺设"。

5）A.2 栽植花木取消"支撑、草绳绕树干",将其移至措施项目处。

5．其他

1）将原 E.1.4 节相关内容移至附录 A.2 作为"注"的内容,并另外增加内容:

①冠径又称冠幅应为苗木冠丛垂直投影面的最大直径和最小直径之间的平均值。

②蓬径应为灌木、灌丛垂直投影面的直径。

③地径应为地表面向上 0.1m 高处树干直径。

④干径应为地表面向上 0.3m 高处树干直径。

⑤苗木移(假)植应按花木栽植相关项目单独编码列项。

⑥土球包裹材料、树体输液保湿及喷洒生根剂等费用应包含在相应项目内。

2）修改了以下内容:

①干径与胸径的高度位置不相同,故将干径的规定调整为"干径应为地表面向上 0.3m 高处树干直径"。

②种植施工期间的养护属于正常的种植工序,如同混凝土浇水养护。《城市绿化工程施工及验收规范》CJJ/82—99 对于绿化工程验收时间是有明确规定的,如:栽植乔木、灌木、攀缘植物,应在一个年生长周期满后方可验收;秋季种植的宿根花卉、球根花卉应在第二年春季发芽出土后验收。目前很多业主实际要求承包人在工程竣工验收通过后继续负责一段时间的养护,故明确栽植花木项目的"养护期应为招标文件中要求苗木种植结束后承包人负责养护的时间"。

③《城市绿化工程施工及验收规范》CJJ/82—99 对于绿化项目的成活率是有明确要求的,如:乔、灌木的成活率应达到 95% 以上,花卉成活率应达到 95%;作为承包人应按照上述规范要求施工移交,考虑到现实中发包人提出超出规范标准的成活率要求,故在注中明确"发包人如有成活率要求时,应在特征描述中加以描述"。

6．典型分部分项工程工程量清单编写实例

【实例】

一、背景资料

某公共绿地,因工程建设需要,需进行重建。绿地面积为 300m²,原有 20 株乔木需要伐除,其胸径 18cm、地径 25cm;绿地需要进行土方堆土造型计 180m³,平均堆土高度 60cm;新种植树种为:香樟 30 株,胸径 25cm、冠径 300~350cm;新铺草坪为:百慕大满铺 300m²,苗木养护期均为一年。

二、问题

根据以上背景资料及《建设工程工程量清单计价规范》、《园林绿化工程工程量计算规范》,试列出该绿化工程分部分项工程量清单。

表 7-4　清单工程量计算表

工程名称:某公共绿地

序号	清单项目编码	项目名称	计算式	计量单位	工程量
1	050101001001	砍伐乔木		株	20
2	050101010001	整理绿化用地		m²	300
3	050101011001	绿地起坡造型	(略)	m³	180
4	050102001001	栽植乔木		株	30
5	050102012001	铺种草皮		m²	300

表 7-5　分部分项工程和单价措施项目清单与计价表

工程名称：某公共绿地

序号	项目编码	项目名称	项目特征描述	计量单位	工程量	金额（元）	
						综合单价	合计
1	050101001001	砍伐乔木	树干胸径：18cm	株	20		
2	050101010001	整理绿化用地	1. 回填土质要求：富含有机质种植土 2. 取土运距：根据场内挖填平衡，自行考虑土源及运距 3. 回填厚度：≤30cm 4. 弃渣运距：自行考虑	m²	300		
3	050101011001	绿地起坡造型	1. 回填土质要求：富含有机质种植土 2. 取土运距：自行考虑 3. 起坡平均高度：60cm	m³	180		
4	050102001001	栽植乔木	1. 种类：香樟 2. 胸径：25cm 3. 冠径：300cm～350cm 4. 养护期：一年	株	30		
5	050102012001	铺种草皮	1. 草皮种类：百慕大 2. 铺种方式：满铺 3. 养护期：一年	m²	300		

附录 B　园路、园桥工程

1. 项目划分

1）原 E.2.2 堆塑假山，按照编制大纲要求，将本节整体移至附录 C.1 节。

2）园路园桥工程，增加踏（蹬）道、石汀步（步石、飞石）、栈道。

3）驳岸，增加框格花木护岸、点（散）布大卵石。

4）根据附录修订专家组会议纪要的要求，将园桥工程"仰天石、地伏石、石望柱、栏杆、扶手、栏板、撑鼓"等与仿古建筑工程重复的项目取消。

5）为增加适用性，将名称"树池围牙、盖板"改为"树池围牙、盖板（篦子）"，"石桥基础"改为"桥基础"，"石砌驳岸"改为"石（卵石）砌驳岸"，"散铺砂卵石护岸（自然护岸）"改为"满（散）铺砂卵石护岸（自然护岸）"。

2．项目特征

1）园路及踏（蹬）道项目增加"路床土石类别"、取消"混凝土强度等级"内容。

2）为减少局限性，路牙铺设及桥基础项目取消"混凝土强度等级"内容。

3．计量单位与工程量计算规则

1）树池围牙、盖板（箅子）项目增加"套"为计量单位。

2）石（卵石）砌驳岸和满（散）铺砂卵石护岸（自然护岸）项目增加增加"t"为计量单位。

3）原木桩驳岸项目增加"根"为计量单位。

4．其他

1）原 E.2.4 节相关内容移至附录 B.1 节作为"注"的内容。

2）园路、园桥工程"注"另外增加内容：

①地伏石、石望柱、石栏杆、石栏板、扶手、撑鼓等应按《仿古建筑工程工程量计算规范》相关项目编码列项。

②亲水（小）码头各分部分项项目按照园桥相应项目编码列项。

③台阶项目按《房屋建筑与装饰工程工程量计算》相关项目编码列项。

④混合类构件园桥按《房屋建筑与装饰工程工程量计算》或《通用安装工程工程量计算规范》相关项目编码列项。

3）驳岸、护岸一节的"注"另外增加内容：

①驳岸工程的挖土方、开凿石方、回填等应按《房屋建筑与装饰工程工程量计算规范》相关项目编码列项。

②木桩钎（梅花桩）按原木桩驳岸项目单独编码列项。

③钢筋混凝土仿木桩驳岸，其钢筋混凝土及表面装饰按《房屋建筑与装饰工程工程量计算规范》相关项目编码列项，若表面"塑松皮"按附录 C 园林景观工程相关项目编码列项。

④框格花木护坡的铺草皮、撒草籽等应按附录 A 相关项目编码列项。

附录 C　园林景观工程

1．项目划分

1）堆塑假山，本节按照编制大纲要求，由原 E.2.2 节整体移至本节。

2）亭廊屋面，增加"油毡瓦屋面"项目，根据附录修订专家组会议纪要的要求，除预制混凝土穹顶外，取消"混凝土斜屋面板、现浇混凝土和预制混凝土攒尖亭屋面板"等 3 个与仿古建筑工程重复的项目。

3）花架，增加"竹花架柱、梁"项目

4）园林桌椅，增加"水磨石飞来椅"和"水磨石石凳"两个项目，取消"木制飞来椅"项目。

5）喷泉安装，增加"喷泉设备"项目。

6）杂项，增加"石球、塑料栏杆、钢筋混凝土艺术围栏、景墙、景窗、花饰、博古架、花盆（坛、箱）、摆花、花池、垃圾箱、其他景观小摆设、柔性水池"等项目。

7）调整原 E.3.7，现为 C.8 节条文，主要根据附录修订专家组会议纪要的要求，增加了如下内容：现浇混凝土构件中的钢筋项目应按附录 B.2 中相应项目编码列项。

2．其他

1）将原 E.3.7 节内容分别移至各相关节作为"注"的内容。

2）堆塑假山"注"增加："散铺河滩石按点风景石项目单独编码列项"及"堆筑土山丘，适用于夯填、堆筑而成"。

3）原木、竹构件增加"注"内容：

①木构件连接方式应包括：开榫连接、铁件连接、扒钉连接、铁钉连接。

②竹构件连接方式应包括：竹钉固定、竹篾绑扎、铁丝连接。

4）亭廊屋面"注"增加：

①柱顶石（磉磴石）、钢筋混凝土屋面板、钢筋混凝土亭屋面板、木柱、木屋架、钢柱、钢屋架、屋面木基层和防水层等，应按《房屋建筑与装饰工程工程量计算规范》中相关项目编码列项。

②膜结构的亭、廊，应按《房屋建筑与装饰工程工程量计算规范》中相关项目编码列项。

③竹构件连接方式应包括：竹钉固定、竹篾绑扎、铁丝连接。

5）花架"注"增加：花架基础、玻璃天棚、表面装饰及涂料项目应按《房屋建筑与装饰工程工程量计算规范》中相关项目编码列项。

6）园林桌椅"注"增加：木制飞来椅按《仿古建筑工程工程量计算规范》相关项目编码列项。

7）喷泉安装增加"注"：

①喷泉水池应按《房屋建筑与装饰工程工程量计算规范》中相关项目编码列项。

②管架项目按《房屋建筑与装饰工程工程量计算规范》附录 F 中钢支架项目单独编码列项。

8）根据专家意见，将其中的石浮雕分类表移至《仿古建筑工程工程量计算规范》附录 B 内。

附录 D　措　施　项　目

本附录系新增加项目，共分 5 节计 33 个清单项目，其中 D. 5 节清单项目属于总价措施项目，D. 1 ~ D. 4 节清单项目属于单价措施项目。

D. 1　脚手架工程

1. 项目划分

本节由砌筑脚手架、抹灰脚手架、亭脚手架、满堂脚手架、堆砌（塑）假山脚手架、桥身脚手架、斜道等组成。

2. 项目特征

根据工程使用范围与作用阶段的不同，分别列项按要求进行描述。

3. 计量单位与工程量计算规则

根据取定计量单位和项目特点确定工程量计算规则，计量单位主要以"m^2"为主，另有"座"、"个"等。

4. 工作内容

按增设的各个项目施工程序确定工作内容。

D. 2　模　板　工　程

1. 本节系新增加项目，按照专家组会议纪要要求，根据与实体钢筋混凝土项目相对应的原则，共设置 7 个现浇混凝土项目及 1 个拱券石项目。

2. 本节计量单位分别为："m^2"、"个"。

3. 工程量计算规则

①现浇钢筋混凝土及树池围牙等项目以模板与混凝土接触面积为主计算。

②桌凳项目增加以设计数量的计量单位。

D.3　树木支撑架、草绳绕树干、搭设遮阴（防寒）棚工程

1. 本节由树木支撑架、草绳绕树干、搭设遮阴（防寒）棚、反季节栽植影响措施等项目组成。
2. 树木支撑架、草绳绕树干项目系由原 E.1.2 栽植花木中的工作内容移入。
3. 计量单位以"株"为主，另有"平方米"和"项"。
4. 工程量计算规则

树木支撑架、草绳绕树干项目按设计图示数量计算；

搭设遮阴（防寒）棚，以平方米计量时，按遮阴（防寒）棚外围覆盖层的展开尺寸以面积计算；以株计量时，按设计图示数量计算。

D.4　围堰、排水工程

1. 本节由围堰、排水等 2 个清单项目组成，系新增加项目。
2. 本节计量单位为：围堰"m^3"、"m"、排水"m^3"、"天"、"台班"
3. 工程量计算规则

围堰：以立方米计量时，按围堰断面面积乘以堤顶中心线长度以体积计算；以米计量时，按围堰堤顶中心线长度以延长米计算。

排水：以立方米计量时，按需要排水量以体积计算，围堰排水按堰内水面面积乘以平均水深计算；以天计量时，按需要排水日历天计算；以台班计量时，按水泵排水工作台班计算。

D.5　安全文明施工及其他措施项目

1. 项目划分

本节由安全文明施工、夜间施工、非夜间施工照明、二次搬运、冬雨季施工、反季节栽植影响措施、地上地下设施的临时保护设施、已完工程及设备保护等组成。

2. 工作内容及包含范围

本节项目属于总价措施项目，故只按照清单项目分别列出各自的工作内容及包含范围，计量单位为"项"。

六、园林绿化工程工程量清单编写实例

【实例】

一、背景资料

某庭院景观绿化工程，如图 7-1（总平面图），施工季节为夏季，主要施工内容为庭院景观水池、小园路、木桥以及绿化种植等。

二、问题

根据以上背景资料及《建设工程工程量清单计价规范》及《园林绿化工程工程量计算规范》，试列出该庭院景观园林绿化工程分部分项工程、措施项目的工程量清单。

注：其他项目清单、规费、税金项目计价表、主要材料、工程设备一览表不举例，其应用在《建设工程工程量清单计价规范》"表格应用"中体现。

由于该工程工程量，大多数为图纸 CAD 测量完成，此处忽略计算式。

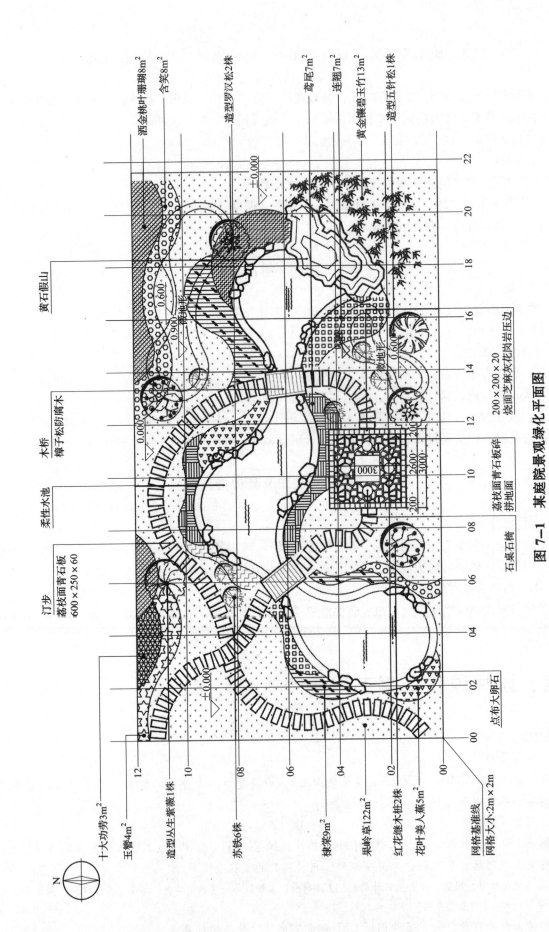

洒金桃叶珊瑚8m²
含笑8m²
造型罗汉松2株
鸢尾7m²
连翘7m²
黄金镶碧玉竹13m²
造型五针松1株

黄石假山

木桥
樟子松防腐木

柔性水池

汀步
荔枝面青石板
600×250×60

黄石假山

±0.000
0.600
0.900
微地形
微地形
0.000
0.600
微地形

200×200×20
烧面芝麻灰花岗岩压边

荔枝面青石板碎
拼地面
烧面面地面

石桌石椅

点布大卵石

十大功劳3m²
玉簪4m²
造型丛生紫薇1株
苏铁6株
棣棠9m²
吴岭草122m²
红花继木桩2株
花叶美人蕉5m²

网格基准线
网格大小:2m×2m

N

图 7-1　某庭院景观绿化平面图

表7-6 清单工程量计算表

工程名称：某工程

序号	清单项目编码	项目名称	计算式	计量单位	工程量
1	050101010001	整理绿化用地		m²	190
2	050101011001	土方造型		m³	12
3	050102002001	栽植灌木		株	2
4	050102002002	栽植灌木		株	1
5	050102002003	栽植灌木		株	2
6	050102002004	栽植灌木		株	1
7	050102002005	栽植灌木		株	6
8	050102003001	栽植竹类		m²	13
9	050102007001	栽植色带		m²	3
10	050102007002	栽植色带		m²	8
11	050102007003	栽植色带		m²	18
12	050102007004	栽植色带		m²	7
13	050102007005	栽植色带	（略）	m²	8
14	050102008001	栽植花卉		m²	4
15	050102008002	栽植花卉		m²	11
16	050102008003	栽植花卉		m²	5
17	050102012001	铺种草皮		m²	122
18	050201013001	石汀步		m³	0.84
19	050201001001	园路		m²	6.76
20	050201001002	园路		m²	2.24
21	050305006001	石桌石凳		套	1.00
22	050307020001	柔性水池		m²	45.00
23	050202004001	点布大卵石		块	36.00
24	050201014001	木制步桥		m²	3.00
25	050301002001	堆砌石假山		t	11.96

_____×   ×_____工程

招标工程量清单

招　标　人：_____×× 公司_____
　　　　　　　　　　　　（单位盖章）

造价咨询人：_____××造价咨询公司_____
　　　　　　　　　　　　（单位盖章）

×× 年 × 月 × 日

_____×× _____工程

招标工程量清单

招　标　人：　　×× 公司　　
（单位盖章）

工　程　造　价
咨　询　人：　×× 造价咨询公司
（单位盖章）

法定代表人
或其授权人：_____ ×××_____
（签字或盖章）

法定代表人
或其授权人：_____ ×××_____
（签字或盖章）

编　制　人：_____ ×××_____
（造价人员签字专用章）

编　制　人：_____ ×××_____
（造价人员签字专用章）

编 制 时 间：××年×月×日

复 核 时 间：××年×月×日

扉 –1

总　说　明

工程名称：某工程

一、工程概况

本工程为一庭院景观绿化工程，总面积约为 $260m^2$，工程内容及做法详见施工图。

二、工程招标和分包范围

1. 工程招标范围：施工图范围内的景观绿化工程。

2. 分包范围：无分包工程。

三、清单编制依据

1.《建设工程工程量清单计价规范》GB 50500—2013；

2.《园林绿化工程工程量计算规范》GB 50858—2013；

3. 本工程的施工图纸；

4. 与本工程有关的标准（包括标准图集）、规范、技术资料；

5. 招标文件、补充通知；

6. 其他有关文件、资料。

四、其他说明的事项

1. 一般说明

（1）施工现场情况：以现场踏勘情况为准。

（2）交通运输情况：以现场踏勘情况为准。

（3）自然地理条件：本工程位于××市××县。

（4）环境保护要求：满足省、市及当地政府对环境保护的相关要求和规定。

（5）本工程投标报价、使用表格及格式应按《建设工程工程量清单计价规范》、《园林绿化工程工程量计算规范》和本工程招标文件的规定及要求执行。

（6）工程量清单中每一个项目，都需填入综合单价及合价，对于没有填入综合单价及合价的项目，不同单项及单位工程中的分部分项工程量清单中相同项目（项目特征及工作内容相同）的报价应统一，如有差异，按最低的一个报价进行结算。

（7）《承包人提供材料和工程设备一览表》中的材料价格应与《综合单价分析表》中的材料价格一致。

（8）本工程量清单中的分部分项工程量及措施项目工程量均是根据本工程的施工图，按照《园林绿化工程工程量计算规范》进行计算的，仅作为施工企业投标报价的共同基础，不能作为最终结算与支付价款的依据，工程量的变化调整以业主与承包商签字的合同约定为准。

（9）工程量清单及其计价格式中的任何内容不得随意删除或涂改，若有错误，请在招标答疑时及时提出，并以招标人提供的"补遗"资料为准。

（10）分部分项工程量清单中对工程项目的项目特征及具体做法只作重点描述，详细情况见施工图设计、技术说明及相关标准图集。组价时应结合投标人现场勘察情况包括完成所有工序工作内容的全部费用。

（11）投标人应充分考虑施工现场周边的实际情况对施工的可能影响，相应编制施工方案，并作出报价。

（12）本说明未尽事项，以《建设工程工程量清单计价规范》、《园林绿化工程工程量计算规范》、招标文件以及有关的法律、法规、建设行政主管部门颁发的文件为准。

2. 有关专业技术说明

（1）本工程混凝土采用商品混凝土。

（2）土、渣等弃置运距由施工单位自行考虑，计入报价。

（3）绿化种植工程养护期按 1 年考虑。

表 –01

分部分项工程和单价措施项目清单与计价表

工程名称：某工程

序号	项目编码	项目名称	项目特征描述	计量单位	工程量	金额（元）		
						综合单价	合价	其中：暂估价
1	050101010001	整理绿化用地	1. 回填土质要求：富含有机质种植土 2. 取土运距：根据场内挖填平衡，自行考虑运距 3. 回填厚度：30cm 4. 绿地平整（人工） 5. 弃渣运距：自行考虑	m²	190			
2	050101011001	土方造型	1. 回填土质要求：富含有机质种植土 2. 取土运距：自行考虑 3. 起坡平均高度：60cm	m³	12			
3	050102002001	栽植灌木	1. 种类：红花继木桩 2. 地径：20cm～25cm，造型好 3. 养护期：一年	株	2			
4	050102002002	栽植灌木	1. 种类：造型丛生紫薇 2. 冠丛高：高250cm～350cm，冠径250cm～350cm 3. 养护期：一年	株	1			
5	050102002003	栽植灌木	1. 种类：造型罗汉松 2. 胸径：高度300cm～400cm，冠径300cm～400cm，造型好 3. 养护期：一年	株	2			
6	050102002004	栽植灌木	1. 种类：造型五针松 2. 胸径：高度200cm～300cm，冠径250cm～350cm，造型好 3. 养护期：一年	株	1			
7	050102002005	栽植灌木	1. 种类：苏铁 2. 胸径：高度100cm～120cm，冠径100cm～120cm，树形好 3. 养护期：一年	株	6			
8	050102003001	栽植竹类	1. 竹种类：黄金间碧玉 2. 竹胸径：12株/m²，杆径3cm 3. 养护期：一年	m²	13			

表－08

序号	项目编码	项目名称	项目特征描述	计量单位	工程量	金额（元）		
						综合单价	合价	其中：暂估价
9	050102007001	栽植色带	1. 苗木种类：十大功劳 2. 株高：高度 40cm～50cm，冠径 35cm～40cm，36 株/m² 3. 养护期：一年	m²	3			
10	050102007002	栽植色带	1. 苗木种类：含笑 2. 株高：高度 40cm～50cm，冠径 25cm～30cm，36 株/m² 3. 养护期：一年	m²	8			
11	050102007003	栽植色带	1. 苗木种类：棣棠 2. 株高：高度 30cm～40cm，冠径 25cm～30cm，36 株/m² 3. 养护期：一年	m²	18			
12	050102007004	栽植色带	1. 苗木种类：连翘 2. 株高：高度 40cm～50cm，冠径 25cm～30cm，36 株/m² 3. 养护期：一年	m²	7			
13	050102007005	栽植色带	1. 苗木种类：洒金桃叶珊瑚 2. 株高：高度 50cm～60cm，冠径 40cm～50cm，25 株/m² 3. 养护期：一年	m²	8			
14	050102008001	栽植花卉	1. 苗木种类：玉簪 2. 株高：3 芽/株，49 株/m² 3. 养护期：一年	m²	4			
15	050102008002	栽植花卉	1. 苗木种类：鸢尾 2. 株高：3 芽/株，64 株/m² 3. 养护期：一年	m²	11			
16	050102008003	栽植花卉	1. 苗木种类：花叶美人蕉 2. 株高：3 芽/株，25 株/m² 3. 养护期：一年	m²	5			
17	050102012001	铺种草皮	1. 草皮种类：果岭草 2. 铺种方式：满铺 3. 养护期：一年	m²	122			

表－08

序号	项目编码	项目名称	项目特征描述	计量单位	工程量	金额（元）		
						综合单价	合价	其中：暂估价
18	050201013001	石汀步	1. 600×2500×60 厚青石板 2. 30 厚 1:3 水泥砂浆结合层 3. 100 厚 C15 混凝土找平层 4. 100 厚碎石垫层 5. 素土夯实	m³	0.84			
19	050201001001	园路	1. 30 厚荔枝面青石板碎拼地面，密缝，做法见 JS－06 2. 30 厚 1:3 水泥砂浆结合层 3. 150 厚 C15 混凝土找平层 4. 150 厚碎石垫层 5. 素土夯实	m²	6.76			
20	050201001002	园路	1. 200×200×20 烧面芝麻灰花岗岩压边，做法见 JS－06 2. 30 厚 1:3 水泥砂浆结合层 3. 150 厚 C15 混凝土找平层 4. 150 厚碎石垫层 5. 素土夯实	m²	2.24			
21	050305006001	石桌石凳	业主指定款式（一桌四椅）	套	1.00			
22	050307020001	柔性水池	1. 水池深度 0.9m 2. 膨润土防水毯	m²	45.00			
23	050202004001	点布大卵石	1. 大卵石粒径：500mm 2. 数量：36 块 3. 砂浆强度等级、配合比：水泥 M7.5	块	36.00			
24	050201014001	木制步桥	1. 桥宽度：1000mm 2. 桥长度：1500mm 3. 木材种类：樟子松防腐木 4. 桥面板厚度：50mm	m²	3.00			
25	050301002001	堆砌石假山	1. 堆砌高度：2.5m 2. 石料种类：黄石 3. 混凝土强度等级：C25 4. 砂浆强度等级、配合比：水泥 M7.5 5. 素土夯实；150 厚碎石垫层；100 厚 C15 混凝土垫层；200 厚 C25 钢筋混凝土假山基础底板	t	11.96			

总价措施项目清单与计价表

序号	项目编码	项目名称	计算基础	费率（%）	金额（元）	调整费率（%）	调整后金额（元）	备注
1	050405001001	安全文明施工（含环境保护、文明施工、安全施工、临时设施）	定额基价					
2	050405006001	反季节栽植影响措施	定额人工费					
		（略）						
		合　计						

编制人（造价人员）：　　　　　　　　　　　　　　　　复核人（造价工程师）：

注：1. "计算基础"中安全文明施工费可为"定额基价"、"定额人工费"或"定额人工费＋定额机械费"，其他项目可为"定额人工费"或"定额人工费＋定额机械费"。

2. 按施工方案计算的措施费，若无"计算基础"和"费率"的数值，也可只填"金额"数值，但应在备注栏说明施工方案出处或计算方法。

表－11

第 八 篇
《矿山工程工程量计算规范》GB 50859—2013
内 容 详 解

一、概况

根据住房和城乡建设部建造函［2009］44 号《关于请承担〈建设工程工程量清单计价规范〉》GB 50500—2008（以下简称"08 规范"）修订工作任务的要求和中国建设工程造价管理协会"关于委托编制《矿山工程工程量清单编制》的函"（中价协函［2009］10 号）的安排，中国煤炭建设协会负责组织修订《矿山工程工程量计算规范》。根据"08 规范"要求，结合矿山工程建近几年的发展情况，总结了矿山工程建设执行工程量清单计价以来的经验和存在问题，并根据初审意见，依据建标造函［2010］27 号"关于《建设工程量清单计价规范》附录修订专家组会议纪要的函"的有关内容，对《建设工程工程量清单计价规范》GB 50500—2003（以下简称"03 规范"）附录 F 矿山工程工程量清单项目及计算规则进行了认真修订，并对反馈意见作了认真分析和讨论后，进行了修编。

本规范包括正文部分和附录 A 露天工程、附录 B 井巷工程、附录 C 措施项目四部分内容，在"08 规范"基础上增加 25 项，减少 10 项，共计 157 个项目，具体变化详见表 8 - 1。

表 8 -1   矿山工程附录项目变化增减表

序号	章节名称	原规范	新规范	增加项目数	减少项目数	备注
1	附录A 露天工程	52	44		8	
2	A.1 爆破工程	6	5		1	
3	A.2 采装运输工程	6	3		3	
4	A.3 岩土排弃工程	3	1		2	
5	A.4 道路及附属工程	17	16		1	
6	A.5 筑坝工程	12	11		1	
7	A.6 窄轨铁路铺设工程	8	8			
8	附录B 井巷工程	83	93	12	2	
9	B.1 冻结工程	6	4		2	
10	B.2 钻井工程	5	6	1		
11	B.3 地面预注浆工程	5	5			
12	B.4 立井井筒工程	8	8			
13	B.5 斜井井筒工程	6	6			
14	B.6 斜巷工程	5	5			
15	B.7 平硐及平巷工程	6	6			
16	B.8 硐室工程	5	5			
17	B.9 铺轨工程	3	3			

序号	章节名称	原规范	新规范	增加项目数	减少项目数	备注
18	B. 10　斜坡道工程	5	5			
19	B. 11　天溜井工程	7	7			
20	B. 12　其他工程	15	25	10		
21	B. 13　辅助系统工程	7	8	1		
22	附录 C　措施项目	0	20	20		
23	C. 1　临时支护措施项目	0	4	4		
24	C. 2　露天矿山措施项目	0	8	8		
25	C. 3　凿井措施项目	0	1	1		
26	C. 4　大型机械设备进出场及安拆		1	1		
27	C. 5　安全文明施工及其他措施项目		6	6		

二、修编的主要原则

1. 认真贯彻住房和城乡建设部《建设工程工程量清单计价规范》GB 50500—2008 及其解释和勘误的各项规定，将其贯穿于本次修订的全过程。

2. 总结矿山工程执行工程量清单计价规则以来的经验和存在问题，并在原附录 F 矿山工程工程量清单项目及计算规则（建设部 313 号公告《建设工程工程量清单计价规范》2005 年局部修订部分）基础上修订新的《矿山工程工程量计算规范》。

3. 根据"08 规范"的要求，紧紧结合矿山工程建设施工的实际，充分考虑矿山建设工程的特殊性，认真修订和完善分部分项工程量清单项目设置，并对其项目名称、项目特征、工作内容、计量单位、工程量计算规则等内容，进行补充和完善。

4. 修订《矿山工程工程量计算规范》，充分注意了现行定额计价和清单计价要求的关系，并将矿山工程工程造价计价多年来的经验和习惯总结纳入到修编过程中，便于实际操作，方便使用，更加贴近工程造价计价、管理的需要。

5. 由于矿山工程受地质条件变化的影响较大，所以在清单项目设置、工程内容、项目特征等方面尽量减少综合，做到科学、合理、使用方便。

三、修编工作的主要内容

1. 组织编制人员认真学习《建设工程工程量清单计价规范》GB 50500—2008 的全部内容，特别是有关编制工程量清单项目方面的主要内容，重点分析现行附录 F 矿山工程工程量清单项目及计算规则的内容与"08 规范"相关规定的不同之处，并结合矿山工程建设情况的实际，列出修订方案，并根据方案进行具体内容的修订。

2. 收集和整理了矿山工程在执行清单计价过程中存在的问题和经验，使新修订的《矿山工程工程量计算规范》内容更加完善和全面。

3. 进一步修订完善原附录 F 中每一个分部分项工程量清单项目中项目名称、项目特征、计量单位、工程量计算规则、工作内容。特别是项目特征，按"08 规范"要求尽可能将反映分部分项工程量清单项目和措施清单项目自身价值本质特征的各项特征内容作全面描述，以供使用时参考。

4. 补充新的项目内容。结合煤炭建设现行工程设计、施工实际情况，增补机械化掘进、锚索、塑料网（编织网）等相关项目内容。

5. 措施项目清单部分：将矿山专业措施项目列于《矿山工程工程量计算规范》中。将部分可以计算工程量的措施项目，按分部分项工程量清单项目编制要求列于附录中；将不可计量的措施项目仅列出编码，名称工作内容及包含范围，列于措施项目清单部分。

6. 对于分部分项工程量清单项目项目特征描述中不能完全反映计价要求或各清单项目之间有互相关联需要说明的相关内容，在各章节后面加"注"，说明"项目特征"描述、项目清单划分或按清单项目计价过程应注意的问题。

四、结构变化

1. 将原附录 F 矿山工程工程量清单项目及计算规则修订为《矿山工程工程量计算规范》，代码为 06。

2. 按露天工程、井巷工程、措施项目（包括露天工程、井巷工程）排列。

3. 将特殊凿井工程中的冻结工程、钻井工程、地面预注浆工程根据施工顺序放到井巷工程立井井筒的前面。

五、正文部分内容详解

1　总　　则

【概述】　本规范总则共 4 条，从"08 规范"复制一条，新增 3 条，其中强制性条文 1 条，主要内容为制定本规范的目的，适用的工程范围、作用以及计量活动中应遵循的基本原则。

【条文】　**1.0.1**　为规范矿山建设工程造价计量行为，统一矿山建设工程工程量计算规则、工程量清单的编制方法，制定本规范。

【要点说明】　本条阐述了制定本规范的目的和意义。

制定本规范的目的是"规范矿山建设工程造价计量行为，统一矿山工程工程量计算规则、工程量清单编制方法"，此条在"08 规范"基础上新增，此次"08 规范"修订，将分别制定计价与计量规范，因此，新增此条。

【条文】　**1.0.2**　本规范适用于矿山建设工程发承包及其实施阶段计价活动中的工程计量和工程量清单编制。

【要点说明】　本条说明本规范的适用范围。

本规范的适用范围是矿山建设工程发承包计价及实施阶段计价活动中的"工程量清单编制和工程计量"，此条在"08 规范"基础上新增，将"08 规范"工程量清单编制和工程计量纳入此条。

【条文】　**1.0.3**　**矿山建设工程计价，必须按本规范规定的工程量计算规则进行工程计量。**

【要点说明】　本条为强制性条文，规定了执行本规范的范围，明确了无论国有资金投资的还是非国有资金投资的工程建设项目，其工程计量必须执行本规范。此条在"08规范"基础上新增，进一步明确本规范工程量计算规则的重要性。

【条文】 **1.0.4** 矿山建设工程计价与计量活动，除应遵守本规范外，尚应符合国家现行有关标准的规定。

【要点说明】 本条规定了本规范与其他标准的关系。

此条明确了本规范的条款是矿山建设工程计价与计量活动中应遵守的专业性条款，在工程计量活动中，除应遵守本规范，还应遵守国家现行有关标准的规定。此条是从"08规范"中复制的一条。简要说明制定本规范的目的和适用范围。

2 术 语

【概述】 按照编制标准规范的要求，术语是对本规范特有术语给予的定义，尽可能避免规范贯彻实施过程中由于不同理解造成的争议。

本规范术语共计4条，与"08规范"相比，均为新增。

【条文】 **2.0.1** 工程量计算 measurements of quantities

指建设工程项目以工程设计图纸、施工组织设计或施工方案及有关技术经济文件为依据，按照相关工程国家标准的计算规则、计量单位等规定，进行工程数量的计算活动。在工程建设中简称工程计量。

【要点说明】 "工程量计算"指建设工程项目以工程设计图纸、施工组织设计或施工方案及有关技术经济文件为依据，按照相关工程国家标准的计算规则、计量单位等规定，进行工程数量的计算活动，在工程建设中简称工程计量。

【条文】 **2.0.2** 矿山工程 mining works

矿山工程是以矿产资源为基础，在矿山进行资源开采作业的工程技术学。包括露天工程、井巷工程、硐室工程及其附属工程。不包括与其配套的地面建筑、安装和井下安装工程。

【要点说明】 "矿山工程"是以矿产资源为基础，在矿山进行资源开采作业的工程技术学。包括露天工程、井巷工程，硐室工程及其附属工程。不包括与其配套的地面建筑、安装和井下安装工程。

【条文】 **2.0.3** 露天工程 surface mining works

对煤矿床进行露天开采时在地表所形成的采场、排土场及地面生产系统的总体。本规范内容主要包括露天煤矿的剥采工程、运输工程和排土工程等主要生产环节以及穿孔、爆破、边坡、疏干降水和防水排水。不包括与其配套的地面生产系统、输配电、机修等辅助工程。

【要点说明】 "露天工程"是对煤矿床进行露天开采时在地表所形成的采场、排土场及地面生产系统的总体。本规范内容主要包括露天煤矿的剥采工程、运输工程和排土工程等主要生产环节以及穿孔、爆破、边坡、疏干降水和防水排水。不包括与其配套的地面生产系统、输配电、机修等辅助工程。

【条文】 **2.0.4** 井巷工程 sub-surface mining works

为地下矿石开采而开掘的井筒，井底车场及硐室，主要石门，运输大巷，采区巷道及回风巷道，支护工程等统称为井巷工程。

【要点说明】 "井巷工程"是为地下矿石开采而开掘的井筒，井底车场及硐室，主要石门，运输大巷，采区巷道及回风巷道，支护工程等统称为井巷工程。

【条文】 **2.0.5** 硐室 chamber

为某种专门用途在井下开凿和建造的断面较大或长度较短的空间构筑物。

【要点说明】 "硐室"是为某种专门用途在井下开凿和建造的断面较大或长度较短的空间构筑物。

3 工 程 计 量

【概述】 本章共5条，与"08规范"相比，为新增条款，规定了工程计量的依据、原则、计量单位、工作内容的确定，小数点位数的取定。

【条文】 3.0.1 工程量计算除依据本规范各项规定外，尚应依据以下文件：

1 经审定通过的施工设计图纸及其说明。

2 经审定通过的施工组织设计或施工方案。

3 经审定通过的其他有关技术经济文件。

【要点说明】 本条规定了工程量计算的依据。明确工程量计算，一是应遵守《矿山工程计量规范》的各项规定；二是应依据施工图纸、施工组织设计或施工方案，其他有关技术经济文件；三是计算依据必须经审定通过。

【条文】 3.0.2 工程实施过程中的相关计量应按照现行国家标准《建设工程工程量清单计价规范》GB 50500 的相关规定执行。

【要点说明】 本条进一步规定工程实施过程中的计量应按《建设工程工程量清单计价规范》的相关规定执行。

在工程实施过程中，相对工程造价而言，工程计价与计量是两个必不可少的过程，工程计量除了遵守本计量规范外，必须遵守《建设工程工程量清单计价规范》的相关规定。

【条文】 3.0.3 本规范附录中有两个或两个以上计量单位的，应结合拟建工程项目的实际情况，同一工程项目，确定其中一个为计量单位。同一工程项目的计量单位应一致。

【要点说明】 本条规定了本规范附录中有两个或两个以上计量单位的项目，在工程计量时，应结合拟建工程项目的实际情况，选择其中一个作为计量单位，在同一个建设项目（或标段、合同段）中，有多个单位工程的相同项目计量单位必须保持一致。

【条文】 3.0.4 工程计量时每一项目汇总的有效位数应遵守下列规定：

1 以"t"为单位，应保留小数点后三位数字，第四位小数四舍五入；

2 以"m"、"m^2"、"m^3"、"kg"为单位，应保留小数点后两位数字，第三位小数四舍五入；

3 以"个"、"件"、"根"、"组"、"系统"为单位，应取整数。

【要点说明】 本条规定了工程计量时，每一项目汇总工程量的有效位数。

【条文】 3.0.5 本规范各项目仅列出了主要工作内容，除另有规定和说明者外，应视为已经包括完成该项目所列或未列的全部工作内容。

【要点说明】 本条规定了工作内容应按以下三个方面规定执行：

1. 对本规范所列项目的工作内容进行了规定，除另有规定和说明外，应视为已经包括完成该项目的全部工作内容，未列内容或不发生，不应另行计算；

2. 本规范附录项目工作内容列出了主要施工内容，施工过程中必然发生的机械移动，材料运输等辅助内容虽然未列出，也应包括。

3. 本规范以成品考虑的项目，如采用现场制作的，应包括制作的工作内容。

4 工程量清单编制

【概述】 本章共3节，12条，强制性条文8条。规定了编制工程量清单的依据，原则要求以及执行本计量规范应遵守的有关规定。

4.1 一 般 规 定

【概述】 本节共3条，新增1条，移植"08计价规范"2条，规定了清单的编制依据以及补充项目的编制规定。

【条文】 **4.1.1** 编制工程量清单应依据：

1 本规范和现行国家标准《建设工程工程量清单计价规范》GB 50500；

2 国家或省级、行业建设主管部门颁发的计价依据和办法；

3 建设工程设计文件；

4 与建设工程项目有关的标准、规范、技术资料；

5 拟定的招标文件；

6 施工现场情况、工程特点及常规施工方案；

7 其他相关资料。

【要点说明】 本条规定了工程量清单的编制依据。

本条从"08计价规范"移植，增加"现行国家标准《建设工程工程量清计价规范》GB 50500"内容。体现了《建筑工程施工发包与承包计价管理办法》的规定："工程量清单依据招标文件、施工设计图纸、施工现场条件和国家制定的统一工程量计算规则、分部分项工程项目划分、计量单位等进行编制"。本规范为工程量计算规范，工程量清单的编制同时应以《建设工程工程量清单计价规范》为依据。

【条文】 **4.1.2** 其他项目、规费和税金项目清单应按照现行国家标准《建设工程工程量清单计价规范》GB 50500 的相关规定编制。

【要点说明】 本条为新增条款，规定了其他项目、规费和税金项目清单应按现行国家标准《建设工程工程量清单计价规范》GB 50500 的有关规定进行编制。

其他项目清单包括：暂列金额、暂估价、计日工、总承包服务费；

规费项目清单包括：社会保险费、住房公积金、工程排污费；

税金项目清单包括：营业税、城市维护建设税、教育费附加、地方教育附加。

【条文】 **4.1.3** 编制工程量清单出现附录中未包括的项目，编制人应作补充，并报省级或行业工程造价管理机构备案，省级或行业工程造价管理机构应汇总报住房和城乡建设部标准定额研究所。

补充项目的编码由本规范的代码06与B和三位阿拉伯数字组成，并应从06B001起顺序编制，同一招标工程的项目不得重码。

补充的工程量清单需附有补充项目的名称、项目特征、计量单位、工程量计算规则、工作内容。不能计量的措施项目，需附有补充项目的名称、工作内容及包含范围。

【要点说明】 本条从"08规范"移植。工程建设中新材料、新技术、新工艺等不断涌现，本规范附录所列的工程量清单项目不可能包含所有项目。在编制工程量清单时，当出现本规范附录中未包括的清单项目时，编制人应作补充。在编制补充项目时应注意以下三个方面。

1. 补充项目的编码应按本规范的规定确定。具体做法如下：补充项目的编码由本规范的代码06与B和三位阿拉伯数字组成，并应从06B001起顺序编制，同一招标工程的项目不得重码。

2. 在工程量清单中应附补充项目的项目名称、项目特征、计量单位、工程量计算规则和工作内容。

3. 将编制的补充项目报省级或行业工程造价管理机构备案。

4.2 分部分项工程

【概述】 本节共6条，全部属于强制性条文。一是规定了组成分部分项工程工程量清单的五个要件，即项目编码、项目名称、项目特征、计量单位、工程量计算规则的编制要求。二是对本规范部分项目的计价和计量活动进行了规定。

【条文】 4.2.1 工程量清单应根据附录规定的项目编码、项目名称、项目特征、计量单位和工程量计算规则进行编制。

【要点说明】 本条为强制性条文，从"08 规范"移植，规定了构成一个分部分项工程量清单的五个要件——项目编码、项目名称、项目特征、计量单位和工程量，这五个要件在分部分项工程量清单的组成中缺一不可。

【条文】 4.2.2 工程量清单的项目编码，应采用十二位阿拉伯数字表示，一至九位应按附录的规定设置，十至十二位应根据拟建工程的工程量清单项目名称和项目特征设置，同一招标工程的项目编码不得有重码。

【要点说明】 本条为强制性条文，从"08 规范"移植，规定了工程量清单编码的表示方式：十二位阿拉伯数字及其设置规定。

各位数字的含义是：一、二位为专业工程代码（06—矿山工程）；三、四位为附录分类顺序码；五、六位为分部工程顺序码；七、八、九位为分项工程项目名称顺序码；十至十二位为清单项目名称顺序码。

当同一标段（或合同段）的一份工程量清单中含有多个单位工程且工程量清单是以单位工程为编制对象时，在编制工程量清单时应特别注意项目编码十至十二位的设置不得有重码的规定。

【条文】 4.2.3 工程量清单的项目名称应按附录的项目名称结合拟建工程的实际确定。

【要点说明】 本条规定了分部分项工程量清单的项目名称的确定原则。本条为强制性条文，从"08 计价规范"移植。本条规定了分部分项工程量清单项目的名称应按附录中的项目名称，结合拟建工程的实际确定。

此次修订项目名称部分主要修改变化如下：

（1）原斜井井筒、斜巷、平硐、平巷等锚杆架设支护修订为"锚杆（锚索）架设支护"，增加了"锚索"支护的清单项目内容。

（2）硐室项目在描述项目名称时，要对拟设计的硐室名称进行描述，如煤仓溜煤眼掘进（支护）、清理撒煤硐掘进（支护）等等。取消原项目特征中的"硐室类别"。可以根据硐室名称及项目特征进行

【条文】 4.2.4 工程量清单项目特征应按附录中规定的项目特征，结合拟建工程项目的实际予以描述。

【要点说明】 本条规定了分部分项工程量清单的项目特征的描述原则，本条为强制性条文，从"08 计价规范"移植。

工程量清单的项目特征是确定一个清单项目综合单价不可缺少的重要依据，在编制工程量清单时，必须对项目特征进行准确和全面地描述。但有些项目特征用文字往往又难以准确和全面地描述清楚。因此，为达到规范、简洁、准确、全面描述项目特征的要求，在描述工程量清单项目特征时应按以下原则进行：

1. 项目特征描述的内容应按附录中的规定，结合拟建工程的实际，能满足确定综合单价的需要。

2. 若采用标准图集或施工图纸能够全部或部分满足项目特征描述的要求，项目特征描述可直接采用详见××图集或××图号的方式。对不能满足项目特征描述要求的部分，仍应用文字描述。

此次修订矿山工程部分项目特征的主要变化如下：

（1）各章节中项目特征原"岩石硬度"统一修订为"岩石类别"。

（2）将表前的指示文字"工程量清单项目设置及工程量计算规则"统一修订为"工程量清单项目设置、项目特征描述的内容、计量单位及工程量计算规则"。

（3）各章节"喷射支护"项目内项目特征中增加"金属网"特征，但金属网铺设制作费用应另列项目计算。因为喷射混凝土（砂浆）支护在带与不带网的表面喷射时，混凝土（砂浆）的消耗量（即回弹率不同），影响该项目的的价值。

斜井、斜巷、平硐、平巷、硐室"喷射支护"项目根据计价需要，增加"喷射部位"、"喷射材料混凝土（砂浆）强度"等项目特征。

（4）斜井、斜巷、平硐、平巷、硐室砌碹支护项目特征增加"砌体部位"，并要求按部位提供相应工程量。

（5）立井井筒工程、斜井井筒工程、斜巷工程中掘进和砌碹支护项目中项目特征增加项目特征"涌水量"。

（6）各章节中锚杆（锚索）支护项目中增加项目特征"锚固剂"。应准确描述锚固剂的规格型号及使用数量。

（7）各章节中原"工程内容"修改为"工作内容"；并将原各项目工作内容中的"临时支护工程"措施性费用内容取消，放入临时支护措施项目中单独列项计算。

（8）编制工程量清单时对于需要特殊说明或清单项目中不能完全描述清楚的问题，在各章节中加"注"说明。"注"是编制分部分项工程量清单项目特征和根据其进行综合单价计算的重要依据，编制时应当结合拟建工程设计实际情况，严格按其规定执行。

（9）对各清单项目中能体现其自身价值的本质特征或对计价（投标报价）有影响的项目特征，进行了增补。

【条文】 4.2.5 工程量清单中所列工程量应按附录中规定的工程量计算规则计算。

【要点说明】 本条规定了分部分项工程量清单项目的工程量计算原则。

本条为强制性条文，从"08规范"移植。强调工程计量中工程量应按附录中规定的工程量计算规则计算。工程量的有效位数应遵守本规范第3.0.4条有关规定。

本规范工程量计算规则与现行消耗量定额规定的工程量计算规则不完全相同。如煤炭建设井巷工程消耗量定额中斜井井筒和斜巷、平硐、平巷掘进工程数量中不包括基础部分工程量，而工程量清单工程量计算规则要求按设计图示尺寸以掘进体积，即包括基础部分工程量。

【条文】 4.2.6 工程量清单的计量单位应按附录中规定的计量单位确定。

【要点说明】 本条规定了分部分项工程量清单项目的计量单位的确定原则。

本条为强制性条文，从"08规范"移植，规定了分部分项工程量清单的计量单位应按本规范附录中规定的计量单位确定。当计量单位有两个或两个以上时，应根据所编工程量清单项目的特征要求，选择最适宜表现该项目特征并方便计量和组成综合单价的单位。例如：金属网的计量单位为"t/m^2"两个计量单位，实际工作中，就应选择最适宜，最方便计量和组价的单位来表示。购买成品以m^2为单位，自己加工制作按t为单位计量就较适宜量和方便组价。

4.3 措 施 项 目

【概述】 本节共2条，均为新增，其中一条为强制性条文；与"08规范"相比，内容变化较大，一是将原"08规范"中"3.3.1通用措施项目一览表"项目移入本规范附录C措施项目中，二是所有的措施项目均以清单形式列出了项目，对能计量的措施项目，列出了项目特征、计量单位、计算规则，不能计量的措施项目，仅列出项目编码、项目名称和包含的范围。

【条文】 4.3.1 措施项目中列出了项目编码、项目名称、项目特征、计量单位、工程量计算规则的项目，编制工程量清单时，应按照本规范4.2分部分项工程的规定执行。

【要点说明】 本条对措施项目能计量的且以清单形式列出的项目作出了规定。

【条文】 4.3.2 措施项目中仅列出项目编码、项目名称，未列出项目特征、计量单位和工程量计算规则的项目，编制工程量清单时，应按本规范附录C措施项目规定的项目编码、项目名称确定。

【要点说明】 本条对措施项目不能计量的且以清单形式列出的项目作出了规定。

本条为新增条款，针对本规范对不能计量的仅列出项目编码、项目名称，但未列出项目特征、计量单位和工程量计算规则的措施项目，编制工程量清单时，必须按本规范规定的项目编码、项目名称确定清单项目。不必描述项目特征和确定计量单位。

六、附录部分主要变化

附录 A 露 天 工 程

本附录内容变化不大，主要是对有些项目进行归类整理合并，对体现项目本身价值的项目特征进行准确、完整的描述，对相应的工作内容进行修改。

附录 B 井 巷 工 程

1. B.1 冻结工程、B.2 钻井工程、B.3 地面预注浆工程、B.9 铺轨工程

与原附录 F 清单项目内容保持一致，只是按施工顺序将冻结工程、钻井工程、地面预注浆工程三节内容移到前面位置。

2. B.4 立井井筒工程

（1）冻结段掘进项目中将岩石硬度改为"岩土类别"。编制清单时应按不同岩石硬度或土质分类分段分别列项目清单。

（2）立井井筒砌壁项目、立井井筒喷射混凝土（砂浆）项目中的项目特征统一做了修订，并进行了解释。

（3）各项目中工作内容做相应修订。

（4）明确规定立井井筒支护中用的模板、支撑工程内容应包括在相应的支护项目中。

3. B.5 斜井井筒工程、B.6 斜巷工程

（1）原斜井井筒、斜巷锚杆架设支护修订为"斜井井筒、斜巷锚杆（锚索）架设支护"，项目特征修订为"斜井斜长、倾角、涌水量、岩石分类、锚杆（锚索）类型、锚固剂、锚孔深度、钢筋托梁（钢带）"。

（2）斜井井筒明槽开挖、斜井井筒、斜巷掘进项目中工作内容修改为"开挖、装渣、防尘、工作面运输、清理"。主要考虑到开挖方式有炮掘和机械化开挖两种，修改了原工作内容中以炮掘为施工方法的工作内容。

（3）斜井井筒、斜巷掘进工程量包括巷道掘进和基础掘进工程量，在清单项目特征或项目名称中应当分开描述各自工程量。

（4）支护中的金属网、钢筋托梁（钢带）应按"B.12 其他工程"另列清单项目计算。

4. B.7 平硐平巷工程

内容修改同 B.5 斜井井筒工程、B.6 斜巷工程。

（1）原平硐平巷锚杆架设支护修订为"平硐平巷锚杆（锚索）架设支护"，项目特征修订为"岩石类别、涌水量、锚杆（锚索）类型、锚固剂、锚孔深度、钢筋托梁（钢带）"。

（2）平硐明槽开挖、平硐平巷掘进项目中工作内容修改为"开挖、出渣、防尘、工作面运输、清理"。主要考虑到开挖方式有炮掘和机械化掘进两种，修改了原工作内容中以炮掘为施工方法的工作内容。

（3）各清单项目特征进一步修订完善，相应的工作内容做了修改。

（4）支护中的金属网、钢筋托梁（钢带）应按"B.12 其他工程"另列清单项目计算。

5. B.8 硐室工程

（1）硐室项目在描述项目名称时，应对拟设计的硐室名称进行描述，如煤仓溜煤眼掘进（支护）、清理撒煤硐掘进（支护）等等。取消原项目特征中的"硐室类别"。

（2）工作内容修改为"开挖、装渣、工作面运输、防尘、清理"。主要考虑到开挖方式有炮掘和机械化掘进两种，修改了原工作内容中以炮掘为施工方法的工作内容。

（3）硐室砌碹项目中项目特征增加"砌体部位"。

（4）支护中的金属网、钢筋托梁（钢带）应按"B.12 其他工程"另列清单项目计算。

6. B.10 斜坡道工程、B.11 天溜井工程

项目设置、计量单位、工程量计算规则都没有变化，只是项目特征和工作内容作了局部修订，修订内容同上。

7. B.12 其他工程

（1）增加项目 10 个，包括现浇混凝土构件钢筋、金属网（塑料网、编织网）、钢筋托梁（钢带）、钢梁架设、壁后充填及冒落出矸、硐室防潮层、探瓦斯（水、煤层）打钻、破钢筋混凝土碹、回填土等，根据清单项目编制要求进行列项。

（2）其他工程项目中项目特征进一步细化、明确。

8. B.13 辅助系统工程

（1）增加 060213008 井筒临时改绞辅助费用项目。

（2）对本节各项目中重点要说明的问题做了说明。

附录 C　措 施 项 目

包括五节内容，全部属于新增内容。

1. C.1 临时支护措施项目

将"03 规范"中原包括在分部分项工程量清单项目工程内容中能够计算工程量的临时支护措施性项目费用取消，放入本节中，并按分部分项清单编制要求编制各项临时支护措施工程项目。本节中列了常用的 4 项内容，包括立井井筒临时支护，斜井、斜巷临时支护，平硐、平巷临时支护，硐室工程临时支护。

2. C.2 露天矿山措施项目

本节 8 个项目，全部是新增加项目。

3. C.3 凿井措施项目

凿井措施工程指为矿井建设施工服务的特殊凿井、矿井提升、排水等临时措施工程所发生的费用。

4. C.4 大型机械设备进出场及安拆

大型机械设备进出场及安拆措施项目，结合矿山工程实际，分别列项，并列出工作内容及包含范围。

5. C.5 安全文明施工及其他措施项目

将安全防护文明施工（含环境保护、文明施工、安全施工、临时设施费）、夜间施工、二次搬运、冬雨季施工等措施项目，结合矿山工程实际，列出了项目名称、工作内容及包含范围。

七、矿山煤矿回风斜井井巷工程工程量清单编制实例

（一）背景资料

1. 工程概况

新疆库车县××煤矿位于新疆地区。井筒斜长 739.306m，倾角 23.5°，低瓦斯矿井，井口海拔高

度：1780m。该地区取暖期5个月。井筒期涌水量小于10m³/h，矿井设计涌水量259.38m³/h。平面及断面示意见图8－1、图8－2。

2. 工程范围及主要技术特征

（1）井口段：2.00m。C20混凝土支护，支护厚度500mm。

（2）明槽段：15.00m。C20钢筋混凝土支护，支护厚度400mm。

（3）基岩段（一）：15.00m。掘进断面21.82m²，C20钢筋混凝土支护，支护厚度400mm。

（4）基岩段（二）：443.306m。断面编号3－3，掘进断面19.09m²，锚喷支护，支护厚度120mm，喷射混凝土强度等级均为C20，倾角23.5°，涌水量小于10m³，岩石硬度ƒ4～6，暂按ƒ<6计算。

（5）基岩段（三）：100.00m。断面编号3－3，掘进断面19.09m²，锚网喷支护，支护厚度120mm，喷射混凝土强度等级均为C20，金属网采用丝径为4.00mm钢丝，规格为50mm×50mm，金属网每米消耗量为11.1m²，计27.42kg。倾角23.5°，涌水量小于10m³，岩石硬度ƒ4～6，暂按ƒ<6计算。

（6）基岩段（四）：50.00m。断面编号3′－3′，掘进断面21.79m²，钢轨支架＋混凝土支护，支护厚度350mm，砌碹混凝土C20。倾角23.5°，涌水量小于10m³，岩石硬度ƒ2～4，暂按ƒ<3计算。

（7）躲避硐：18个，共27.00m。喷射混凝土支护，支护厚度50mm。

（8）安全出口：16.85m（其中平巷8.85m，倾角23.5度斜巷8.00m）。掘进断面4.07m²，C20钢筋混凝土支护，支护厚度200mm。

本次工程工程量清单编制实例内容只包括以上4、5、6部分内容。

3. 工程量清单编制依据

（1）中华人民共和国国家标准《建设工程工程量清单计价规范》GB 50500—2013《矿山工程工程量计算规范》50859—2013及解释和勘误。

（2）××煤矿回风斜井设计施工图纸：

1）新疆库车县××煤矿回风斜井平、剖、断面图（S1962－118－1）。

2）新疆库车县××煤矿回风斜井台阶、水沟、扶手大样图（S1962－118－2）。

3）《矿山工程量清单项目及计算规则》（2007）。

（3）中煤建协字［2007］90号文件颁布的《煤炭建设井巷工程消耗量定额》（2007基价）、《煤炭建设井巷工程辅助费综合定额》（2007基价）、《煤炭建设工程施工机械台班费用定额》及与其配套的中煤建协字［2011］72号文件、中煤建协字［2012］54号文件。

4. 施工说明

（1）地面排矸不设矸石山，采用汽车排矸，运距500m。

（2）井筒期涌水量小于10m³/h，矿井设计涌水量259.38m³/h。

5. 计算说明

计算工程数量以"m"、"m³"、"m²"为单位，步骤计算结果保留三位小数，最终计算结果保留两位小数。

（二）问题

根据以上背景资料及《建设工程工程量清单计价规范》GB 50500、《矿山工程工程量计算规范》GB 50859及其他相关文件的规定等，编制一份该矿山煤矿回风斜井井巷工程分部分项工程和措施项目清单。

注："其他项目清单、规费、税金项目计价表、主要材料、工程设备一览表"不举例，其应用在《建设工程工程量清单计价规范》"表格应用"中体现。

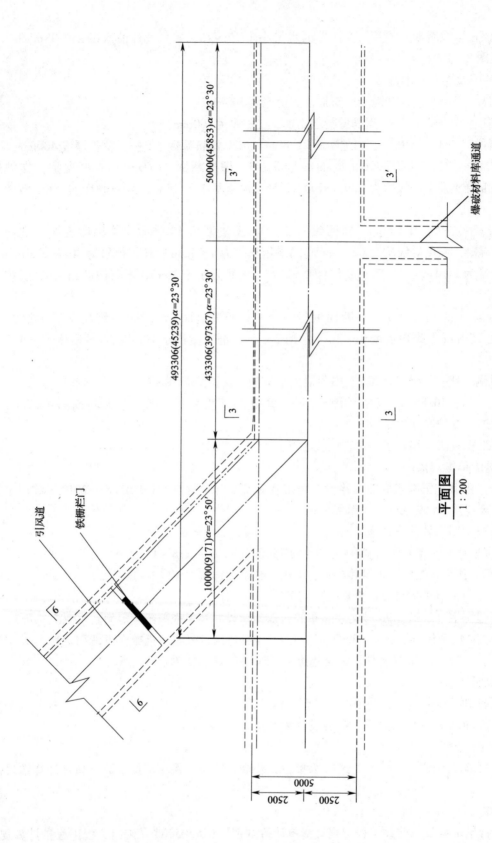

引风道

铁栅栏门

爆破材料库通道

50000(45853)α=23°30'

433306(397367)α=23°30'

493306(45239)α=23°30'

10000(9171)α=23°50'

5000

2500

2500

平面图

1 : 200

图8-1 某工程平面示意图

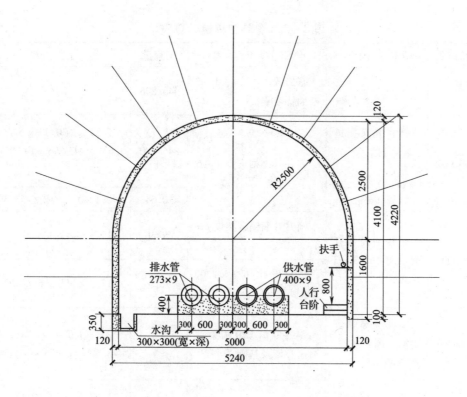

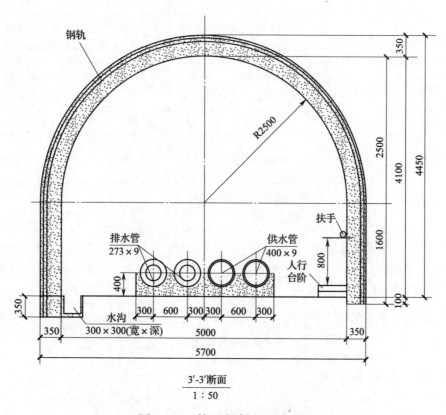

$$\frac{3'-3'断面}{1:50}$$

图 8-2 某工程断面示意图

表 8 - 2 清单工程量计算表

序号	清单项目编码	清单项目名称	分部分项工程名称	工程量	计算公式	单位
一			基岩段（一） 3－3 断面锚喷支护	443.306		m
1	060205002001	斜井井筒掘进（基岩段，3－3断面）	斜井井筒掘进 $f=4\sim6$	8463.80	$5.24\times(0.39\times5.24+1.6)\times443.306=19.0925\times443.306$	m³
			墙基础掘进	10.64	$0.1\times0.12\times2\times443.306$	m³
2	060205005001	斜井井筒锚杆架设支护（3－3断面）	斜井井筒锚杆架设 $f=4\sim6$	7669	17.3×443.306	根
			锚杆制作 $\phi22\times2200$（每根2支药卷）	7823	$17.3\times443.306\times1.02$	根
3	060205004001	斜井井筒喷射支护（墙及基础，3－3断面）	斜井井筒 C20 喷射混凝土：墙及基础 $T=120$	180.87	$2\times(1.6+0.1)\times0.12\times443.306=0.408\times443.306$	m³
4	060205004004	斜井井筒喷射支护（拱部，3－3断面）	斜井井筒 C20 喷射混凝土：拱 $d=120$	427.62	$1.57\times(5+0.12)\times0.12\times443.306=0.9646\times443.306$	m³
5	060212001002	沟槽掘进	斜井井筒水沟掘进 $f=4\sim6$	70.93	$0.4\times0.4\times443.306=0.16\times443.306$	m³
6	060212002001	沟槽砌筑	斜井井筒 C15 混凝土水沟砌筑（无盖板）	31.03	$(0.4\times0.4-0.3\times0.3)\times443.306=0.07\times443.306$	m³
7	060212011001	台阶砌筑	C15 混凝土台阶	25.98	0.0586×443.306	m³
8	060212012001	斜井斜巷扶手安装	硬塑料管扶手	443.31		m
二			基岩段（二） 3－3 断面锚网喷支护	100		m
1	060205002001	斜井井筒掘进（基岩段，3－3断面）	斜井井筒掘进 $f=4\sim6$	1909.25	$5.24\times(0.39\times5.24+1.6)\times100=19.0925\times100$	m³
			墙基础掘进	2.40	$0.1\times0.12\times2\times100$	m³
2	060205005001	斜井井筒锚杆架设支护（3－3断面）	斜井井筒锚杆架设 $f=4\sim6$	1730	17.3×100	根
			锚杆制作 $\phi22\times2200$（每根2支药卷）	1765	$17.3\times100\times1.02$	根
3	060212017001	金属网	$\phi4$ 金属网制作铺设	2.742	$27.42\times100/1000$（图纸注明：金属网每米消耗量 $11.1m^2$，计 27.42kg）	t

序号	清单项目编码	清单项目名称	分部分项工程名称	工程量	计算公式	单位
4	060205004001	斜井井筒喷射支护（墙及基础，3－3断面）	斜井井筒 C20 喷射混凝土：墙及基础 $T=120$	40.8	$2 \times (1.6+0.1) \times 0.12 \times 100 = 0.408 \times 100$	m^3
5	060205004004	斜井井筒喷射支护（拱部，3－3断面）	斜井井筒 C20 喷射混凝土：拱 $d=120$	96.46	$1.57 \times (5+0.12) \times 0.12 \times 100 = 0.9646 \times 100$	m^3
6	060212001002	沟槽掘进	斜井井筒水沟掘进 $f=4\sim6$	16	$0.4 \times 0.4 \times 100 = 0.16 \times 100$	m^3
7	060212002001	沟槽砌筑	斜井井筒 C15 混凝土水沟砌筑（无盖板）	7	$(0.4 \times 0.4 - 0.3 \times 0.3) \times 100 = 0.07 \times 100$	m^3
8	060212011001	台阶砌筑	C15 混凝土台阶	5.86	0.0586×100	m^3
9	060212012001	斜井斜巷扶手安装	硬塑料管扶手	100		m
三			基岩段（三） 3′-3′断面 钢轨支架、混凝土支护	50		m
1	060205002003	斜井井筒掘进（基岩段，3′-3′断面）	斜井井筒掘进 $f=2\sim4$	1089.56	$5.7 \times (0.39 \times 5.7 + 1.6) \times 50 = 21.7911 \times 50$	m^3
		墙基础掘进		3.50	$0.1 \times 0.35 \times 2 \times 50$	m^3
2	060205003003	斜井井筒砌碹支护（墙及基础，3′-3′断面）	斜井井筒 C20 混凝土砌筑墙及基础 $T=350$	63.88	$[2 \times 1.6 \times 0.35 + (0.1+0.35) \times 0.35] \times 50 = 1.2775 \times 50$	m^3
3	060205003004	斜井井筒砌碹支护（拱部，3′-3′断面）	斜井井筒 C20 混凝土砌筑拱 $d=350$	146.99	$1.57 \times (5+0.35) \times 0.35 \times 50 = 2.9398 \times 50$	m^3
4	060205006001	斜井井筒支架支护（3′-3′断面）	钢轨支架（15kg/m）	7.595	$[(2.5+0.35) \times 3.14 + (1.6+0.1) \times 2] \times (50 \times 0.8+1) \times 15/1000$	t
5	060212001002	沟槽掘进	斜井井筒水沟掘进 $f=2\sim4$	7.6	$0.38 \times 0.4 \times 50 = 0.152 \times 50$	m^3
6	060212002001	沟槽砌筑	斜井井筒 C15 混凝土水沟砌筑（无盖板）	3.1	$(0.38 \times 0.4 - 0.3 \times 0.3) \times 50 = 0.062 \times 50$	m^3
7	060212011001	台阶砌筑	C15 混凝土台阶	2.93	0.0586×100	m^3
8	060212012001	斜井斜巷扶手安装	硬塑料管扶手	50		m

_____煤矿回风斜井井筒_____工程

招标工程量清单

招　标　人：_____××公司_____

（单位盖章）

造价咨询人：_____××造价咨询公司_____

（单位盖章）

××年×月×日

<u>　　　煤矿回风斜井井筒　　　</u>工程

招标工程量清单

招　标　人：<u>　　××公司　　</u>
（单位盖章）

工　程　造　价
咨　询　人：<u>××造价咨询公司</u>
（单位资质专用章）

法定代表人
或其授权人：<u>　　×××　　</u>
（签字或盖章）

法定代表人
或其授权人：<u>　　×××　　</u>
（签字或盖章）

编　制　人：<u>　　×××　　</u>
（造价人员签字盖专用章）

复　核　人：<u>　　×××　　</u>
（造价工程师签字盖专用章）

编 制 时 间：××年×月×日　　　　复 核 时 间：××年×月×日

总　说　明

工程名称：煤矿回风斜井井筒工程

一、工程概况

新疆库车县××煤矿位于新疆××市××县。井筒斜长 739.306m，倾角 23.5°，低瓦斯矿井，井口海拔高度：1780m，井筒期涌水量小于 10m³/h，矿井设计涌水量 259.38m³/h。工程所在地取暖期 5 个月。

二、工程招标和分包范围

1. 工程招标范围：回风斜井井筒施工图范围内的所有井巷工程（本次工程量清单编制实例的内容仅包括工程范围及主要技术特征 4、5、6 部分）。详见工程量清单。

2、3（略）

4. 基岩段（二）：443.306m。断面编号 3－3，掘进断面 19.09m²，锚喷支护，支护厚度 120mm，喷射混凝土强度等级均为 C20，倾角 23.5°，涌水量 <10m³，岩石硬度 f4～6，暂按 f<6 计算（附：平面图、断面图）。

5. 基岩段（三）：100.00m。断面编号 3－3，掘进断面 19.09m²，锚网喷支护，支护厚度 120mm，喷射混凝土强度等级均为 C20，金属网采用丝径为 4.00mm 钢丝，规格为 50mm×50mm，金属网每米消耗量为 11.1m²，计 27.42kg。倾角 23.5°，涌水量小于 10m³，岩石硬度 ƒ4～6，暂按 ƒ<6 计算（见图 8－1、图 8－2）。

6. 基岩段（四）：50.00m。断面编号 3′－3′，掘进断面 21.79m²，钢轨支架＋混凝土支护，支护厚度 350mm，砌碹混凝土 C20。倾角 23.5°，涌水量 <10m³，岩石硬度 ƒ2～4，暂按 ƒ<3 计算（见附：平面图、断面图）。

7. 分包范围：无分包工程。

三、清单编制依据

1.《建设工程工程量清单计价规范》、《矿山工程工程工程量计算规范》及解释和勘误。

2. 回风斜井井筒工程设计施工图纸。

（1）工程范围及主要技术特征 4、5、6 部分的断面图。

（2）新疆库车县××煤矿回风斜井平、剖、断面图（S1962－118－1）。

（3）新疆库车县××煤矿回风斜井台阶、水沟、扶手大样图（S1962－118－2）。

3. 与本工程有关的标准（包括标准图集）、规范、技术资料。

4. 招标文件、补充通知。

5. 其他有关文件、资料。

四、其他说明的事项

1. 一般说明

（1）施工现场情况：以现场踏勘情况为准。

（2）交通运输情况：以现场踏勘情况为准。

（3）自然地理条件：本工程位于新疆某县，自然地理情况以现场踏勘情况为准。

（4）环境保护要求：满足省、市及当地政府对环境保护的相关要求和规定。

（5）本工程投标报价、使用表格及格式按中华人民共和国国家标准《建设工程工程量清单计价规范》GB 50500—2013 及解释和勘误，并结合现行《煤炭建设工程工程量清单计价规则》（2007）的相关规定及要求。

（6）工程量清单中每一个项目，都需填入综合单价及合价，对于没有填入综合单价及合价的项目，不同单项及单位工程中的分部分项工程量清单中相同项目（项目特征及工作内容相同）的报价应统一，如有差异，按最低的一个报价进行结算。

（7）《承包人提供材料和工程设备一览表》中的材料价格应与《综合单价分析表》中的材料价格一致，建设单位提供的主要材料价格必须按如下价格进行计价，工程结算时按建设、监理、施工三方单位根据施工材料实际价格共同调研确认，作为结算材料调差的依据。

人工费暂按提供的 2012 煤炭建设各类工程施工人工单价计算人工费价差，工程结算时按煤炭工程造价管理站核定的施工人工单价进行价差调整。

表－01

社会保障费费率按 6.192% 计算，税金按 3.41% 计算。

附：建设单位提供的主要材料价格和该矿区 2012 年煤炭建设工程施工人工单价和主要材料价格。

附 1　2012 年煤炭建设各类工程施工人工单价

名称	井巷工程			土建	安装工	
	井下直接工	井下辅助工	地面辅助工	综合工	地面	井下
元/工	109.55	91.78	60.93			

附 2　主要材料价格

方木（一等）：2000 元/m³；板材（二等）：1800 元/m³；坑木：1000 元/m³；

水泥（32.5）：0.43 元/kg；中粗砂：112 元/m³；碎石（>20mm）：120 元/m³；

水：0.8 元/m³；速疑剂：3.45 元/kg；硝铵炸药：13.86 元/kg；电雷管：3.36 元/发；树脂药卷：3.5 元/支；钻杆（中空六角钢）：39 元/kg；合金钢钻头（岩巷用）：42 元/个；槽钢（综合）：4.5 元/kg；角钢（综合）：4.2 元/kg；钢板（综合）：4.5 元/kg；钢轨（综合）：4.5 元/kg；锚杆 Φ22×2200（包括托盘、螺母及垫圈）：42 元/套；硬质塑料管 Φ51：12 元/m；煤：357 元/t；柴油：9.4 元/kg。

（8）本工程量清单中的分部分项工程量及措施项目工程量均是根据本工程的施工图，按照《建设工程工程量清单计价规范》及《矿山工程工程量计算规范》编制的，仅作为施工企业投标报价的共同基础，不能作为最终结算与支付价款的依据，工程量的变化调整以业主与承包商签字的合同约定为准。

（9）工程量清单及其计价格式中的任何内容不得随意删除或涂改，若有错误，在招标答疑时及时提出，以"补遗"资料为准。

（10）分部分项工程量清单中对工程项目的项目特征及具体做法只作重点描述，详细情况见设计施工图纸、技术说明相关标准图集。组价时应结合投标人现场勘察情况包括完成所有工序工作内容的全部费用。

（11）投标人应充分考虑施工现场周边的实际情况对施工的影响，编制施工方案，并作出报价。

（12）暂列金额为：1000000 元

（13）本说明未尽事项，以《建设工程工程量清单计价规范》及解释和勘误、《矿山工程工程量计算规范》，并结合现行《煤炭建设工程工程量清单计价规则》（2007）规定及要求、招标文件以及有关的法律、法规、《煤炭建设工程费用定额及造价管理有关规定》为依据。

2. 有关专业技术说明

（1）本工程使用喷射混凝土和砌碹混凝土均按井下现场搅拌。

（2）本工程现浇混凝土及钢筋混凝土模板及支撑（架）以立方米计量，按混凝土及钢筋混凝土砌碹实体项目执行，综合单价中应包含模板及支架。

分部分项工程和单价措施项目清单与计价表

序号	项目编码	项目名称	项目特征描述	计量单位	工程量	综合单价	合价	人工费	暂估价
								其　中	
			B.5　斜井井筒工程						
1	060205002001	斜井井筒掘进（基岩段，3－3断面）	1. 倾角：23.5° 2. 井筒斜长：756.16m 3. 岩石类别：$f=4\sim6$ 4. 涌水量：$<10m^3/h$ 5. 掘进断面：$19.09m^2$	m³	10373.05				
2	060205002002	斜井井筒掘进（基岩段，3′－3′断面）	1. 倾角：23.5° 2. 井筒斜长：756.16m 3. 岩石类别：$f=2\sim4$ 4. 涌水量：$<10m^3/h$ 5. 掘进断面：$21.79m^2$	m³	123.87				
3	060205003001	斜井井筒砌碹支护（墙及基础，3′－3′断面）	1. 井筒斜长：756.16m 2. 倾角：23.5° 3. 涌水量：$<10m^3/h$ 4. 支护形式：砌碹支护，C20混凝土 5. 部位：墙及基础 6. 砌体厚度：350mm	m³	63.88				
4	060205003002	斜井井筒砌碹支护（拱部，3′－3′断面）	1. 井筒斜长：756.16m 2. 倾角：23.5° 3. 涌水量：$<10m^3/h$ 4. 支护形式：砌碹支护，C20混凝土 5. 部位：拱 6. 砌体厚度：350mm	m³	146.99				
5	060205004001	斜井井筒喷射支护（墙及基础，3－3断面）	1. 井筒斜长：756.16m 2. 倾角：23.5° 3. 涌水量：$<10m^3/h$ 4. 支护形式：喷射C20混凝土 5. 部位：墙及基础 6. 砌体厚度：120mm 7. 金属网：无	m³	180.87				
	本页合计								

分部分项工程和单价措施项目清单与计价表

序号	项目编码	项目名称	项目特征描述	计量单位	工程量	金额（元）			
						综合单价	合价	其　中	
								人工费	暂估价
6	060205004002	斜井井筒喷射支护（拱部，3－3断面）	1. 井筒斜长：756.16m 2. 倾角：23.5° 3. 涌水量：<10m³/h 4. 支护形式：喷射 C20 混凝土 5. 部位：拱 6. 砌体厚度：120mm 7. 金属网：无	m³	427.62				
7	060205004003	斜井井筒喷射支护（墙及基础，3－3断面）	1. 井筒斜长：756.16m 2. 倾角：23.5° 3. 涌水量：<10m³/h 4. 支护形式：喷射 C20 混凝土支护 5. 部位：墙及基础 6. 砌体厚度：120mm 7. 金属网：有	m³	40.8				
8	060205004004	斜井井筒喷射支护（拱部，3－3断面）	1. 井筒斜长：756.16m 2. 倾角：23.5° 3. 涌水量：<10m³/h 4. 支护形式：喷射 C20 混凝土支护 5. 部位：拱 6. 砌体厚度：120mm 7. 金属网：有	m³	96.46				
9	060205005001	斜井井筒锚杆架设支护	1. 倾角：23.5° 2. 井筒斜长：756.16m 3. 涌水量：<10m³/h 4. 岩石类别：$f=4\sim6$ 5. 树脂锚杆 $\phi22\times2200$（每根2支药卷） 6. 锚孔深度<2.5m 7. 树脂药卷，每根2支	根	9399				
10	060205006001	斜井井筒支架支护	1. 倾角：23.5° 2. 井筒斜长：756.16m 3. 涌水量：<10m³/h 4. 支架类别：15kg/m 钢轨 5. 无背板	t	7.595				
	本页合计								

表－08

分部分项工程和单价措施项目清单与计价表

序号	项目编码	项目名称	项目特征描述	计量单位	工程量	综合单价	合价	人工费	暂估价
								金额（元）	
						综合单价	合价	其 中	
								人工费	暂估价
			B.12　其他工程						
11	060212001001	斜井井筒（斜巷）沟槽掘进	1. 巷道类别：斜井井筒 2. 倾角：23.5° 3. 岩石类别：$f=4\sim6$ 4. 净断面：0.09m² 5. 涌水量：<10m³/h	m³	86.93				
12	060212001002	斜井井筒（斜巷）沟槽掘进（3′-3′断面）	1. 巷道类别：斜井井筒 2. 倾角：23.5° 3. 岩石类别：$f=2\sim4$ 4. 净断面：0.09m² 5. 涌水量：<10m³/h	m³	7.60				
13	060212002001	沟槽砌筑	1. 巷道类别：斜井井筒 2. 倾角：23.5° 3. 净断面：0.09m² 4. 涌水量：<10m³/h 5. 砌筑材料：C15 混凝土（无盖板）	m³	41.13				
14	060212011001	台阶砌筑	砌筑材料：C15 混凝土	m³	34.77				
15	060212012001	斜井斜巷扶手安装	硬塑料管，外径 Φ51；具体做法详见：扶手剖面节点图	m	593.31				
16	060212017001	金属网（3-3断面）	φ4.0 钢丝	t	2.742				
	本页合计								

表-08

分部分项工程和单价措施项目清单与计价表

工程名称：煤矿回风斜井井筒工程

序号	项目编码	项目名称	项目特征描述	计量单位	工程量	金额（元）			
						综合单价	合价	其中	
								人工费	暂估价
			B.13 辅助系统工程						
17	060213002001	辅助系统（斜井井筒基岩段）	1. 井筒斜长：739.306m 2. 倾角：23.5° 3. 涌水量：<10m³/h 4. 掘进断面：19.09m² 5. 岩石类别：$f=4\sim6$ 6. 支护形式：锚喷支护（无地坪） 7. 取暖期5个月 8. 排矸方式：地面汽车排矸，运距0.5km	m	443.306				
18	060213002002	辅助系统（斜井井筒基岩段）	1. 井筒斜长：739.306m 2. 倾角：23.5° 3. 涌水量：<10m³/h 4. 掘进断面：19.09m² 5. 岩石类别：$f=4\sim6$ 6. 支护形式：锚（网）喷支护（无地坪） 7. 取暖期5个月 8. 排矸方式：地面汽车排矸，运距0.5km	m	100				
19	060213002003	辅助系统（斜井井筒基岩段）	1. 井筒斜长：739.306m 2. 倾角：23.5° 3. 涌水量：<10m³/h 4. 掘进断面：21.79m² 5. 岩石类别：$f=2\sim4$ 6. 支护形式：钢轨支架＋混凝土支护（无地坪） 7. 取暖期5个月 8. 排矸方式：地面汽车排矸，运距0.5km	m	50				
	本页合计								
	合计								

注：单价措施项目清单是指《矿山工程工程量计算规范》中列出的并可计算工程数量的清单项目（如表C2临时支护措施项目）。

表-08

总价措施项目清单与计价表

序号	项目编码	项目名称	计算基础	费率（%）	金额（元）	调整费率（%）	调整后金额（元）	备注
1	060305001	安全防护文明施工	分部分项工程费用					
2	060303001001	凿井措施项目费	分部分项工程费用					
3	060305002001	夜间施工	分部分项工程费用					
4	060305003001	二次搬运	分部分项工程费用					
5	060305004001	冬雨季施工	分部分项工程费用					
		（略）						
		合　计						

注：1. 措施项目费应根据拟建工程的实际情况及所在地区类别综合确定。

2. 计算基础可为"定额人工费"、"定额人工费＋定额机械费"、"定额基价"或"分部分项工程费"。

3. 按施工方案计算的措施费，若无"计算基础"和"费率"的数值，也可只填"金额"数值，但应在备注栏说明施工方案出处或计算方法。

表－11

第 九 篇
《构筑物工程工程量计算规范》GB 50860—2013
内 容 详 解

一、概况

根据住房城乡建设部《关于印发〈2009 年工程建设标准规范制订、修订计划〉的通知》（建标函［2009］88 号）要求，按住房城乡建设部标准定额司"关于请承担《建设工程工程量清单计价规范》GB 50500—2008 修订工作任务的函（建标造函［2009］44 号）"的安排，中国石油化工股份有限公司作为主编单位之一，承担了《建设工程工程量清单计价规范》GB 50500—2008 附录 A 构筑物部分的编制任务。为了确保按时完成任务，中国建设工程造价管理协会发布了"关于集中编制《建设工程工程量清单计价规范》附录 G 及附录 H 工作的通知（中价协函［2009］12 号）"，并于 2009 年 9 月 7—11 日在北京集中了石化、电力、煤炭、冶金、有色金属、化工、建材等几个行业的专家对附录 H 构筑物工程的内容进行了研讨，确定了附录 H 的章节和分项。2009 年 9 月 18 日前完成了附录 H 的初稿，2009 年 9 月 22—23 日在成都召开了《建设工程工程量清单计价规范》附录安装工程、矿山工程、构筑物工程、城市轨道交通工程部分修订工作初审会，会上各行业专家对附录 H 章节提出了很多宝贵意见，在收集专家意见的基础上，编制组将附录 H 的内容进行了完善。

2011 年 11 月 25 日，按照四川省建设工程造价管理总站"关于处理《建设工程工程量清单计价规范》附录修订（征求意见稿）反馈意见的综合性问题及有关事项的通知"要求，对规范进行了再次修改，最终将"附录 H 构筑物工程"修改为《构筑物工程工程量计算规范》。

《构筑物工程工程量计算规范》（以下简称"本规范"）是在《建设工程工程量清单计价规范》GB 50500—2008 附录 A 构筑物部分基础上编制的，其目的是为了使规范更好地适用于工业构筑物工程。本规范内容包括：正文、附录、条文说明三个部分，其中正文包括：总则、术语、工程计量、工程量清单编制，共计 17 项条款；附录部分包括附录 A 混凝土构筑物工程、附录 B 砌体构筑物工程、附录 C 措施项目 3 个附录。具体内容如下：

附录 A 混凝土构筑物工程，包括 A.1 池类，A.2 贮仓（库）类，A.3 水塔，A.4 机械通风冷却塔，A.5 双曲线自然通风冷却塔，A.6 烟囱，A.7 烟道，A.8 工业隧道，A.9 沟道（槽），A.10 造粒塔，A.11 输送栈桥，A.12 井类，A.13 电梯井，A.14 相关问题及说明，共 14 节 61 个项目。

附录 B 砌体构筑物工程，包括 B.1 烟囱，B.2 烟道，B.3 沟道（槽），B.4 井，B.5 井、沟盖板，B.6 相关问题及说明，共 6 节 10 个项目。

附录 C 措施项目，包括 C.1 脚手架工程，C.2 现浇混凝土构筑物模板，C.3 垂直运输，C.4 大型机械设备进出场及安拆，C.5 施工排水、降水，C.6 安全文明施工及其他措施项目，共 6 节 27 个项目。与"08 规范"附录 A 中的构筑物相比，增加 90 个项目，具体项目变化详见表 9 – 1。

表 9 – 1 构筑物工程工程量计算规范项目变化增减表

序号	附录名称	"08 规范"项目数	"13 规范"项目数	增加项目数（＋）	减少项目数（－）	备 注
1	附录 A 混凝土构筑物工程	4	61	57	0	"08 规范"第 63 页
2	附录 B 砌体构筑物工程	4	10	6	0	"08 规范"第 52 页
3	附录 C 措施项目	0	27	27	0	
	合 计	8	98	90	0	

二、编制依据

1. 中华人民共和国国家标准《建设工程工程量清单计价规范》GB 50500—2008。
2. 关于请承担《建设工程工程量清单计价规范》GB 50500—2008 修订工作任务的函（建标造函 [2009] 44 号）。
3. 关于处理《建设工程工程量清单计价规范》附录修订（征求意见稿）反馈意见的综合性问题及有关事项的通知。
4. 石化、电力、煤炭、冶金、有色金属、化工、建材等行业专家研讨确定的章节及分项内容。
5. 现行的施工规范、施工质量验收标准、安全技术操作规程、有代表性的标准图集。

三、本规范与"08 规范"相比的主要变化情况

1. 本规范是按照《建设工程工程量清单计价规范》GB 50500—2008 修订工作任务的函（建标造函 [2009] 44 号）的要求进行编制。
2. 本规范是以石化、电力、煤炭、冶金、有色金属、化工、建材行业通用工业构筑物工程为主体进行编制，未考虑上述行业专用构筑物工程。
3. 本规范为新编规范。

四、正文部分内容详解

1 总 则

【概述】 总则共4条，从"08 规范"复制1条，新增3条，其中强制性条文1条，主要内容为制定本规范的目的，适用的工程范围、作用以及计量活动中应遵循的基本原则。

【条文】 **1.0.1** 为规范构筑物工程造价计量行为，统一构筑物工程工程量计算规则、工程量清单的编制方法，制定本规范。

【要点说明】 本条阐述了制定本规范的目的和意义。

制定本规范的目的是规范构筑物工程造价计量行为，统一构筑物工程工程量计算规则、工程量清单的编制方法，此条在"08 规范"基础上新增。

【条文】 **1.0.2** 本规范适用于构筑物工程发承包及实施阶段计价活动中的工程计量和工程量清单编制。

【要点说明】 本条说明本规范的适用范围。

本规范适用于构筑物工程施工发承包计价活动中的工程量清单编制和工程计量，此条在"08 规范"基础上新增，将"08 规范"工程量清单编制和工程计量纳入此条。

【条文】 **1.0.3** 构筑物工程计价，必须按本规范规定的工程量计算规则进行工程计量。

【要点说明】 本条为强制性条款，规定了执行本规范的范围，明确了国有投资的资金和非国有资金投资的工程建设项目，其工程计量必须执行本规范。此条在"08 规范"基础上新增，进一步明确本规范工程量计算规则的重要性。

【条文】 1.0.4 构筑物工程计量活动，除应遵守本规范外，尚应符合国家现行有关标准的规定。

【要点说明】 本条规定了本规范与其他标准的关系。

此条明确了本规范的条款是建设工程计价与计量活动中应遵守的专业性条款，在工程计量活动中，除应遵守专业性条款外，还应遵守国家现行有关标准的规定。此条是从"08 规范"中复制的一条。

2 术 语

【概述】 按照编制标准规范的要求，术语是对本规范特有术语给予的定义，尽可能避免规范贯彻实施过程中由于不同理解造成的争议。本规范术语共计 5 条，与"08 规范"相比，此 5 条均为新增。

【条文】 2.0.1 工程量计算 measurement of quantities

指建设工程项目以工程设计图纸、施工组织设计或施工方案及有关技术经济文件为依据，按照相关工程国家标准的计算规则、计量单位等规定，进行工程数量的计算活动，在工程建设中简称工程计量。

【要点说明】 "工程量计算"指建设工程项目以工程设计图纸、施工组织设计或施工方案及有关技术经济文件为依据，按照相关工程国家标准的计算规则、计量单位等规定，进行工程数量的计算活动，在工程建设中简称工程计量。

【条文】 2.0.2 构筑物 affiliated building

为某种使用目的而建造的、人们一般不直接在其内部进行生产和生活活动的工程实体或附属建筑设施。

【要点说明】 "构筑物"是指为某种使用目的而建造的、人们一般不直接在其内部进行生产和生活活动的工程实体或附属建筑设施。

构筑物与建筑物区别在于：其功能不能够满足为使用者或占用物提供生产、生活的庇护覆盖。

【条文】 2.0.3 工业隧道 industrial tunnel

是工业上用以某种用途、在地面下用任何方法按规定形状和尺寸修筑的断面积大于 $2m^2$ 的洞室。

【要点说明】 "工业隧道"是指工业上用以某种用途、在地面下用任何方法按规定形状和尺寸修筑的断面积大于 $2m^2$ 的洞室。本规定明确工业隧道亦归属构筑物。

【条文】 2.0.4 造粒塔 prilling tower

化肥生产过程中制造粒状化肥最高的大型钢筋混凝土构筑物。其结构主要由以下几部分组成：主体塔身、操作间、刮料漏斗、集料漏斗及其附属电梯间。

【要点说明】 "造粒塔"是指化肥生产过程中制造粒状化肥最高的大型钢筋混凝土构筑物，本规定明确造粒塔亦归属构筑物。

【条文】 2.0.5 输送栈桥 conveying trestle

机械操纵连续输送物料的桥式构筑物。下部是支撑构架，上部是输送长廊，长廊中间设有传送带。

【要点说明】 "输送栈桥"是指机械操纵连续输送物料的桥式构筑物，本规定明确输送栈桥亦归属构筑物。

3 工 程 计 量

【概述】 本章共 6 条，与"08 规范"相比，为新增条款，规定了工程计量的依据原则、计量单位、工作内容的确定，小数点位数的取定以及构筑物工程与其他专业在使用上的界限划分。

【条文】 **3.0.1** 工程量计算除依据本规范各项规定外，尚应依据以下文件：

1 经审定通过的施工设计图纸及其说明；

2 经审定通过的施工组织设计或施工方案；

3 经审定通过的其他有关技术经济文件。

【要点说明】 本条规定了工程量计算的依据。明确工程量计算一是应遵守本规范的各项规定；二是应依据施工图纸、施工组织设计或施工方案及其他有关技术经济文件进行计算；三是计算依据必须经审定通过。

【条文】 **3.0.2** 工程实施过程中的计量应按照现行国家标准《建设工程工程量清单计价规范》GB 50500—2013 的相关规定执行。

【要点说明】 本条进一步规定工程实施过程中的计量应按《建设工程工程量清单计价规范》的相关规定执行。

在工程实施过程中，相对工程造价而言，工程计价与计量是两个必不可少的过程，工程计量除了遵守本规范外，必须遵守《建设工程工程量清单计价规范》的相关规定。

【条文】 **3.0.3** 本规范附录中有两个或两个以上计量单位的，应结合拟建工程项目的实际情况，确定其中一个为计量单位。同一工程项目的计量单位应一致。

【要点说明】 本条规定了本规范附录中有两个或两个以上计量单位的项目，在工程计量时，应结合拟建工程项目的实际情况，选择其中一个作为计量单位，在同一个建设项目（或标段、合同段）中，有多个单位工程的相同项目计量单位必须保持一致。

【条文】 **3.0.4** 工程计量时每一项目汇总的有效位数应遵守下列规定：

1 以"t"为单位，应保留小数点后三位数字，第四位小数四舍五入。

2 以"m"、"m²"、"m³"、"kg"为单位，应保留小数点后两位数字，第三位小数四舍五入。

3 以"个"、"件"、"根"、"组"、"系统"等为单位，应取整数。

【要点说明】 本条规定了工程计量时，每一项目汇总工程量的有效位数，体现了统一性。

【条文】 **3.0.5** 本规范各项目仅列出了主要工作内容，除另有规定和说明外，应视为已经包括完成该项目所列或未列的全部工作内容。

【要点说明】 本条规定了工作内容应按以下三个方面规定执行：

1. 对本规范所列项目的工作内容进行了规定，除另有规定和说明外，应视为已经包括完成该项目的全部工作内容，未列内容或者发生，不应另行计算。

2. 本规范附录项目工作内容列出了主要施工内容，施工过程中必然发生的机械移动、材料运输等辅助内容虽然未列出，也应包括。

3. 本规范以成品考虑的项目，如采用现场制作的，应包括制作的工作内容。

【条文】 **3.0.6** 构筑物工程涉及电气、给排水、消防等安装工程的项目，按照现行国家标准《通用安装工程工程量计算规范》GB 50856 的相应项目执行；涉及室外给排水等工程的项目，按现行国家标准《市政工程工程量计算规范》GB 50857 的相应项目执行；采用爆破法施工的石方工程按照现行国家标准《爆破工程工程量计算规范》GB 50862 的相应项目执行；涉及土石方工程、地基处理与边坡支护工程、桩基工程、金属结构工程、防水工程等项目，按照现行国家标准《房屋建筑与装饰工程工程量计算规范》GB 50854 的相应项目执行。

【要点说明】 本条指明了构筑物工程与其他"工程量计算规范"在执行上的界线范围和划分，以便正确执行规范。对于构筑物工程来说，不仅只有构筑物工程本身，可能还涉及其他专业工程，此条为编制清单设置项目明确应执行的规范。

4 工程量清单编制

【概述】 本章共3节，13条，新增5条，移植"08规范"8条，强制性条文7条。规定了编制工程量清单的依据、原则要求以及执行本工程量计算规范应遵守的有关规定。

4.1 一 般 规 定

【概述】 本节共3条，新增1条，移植"08规范"2条，规定了清单的编制依据以及补充项目的编制规定。

【条文】 **4.1.1** 编制工程量清单应依据：

1 本规范和现行国家标准《建设工程工程量清单计价规范》GB 50500；

2 国家或省级、行业建设主管部门颁发的计价依据和办法；

3 建设工程设计文件；

4 与建设工程项目有关的标准、规范、技术资料；

5 拟定的招标文件；

6 施工现场情况、工程特点及常规施工方案；

7 其他相关资料。

【要点说明】 本条规定了工程量清单的编制依据。

本条从"08规范"移植，增加"《建设工程工程量清计价规范》"内容。体现了《建筑工程施工发包与承包计价管理办法》的规定"工程量清单依据招标文件、施工设计图纸、施工现场条件和国家制定的统一工程量计算规则、分部分项工程项目划分、计量单位等进行编制"。本规范为工程量计算规范，工程量清单的编制同时应以《建设工程工程量清单计价规范》为依据。

【条文】 **4.1.2** 其他项目、规费和税金项目清单应按照现行国家标准《建设工程工程量清单计价规范》GB 50500 的相关规定编制。

【要点说明】 本条为新增条款，规定了其他项目、规费和税金项目清单应按现行国家标准《建设工程工程量清单计价规范》的有关规定进行编制，其他项目清单包括：暂列金额、暂估价、计日工、总承包服务费；规费项目清单包括：社会保险费、住房公积金、工程排污费；税金项目清单包括：营业税、城市维护建设税、教育费附加、地方教育附加。

【条文】 **4.1.3** 编制工程量清单出现附录中未包括的项目，编制人应做补充，并报省级或行业工程造价管理机构备案，省级或行业工程造价管理机构应汇总报住房和城乡建设部标准定额研究所。

补充项目的编码由本规范的代码07与B和三位阿拉伯数字组成，并应从07B001起顺序编制，同一招标工程的项目不得重码。

补充的工程量清单需附有补充项目的名称、项目特征、计量单位、工程量计算规则、工作内容。不能计量的措施项目，需附有补充项目的名称、工作内容及包含范围。

【要点说明】 本条从"08规范"移植。随着工程建设中新材料、新技术、新工艺等的不断涌现，本规范附录所列的工程量清单项目不可能包含所有项目。在编制工程量清单时，当出现本规范附录中未包括的清单项目时，编制人应做补充。在编制补充项目时应注意以下三个方面。

1. 补充项目的编码应按本规范的规定确定。具体做法如下：补充项目的编码由本规范的代码07与B和三位阿拉伯数字组成，并应从07B001起顺序编制，同一招标工程的项目不得重码。

2. 在工程量清单中应附补充项目的项目名称、项目特征、计量单位、工程量计算规则和工作内容。

3. 将编制的补充项目报省级或行业工程造价管理机构备案。

补充项目举例：

附录 A 混凝土构筑物工程

表 9 - 2 A. 07 烟囱（编码：070106）

项目编码	项目名称	项目特征	计量单位	工程量计算规则	工作内容
07B001	烟囱内衬（防腐）	1. 烟囱高度 2. 烟囱上口内径 3. 内衬材料品种、规格 4. 防腐隔离层	m³	按设计图示尺寸以体积计算。	1. 模板运输、制作、安装、拆除、维修、堆放 2. 材料搅拌、运输浇注、振捣、养护

4.2 分部分项工程

【概述】 本节共8条，新增2条，从"08规范"移植6条，强制性条文6条。一是规定了组成分部分项工程工程量清单的五个要件，即项目编码、项目名称、项目特征、计量单位、工程量计算规则五大要件的编制要求。二是规定了本规范部分项目在计价和计量方面的有关规定。

【条文】 **4.2.1 工程量清单应根据附录规定的项目编码、项目名称、项目特征、计量单位和工程量计算规则进行编制。**

【要点说明】 本条为强制性条文，从"08规范"移植，规定了构成一个分部分项工程量清单的五个要件——项目编码、项目名称、项目特征、计量单位和工程量，这五个要件在分部分项工程量清单的组成中缺一不可。

【条文】 **4.2.2 工程量清单的项目编码，应采用十二位阿拉伯数字表示，一至九位应按附录的规定设置，十至十二位应根据拟建工程的工程量清单项目名称和项目特征设置，同一招标工程的项目编码不得有重码。**

【要点说明】本条为强制性条文，从"08规范"移植，规定了工程量清单编码的表示方式：十二位阿拉伯数字及其设置规定。

各位数字的含义是：一、二位为专业工程代码（01—房屋建筑与装饰工程；02—仿古建筑工程；03—通用安装工程；04—市政工程；05—园林绿化工程；06—矿山工程；07—构筑物工程；08—城市轨道交通工程；09—爆破工程。以后进入国标的专业工程代码以此类推）；三、四位为附录分类顺序码；五、六位为分部工程顺序码；七、八、九位为分项工程项目名称顺序码；十至十二位为清单项目名称顺序码。

当同一标段（或合同段）的一份工程量清单中含有多个单位工程且工程量清单是以单位工程为编制对象时，在编制工程量清单时应特别注意对项目编码十至十二位的设置不得有重码的规定。例如一个标段（或合同段）的工程量清单中含有3个单位工程，每一单位工程中都有项目特征相同的池内柱，在工程量清单中又需反映3个不同单位工程的池内柱工程量时，则第一个单位工程的池内柱项目编码应为070101004001，第二个单位工程的池内柱项目编码应为070101004002，第三个单位工程的池内柱项目编码应为070101004003，并分别列出各单位工程池内柱的工程量。

【条文】 **4.2.3 工程量清单的项目名称应按附录的项目名称结合拟建工程的实际确定。**

【要点说明】 本条规定了分部分项工程量清单的项目名称的确定原则。本条为强制性条文，从"08规范"移植，本条规定了分部分项工程量清单项目的名称应按附录中的项目名称，结合拟建工程的实际确定。特别是归并或综合较大的项目应区分清单项目名称，分别编码列项。

【条文】 **4.2.4 工程量清单项目特征应按附录中规定的项目特征，结合拟建工程项目的实际予以描述。**

【要点说明】 本条规定了分部分项工程量清单的项目特征的描述原则，本条为强制性条文，从

"08 规范"移植。

工程量清单的项目特征是确定一个清单项目综合单价不可缺少的重要依据，在编制工程量清单时，必须对项目特征进行准确和全面的描述。但有些项目特征用文字往往又难以准确和全面的描述清楚。因此，为达到规范、简洁、准确、全面描述项目特征的要求，在描述工程量清单项目特征时应按以下原则进行。

1. 项目特征描述的内容应按附录中的规定，结合拟建工程的实际，能满足确定综合单价的需要。

2. 若采用标准图集或施工图纸能够全部或部分满足项目特征描述的要求，项目特征描述可直接采用详见××图集或××图号的方式。对不能满足项目特征描述要求的部分，仍应用文字描述。

【条文】 4.2.5 工程量清单中所列工程量应按附录中规定的工程量计算规则计算。

【要点说明】 本条规定了分部分项工程量清单项目的工程量计算原则。

本条为强制性条文，从"08 规范"移植。强调工程计量中工程量应按附录中规定的工程量计算规则计算。工程量的有效位数应遵守本规范 3.0.4 条有关规定。

【条文】 4.2.6 工程量清单的计量单位应按附录中规定的计量单位确定。

【要点说明】 本条规定了分部分项工程量清单项目的计量单位的确定原则。

本条为强制性条文。从"08 规范"移植，规定了分部分项工程量清单的计量单位应按本规范附录中规定的计量单位确定。当计量单位有两个或两个以上时，应根据所编工程量清单项目的特征要求，选择最适宜表现该项目特征并方便计量和组成综合单价的单位。例如：输送栈桥中的"预制梁"的计量单位为"m^3"、"根"两个计量单位，实际工作中，就应选择最适宜、最方便计量和组价的单位来表示。

【条文】 4.2.7 本规范对现浇混凝土工程项目在"工作内容"中包括模板工程的内容，同时又在措施项目中单列了现浇混凝土模板工程项目。对此，由招标人根据工程实际情况选用，若招标人在措施项目清单中未编列现浇混凝土模板项目清单，即表示现浇混凝土模板项目不单列，现浇混凝土工程项目的综合单价中应包括模板工程费用。

【要点说明】 本条规定了现浇混凝土模板的内容。

本条为新增条款。既考虑了各专业的定额编制情况，又考虑了使用者方便计价，对现浇混凝土模板采用两种方式进行编制，即：本规范对现浇混凝土工程项目，一方面"工作内容"中包括模板工程的内容，以立方米计量，与混凝土工程项目一起组成综合单价；另一方面又在措施项目中单列了现浇混凝土模板工程项目，以平方米计量，单独组成综合单价。这里有着三层意思：一是招标人根据工程的实际情况在同一个标段（或合同段）中只能选择其中一种方式；二是招标人若采用单列现浇混凝土模板工程，必须按本规范所规定的计量单位、项目编码、项目特征描述列出清单，同时，现浇混凝土项目中不含模板的工程费用；三是若招标人不单列现浇混凝土模板工程项目，不再编列现浇混凝土模板项目清单，现浇混凝土工程项目的综合单价中包括了模板的工程费用。例如：池内柱，招标人选择含模板工程；在编制清单时，不再单列池内柱的模板清单项目，在组成综合单价或投标人报价时，现浇混凝土工程项目的综合单价中应包括模板工程的费用。反之，若招标人不选择含模板工程，在编制清单时，应按本规范附录 C 措施项目中"C.3 现浇混凝土构筑物模板"单列池内柱的模板清单项目，并列出项目编码、项目特征描述和计量单位。

【条文】 4.2.8 本规范对预制混凝土构件按现场制作编制项目，"工作内容"中包括模板工程，不再另列。若采用成品预制混凝土构件时，构件成品价（包括模板、钢筋、混凝土等所有费用）应计入综合单价中。

【要点说明】 本条规定了预制混凝土构件的组价内容。

本条为新增条款，本规范预制构件以现场预制编制项目，与"08 规范"项目相比工作内容中包括模板工程，模板的措施费用不再单列，若采用成品预制混凝土构件时，成品价（包括模板、钢筋、混凝土等所有费用）计入综合单价中，即：成品的出厂价格及运杂费等进入综合单价。综上所述，预制混凝土构件，本规范只列有不同构件名称的一个项目编码、项目特征描述、计量单位、工程量计算规则及工作内容，综合了模板制作、混凝土制作、构件运输、安装等内容，编制清单项目时，不得将模板、混凝土、构件运输、安装分开列项。组成综合单价时应包含如上内容，若采用现场预制，预制构件钢筋按《房屋建筑与装饰工程工程量计算规范》附录 E 混凝土及钢筋混凝土工程中"E.15 钢筋工程"相应项目编码列项，若采用成品预制混凝土构件时，组成综合单价中包括模板、钢筋、混凝土等所有费用。

4.3 措 施 项 目

【概述】 本节共 2 条，为新增，有 1 条强制性条款；与"08 规范"相比，内容变化较大，一是将"08 规范"中"3.3.1 通用措施项目一览表"项目移植，列入本规范附录 C 措施项目中，二是所有的措施项目均以清单形式列出了项目，对能计量的措施项目，列有"项目特征、计量单位、工程量计算规则"，不能计量的措施项目，仅列出项目编码、项目名称和包含的范围。

【条文】 4.3.1 措施项目中列出了项目编码、项目名称、项目特征、计量单位、工程量计算规则的项目，编制工程量清单时，应按照本规范 4.2 分部分项工程的规定执行。

【要点说明】 本条对措施项目能计量的且以清单形式列出的项目作出了规定。

本条为新增强制性条款，规定了能计量的措施项目也同分部分项工程一样，编制工程量清单必须列出项目编码、项目名称、项目特征、计量单位。同时明确了措施项目的项目编码、项目名称、项目特征、计量单位、工程量计算规则按本规范 4.2 的有关规定执行。本规范 4.2 中 4.2.1、4.2.2、4.2.3、4.2.4、4.2.5、4.2.6 条款对相关内容作出了规定，且均为强制性条款。

例如：特殊构筑物（烟囱、水塔、电梯井等）脚手架

表 9 - 3 分部分项工程和单价措施项目清单与计价表

工程名称：某工程

序号	项目编码	项目名称	项目特征描述	计量单位	工程量	综合单价	合计
1	070301001001	水塔脚手架	1. 搭设方式：双排 2. 构筑物高度：15m	座	1		

【条文】 4.3.2 措施项目中仅列出项目编码、项目名称，未列出项目特征、计量单位和工程量计算规则的项目，编制工程量清单时，应按本规范附录 C 措施项目规定的项目编码、项目名称确定。

【要点说明】 本条对措施项目不能计量的且以清单形式列出的项目作出了规定。

本条为新增条款，针对本规范对不能计量的仅列出项目编码、项目名称，但未列出项目特征、计量单位和工程量计算规则的措施项目，编制工程量清单时，必须按本规范规定的项目编码、项目名称确定清单项目。不必描述项目特征和确定计量单位。

例如：安全文明施工、夜间施工

表 9 - 4 总价措施项目清单与计价表

工程名称：某工程

序号	项目编码	项目名称	计算基础	签约费率	签约金额	调整费率（%）	调整后金额	备注
1	070306001001	安全文明施工	定额基价					
2	070306002001	夜间施工	定额人工费					

五、附录部分主要变化

1. 不设置土（石）方工程、桩与地基基础工程、金属结构工程，这几部分可按《房屋建筑与装

饰工程工程量计算规范》项目执行。

2. 附录A混凝土构筑物工程,设置了池类、贮仓(库)类、水塔、机械通风冷却塔、双曲线自然通风冷却塔、烟囱、烟道、工业隧道、沟道(槽)、造粒塔、输送栈桥、井类、电梯井13类常见钢筋混凝土构筑物。其中,贮仓(库)类是由煤炭行业专家负责完成的,双曲线自然通风冷却塔是由电力行业专家负责完成的,工业隧道、沟道(槽)是由电力、冶金行业专家负责完成的,造粒塔是由化工行业专家负责完成的,输送栈桥是由有色金属行业专家负责完成的。该部分内容为各行业通用混凝土单体构筑物。

3. 附录B砌体构筑物工程,设置了烟囱、烟道、沟道(槽)、井、井沟盖板5类常见砌体构筑物。其中沟道(槽)是由电力、冶金行业专家负责完成的。该部分内容为各行业通用砌体构筑物。

4. 附录C措施项目,设置了脚手架工程、现浇混凝土构筑物模板、垂直运输、大型机械设备进出场及安拆、施工排水降水、安全文明施工及其他措施项目6个部分,该部分是按照工业构筑物措施特点设置的。

六、构筑物工程工程量清单编制实例

【实例】

一、背景资料

中和池平面、剖面图见图9-1,自下而上结构做法见详图。

1. C15混凝土垫层100mm厚。

2. 池底板为C30抗渗混凝土(抗渗等级S6),厚度450mm。

3. 壁板为C30抗渗混凝土(抗渗等级S6),厚度350mm,高度3500mm。

4. 池内柱为C30混凝土400×400,高度3500mm。

5. 池顶板为C30混凝土,厚度150mm。

6. 池壁外表面刷环氧沥青涂料两遍防腐,厚度不小于500μm。

二、施工说明

土壤类别为三类土壤,土方为反铲挖掘机开挖、自卸汽车运土,土方开挖按放坡考虑;挖出土方全部运出,运距为3km,土方回填为汽车回运土方、机械回填。

三、问题

根据《建设工程工程量清单计价规范》GB 50500—2013、《构筑物工程工程量计算规范》及其他相关文件试列出该中和池分部分项工程和措施项目清单。

注:封面、总说明、其他项目清单、规费、税金项目计价表、主要材料、工程设备一览表等不举例,其应用在《建设工程工程量清单计价规范》"表格应用"中体现。

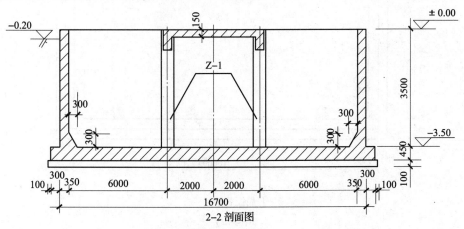

2-2剖面图

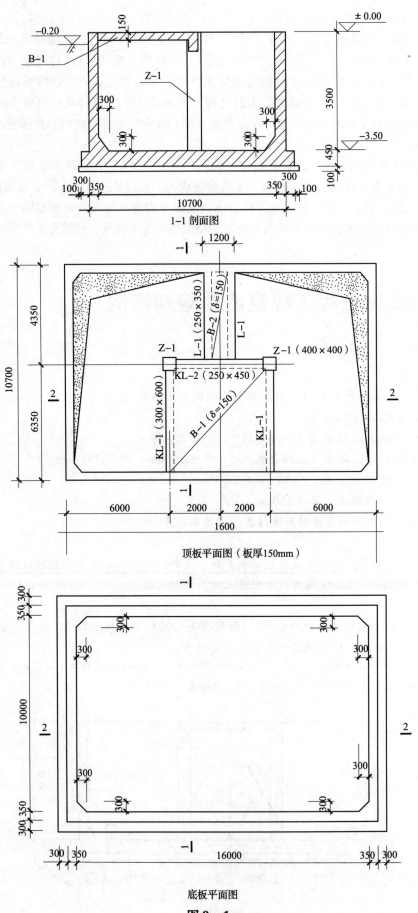

1-1 剖面图

顶板平面图（板厚150mm）

底板平面图

图 9-1

表 9 – 5　清单工程量计算表

工程名称：某工程

序号	清单项目编码	清单项目名称	计量单位	计 算 式	工程量合计
1	010101001001	场地平整	m²	建筑面积 $S = 16.7 \times 10.7$	178.69
2	010101002001	挖土方	m³	$V = (16.7 + 0.4 \times 2) \times (10.7 + 0.4 \times 2) \times (3.5 + 0.45 + 0.1 - 0.20)$	774.81
3	010103001001	回填土方	m³	$V = 774.813 - (16.7 + 0.4 \times 2) \times (10.7 + 0.4 \times 2) \times 0.1 - (16.7 + 0.3 \times 2) \times (10.7 + 0.3 \times 2) \times 0.45 - 16.7 \times 10.7 \times (3.5 - 0.2)$	77.04
4	010501001001	混凝土垫层	m³	$V = (16.7 + 0.4 \times 2) \times (10.7 + 0.4 \times 2) \times 0.1$	20.13
5	070101001001	池底板	m³	$V = (16.7 + 0.3 \times 2) \times (10.7 + 0.3 \times 2) \times 0.45$	87.97
6	070101002001	池壁	m³	$V = [(16.7 - 0.35) + (10.7 - 0.35)] \times 2 \times 3.5 \times 0.35$	65.42
7	070101003001	池顶板	m³	$V = V_1 + V_2$	6.59
				V_1（板）$= (B - 1)[(4.0 + 0.3) \times (6.35 - 0.35 - 0.25/2) + (B - 2)(4.35 - 0.35 - 0.25/2)] \times 0.15$	4.37
				V_2（梁）$= (JL - 1) 0.3 \times (0.6 - 0.15) \times (6.35 - 0.35 - 0.2) \times 2 + (JL - 2) 0.25 \times (0.45 - 0.15) \times (4.0 - 0.4) + (L - 1) 0.25 \times (0.35 - 0.15) \times (4.35 - 0.35 - 0.25/2) \times 2$	2.22
8	070101004001	池内柱	m³	$V = 0.4 \times 0.4 \times (3.5 - 0.15) \times 2$	1.07
9	010515001001	钢筋	t	$G = 16$（计算方法略）	16.00
10	011003003001	池壁外表面环氧沥青涂料两遍	m²	$S = (16.7 + 10.7) \times 2 \times 3.50 + [(16.7 + 0.3) + (10.7 + 0.3)] \times 0.3 + [(16.7 + 0.3 \times 2) + (10.7 + 0.3 \times 2)] \times 0.45$	213.07
11	070302001001	池底板胶合板模板	m²	$S_1 = [(16.7 + 0.3 \times 2) + (10.7 + 0.3 \times 2)] \times 2 \times 0.45 = 25.74$	514.34
		池壁胶合板模板	m²	$S_2 = [(16.7 - 0.35) + (10.7 - 0.35)] \times 2 \times 3.5 \times 2 = 373.80$ $S_3 = (B - 1)(6.35 - 0.35 + 0.25/2) \times (4.0 + 0.3) + (B - 2)(4.35 - 0.35 - 0.25/2) \times 1.2 = 30.99$	
		池顶板胶合板模板	m²	$S_4 = (KL - 1)[(0.6 - 0.15) \times 2 \times (6.35 - 0.2 - 0.35)] \times 2 + (KL - 2)(0.45 - 0.15) \times 2 \times (4 - 0.4) + (L - 1)(0.35 - 0.15) \times 2 \times (4.35 - 0.358 - 0.25/2) \times 2 = 15.69$ $S = S_1 + S_2 + S_3 + S_4 = 503.62$	
		池内柱胶合板模板	m²	$S = 0.4 \times 4 \times (3.5 - 0.15) \times 2 = 10.72$	
12	011701006001	池底板满堂脚手架	m²	$S = 16.7 \times 10.7$	178.69
13	011701003001	池壁脚手架	m²	$S = [(16.7 - 0.35) + (10.7 - 0.35)] \times 2 \times 3.5$	186.90
14	070304001001	反铲挖掘机进退场	台次	$n = 1$	1.00

_____×　×_____工程

招标工程量清单

招　标　人：　_____××公司_____
　　　　　　　　　　　（单位盖章）

造价咨询人：　_____××造价咨询公司_____
　　　　　　　　　　　　（单位盖章）

××年×月×日

_____× ×_____工程

招标工程量清单

招　标　人：_____× ×公司_____
　　　　　　　（单位盖章）

工程造价
咨　询　人：___× ×造价咨询公司___
　　　　　　　　（单位资质专用章）

法定代表人
或其授权人：_____× × ×_____
　　　　　　　　（签字或盖章）

法定代表人
或其授权人：_____× × ×_____
　　　　　　　　（签字或盖章）

编　制　人：_____× × ×_____
　　　　　（造价人员签字盖专用章）

复　核　人：_____× × ×_____
　　　　　（造价工程师签字盖专用章）

编 制 时 间：× ×年×月×日　　复 核 时 间：× ×年×月×日

扉 – 1

总　说　明

工程名称：某工程

一、工程概况

本工程为一座 16.7m×10.7m×3.95m 中和池，钢筋混凝土结构，地坪标高为 -0.2m，其工程做法详见施工图及设计说明。

二、工程招标和分包范围

1. 工程招标范围：施工图范围内的构筑物工程，详见工程量清单。

2. 分包范围：无分包工程。

三、清单编制依据

1. 《建设工程工程量清单计价规范》、《构筑物工程工程量计算规范》及解释和勘误。

2. 业主提供的关于本工程的施工图。

3. 与本工程有关的标准（包括标准图集）、规范、技术资料。

4. 招标文件、补充通知。

5. 其他有关文件、资料。

四、其他说明的事项

1. 一般说明

（1）施工现场情况：以现场踏勘情况为准。

（2）交通运输情况：以现场踏勘情况为准。

（3）自然地理条件：本工程位于某市某县。

（4）环境保护要求：满足省、市及当地政府对环境保护的相关要求和规定。

（5）本工程投标报价按《建设工程工程量清单计价规范》的规定及要求。

（6）工程量清单中每一个项目，都需填入综合单价及合价，对于没有填入综合单价及合价的项目，不同单项及单位工程中的分部分项工程量清单中相同项目（项目特征及工作内容相同）的报价应统一，如有差异，按最低的一个报价进行结算。

（7）《承包人提供材料和工程设备一览表》中的材料价格应与《综合单价分析表》中的材料价格一致。

（8）本工程量清单中的分部分项工程量及措施项目工程量均是根据施工图，按照《建设工程工程量清单计价规范》进行计算的，仅作为施工企业投标报价的共同基础，不能作为最终结算与支付价款的依据，工程量的变化调整以业主与承包商签字的合同约定为准。

（9）工程量清单及其计价格式中的任何内容不得随意删除或涂改，若有错误，在招标答疑时及时提出，以"补遗"资料为准。

（10）分部分项工程量清单中对工程项目的项目特征及具体做法只作重点描述，详细情况见施工图设计、技术说明、技术措施表及相关标准图集。组价时应结合投标人现场勘察情况包括完成所有工序工作内容的全部费用。

（11）投标人应充分考虑施工现场周边的实际情况对施工的影响，编制施工方案，并作出报价。

（12）本说明未尽事项，以计价规范、计价管理办法、工程量计算规范、招标文件以及有关的法律、法规、建设行政主管部门颁发的文件为准。

2. 有关专业技术说明

（1）本工程使用抗渗混凝土，采用商品混凝土。

（2）本工程现浇混凝土及钢筋混凝土模板及支撑（架）以平方米计量。

（3）本工程挖基础土方清单工程量中不含工作面和放坡增加的工程量。

分部分项工程和单价措施项目清单与计价表

工程名称：某工程

序号	项目编码	项目名称	项目特征描述	计量单位	工程量	金额（元）	
						综合单价	合计
1	010101001001	场地平整	1. 土壤类别：三类 2. 弃土运距：由投标人自行考虑	m²	178.69		
2	010101002001	挖土方	1. 土壤类别：三类 2. 弃土运距：3km 3. 挖土深度：3.85m	m³	774.81		
3	010103001001	回填土方	1. 密实度要求：符合设计和有关标准的要求 2. 填土来源、运距：土方回填为汽车回运土方、机械回填，运距为3km	m³	77.04		
4	010501001001	混凝土垫层	1. 混凝土种类：现场搅拌 2. 强度等级：C15	m³	20.13		
5	070101001001	池底板	1. 混凝土种类：现场搅拌 2. 强度等级：C30 抗渗混凝土（抗渗等级S6），厚度450mm。	m³	87.97		
6	070101002001	池壁	1. 混凝土种类：现场搅拌 2. 强度等级：C30 抗渗混凝土（抗渗等级S6）	m³	65.42		
7	070101003001	池顶板	1. 混凝土种类：现场搅拌 2. 强度等级：C30 混凝土	m³	6.59		
8	070101004001	池内柱	1. 混凝土种类：现场搅拌 2. 强度等级：C30 混凝土	m³	1.07		
9	010515001001	现浇钢筋	Φ10 以内：3.2t Φ10 以上：12.8t	t	16		
10	011003003001	池壁外表面环氧沥青涂料两遍	环氧沥青涂料两遍防腐，厚度不小于500μm	m²	213.07		
11	070302001001	池类模板	1. 构筑物形状：矩形 2. 几何尺寸：16.7m×10.7m 3. 厚度：池底450mm，池壁350mm，池顶150mm	m²	514.34		
12	011701006001	满堂脚手架	1. 搭设高度：3.85m 2. 材质：钢管	m²	178.69		
13	011701003001	池壁脚手架	1. 搭设高度：3.50m 2. 材质：钢管	m²	186.90		
14	070304001001	大型机械设备进出场及安拆	1. 机械设备名称：反铲挖掘机 2. 机械设备规格型号：PC200-8	台次	1		

注：混凝土垫层模板不单列，综合单价中含模板措施费用。

表-08

总价措施项目清单与计价表

工程名称：某工程

序号	项目编码	项目名称	计算基础	费率（%）	金额（元）	调整费率（%）	调整后金额（元）	备注
1	070306001001	安全文明施工	定额人工费					
2	070306006001	已完工程及设备保护	定额人工费					
		合　计						

编制人（造价人员）：

复核人（造价工程师）：

注：1. "计算基础"中安全文明施工费可为"定额基价"、"定额人工费"或"定额人工费＋定额机械费"，其他项目可为"定额人工费"或"定额人工费＋定额机械费"。
2. 按施工方案计算的措施费，若无"计算基础"和"费率"的数值，也可只填"金额"数值，但应在备注栏说明施工方案出处或计算方法。

表－11

第 十 篇
《城市轨道交通工程工程量计算规范》GB 50861—2013 内 容 详 解

一、概况

  《城市轨道交通工程工程量计算规范》是在《建设工程工程量清单计价规范》GB 50500—2008 附录 D 隧道工程、地铁工程基础上制订的。内容包括：正文、附录、条文说明三个部分。其中正文包括：总则、术语、工程计量、工程量清单编制，共计 38 项条款；附录部分包括附录 A 路基、围护结构工程，附录 B 高架桥工程，附录 C 地下区间工程，附录 D 地下结构工程，附录 E 轨道工程，附录 F 通信工程，附录 G 信号工程，附录 H 供电工程，附录 J 智能与控制系统安装工程，附录 K 机电设备安装工程，附录 L 车辆基地工艺设备，附录 M 拆除工程，附录 N 措施项目 13 个附录。共计 620 个项目，在"08 规范"附录 D 隧道工程、地铁工程基础上新增 530 个项目。具体项目变化详见表 10 – 1。

表 10 – 1　城市轨道交通工程项目变化增减表

序号	附录名称	"08 规范"项目数	新规范项目数	增加项目数
1	附录 A　路基、围护结构工程工程	0	50	50
2	附录 B　高架桥工程	0	85	85
3	附录 C　地下区间工程	9	24	15
4	附录 D　地下结构工程	23	22	– 1
5	附录 E　轨道工程	19	27	8
6	附录 F　通信工程	0	95	95
7	附录 G　信号工程	27	41	14
8	附录 H　供电工程	12	82	70
9	附录 J　智能和控制系统安装工程	0	83	83
10	附录 K　机电设备安装工程	0	14	14
11	附录 L　车辆基地工艺设备	0	56	56
12	附录 M　拆除工程	0	10	10
13	附录 N　措施项目	0	31	31
	合　计	90	620	530

二、编制依据

  1.《建设工程工程量清单计价规范》GB 50500—2008。
  2.《地下铁道工程施工及验收规范》GB 50299—1999。

3.《城市轨道交通工程设计概预算编制办法》（建标［2006］279 号）。

4.《城市轨道交通工程预算定额》（建标［2008］193 号）。

5. 城市轨道交通建筑安装工程费用标准编制规则（建标［2011］159 号）。

6. 现行的施工规范、施工质量验收标准、安全技术操作规程、有代表性的标准图集。

7. 各省市工程量清单、招投标文件。

三、本规范与"08 规范"相比的主要变化情况

1. 将"08 规范"附录 D 隧道工程、地铁工程内容单列出来为本规范，更名为《城市轨道交通工程工程量计算规范》。

2. 内容扩充为 13 个附录。新增加 9 个章节，修改扩充 4 个章节。

3. 新增加的附录分别是附录 A 路基、围护结构工程，附录 B 高架桥工程，附录 C 地下区间工程，附录 F 通信工程，附录 J 智能与控制系统安装工程，附录 K 机电设备安装工程，附录 L 车辆基地工艺设备，附录 M 拆除工程，附录 N 措施项目 9 个附录。

4. 将"08 规范"附录 D.6 中"D.6.1 结构"的内容扩充，对应更名为"地下结构工程"，共 3 个小节，分别是"现浇混凝土"、"预制混凝土"、"防水工程"。

5. 将原"08 规范"附录 D.6 中"D.6.2 轨道"的内容扩充，对应更名为"轨道工程"，共 5 个小节，分别是"铺轨工程"、"铺道岔工程"、"铺道床工程"、"轨道加强设备及护轮轨"和"线路有关工程"。

6. 将原"08 规范"附录 D.6 中"D.6.3 信号"的内容扩充，对应更名为"信号工程"，共 5 个小节，分别是"信号线路"、"室外设备"、"室内设备"、"车载设备"、"系统调试"。

7. 将原"08 规范"附录 D.6 中"D.6.4 电力牵引"的内容扩充，对应更名为"供电工程"，共 9 个小节，分别是"变电所"、"接触网"、"接触轨"、"杂散电流"、"电力监控"、"动力照明"、"电缆及配管配线"、"综合接地"和"感应板安装"。

四、正文部分内容详解

1 总 则

【概述】 总则共 4 条，其中强制性条文 1 条，主要内容为制定本规范的目的，适用的工程范围、作用以及计量活动中应遵循的基本原则。

【条文】 1.0.1 为规范城市轨道交通工程造价计量行为，统一城市轨道交通工程工程量计算规则、工程量清单的编制方法，制定本规范。

【要点说明】 本条阐述了制定本规范的目的和意义。

制定本规范的目的是"规范城市轨道交通工程造价计量行为，统一城市轨道交通工程工程量计算规则、工程量清单的编制方法"。

【条文】 1.0.2 本规范适用于城市轨道交通的路基、围护结构、高架桥、地下区间、地下结构、轨道、通信、信号、供电、智能与控制系统安装、机电设备安装、车辆基地工艺设备以及拆除等公用事业工程的发承包及实施阶段计价活动中的工程计量和工程量清单编制。

【要点说明】 本条明确了本规范的适用范围。

本规范适用于城市轨道交通工程工程量清单编制和工程量计算。计价活动包括：工程量清单、招标控制价、投标报价的编制，合同价款的约定，竣工结算的办理以及施工过程中的工程计量、工程款

支付、索赔与现场签证、合同价款调整和工程计价争议处理等活动。

【条文】　1.0.3　城市轨道交通工程计价，必须按本规范规定的工程量计算规则进行工程计量。

【要点说明】　本条为强制性条款，规定了执行本规范的范围，明确了国有投资的资金和非国有资金投资的工程建设项目，其工程计量必须执行本规范。

【条文】　1.0.4　城市轨道交通工程计量活动，除应遵守本规范外，尚应符合国家现行有关标准的规定。

【要点说明】　本条规定了本规范与其他标准的关系。

此条明确了本规范的条款是城市轨道交通工程计价与计量活动中应遵守的专业性条款，在工程计量活动中，除应遵守专业性条款外，还应遵守国家现行有关标准的规定。

2　术　　语

【概述】　按照编制标准规范的要求，术语是对本规范特有术语给予的定义，尽可能避免规范贯彻实施过程中由于不同理解造成的争议。

【条文】　2.0.2　城市轨道交通　urban transit railway

在不同类型轨道上运行的大、中量城市公共交通工具，是当代城市中地铁、轻轨、单轨、自动导向、磁悬浮等轨道交通的总称。

【要点说明】　"城市轨道交通"是当代城市中地铁、轻轨、单轨、自动导向、磁悬浮等轨道交通的总称。线路通常设在地下隧道内，也有的在城市中心以外地区从地下转到地面或高架桥上。

大运量：单向客运能力为每小时2.5万~5.0万人次。

中运量：单向客运能力为每小时1万~3万人次。

地铁：列车沿全封闭线路运行的大运量城市轨道交通。

轻轨交通：列车沿封闭或部分封闭线路运行的中运量城市轨道交通。

单轨交通：列车沿单根轨道梁运行的轻轨交通，包括跨座式单轨和悬挂式单轨两种。

自动导向轨道交通：以特制胶轮客车（列车）沿导向轨在道路上运行的城市轨道交通。

磁浮交通：通过电磁力实现列车与轨道的非接触支承、导向和驱动的轨道交通，包括中低速磁浮交通和高速磁浮交通两类。

【条文】　2.0.5　无缝线路　seamless rail

钢轨连续焊接的轨道结构。

【要点说明】　"无缝线路"主要指温度应力式无缝线路。温度应力式无缝线路包括伸缩区、固定区和缓冲区三部分。

伸缩区：长轨本身仅在两端约数十米长度范围内允许伸缩，允许伸缩的段落叫伸缩区。伸缩区长度根据计算确定，一般为50m~100m。

固定区：长轨中间不能伸缩的部分叫固定区。固定区长度根据线路及施工条件确定，最短不得短于50m。

缓冲区：在两长钢轨之间用几根普通标准长度的钢轨连接，这一区段叫缓冲区。缓冲区一般由2~4对标准轨或厂制缩短轨组成，有绝缘接头时为4对，采用胶结绝缘接头时为3对或5对。

【条文】　2.0.6　整体道床　integrated rail bed

用混凝土等材料灌注的道床。

【要点说明】　"整体道床"是用混凝土等材料灌注的道床。道床是支撑和固定轨枕，并将列车荷载传向轨道路基面的轨道组成部分。

整体道床分为无枕式整体道床、轨枕式整体道床、浮置板式整体道床、弹性整体道床、弹性过渡道床。隧道内和高架桥上一般都采用整体道床。

【条文】 2.0.8 车辆段 train depot

具有配属车辆，承担车辆的运用管理、整备保养、检查和较高级别的车辆检修的基本生产单位。

【要点说明】

"车辆段"是车辆基地的一部分，车辆基地包括停车场、车辆段和综合维修基地。车辆段内应根据列车运用整备和检修作业的需要设停车库、列检库、月修库、定修库、厂架修库和调机及工程车库等，并配备相应的设备和设施。

【条文】 2.0.9 列车自动运行 automatic operation train

自动实行列车加速、调速、停车和车门开闭、提示等控制技术的总称。

【要点说明】

自动实行列车加速、调速、停车和车门开闭、提示等控制技术的总称。

列车自动运行是保证列车运行安全、自动控制列车运行的重要设备。主要功能，站间自动运行，车站定点停车，列车自动运行或无人驾驶自动折返，车门开、闭监督，列车运行自动调整，列车节能控制。

【条文】 2.0.10 列车自动控制 automatic control train

自动实现列车监控、安全防护和运行控制等技术的总称。

【要点说明】 列车自动控制

地铁信号系统自动实现列车监控、安全防护和运行控制技术的总称。

列车自动控制（ATC）系统主要包括列车自动监控（ATS）系统或调度集中（CTC）系统、列车自动防护（ATP）系统、列车自动运行（ATO）系统。

列车自动控制制式：固定闭塞式、准移动闭塞式、移动闭塞式。

【条文】 2.0.11 调度集中 centralized contrd

在控制中心调度室内，集中控制线路内各站信号和道岔，并指挥列车运行的设备。

【要点说明】

调度集中系统主要完成列车跟踪、列车运行监视、人工控制命令输出等功能。

【条文】 2.0.12 轨道电路 railway electricity supply

以钢轨为导体构成电气回路，检测传递线路占用信息，并可实现地面与列车间信息传递的轨旁设备。

【要点说明】

整个轨道系统路网依适当距离区分成许多闭塞区间，各闭塞区间以轨道绝缘接头区隔，形成一独立轨道电路。

【条文】 2.0.13 屏蔽门 screen door

设在站台边缘，使乘客候车区与列车运行区相互隔离并与列车门相联动的自动门。

【要点说明】

是指在站台上以玻璃幕墙的方式包围站台与列车上落空间。列车到达时，再开启玻璃幕墙上电动门供乘客上下列车。主要目的是保证安全，防止乘客利用站台坠轨自杀或发生意外；节约能源，防止站台空调流失及保持站台温度。

3 工 程 计 量

【概述】 本章共6条，规定了工程计量的依据、原则、计量单位、工作内容的确定，小数点位数的取定以及城市轨道交通工程与其他专业在使用上的划分界限。

【条文】 3.0.1 工程量计算除依据本规范各项规定外，尚应依据以下文件：

1 经审定通过的施工设计图纸及其说明；

2 经审定通过的施工组织设计或施工方案；

3 经审定通过的其他有关技术经济文件。

【要点说明】 本条规定了工程量计算的依据。明确工程量计算，一是应遵守《城市轨道交通工程工程量计算规范》的各项规定；二是应依据施工图纸、施工组织设计或施工方案、其他有关技术经济文件进行计算；三是计算依据必须经审定通过。

【条文】 3.0.2 工程实施过程中的计量应按照现行国家标准《建设工程工程量清单计价规范》GB 50500 的相关规定执行。

【要点说明】 本条进一步规定工程实施过程中的计量应按《建设工程工程量清单计价规范》的相关规定执行。

在工程实施过程中，相对工程造价而言，工程计价与计量是两个必不可少的过程，工程计量除了遵守本计量规范外，必须遵守《建设工程工程量清单计价规范》的相关规定。

【条文】 3.0.3 本规范附录中有两个或两个以上计量单位的，应结合拟建工程项目的实际情况，确定其中一个为计量单位。同一工程项目的计量单位应一致。

【要点说明】 本条规定了本规范附录中有两个或两个以上计量单位的项目，在工程计量时，应结合拟建工程项目的实际情况，选择其中一个作为计量单位，在同一个建设项目（或标段、合同段）中，有多个单位工程的相同项目计量单位必须保持一致。

【条文】 3.0.4 工程计量时每一项目汇总的有效位数应遵守下列规定：

1 以"t"、"km"为单位，应保留小数点后三位数字，第四位小数四舍五入；

2 以"m"、"m²"、"m³"、"kg"为单位，应保留小数点后两位数字，第三位小数四舍五入；

3 以"个"、"件"、"根"、"组"、"系统"为单位，应取整数。

【要点说明】 本条规定了工程计量时，每一项目汇总工程量的有效位数，体现了统一性。

【条文】 3.0.5 本规范各项目仅列出了主要工作内容，除另有规定和说明外，应视为已经包括完成该项目所列或未列的全部工作内容。

【要点说明】 本条规定了工作内容应按以下三个方面规定执行：

1. 对本规范所列项目的工作内容进行了规定，除另有规定和说明外，应视为已经包括完成该项目的全部工作内容，未列内容或未发生，不应另行计算。

2. 本规范附录项目工作内容列出了主要施工内容，施工过程中必然发生的机械移动、材料运输等辅助内容虽然未列出，也应包括。

3. 本规范以成品考虑的项目，如采用现场制作的，应包括制作的工作内容。

【条文】 3.0.6 城市轨道交通工程涉及通风空调、给排水及消防等安装工程的项目，按照现行国家标准《通用安装工程工程量计算规范》GB 50856 的相应项目执行；涉及装修、房建等工程的项目，按照现行国家标准《房屋建筑与装饰工程工程量计算规范》GB 50854 的相应项目执行；涉及室外管网等工程的项目，按现行国家标准《市政工程工程量计算规范》GB 50857 的相应项目执行；涉及爆破法施工的石方工程按照现行国家标准《爆破工程工程量计算规范》GB 50862 的相应项目执行。

【要点说明】 本条指明了城市轨道交通工程与其他工程量计算规范在执行上的界线范围和划分，以便正确执行规范。此条为编制清单设置项目明确了使用规范。

4 工程量清单编制

【概述】 本章共3节，14条。规定了编制工程量清单的依据，原则要求以及执行本计量规范应遵守的有关规定。

4.1 一般规定

【概述】 本节共3条，规定了清单的编制依据以及补充项目的编制规定。

【条文】　4.1.1　编制工程量清单应依据：

1　本规范和现行国家标准《建设工程工程量清单计价规范》GB 50500。

2　国家或省级、行业建设主管部门颁发的计价依据和办法。

3　建设工程设计文件。

4　与建设工程项目有关的标准、规范、技术资料。

5　拟定的招标文件。

6　施工现场情况、工程特点及常规施工方案。

7　其他相关资料。

【要点说明】　本条规定了工程量清单的编制依据。

本条从"08规范"移植，增加"《建设工程工程量清计价规范》"内容。体现了《建筑工程施工发包与承包计价管理办法》的规定"工程量清单依据招标文件、施工设计图纸、施工现场条件和国家制定的统一工程量计算规则、分部分项工程项目划分、计量单位等进行编制"。本规范为计量规范，工程量清单的编制同时应以《建设工程工程量清单计价规范》为依据。

【条文】　4.1.2　其他项目、规费和税金项目清单应按照现行国家标准《建设工程工程量清价规范》GB 50500 的相关规定编制。

【要点说明】　本条为新增条款，规定了其他项目、规费和税金项目清单应按国家标准《建设工程工程量清单计价规范》的有关规定进行编制，其他项目清单包括：暂列金额、暂估价、计日工、总承包服务费；规费项目清单包括：社会保险费、住房公积金、工程排污费；税金项目清单包括：营业税、城市维护建设税、教育费附加、地方教育附加。

【条文】　4.0.3　编制工程量清单出现附录中未包括的项目，编制人应做补充，并报省级或行业工程造价管理机构备案，省级或行业工程造价管理机构应汇总报住房和城乡建设部标准定额研究所。

补充项目的编码由本规范的代码08 与 B 和三位阿拉伯数字组成，并应从08B001 起顺序编制，同一招标工程的项目不得重码。

补充的工程量清单需附有补充项目的名称、项目特征、计量单位、工程量计算规则、工作内容。不能计量的措施项目，需附有补充项目的名称、工作内容及包含范围。

【要点说明】　本条从"08规范"移植。随着工程建设中新材料、新技术、新工艺等的不断涌现，本规范附录所列的工程量清单项目不可能包含所有项目。在编制工程量清单时，当出现本规范附录中未包括的清单项目时，编制人应做补充。在编制补充项目时应注意以下三个方面。

1. 补充项目的编码应按本规范的规定确定。具体做法如下：补充项目的编码由本规范的代码08 与 B 和三位阿拉伯数字组成，并应从08B001 起顺序编制，同一招标工程的项目不得重码。

2. 在工程量清单中应附补充项目的项目名称、项目特征、计量单位、工程量计算规则和工作内容。

3. 将编制的补充项目报省级或行业工程造价管理机构备案。

4.2　分部分项工程

【概述】　本节共9条。一是规定了组成分部分项工程工程量清单的五个要件，即项目编码、项目名称、项目特征、计量单位、工程量计算规则五大要件的编制要求。二是规定了本规范部分项目在计价和计量方面的有关规定。

【条文】　4.2.1　**工程量清单应根据附录规定的项目编码、项目名称、项目特征、计量单位和工程量计算规则进行编制。**

【要点说明】　本条为强制性条文，从"08规范"移植，规定了构成一个分部分项工程量清单的五个要件——项目编码、项目名称、项目特征、计量单位和工程量，这五个要件在分部分项工程量清单的组成中缺一不可。

【条文】　4.2.2　**工程量清单的项目编码，应采用十二位阿拉伯数字表示，一至九位应按附录的**

规定设置，十至十二位应根据拟建工程的工程量清单项目名称和项目特征设置，同一招标工程的项目编码不得有重码。

【要点说明】 本条为强制性条文，从"08规范"移植，规定了工程量清单编码的表示方式：十二位阿拉伯数字及其设置规定。

各位数字的含义是：一、二位为专业工程代码（01—房屋建筑与装饰工程；02—仿古建筑工程；03—通用安装工程；04—市政工程；05—园林绿化工程；06—矿山工程；07—构筑物工程；08—城市轨道交通工程；09—爆破工程。以后进入国标的专业工程代码以此类推）；三、四位为附录分类顺序码；五、六位为分部工程顺序码；七、八、九位为分项工程项目名称顺序码；十至十二位为清单项目名称顺序码。

当同一标段（或合同段）的一份工程量清单中含有多个单位工程且工程量清单是以单位工程为编制对象时，在编制工程量清单时应特别注意对项目编码十至十二位的设置不得有重码的规定。例如一个标段（或合同段）的工程量清单中含有3个单位工程，每一单位工程中都有项目特征相同的实心砖墙砌体，在工程量清单中又需反映3个不同单位工程的卷材防水工程量时，则第一个单位工程的卷材防水的项目编码应为080403003001，第二个单位工程的卷材防水的项目编码应为080403003002，第三个单位工程的卷材防水的项目编码应为080403003003，并分别列出各单位工程实心砖墙的工程量。

【条文】 4.2.3 工程量清单的项目名称应按附录的项目名称结合拟建工程的实际确定。

【要点说明】 本条规定了分部分项工程量清单的项目名称的确定原则。本条为强制性条文，从"08规范"移植，本条规定了分部分项工程量清单项目的名称应按附录中的项目名称，结合拟建工程的实际确定。特别是归并或综合较大的项目应区分项目名称，分别编码列项。

【条文】 4.2.4 工程量清单项目特征应按附录中规定的项目特征，结合拟建工程项目的实际予以描述。

【要点说明】 本条规定了分部分项工程量清单的项目特征的描述原则，本条为强制性条文，从"08规范"移植。

工程量清单的项目特征是确定一个清单项目综合单价不可缺少的重要依据，在编制工程量清单时，必须对项目特征进行准确和全面的描述。但有些项目特征用文字往往又难以准确和全面的描述清楚。因此，为达到规范、简洁、准确、全面描述项目特征的要求，在描述工程量清单项目特征时应按以下原则进行：

1. 项目特征描述的内容应按附录中的规定，结合拟建工程的实际，能满足确定综合单价的需要。

2. 若采用标准图集或施工图纸能够全部或部分满足项目特征描述的要求，项目特征描述可直接采用详见××图集或××图号的方式。对不能满足项目特征描述部分，仍应用文字描述。

【条文】 4.2.5 工程量清单中所列工程量应按附录中规定的工程量计算规则计算。

【要点说明】 本条规定了分部分项工程量清单项目的工程量计算原则。本条为强制性条文，从"08规范"移植。强调工程计量中工程量应按附录中规定的工程量计算规则计算。工程量的有效位数应遵守本规范3.0.4条有关规定。

【条文】 4.2.6 工程量清单的计量单位应按附录中规定的计量单位确定。

【要点说明】 本条规定了分部分项工程量清单项目的计量单位的确定原则。

本条为强制性条文，从"08规范"移植，规定了分部分项工程量清单的计量单位应按本规范附录中规定的计量单位确定。当计量单位有两个或两个以上时，应根据所编工程量清单项目的特征要求，选择最适宜表现该项目特征并方便计量和组成综合单价的单位。例如：砂石桩的计量单位为"m"、"m³"两个计量单位，实际工作中，就应选择最适宜、最方便计量和组价的单位来表示。

4.2.8 本规范对预制混凝土构件按现场制作编制项目，"工作内容"中均已包括模板工程，不再另列。若采用成为预制混凝土构件时，构件成品件（包括模板、钢筋、混凝土等所有费用）应计入综合单价中。

【要点说明】

本条是为了与目前建筑市场相衔接，本规范预制构件等以成品编制的项目，购置费计入综合单价中，即：成品的出厂价格及运杂费等作为购置费进入综合单价。明确规定，综合单价中包括预制构件制作的所有费用（制作、现场运输、模板的制、安、拆）。

【条文】 4.2.9 金属结构构件按成品编制项目，构件成品价应计入综合单价中，若采用现场制作，包括制作的所有费用。

【要点说明】 本条规定了金属结构件的内容。

本条为新增条款，规定了金属结构件以目前市场工厂成品生产的实际，按成品编制项目，成品价应计入综合单价，若采用现场制作，包括制作的所有费用应进入综合单价，不得再单列金属构件制作的清单项目。

4.3 措施项目

【概述】 本节共2条，为新增，有1条强制性条款；与"08规范"相比，内容变化较大，一是将"08规范"中"3.3.1通用措施项目一览表"项目移植，列入本规范附录N措施项目中，二是所有的措施项目均以清单形式列出了项目，对能计量的措施项目，列有项目特征、计量单位、工程量计算规则，不能计量的措施项目，仅列出项目编码、项目名称和包含的范围。

【条文】 4.3.1 措施项目中列出了项目编码、项目名称、项目特征、计量单位、工程量计算规则的项目，编制工程量清单时，应按照本规范4.2分部分程工程的规定执行。

【要点说明】 本条对措施项目能计量的且以清单形式列出的项目作出了规定。

本条为新增强制性条款，规定了能计量的措施项目也同分部分项工程一样，编制工程量清单必须列出项目编码、项目名称、项目特征、计量单位。同时明确了措施项目的计量项目编码、项目名称、项目特征、计量单位、工程量计算规则，按本规范4.2节的有关规定执行。本规范4.2中4.2.1、4.2.2、4.2.3、4.2.4、4.2.5、4.2.6条款对相关内容作出了规定且均为强制性条款。

例如：便道

表10-2 分部分项工程和单价措施项目清单与计价表

工程名称：某工程

序号	项目编码	项目名称	项目特征描述	计量单位	工程量	综合单价	合价
1	081302001001	便道	1. 土质地基、碎石路面 2. 宽3.5m	m^2	1200		

【条文】 4.3.2 措施项目中仅列出项目编码、项目名称，未列出项目特征、计量单位和工程量计算规则的项目，编制工程量清单时，应按本规范附录N措施项目规定的项目编码、项目名称确定。

【要点说明】 本条对措施项目不能计量的且以清单形式列出的项目作出了规定。

本条为新增条款，针对本规范对不能计量的仅列出项目编码、项目名称，但未列出项目特征、计量单位和工程量计算规则的措施项目，编制工程量清单时，必须按本规范规定的项目编码、项目名称确定清单项目。不必描述项目特征和确定计量单位。

例如：安全文明施工、夜间施工

表10-3 总价措施项目清单与计价表

工程名称：某工程

序号	项目编码	项目名称	计算基础	费率 （%）	金额 （元）	调整费率 （%）	调整后 金额	备注
1	081311001001	安全文明施工	定额基价					
2	081311002001	夜间施工	定额人工费					

五、附录部分主要变化

附录 A　路基、围护结构工程

1. 项目划分

分为土方工程、石方工程、地基处理、基坑与边坡支护、基床、路基排水 6 个小节。

2. 项目特征

挖土方按土壤类别、挖土深度、运距划分。土壤分类根据表 A.1-1 土壤分类表，弃、取土运距也可以不描述，但应注明由投标人根据施工现场实际情况自行考虑，决定报价。

填方按密实度要求、填方材料品种、填方粒径要求、填方来源运距划分，其中填方材料品种可以不描述，但应注明由投标人根据设计要求验方后方可填入，并符合相关工程的质量规范要求。填方来源描述为缺土购置或外运填方，购买土方的价值，计入填方的综合单价。

3. 计量单位与工程量计算规则

挖沟槽、管道土方按体积或长度计算，如果按长度计算，应在特征描述中描述管沟外径。

4. 工作内容

工作内容中的"运输"包括取土、弃土运输及材料运输。

5. 其他

暗挖土方超挖工程量在综合单价中考虑。

6. 使用本附录应注意的问题

1）沟槽、基坑、一般土方的划分为：底宽 ≤7m 且底长 >3 倍底宽为沟槽；底长 ≤3 倍底宽且底面积 ≤150m² 为基坑；超出上述范围则为一般土方。围护基坑挖土适用于有地下连续墙、混凝土桩等竖直围护结构的沟槽、基坑、一般土方的挖土。

2）土方体积应按挖掘前的天然密实体积计算。

3）修建机械上下坡道的土方量并入挖土方工程量内。

4）挖方出现流砂、淤泥时，如设计未明确，在编制工程量清单时，其工程数量可为暂估值。结算时，应根据实际情况由发包人与承包人双方现场签证确认工程量。

5）挖沟槽、管沟土方项目适用于管道、光（电）缆沟［包括人（手）孔、接口坑］及连接井（检查井）等。

6）石方爆破按《爆破工程工程量计算规范》编码列项。

7）基坑与边坡的检测、变形观测等费用按国家相关取费标准单独计算，不在本清单项目中。

8）地下连续墙的钢筋笼、喷射混凝土的钢筋网制作、安装，按 B.6 中相关项目编码列项。基坑与边坡支护的排桩按 B.1 中相关项目编码列项。水泥土墙、坑内加固按 A.3 中相关项目编码列项。砖、石挡土墙、护坡按 B.5 中相关项目编码列项。混凝土挡土墙按 B.2 中相关项目编码列项。

9）排水管、检查井工程按《市政工程工程量计算规范》相关项目编码列项。

7. 典型分部分项工程工程量清单编制实例

【实例】

一、背景资料

某市地铁工程车辆段 M1 出入段线 R1K1+285.000～R1K1+350.000 段采用放坡开挖＋土钉支护，放坡按 1:1 放坡，坡面挂网 φ8@150×150，面层喷 150mm 厚 C20 早强混凝土，土钉采用 φ25 钢筋@1000×1000（土钉竖向排数按间距确定，横断面图中仅为示意），钻孔直径150mm，钻孔深度7m，孔内注M20水泥砂浆。土壤类别三类土壤，土方外弃土运距15km。钢筋网片和加强筋、填方不计算，未列项目不补充。见横剖面图和土钉支护正立面图（图10-1）。

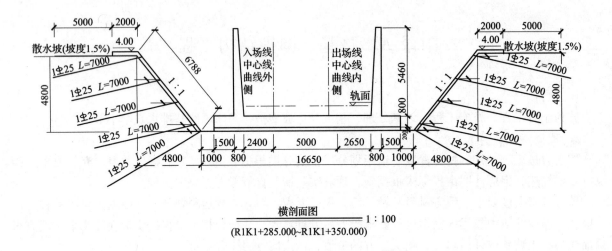

横剖面图 1:100
(R1K1+285.000~R1K1+350.000)

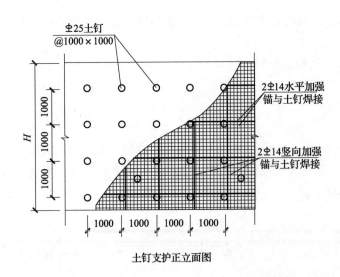

土钉支护正立面图

图 10-1

二、问题

1. 根据以上背景资料及《建设工程工程量清单计价规范》、《城市轨道交通工程工程量计算规范》，试列出该出入段线的挖土方、土钉支护的分部分项工程量清单

表 10-4　清单工程量计算表

工程名称：某工程

序号	清单项目编码	清单项目名称	计　算　式	工程量合计	计量单位
1	080101001001	挖一般土方	$V = 65 \times \left(16.65 \times 4.8 + 4.8 \times 4.8 \times \dfrac{1}{2} \times 2 \right) = 6692.40$	6692.40	m³

序号	清单项目编码	清单项目名称	计 算 式	工程量合计	计量单位
2	080104004001	土钉	根数 = （6.788÷1+1）≈8 根 8×（65÷1+1）×2 = 1056 根 L = 1056×7 = 7392	7392.00	m
3	080104007001	喷射混凝土支护	S = 65×（6.788+2）×2 = 1142.44	1142.44	m²

表 10 - 5 分部分项工程和单价措施项目清单与计价表

工程名称：某工程

序号	项目编码	项目名称	项目特征描述	计量单位	工程量	金额（元）	
						综合单价	合价
1	080101001001	挖一般土方	1. 土壤类别：三类土 2. 挖土深度：4.8m 3. 弃土运距：15km	m³	6692.40		
2	080104004001	土钉	1. 地层情况：三类土 2. 钻孔深度：7m 3. 钻孔直径：150mm 4. 杆体材料品种、规格、数量：ϕ25 钢筋 5. 浆液种类、强度等级：M20 水泥砂浆	m	7392.00		
3	080104007001	喷射混凝土支护	1. 部位：边坡支护 2. 厚度：150mm 3. 材料种类：混凝土 4. 混凝土类别、强度等级：C20 早强混凝土	m²	1142.44		

附录 B　高架桥工程

1. 项目划分

分为桩基工程、现浇混凝土、预制混凝土、箱涵工程、砌筑、钢筋工程、钢结构、其他和相关问题及说明 9 部分。

2. 项目特征

1）垫层按混凝土强度等级划分。

2）混凝土承台、墩台、箱梁等按混凝土强度等级划分。

3）混凝土防撞护栏按断面、混凝土强度等级划分。

4）钢筋按钢筋种类、钢筋规格划分。

5）钢结构按钢材种类、规格、型号、部位、工艺要求、探伤要求、防锈漆种类及遍数、螺栓种类划分。

6）橡胶支座、钢支座按材质、规格划分。

3. 计量单位与工程量计算规则

1）垫层、混凝土承台、墩台、箱梁等以立方米为计量单位。

2）混凝土防撞护栏以米或立方米为计量单位。

3）钢筋以吨为计量单位。

4）钢结构以吨为计量单位。

5）橡胶支座、钢支座等以个为计量单位。

4. 工作内容

后张法预应力筋内容包括预应力筋孔道制作、锚具制作、安装、预应力筋制安、张拉、切断、安装压浆管道、孔道压浆、运输。台座安拆在措施项目内（大型预制梁场设施）。

5. 其他

现浇构件中伸出构件的锚固钢筋等，应并入钢筋工程量内。除现行规范或设计标明的搭接外，其他施工搭接不计算工程量，在综合单价中考虑。

预制钢筋混凝土方桩内容包括工作平台搭拆、桩机移位、桩制作、沉桩、接桩、送桩、运输。不含桩机竖拆，此内容含在大型机械设备进出场及安拆措施中。

6. 使用本附录应注意的问题

1）桩基础的承载力检测、桩身完整性检测等费用按国家相关取费标准单独计算，不在本清单项目中。

2）打试验桩和打斜桩应按相应项目编码单独列项，并应在项目特征中注明试验桩或斜桩（斜率）。

3）台帽、台盖梁均应包括耳墙、背墙。

4）预制构件均按成品（含钢筋）编制项目，预制构件的价格应计入综合单价中。

5）钢结构按成品编制项目，其价格应计入综合单价中。

7. 典型分部分项工程工程量清单编制实例

【实例】

一、背景资料

某市新建地铁高架线路，自然地面标高 44.0m，土壤类别三类土壤。高架桥基础采用钻孔灌注桩 C30 混凝土，直径 φ1.2m，长 20m，钢护筒长度 2m，桩底标高 21.5m；承台混凝土 C20，承台（5.4m × 5.4m × 2m）；垫层厚 0.1m；墩柱（直径 φ2.0m）及盖梁（T 型）为 C45 混凝土，具体设计见图 10 - 2。

二、问题

根据以上背景资料及《建设工程工程量清单计价规范》、《城市轨道交通工程工程量计算规范》，试列出该地铁线路高架桥桩基、承台、墩柱、盖梁等工程分部分项工程量清单。

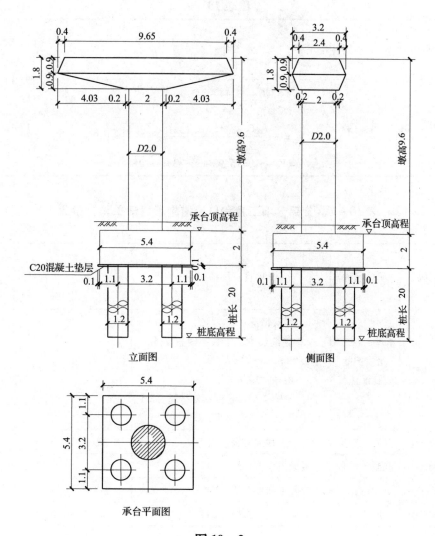

立面图   侧面图

承台平面图

图 10 – 2

表 10 – 6   清单工程量计算表

工程名称：某工程

序号	清单项目编码	清单项目名称	计 算 式	工程量合计	计量单位
1	080201008001	泥浆护壁成孔灌注桩	桩长 $L = 20 \times 4 = 80$ 空桩长度 $L = 44 - 21.5 - 20 = 2.5m$	80.00	m
2	080202001001	混凝土垫层	$V = 5.6 \times 5.6 \times 0.1 = 3.14$	3.14	m³
3	080202003001	混凝土承台	$V = 5.4 \times 5.4 \times 2.0 = 58.32$	58.32	m³
4	080202006001	墩身	$V = 3.14 \times 1 \times 1 \times (9.6 - 1.8)$	24.49	m³
5	080202008001	墩盖梁	$S1 = 2.4 \times 2.4 = 5.76$ $S2 = 3.2 \times (9.65 + 0.4 \times 2) = 33.44$ $S3 = 2.4 \times 9.65 = 23.16$	41.25	m³

序号	清单项目编码	清单项目名称	计 算 式	工程量合计	计量单位
5	080202008001	墩盖梁	$V_1 = \dfrac{5.76 + 33.44 + \sqrt{5.76 \times 33.44}}{3} \times 0.9 = 15.92$ $V_2 = \dfrac{23.16 + 33.44 + \sqrt{23.16 \times 33.44}}{3} \times 0.9 = 25.33$ $V = V_1 + V_2 = 15.92 + 25.33 = 41.25$	41.25	m³

表 10－7　分部分项工程和单价措施项目清单与计价表

工程名称：某工程

序号	项目编码	项目名称	项目特征描述	计量单位	工程量	金额（元）	
						综合单价	合计
1	080201008001	泥浆护壁成孔灌注桩	1. 地层情况：三类土 2. 空桩长度、桩长：空桩 2.5m，桩长 20m 3. 桩径：1.2m 4. 护筒类型、长度：钢护筒，2m 5. 混凝土强度等级：C30	m	80.00		
2	080202001001	混凝土垫层	混凝土强度等级：C20	m³	3.14		
3	080202003001	混凝土承台	混凝土强度等级：C45	m³	58.32		
4	080202006001	墩身	混凝土强度等级：C45	m³	24.49		
5	080202008001	墩盖梁	混凝土强度等级：C45	m³	41.25		

附录 C　地下区间工程

1. 项目划分

分为区间支护、衬砌工程、盾构掘进和相关问题说明 4 部分。

2. 项目特征

1）喷射混凝土按部位、结构形式、厚度、混凝土强度等级、掺加材料品种、用量划分。

2）小导管、管棚按施工部位、材料品种、管径、长度划分。

3）注浆按部位、浆液种类、配合比划分。

4）衬砌混凝土按部位、厚度、混凝土强度等级划分。

5）泥水处理系统按盾构直径、型号、处理能力划分。

6）盾构掘进按直径、规格、形式、掘进施工段类别、密封舱材料品种、运距划分。

3. 计量单位与工程量计算规则

1）砂浆锚杆以米为计量单位。

2）小导管、管棚以米为计量单位。

3）注浆以立方米为计量单位。

4）隧道衬砌以立方米为计量单位。

5）喷射混凝土以立方米为计量单位。

6）盾构掘进以米为计量单位。

4. 工作内容

盾构掘进包括掘进、管片拼装、密封舱添加材料、负环管片拆除、隧道内管线路铺设、拆除、泥浆制作、运输，但不含泥水处理系统的安拆。

5. 其他

钢筋工程、钢结构工程、桩基工程均按"附录 B 高架桥工程"相关项目编码列项，防水工程按"附录 D 地下结构工程"项目编码列项。

6. 使用本附录应注意的问题

1）注浆工程编制清单时，其工程数量可为暂估量，结算时按现场签证数量计算。

2）预制钢筋混凝土管片的计算规则按设计图示尺寸以体积计算，不扣除单个面积 0.3m² 以内的孔洞所占体积。

7. 典型分部分项工程工程量清单编制实例

【实例】

一、背景资料

设计说明：某市地铁工程盾构区间，设计里程范围为 K36 + 546.649 ~ K37 + 146.649，单线隧道长度 600m，盾构井分别设在盾构区间的两端。本段盾构区间施工采用一台土压平衡盾构机，从 K36 + 546.649 处盾构井井内整体始发，到达 K37 + 146.649 处盾构井调头，由 K36 + 546.649 处盾构井接收。

隧道采用单层预制钢筋混凝土衬砌形式，混凝土 C50，抗渗等级 P10、管片外径为 6000mm、宽度为 1200mm、厚度为 300mm。管片接缝外侧的预留凹槽内设置三元乙丙橡胶密封垫，管片内弧侧预留的凹槽内嵌缝密封防水采用氯丁胶乳水泥。根据工程地质和水文地质条件，向土仓内适当注入水、膨润土、泡沫剂，以改良仓内土质，保持土质流塑状态。盾构机掘进中进行壁后注浆，1:1 水泥浆，盾构机壳体最大外径 6280mm。渣土外弃运输 10km。

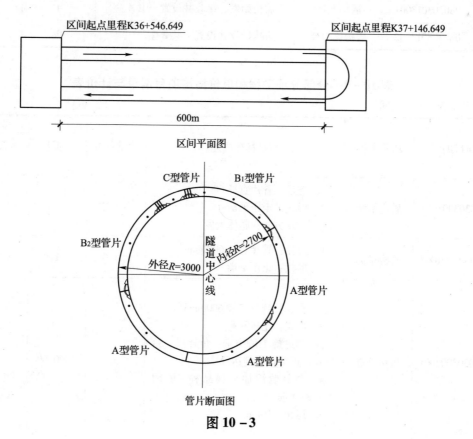

图 10-3

二、问题

根据以上背景资料及《建设工程工程量清单计价规范》、《城市轨道交通工程工程量计算规范》，试列出盾构吊装及吊拆、盾构掘进、衬砌壁后压浆、预制钢筋混凝土管片、管片设置密封条、管片嵌缝、盾构机调头、盾构基座、反力架等分部分项工程量清单。

表 10 - 8　清单工程量计算表

工程名称：某工程（盾构区间）

序号	清单项目编码	清单项目名称	计　算　式	工程量合计	计量单位
1	080303001001	盾构吊装	按照设计说明中的工程量计算	1	台·次
2	080303001002	盾构吊拆	按照设计说明中的工程量计算	1	台·次
3	080303002001	盾构掘进	$L = （37146.649 - 36546.649） \times 2 = 1200$	1200.00	m
4	080303003001	衬砌壁后压浆	$V = [3.14 \times （6.28 \div 2）^2 - 3.14 \times （6 \div 2）^2] \times 1200 = 3238.97$	3238.97	m³
5	080303004001	预制钢筋混凝土管片	L 管片内径 $= 6 - 0.3 \times 2 = 5.4$m $V = （3.14 \times （6 \div 2）^2 - 3.14 \times （5.4 \div 2）^2） \times 1200 = 6443.28$	6443.28	m³
6	080303007001	管片设置密封条	环数 $=（600 \div 1.2）\times 2 = 1000$	1000	环
7	080303009001	管片嵌缝	环数 $=（600 \div 1.2）\times 2 = 1000$	1000	环
8	080303010001	盾构机调头	按照设计说明中的工程量计算	1	台·次
9	080303013001	盾构基座	盾构始发、接收井设置，共4座	4	座
10	080303013002	盾构反力架	盾构始发井设置，共2座	2	座

表 10 - 9　分部分项工程和单价措施项目清单与计价表

工程名称：某工程（盾构区间）

序号	项目编码	项目名称	项目特征描述	计量单位	工程量	金额（元）综合单价	金额（元）合计
1	080303001001	盾构吊装	1. 直径：管片直径6000mm 2. 形式：土压平衡 3. 始发方式：整体始发	台·次	1		
2	080303001002	盾构吊拆	1. 直径：管片直径6000mm 2. 形式：土压平衡	台·次	1		
3	080303002001	盾构掘进	1. 直径：管片直径6000mm 2. 形式：土压平衡 3. 掘进施工段类别：负环段、始发段、正常段、到达段 4. 密封舱添加材料品种：膨润土、泡沫剂 5. 运距：10km	m	1200.00		

序号	项目编码	项目名称	项目特征描述	计量单位	工程量	金额（元）	
						综合单价	合计
4	080303003001	衬砌壁后压浆	1. 浆液种类：水泥浆 2. 配合比：1：1	m³	3238.97		
5	080303004001	预制钢筋混凝土管片	1. 图集、图纸名称：详见图纸 2. 构件代号、名称：A 型、B 型、C 型管片 3. 直径：6000mm 4. 厚度：300mm 5. 宽度：1200mm 6. 混凝土强度等级：C50、P10	m³	6443.28		
6	080303007001	管片设置密封条	1. 管片成环直径、宽度、厚度：直径 6000mm、宽度 1200mm、厚度 300mm 2. 密封条材料：三元乙丙橡胶垫 3. 密封条规格：详见图纸	环	1000		
7	080303009001	管片嵌缝	1. 直径：6000mm 2. 材料：氯丁胶乳水泥 3. 规格：详见图纸	环	1000		
8	080303010001	盾构机调头	1. 直径：管片直径 6000mm 2. 形式：土压平衡 3. 始发方式：井内整体始发	台·次	1		
9	080303013001	盾构基座	1. 材质：钢结构 2. 规格：详见图纸或根据施工组织设计 3. 部位：始发井、接收井 4. 油漆种类、刷漆遍数：详见图纸或根据施工组织设计	座	4		
10	080303013002	盾构反力架	1. 材质：钢结构 2. 规格：详见图纸或根据施工组织设计 3. 部位：始发井 4. 油漆种类、刷漆遍数：详见图纸或根据施工组织设计	座	2		

附录 D　地下结构工程

1. 项目划分

分为现浇混凝土、预制混凝土、防水工程和相关问题及说明 4 部分。

2. 项目特征

1）混凝土柱、梁、楼梯等按部位、截面形式、尺寸、混凝土强度等级划分。

2）混凝土站台板按图集、图纸名称、构件代号、名称、截面形式、构件类型、混凝土强度等级、砂浆强度等级划分。

3）变形缝、施工缝按部位、材质、规格、工艺要求划分。

4）防水堵漏按部位、材质、规格、工艺要求划分。

3. 计量单位与工程量计算规则

1）混凝土柱、梁、混凝土站台板等以立方米为计量单位。

2）变形缝、施工缝以米为计量单位。

3）防水堵漏以点（m、m²）为计量单位。

4. 工作内容

现浇混凝土包括混凝土制作、浇筑、振捣、养护，模板制安拆，运输。

5. 其他

混凝土工程量不扣除构件内钢筋、螺栓、预埋铁件、张拉孔道、单个面积≤0.3m²的孔洞所占体积。扣除劲性钢骨架所占体积。

钢筋工程、钢结构工程均按附录B高架桥工程中相关项目编码列项。

6. 使用本附录应注意的问题

1）柱：柱高自柱基（基础梁）上表面（或楼板上表面）至上一层楼板下表面之间的高度计算。构造柱高按设计高度计算，嵌接墙体部分并入柱身体积。依附柱土的牛腿和柱帽，并入柱身体积计算。

2）梁：梁与柱连接时，梁长算至柱的内侧面；伸入墙内部分的梁头并入梁的体积计算。基础梁与柱连接时，基础梁通长计算。主梁与次梁连接时，次梁长度算至主梁的内侧面。梁高自梁底算至板底，反梁自板顶算至梁顶。

3）墙的体积应扣除门窗洞口及单个面积大于0.3m²的孔洞所占体积。墙垛（附墙柱）、暗柱、暗梁及突出部分并入墙体体积计算。墙的体积中，板与墙相叠加部分按墙计算；柱或梁与墙相叠加部分，分别按柱或梁计算。

4）板：靠墙的梗斜混凝土体积并入墙的混凝土体积计算，不靠墙的梗斜并入相邻顶板或底板混凝土体积。

5）混凝土风井、电缆井、消防水池在混凝土电梯井清单项目中列项。

6）防水板、防水毯按"卷材防水"项目编码列项。

7. 典型分部分项工程工程量清单编制实例

【实例】

一、背景资料

某市地铁工程的明挖车站，防水采用钢筋混凝土结构自防水与结构迎水面设置柔性防水层相结合体系，防水等级为一级。顶板自结构层由下向上的做法为：防水混凝土结构顶板，2.5mm厚单组分聚氨酯防水涂料，一层不小于350#纸胎油毡隔离层，70mm厚C20细石混凝土保护层，素土分层回填夯实；侧墙自结构层由外向内的做法为：围护结构，20mm厚1:2.5水泥砂浆找平层，双层4mm厚的聚酯胎体SBS改性沥青防水卷材（Ⅱ型），15mm厚1:2.5水泥砂浆保护层，防水混凝土结构侧墙；底板自结构层由外向内的做法为：混凝土垫层，双层4mm厚的聚酯胎体SBS改性沥青防水卷材（Ⅱ型）；50mm厚C20细石混凝土保护层，防水混凝土结构底板。结构顶梁上翻高出结构顶板500mm，底梁下翻低于结构底板400mm。未列项目不补充，见车站主体平面图、结构标准断面横剖图、节点详图（图10-4）。

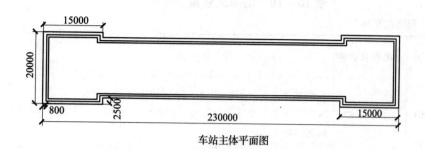

车站主体平面图

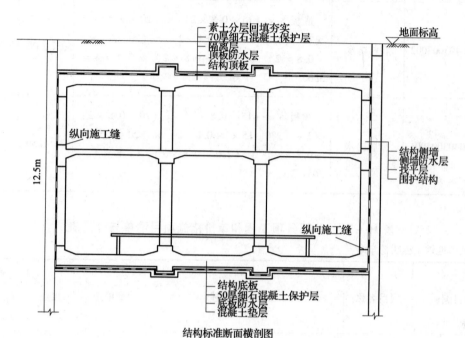

结构标准断面横剖图

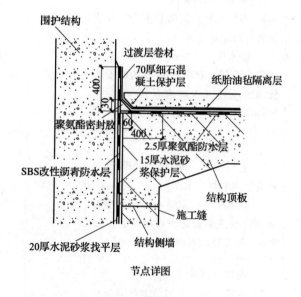

节点详图

图 10-4

二、问题

根据以上背景资料及《建设工程工程量清单计价规范》、《城市轨道交通工程工程量计算规范》，试列出该明挖车站的防水分部分项工程量清单。

表 10 – 10 清单工程量计算表

工程名称：某市地铁工程明挖车站

序号	清单项目编码	清单项目名称	计　算　式	工程量合计	计量单位
1	080403003001	卷材防水	侧墙 $S=$ ［（230 – 0.8×2）×2 + （20 – 0.8 ×2）×2 + 2.5×4］×（12.5 + 0.4）= 6496.44	6496.44	m²
2	080403003002	卷材防水	底板 $S=$（15 – 0.8×2）×（20 – 0.8×2）×2 + （230 – 15×2 + 0.8×2）×（20 – 2.5×2 – 0.8×2）+（230 – 0.8×2）×0.4×4 = 3560.00	3560.00	m²
3	080403004001	涂膜防水	顶板 $S=$（15 – 0.8×2）×（20 – 0.8×2）×2 +（230 – 15×2 + 0.8×2）×（20 – 2.5×2 – 0.8×2）+（230 – 0.8×2）×0.5×4 = 3651.36	3651.36	m²

表 10 – 11 分部分项工程和单价措施项目清单与计价表

工程名称：某市地铁工程明挖车站

序号	项目编码	项目名称	项目特征描述	计量单位	工程量	金额（元）综合单价	金额（元）合计
1	080403003001	卷材防水	1. 部位：结构侧墙 2. 卷材品种：聚酯胎体 SBS 改性沥青防水卷材（Ⅱ型） 3. 防水做法：20mm 厚 1:2.5 水泥砂浆找平层；双层 4mm 厚的聚酯胎体 SBS 改性沥青防水卷材（Ⅱ型）；15mm 厚 1:2.5 水泥砂浆保护层	m²	6496.44		
2	080403003002	卷材防水	1. 部位：底板 2. 卷材品种：聚酯胎体 SBS 改性沥青防水卷材（Ⅱ型） 3. 防水做法：双层 4mm 厚聚酯胎体 SBS 改性沥青防水卷材（Ⅱ型）；50mm 厚 C20 细石混凝土保护层	m²	3560.00		
3	080403004001	涂膜防水	1. 部位：顶板 2. 涂膜品种：单组分聚氨酯防水涂料 3. 防水做法：2.5mm 厚单组分聚氨酯防水涂料；一层不小于 350#纸胎油毡隔离层；70mm 厚 C20 细石混凝土保护层	m²	3651.36		

附录 E 轨 道 工 程

1. 项目划分

分为铺轨工程、铺道岔工程、铺道床工程、轨道加强设备及护轮轨、线路有关工程 5 部分。

2. 项目特征

1）铺轨按轨枕类型、扣件类型、轨型、道床类型、电机类型轨枕数量等划分。

2）铺道岔按轨型、岔枕类型、道床类型、道岔号划分。

3）粒料道床按部位、材质划分。

4）浮置板道床按混凝土强度等级、减振器型号、数量、剪力铰型号数量、橡胶支座型号、橡胶垫品种、规格划分。

5）线路及信号标志按种类、部位、材质、规格划分。

3. 计量单位与工程量计算规则

1）铺轨以公里为计量单位。

3）铺道岔以组为计量单位。

4）粒料道床以立方米为计量单位。

5）浮置板道床以立方米为计量单位。

6）线路标志以个为计量单位。

4. 工作内容

铺轨工程包括"钢轨铺设，配件安装，轨枕安装，扣件、非金属件安装（含硫磺锚固），支撑架安拆，龙门架轨道铺拆，工具轨轨节拼装、铺设，工具轨拆除、回收，钢轨焊接、探伤、试验，接头制作、安装，应力放散、锁定，长轨焊接作业线、铺轨机安拆、调试，运输"。

5. 其他

预制构件均按成品编制项目，预制构件的价格应计入综合单价中。

6. 使用本附录应注意的问题

1）混凝土工程量不扣除构件内钢筋、螺栓、预埋铁件、张拉孔道、单个面积≤0.3m² 的孔洞所占体积。但应扣除劲性钢骨架所占体积。

2）钢筋工程按附录 B 高架桥工程中相关项目编码列项。

7. 典型分部分项工程工程量清单编制实例

【实例】

一、背景资料

某地铁工程地下线轨道 DK13 + 400 ~ DK14 + 000 段。正线采用 60kg/m 钢轨，材质为 U75V，钢轨定尺长度均为 25m。无缝线路地段采用无孔新轨。本段共有 2 种扣件类型，与短轨枕配套使用。其中 DTⅥ2 型扣件，用于地下线整体道床地段；Ⅲ型轨道减振扣件，用于地下线中等减振地段。铺轨图见图 10 - 5，轨枕布置标准间距为 625mm，C30 整体混凝土道床分段标准长度一般为 12.5m，可根据结构变形缝的设置进行调整。其中"圆形隧道直线段道床图（一）"每道床块（L = 12.5m）混凝土数量为 17m³，"圆形隧道较高减振直线段道床图（一）"每道床块（L = 12.5m）混凝土数量为 15.6m³。

二、问题

根据以上背景资料及《建设工程工程量清单计价规范》、《城市轨道交通工程工程量计算规范》，试列出 DK13 + 400 ~ DK14 + 000 段线路的铺轨、铺道床混凝土分部分项工程量清单。

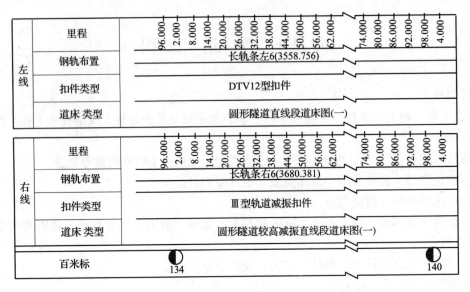

图 10 – 5　铺轨图

表 10 – 12　清单工程量计算表

工程名称：某工程

序号	清单项目编码	清单项目名称	计　算　式	工程量合计	计量单位
1	080501001001	地下段轨道（无缝线路轨道）	左线 $L = 14.000 - 13.400 = 0.6$	0.600	km
2	080501001002	地下段轨道（无缝线路轨道）	右线 $L = 14.000 - 13.400 = 0.6$	0.600	km
3	080503002001	混凝土整体道床	$V = (14 - 13.4) \times 1000/12.5 \times (17.0 + 15.6) = 1564.80$	1564.80	m³

表 10 – 13　分部分项工程和单价措施项目清单与计价表

工程名称：某工程

序号	项目编码	项目名称	项目特征描述	计量单位	工程量	金额（元）综合单价	金额（元）合计
1	080501001001	地下段轨道（无缝线路轨道）	1. 道床形式：整体道床 2. 钢轨类型：60kg/m U75V 钢轨 3. 扣件类型：DTⅥ2 型扣件 4. 轨枕类型：钢筋混凝土短轨枕 5. 轨枕数量：1600 对/km	km	0.600		

序号	项目编码	项目名称	项目特征描述	计量单位	工程量	金额（元）	
						综合单价	合计
2	080501001002	地下段轨道（无缝线路轨道）	1. 道床形式：整体道床 2. 钢轨类型：60kg/m U75V 钢轨 3. 扣件类型：Ⅲ型轨道减振扣件 4. 轨枕类型：钢筋混凝土短轨枕 5. 轨枕数量：1600 对/km	km	0.600		
3	080503002001	混凝土整体道床	1. 部位：地下段 2. 混凝土强度等级：C30	m³	1564.80		

附录 F 通 信 工 程

1. 项目划分

分为通信线路工程、传输系统、电话系统、无线通信系统、广播系统、闭路电视监控系统、时钟系统、电源系统、计算机网络及附属设备、联调联试试运行和相关问题及说明 11 部分。

2. 项目特征

1）各种线缆按名称、规格、型号、敷设方式等划分。

2）设备按名称、规格、类型等划分。

3）调试按类别划分。

3. 计量单位与工程量计算规则

1）各种设备以端、台、套、架等为单位计列。

2）各种线缆以 m、条、用户等为单位计列。

3）调试以系统、系统/站、站等为单位计列。

4. 使用本附录应注意的问题

1）F.1 通信线路

①挖、填土工程，应按本规范附录 A 路基、围护结构工程相关项目编码列项。

②桥架、线槽、电缆、配管、配线、孔洞封堵、打孔、接地装置，应按本规范附录 H.7、H.8 相关项目编码列项。

③本规范附录中电线、电缆、母线均按设计要求、规范、施工工艺规程规定的预留量及附加长度计入工程量。

2）F.3 电话系统

①计费、查号系统设备的工作内容含计算机、显示器、打印机、电源、鼠标、键盘的安装调试和随机线缆、进出线缆的连接。

3）F.4 无线通信系统

①中央控制设备工程内容含中央控制设备、网管终端、无线交换机的安装调试和随机线缆、进出线缆的连接等。

②固定电台工作内容含主机、天线的安装调试和随机线缆、进出线缆的连接等。

③车载电台工作内容含主机、控制盒、机车天线的安装调试和随机线缆、进出线缆的连接等。

4）F.5 广播系统

①广播控制台工程内容含前级、话筒、键盘及随机线缆和进出线的安装连接。

②广播机柜工程内容含功率放大器、广播控制单元、数字和音频汇接模块、功放检测和切换模块、噪声检测模块、电源时序模块的安装、调试及随机线缆安装，进出线的连接。

5）F.7 时钟系统

①中心母钟工程内容含机柜、调制解调器、自动校时钟、多功能时码转换器、卫星校频校时钟、高稳定时钟、时码切换器、时码发生器、时码中继器、中心监测接口、时码定时通信器、计算机接口装置、直流电源的安装调试、随机进出线缆的连接等。

②二级母钟工程内容含机柜、高稳定时钟、车站监测接口、时码分配中继器的安装调试、随机进出线缆的连接等。

5. 典型分部分项工程工程量清单编制实例

【案例】

一、背景资料

某地铁通信工程时钟系统，采用两级组网方式，由控制中心母钟（一级母钟）、控制中心/车站（二级母钟）、时间显示单元（子钟）及传输通道、接口设备、电源和时钟系统网管等组成。具体工程数量见表 10 – 14。

表 10 – 14　工程数量一览表

序号	名称	规格、型号	单位	数量
1	中心母钟	RS – 422 接口≥64 个；NTP 以太网接口≥16 个 自动和手动倒换且可人工调整	套	1
2	二级母钟	RS – 422 接口≥8 个；NTP 以太网接口≥5 个 自动和手动倒换且可人工调整	套	5
3	双面 数显式子钟	日历显示部分字高 5 英寸，时间显示部分字高为 8 英寸，悬挂式	套	2
4	双面 数显式子钟	字高 10 英寸，悬挂式	套	6
5	单面 数显式子钟	字高 10 英寸，壁装式	套	18
6	单面 数显式子钟	字高 5 英寸，壁装式	套	10
7	单面 数显式子钟	字高 3 英寸，悬挂式	套	92
8	单面 指针式子钟	直径 600mm，壁装式	套	8
9	时钟系统 监控计算机	780MT 21 宽屏，实时监控型	套	8
10	时钟面板	SZ – TX100　明装	套	146
11	电源面板	SZ – DY100　明装	套	146

表 10 – 15　分部分项工程和单价措施项目清单与计价表

工程名称：某工程

序号	项目编码	项目名称	项目特征描述	计量单位	工程量	金额（元）	
						综合单价	合计
1	080607001001	母钟设备	1. 名称：中心母钟 2. 规格：RS – 422 接口≥64 个；NTP 以太网接口≥16 个 3. 类型：自动和手动倒换且可人工调整	套	1		
2	080607001002	母钟设备	1. 名称：二级母钟 2. 规格：RS – 422 接口≥8 个；NTP 以太网接口≥5 个 3. 类型：自动和手动倒换且可人工调整	套	5		
3	080607002001	子钟	1. 名称：数显式子钟 2. 规格：日历显示部分字高 5 英寸，时间显示部分字高为 8 英寸 3. 类型：双面室内型 4. 安装方式：悬挂式	套	2		
4	080607002002	子钟	1. 名称：数显式子钟 2. 规格：字高 10 英寸 3. 类型：双面室内型 4. 安装方式：悬挂式	套	6		
5	080607002003	子钟	1. 名称：数显式子钟 2. 规格：字高 10 英寸 3. 类型：单面室内型 4. 安装方式：壁装式	套	18		
6	080607002004	子钟	1. 名称：数显式子钟 2. 规格：字高 5 英寸 3. 类型：单面室内型 4. 安装方式：壁装式	套	10		
7	080607002005	子钟	1. 名称：数显式子钟 2. 规格：字高 3 英寸 3. 类型：单面室内型 4. 安装方式：悬挂式	套	92		
8	080607002006	子钟	1. 名称：指针式子钟 2. 规格：直径 600mm 3. 类型：单面室内型 4. 安装方式：壁装式	套	8		

序号	项目编码	项目名称	项目特征描述	计量单位	工程量	金额（元）	
						综合单价	合计
9	080607003001	监控计算机	1. 名称：时钟系统监控计算机 2. 规格：780MT21 宽屏 3. 类型：实时监控型	套	8		
10	080607004001	插销盒、电源盒	1. 名称：时钟面板 2. 规格：SZ－TX100 3. 类型：明装型	套	146		
11	080607004002	插销盒、电源盒	1. 名称：电源面板 2. 规格：SZ－DY100 3. 类型：明装型	套	146		
12	080607005001	时钟系统调试	类别：时钟系统调试	系统	1		

附录 G 信 号 工 程

1. 项目划分

分为信号线路、室外设备、室内设备、车载设备、系统调试和相关问题及说明 6 部分。

2. 项目特征

1）信号机按名称、类型、规格、材质、岩土类别划分。

2）电源屏按名称、规格、容量等划分。

3）车载设备按名称、类型划分。

4）系统调试按类别划分。

3. 计量单位与工程量计算规则

系统调试可按系统、站、处、套、条为计量单位。

4. 使用本附录应注意的问题

1）绝缘轨距杆应按本规范附录 E 轨道工程相关项目编码列项。

2）信号线缆、标识牌、埋设标桩、托板托架、吊架应按本规范附录 F.1 相关项目编码列项。

3）UPS 电源、蓄电池柜应按本规范附录 F.8 相关项目编码列项。

4）电力电缆、配管、配线、桥架、线槽、孔洞封堵、接地装置应分别按本规范附录 H 供电工程相关项目编码列项。

5）除锈、刷漆应按《通用安装工程工程量计算规范》相关项目编码列项。

6）联调联试、试运行应按本规范附录 F.10 相关项目编码列项。

5. 典型分部分项工程工程量清单编制实例

【实例】

一、背景资料

某地铁工程室外轨旁设备主要包括：转辙机、信号机、计轴器、传输环路、箱盒等；并在站台侧设置紧急停车按钮。具体工程数量见表 10－16。

表 10 -16　工程数量一览表

序号	名称	规格、型号等	单位	数量
1	信号机	铝合金　LED 四显示　矮型 岩土类别：土	架	2
2	转辙机及 安装装置	S700K 外锁闭　双机牵引 60kg/m　9 号道岔	组	4
3	传输环路	列车识别环路	个	4
4	计轴器	ZP43V 型	个	8
5	钢轨接续线	$150mm^2 \times 1400mm$ 铜缆　胀钉式，钢轨 25m	km	2
6	道岔跳线	$95mm^2$ 胀钉式免维护型	组	2
7	单轨条牵引 电流回流线	HLRVZ - 105 型，$2 \times 150mm^2$　$L = 3500mm$ 胀钉式	组	1
8	终端盒	HZ24　复合型 岩土类别：土	个	6
9	站台紧急 停车按钮	嵌入式	个	4

表 10 -17　分部分项工程和单价措施项目清单与计价表

工程名称：某工程

序号	项目编码	项目名称	项目特征描述	计量单位	工程量	金额（元）综合单价	金额（元）合计
1	080702001001	信号机	1. 名称：信号机 2. 规格：LED 四显示 3. 类型：矮型 4. 材质：铝合金 5. 岩土类别：土	架	2		
2	080702002001	电动转辙装置	1. 名称：转辙机及安装装置 2. 规格：S700K 外锁闭 3. 型号：双机牵引 4. 道岔类型：60kg/m　9 号道岔	组	4		
3	080702004001	传输环路	1. 名称：传输环路 2. 类型：列车识别环路	个	4		
4	080702005001	计轴设备	1. 名称：计轴器 2. 类型：ZP43V 型	个	8		

序号	项目编码	项目名称	项目特征描述	计量单位	工程量	金额（元）	
						综合单价	合计
5	080702012001	钢轨接续线	1. 名称：钢轨接续线 2. 规格：150mm² × 1400mm 铜绞电缆 3. 类型：胀钉式	km	2		
6	080702013001	道岔（轨道）跳线	1. 名称：道岔跳线 2. 规格：95mm² 3. 类型：胀钉式免维护型	组	2		
7	080702015001	电气牵引连接线	1. 名称：单轨条牵引电流回流线 2. 规格：HLRVZ – 105　2 × 150mm²　$L = 3500$mm 3. 类型：胀钉式	组	1		
8	080702016002	室外箱、盒	1. 名称：终端盒 2. 规格：HZ24 3. 型号：复合型 4. 安装部位：转辙机、信号机 5. 岩土类别：土	个	6		
9	080702018001	按钮	1. 名称：站台紧急停车按钮 2. 类型：嵌入式	个	4		

附录 H　供 电 工 程

1. 项目划分

分为变电所、接触网、接触轨、杂散电流、电力监控、动力照明、电缆及配管配线、综合接地、感应板、安装和相关问题及说明共 10 部分。

2. 项目特征

1）变压器等设备按名称、型号、规格、容量划分。

2）接触轨按区段、道床类型、防护材料、规格划分。

3）接地装置按接地母线材质、规格、接地极材质、规格划分。

3. 计量单位与工程量计算规则

1）整流变压器等设备以台为计量单位。

2）接触轨以 m 为计量单位。

3）接地装置调试以系统为计量单位。

4. 使用本附录应注意的问题

1）接地体引出装置工作内容包括：绝缘固定环、紫铜排、非磁性钢管、环氧树脂、固定铁块、止水环、焊接、补刷油漆等。

2）挖、填土工程应按本规范附录 A 路基、围护结构工程相关项目编码列项。

3）通信线、缆应按本规范附录 F.1 相关项目编码列项。

4）除锈、刷漆应按《通用安装工程工程量计算规范》附录 M 刷漆、防腐蚀、绝热工程项目编码列项。

5）本规范附录中电线、电缆、母线均按设计要求、规范、施工工艺规程规定的预留量及附加长度计入工程量。

6）联调联试、试运行按本规范附录 F.10 相关项目编码列项。

5．典型分部分项工程工程量清单编制实例

【实例】1

一、背景资料

某地铁柔性架空接触网工程，部分主要工程数量见表 10－18。

表 10－18　工程数量一览表

序号	名　称	规格、型号	单位	数量
1	支柱坑开挖	硬土坑 2m×3m×3m	个	490
2	支柱基础浇注	混凝土 2m×3m×3m	个	490
3	机械立杆	Φ300 圆锥钢柱	根	490
4	链型悬挂中间柱直线段正定位安装		处	82
5	链型悬挂中间柱直线段反定位安装		处	82
6	链型悬挂中间柱曲外安装		处	58
7	链型悬挂中间柱曲内安装		处	30
8	简单悬挂中间柱直线段正定位安装		处	22
9	简单悬挂中间柱直线段反定位安装		处	22
10	简单悬挂中间柱曲外安装		处	8
11	简单悬挂中间柱曲内安装		处	12
12	接触线	铜银合金 CTA150	条公里	34.27
13	架空地线	硬铜绞线 JT120	条公里	10.96
14	承力索	硬铜绞线 JT150	条公里	12.24

表 10－19　分部分项工程和单价措施项目清单与计价表

工程名称：某工程

序号	项目编码	项目名称	项目特征描述	计量单位	工程量	金额（元）	
						综合单价	合价
1	080802001001	支柱、门形架、硬横梁	1. 类型：机械立杆 2. 材质：钢质 3. 规格：Φ300 圆锥钢柱混凝土基础 2m×3m×3m 4. 岩土类别：硬土 2m×3m×3m	处	490		

序号	项目编码	项目名称	项目特征描述	计量单位	工程量	金额（元）	
						综合单价	合价
2	080802002001	支柱悬挂定位安装	1．类型：柔性悬挂 2．悬挂方式：链型悬挂中间柱 3．定位方式：正定位 4．直线、曲内、曲外：直线段	处	82		
3	080802002002	支柱悬挂定位安装	1．类型：柔性悬挂 2．悬挂方式：链型悬挂中间柱 3．定位方式：反定位 4．直线、曲内、曲外：直线段	处	82		
4	080802002003	支柱悬挂定位安装	1．类型：柔性悬挂 2．悬挂方式：链型悬挂中间柱 3．直线、曲内、曲外：曲外	处	58		
5	080802002004	支柱悬挂定位安装	1．类型：柔性悬挂 2．悬挂方式：链型悬挂中间柱 3．直线、曲内、曲外：曲内	处	30		
6	080802002005	支柱悬挂定位安装	1．类型：柔性悬挂 2．悬挂方式：简单悬挂中间柱 3．定位方式：正定位 4．直线、曲内、曲外：直线段	处	22		
7	080802002006	支柱悬挂定位安装	1．类型：柔性悬挂 2．悬挂方式：简单悬挂中间柱 3．定位方式：反定位 4．直线、曲内、曲外：直线段	处	22		
8	080802002007	支柱悬挂定位安装	1．类型：柔性悬挂 2．悬挂方式：简单悬挂中间柱 3．直线、曲内、曲外：曲外	处	8		
9	080802002008	支柱悬挂定位安装	1．类型：柔性悬挂 2．悬挂方式：简单悬挂中间柱 3．直线、曲内、曲外：曲内	处	12		
10	080802008001	接触网架设	1．名称：接触线 2．材质：铜银合金 3．规格：CTA150	条公里	34.27		
11	080802008002	接触网架设	1．名称：架空地线 2．材质：硬铜绞线 3．规格：JT120	条公里	10.96		
12	080802008003	接触网架设	1．名称：承力索 2．材质：硬铜绞线 3．规格：JT150	条公里	12.24		
13	080802015001	检测、试验	名称：冷滑试验	条公里	34.27		
14	080802015002	检测、试验	名称：热滑试验	条公里	34.27		

【实例】2

一、背景资料

某地铁接触轨工程，部分主要工程数量见表10－20。

表10－20　工程数量一览表

序号	名　　称	规格、型号	单位	数量
1	钢铝复合接触轨	普通型、预留式	m	27200
2	接触轨防护罩	普通型2180mm/块、支架式	m	27630
3	电动隔离开关	1700mm×800mm×2200mm 三台开关联结安装，户内	组	4
4	电动隔离开关	800mm×800mm×2200mm 单台安装户外	台	3

二、问题

根据背景资料《建设工程工程量清单计价规范》、《城市轨道交通工程工程量计算规范》，试列出地铁接触轨工程分部分项工程量清单。

表10－21　分部分项工程和单价措施项目清单与计价表

工程名称：某工程

序号	项目编码	项目名称	项目特征描述	计量单位	工程量	金额（元）综合单价	金额（元）合计
1	080803001001	接触轨	1. 名称：接触轨安装 2. 材质：钢铝复合 3. 规格：普通型 4. 支架、底座形式：预留式	m	27200		
2	080803004001	防护罩	1. 名称：防护罩安装 2. 规格：普通型2180mm/块 3. 支撑形式：支架式	m	27630		
3	080803006001	接触轨设备	1. 名称：电动隔离开关 2. 规格：1700mm×800mm×2200mm 3. 型式：三台开关联结安装 4. 位置：户内	组	4		
4	080803006002	接触轨设备	1. 名称：电动隔离开关 2. 规格：800mm×800mm×2200mm 3. 型式：单台安装 4. 位置：户外	台	3		
5	080803010001	冷、热滑试验	名称：冷滑试验	m	27200		
6	080803010002	冷、热滑试验	名称：热滑试验	m	27200		

附录 J 智能与控制系统安装工程

1. 项目划分

分为综合监控系统、环境与机电设备监控系统、火灾报警系统、旅客信息系统、安全防范系统、不间断电源系统、自动售检票和相关问题及说明 8 部分。

2. 项目特征

1）各种设备安装按名称、规格、类型划分。

2）软件安装按类型划分。

3. 计量单位与工程量计算规则

1）各种设备以台为计量单位。

2）软件安装以台（套）为计量单位。

4. 使用本附录应注意的问题

1）挖、填土工程应按本规范附录 A 路基、围护结构工程相关项目编码列项。

2）通信线路应按本规范附录 F.1 相关项目编码列项。

3）电力电缆、控制电缆、电缆保护管、线槽、桥架、托板托架、支吊架、配管、配线、接地等应分别按本规范附录 H.7、H.8 相关项目编码列项。

4）电子信息机房工程按《房屋建筑与装饰工程工程量计算规范》相关项目编码列项。

5）联调联试、试运行按本规范附录 F.10 相关项目编码列项。

5. 典型分部分项工程工程量清单编制实例

【实例】

一、背景资料

某地铁工程乘客信息系统由中心子系统、车站子系统、车载子系统、网络子系统等组成。具体工程数量见表 10-22。

表 10-22 工程数量一览表

序号	名　　称	规格、型号等	单位	数量
1	中心数据服务器	Intel 7300 系列　4 核至强处理器 机架型	套	1
2	中心操作员工作站	4500mm×900mm　琴台型	套	1
3	视频编辑软件	可编辑型	套	1
4	视频打印机	A3 激光型	套	1
5	视频分配器	64 路数字高清	台	1
6	彩色显示器	19 寸 LED 型	台	3
7	中心交换机	交换容量：≥720Gbps、48 个 10/100M/1000M 快速以太网（RJ-45）电口，4 个单模千兆位光口，具有汇聚功能，机架型，三层	台	1
8	监视器墙	8 个 22 寸液晶监视器 墙壁拼装型	台	1
9	LCD 播放控制器	HDMI、DVI 接口，信号分辨率 1920×1080 高清型	套	8
10	LCD 电源控制盒	250V 10A 嵌入型	台	6
11	LCD 显示器	42 寸，室内型，悬挂安装	套	24
12	有线电视调制解调器	≥8 路，嵌入型	套	11

序号	名　称	规格、型号等	单位	数量
13	车载液晶电视	42寸，LED型，悬挂式	套	54
14	网络接口	10G 数据型	套	3
15	司机室触摸屏	带操作按键，机架型，落地安装	台	3

二、问题

根据背景资料及《建设工程工程量清单计价规范》、《城市轨道交通工程工程量计算规范》，试列出地铁工程乘客信息系统分部分项工程量清单。

表 10－23　分部分项工程和单价措施项目清单与计价表

工程名称：某工程

序号	项目编码	项目名称	项目特征描述	计量单位	工程量	金额（元）	
						综合单价	合计
1	080904001001	服务器	1. 名称：中心数据服务器 2. 规格：Intel 7300 系列 4 核至强处理器 3. 类型：机架型	套	1		
2	080904002001	工作站	1. 名称：中心操作员工作站 2. 规格：4500mm×900mm 3. 类型：琴台型	套	1		
3	080904003001	系统软件、软件包	类型：视频编辑软件	套	1		
4	080904004001	视频录、编设备	1. 名称：视频打印机 2. 规格：A3 3. 类型：激光型	套	1		
5	080904005001	视频信号处理设备	1. 名称：视频分配器 2. 规格：64 路 3. 类型：数字高清型	台	1		
6	080904007001	编码器、网关、显示器	1. 名称：彩色显示器 2. 规格：19 寸 3. 类型：LED 型	台	3		
7	080904008001	交换机	1. 名称：中心交换机 2. 规格：交换容量：≥720Gbps、48 个 10/100M/1000M 快速以太网（RJ－45）电口，4 个单模千兆位光口，具有汇聚功能 3. 类型：机架型 4. 层数：三层	台	1		
8	080904009001	监视器	1. 名称：监视器墙 2. 规格：8 个 22 寸液晶监视器 3. 类型：墙壁拼装型	台	1		

序号	项目编码	项目名称	项目特征描述	计量单位	工程量	金额（元）	
						综合单价	合计
9	080904011001	控制器	1. 名称：LCD 播放控制器 2. 规格：HDMI、DVI 接口，信号分辨率 1920×1080 3. 类型：高清型	套	8		
10	080904013001	电源控制盒	1. 名称：LCD 电源控制盒 2. 规格：250V 10A 3. 类型：嵌入型	台	6		
11	080904014001	显示设备	1. 名称：LCD 显示器 2. 规格：42 寸 3. 类型：室内型 4. 安装方式：悬挂安装	套	24		
12	080904015001	播、控设备	1. 名称：有线电视调制解调器 2. 规格：≥8 路 3. 类型：嵌入型	套	11		
13	080904017001	车载设备	1. 名称：车载液晶电视 2. 规格：42 寸 3. 类型：LED 型 4. 安装方式：悬挂式	套	54		
14	080904018001	外部接口	1. 名称：网络接口 2. 规格：10G 3. 类型：数据型	套	3		
15	080904019001	触摸屏系统	1. 名称：司机室触摸屏 2. 类型：机架型 3. 安装方式：落地安装	台	3		
16	080904020001	系统调试	类别：乘客信息系统调试	系统	1		

附录 K 机电设备安装工程

1. 项目划分

分为自动扶梯及电梯、立转门、屏蔽门（或安全门）、人防设备及防淹门和相关问题及说明 5 部分。

2. 项目特征

1）门体按名称、型号、类别、结构、规格划分。

2）人防门安装按名称、型号、类别、面积划分。

3. 使用本附录应注意的问题

给排水及消防、通风空调工程应按《通用安装工程工程量计算规范》相关项目编码列项。

4. 典型分部分项工程工程量清单编制实例

【实例】1

一、背景资料

某地铁工程屏蔽门门体中滑动门、应急门、固定门、端门单元数量见表10-24。

表10-24 工程数量一览表

序号	名　称	规格、型号	单位	数量
1	滑动门	2050mm×950mm	道	92
2	应急门	2050mm×1340mm	道	24
3	固定门	2050mm×2680mm	道	24
4	端门单元	1900mm×1200mm	套	8

二、问题

根据背景资料及《建设工程工程量清单计价规范》、《城市轨道交通工程工程量计算规范》，试列出地铁工程屏蔽门分部分项工程量清单。

表10-25 分部分项工程和单价措施项目清单与计价表

工程名称：某工程

序号	项目编码	项目名称	项目特征描述	计量单位	工程量	综合单价	合计
1	081003001001	门体	1. 名称：屏蔽门 2. 门体形式：滑动门 3. 规格：2050mm×950mm	道	92		
2	081003001002	门体	1. 名称：屏蔽门 2. 门体形式：应急门 3. 规格：2050mm×1340mm	道	24		
3	081003001003	门体	1. 名称：屏蔽门 2. 门体形式：固定门 3. 规格：2050mm×2680mm	道	24		
4	081003001004	门体	1. 名称：屏蔽门 2. 门体形式：端门单元 3. 规格：1900mm×1200mm	套	8		

【实例】2

一、背景资料

某地铁工程人防门数量见表10-26。

表10-26 工程数量一览表

序号	名　称	规格、型号	单位	数量
1	钢结构无门槛双扇防护密闭门	7000mm×3000mm	樘	3
2	钢结构活门槛防护密闭门	1200mm×2000mm	樘	3

根据背景资料及《建设工程工程量清单计价规范》、《城市轨道交通工程工程量计算规范》，试列出地铁工程人防门分部分项工程量清单。

表 10 – 27　分部分项工程和单价措施项目清单与计价表

工程名称：某工程

序号	项目编码	项目名称	项目特征描述	计量单位	工程量	金额（元）	
						综合单价	合计
1	081004001001	人防门	1．名称：钢结构无门槛双扇防护密闭门 2．材质：钢质 3．规格：7000mm×3000mm	樘	3		
2	081004001002	人防门	1．名称：钢结构活门槛防护密闭门 2．材质：钢质 3．规格：1200mm×2000mm	樘	3		

附录 L　车辆基地工艺设备

1．项目划分

分为车辆段停车列检库工艺设备安装工程，车辆段联合检修库设备安装工程，车辆段内燃机车库设备安装工程，车辆段洗车库、不落轮旋库设备安装工程，车辆段空压机站设备安装工程，车辆段压缩空气管路设备安装工程，车辆段蓄电池检修间设备安装工程，综合维修设备安装工程，物资总库设备安装工程和相关问题及说明 10 部分。

2．项目特征

各车间设备按名称、型号、类别、结构、规格划分。

3．典型分部分项工程工程量清单编制实例

【实例】

一、背景资料

某地铁工程车辆段检修间部分工艺设备数量见表 10 – 28。

表 10 – 28　工程数量一览表

序号	名　称	规格、型号等	单位	数量
1	台式钻床	Z4015	台	1
2	除尘式砂轮机	MC3030	台	1
3	整流弧焊机	ZX5 – 450J	台	1

二、问题

根据背景资料及《建设工程工程量清单计价规范》、《城市轨道交通工程工程量计算规范》，试列出工艺设备分部分项工程量清单。

表10-29 分部分项工程和单价措施项目清单与计价表

工程名称：某工程

序号	项目编码	项目名称	项目特征描述	计量单位	工程量	金额（元）	
						综合单价	合计
1	081101003001	修理间及备品库设备	1. 名称：台式钻床 2. 型号：Z4015	台	1		
2	081101003002	修理间及备品库设备	1. 名称：除尘式砂轮机 2. 型号：MC3030	台	1		
3	081101003003	修理间及备品库设备	1. 名称：整流弧焊机 2. 型号：ZX5-450J	台	1		

附录M 拆除工程

1. 项目划分

分为拆除路面及砖石结构工程、拆除混凝土工程两部分。

2. 项目特征

1）拆除路面按材质、厚度、运距划分。

2）拆除混凝土按拆除部位、结构形式、运距等级划分。

3. 典型分部分项工程工程量清单编制实例

【实例】

一、背景资料

某市新建地铁需拆除占地范围内长度为100m市政道路，拆除垃圾运到指定垃圾场，运距10km。市政路面净宽20m，沥青路面结构为细粒式沥青混凝土AC-13厚6cm+中粒式沥青混凝土AC-16厚8cm；路面基层为2层厚18cm的二灰稳定砂砾，道路两侧混凝土路缘石尺寸为12×30×74.5cm。路面结构见图10-6。

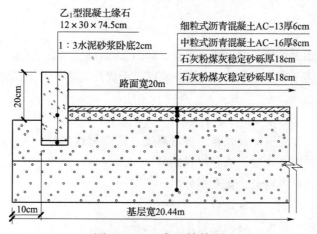

图10-6 路面结构图

二、问题

根据以上背景资料及《建设工程工程量计价规范》、《城市轨道交通工程工程量计算规范》，试列出该地铁道路拆除工程的分部分项工程量清单。

表10-30　清单工程量计算表

工程名称：某工程

序号	清单项目编码	清单项目名称	计 算 式	工程量合计	计量单位
1	081201001001	拆除路面	$V = 20 \times (0.06 + 0.08) \times 100 = 280$	280.00	m^3
2	081201002001	拆除基层	$V = (20.44 \times 0.18 \times 2 - 0.12 \times 0.12 \times 2) \times 100 = 732.96$	732.96	m^3
3	081201004001	拆除路缘石	$L = 100 \times 2 = 200$	200.00	m

表10-31　分部分项工程和单价措施项目清单与计价表

工程名称：某工程

序号	项目编码	项目名称	项目特征描述	计量单位	工程量	金额（元）	
						综合单价	合价
1	081201001001	拆除路面	1. 材质：沥青混凝土 2. 厚度：14cm 3. 运距：10km	m^3	280.00		
2	081201002001	拆除基层	1. 材质：二灰稳定砂砾 2. 厚度：36cm 3. 运距：10km	m^3	732.96		
3	081201004001	拆除路缘石	1. 材质：混凝土路缘石，水泥砂浆卧底 2. 运距：10km	m	200.00		

附录N　措 施 项 目

1. 项目划分

分为围堰及筑岛，便道及便桥，脚手架，支架，洞内临时设施，临时支撑，施工监测、监控，大型机械设备进出场及安拆，施工排水、降水，设施、处理、干扰及交通条例，安全文明施工及其他措施项目11部分。

2. 项目特征

1）围堰按围堰类型、围堰顶宽及底宽、围堰高度、填心材料划分。

2）筑岛按筑岛类型、筑岛高度、填心材料划分。

3）便道按结构类型、材料种类、宽度划分。

4）便桥按结构类型、跨径、宽度划分。

5）脚手架按搭设方式、高度、材质划分。

6）洞内通风、供水设施按材料种类、设备种类、使用时间划分。

7）地下管线交叉处理按位置、管线类型、交叉方式划分。

8）施工监测、监控按监测种类、监控方法划分。

9）大型预制梁场设施按占地面积、模板数量、台座数量、生产能力划分。

10）铺轨基地设施按占地面积、生产能力划分。

3. 计量单位与工程量计算规则

1）围堰以立方米或米为计量单位，筑岛以米为计量单位。

2）便道以平方米为计量单位。

3）便桥以座为计量单位。

4）脚手架以平方米为计量单位。

5）洞内通风、供水设施以米为计量单位。

6）大型预制梁场设施、铺轨基地设施以个为计量单位。

六、矿山法区间工程工程量清单编制实例

（一）背景资料

1. 设计说明

某地铁工程矿山法区间，设计里程范围为 K34 + 546. 649 ~ K35 + 546. 649，单线单洞隧道长度 1000m，双线总长 2000m。具体设计参数见表 10 - 32。

表 10 - 32　设计参数一览表

类别	名称	材质及规格	布置范围
初期支护结构	超前小导管	φ25 × 2. 75 焊接钢管	超前小导管于拱部 150° 设置（22 根），每隔一榀格栅钢架打设一环
	超前注浆	1:1 水泥浆液	注浆量为 9684m³
	格栅钢架	钢筋材质为 HPB235、HRB335	HRB335、φ10 以内：G = 158. 150t HRB335、φ10 以外：G = 632. 610t HPB235、φ10 以内：G = 39. 540t HPB235、φ10 以外：G = 158. 150t
	锁脚锚管	φ25 × 2. 75 焊接钢管，L = 1500mm	每榀格栅钢架侧墙节点处各设一根锁脚锚管
	纵向连接筋	φ22，HRB335	环距 1m，内外双层 HRB335、φ10 以外：G = 268. 945t
	钢筋网片	φ6. 5，HPB235	150mm × 150mm 网格单层拱墙布置 HPB235、φ10 以内：G = 209. 400t
	初期支护背后压浆	φ32 × 2. 75 焊接钢管 L = 0. 8m，1:1 微膨胀水泥浆液	注浆孔沿隧道拱部及边墙布置，环向间距：起拱线（L = 5. 2m）以上为 2. 0m，边墙（L = 3. 88m）为 3. 0m；纵向间距为 3. 0m；注浆深度为初支背后 0. 5m。注浆量为 580m³
二衬结构	混凝土	C40 P8	
	钢筋	HPB235、HRB335 直径 φ22 以外钢筋连接采用直螺纹套筒	HRB335、φ10 以内：G = 274. 030t HRB335、φ10 以外：G = 1096. 128t HPB235、φ10 以内：G = 68. 508t HPB235、φ10 以外：G = 274. 032t 钢筋机械连接 N = 30820 个
	二衬背后注浆	φ32 × 2. 75 焊接钢管 L = 0. 7m，1:1 微膨胀水泥浆液	注浆孔沿环向（L = 17m）、纵向间距 4m 布置。注浆量为 240m³

类别	名称	材质及规格	布置范围
防水层	防水板	1.5mm 厚 EVA	全断面
	缓冲层	无纺布缓冲层（400g/m²）	拱墙单层，底板双层
	混凝土保护层	70mm 厚 C20 细石混凝土	仰拱
施工缝	施工缝	水泥基渗透结晶、双道遇水膨胀止水胶	施工缝分为环向（L=18）施工缝和纵向施工缝，每9m 设置一道环向施工缝，纵向设置两道
施工监测、监控	初期支护结构拱顶沉降	每30m 一个断面布置 1 个测点，用水准仪监测频率 1 次/天～2 次/天	布设 68 个点
	初期支护结构净空收敛	每30m 一个断面布置 2 个测点，用收敛仪监测频率 1 次/天～2 次/天	布设 135 个点
	地表沉降	沿隧道的中线向两侧等距离布置，每20m 一个断面布置 17 个测点，用水准仪监测频率 1 次/天～2 次/天	布设 1717 个点
	洞内及洞外观察	每开挖一环一个断面，立即用地质罗盘进行地质观察记录和地质预探、描述，拱架支护状态，建（构）筑物等观察和记录	布设 2667 个点
	临近建（构）筑物沉降监测	每幢建（构）筑物上不宜少于 4 个沉降点，用水准仪监测频率 1 次/天～2 次/天	布设 80 个点
	临近建（构）筑物倾斜监测	每幢建（构）筑物至少两组倾斜测点，用全站仪监测频率 1 次/天～2 次/天	布设 80 个点
	临近建（构）筑物裂缝监测	裂缝监测根据建筑（构）物情况设测点，用裂缝观测仪监测频率 1 次/天～2 次/天	布设 50 个点
	地下管线沉降	地下管线每15m 一个测点，布置在管线接头处、位移变化敏感的部位，用水准仪监测频率 1 次/天～2 次/天	布设 80 个点
	地下水位	每20m 一个断面布置 1 个测点，用电测水位计监测频率 1 次/2 天	布设 100 个点

2. 施工说明

土壤类别三类土，单线隧道标准断面采用台阶法施工，土方开挖采用人工辅以小型机具开挖，上台阶预留梯形核心土，每5m 喷射 5cm 厚 C20 混凝土封闭掌子面 10m²。洞内出渣采用小型机械配合出渣，采用小型自卸翻斗车运输，洞内到地面出渣采用 2 台 32t 轨道龙门吊完成，地面外弃土运距按 20km 考虑。混凝土按商品混凝土考虑，喷射混凝土考虑掺入速凝剂，掺入量占水泥用量的 5%。

施工临时设施考虑如下：

（1）洞内通风设施：供风主管采用φ125mm钢管，通风管采用φ600mm～800mm软管布，设备采用600m³/min轴流式通风机。使用时间12个月。

（2）洞内供水设施：供水主管选用φ75mm钢管，排水管采用φ200mm钢管，在竖井位置设置集水坑，采用5m³/h水泵抽排。使用时间12个月。

（3）洞内供电及照明设施：2台630千瓦变压器，动力供电系统采用三相五芯橡皮套电缆线，照明供电系统采用铝芯橡皮绝缘线。使用时间12个月。

（4）洞内通讯设施：采用大功率无线步话机和有线电铃联系。使用时间12个月。

大型机械设备进出场及安拆考虑2台模板台车（CSM-11穿行式混凝土衬砌模板台车）和2台龙门吊车，不考虑施工降水。

3．计算说明

（1）封闭掌子面按开挖进深5m一道。

（2）钢筋、钢筋机械连接接头、监控量测、注浆按设计提供工程量计入。

（二）问题

根据背景资料和《建设工程工程量清单计价规范》、《城市轨道交通工程工程量计算规范》，编制一份该矿山法区间工程分部分项工程和措施项目清单（施工图见图10-7）。

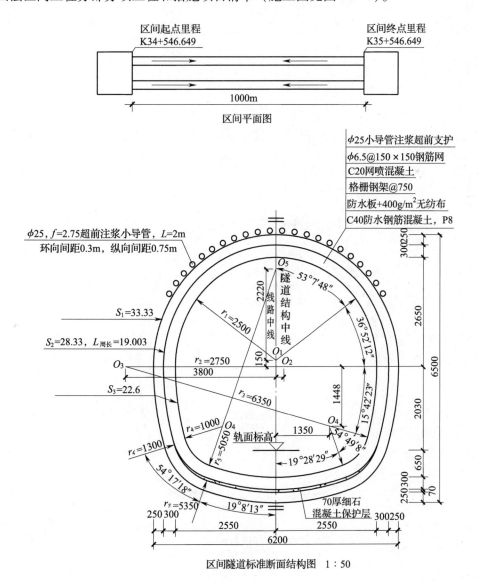

区间隧道标准断面结构图 1:50

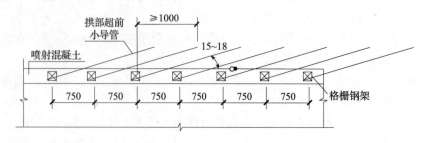

小导管及格栅钢架布置图

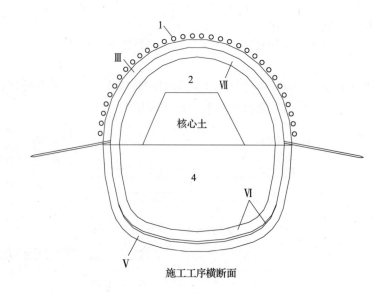

施工工序横断面

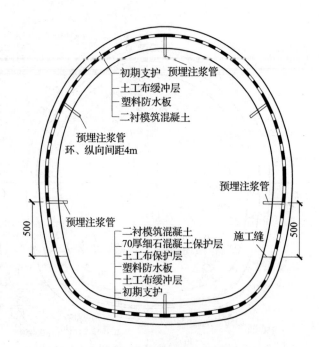

区间结构标准横剖面防水图

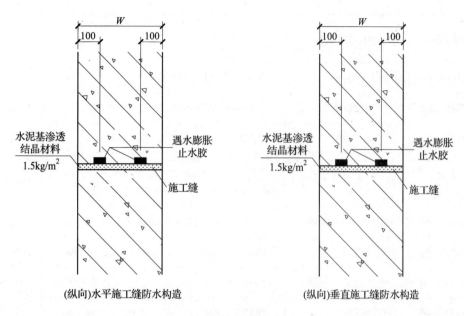

(纵向)水平施工缝防水构造		(纵向)垂直施工缝防水构造

图 10 – 7　施工图

注：其他项目清单、规费、税金项目计价表、主要材料、工程设备一览表不举例，其应用在《建设工程工程量清单计价规范》"表格应用"中体现。

表 10 – 33　清单工程量计算表

工程名称：某地铁矿山法区间工程

序号	清单项目编码	清单项目名称	计　算　式	工程量合计	计量单位
1	080101005001	暗挖土方	$V = S_{\text{图示开挖线}} \times L_{\text{长度}} = 33.33 \times 1000 \times 2 = 66660.00$	66660.00	m^3
2	080301001001	小导管	超前支护小导管：$L = 22$ 根 $\times 2 \times$（$1000/0.75 + 1$）$\times 2 \approx 22 \times 2 \times 1334 \times 2 = 117392.00$	117392.00	m
3	080301001002	小导管	锁脚锚管：$L = 2 \times 1.5 \times$（$1000/0.75 + 1$）$\times 2 \approx 2 \times 1.5 \times 1334 \times 2 = 8004.00$	8004.00	m
4	080301005001	注浆	超前支护注浆：根据设计提供数量 $V = 9684.00$	9684.00	m^3
5	080301005002	注浆	初支背后注浆：根据设计提供数量 $V = 580.00$	580.00	m^3
6	080301005003	注浆	二衬背后注浆：根据设计提供数量 $V = 240.00$	240.00	m^3
7	080301006001	喷射混凝土	初期支护：$V =$（$S_{\text{图示开挖线}} - S_{\text{图示初支内侧线}}$）$\times L_{\text{长度}} =$（$33.33 - 28.33$）$\times 1000 \times 2 = 10000.00$	10000.00	m^3
8	080301006002	喷射混凝土	掌子面：$V = 10 \times 1000/5 \times 2 \times 0.05 = 200.00$	200.00	m^3
9	080206004001	钢格栅	HRB335、$\phi 10$ 以内：$G = 158.150$	158.150	t
10	080206004002	钢格栅	HRB335、$\phi 10$ 以外：$G = 632.610$	632.610	t
11	080206004003	钢格栅	HPB235、$\phi 10$ 以内：$G = 39.540$	39.540	t

序号	清单项目编码	清单项目名称	计 算 式	工程量合计	计量单位
12	080206004004	钢格栅	HPB235、ϕ10 以外：$G = 158.150$	158.150	t
13	080206001001	连接筋	HRB335、ϕ10 以外：$G = 268.945$	268.945	t
14	080206003001	钢筋网片	HPB235、ϕ10 以内：$G = 209.400$	209.400	t
15	080302001001	衬砌混凝土	$V = (S_{图示初支内侧线} - S_{图示二衬内侧线}) \times L_{长度} = (28.33 - 22.6) \times 1000 \times 2 = 11460.00$	11460.00	m³
16	080206001002	现浇混凝土钢筋	HRB335、ϕ10 以内：$G = 274.030$（计算式略）	274.030	t
17	080206001003	现浇混凝土钢筋	HRB335、ϕ10 以外：$G = 1096.128$（计算式略）	1096.128	t
18	080206001004	现浇混凝土钢筋	HPB235、ϕ10 以内：$G = 68.508$（计算式略）	68.508	t
19	080206001005	现浇混凝土钢筋	HPB235、ϕ10 以外：$G = 274.032$（计算式略）	274.032	t
20	080206005001	钢筋机械连接	$N = 30820$	30820	个
21	080206011001	预埋铁件	初支背后小导管：$L = (5.2/2 + 3.88/3 \times 2 + 1) \times 0.8 \times (1000/3 + 1) \times 2 \approx 6 \times 0.8 \times 334 \times 2 = 3206.40$（m） 二衬背后小导管：$L = 17/4 \times 0.7 \times (1000/4 + 1) \times 2 \approx 4 \times 0.7 \times 251 \times 2 = 1405.60$（m） 质量 $= (3206.40 + 1405.60) \times 1.984$（kg/m）/1000 = 9.150（t）	9.150	t
22	080403002001	施工缝	双道遇水膨胀止水胶：$L = [(1000/9 + 1) \times 18 + 2 \times 1000] \times 2 \approx (112 \times 18 + 2 \times 1000) \times 2 = 8032.00$	8032.00	m
23	080403002002	施工缝	水泥基渗透结晶：$L = [(1000/9 + 1) \times 18 + 2 \times 1000] \times 2 \approx (112 \times 18 + 2 \times 100) \times 2 = 8032.00$	8032.00	m
24	080403003001	卷材防水	$S = L_{图示初支内侧线} \times L_{长度} = 19.003 \times 1000 \times 2 = 38006.00$	38006.00	m²
25	081202001001	拆除混凝土	$V = V_{喷} = 200.00$	200.00	m³
26	081306001001	洞内通风设施	$L = 1000 \times 2 = 2000.00$	2000.00	m
27	081306002001	洞内供水设施	$L = 1000 \times 2 = 2000.00$	2000.00	m
28	081306003001	洞内供电及照明设施	$L = 1000 \times 2 = 2000.00$	2000.00	m
29	081306004001	洞内通讯设施	$L = 1000 \times 2 = 2000.00$	2000.00	m
30	081308001001	施工监测、监控	初期支护结构拱顶沉降：根据设计提供数量 $N = 68$	68	点

序号	清单项目编码	清单项目名称	计　算　式	工程量合计	计量单位
31	081308001002	施工监测、监控	初期支护结构净空收敛：根据设计提供数量 $N=135$	135	点
32	081308001003	施工监测、监控	地表沉降：根据设计提供数量 $N=1717$	1717	点
33	081308001004	施工监测、监控	洞内及洞外观察：根据设计提供数量 $N=2667$	2667	点
34	081308001005	施工监测、监控	临近建（构）筑物沉降监测：根据设计提供数量 $N=80$	80	点
35	081308001006	施工监测、监控	临近建（构）筑物倾斜监测：根据设计提供数量 $N=80$	80	点
36	081308001007	施工监测、监控	临近建（构）筑物裂缝监测：根据设计提供数量 $N=50$	50	点
37	081308001008	施工监测、监控	地下管线沉降：根据设计提供数量 $N=80$	80	点
38	081308001009	施工监测、监控	地下水位：根据设计提供数量 $N=100$	100	点
39	081309001001	大型机械设备进出场及安拆	模板台车：$N=2$	2	台、次
40	081309001002	大型机械设备进出场及安拆	龙门吊：$N=2$	2	台、次

_____ ×× _____工程

招标工程量清单

招　标　人：_____ ××公司 _____
　　　　　　　　　　　　（单位盖章）

造价咨询人：_____ ××造价咨询公司 _____
　　　　　　　　　　　　（单位盖章）

×× 年 × 月 × 日

封 -1

<u>　　　　×　×　　　　</u>工程

招标工程量清单

招　标　人：<u>　　×× 公司　　</u>
　　　　　　　　（单位盖章）

工 程 造 价
咨　询　人：<u>　××造价咨询公司</u>
　　　　　　　　（单位资质专用章）

法定代表人
或其授权人：<u>　　××× 　　</u>
　　　　　　　（签字或盖章）

法定代表人
或其授权人：<u>　　××× 　　</u>
　　　　　　　（签字或盖章）

编　制　人：<u>　　××× 　　</u>
　　　　（造价人员签字盖专用章）

复　核　人：<u>　　××× 　　</u>
　　　　（造价工程师签字盖专用章）

编 制 时 间：××年×月×日

复 核 时 间：××年×月×日

扉 –1

总 说 明

工程名称：某工程

一、工程概况

本工程为某地铁地下区间，设计为单线单洞隧道，左右线里程范围为 K34+546.649～K35+546.649，里程长度为 1000m，工法为矿山法施工，其具体做法详见施工图及设计说明。

二、工程招标和分包范围

1. 工程招标范围：施工图范围内的结构、防水工程，详见工程量清单。

2. 分包范围：无分包工程。

三、清单编制依据

1. 《建设工程工程量清单计价规范》、《城市轨道交通工程工程量计算规范》及解释和勘误。

2. 本工程的施工图。

3. 与本工程有关的标准（包括标准图集）、规范、技术资料。

4. 招标文件、补充通知。

5. 其他有关文件、资料。

四、其他说明的事项

1. 一般说明

(1) 施工现场情况：以现场踏勘情况为准。

(2) 交通运输情况：以现场踏勘情况为准。

(3) 自然地理条件：本工程位于某市。

(4) 环境保护要求：满足省、市及当地政府对环境保护的相关要求和规定。

(5) 本工程投标报价按《建设工程工程量清单计价规范》、《城市轨道交通工程工程量计算规范》的规定进行报价。

(6) 工程量清单中每一个项目，都需填入综合单价及合价，对于没有填入综合单价及合价的项目，不同单项及单位工程中的分部分项工程量清单中相同项目（项目特征及工作内容相同）的报价应统一，如有差异，按最低的一个报价进行结算。

(7) 《承包人提供材料和工程设备一览表》中的材料价格应与《综合单价分析表》中的材料价格一致。

(8) 本工程量清单中的分部分项工程量及措施项目工程量均是根据本工程的施工图，按照《城市轨道交通工程工程量计算规范》进行计算的，仅作为施工企业投标报价的共同基础，不能作为最终结算与支付价款的依据，工程量的变化调整以业主与承包商签字的合同约定为准。

(9) 工程量清单及其计价格式中的任何内容不得随意删除或涂改，若有错误，在招标答疑时及时提出，以"补遗"资料为准。

(10) 分部分项工程量清单中对工程项目的项目特征及具体做法只作重点描述，详细情况见施工图设计、技术说明及相关标准图集。组价时应结合投标人现场勘察情况包括完成所有工序工作内容的全部费用。

(11) 投标人应充分考虑施工现场周边的实际情况对施工的影响，编制施工方案，并作出报价。

(12) 暂列金额为：8000000 元

(13) 本说明未尽事项，以"计价规范"、"计价管理办法"、"工程量计算规范"招标文件以及有关的法律、法规、建设行政主管部门颁发的文件为准。

2. 有关专业技术说明

(1) 本工程使用商品混凝土，喷射混凝土采用现场搅拌混凝土。

(2) 本工程现浇混凝土及钢筋混凝土模板及支撑（架）以立方米计量，按混凝土及钢筋混凝土实体项目执行，综合单价中应包含模板及支架。

(3) 本工程暗挖土方清单工程量中不包含超挖增加的工程量，超挖量部分计入综合单价中。

分部分项工程和单价措施项目清单与计价表

工程名称：某工程

序号	项目编码	项目名称	项目特征描述	计量单位	工程量	金额（元）			
						综合单价	合价	其中	
								定额人工费	暂估价
土方工程									
1	080101005001	暗挖土方	1. 土壤类别：三类土 2. 平洞、斜洞（坡度）：平洞 3. 弃土运距：20km	m³	66660.00				
区间支护									
2	080301001001	小导管	1. 施工部位：地下区间超前支护 2. 材料品种：焊接钢管 3. 管径、长度：外径φ25，单根长度2m	m	117392.00				
3	080301001002	小导管	1. 施工部位：地下区间锁脚锚管 2. 材料品种：焊接钢管 3. 管径、长度：外径φ25，单根长度1.5m	m	8004.00				
4	080301005001	注浆	1. 部位：地下区间超前支护注浆 2. 浆液种类：水泥浆 3. 配合比：（水:水泥）1:1	m³	9684.00				
5	080301005002	注浆	1. 部位：地下区间初支背后注浆 2. 浆液种类：微膨胀水泥浆 3. 配合比：（水:水泥）1:1	m³	580.00				
6	080301005003	注浆	1. 部位：地下区间二衬背后注浆 2. 浆液种类：微膨胀水泥浆 3. 配合比：（水:水泥）1:1	m³	240.00				
7	080301006001	喷射混凝土	1. 部位：地下区间 2. 结构形式：弧形隧道初期支护 3. 厚度：250mm 4. 混凝土强度等级：C20 5. 掺加材料品种、用量：速凝剂，水泥用量的5%	m³	10000.00				

表－08

分部分项工程和单价措施项目清单与计价表

序号	项目编码	项目名称	项目特征描述	计量单位	工程量	综合单价	合价	定额人工费	暂估价
								其中	
8	080301006002	喷射混凝土	1. 部位：地下区间 2. 结构形式：弧形隧道掌子面 3. 厚度：50mm 4. 混凝土强度等级：C20 5. 掺加材料品种、用量：速凝剂，水泥用量的5%	m³	200.00				
9	080206004001	钢格栅	1. 种类：HRB335 2. 规格：φ10 以内	t	158.150				
10	080206004002	钢格栅	1. 种类：HRB335 2. 规格：φ10 以外	t	632.610				
11	080206004003	钢格栅	1. 种类：HPB235 2. 规格：φ10 以内	t	39.540				
12	080206004004	钢格栅	1. 种类：HPB235 2. 规格：φ10 以外	t	158.150				
13	080206001001	连接筋	1. 种类：HRB335 2. 规格：φ10 以外	t	268.945				
14	080206003001	钢筋网片	1. 种类：HPB235 2. 规格：φ10 以内	t	209.400				
衬砌工程									
15	080302001001	衬砌混凝土	1. 部位：地下区间 2. 厚度：300mm 3. 混凝土强度等级：C40P8	m³	11460.00				
16	080206001002	现浇混凝土钢筋	1. 种类：HRB335 2. 规格：φ10 以内	t	274.030				
17	080206001003	现浇混凝土钢筋	1. 种类：HRB335 2. 规格：φ10 以外	t	1096.128				

分部分项工程和单价措施项目清单与计价表

序号	项目编码	项目名称	项目特征描述	计量单位	工程量	金额（元）			
						综合单价	合价	其 中	
								定额人工费	暂估价
18	080206001004	现浇混凝土钢筋	1. 种类：HPB235 2. 规格：φ10 以内	t	68.508				
19	080206001005	现浇混凝土钢筋	1. 种类：HPB235 2. 规格：φ10 以外	t	274.032				
20	080206005001	钢筋机械连接	1. 种类：直螺纹套筒接头 2. 规格：φ22 以外 3. 部位：二衬	个	30820				
21	080206011001	预埋铁件	1. 种类：焊接钢管 2. 规格：φ32×2.75	t	9.150				
			防水工程						
22	080403002001	施工缝	1. 部位：地下区间二衬结构 2. 材质：双道遇水膨胀止水胶 3. 规格：单道断面（8～10）×（18～20）mm 4. 工艺要求：材料为非定型产品，采用专用注胶枪挤出后粘贴在施工缝表面，止水胶挤出应连续、均匀、饱满、无气泡和孔洞等，具体要求详见防水做法节点图	m	8032.00				
23	080403002002	施工缝	1. 部位：地下区间二衬结构 2. 材质：水泥基渗透结晶 3. 规格：用量 1.5kg/m² 4. 工艺要求：涂刷在施工缝混凝土表面，用量 1.5kg/m²。采用双层涂刷，两层之间的时间间隔根据选用材料的养护要求确定，一般宜为 24h～48h 等，具体要求详见防水做法节点图	m	8032.00				

表 – 08

· 597 ·

分部分项工程和单价措施项目清单与计价表

序号	项目编码	项目名称	项目特征描述	计量单位	工程量	金额（元）			
						综合单价	合价	其　中	
								定额人工费	暂估价
24	080403003001	卷材防水	1. 部位：地下区间 2. 卷材品种：1.5mm 厚EVA 防水板 3. 防水做法：1.5mm 厚EVA 防水板进行全包防水，防水板与基层间设置 $400g/m^2$ 的无纺布缓冲层，底板平面部位的防水层上表面设置 $400g/m^2$ 的无纺布保护层，并浇筑 7cm 厚的 C20 细石混凝土保护层，具体要求详见防水做法节点图	m^2	38006.00				
	拆除工程								
25	081202001001	拆除混凝土	1. 拆除部位：地下区间 2. 结构形式：弧形隧道掌子面 3. 运距：20km	m^3	200.00				

表 – 08

分部分项工程和单价措施项目清单与计价表

序号	项目编码	项目名称	项目特征描述	计量单位	工程量	金额（元）			
						综合单价	合价	其　中	
								定额人工费	暂估价
	洞内临时设施								
1	081305001001	洞内通风设施	1. 材料种类：供风管、通风管 2. 设备种类：通风机 3. 使用时间：12 个月	m	2000.00				
2	081305002001	洞内供水设施	1. 材料种类：给、排水管 2. 设备种类：水泵 3. 使用时间：12 个月	m	2000.00				

工程名称：某工程 标段：

序号	项目编码	项目名称	项目特征描述	计量单位	工程量	金额（元）			
						综合单价	合价	其中	
								定额人工费	暂估价
3	081305003001	洞内供电及照明设施	1. 材料种类：照明灯具、配电线缆、配电箱 2. 设备种类：变压器 3. 使用时间：12个月	m	2000.00				
4	081305004001	洞内通讯设施	1. 材料种类：步话机、电铃、通讯线缆 2. 使用时间：12个月	m	2000.00				
			施工监测、监控						
5	081307001001	施工监测、监控	1. 监测种类：初期支护结构拱顶沉降 2. 监控方法：每30m一个断面布置1个测点，用水准仪监测频率1~2次/天，具体详见监控量测设计图纸	点	68				
6	081307001002	施工监测、监控	1. 监测种类：初期支护结构净空收敛 2. 监控方法：每30m一个断面布置2个测点，用收敛仪监测频率1~2次/天，具体详见监控量测设计图纸	点	135				
7	081307001003	施工监测、监控	1. 监测种类：地表沉降 2. 监控方法：沿隧道的中线向两侧等距离布置，每20m一个断面布置17个测点，用水准仪监测频率1~2次/天，具体详见监控量测设计图纸	点	1717				
8	081307001004	施工监测、监控	1. 监测种类：洞内及洞外观察 2. 监控方法：每开挖一环一个断面，立即用地质罗盘进行地质观察记录和地质预探、描述，拱架支护状态，建（构）筑物等观察和记录	点	2667				

工程名称：某工程　　　　　　　　　　　　　　标段：　　　　　　　　　　　　

序号	项目编码	项目名称	项目特征描述	计量单位	工程数量	金额（元）			
						综合单价	合价	其　中	
								定额人工费	暂估价
9	081307001005	施工监测、监控	1. 监测种类：临近建（构）筑物沉降监测 2. 监控方法：每幢建（构）筑物上不宜少于 4 个沉降点，用水准仪监测频率 1 次/天 ~ 2 次/天，具体详见监控量测设计图纸	点	80				
10	081307001006	施工监测、监控	1. 监测种类：临近建（构）筑物倾斜监测 2. 监控方法：每幢建（构）筑物至少两组倾斜测点，用全站仪监测频率 1 次/天 ~ 2 次/天，具体详见监控量测设计图纸	点	80				
11	081307001007	施工监测、监控	1. 监测种类：临近建（构）筑物裂缝监测 2. 监控方法：裂缝监测根据建筑（构）物情况设测点，用裂缝观测仪监测频率 1 次/天 ~ 2 次/天，具体详见监控量测设计图纸	点	50				
12	081307001008	施工监测、监控	1. 监测种类：地下管线沉降 2. 监控方法：地下管线每 15m 一个测点，布置在管线接头处、位移变化敏感的部位，用水准仪监测频率 1 次/天 ~ 2次/天，具体详见监控量测设计图纸	点	80				
13	081307001009	施工监测、监控	1. 监测种类：地下水位 2. 监控方法：每 20m 一个断面布置 1 个测点，用电测水位计监测频率 1 次/2 天，具体详见监控量测设计图纸 大型机械设备进出场及安拆	点	100				
14	081308001001	大型机械设备进出场及安拆	机械设备名称：模板台车	台·次	2				
15	081308001002	大型机械设备进出场及安拆	机械设备名称：龙门吊	台·次	2				

总价措施项目清单与计价表

工程名称：某工程　　　　　　　　　　　标段：　　　　　　　　　　第 1 页共 1 页

序号	项目编码	项目名称	计算基础	费率（%）	金额（元）	调整费率（%）	调整后金额（元）	备注
1	081311001001	安全防护、文明施工	定额人工费					
2	081311002001	夜间施工	定额人工费					
3	081311003001	二次搬运	定额人工费					
4	081311004001	冬雨季施工	定额人工费					
5	081311005001	地上、地下设施、建筑物的临时保护设施	定额人工费					
6	081311006001	已完工程及设备保护	定额人工费					
		（略）						
合　计								

编制人（造价人员）：　　　　　　　　　　　　　　　　　复核人（造价工程师）：

注：1. "计算基础"中安全文明施工费可为"定额基价"、"定额人工费"或"定额人工费＋定额机械费"，其他项目可为"定额人工费"或"定额人工费＋定额机械费"。

2. 按施工方案计算的措施费，若无"计算基础"和"费率"的数值，也可只填"金额"数值，但应在备注栏说明施工方案出处或计算方法。

表－11

第 十 一 篇

《爆破工程工程量计算规范》GB 50862—2013
内 容 详 解

一、概况

制定爆破行业标准是整顿、规范爆破工程市场，规范市场行为、反对不正当竞争，维护行业和企业合法权益的需要，有利于爆破行业市场管理。在住房城乡建设部的领导下，中国工程爆破协会先后编制完成了《爆破工程工程量清单项目及计算规则》、《爆破工程消耗量定额》、《爆破工程综合单价》，这些标准的制定对促进我国工程爆破事业的健康发展具有重要的现实意义。

为贯彻执行国家标准《建设工程工程量清单计价规范》，2005 年时，住房城乡建设部同意由中国工程爆破协会起草编写《爆破工程工程量清单项目及计算规则》（以下简称《计算规则》），将《计算规则》增补为《建设工程工程量清单计价规范》GB 50500—2008 的附录。按照"08 规范"修订工作安排，中国工程爆破协会负责修订《爆破工程工程量计算规范》。

本规范内容包括：正文、附录、条文说明。其中正文部分包括总则、术语、工程计量、工程量清单编制，共计 32 项条款；附录部分包括：附录 A 露天爆破工程、附录 B 地下爆破工程、附录 C 硐室爆破工程、附录 D 拆除爆破工程、附录 E 水下爆破工程、附录 F 挖装运工程、附录 G 措施项目，共计 68 个项目。

二、正文部分内容详解

1 总 则

【概述】 本规范总则共 4 条，其中强制性条文 1 条。总则内容是制定本规范的目的，适用的工程范围、作用以及计量活动中应遵循的基本原则。

【条文】 1.0.1 为规范爆破工程造价计量行为，统一各类建筑工程中爆破工程工程量计算规则、工程量清单的编制方法，制定本规范。

【要点说明】 本条阐述了制定本规范的目的和意义。

制定本规范的目的是"规范爆破工程造价计量行为，统一爆破工程工程量计算规则、工程量清单的编制方法"。

【条文】 1.0.2 本规范适用于建筑物、构筑物、基础设施、地下空间建设及拆除、岩石（混凝土）钻孔开挖、硐室等爆破工程施工发承包及实施阶段计价活动中的工程计量和工程量清单编制。

【要点说明】 本条说明本规范的适用范围。

本规范的适用范围是只适用于工业与民用的爆破工程施工发承包计价活动中的"工程量清单编制和工程计量"。

【条文】 1.0.3 爆破工程计价，必须按本规范规定的工程量计算规则进行工程计量。

【要点说明】 本条为强制性条款，规定了执行本规范的范围，明确了国有投资的资金和非国有资金投资的工程建设项目，其工程计量必须执行本规范。进一步明确本规范工程量计算规则的重要性。

【条文】 1.0.4 爆破工程计量活动，除应遵守本规范外，尚应符合国家现行有关标准的规定。

【要点说明】 本条规定了本规范与其他标准的关系。

此条明确了本规范的条款是建设工程计价与计量活动中应遵守的专业性条款，在工程计量活动中，除应遵守专业性条款外，还应遵守国家现行有关标准的规定。

2 术 语

【概述】 按照编制标准规范的要求，术语是对本规范特有术语给予的定义，尽可能避免规范贯彻实施过程中由于不同理解造成的争议。本规范术语共计7条。

【条文】 2.0.1 工程量计算 measurement of quantities

指建设工程项目以工程设计图纸、施工组织设计或施工方案及有关技术经济文件为依据，按照相关工程国家标准的计算规则、计量单位等规定，进行工程数量的计算活动，在工程建设中简称工程计量。

【要点说明】 工程量计算指建设工程项目以工程设计图纸、施工组织设计或施工方案及有关技术经济文件为依据，按照相关工程国家标准的计算规则、计量单位等规定，进行工程数量的计算活动，在工程建设中简称工程计量。

【条文】 2.0.2 爆破工程 blasting works

利用炸药爆炸产生的巨大能量作为生产手段，进行工程建设或矿山开采的爆破施工。

【要点说明】 工程建设爆破施工是指各种土建工程中的土石方开挖爆破，需要安置炸药包进行爆破，包括基坑、隧道（洞）、硐库开挖和水下礁石爆破、挤淤爆破等。矿山开采是指在露天或是地下进行的各种矿物开采的爆破作业。

【条文】 2.0.3 钻孔爆破 bored blasting

在不同目的开挖工程中，采用钻孔、装药、爆破的作业。根据钻孔深度和直径的不同，分为浅孔爆破和深孔爆破。

【要点说明】 钻孔爆破是爆破作业最基本的爆破方法。根据钻孔深度和直径的不同，分为浅孔爆破和深孔爆破。以往，习惯上将钻孔直径小于50mm、台阶高度小于5m称为浅孔爆破。

【条文】 2.0.4 硐室爆破 chamber blasting

硐室爆破是将大量炸药集中装填于按设计开挖的药室中，达到一次起爆完成大量土石方开挖、抛填任务的爆破作业。

【要点说明】 硐室爆破区别于钻孔爆破，是将药包安置在药室里；有集中药室和条形药包装药之分。

【条文】 2.0.5 拆除爆破 demolition by blasting

对各种结构和材质的旧建筑物、构筑物进行爆破拆除的作业。

【要点说明】 各种结构和材质的旧建筑物、构筑物是指土木工程建筑物或构筑物，包括钢结构楼房和厂房、桥梁等。不包括各类炉膛污垢物的爆破清除。

【条文】 2.0.6 地下空间爆破工程 vnderground blasting work

包括大型地下厂房及硐库、地铁车站、机库、车库、人防工事及各种隧道（洞）等爆破开挖工程。

【要点说明】 地下空间爆破工程包括各类地下厂房及硐库、地铁车站、机库、车库、人防工事及各种隧道（洞）等爆破开挖工程。按施工方法、施工工艺分为井巷、地下空间开挖两大类。

【条文】 2.0.7 环境状态 environmental condition

环境状态定义为爆破作业受环境保护约束要求的差别，需要采用不同的施工工艺和要求作业。爆破作业环境包括三种情况：环境十分复杂指爆破可能危及国家一、二级文物及重要设施、极精密贵重仪器及重要建（构）筑物等保护对象的安全；环境复杂指爆破可能危及国家三级文物、省级文物、居民楼、办公楼、厂房等保护对象的安全；环境不复杂指爆破只可能危及个别房屋、设施等保护对象的安全。

【要点说明】 爆破作业受周围环境保护要求影响很大。按周围环境要求高低分为环境十分复杂、环境复杂和环境不复杂三类。

3 工程计量

【概述】　本章共6条，规定了工程计量的依据、原则、计量单位、工作内容的确定和小数点位数的取定，以及爆破工程与其他专业在使用上的划分界限。

【条文】　**3.0.1**　工程量计算除依据本规范各项规定外，尚应依据以下文件：

1　经审定通过的施工设计图纸及其说明；

2　经审定通过的施工组织设计或施工方案；

3　经审定通过的其他有关技术经济文件。

【要点说明】　本条规定了工程量计算的依据。明确工程量计算，一是应遵守《爆破工程计量规范》的各项规定；二是应依据施工图纸、施工组织设计或施工方案、其他有关技术经济文件进行计算；三是计算依据必须经审定通过。

【条文】　**3.0.2**　工程实施过程中的计量应按照现行国家标准《建设工程工程量清单计价规范》GB 50500—2013 的相关规定执行。

【要点说明】　本条进一步规定工程实施过程中的计量应按现行国家标准《建设工程工程量清单计价规范》GB 50500—2013 的相关规定执行。

【条文】　**3.0.3**　本规范附录中有两个或两个以上计量单位的，应结合拟建工程项目的实际情况，确定其中一个为计量单位。同一工程项目的计量单位应一致。

【要点说明】　本条规定了本规范附录中有两个或两个以上计量单位的项目，在工程计量时，应结合拟建工程项目的实际情况，选择其中一个作为计量单位，在同一个建设项目（或标段、合同段）中，有多个单位工程的相同项目计量单位必须保持一致。

【条文】　**3.0.4**　工程计量时每一项目汇总的有效位数应遵守下列规定：

1　以"t"为单位，应保留小数点后三位数字，第四位小数四舍五入；

2　以"m"、"m²"、"m³"、"kg"为单位，应保留小数点后两位数字，第三位小数四舍五入；

3　以"个"、"件"、"根"、"组"、"系统"为单位，应取整数。

【要点说明】　本条规定了工程计量时，每一项目汇总工程量的有效位数，体现了统一性。

【条文】　**3.0.5**　本规范各项目仅列出了主要工作内容，除另有规定和说明者外，应视为已经包括完成该项目所列或未列的全部工作内容。

【要点说明】　本条规定了工作内容应按以下三个方面规定执行：

1. 对本规范所列项目的工作内容进行了规定，除另有规定和说明外，应视为已经包括完成该项目的全部工作内容，未列内容或未发生，不应另行计算；

2. 本规范附录项目工作内容列出了主要施工内容，施工过程中必然发生的机械移动、材料运输等辅助内容虽然未列出，但应包括。

3. 本规范以成品考虑的项目，如采用现场制作的，应包括制作的工作内容。

4 工程量清单编制

【概述】　本章共3节，15条，强制性条文7条。规定了编制工程量清单的依据，原则要求以及执行本计量规范应遵守的有关规定。

4.1 一般规定

【概述】　本节共3条，规定了清单的编制依据以及补充项目的编制规定。

【条文】 4.1.1 编制工程量清单应依据：

1 本规范和现行国家标准《建设工程工程量清单计价规范》GB 50500；

2 国家或省级、行业建设主管部门颁发的计价依据和办法；

3 建设工程设计文件；

4 与建设工程项目有关的标准、规范、技术资料；

5 拟定的招标文件；

6 施工现场情况、工程特点及常规施工方案；

7 其他相关资料。

【要点说明】 本条规定了工程量清单的编制依据。

本条以《建设工程工程量清单计价规范》内容为依据。体现了《建筑工程施工发包与承包计价管理办法》的规定"工程量清单依据招标文件、施工设计图纸、施工现场条件和国家制定的统一工程量计算规则、分部分项工程项目划分、计量单位等进行编制"。工程量清单的编制不仅依据本计量规范，同时应以《建设工程工程量清单计价规范》为依据。

【条文】 4.1.2 其他项目、规费和税金项目清单应按照现行国家标准《建设工程工程量清单计价规范》GB 50500 的相关规定编制。

【要点说明】 本条规定了其他项目、规费和税金项目清单应按国家标准《建设工程工程量清单计价规范》的有关规定进行编制，其他项目清单包括：暂列金额、暂估价、计日工、总承包服务费；规费项目清单包括：社会保险费、住房公积金、工程排污费；税金项目清单包括：营业税、城市维护建设税、教育费附加、地方教育附加。

【条文】 4.1.3 编制工程量清单出现附录中未包括的项目，编制人应做补充，并报省级或行业工程造价管理机构备案，省级或行业工程造价管理机构应汇总报住房和城乡建设部标准定额研究所。

补充项目的编码由本规范的代码09与B和三位阿拉伯数字组成，并应从09B001起顺序编制，同一招标工程的项目不得重码。

补充的工程量清单需附有补充项目的名称、项目特征、计量单位、工程量计算规则、工作内容。不能计量的措施项目，需附有补充项目的名称、工作内容及包含范围。

【要点说明】 随着工程建设中新材料、新技术、新工艺等的不断涌现，本规范附录所列的工程量清单项目不可能包含所有项目。在编制工程量清单时，当出现本规范附录中未包括的清单项目时，编制人应做补充。在编制补充项目时应注意以下三个方面。

1. 补充项目的编码应按本规范的规定确定。具体做法如下：补充项目的编码由本规范的代码09与B和三位阿拉伯数字组成，并应从09B001起顺序编制，同一招标工程的项目不得重码。

2. 在工程量清单中应附补充项目的项目名称、项目特征、计量单位、工程量计算规则和工作内容。

3. 将编制的补充项目报省级或行业工程造价管理机构备案。

补充项目举例：

附录 E 水下沉船爆破拆除工程

表 11-1 表 E.5 水下沉船爆破工程（编码：090505）

项目编号	项目名称	项目特征	计量单位	工程量计算规则	工作内容
09B001	钢甲板沉船爆破	1. 结构类型 2. 解体尺寸	1. m³ 2. t	1. 按设计图示尺寸以体积计算 2. 以吨计量，按理论质量计算	1. 定位测量 2. 装药 3. 起爆 4. 回收

4.2 分部分项工程

【概述】 本节共6条，强制性条文6条。一是规定了组成分部分项工程工程量清单的五个要件，即项目编码、项目名称、项目特征、计量单位、工程量计算规则五大要件的编制要求。二是规定了本规范部分项目在计价和计量方面有关规定。

【条文】 **4.2.1 工程量清单应根据附录规定的项目编码、项目名称、项目特征、计量单位和工程量计算规则进行编制。**

【要点说明】 本条为强制性条文，规定了构成一个分部分项工程量清单的五个要件——项目编码、项目名称、项目特征、计量单位和工程量，这五个要件在分部分项工程量清单的组成中缺一不可。

【条文】 **4.2.2 工程量清单的项目编码，应采用十二位阿拉伯数字表示，一至九位应按附录的规定设置，十至十二位应根据拟建工程的工程量清单项目名称和项目特征设置，同一招标工程的项目编码不得有重码。**

【要点说明】 本条为强制性条文，规定了工程量清单编码的表示方式：十二位阿拉伯数字及其设置规定。

各位数字的含义是：一、二位为专业工程代码（01—房屋建筑与装饰工程；02—仿古建筑工程；03—通用安装工程；04—市政工程；05—园林绿化工程；06—矿山工程；07—构筑物工程；08—城市轨道交通工程；09—爆破工程。以后进入国标的专业工程代码以此类推）；三、四位为附录分类顺序码；五、六位为分部工程顺序码；七、八、九位为分项工程项目名称顺序码；十至十二位为清单项目名称顺序码。

当同一标段（或合同段）的一份工程量清单中含有多个单位工程且工程量清单是以单位工程为编制对象时，在编制工程量清单时应特别注意对项目编码十至十二位的设置不得有重码的规定。例如一个标段（或合同段）的工程量清单中含有3个单位工程，每一单位工程中都有项目特征相同的基坑石方爆破，在工程量清单中又需反映3个不同单位工程的基坑石方爆破工程量时，则第一个单位工程的基坑石方爆破的项目编码应为090101002001，第二个单位工程的基坑石方爆破的项目编码应为090101002002，第三个单位工程的基坑石方爆破的项目编码应为090101002003，并分别列出各单位工程基坑石方爆破的工程量。

【条文】 **4.2.3 工程量清单的项目名称应按附录的项目名称结合拟建工程的实际确定。**

【要点说明】 本条规定了分部分项工程量清单的项目名称的确定原则。本条为强制性条文，规定了分部分项工程量清单项目的名称应按附录中的项目名称，结合拟建工程的实际确定。特别是归并或综合较大的项目应区分项目名称，分别编码列项。

【条文】 **4.2.4 工程量清单项目特征应按附录中规定的项目特征，结合拟建工程项目的实际予以描述。**

【要点说明】 本条规定了分部分项工程量清单的项目特征的描述原则，本条为强制性条文。

工程量清单的项目特征是确定一个清单项目综合单价不可缺少的重要依据，在编制工程量清单时，必须对项目特征进行准确和全面的描述。但有些项目特征用文字往往又难以准确和全面的描述清楚。因此，为达到规范、简洁、准确、全面描述项目特征的要求，在描述工程量清单项目特征时应按以下原则进行。

1. 项目特征描述的内容应按附录中的规定，结合拟建工程的实际，能满足确定综合单价的需要。

2. 若采用标准图集或施工图纸能够全部或部分满足项目特征描述的要求，项目特征描述可直接采用详见××图集或××图号的方式。对不能满足项目特征描述要求的部分，仍应用文字描述。本规范也明示了对施工图设计标注做法"详见标准图集"时，在项目特征描述时，应注明标准图集的编码、页号、节点大样。

【条文】 **4.2.5 工程量清单中所列工程量应按附录中规定的工程量计算规则计算。**

【要点说明】 本条规定了分部分项工程量清单项目的工程量计算原则。

本条为强制性条文，强调工程计量中工程量应按附录中规定的工程量计算规则计算。工程量的有效位数应遵守本规范3.0.4条有关规定。

【条文】 4.2.6 工程量清单的计量单位应按附录中规定的计量单位确定。

【要点说明】 本条规定了分部分项工程量清单项目的计量单位的确定原则。

本条为强制性条文，规定了分部分项工程量清单的计量单位应按本规范附录中规定的计量单位确定。当计量单位有两个或两个以上时，应根据所编工程量清单项目的特征要求，选择最适宜表现该项目特征并方便计量和组成综合单价的单位。例如：基础边界开挖爆破工程的工程量计量单位为"m²或m"两个计量单位，实际工作中，就应选择最适宜、最方便计量和组价的单位来表示。

4.3 措施项目

【概述】 本节共6条，有1条强制性条款。

爆破振动监测、安全评估、安全监理、试验爆破、爆破防护、爆破警戒等是发生在工程施工准备和施工过程中的技术、安全、环境保护的项目，涉及公共安全问题，都应纳入措施项目管理。所有的措施项目均以清单形式列出了项目，对能计量的措施项目，列有"项目特征、计量单位、工程量计算规则"；不能计量的措施项目，仅列出项目编码、项目名称和包含的范围。

【条文】 4.3.1 措施项目中列出了项目编码、项目名称、项目特征、计量单位、工程量计算规则的项目，编制工程量清单时，应按照本规范4.2分部分项工程的规定执行。

【要点说明】 本条为强制性条款，规定了能计量的措施项目（即：单价措施项目），也同分部分项工程一样，编制工程量清单时必须列出项目编码、项目名称、项目特征、计量单位。同时明确了措施项目的项目编码、项目名称、项目特征、计量单位、工程量计算规则，按本规范4.2的有关规定执行。本规范4.2中4.2.1、4.2.2、4.2.3、4.2.4、4.2.5、4.2.6条款对相关内容作出了规定，且均为强制性条款。

例如：某爆破工程搭拆脚手架

表11-2 单价措施项目清单与计价表

工程名称：某工程

序号	项目编码	项目名称	项目特征描述	计量单位	工程量	综合单价	合价
1	011701005001	挑脚手架	1. 500mm 宽 2. 钢管	m	15		

【条文】 4.3.2 措施项目中仅列出项目编码、项目名称，未列出项目特征、计量单位和工程量计算规则的项目，编制工程量清单时，应按本规范附录Q措施项目规定的项目编码、项目名称确定。

【要点说明】 本条对措施项目不能计量的且以清单形式列出的项目（即：总价措施项目）作出了规定。针对本规范对不能计量的仅列出项目编码、项目名称，但未列出项目特征、计量单位和工程量计算规则的措施项目（即：总价措施项目），编制工程量清单时，必须按本规范规定的项目编码、项目名称确定清单项目，不必描述项目特征和确定计量单位。

例如：安全文明施工、夜间施工

表11-3 总价措施项目清单与计价表

工程名称：某工程

序号	项目编码	项目名称	计算基础	费率（%）	金额（元）	调整费率（%）	调整后金额	备注
1	090703001001	安全文明施工	定额基价					
2	090703001002	夜间施工	定额人工费					

【条文】 4.3.3 本规范将试验爆破列入措施项目工程，爆破工程涉及的地质资料、待拆除建（构）筑物的资料缺失，还有异地使用爆破器材的爆炸性能的不了解，有必要在现场对所用爆破器材性能进行检查及爆破效果的试验。

【要点说明】 地质资料、待拆除建（构）筑物资料的缺失不能准确地设计计算爆破药量，需要通过现场补测数据，或试验爆破调整设计参数。在现场对所用爆破器材性能进行检查及爆破效果的试验。因为爆破器材质量涉及安全准爆和工程质量安全。

【条文】 4.3.4 为确保施工全过程的安全，有必要对爆破产生的振动进行定点或场地衰减规律的测量，列入本规程措施项目。发生在招投标文件以外的振动监测项目等，应以补充项目列入。

【要点说明】 对重要目标应进行爆破振动强度定点监测，以确认对爆破振动控制的程度，抑或作为诉讼用数据证明。多次爆破的地带宜进行场地爆破振动衰减规律的测量。

【条文】 4.3.5 爆破作业现场防护工程可以参照本规范附录G措施项目具体设定。

【要点说明】 爆破作业现场防护可根据爆破点周边需要防护的要求，选择防护方法和防护等级。

【条文】 4.3.6 现场警戒及实施是爆破工程的重要环节，因涉及社会公共安全，多数情况下要由公安管理部门参与实施，根据实际工程情况，应将重大爆破工程的现场警戒及实施纳入工程措施项目管理。

【要点说明】 现场警戒及爆破实施是爆破工程的重要环节，因为爆破作业波及临近环境、人员的安全。需要在公安管理部门参与组织下进行强制性警戒。爆破作业施工要文明施工、安全作业，不允许无警示作业。

三、关于适用范围

爆破工程适用于建筑物、构筑物、基础设施、地下空间建设及拆除、岩石（混凝土）钻孔开挖、硐室等爆破工程。

爆破作业广泛运用或是涉及各类建设工程和施工。在《建设工程工程量清单计价规范》系列规范中涉及的爆破作业，如各类石方爆破、冻土爆破、预裂爆破、井筒爆破等。

四、关于项目名称

（一）浅孔爆破与深孔爆破

作为项目名称，浅孔爆破与深孔爆破指的是两种不同孔径（包括台阶高度）的钻孔爆破作业，孔径小于50mm，台阶高度小于5m，我们称为浅孔爆破，如小量石方的场地平整爆破、隧道、井巷掘进爆破工程，孔径大于75mm的台阶爆破，称为深孔爆破。以往，深孔爆破是按孔径大小进行项目分类。

编制建设工程造价的专家提出质疑，爆破工程招标工程不存在指定投标单位要用某种孔径的钻机，施工工具是投标方的选择，体现着投标方的活（能）力的地方，不能按孔径划分项目。建议从发包人（招标人）编制工程量清单的角度审视项目划分与特征要求。类似施工方法、施工工艺、质量要求、安全措施等方面的要求不宜在特征中表述。因此露天爆破一章里，我们将按孔径分类的浅孔爆破、深孔爆破，还有预裂、光面爆破相应项目分类进行了修改。采用房建、市政工程的说法，用"一般石方爆破"，以示与基坑、沟槽、孤石等的区别，还有路堑开挖爆破、基础开挖爆破等。

（二）关于环境条件

爆破作业由于爆破产生的振动、飞石、冲击波或噪声、粉尘和有害气体的存在，对周围环境有一定影响，为减少对环境的干扰，要选择采用不同的爆破方法和防护措施。大量的爆破工程实践表明，环境条件是否复杂及复杂程度将决定爆破工程实施的难度，环境复杂程度差异应是爆破工程的项目特征，经过专家会议多次讨论，将环境条件列为项目特征描述。环境条件的定义和《爆破安全规程》一致。

在规范术语中列出，即环境条件定义为爆破作业受环境保护约束要求的差别，需要采用不同的施工工艺和要求作业。爆破作业环境包括三种情况：环境十分复杂指爆破可能危及国家一、二级文物及重要设施、极精密贵重仪器及重要建（构）筑物等保护对象的安全；环境复杂指爆破可能危及国家三级文物、省级文物、居民楼、办公楼、厂房等保护对象的安全；环境不复杂指爆破只可能危及个别房屋设施等保护对象的安全。在规范术语中列出的，还有钻孔爆破、硐室爆破、拆除爆破的定义。

（三）关于地下工程

和露天爆破工程一样，不采用按孔径划分项目。这里要提及的是，地下工程发展很快，特别是城市轨道交通建设项目多，地铁隧道、地铁车站空间开挖，包括以往铁路隧道、水工隧道、交通隧道，还有大型地下洞库、水电站地下厂房等，建议纳入地下空间工程。

五、关于岩石分类表

关于岩石分类表，在2010年3月召开的关于《建设工程工程量清单计价规范》附录修订专家组会议纪要里，住房城乡建设部标准定额司以建标造函〔2010〕27号，发文明确土石类别划分执行国家标准《工程岩体分级标准》GB 50218—94和《岩土工程勘察规范》GB 50021—2001。一方面为了同新标准保持一致，另一方面也与地勘报告的结论相符合，便于招标人据此描述土壤类别。各专业工程均按此统一土石类别划分。使用《工程岩体分级标准》GB 50218—94，地勘报告无法对应普氏分类表。执行中注意，不再使用普氏系数和相应对照表。

在本规范附录A后，引入了"房屋建筑与装饰工程工程量计算规范"的岩石分类表，即《工程岩体分级标准》GB 50218—94，还有石方体积折算系数表。岩石按可爆性分为极软岩、软岩、较软岩、较硬岩、坚硬岩五类。

六、关于措施项目

措施项目定义为发生于该工程施工准备和施工过程中的技术、生活、安全、环境保护等方面的项目。

震动监测、安全评估、安全监理、试验爆破，还有防护、爆破警戒及实施等，这些项目都是发生于该工程施工准备和施工过程中的技术、生活、安全、环境保护等方面的项目，都应纳入措施项目管理。我们还要明确说明的是，这些项目都是涉及公共安全问题，当然和工程总体安全和质量有关。

在附录G措施项目里，我们以表格形式明细列入了爆破振动监测、爆破冲击波监测、爆破噪声监测、减震沟或减震孔、抗震加固措施、阻波墙、水下气泡帷幕、粉尘防护、滚跳石防护等，以实际发生单项计量。

措施项目的单列可以让招投标双方和建设单位加强爆破作业施工的安全意识和投入，避免安全隐患出现，减少事故发生。

规范还专门单列了试验爆破措施项目和爆破现场警戒与实施措施项目。要重视爆破现场组织和实施，防止爆破瞬间事故的发生。

七、爆破工程工程量清单编写实例

【实例】

一、背景资料

某设备基础岩石开挖，基坑主体开挖断面为长×宽×深：10m×8m×5m，因设备特殊要求，需要在坑内二次开挖基槽，开挖尺寸如图11-1所示。根据设计文件，开挖岩石坚硬岩，因设备对岩石稳定性有特殊要求，开挖要求包括侧面要垂直，不放坡，不允许超欠挖，侧面采取光面爆破保证原岩的稳定性和承载力。

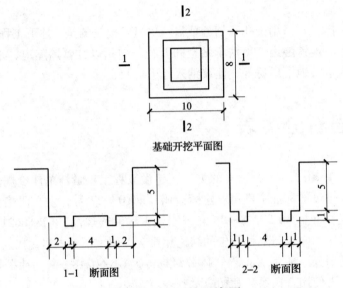

图 11-1 开挖示意图

2. 施工说明。开挖岩石类别为坚硬岩，侧面采取光面爆破，余土外运1km，不考虑夜间施工、二次搬运、冬雨季施工、排降水等。

二、问题

以《建设工程工程量清单计价规范》GB 50500—2013、《爆破工程工程量计算规范》GB 50862—2013为依据，编制该爆破工程分部分项工程和措施项目清单。

注：其他项目清单、规费、税金项目计价表、主要材料、工程设备一览表不举例，其应用在《建设工程工程量清单计价规范》"表格应用"中体现。

表 11-4 清单工程量计算表

工程名称：某工程

序号	清单项目编码	清单项目名称	计 算 式	工程量合计	计量单位
1	090101002001	基坑石方爆破	$V_1 = 8 \times 10 \times 5 = 400$	400.00	m³
2	090101003001	沟槽石方爆破	$V_2 = [(10-2\times2) \times (8-1\times1) - (10-3\times2) \times (8-2\times2)] \times 1 = 26$	26.00	m³
3	090103002001	基坑工程边界开挖爆破	$S_1 = 5 \times (8+10) \times 2 = 180$	180.00	m²
4	090103002002	沟槽工程边界开挖爆破	$S_2 = [(4+2) \times 4 + 4 \times 4] \times 1 = 40$	40.00	m²
5	090601001001	挖装运输	$V = V_1 + V_2 = 426$	426.00	m³

<u>　　　　　　　××　　　　　　</u>工程

招标工程量清单

招　标　人：<u>　　　　　　××公司　　　　　　</u>

（单位盖章）

造价咨询人：<u>　　　　××造价咨询公司　　　　</u>

（单位盖章）

××年×月×日

_____×× _____工程

招标工程量清单

招　标　人：____×× 公司____　　咨　询　人：____××造价咨询公司____

（单位盖章）　　　　　　　　　　　　（单位资质专用章）

工 程 造 价

法定代表人
或其授权人：_____×××_____　　法定代表人
或其授权人：_____×××_____

（签字或盖章）　　　　　　　　　　　　（签字或盖章）

编　制　人：_____×××_____　　复　核　人：_____×××_____

（造价人员签字盖专用章）　　　　　　（造价工程师签字盖专用章）

编 制 时 间：××年×月×日　　　复 核 时 间：××年×月×日

扉－1

总　说　明

工程名称：某工程

一、工程概况

本工程为某设备基础爆破开挖，基础主体长×宽×深为 10m×8m×5m，坑内

二次开挖沟槽，宽 1m，深 1m，详见图样。

二、工程招标和分包范围

1. 本工程为专业承包，施工范围为基础土石方爆破、挖运，其中基坑和基槽侧面需进行光面爆破，详见工程量清单。

2. 专业承包，不得再分包。

三、清单编制依据

1. 中华人民共和国国家标准《建设工程工程量清单计价规范》、《爆破工程工程量计算规范》及解释和勘误。

2. 本工程的施工图。

3. 与本工程有关的标准（包括标准图集）、规范、技术资料。

4. 招标文件、补充通知。

5. 其他有关文件、资料。

四、其他说明的事项

1. 一般说明

（1）施工现场情况：以现场踏勘情况为准。

（2）交通运输情况：以现场踏勘情况为准。

（3）自然地理条件：本工程位于某市某县。

（4）环境保护要求：满足省、市及当地政府对环境保护的相关要求和规定。

（5）本工程投标报价按《建设工程工程量清单计价规范》的规定及要求。

2. 工程量中不考虑预留工作面。

3. 不考虑夜间施工、二次搬运、冬雨季施工、排降水等。

分部分项工程和单价措施项目清单与计价表

工程名称：某工程　　　　　　　　　　　标段：　　　　　　　　　　　

序号	项目编码	项目名称	项目特征描述	计量单位	工程量	金额（元）			
						综合单价	合价	其　中	
								定额人工费	暂估价
			石方爆破工程						
1	090101002001	基坑石方爆破	1. 岩石类别：坚硬岩 2. 开挖深度：5m	m³	400.00				
2	090101003001	沟槽石方爆破	1. 岩石类别：坚硬岩 2. 开挖深度：1m 3. 开挖宽度：1m	m³	26.00				
3	090103002001	基坑工程边界开挖爆破	1. 岩石类别：坚硬岩 2. 边坡坡度：90° 3. 边坡高度：5m	m²	180.00				
4	090103002002	沟槽工程边界开挖爆破	1. 岩石类别：坚硬岩 2. 边坡坡度：90° 3. 边坡高度：1m	m²	40.00				
			挖装运工程						
5	090601001001	挖装运输	1. 岩石类别：坚硬岩 2. 挖装方式：1m³挖掘机挖装，人工配合 3. 运输距离：自卸汽车运1km	m³	426.00				

表-08

总价措施项目清单与计价表

工程名称：某工程　　　　　　　　　　标段：　　　　　　　　　　

序号	项目编码	项目名称	计算基础	费率（%）	金额（元）	调整费率（%）	调整后金额（元）	备注
1	090701001001	爆破振动监测	—					
2	090701002001	爆破冲击波监测	—					
3	090701003001	爆破噪声监测	—					
4	090701004001	减振沟或减振孔	—					
5	090701005001	抗震加固措施	—					
6	090701006001	阻波墙	—					
7	090701007001	水下气泡帷幕	—					
8	090701008001	粉尘防护	—					
9	090701009001	滚跳石防护	—					
10	090702001001	试验爆破	—					
11	090703001001	现场警戒与实施	—					
		（略）						
		合　计						

编制人（造价人员）：　　　　　　　　　　　　　　　　　　复核人（造价工程师）：

注：1. "计算基础"中安全文明施工费可为"定额基价"、"定额人工费"或"定额人工费 + 定额机械费"，其他项目可为"定额人工费"或"定额人工费 + 定额机械费"。

2. 按施工方案计算的措施费，若无"计算基础"和"费率"的数值，也可只填"金额"数值，但应在备注栏说明施工方案出处或计算方法。

表 –11

附 录 篇
相关法律、文件

中华人民共和国建筑法

(1997 年 11 月 1 日第八届全国人民代表大会常务委员会第二十八次会议通过
根据 2011 年 4 月 22 日第十一届全国人民代表大会常务委员会第二十次会议
《关于修改〈中华人民共和国建筑法〉的决定》修正 2011 年 4 月 22 日
中华人民共和国主席令第四十六号公布 自 2011 年 7 月 1 日起施行)

第一章 总 则

第一条 为了加强对建筑活动的监督管理，维护建筑市场秩序，保证建筑工程的质量和安全，促进建筑业健康发展，制定本法。

第二条 在中华人民共和国境内从事建筑活动，实施对建筑活动的监督管理，应当遵守本法。

本法所称建筑活动，是指各类房屋建筑及其附属设施的建造和与其配套的线路、管道、设备的安装活动。

第三条 建筑活动应当确保建筑工程质量和安全，符合国家的建筑工程安全标准。

第四条 国家扶持建筑业的发展，支持建筑科学技术研究，提高房屋建筑设计水平，鼓励节约能源和保护环境，提倡采用先进技术、先进设备、先进工艺、新型建筑材料和现代管理方式。

第五条 从事建筑活动应当遵守法律、法规，不得损害社会公共利益和他人的合法权益。

任何单位和个人都不得妨碍和阻挠依法进行的建筑活动。

第六条 国务院建设行政主管部门对全国的建筑活动实施统一监督管理。

第二章 建 筑 许 可

第一节 建筑工程施工许可

第七条 建筑工程开工前，建设单位应当按照国家有关规定向工程所在地县级以上人民政府建设行政主管部门申请领取施工许可证；但是，国务院建设行政主管部门确定的限额以下的小型工程除外。

按照国务院规定的权限和程序批准开工报告的建筑工程，不再领取施工许可证。

第八条 申请领取施工许可证，应当具备下列条件：

(一) 已经办理该建筑工程用地批准手续；

(二) 在城市规划区的建筑工程，已经取得规划许可证；

(三) 需要拆迁的，其拆迁进度符合施工要求；

(四) 已经确定建筑施工企业；

(五) 有满足施工需要的施工图纸及技术资料；

(六) 有保证工程质量和安全的具体措施；

(七) 建设资金已经落实；

(八) 法律、行政法规规定的其他条件。

建设行政主管部门应当自收到申请之日起十五日内，对符合条件的申请颁发施工许可证。

第九条 建设单位应当自领取施工许可证之日起三个月内开工。因故不能按期开工的，应当向发证机关申请延期；延期以两次为限，每次不超过三个月。既不开工又不申请延期或者超过延期时限的，施工许可证自行废止。

第十条 在建的建筑工程因故中止施工的，建设单位应当自中止施工之日起一个月内，向发证机关报告，并按照规定做好建筑工程的维护管理工作。

建筑工程恢复施工时，应当向发证机关报告；中止施工满一年的工程恢复施工前，建设单位应当报发证机关核验施工许可证。

第十一条 按照国务院有关规定批准开工报告的建筑工程，因故不能按期开工或者中止施工的，应当及时向批准机关报告情况。因故不能按期开工超过六个月的，应当重新办理开工报告的批准手续。

第二节 从 业 资 格

第十二条 从事建筑活动的建筑施工企业、勘察单位、设计单位和工程监理单位，应当具备下列条件：

(一) 有符合国家规定的注册资本；

(二) 有与其从事的建筑活动相适应的具有法定执业资格的专业技术人员；

(三) 有从事相关建筑活动所应有的技术装备；

（四）法律、行政法规规定的其他条件。

第十三条　从事建筑活动的建筑施工企业、勘察单位、设计单位和工程监理单位，按照其拥有的注册资本、专业技术人员、技术装备和已完成的建筑工程业绩等资质条件，划分为不同的资质等级，经资质审查合格，取得相应等级的资质证书后，方可在其资质等级许可的范围内从事建筑活动。

第十四条　从事建筑活动的专业技术人员，应当依法取得相应的执业资格证书，并在执业资格证书许可的范围内从事建筑活动。

第三章　建筑工程发包与承包

第一节　一般规定

第十五条　建筑工程的发包单位与承包单位应当依法订立书面合同，明确双方的权利和义务。

发包单位和承包单位应当全面履行合同约定的义务。不按照合同约定履行义务的，依法承担违约责任。

第十六条　建筑工程发包与承包的招标投标活动，应当遵循公开、公正、平等竞争的原则，择优选择承包单位。

建筑工程的招标投标，本法没有规定的，适用有关招标投标法律的规定。

第十七条　发包单位及其工作人员在建筑工程发包中不得收受贿赂、回扣或者索取其他好处。

承包单位及其工作人员不得利用向发包单位及其工作人员行贿、提供回扣或者给予其他好处等不正当手段承揽工程。

第十八条　建筑工程造价应当按照国家有关规定，由发包单位与承包单位在合同中约定。公开招标发包的，其造价的约定，须遵守招标投标法律的规定。

发包单位应当按照合同的约定，及时拨付工程款项。

第二节　发　包

第十九条　建筑工程依法实行招标发包，对不适于招标发包的可以直接发包。

第二十条　建筑工程实行公开招标的，发包单位应当依照法定程序和方式，发布招标公告，提供载有招标工程的主要技术要求、主要的合同条款、评标的标准和方法以及开标、评标、定标的程序等内容的招标文件。

开标应当在招标文件规定的时间、地点公开进行。开标后应当按照招标文件规定的评标标准和程序对标书进行评价、比较，在具备相应资质条件的投标者中，择优选定中标者。

第二十一条　建筑工程招标的开标、评标、定标由建设单位依法组织实施，并接受有关行政主管部门的监督。

第二十二条　建筑工程实行招标发包的，发包单位应当将建筑工程发包给依法中标的承包单位。建筑工程实行直接发包的，发包单位应当将建筑工程发包给具有相应资质条件的承包单位。

第二十三条　政府及其所属部门不得滥用行政权力，限定发包单位将招标发包的建筑工程发包给指定的承包单位。

第二十四条　提倡对建筑工程实行总承包，禁止将建筑工程肢解发包。

建筑工程的发包单位可以将建筑工程的勘察、设计、施工、设备采购一并发包给一个工程总承包单位，也可以将建筑工程勘察、设计、施工、设备采购的一项或者多项发包给一个工程总承包单位；但是，不得将应当由一个承包单位完成的建筑工程肢解成若干部分发包给几个承包单位。

第二十五条　按照合同约定，建筑材料、建筑构配件和设备由工程承包单位采购的，发包单位不得指定承包单位购入用于工程的建筑材料、建筑构配件和设备或者指定生产厂、供应商。

第三节　承　包

第二十六条　承包建筑工程的单位应当持有依法取得的资质证书，并在其资质等级许可的业务范围内承揽工程。

禁止建筑施工企业超越本企业资质等级许可的业务范围或者以任何形式用其他建筑施工企业的名义承揽工程。禁止建筑施工企业以任何形式允许其他单位或者个人使用本企业的资质证书、营业执照，以本企业的名义承揽工程。

第二十七条　大型建筑工程或者结构复杂的建筑工程，可以由两个以上的承包单位联合共同承包。共同承包的各方对承包合同的履行承担连带责任。

两个以上不同资质等级的单位实行联合共同承包的，应当按照资质等级低的单位的业务许可范围承揽工程。

第二十八条　禁止承包单位将其承包的全部建筑工程转包给他人，禁止承包单位将其承包的全部建筑工程肢解以后以分包的名义分别转包给他人。

第二十九条　建筑工程总承包单位可以将承包工程中的部分工程发包给具有相应资质条件的分包单位；但是，除总承包合同中约定的分包外，必须经建设单位认可。施工总承包的，建筑工程主体结构的施工必须由总承包单位自行完成。

建筑工程总承包单位按照总承包合同的约定对建设单位负责；分包单位按照分包合同的约定对总承包单位负责。总承包单位和分包单位就分包工程对建设单位承担连带责任。

禁止总承包单位将工程分包给不具备相应资质条件的单位。禁止分包单位将其承包的工程再分包。

第四章　建筑工程监理

第三十条　国家推行建筑工程监理制度。

国务院可以规定实行强制监理的建筑工程的范围。

第三十一条　实行监理的建筑工程，由建设单位委托具有相应资质条件的工程监理单位监理。建设单位与其委托的工程监理单位应当订立书面委托监理合同。

第三十二条　建筑工程监理应当依照法律、行政法规及有关的技术标准、设计文件和建筑工程承包合同，对承包单位在施工质量、建设工期和建设资金使用等方面，代表建设单位实施监督。

工程监理人员认为工程施工不符合工程设计要求、施工技术标准和合同约定的，有权要求建筑施工企业改正。

工程监理人员发现工程设计不符合建筑工程质量标准或者合同约定的质量要求的，应当报告建设单位要求设计单位改正。

第三十三条　实施建筑工程监理前，建设单位应当将委托的工程监理单位、监理的内容及监理权限，书面通知被监理的建筑施工企业。

第三十四条　工程监理单位应当在其资质等级许可的监理范围内，承担工程监理业务。

工程监理单位应当根据建设单位的委托，客观、公正地执行监理任务。

工程监理单位与被监理工程的承包单位以及建筑材料、建筑构配件和设备供应单位不得有隶属关系或者其他利害关系。

工程监理单位不得转让工程监理业务。

第三十五条　工程监理单位不按照委托监理合同的约定履行监理义务，对应当监督检查的项目不检查或者不按照规定检查，给建设单位造成损失的，应当承担相应的赔偿责任。

工程监理单位与承包单位串通，为承包单位谋取非法利益，给建设单位造成损失的，应当与承包单位承担连带赔偿责任。

第五章　建筑安全生产管理

第三十六条　建筑工程安全生产管理必须坚持安全第一、预防为主的方针，建立健全安全生产的责任制度和群防群治制度。

第三十七条　建筑工程设计应当符合按照国家规定制定的建筑安全规程和技术规范，保证工程的安全性能。

第三十八条　建筑施工企业在编制施工组织设计时，应当根据建筑工程的特点制定相应的安全技术措施；对专业性较强的工程项目，应当编制专项安全施工组织设计，并采取安全技术措施。

第三十九条　建筑施工企业应当在施工现场采取维护安全、防范危险、预防火灾等措施；有条件的，应当对施工现场实行封闭管理。

施工现场对毗邻的建筑物、构筑物和特殊作业环境可能造成损害的，建筑施工企业应当采取安全防护措施。

第四十条　建设单位应当向建筑施工企业提供与施工现场相关的地下管线资料，建筑施工企业应当采取措施加以保护。

第四十一条　建筑施工企业应当遵守有关环境保护和安全生产的法律、法规的规定，采取控制和处理施工现场的各种粉尘、废气、废水、固体废物以及噪声、振动对环境的污染和危害的措施。

第四十二条　有下列情形之一的，建设单位应当按照国家有关规定办理申请批准手续：

（一）需要临时占用规划批准范围以外场地的；

（二）可能损坏道路、管线、电力、邮电通讯等公共设施的；

（三）需要临时停水、停电、中断道路交通的；

（四）需要进行爆破作业的；

（五）法律、法规规定需要办理报批手续的其他情形。

第四十三条　建设行政主管部门负责建筑安全生产的管理，并依法接受劳动行政主管部门对建筑安全生产的指导和监督。

第四十四条　建筑施工企业必须依法加强对建筑安全生产的管理，执行安全生产责任制度，采取有效措施，防止伤亡和其他安全生产事故的发生。

建筑施工企业的法定代表人对本企业的安全生产负责。

第四十五条　施工现场安全由建筑施工企业负责。实行施工总承包的，由总承包单位负责。分包单位向总承包单位负责，服从总承包单位对施工现场的安全生产管理。

第四十六条　建筑施工企业应当建立健全劳动安全生产教育培训制度，加强对职工安全生产的教育培训；未经安全生产教育培训的人员，不得上岗作业。

第四十七条　建筑施工企业和作业人员在施工过程中，应当遵守有关安全生产的法律、法规和建筑行业安全规章、规程，不得违章指挥或者违章作业。作业人员有权对影响人身健康的作业程序和作业条件提出改进意见，有权获得安全生产所需的防护用品。作业人员对危及生命安全和人身健康的行为有权提出批评、检举和控告。

第四十八条　建筑施工企业应当依法为职工参加工伤保险缴纳工伤保险费。鼓励企业为从事危险作业的职工办理意外伤害保险，支付保险费。

第四十九条　涉及建筑主体和承重结构变动的装修工程，建设单位应当在施工前委托原设计单位或者具有相应资质条件的设计单位提出设计方案；没有设计方案的，不得施工。

第五十条 房屋拆除应当由具备保证安全条件的建筑施工单位承担，由建筑施工单位负责人对安全负责。

第五十一条 施工中发生事故时，建筑施工企业应当采取紧急措施减少人员伤亡和事故损失，并按照国家有关规定及时向有关部门报告。

第六章 建筑工程质量管理

第五十二条 建筑工程勘察、设计、施工的质量必须符合国家有关建筑工程安全标准的要求，具体管理办法由国务院规定。

有关建筑工程安全的国家标准不能适应确保建筑安全的要求时，应当及时修订。

第五十三条 国家对从事建筑活动的单位推行质量体系认证制度。从事建筑活动的单位根据自愿原则可以向国务院产品质量监督管理部门或者国务院产品质量监督管理部门授权的部门认可的认证机构申请质量体系认证。经认证合格的，由认证机构颁发质量体系认证证书。

第五十四条 建设单位不得以任何理由，要求建筑设计单位或者建筑施工企业在工程设计或者施工作业中，违反法律、行政法规和建筑工程质量、安全标准，降低工程质量。

建筑设计单位和建筑施工企业对建设单位违反前款规定提出的降低工程质量的要求，应当予以拒绝。

第五十五条 建筑工程实行总承包的，工程质量由工程总承包单位负责，总承包单位将建筑工程分包给其他单位的，应当对分包工程的质量与分包单位承担连带责任。分包单位应当接受总承包单位的质量管理。

第五十六条 建筑工程的勘察、设计单位必须对其勘察、设计的质量负责。勘察、设计文件应当符合有关法律、行政法规的规定和建筑工程质量、安全标准、建筑工程勘察、设计技术规范以及合同的约定。设计文件选用的建筑材料、建筑构配件和设备，应当注明其规格、型号、性能等技术指标，其质量要求必须符合国家规定的标准。

第五十七条 建筑设计单位对设计文件选用的建筑材料、建筑构配件和设备，不得指定生产厂、供应商。

第五十八条 建筑施工企业对工程的施工质量负责。

建筑施工企业必须按照工程设计图纸和施工技术标准施工，不得偷工减料。工程设计的修改由原设计单位负责，建筑施工企业不得擅自修改工程设计。

第五十九条 建筑施工企业必须按照工程设计要求、施工技术标准和合同的约定，对建筑材料、建筑构配件和设备进行检验，不合格的不得使用。

第六十条 建筑物在合理使用寿命内，必须确保地基基础工程和主体结构的质量。

建筑工程竣工时，屋顶、墙面不得留有渗漏、开裂等质量缺陷；对已发现的质量缺陷，建筑施工企业应当修复。

第六十一条 交付竣工验收的建筑工程，必须符合规定的建筑工程质量标准，有完整的工程技术经济资料和经签署的工程保修书，并具备国家规定的其他竣工条件。

建筑工程竣工经验收合格后，方可交付使用；未经验收或者验收不合格的，不得交付使用。

第六十二条 建筑工程实行质量保修制度。

建筑工程的保修范围应当包括地基基础工程、主体结构工程、屋面防水工程和其他土建工程，以及电气管线、上下水管线的安装工程，供热、供冷系统工程等项目；保修的期限应当按照保证建筑物合理寿命年限内正常使用，维护使用者合法权益的原则确定。具体的保修范围和最低保修期限由国务院规定。

第六十三条 任何单位和个人对建筑工程的质量事故、质量缺陷都有权向建设行政主管部门或者其他有关部门进行检举、控告、投诉。

第七章 法 律 责 任

第六十四条 违反本法规定，未取得施工许可证或者开工报告未经批准擅自施工的，责令改正，对不符合开工条件的责令停止施工，可以处以罚款。

第六十五条 发包单位将工程发包给不具有相应资质条件的承包单位的，或者违反本法规定将建筑工程肢解发包的，责令改正，处以罚款。

超越本单位资质等级承揽工程的，责令停止违法行为，处以罚款，可以责令停业整顿，降低资质等级；情节严重的，吊销资质证书；有违法所得的，予以没收。

未取得资质证书承揽工程的，予以取缔，并处罚款；有违法所得的，予以没收。

以欺骗手段取得资质证书的，吊销资质证书，处以罚款；构成犯罪的，依法追究刑事责任。

第六十六条 建筑施工企业转让、出借资质证书或者以其他方式允许他人以本企业的名义承揽工程的，责令改正，没收违法所得，并处罚款，可以责令停业整顿，降低资质等级；情节严重的，吊销资质证书。对因该项承揽工程不符合规定的质量标准造成的损失，建筑施工企业与使用本企业名义的单位或者个人承担连带赔偿责任。

第六十七条 承包单位将承包的工程转包的，或者违反本法规定进行分包的，责令改正，没收违法所得，并处罚款，可以责令停业整顿，降低资质等级；情节严重的，吊销资质证书。

承包单位有前款规定的违法行为的，对因转包工程或者违法分包的工程不符合规定的质量标准造成的损失，与接受转包或者分包的单位承担连带赔偿责任。

第六十八条　在工程发包与承包中索贿、受贿、行贿，构成犯罪的，依法追究刑事责任；不构成犯罪的，分别处以罚款，没收贿赂的财物，对直接负责的主管人员和其他直接责任人员给予处分。

对在工程承包中行贿的承包单位，除依照前款规定处罚外，可以责令停业整顿，降低资质等级或者吊销资质证书。

第六十九条　工程监理单位与建设单位或者建筑施工企业串通，弄虚作假、降低工程质量的，责令改正，处以罚款，降低资质等级或者吊销资质证书；有违法所得的，予以没收；造成损失的，承担连带赔偿责任；构成犯罪的，依法追究刑事责任。

工程监理单位转让监理业务的，责令改正，没收违法所得，可以责令停业整顿，降低资质等级；情节严重的，吊销资质证书。

第七十条　违反本法规定，涉及建筑主体或者承重结构变动的装修工程擅自施工的，责令改正，处以罚款；造成损失的，承担赔偿责任；构成犯罪的，依法追究刑事责任。

第七十一条　建筑施工企业违反本法规定，对建筑安全事故隐患不采取措施予以消除的，责令改正，可以处以罚款；情节严重的，责令停业整顿，降低资质等级或者吊销资质证书；构成犯罪的，依法追究刑事责任。

建筑施工企业的管理人员违章指挥、强令职工冒险作业，因而发生重大伤亡事故或者造成其他严重后果的，依法追究刑事责任。

第七十二条　建设单位违反本法规定，要求建筑设计单位或者建筑施工企业违反建筑工程质量、安全标准，降低工程质量的，责令改正，可以处以罚款；构成犯罪的，依法追究刑事责任。

第七十三条　建筑设计单位不按照建筑工程质量、安全标准进行设计的，责令改正，处以罚款；造成工程质量事故的，责令停业整顿，降低资质等级或者吊销资质证书，没收违法所得，并处罚款；造成损失的，承担赔偿责任；构成犯罪的，依法追究刑事责任。

第七十四条　建筑施工企业在施工中偷工减料的，使用不合格的建筑材料、建筑构配件和设备的，或者有其他不按照工程设计图纸或者施工技术标准施工的行为的，责令改正，处以罚款；情节严重的，责令停业整顿，降低资质等级或者吊销资质证书；造成建筑工程质量不符合规定的质量标准的，负责返工、修理，并赔偿因此造成的损失；构成犯罪的，依法追究刑事责任。

第七十五条　建筑施工企业违反本法规定，不履行保修义务或者拖延履行保修义务的，责令改正，可以处以罚款，并对在保修期内因屋顶、墙面渗漏、开裂等质量缺陷造成的损失，承担赔偿责任。

第七十六条　本法规定的责令停业整顿、降低资质等级和吊销资质证书的行政处罚，由颁发资质证书的机关决定；其他行政处罚，由建设行政主管部门或者有关部门依照法律和国务院规定的职权范围决定。

依照本法规定被吊销资质证书的，由工商行政管理部门吊销其营业执照。

第七十七条　违反本法规定，对不具备相应资质等级条件的单位颁发该等级资质证书的，由其上级机关责令收回所发的资质证书，对直接负责的主管人员和其他直接责任人员给予行政处分；构成犯罪的，依法追究刑事责任。

第七十八条　政府及其所属部门的工作人员违反本法规定，限定发包单位将招标发包的工程发包给指定的承包单位的，由上级机关责令改正；构成犯罪的，依法追究刑事责任。

第七十九条　负责颁发建筑工程施工许可证的部门及其工作人员对不符合施工条件的建筑工程颁发施工许可证的，负责工程质量监督检查或者竣工验收的部门及其工作人员对不合格的建筑工程出具质量合格文件或者按合格工程验收的，由上级机关责令改正，对责任人员给予行政处分；构成犯罪的，依法追究刑事责任；造成损失的，由该部门承担相应的赔偿责任。

第八十条　在建筑物的合理使用寿命内，因建筑工程质量不合格受到损害的，有权向责任者要求赔偿。

第八章　附　　则

第八十一条　本法关于施工许可、建筑施工企业资质审查和建筑工程发包、承包、禁止转包，以及建筑工程监理、建筑工程安全和质量管理的规定，适用于其他专业建筑工程的建筑活动，具体办法由国务院规定。

第八十二条　建设行政主管部门和其他有关部门在对建筑活动实施监督管理中，除按照国务院有关规定收取费用外，不得收取其他费用。

第八十三条　省、自治区、直辖市人民政府确定的小型房屋建筑工程的建筑活动，参照本法执行。

依法核定作为文物保护的纪念建筑物和古建筑等的修缮，依照文物保护的有关法律规定执行。

抢险救灾及其他临时性房屋建筑和农民自建低层住宅的建筑活动，不适用本法。

第八十四条　军用房屋建筑工程建筑活动的具体管理办法，由国务院、中央军事委员会依据本法制定。

第八十五条　本法自1998年3月1日起施行。

中华人民共和国合同法（摘录）

（1999 年 3 月 15 日第九届全国人民代表大会第二次会议通过
1999 年 3 月 15 日中华人民共和国主席令第 15 号公布　自 1999 年 10 月 1 日起施行）

总　　则

第一章　一般规定

第一条　为了保护合同当事人的合法权益，维护社会经济秩序，促进社会主义现代化建设，制定本法。

第二条　本法所称合同是平等主体的自然人、法人、其他组织之间设立、变更、终止民事权利义务关系的协议。

婚姻、收养、监护等有关身份关系的协议，适用其他法律的规定。

第三条　合同当事人的法律地位平等，一方不得将自己的意志强加给另一方。

第四条　当事人依法享有自愿订立合同的权利，任何单位和个人不得非法干预。

第五条　当事人应当遵循公平原则确定各方的权利和义务。

第六条　当事人行使权利、履行义务应当遵循诚实信用原则。

第七条　当事人订立、履行合同，应当遵守法律、行政法规，尊重社会公德，不得扰乱社会经济秩序，损害社会公共利益。

第八条　依法成立的合同，对当事人具有法律约束力。当事人应当按照约定履行自己的义务，不得擅自变更或者解除合同。

依法成立的合同，受法律保护。

第二章　合同的订立

第九条　当事人订立合同，应当具有相应的民事权利能力和民事行为能力。

当事人依法可以委托代理人订立合同。

第十条　当事人订立合同，有书面形式、口头形式和其他形式。

法律、行政法规规定采用书面形式的，应当采用书面形式。当事人约定采用书面形式的，应当采用书面形式。

第十一条　书面形式是指合同书、信件和数据电文（包括电报、电传、传真、电子数据交换和电子邮件）等可以有形地表现所载内容的形式。

第十二条　合同的内容由当事人约定，一般包括以下条款：

（一）当事人的名称或者姓名和住所；

（二）标的；

（三）数量；

（四）质量；

（五）价款或者报酬；

（六）履行期限、地点和方式；

（七）违约责任；

（八）解决争议的方法。

当事人可以参照各类合同的示范文本订立合同。

第十三条　当事人订立合同，采取要约、承诺方式。

第十四条　要约是希望和他人订立合同的意思表示，该意思表示应当符合下列规定：

（一）内容具体确定；

（二）表明经受要约人承诺，要约人即受该意思表示约束。

第十五条　要约邀请是希望他人向自己发出要约的意思表示。寄送的价目表、拍卖公告、招标公告、招股说明书、商业广告等为要约邀请。

商业广告的内容符合要约规定的，视为要约。

第十六条　要约到达受要约人时生效。

采用数据电文形式订立合同，收件人指定特定系统接收数据电文的，该数据电文进入该特定系统的时间，视为到达时间；未指定特定系统的，该数据电文进入收件人的任何系统的首次时间，视为到达时间。

第十七条　要约可以撤回。撤回要约的通知应当在要约到达受要约人之前或者与要约同时到达受要约人。

第十八条　要约可以撤销。撤销要约的通知应当在受要约人发出承诺通知之前到达受要约人。

第十九条　有下列情形之一的，要约不得撤销：

（一）要约人确定了承诺期限或者以其他形式明示要约不可撤销；

（二）受要约人有理由认为要约是不可撤销的，并已经为履行合同作了准备工作。

第二十条　有下列情形之一的，要约失效：

（一）拒绝要约的通知到达要约人；

（二）要约人依法撤销要约；

（三）承诺期限届满，受要约人未作出承诺；

（四）受要约人对要约的内容作出实质性变更。

第二十一条　承诺是受要约人同意要约的意思表示。

第二十二条　承诺应当以通知的方式作出，但根据交易习惯或者要约表明可以通过行为作出承诺的除外。

第二十三条　承诺应当在要约确定的期限内到达要约人。

要约没有确定承诺期限的，承诺应当依照下列规定到达：

（一）要约以对话方式作出的，应当即时作出承诺，但当事人另有约定的除外；

（二）要约以非对话方式作出的，承诺应当在合理期限内到达。

第二十四条　要约以信件或者电报作出的，承诺期限自信件载明的日期或者电报交发之日开始计算。信件未载明日期的，自投寄该信件的邮戳日期开始计算。要约以电话、传真等快速通讯方式作出的，承诺期限自要约到达受要约人时开始计算。

第二十五条　承诺生效时合同成立。

第二十六条　承诺通知到达要约人时生效。承诺不需要通知的，根据交易习惯或者要约的要求作出承诺的行为时生效。

采用数据电文形式订立合同的，承诺到达的时间适用本法第十六条第二款的规定。

第二十七条　承诺可以撤回。撤回承诺的通知应当在承诺通知到达要约人之前或者与承诺通知同时到达要约人。

第二十八条　受要约人超过承诺期限发出承诺的，除要约人及时通知受要约人该承诺有效的以外，为新要约。

第二十九条　受要约人在承诺期限内发出承诺，按照通常情形能够及时到达要约人，但因其他原因承诺到达要约人时超过承诺期限的，除要约人及时通知受要约人因承诺超过期限不接受该承诺的以外，该承诺有效。

第三十条　承诺的内容应当与要约的内容一致。受要约人对要约的内容作出实质性变更的，为新要约。有关合同标的、数量、质量、价款或者报酬、履行期限、履行地点和方式、违约责任和解决争议方法等的变更，是对要约内容的实质性变更。

第三十一条　承诺对要约的内容作出非实质性变更的，除要约人及时表示反对或者要约表明承诺不得对要约的内容作出任何变更的以外，该承诺有效，合同的内容以承诺的内容为准。

第三十二条　当事人采用合同书形式订立合同的，自双方当事人签字或者盖章时合同成立。

第三十三条　当事人采用信件、数据电文等形式订立合同的，可以在合同成立之前要求签订确认书。签订确认书时合同成立。

第三十四条　承诺生效的地点为合同成立的地点。

采用数据电文形式订立合同的，收件人的主营业地为合同成立的地点；没有主营业地的，其经常居住地为合同成立的地点。当事人另有约定的，按照其约定。

第三十五条　当事人采用合同书形式订立合同的，双方当事人签字或者盖章的地点为合同成立的地点。

第三十六条　法律、行政法规规定或者当事人约定采用书面形式订立合同，当事人未采用书面形式但一方已经履行主要义务，对方接受的，该合同成立。

第三十七条　采用合同书形式订立合同，在签字或者盖章之前，当事人一方已经履行主要义务，对方接受的，该合同成立。

第三十八条　国家根据需要下达指令性任务或者国家订货任务的，有关法人、其他组织之间应当依照有关法律、行政法规规定的权利和义务订立合同。

第三十九条　采用格式条款订立合同的，提供格式条款的一方应当遵循公平原则确定当事人之间的权利和义务，并采取合理的方式提请对方注意免除或者限制其责任的条款，按照对方的要求，对该条款予以说明。

格式条款是当事人为了重复使用而预先拟定，并在订立合同时未与对方协商的条款。

第四十条　格式条款具有本法第五十二条和第五十三条规定情形的，或者提供格式条款一方免除其责任、加重对方责任、排除对方主要权利的，该条款无效。

第四十一条　对格式条款的理解发生争议的，应当按通常理解予以解释。对格式条款有两种以上解释的，应当作出不利于提供格式条款一方的解释。格式条款和非格式条款不一致的，应当采用非格式条款。

第四十二条　当事人在订立合同过程中有下列情形之一，给对方造成损失的，应当承担损害赔偿责任：

（一）假借订立合同，恶意进行磋商；

（二）故意隐瞒与订立合同有关的重要事实或者提供虚假情况；

（三）有其他违背诚实信用原则的行为。

第四十三条　当事人在订立合同过程中知悉的商业秘密，无论合同是否成立，不得泄露或者不正当地使用。泄露或者不正当地使用该商业秘密给对方造成损失的，应当承担损害赔偿责任。

第三章　合同的效力

第四十四条　依法成立的合同，自成立时生效。

法律、行政法规规定应当办理批准、登记等手续生效的，依照其规定。

第四十五条　当事人对合同的效力可以约定附条件。附生效条件的合同，自条件成就时生效。附解除条件的合同，自条件成就时失效。

当事人为自己的利益不正当地阻止条件成就的，视为条件已成就；不正当地促成条件成就的，视为条件不成就。

第四十六条 当事人对合同的效力可以约定附期限。附生效期限的合同，自期限届至时生效。附终止期限的合同，自期限届满时失效。

第四十七条 限制民事行为能力人订立的合同，经法定代理人追认后，该合同有效，但纯获利益的合同或者与其年龄、智力、精神健康状况相适应而订立的合同，不必经法定代理人追认。

相对人可以催告法定代理人在一个月内予以追认。法定代理人未作表示的，视为拒绝追认。合同被追认之前，善意相对人有撤销的权利。撤销应当以通知的方式作出。

第四十八条 行为人没有代理权、超越代理权或者代理权终止后以被代理人名义订立的合同，未经被代理人追认，对被代理人不发生效力，由行为人承担责任。

相对人可以催告被代理人在一个月内予以追认。被代理人未作表示的，视为拒绝追认。合同被追认之前，善意相对人有撤销的权利。撤销应当以通知的方式作出。

第四十九条 行为人没有代理权、超越代理权或者代理权终止后以被代理人名义订立合同，相对人有理由相信行为人有代理权的，该代理行为有效。

第五十条 法人或者其他组织的法定代表人、负责人超越权限订立的合同，除相对人知道或者应当知道其超越权限的以外，该代表行为有效。

第五十一条 无处分权的人处分他人财产，经权利人追认或者无处分权的人订立合同后取得处分权的，该合同有效。

第五十二条 有下列情形之一的，合同无效：

（一）一方以欺诈、胁迫的手段订立合同，损害国家利益；

（二）恶意串通，损害国家、集体或者第三人利益；

（三）以合法形式掩盖非法目的；

（四）损害社会公共利益；

（五）违反法律、行政法规的强制性规定。

第五十三条 合同中的下列免责条款无效：

（一）造成对方人身伤害的；

（二）因故意或者重大过失造成对方财产损失的。

第五十四条 下列合同，当事人一方有权请求人民法院或者仲裁机构变更或者撤销：

（一）因重大误解订立的；

（二）在订立合同时显失公平的。

一方以欺诈、胁迫的手段或者乘人之危，使对方在违背真实意思的情况下订立的合同，受损害方有权请求人民法院或者仲裁机构变更或者撤销。

当事人请求变更的，人民法院或者仲裁机构不得撤销。

第五十五条 有下列情形之一的，撤销权消灭：

（一）具有撤销权的当事人自知道或者应当知道撤销事由之日起一年内没有行使撤销权；

（二）具有撤销权的当事人知道撤销事由后明确表示或者以自己的行为放弃撤销权。

第五十六条 无效的合同或者被撤销的合同自始没有法律约束力。合同部分无效，不影响其他部分效力的，其他部分仍然有效。

第五十七条 合同无效、被撤销或者终止的，不影响合同中独立存在的有关解决争议方法的条款的效力。

第五十八条 合同无效或者被撤销后，因该合同取得的财产，应当予以返还；不能返还或者没有必要返还的，应当折价补偿。有过错的一方应当赔偿对方因此所受到的损失，双方都有过错的，应当各自承担相应的责任。

第五十九条 当事人恶意串通，损害国家、集体或者第三人利益的，因此取得的财产收归国家所有或者返还集体、第三人。

第四章　合同的履行

第六十条 当事人应当按照约定全面履行自己的义务。

当事人应当遵循诚实信用原则，根据合同的性质、目的和交易习惯履行通知、协助、保密等义务。

第六十一条 合同生效后，当事人就质量、价款或者报酬、履行地点等内容没有约定或者约定不明确的，可以协议补充；不能达成补充协议的，按照合同有关条款或者交易习惯确定。

第六十二条 当事人就有关合同内容约定不明确，依照本法第六十一条的规定仍不能确定的，适用下列规定：

（一）质量要求不明确的，按照国家标准、行业标准履行；没有国家标准、行业标准的，按照通常标准或者符合合同目的的特定标准履行。

（二）价款或者报酬不明确的，按照订立合同时履行地的市场价格履行；依法应当执行政府定价或者政府指导价的，按照规定履行。

（三）履行地点不明确，给付货币的，在接受货币一方所在地履行；交付不动产的，在不动产所在地履行；其他标的，在履行义务一方所在地履行。

（四）履行期限不明确的，债务人可以随时履行，债权人也可以随时要求履行，但应当给对方必要的准备时间。

（五）履行方式不明确的，按照有利于实现合同目的的方式履行。

（六）履行费用的负担不明确的，由履行义务一方负担。

第六十三条　执行政府定价或者政府指导价的，在合同约定的交付期限内政府价格调整时，按照交付时的价格计价。逾期交付标的物的，遇价格上涨时，按照原价格执行；价格下降时，按照新价格执行。逾期提取标的物或者逾期付款的，遇价格上涨时，按照新价格执行；价格下降时，按照原价格执行。

第六十四条　当事人约定由债务人向第三人履行债务的，债务人未向第三人履行债务或者履行债务不符合约定，应当向债权人承担违约责任。

第六十五条　当事人约定由第三人向债权人履行债务的，第三人不履行债务或者履行债务不符合约定，债务人应当向债权人承担违约责任。

第六十六条　当事人互负债务，没有先后履行顺序的，应当同时履行。一方在对方履行之前有权拒绝其履行要求。一方在对方履行债务不符合约定时，有权拒绝其相应的履行要求。

第六十七条　当事人互负债务，有先后履行顺序，先履行一方未履行的，后履行一方有权拒绝其履行要求。先履行一方履行债务不符合约定的，后履行一方有权拒绝其相应的履行要求。

第六十八条　应当先履行债务的当事人，有确切证据证明对方有下列情形之一的，可以中止履行：

（一）经营状况严重恶化；

（二）转移财产、抽逃资金，以逃避债务；

（三）丧失商业信誉；

（四）有丧失或者可能丧失履行债务能力的其他情形。

当事人没有确切证据中止履行的，应当承担违约责任。

第六十九条　当事人依照本法第六十八条的规定中止履行的，应当及时通知对方。对方提供适当担保时，应当恢复履行。中止履行后，对方在合理期限内未恢复履行能力并且未提供适当担保的，中止履行的一方可以解除合同。

第七十条　债权人分立、合并或者变更住所没有通知债务人，致使履行债务发生困难的，债务人可以中止履行或者将标的物提存。

第七十一条　债权人可以拒绝债务人提前履行债务，但提前履行不损害债权人利益的除外。

债务人提前履行债务给债权人增加的费用，由债务人负担。

第七十二条　债权人可以拒绝债务人部分履行债务，但部分履行不损害债权人利益的除外。

债务人部分履行债务给债权人增加的费用，由债务人负担。

第七十三条　因债务人怠于行使其到期债权，对债权人造成损害的，债权人可以向人民法院请求以自己的名义代位行使债务人的债权，但该债权专属于债务人自身的除外。

代位权的行使范围以债权人的债权为限。债权人行使代位权的必要费用，由债务人负担。

第七十四条　因债务人放弃其到期债权或者无偿转让财产，对债权人造成损害的，债权人可以请求人民法院撤销债务人的行为。债务人以明显不合理的低价转让财产，对债权人造成损害，并且受让人知道该情形的，债权人也可以请求人民法院撤销债务人的行为。

撤销权的行使范围以债权人的债权为限。债权人行使撤销权的必要费用，由债务人负担。

第七十五条　撤销权自债权人知道或者应当知道撤销事由之日起一年内行使。自债务人的行为发生之日起五年内没有行使撤销权的，该撤销权消灭。

第七十六条　合同生效后，当事人不得因姓名、名称的变更或者法定代表人、负责人、承办人的变动而不履行合同义务。

第五章　合同的变更和转让

第七十七条　当事人协商一致，可以变更合同。

法律、行政法规规定变更合同应当办理批准、登记等手续的，依照其规定。

第七十八条　当事人对合同变更的内容约定不明确的，推定为未变更。

第七十九条　债权人可以将合同的权利全部或者部分转让给第三人，但有下列情形之一的除外：

（一）根据合同性质不得转让；

（二）按照当事人约定不得转让；

（三）依照法律规定不得转让。

第八十条　债权人转让权利的，应当通知债务人。未经通知，该转让对债务人不发生效力。

债权人转让权利的通知不得撤销，但经受让人同意的除外。

第八十一条　债权人转让权利的，受让人取得与债权有关的从权利，但该从权利专属于债权人自身的除外。

第八十二条　债务人接到债权转让通知后，债务人对让与人的抗辩，可以向受让人主张。

第八十三条　债务人接到债权转让通知时，债务人对让与人享有债权，并且债务人的债权先于转让的债权到期或者同时到期的，债务人可以向受让人主张抵消。

第八十四条　债务人将合同的义务全部或者部分转移给第三人的，应当经债权人同意。

第八十五条　债务人转移义务的，新债务人可以主张原债务人对债权人的抗辩。

第八十六条　债务人转移义务的，新债务人应当承担与主债务有关的从债务，但该从债务专属于原债务人自身的除外。

第八十七条 法律、行政法规规定转让权利或者转移义务应当办理批准、登记等手续的，依照其规定。

第八十八条 当事人一方经对方同意，可以将自己在合同中的权利和义务一并转让给第三人。

第八十九条 权利和义务一并转让的，适用本法第七十九条、第八十一条至第八十三条、第八十五条至第八十七条的规定。

第九十条 当事人订立合同后合并的，由合并后的法人或者其他组织行使合同权利，履行合同义务。当事人订立合同后分立的，除债权人和债务人另有约定以外，由分立的法人或者其他组织对合同的权利和义务享有连带债权，承担连带债务。

第六章 合同的权利义务终止

第九十一条 有下列情形之一的，合同的权利义务终止：

（一）债务已经按照约定履行；

（二）合同解除；

（三）债务相互抵消；

（四）债务人依法将标的物提存；

（五）债权人免除债务；

（六）债权债务同归于一人；

（七）法律规定或者当事人约定终止的其他情形。

第九十二条 合同的权利义务终止后，当事人应当遵循诚实信用原则，根据交易习惯履行通知、协助、保密等义务。

第九十三条 当事人协商一致，可以解除合同。

当事人可以约定一方解除合同的条件。解除合同的条件成就时，解除权人可以解除合同。

第九十四条 有下列情形之一的，当事人可以解除合同：

（一）因不可抗力致使不能实现合同目的；

（二）在履行期限届满之前，当事人一方明确表示或者以自己的行为表明不履行主要债务；

（三）当事人一方迟延履行主要债务，经催告后在合理期限内仍未履行；

（四）当事人一方迟延履行债务或者有其他违约行为致使不能实现合同目的；

（五）法律规定的其他情形。

第九十五条 法律规定或者当事人约定解除权行使期限，期限届满当事人不行使的，该权利消灭。

法律没有规定或者当事人没有约定解除权行使期限，经对方催告后在合理期限内不行使的，该权利消灭。

第九十六条 当事人一方依照本法第九十三条第二款、第九十四条的规定主张解除合同的，应当通知对方。合同自通知到达对方时解除。对方有异议的，可以请求人民法院或者仲裁机构确认解除合同的效力。

法律、行政法规规定解除合同应当办理批准、登记等手续的，依照其规定。

第九十七条 合同解除后，尚未履行的，终止履行；已经履行的，根据履行情况和合同性质，当事人可以要求恢复原状、采取其他补救措施，并有权要求赔偿损失。

第九十八条 合同的权利义务终止，不影响合同中结算和清理条款的效力。

第九十九条 当事人互负到期债务，该债务的标的物种类、品质相同的，任何一方可以将自己的债务与对方的债务抵消，但依照法律规定或者按照合同性质不得抵消的除外。

当事人主张抵消的，应当通知对方。通知自到达对方时生效。抵消不得附条件或者附期限。

第一百条 当事人互负债务，标的物种类、品质不相同的，经双方协商一致，也可以抵消。

第一百零一条 有下列情形之一，难以履行债务的，债务人可以将标的物提存：

（一）债权人无正当理由拒绝受领；

（二）债权人下落不明；

（三）债权人死亡未确定继承人或者丧失民事行为能力未确定监护人；

（四）法律规定的其他情形。

标的物不适于提存或者提存费用过高的，债务人依法可以拍卖或者变卖标的物，提存所得的价款。

第一百零二条 标的物提存后，除债权人下落不明的以外，债务人应当及时通知债权人或者债权人的继承人、监护人。

第一百零三条 标的物提存后，毁损、灭失的风险由债权人承担。提存期间，标的物的孳息归债权人所有。提存费用由债权人负担。

第一百零四条 债权人可以随时领取提存物，但债权人对债务人负有到期债务的，在债权人未履行债务或者提供担保之前，提存部门根据债务人的要求应当拒绝其领取提存物。

债权人领取提存物的权利，自提存之日起五年内不行使而消灭，提存物扣除提存费用后归国家所有。

第一百零五条 债权人免除债务人部分或者全部债务的，合同的权利义务部分或者全部终止。

第一百零六条 债权和债务同归于一人的，合同的权利义务终止，但涉及第三人利益的除外。

第七章 违约责任

第一百零七条 当事人一方不履行合同义务或者履行合同义务不符合约定的，应当承担继续履行、采取补救措施或者赔偿损失等违约责任。

第一百零八条 当事人一方明确表示或者以自己的

行为表明不履行合同义务的，对方可以在履行期限届满之前要求其承担违约责任。

第一百零九条 当事人一方未支付价款或者报酬的，对方可以要求其支付价款或者报酬。

第一百一十条 当事人一方不履行非金钱债务或者履行非金钱债务不符合约定的，对方可以要求履行，但有下列情形之一的除外：

（一）法律上或者事实上不能履行；

（二）债务的标的不适于强制履行或者履行费用过高；

（三）债权人在合理期限内未要求履行。

第一百一十一条 质量不符合约定的，应当按照当事人的约定承担违约责任。对违约责任没有约定或者约定不明确，依照本法第六十一条的规定仍不能确定的，受损害方根据标的的性质以及损失的大小，可以合理选择要求对方承担修理、更换、重作、退货、减少价款或者报酬等违约责任。

第一百一十二条 当事人一方不履行合同义务或者履行合同义务不符合约定的，在履行义务或者采取补救措施后，对方还有其他损失的，应当赔偿损失。

第一百一十三条 当事人一方不履行合同义务或者履行合同义务不符合约定，给对方造成损失的，损失赔偿额应当相当于因违约所造成的损失，包括合同履行后可以获得的利益，但不得超过违反合同一方订立合同时预见到或者应当预见到的因违反合同可能造成的损失。

经营者对消费者提供商品或者服务有欺诈行为的，依照《中华人民共和国消费者权益保护法》的规定承担损害赔偿责任。

第一百一十四条 当事人可以约定一方违约时应当根据违约情况向对方支付一定数额的违约金，也可以约定因违约产生的损失赔偿额的计算方法。

约定的违约金低于造成的损失的，当事人可以请求人民法院或者仲裁机构予以增加；约定的违约金过分高于造成的损失的，当事人可以请求人民法院或者仲裁机构予以适当减少。

当事人就迟延履行约定违约金的，违约方支付违约金后，还应当履行债务。

第一百一十五条 当事人可以依照《中华人民共和国担保法》约定一方向对方给付定金作为债权的担保。债务人履行债务后，定金应当抵作价款或者收回。给付定金的一方不履行约定的债务的，无权要求返还定金；收受定金的一方不履行约定的债务的，应当双倍返还定金。

第一百一十六条 当事人既约定违约金，又约定定金的，一方违约时，对方可以选择适用违约金或者定金条款。

第一百一十七条 因不可抗力不能履行合同的，根据不可抗力的影响，部分或者全部免除责任，但法律另

有规定的除外。当事人迟延履行后发生不可抗力的，不能免除责任。

本法所称不可抗力，是指不能预见、不能避免并不能克服的客观情况。

第一百一十八条 当事人一方因不可抗力不能履行合同的，应当及时通知对方，以减轻可能给对方造成的损失，并应当在合理期限内提供证明。

第一百一十九条 当事人一方违约后，对方应当采取适当措施防止损失的扩大；没有采取适当措施致使损失扩大的，不得就扩大的损失要求赔偿。

当事人因防止损失扩大而支出的合理费用，由违约方承担。

第一百二十条 当事人双方都违反合同的，应当各自承担相应的责任。

第一百二十一条 当事人一方因第三人的原因造成违约的，应当向对方承担违约责任。当事人一方和第三人之间的纠纷，依照法律规定或者按照约定解决。

第一百二十二条 因当事人一方的违约行为，侵害对方人身、财产权益的，受损害方有权选择依照本法要求其承担违约责任或者依照其他法律要求其承担侵权责任。

第八章 其 他 规 定

第一百二十三条 其他法律对合同另有规定的，依照其规定。

第一百二十四条 本法分则或者其他法律没有明文规定的合同，适用本法总则的规定，并可以参照本法分则或者其他法律最相类似的规定。

第一百二十五条 当事人对合同条款的理解有争议的，应当按照合同所使用的词句、合同的有关条款、合同的目的、交易习惯以及诚实信用原则，确定该条款的真实意思。

合同文本采用两种以上文字订立并约定具有同等效力的，对各文本使用的词句推定具有相同含义。各文本使用的词句不一致的，应当根据合同的目的予以解释。

第一百二十六条 涉外合同的当事人可以选择处理合同争议所适用的法律，但法律另有规定的除外。涉外合同的当事人没有选择的，适用与合同有最密切联系的国家的法律。

在中华人民共和国境内履行的中外合资经营企业合同、中外合作经营企业合同、中外合作勘探开发自然资源合同，适用中华人民共和国法律。

第一百二十七条 工商行政管理部门和其他有关行政主管部门在各自的职权范围内，依照法律、行政法规的规定，对利用合同危害国家利益、社会公共利益的违法行为，负责监督处理；构成犯罪的，依法追究刑事责任。

第一百二十八条 当事人可以通过和解或者调解解决合同争议。

当事人不愿和解、调解或者和解、调解不成的，可以根据仲裁协议向仲裁机构申请仲裁。涉外合同的当事人可以根据仲裁协议向中国仲裁机构或者其他仲裁机构申请仲裁。当事人没有订立仲裁协议或者仲裁协议无效的，可以向人民法院起诉。当事人应当履行发生法律效力的判决、仲裁裁决、调解书；拒不履行的，对方可以请求人民法院执行。

第一百二十九条 因国际货物买卖合同和技术进出口合同争议提起诉讼或者申请仲裁的期限为四年，自当事人知道或者应当知道其权利受到侵害之日起计算。因其他合同争议提起诉讼或者申请仲裁的期限，依照有关法律的规定。

分 则

第十五章 承揽合同

第二百五十一条 承揽合同是承揽人按照定作人的要求完成工作，交付工作成果，定作人给付报酬的合同。

承揽包括加工、定作、修理、复制、测试、检验等工作。

第二百五十二条 承揽合同的内容包括承揽的标的、数量、质量、报酬、承揽方式、材料的提供、履行期限、验收标准和方法等条款。

第二百五十三条 承揽人应当以自己的设备、技术和劳力，完成主要工作，但当事人另有约定的除外。

承揽人将其承揽的主要工作交由第三人完成的，应当就该第三人完成的工作成果向定作人负责；未经定作人同意的，定作人也可以解除合同。

第二百五十四条 承揽人可以将其承揽的辅助工作交由第三人完成。承揽人将其承揽的辅助工作交由第三人完成的，应当就该第三人完成的工作成果向定作人负责。

第二百五十五条 承揽人提供材料的，承揽人应当按照约定选用材料，并接受定作人检验。

第二百五十六条 定作人提供材料的，定作人应当按照约定提供材料。承揽人对定作人提供的材料，应当及时检验，发现不符合约定时，应当及时通知定作人更换、补齐或者采取其他补救措施。

承揽人不得擅自更换定作人提供的材料，不得更换不需要修理的零部件。

第二百五十七条 承揽人发现定作人提供的图纸或者技术要求不合理的，应当及时通知定作人。因定作人怠于答复等原因造成承揽人损失的，应当赔偿损失。

第二百五十八条 定作人中途变更承揽工作的要求，造成承揽人损失的，应当赔偿损失。

第二百五十九条 承揽工作需要定作人协助的，定作人有协助的义务。定作人不履行协助义务致使承揽工作不能完成的，承揽人可以催告定作人在合理期限内履行义务，并可以顺延履行期限；定作人逾期不履行的，承揽人可以解除合同。

第二百六十条 承揽人在工作期间，应当接受定作人必要的监督检验。定作人不得因监督检验妨碍承揽人的正常工作。

第二百六十一条 承揽人完成工作的，应当向定作人交付工作成果，并提交必要的技术资料和有关质量证明。定作人应当验收该工作成果。

第二百六十二条 承揽人交付的工作成果不符合质量要求的，定作人可以要求承揽人承担修理、重作、减少报酬、赔偿损失等违约责任。

第二百六十三条 定作人应当按照约定的期限支付报酬。对支付报酬的期限没有约定或者约定不明确，依照本法第六十一条的规定仍不能确定的，定作人应当在承揽人交付工作成果时支付；工作成果部分交付的，定作人应当相应支付。

第二百六十四条 定作人未向承揽人支付报酬或者材料费等价款的，承揽人对完成的工作成果享有留置权，但当事人另有约定的除外。

第二百六十五条 承揽人应当妥善保管定作人提供的材料以及完成的工作成果，因保管不善造成毁损、灭失的，应当承担损害赔偿责任。

第二百六十六条 承揽人应当按照定作人的要求保守秘密，未经定作人许可，不得留存复制品或者技术资料。

第二百六十七条 共同承揽人对定作人承担连带责任，但当事人另有约定的除外。

第二百六十八条 定作人可以随时解除承揽合同，造成承揽人损失的，应当赔偿损失。

第十六章 建设工程合同

第二百六十九条 建设工程合同是承包人进行工程建设，发包人支付价款的合同。

建设工程合同包括工程勘察、设计、施工合同。

第二百七十条 建设工程合同应当采用书面形式。

第二百七十一条 建设工程的招标投标活动，应当依照有关法律的规定公开、公平、公正进行。

第二百七十二条 发包人可以与总承包人订立建设工程合同，也可以分别与勘察人、设计人、施工人订立勘察、设计、施工承包合同。发包人不得将应当由一个承包人完成的建设工程肢解成若干部分发包给几个承包人。

总承包人或者勘察、设计、施工承包人经发包人同意，可以将自己承包的部分工作交由第三人完成。第三人就其完成的工作成果与总承包人或者勘察、设计、施工承包人向发包人承担连带责任。承包人不得将其承包的全部建设工程转包给第三人或者将其承包的全部建设工程肢解以后以分包的名义分别转包给第三人。

禁止承包人将工程分包给不具备相应资质条件的单位。禁止分包单位将其承包的工程再分包。建设工程主体结构的施工必须由承包人自行完成。

第二百七十三条 国家重大建设工程合同，应当按照国家规定的程序和国家批准的投资计划、可行性研究报告等文件订立。

第二百七十四条 勘察、设计合同的内容包括提交有关基础资料和文件（包括概预算）的期限、质量要求、费用以及其他协作条件等条款。

第二百七十五条 施工合同的内容包括工程范围、建设工期、中间交工工程的开工和竣工时间、工程质量、工程造价、技术资料交付时间、材料和设备供应责任、拨款和结算、竣工验收、质量保修范围和质量保证期、双方相互协作等条款。

第二百七十六条 建设工程实行监理的，发包人应当与监理人采用书面形式订立委托监理合同。发包人与监理人的权利和义务以及法律责任，应当依照本法委托合同以及其他有关法律、行政法规的规定。

第二百七十七条 发包人在不妨碍承包人正常作业的情况下，可以随时对作业进度、质量进行检查。

第二百七十八条 隐蔽工程在隐蔽以前，承包人应当通知发包人检查。发包人没有及时检查的，承包人可以顺延工程日期，并有权要求赔偿停工、窝工等损失。

第二百七十九条 建设工程竣工后，发包人应当根据施工图纸及说明书、国家颁发的施工验收规范和质量检验标准及时进行验收。验收合格的，发包人应当按照约定支付价款，并接收该建设工程。建设工程竣工经验收合格后，方可交付使用；未经验收或者验收不合格的，不得交付使用。

第二百八十条 勘察、设计的质量不符合要求或者未按照期限提交勘察、设计文件拖延工期，造成发包人损失的，勘察人、设计人应当继续完善勘察、设计，减收或者免收勘察、设计费并赔偿损失。

第二百八十一条 因施工人的原因致使建设工程质量不符合约定的，发包人有权要求施工人在合理期限内无偿修理或者返工、改建。经过修理或者返工、改建后，造成逾期交付的，施工人应当承担违约责任。

第二百八十二条 因承包人的原因致使建设工程在合理使用期限内造成人身和财产损害的，承包人应当承担损害赔偿责任。

第二百八十三条 发包人未按照约定的时间和要求提供原材料、设备、场地、资金、技术资料的，承包人可以顺延工程日期，并有权要求赔偿停工、窝工等损失。

第二百八十四条 因发包人的原因致使工程中途停建、缓建的，发包人应当采取措施弥补或者减少损失，赔偿承包人因此造成的停工、窝工、倒运、机械设备调迁、材料和构件积压等损失和实际费用。

第二百八十五条 因发包人变更计划，提供的资料不准确，或者未按照期限提供必需的勘察、设计工作条件而造成勘察、设计的返工、停工或者修改设计，发包人应当按照勘察人、设计人实际消耗的工作量增付费用。

第二百八十六条 发包人未按照约定支付价款的，承包人可以催告发包人在合理期限内支付价款。发包人逾期不支付的，除按照建设工程的性质不宜折价、拍卖的以外，承包人可以与发包人协议将该工程折价，也可以申请人民法院将该工程依法拍卖。建设工程的价款就该工程折价或者拍卖的价款优先受偿。

第二百八十七条 本章没有规定的，适用承揽合同的有关规定。

附　　则

第四百二十八条 本法自 1999 年 10 月 1 日起施行，《中华人民共和国经济合同法》、《中华人民共和国涉外经济合同法》、《中华人民共和国技术合同法》同时废止。

中华人民共和国仲裁法

（1994 年 8 月 31 日第八届全国人民代表大会常务委员会第九次会议通过
1994 年 8 月 31 日中华人民共和国主席令第 31 号公布　自 1995 年 9 月 1 日起施行）

第一章　总　　则

第一条 为保证公正、及时地仲裁经济纠纷，保护当事人的合法权益，保障社会主义市场经济健康发展，制定本法。

第二条 平等主体的公民、法人和其他组织之间发生的合同纠纷和其他财产权益纠纷，可以仲裁。

第三条 下列纠纷不能仲裁：

（一）婚姻、收养、监护、扶养、继承纠纷；

（二）依法应当由行政机关处理的行政争议。

第四条 当事人采用仲裁方式解决纠纷，应当双方自愿，达成仲裁协议。没有仲裁协议，一方申请仲裁的，仲裁委员会不予受理。

第五条 当事人达成仲裁协议，一方向人民法院起诉的，人民法院不予受理，但仲裁协议无效的除外。

第六条 仲裁委员会应当由当事人协议选定。仲裁不实行级别管辖和地域管辖。

第七条 仲裁应当根据事实，符合法律规定，公平合理地解决纠纷。

第八条 仲裁依法独立进行，不受行政机关、社会团体和个人的干涉。

第九条 仲裁实行一裁终局的制度。裁决作出后，当事人就同一纠纷再申请仲裁或者向人民法院起诉的，仲裁委员会或者人民法院不予受理。

裁决被人民法院依法裁定撤销或者不予执行的，当事人就该纠纷可以根据双方重新达成的仲裁协议申请仲裁，也可以向人民法院起诉。

第二章 仲裁委员会和仲裁协会

第十条 仲裁委员会可以在直辖市和省、自治区人民政府所在地的市设立，也可以根据需要在其他设区的市设立，不按行政区划层层设立。

仲裁委员会由前款规定的市的人民政府组织有关部门和商会统一组建。

设立仲裁委员会，应当经省、自治区、直辖市的司法行政部门登记。

第十一条 仲裁委员会应当具备下列条件：

（一）有自己的名称、住所和章程；

（二）有必要的财产；

（三）有该委员会的组成人员；

（四）有聘任的仲裁员。

仲裁委员会的章程应当依照本法制定。

第十二条 仲裁委员会由主任一人、副主任二至四人和委员七至十一人组成。

仲裁委员会的主任、副主任和委员由法律、经济贸易专家和有实际工作经验的人员担任。仲裁委员会的组成人员中，法律、经济贸易专家不得少于三分之二。

第十三条 仲裁委员会应当从公道正派的人员中聘任仲裁员。

仲裁员应当符合下列条件之一：

（一）从事仲裁工作满八年的；

（二）从事律师工作满八年的；

（三）曾任审判员满八年的；

（四）从事法律研究、教学工作并具有高级职称的；

（五）具有法律知识、从事经济贸易等专业工作并具有高级职称或者具有同等专业水平的。

仲裁委员会按照不同专业设仲裁员名册。

第十四条 仲裁委员会独立于行政机关，与行政机关没有隶属关系。仲裁委员会之间也没有隶属关系。

第十五条 中国仲裁协会是社会团体法人。仲裁委员会是中国仲裁协会的会员。中国仲裁协会的章程由全国会员大会制定。

中国仲裁协会是仲裁委员会的自律性组织，根据章程对仲裁委员会及其组成人员、仲裁员的违纪行为进行监督。

中国仲裁协会依照本法和民事诉讼法的有关规定制定仲裁规则。

第三章 仲裁协议

第十六条 仲裁协议包括合同中订立的仲裁条款和以其他书面方式在纠纷发生前或者纠纷发生后达成的请求仲裁的协议。

仲裁协议应当具有下列内容：

（一）请求仲裁的意思表示；

（二）仲裁事项；

（三）选定的仲裁委员会。

第十七条 有下列情形之一的，仲裁协议无效：

（一）约定的仲裁事项超出法律规定的仲裁范围的；

（二）无民事行为能力人或者限制民事行为能力人订立仲裁协议的；

（三）一方采取胁迫手段，迫使对方订立的仲裁协议的。

第十八条 仲裁协议对仲裁事项或者仲裁委员会没有约定或者约定不明确的，当事人可以补充协议；达不成补充协议的，仲裁协议无效。

第十九条 仲裁协议独立存在，合同的变更、解除、终止或者无效，不影响仲裁协议的效力。

仲裁庭有权确认合同的效力。

第二十条 当事人对仲裁协议的效力有异议的，可以请求仲裁委员会作出决定或者请求人民法院作出裁定。一方请求仲裁委员会作出决定，另一方请求法院作出裁定的，由人民法院裁定。

当事人对仲裁协议的效力有异议，应当在仲裁庭首次开庭前提出。

第四章 仲裁程序

第一节 申请和受理

第二十一条 当事人申请仲裁应当符合下列条件：

（一）有仲裁协议；

（二）有具体的仲裁请求和事实、理由；

（三）属于仲裁委员会的受理范围。

第二十二条　当事人申请仲裁，应当向仲裁委员会递交仲裁协议、仲裁申请书及副本。

第二十三条　仲裁申请书应当载明下列事项：

（一）当事人的姓名、性别、年龄、职业、工作单位和住所，法人或者其他组织的名称、住所和法定代表人或者主要负责人的姓名、职务；

（二）仲裁请求和所根据的事实、理由；

（三）证据和证据来源、证人的姓名和住所。

第二十四条　仲裁委员会收到仲裁申请书之日起五日内，认为符合受理条件的，应当受理，并通知当事人；认为不符合受理条件的，应当书面通知当事人不予受理，并说明理由。

第二十五条　仲裁委员会受理仲裁申请后，应当在仲裁规则规定的期限内将仲裁规则和仲裁员名册送达申请人，并将仲裁申请书副本和仲裁规则、仲裁员名册送达被申请人。

被申请人收到仲裁申请书副本后，应当在仲裁规则规定的期限内向仲裁委员会提交答辩书。仲裁委员会收到答辩书后，应当在仲裁规则规定的期限内将答辩书副本送达申请人。被申请人未提交答辩书的，不影响仲裁程序的进行。

第二十六条　当事人达成仲裁协议，一方向人民法院起诉未声明有仲裁协议，人民法院受理后，另一方在首次开庭前提交仲裁协议的，人民法院应当驳回起诉，但仲裁协议无效的除外；另一方在首次开庭前未对人民法院受理该案提出异议的，视为放弃仲裁协议，人民法院应当继续审理。

第二十七条　申请人可以放弃或者变更仲裁请求。被申请人可以承认或者反驳仲裁请求，有权提出反请求。

第二十八条　一方当事人因另一方当事人的行为或者其他原因，可能使裁决不能执行或者难以执行的，可以申请财产保全。

当事人申请财产保全的，仲裁委员会应当将当事人的申请依照民事诉讼法的有关规定提交人民法院。

申请有错误的，申请人应当赔偿被申请人因财产保全所遭受的损失。

第二十九条　当事人、法定代理人可以委托律师和其他代理人进行仲裁活动。委托律师和其他代理人进行仲裁活动的，应当向仲裁委员会提交授权委托书。

第二节　仲裁庭的组成

第三十条　仲裁庭可以由三名仲裁员或者一名仲裁员组成。由三名仲裁员组成的，设首席仲裁员。

第三十一条　当事人约定由三名仲裁员组成仲裁庭的，应当各自选定或者各自委托仲裁委员会主任指定一名仲裁员，第三名仲裁员由当事人共同选定或者共

同委托仲裁委员会主任指定。第三名仲裁员是首席仲裁员。

当事人约定由一名仲裁员成立仲裁庭的，应当由当事人共同选定或者共同委托仲裁委员会主任指定仲裁员。

第三十二条　当事人没有在仲裁规则规定的限期内约定仲裁庭的组成的方式或者选定仲裁员的，由仲裁委员会主任指定。

第三十三条　仲裁庭组成后，仲裁委员会应当将仲裁庭的组成情况书面通知当事人。

第三十四条　仲裁员有下列情形之一的，必须回避，当事人也有权提出回避申请：

（一）是本案当事人或者当事人、代理人的近亲属；

（二）与本案有利害关系；

（三）与本案当事人、代理人有其他关系，可能影响公正仲裁的；

（四）私自会见当事人、代理人，或者接受当事人、代理人的请客送礼的。

第三十五条　当事人提出回避申请，应当说明理由，在首次开庭前提出。回避事由在首次开庭后知道的，可以在最后一次开庭终结前提出。

第三十六条　仲裁员是否回避，由仲裁委员会主任决定；仲裁委员会主任担任仲裁员时，由仲裁委员会集体决定。

第三十七条　仲裁员因回避或者其他原因不能履行职责的，应当依照本法规定的重新选定或者指定仲裁员。

因回避而重新选定或者指定仲裁员后，当事人可以请求已进行的仲裁程序重新进行，是否准许，由仲裁庭决定；仲裁庭也可以自行决定已进行的仲裁程序是否重新进行。

第三十八条　仲裁员有本法第三十四条第四项规定的情形，情节严重的，或者有本法第五十八条第六项规定的情形的，应当依法承担法律责任，仲裁委员会应当将其除名。

第三节　开庭和裁决

第三十九条　仲裁应当开庭进行。当事人协议不开庭的，仲裁庭可以根据仲裁申请书、答辩书以及其他材料作出裁决。

第四十条　仲裁不公开进行。当事人协议公开的，可以公开进行，但涉及国家秘密的除外。

第四十一条　仲裁委员会应当在仲裁规则规定的期限内将开庭日期通知双方当事人。当事人有正当理由的，可以在仲裁规则规定的期限内请求延期开庭。是否延期，由仲裁庭决定。

第四十二条　申请人经书面通知，无正当理由不到庭或者未经仲裁庭许可中途退庭的，可以视为撤回仲

申请。

被申请人经书面通知，无正当理由不到庭或者未经仲裁庭许可中途退庭的，可以缺席裁决。

第四十三条 当事人应当对自己的主张提供证据。

仲裁庭认为有必要收集的证据，可以自行收集。

第四十四条 仲裁庭对专门性问题认为需要鉴定的，可以交由当事人约定的鉴定部门鉴定，也可以由仲裁庭指定的鉴定部门鉴定。

根据当事人的请求或者仲裁庭的要求，鉴定部门应当派鉴定人参加开庭。当事人经仲裁庭许可，可以向鉴定人提问。

第四十五条 证据应当在开庭时出示，当事人可以质证。

第四十六条 在证据可能灭失或者以后难以取得的情况下，当事人可能申请证据保全。当事人申请证据保全的，仲裁委员会应当将当事人的申请提交证据所在地的基层人民法院。

第四十七条 当事人在仲裁过程中有权进行辩论。辩论终结时，首席仲裁员或者独任仲裁员应当征询当事人的最后意见。

第四十八条 仲裁庭应当将开庭情况记入笔录。当事人和其他仲裁参与人认为对自己陈述的记录有遗漏或者差错的，有权申请补正。如果不予补正，应当记录该申请。

笔录由仲裁员、记录人员、当事人和其他仲裁参与人签名或者盖章。

第四十九条 当事人申请仲裁后，可以自行和解。达成和解协议的，可以请求仲裁庭根据和解协议作出裁决书，也可以撤回仲裁申请。

第五十条 当事人达成和解协议，撤回仲裁申请后反悔的，可以根据仲裁协议申请仲裁。

第五十一条 仲裁庭在作出裁决前，可以先行调解。当事人自愿调解的，仲裁庭应当调解。调解不成的，应当及时作出裁决。

调解达成协议的，仲裁庭应当制作调解书或者根据协议的结果制作裁决书。调解书与裁决书具有同等法律效力。

第五十二条 调解书应当写明仲裁请求和当事人协议的结果。调解书由仲裁员签名，加盖仲裁委员会印章，送达双方当事人。

调解书经双方当事人签收后，即发生法律效力。

在调解书签收前当事人反悔的，仲裁庭应当及时作出裁决。

第五十三条 裁决应当按照多数仲裁员的意见作出，少数仲裁员的不同意见可以记入笔录。仲裁庭不能形成多数意见时，裁决应当按照首席仲裁员的意见作出。

第五十四条 裁决书应当写明仲裁请求、争议事实、裁决理由、裁决结果、仲裁费用的负担和裁决日期。当事人协议不愿写明争议事实和裁决理由的，可以不写。裁决书由仲裁员签名，加盖仲裁委员会印章。对裁决持不同意见的仲裁员，可以签名，也可不签名。

第五十五条 仲裁庭仲裁纠纷时，其中一部分事实已经清楚，可以就该部分先行裁决。

第五十六条 对裁决书中的文字、计算错误或者仲裁庭已经裁决但在裁决书中遗漏的事项，仲裁庭应当补正；当事人自收到裁决书之日起三十日内，可以请求仲裁补正。

第五十七条 裁决书自作出之日起发生法律效力。

第五章 申请撤销裁决

第五十八条 当事人提出证据证明裁决有下列情形之一的，可以向仲裁委员会所在地的中级人民法院申请撤销裁决：

（一）没有仲裁协议的；

（二）裁决的事项不属于仲裁协议的范围或者仲裁委员会无权仲裁的；

（三）仲裁庭的组成或者仲裁的程序违反法定程序的；

（四）裁决所根据的证据是伪造的；

（五）对方当事人隐瞒了足以影响公正裁决的证据的；

（六）仲裁员在仲裁该案时有索贿受贿，徇私舞弊，枉法裁决行为的；

人民法院经组成合议庭审查核实裁决有前款规定情形之一的，应当裁定撤销。

人民法院认定该裁决违背社会公共利益的，应当裁定撤销。

第五十九条 当事人申请撤销裁决的，应当自收到裁决书之日起六个月内提出。

第六十条 人民法院应当在受理撤销裁决申请之日起两个月内作出撤销裁决或者驳回申请的裁定。

第六十一条 人民法院受理撤销裁决的申请后，认为可以由仲裁庭重新仲裁的，通知仲裁庭在一定期限内重新仲裁，并裁定中止撤销程序。仲裁庭拒绝重新仲裁的，人民法院应当裁定恢复撤销程序。

第六章 执 行

第六十二条 当事人应当履行裁决。一方当事人不履行的，另一方当事人可以依照民事诉讼法的有关规定向人民法院申请执行。受申请的人民法院应当执行。

第六十三条 被申请人提出证据证明裁决有民事诉讼法第二百一十七条第二款规定的情形之一的，经人民法院组成合议庭审查核实，裁定不予执行。

第六十四条　一方当事人申请执行裁决，另一方当事人申请撤销裁决的，人民法院应当裁定中止执行。

人民法院裁定撤销裁决的，应当裁定终结执行。撤销裁决的申请被裁定驳回的，人民法院应当裁定恢复执行。

第七章　涉外仲裁的特别规定

第六十五条　涉外经济贸易、运输和海事中发生的纠纷的仲裁，适用本章规定。本章没有规定的，适用本法其他有关规定。

第六十六条　涉外仲裁委员会可以由中国国际商会组织设立。

涉外仲裁委员会由主任一人、副主任若干人和委员会若干人组成。

涉外仲裁委员会的主任、副主任和委员可以由中国国际商会聘任。

第六十七条　涉外仲裁委员会可以从具有法律、经济贸易、科学技术等专门知识的外籍人士中聘任仲裁员。

第六十八条　涉外仲裁的当事人申请证据保全的，涉外仲裁委员会应当将当事人的申请提交证据所在地的中级人民法院。

第六十九条　涉外仲裁的仲裁庭可以将开庭情况记入笔录。或者作出笔录要点，笔录要点可以由当事人和其他仲裁参与人签字或者盖章。

第七十条　当事人提出证据证明涉外仲裁裁决有民事诉讼法第二百六十条第一款规定的情形之一的，经人

民法院组成合议庭审查核实，裁定撤销。

第七十一条　被申请人提出证据证明涉外仲裁裁决有民事诉讼法第二百六十条第一款规定的情形之一的，经人民法院组成合议庭审查核实，裁定不予执行。

第七十二条　涉外仲裁委员会作出的发生法律效力的仲裁裁决，当事人请求执行的，如果被执行人或者其财产不在中华人民共和国领域内，应当由当事人直接向有管辖权的外国法院申请承认和执行。

第七十三条　涉外仲裁规则可以由中国国际商会依照本法和民事诉讼法的有关规定制定。

第八章　附　　则

第七十四条　法律对仲裁时效有规定的，适用该规定。法律对仲裁时效没有规定的，适用诉讼时效的规定。

第七十五条　中国仲裁协会制定仲裁规则前，仲裁委员会依照本法和民事诉讼法的有关规定可以制定仲裁暂行规则。

第七十六条　当事人应当按照规定交纳仲裁费用。收取仲裁费用的办法，应当报物价管理部门核准。

第七十七条　劳动争议和农业集体经济组织内部的农业承包合同纠纷的仲裁，另行规定。

第七十八条　本法施行前制定的有关仲裁的规定与本法的规定相抵触的，以本法为准。

第七十九条　本法施行前在直辖市、省、自治区人民政府所在地的市和其他设区的市设立的仲裁机构，应当依照本法的有关规定重新组建；未重新组建的，自本法施行之日至届满一年时终止。

中华人民共和国招标投标法

（1999年8月30日第九届全国人民代表大会常务委员会第十一次会议通过
1999年8月30日中华人民共和国主席令第21号公布　自2000年1月1日起施行）

第一章　总　　则

第一条　为了规范招标投标活动，保护国家利益、社会公共利益和招标投标活动当事人的合法权益，提高经济效益，保证项目质量，制定本法。

第二条　在中华人民共和国境内进行招标投标活动，适用本法。

第三条　在中华人民共和国境内进行下列工程建设项目包括项目的勘察、设计、施工、监理以及与工程建设有关的重要设备、材料等的采购，必须进行招标：

（一）大型基础设施、公用事业等关系社会公共利益、公众安全的项目；

（二）全部或者部分使用国有资金投资或者国家融资的项目；

（三）使用国际组织或者外国政府贷款、援助资金的项目。

前款所列项目的具体范围和规模标准，由国务院发展计划部门会同国务院有关部门制订，报国务院批准。

法律或者国务院对必须进行招标的其他项目的范围有规定的，依照其规定。

第四条　任何单位和个人不得将依法必须进行招标

的项目化整为零或者以其他任何方式规避招标。

第五条 招标投标活动应当遵循公开、公平、公正和诚实信用的原则。

第六条 依法必须进行招标的项目，其招标投标活动不受地区或者部门的限制。任何单位和个人不得违法限制或者排斥本地区、本系统以外的法人或者其他组织参加投标，不得以任何方式非法干涉招标投标活动。

第七条 招标投标活动及其当事人应当接受依法实施的监督。

有关行政监督部门依法对招标投标活动实施监督，依法查处招标投标活动中的违法行为。

对招标投标活动的行政监督及有关部门的具体职权划分，由国务院规定。

第二章 招 标

第八条 招标人是依照本法规定提出招标项目、进行招标的法人或者其他组织。

第九条 招标项目按照国家有关规定需要履行项目审批手续的，应当先履行审批手续，取得批准。

招标人应当有进行招标项目的相应资金或者资金来源已经落实，并应当在招标文件中如实载明。

第十条 招标分为公开招标和邀请招标。

公开招标，是指招标人以招标公告的方式邀请不特定的法人或者其他组织投标。

邀请招标，是指招标人以投标邀请书的方式邀请特定的法人或者其他组织投标。

第十一条 国务院发展计划部门确定的国家重点项目和省、自治区、直辖市人民政府确定的地方重点项目不适宜公开招标的，经国务院发展计划部门或者省、自治区、直辖市人民政府批准，可以进行邀请招标。

第十二条 招标人有权自行选择招标代理机构，委托其办理招标事宜。任何单位和个人不得以任何方式为招标人指定招标代理机构。

招标人具有编制招标文件和组织评标能力的，可以自行办理招标事宜。任何单位和个人不得强制其委托招标代理机构办理招标事宜。

依法必须进行招标的项目，招标人自行办理招标事宜的，应当向有关行政监督部门备案。

第十三条 招标代理机构是依法设立、从事招标代理业务并提供相关服务的社会中介组织。

招标代理机构应当具备下列条件：

（一）有从事招标代理业务的营业场所和相应资金；

（二）有能够编制招标文件和组织评标的相应专业力量；

（三）有符合本法第三十七条第三款规定条件、可以作为评标委员会成员人选的技术、经济等方面的专

家库。

第十四条 从事工程建设项目招标代理业务的招标代理机构，其资格由国务院或者省、自治区、直辖市人民政府的建设行政主管部门认定。具体办法由国务院建设行政主管部门会同国务院有关部门制定。从事其他招标代理业务的招标代理机构，其资格认定的主管部门由国务院规定。

招标代理机构与行政机关和其他国家机关不得存在隶属关系或者其他利益关系。

第十五条 招标代理机构应当在招标人委托的范围内办理招标事宜，并遵守本法关于招标人的规定。

第十六条 招标人采用公开招标方式的，应当发布招标公告。依法必须进行招标的项目的招标公告，应当通过国家指定的报刊、信息网络或者其他媒介发布。

招标公告应当载明招标人的名称和地址、招标项目的性质、数量、实施地点和时间以及获取招标文件的办法等事项。

第十七条 招标人采用邀请招标方式的，应当向三个以上具备承担招标项目的能力、资信良好的特定的法人或者其他组织发出投标邀请书。

投标邀请书应当载明本法第十六条第二款规定的事项。

第十八条 招标人可以根据招标项目本身的要求，在招标公告或者投标邀请书中，要求潜在投标人提供有关资质证明文件和业绩情况，并对潜在投标人进行资格审查；国家对投标人的资格条件有规定的，依照其规定。

招标人不得以不合理的条件限制或者排斥潜在投标人，不得对潜在投标人实行歧视待遇。

第十九条 招标人应当根据招标项目的特点和需要编制招标文件。招标文件应当包括招标项目的技术要求、对投标人资格审查的标准、投标报价要求和评标标准等所有实质性要求和条件以及拟签订合同的主要条款。

国家对招标项目的技术、标准有规定的，招标人应当按照其规定在招标文件中提出相应要求。

招标项目需要划分标段、确定工期的，招标人应当合理划分标段、确定工期，并在招标文件中载明。

第二十条 招标文件不得要求或者标明特定的生产供应者以及含有倾向或者排斥潜在投标人的其他内容。

第二十一条 招标人根据招标项目的具体情况，可以组织潜在投标人踏勘项目现场。

第二十二条 招标人不得向他人透露已获取招标文件的潜在投标人的名称、数量以及可能影响公平竞争的有关招标投标的其他情况。

招标人设有标底的，标底必须保密。

第二十三条 招标人对已发出的招标文件进行必要的澄清或者修改的，应当在招标文件要求提交投标文件截止时间至少十五日前，以书面形式通知所有招标文件

收受人。该澄清或者修改的内容为招标文件的组成部分。

第二十四条　招标人应当确定投标人编制投标文件所需要的合理时间；但是，依法必须进行招标的项目，自招标文件开始发出之日起至投标人提交投标文件截止之日止，最短不得少于二十日。

第三章　投　　标

第二十五条　投标人是响应招标、参加投标竞争的法人或者其他组织。

依法招标的科研项目允许个人参加投标的，投标的个人适用本法有关投标人的规定。

第二十六条　投标人应当具备承担招标项目的能力；国家有关规定对投标人资格条件或者招标文件对投标人资格条件有规定的，投标人应当具备规定的资格条件。

第二十七条　投标人应当按照招标文件的要求编制投标文件。投标文件应当对招标文件提出的实质性要求和条件作出响应。

招标项目属于建设施工的，投标文件的内容应当包括拟派出的项目负责人与主要技术人员的简历、业绩和拟用于完成招标项目的机械设备等。

第二十八条　投标人应当在招标文件要求提交投标文件的截止时间前，将投标文件送达投标地点。招标人收到投标文件后，应当签收保存，不得开启。投标人少于三个的，招标人应当依照本法重新招标。

在招标文件要求提交投标文件的截止时间后送达的投标文件，招标人应当拒收。

第二十九条　投标人在招标文件要求提交投标文件的截止时间前，可以补充、修改或者撤回已提交的投标文件，并书面通知招标人。补充、修改的内容为投标文件的组成部分。

第三十条　投标人根据招标文件载明的项目实际情况，拟在中标后将中标项目的部分非主体、非关键性工作进行分包的，应当在投标文件中载明。

第三十一条　两个以上法人或者其他组织可以组成一个联合体，以一个投标人的身份共同投标。

联合体各方均应当具备承担招标项目的相应能力；国家有关规定或者招标文件对投标人资格条件有规定的，联合体各方均应当具备规定的相应资格条件。由同一专业的单位组成的联合体，按照资质等级较低的单位确定资质等级。

联合体各方应当签订共同投标协议，明确约定各方拟承担的工作和责任，并将共同投标协议连同投标文件一并提交招标人。联合体中标的，联合体各方应当共同与招标人签订合同，就中标项目向招标人承担连带责任。

招标人不得强制投标人组成联合体共同投标，不得限制投标人之间的竞争。

第三十二条　投标人不得相互串通投标报价，不得排挤其他投标人的公平竞争，损害招标人或者其他投标人的合法权益。

投标人不得与招标人串通投标，损害国家利益、社会公共利益或者他人的合法权益。

禁止投标人以向招标人或者评标委员会成员行贿的手段谋取中标。

第三十三条　投标人不得以低于成本的报价竞标，也不得以他人名义投标或者以其他方式弄虚作假，骗取中标。

第四章　开标、评标和中标

第三十四条　开标应当在招标文件确定的提交投标文件截止时间的同一时间公开进行；开标地点应当为招标文件中预先确定的地点。

第三十五条　开标由招标人主持，邀请所有投标人参加。

第三十六条　开标时，由投标人或者其推选的代表检查投标文件的密封情况，也可以由招标人委托的公证机构检查并公证；经确认无误后，由工作人员当众拆封，宣读投标人名称、投标价格和投标文件的其他主要内容。

招标人在招标文件要求提交投标文件的截止时间前收到的所有投标文件，开标时都应当当众予以拆封、宣读。

开标过程应当记录，并存档备查。

第三十七条　评标由招标人依法组建的评标委员会负责。

依法必须进行招标的项目，其评标委员会由招标人的代表和有关技术、经济等方面的专家组成，成员人数为五人以上单数，其中技术、经济等方面的专家不得少于成员总数的三分之二。

前款专家应当从事相关领域工作满八年并具有高级职称或者具有同等专业水平，由招标人从国务院有关部门或者省、自治区、直辖市人民政府有关部门提供的专家名册或者招标代理机构的专家库内的相关专业的专家名单中确定；一般招标项目可以采取随机抽取方式，特殊招标项目可以由招标人直接确定。

与投标人有利害关系的人不得进入相关项目的评标委员会；已经进入的应当更换。

评标委员会成员的名单在中标结果确定前应当保密。

第三十八条　招标人应当采取必要的措施，保证评标在严格保密的情况下进行。任何单位和个人不得非法干预、影响评标的过程和结果。

第三十九条 评标委员会可以要求投标人对投标文件中含义不明确的内容作必要的澄清或者说明，但是澄清或者说明不得超出投标文件的范围或者改变投标文件的实质性内容。

第四十条 评标委员会应当按照招标文件确定的评标标准和方法，对投标文件进行评审和比较；设有标底的，应当参考标底。评标委员会完成评标后，应当向招标人提出书面评标报告，并推荐合格的中标候选人。

招标人根据评标委员会提出的书面评标报告和推荐的中标候选人确定中标人。招标人也可以授权评标委员会直接确定中标人。

国务院对特定招标项目的评标有特别规定的，从其规定。

第四十一条 中标人的投标应当符合下列条件之一：

（一）能够最大限度地满足招标文件中规定的各项综合评价标准；

（二）能够满足招标文件的实质性要求，并且经评审的投标价格最低；但是投标价格低于成本的除外。

第四十二条 评标委员会经评审，认为所有投标都不符合招标文件要求的，可以否决所有投标。

依法必须进行招标的项目的所有投标被否决的，招标人应当依照本法重新招标。

第四十三条 在确定中标人前，招标人不得与投标人就投标价格、投标方案等实质性内容进行谈判。

第四十四条 评标委员会成员应当客观、公正地履行职务，遵守职业道德，对所提出的评审意见承担个人责任。

评标委员会成员不得私下接触投标人，不得收受投标人的财物或者其他好处。

评标委员会成员和参与评标的有关工作人员不得透露对投标文件的评审和比较、中标候选人的推荐情况以及与评标有关的其他情况。

第四十五条 中标人确定后，招标人应当向中标人发出中标通知书，并同时将中标结果通知所有未中标的投标人。

中标通知书对招标人和中标人具有法律效力。中标通知书发出后，招标人改变中标结果的，或者中标人放弃中标项目的，应当依法承担法律责任。

第四十六条 招标人和中标人应当自中标通知书发出之日起三十日内，按照招标文件和中标人的投标文件订立书面合同。招标人和中标人不得再行订立背离合同实质性内容的其他协议。

招标文件要求中标人提交履约保证金的，中标人应当提交。

第四十七条 依法必须进行招标的项目，招标人应当自确定中标人之日起十五日内，向有关行政监督部门提交招标投标情况的书面报告。

第四十八条 中标人应当按照合同约定履行义务，完成中标项目。中标人不得向他人转让中标项目，也不得将中标项目肢解后分别向他人转让。

中标人按照合同约定或者经招标人同意，可以将中标项目的部分非主体、非关键性工作分包给他人完成。接受分包的人应当具备相应的资格条件，并不得再次分包。

中标人应当就分包项目向招标人负责，接受分包的人就分包项目承担连带责任。

第五章 法律责任

第四十九条 违反本法规定，必须进行招标的项目而不招标的，将必须进行招标的项目化整为零或者以其他任何方式规避招标的，责令限期改正，可以处项目合同金额千分之五以上千分之十以下的罚款；对全部或者部分使用国有资金的项目，可以暂停项目执行或者暂停资金拨付；对单位直接负责的主管人员和其他直接责任人员依法给予处分。

第五十条 招标代理机构违反本法规定，泄露应当保密的与招标投标活动有关的情况和资料的，或者与招标人、投标人串通损害国家利益、社会公共利益或者他人合法权益的，处五万元以上二十五万元以下的罚款，对单位直接负责的主管人员和其他直接责任人员处单位罚款数额百分之五以上百分之十以下的罚款；有违法所得的，并处没收违法所得；情节严重的，暂停直至取消招标代理资格；构成犯罪的，依法追究刑事责任。给他人造成损失的，依法承担赔偿责任。

前款所列行为影响中标结果的，中标无效。

第五十一条 招标人以不合理的条件限制或者排斥潜在投标人的，对潜在投标人实行歧视待遇的，强制要求投标人组成联合体共同投标的，或者限制投标人之间竞争的，责令改正，可以处一万元以上五万元以下的罚款。

第五十二条 依法必须进行招标的项目的招标人向他人透露已获取招标文件的潜在投标人的名称、数量或者可能影响公平竞争的有关招标投标的其他情况的，或者泄露标底的，给予警告，可以并处一万元以上十万元以下的罚款；对单位直接负责的主管人员和其他直接责任人员依法给予处分；构成犯罪的，依法追究刑事责任。

前款所列行为影响中标结果的，中标无效。

第五十三条 投标人相互串通投标或者与招标人串通投标的，投标人以向招标人或者评标委员会成员行贿的手段谋取中标的，中标无效，处中标项目金额千分之五以上千分之十以下的罚款，对单位直接负责的主管人员和其他直接责任人员处单位罚款数额百分之五以上百分之十以下的罚款；有违法所得的，并处没收违法所得；

情节严重的，取消其一年至二年内参加依法必须进行招标的项目的投标资格并予以公告，直至由工商行政管理机关吊销营业执照；构成犯罪的，依法追究刑事责任。给他人造成损失的，依法承担赔偿责任。

第五十四条　投标人以他人名义投标或者以其他方式弄虚作假，骗取中标的，中标无效，给招标人造成损失的，依法承担赔偿责任；构成犯罪的，依法追究刑事责任。

依法必须进行招标的项目的投标人有前款所列行为尚未构成犯罪的，处中标项目金额千分之五以上千分之十以下的罚款，对单位直接负责的主管人员和其他直接责任人员处单位罚款数额百分之五以上百分之十以下的罚款；有违法所得的，并处没收违法所得；情节严重的，取消其一年至三年内参加依法必须进行招标的项目的投标资格并予以公告，直至由工商行政管理机关吊销营业执照。

第五十五条　依法必须进行招标的项目，招标人违反本法规定，与投标人就投标价格、投标方案等实质性内容进行谈判的，给予警告，对单位直接负责的主管人员和其他直接责任人员依法给予处分。

前款所列行为影响中标结果的，中标无效。

第五十六条　评标委员会成员收受投标人的财物或者其他好处的，评标委员会成员或者参加评标的有关工作人员向他人透露对投标文件的评审和比较、中标候选人的推荐以及与评标有关的其他情况的，给予警告，没收收受的财物，可以并处三千元以上五万元以下的罚款，对有所列违法行为的评标委员会成员取消担任评标委员会成员的资格，不得再参加任何依法必须进行招标的项目的评标；构成犯罪的，依法追究刑事责任。

第五十七条　招标人在评标委员会依法推荐的中标候选人以外确定中标人的，依法必须进行招标的项目在所有投标被评标委员会否决后自行确定中标人的，中标无效。责令改正，可以处中标项目金额千分之五以上千分之十以下的罚款；对单位直接负责的主管人员和其他直接责任人员依法给予处分。

第五十八条　中标人将中标项目转让给他人的，将中标项目肢解后分别转让给他人的，违反本法规定将中标项目的部分主体、关键性工作分包给他人的，或者分包人再次分包的，转让、分包无效，处转让、分包项目金额千分之五以上千分之十以下的罚款；有违法所得的，并处没收违法所得；可以责令停业整顿；情节严重的，由工商行政管理机关吊销营业执照。

第五十九条　招标人与中标人不按照招标文件和中标人的投标文件订立合同的，或者招标人、中标人订立背离合同实质性内容的协议的，责令改正；可以处中标项目金额千分之五以上千分之十以下的罚款。

第六十条　中标人不履行与招标人订立的合同的，履约保证金不予退还，给招标人造成的损失超过履约保证金数额的，还应当对超过部分予以赔偿；没有提交履约保证金的，应当对招标人的损失承担赔偿责任。

中标人不按照与招标人订立的合同履行义务，情节严重的，取消其二年至五年内参加依法必须进行招标的项目的投标资格并予以公告，直至由工商行政管理机关吊销营业执照。

因不可抗力不能履行合同的，不适用前两款规定。

第六十一条　本章规定的行政处罚，由国务院规定的有关行政监督部门决定。本法已对实施行政处罚的机关作出规定的除外。

第六十二条　任何单位违反本法规定，限制或者排斥本地区、本系统以外的法人或者其他组织参加投标的，为招标人指定招标代理机构的，强制招标人委托招标代理机构办理招标事宜的，或者以其他方式干涉招标投标活动的，责令改正；对单位直接负责的主管人员和其他直接责任人员依法给予警告、记过、记大过的处分，情节较重的，依法给予降级、撤职、开除的处分。

个人利用职权进行前款违法行为的，依照前款规定追究责任。

第六十三条　对招标投标活动依法负有行政监督职责的国家机关工作人员徇私舞弊、滥用职权或者玩忽职守，构成犯罪的，依法追究刑事责任；不构成犯罪的，依法给予行政处分。

第六十四条　依法必须进行招标的项目违反本法规定，中标无效的，应当依照本法规定的中标条件从其余投标人中重新确定中标人或者依照本法重新进行招标。

第六章　附　　则

第六十五条　投标人和其他利害关系人认为招标投标活动不符合本法有关规定的，有权向招标人提出异议或者依法向有关行政监督部门投诉。

第六十六条　涉及国家安全、国家秘密、抢险救灾或者属于利用扶贫资金实行以工代赈、需要使用农民工等特殊情况，不适宜进行招标的项目，按照国家有关规定可以不进行招标。

第六十七条　使用国际组织或者外国政府贷款、援助资金的项目进行招标，贷款方、资金提供方对招标投标的具体条件和程序有不同规定的，可以适用其规定，但违背中华人民共和国的社会公共利益的除外。

第六十八条　本法自2000年1月1日起施行。

中华人民共和国招标投标法实施条例

(2011 年 11 月 30 日国务院第 183 次常务会议通过 2011 年 12 月 20 日
中华人民共和国国务令第 613 号公布 自 2012 年 2 月 1 日起施行)

第一章 总 则

第一条 为了规范招标投标活动，根据《中华人民共和国招标投标法》（以下简称招标投标法），制定本条例。

第二条 招标投标法第三条所称工程建设项目，是指工程以及与工程建设有关的货物、服务。

前款所称工程，是指建设工程，包括建筑物和构筑物的新建、改建、扩建及其相关的装修、拆除、修缮等；所称与工程建设有关的货物，是指构成工程不可分割的组成部分，且为实现工程基本功能所必需的设备、材料等；所称与工程建设有关的服务，是指为完成工程所需的勘察、设计、监理等服务。

第三条 依法必须进行招标的工程建设项目的具体范围和规模标准，由国务院发展改革部门会同国务院有关部门制订，报国务院批准后公布施行。

第四条 国务院发展改革部门指导和协调全国招标投标工作，对国家重大建设项目的工程招标投标活动实施监督检查。国务院工业和信息化、住房城乡建设、交通运输、铁道、水利、商务等部门，按照规定的职责分工对有关招标投标活动实施监督。

县级以上地方人民政府发展改革部门指导和协调本行政区域的招标投标工作。县级以上地方人民政府有关部门按照规定的职责分工，对招标投标活动实施监督，依法查处招标投标活动中的违法行为。县级以上地方人民政府对其所属部门有关招标投标活动的监督职责分工另有规定的，从其规定。

财政部门依法对实行招标投标的政府采购工程建设项目的预算执行情况和政府采购政策执行情况实施监督。

监察机关依法对与招标投标活动有关的监察对象实施监察。

第五条 设区的市级以上地方人民政府可以根据实际需要，建立统一规范的招标投标交易场所，为招标投标活动提供服务。招标投标交易场所不得与行政监督部门存在隶属关系，不得以营利为目的。

国家鼓励利用信息网络进行电子招标投标。

第六条 禁止国家工作人员以任何方式非法干涉招标投标活动。

第二章 招 标

第七条 按照国家有关规定需要履行项目审批、核准手续的依法必须进行招标的项目，其招标范围、招标方式、招标组织形式应当报项目审批、核准部门审批、核准。项目审批、核准部门应当及时将审批、核准确定的招标范围、招标方式、招标组织形式通报有关行政监督部门。

第八条 国有资金占控股或者主导地位的依法必须进行招标的项目，应当公开招标；但有下列情形之一的，可以邀请招标：

（一）技术复杂、有特殊要求或者受自然环境限制，只有少量潜在投标人可供选择；

（二）采用公开招标方式的费用占项目合同金额的比例过大。

有前款第二项所列情形，属于本条例第七条规定的项目，由项目审批、核准部门在审批、核准项目时作出认定；其他项目由招标人申请有关行政监督部门作出认定。

第九条 除招标投标法第六十六条规定的可以不进行招标的特殊情况外，有下列情形之一的，可以不进行招标：

（一）需要采用不可替代的专利或者专有技术；

（二）采购人依法能够自行建设、生产或者提供；

（三）已通过招标方式选定的特许经营项目投资人依法能够自行建设、生产或者提供；

（四）需要向原中标人采购工程、货物或者服务，否则将影响施工或者功能配套要求；

（五）国家规定的其他特殊情形。

招标人为适用前款规定弄虚作假的，属于招标投标法第四条规定的规避招标。

第十条 招标投标法第十二条第二款规定的招标人具有编制招标文件和组织评标能力，是指招标人具有与招标项目规模和复杂程度相适应的技术、经济等方面的专业人员。

第十一条 招标代理机构的资格依照法律和国务院的规定由有关部门认定。

国务院住房城乡建设、商务、发展改革、工业和信息化等部门，按照规定的职责分工对招标代理机构依法实施监督管理。

第十二条　招标代理机构应当拥有一定数量的取得招标职业资格的专业人员。取得招标职业资格的具体办法由国务院人力资源社会保障部门会同国务院发展改革部门制定。

第十三条　招标代理机构在其资格许可和招标人委托的范围内开展招标代理业务,任何单位和个人不得非法干涉。

招标代理机构代理招标业务,应当遵守招标投标法和本条例关于招标人的规定。招标代理机构不得在所代理的招标项目中投标或者代理投标,也不得为所代理的招标项目的投标人提供咨询。

招标代理机构不得涂改、出租、出借、转让资格证书。

第十四条　招标人应当与被委托的招标代理机构签订书面委托合同,合同约定的收费标准应当符合国家有关规定。

第十五条　公开招标的项目,应当依照招标投标法和本条例的规定发布招标公告、编制招标文件。

招标人采用资格预审办法对潜在投标人进行资格审查的,应当发布资格预审公告、编制资格预审文件。

依法必须进行招标的项目的资格预审公告和招标公告,应当在国务院发展改革部门依法指定的媒介发布。在不同媒介发布的同一招标项目的资格预审公告或者招标公告的内容应当一致。指定媒介发布依法必须进行招标的项目的境内资格预审公告、招标公告,不得收取费用。

编制依法必须进行招标的项目的资格预审文件和招标文件,应当使用国务院发展改革部门会同有关行政监督部门制定的标准文本。

第十六条　招标人应当按照资格预审公告、招标公告或者投标邀请书规定的时间、地点发售资格预审文件或者招标文件。资格预审文件或者招标文件的发售期不得少于5日。

招标人发售资格预审文件、招标文件收取的费用应当限于补偿印刷、邮寄的成本支出,不得以营利为目的。

第十七条　招标人应当合理确定提交资格预审申请文件的时间。依法必须进行招标的项目提交资格预审申请文件的时间,自资格预审文件停止发售之日起不得少于5日。

第十八条　资格预审应当按照资格预审文件载明的标准和方法进行。

国有资金占控股或者主导地位的依法必须进行招标的项目,招标人应当组建资格审查委员会审查资格预审申请文件。资格审查委员会及其成员应当遵守招标投标法和本条例有关评标委员会及其成员的规定。

第十九条　资格预审结束后,招标人应当及时向资格预审申请人发出资格预审结果通知书。未通过资格预审的申请人不具有投标资格。

通过资格预审的申请人少于3个的,应当重新招标。

第二十条　招标人采用资格后审办法对投标人进行资格审查的,应当在开标后由评标委员会按照招标文件规定的标准和方法对投标人的资格进行审查。

第二十一条　招标人可以对已发出的资格预审文件或者招标文件进行必要的澄清或者修改。澄清或者修改的内容可能影响资格预审申请文件或者投标文件编制的,招标人应当在提交资格预审申请文件截止时间至少3日前,或者投标截止时间至少15日前,以书面形式通知所有获取资格预审文件或者招标文件的潜在投标人;不足3日或者15日的,招标人应当顺延提交资格预审申请文件或者投标文件的截止时间。

第二十二条　潜在投标人或者其他利害关系人对资格预审文件有异议的,应当在提交资格预审申请文件截止时间2日前提出;对招标文件有异议的,应当在投标截止时间10日前提出。招标人应当自收到异议之日起3日内作出答复;作出答复前,应当暂停招标投标活动。

第二十三条　招标人编制的资格预审文件、招标文件的内容违反法律、行政法规的强制性规定,违反公开、公平、公正和诚实信用原则,影响资格预审结果或者潜在投标人投标的,依法必须进行招标的项目的招标人应当在修改资格预审文件或者招标文件后重新招标。

第二十四条　招标人对招标项目划分标段的,应当遵守招标投标法的有关规定,不得利用划分标段限制或者排斥潜在投标人。依法必须进行招标的项目的招标人不得利用划分标段规避招标。

第二十五条　招标人应当在招标文件中载明投标有效期。投标有效期从提交投标文件的截止之日起算。

第二十六条　招标人在招标文件中要求投标人提交投标保证金的,投标保证金不得超过招标项目估算价的2%。投标保证金有效期应当与投标有效期一致。

依法必须进行招标的项目的境内投标单位,以现金或者支票形式提交的投标保证金应当从其基本账户转出。

招标人不得挪用投标保证金。

第二十七条　招标人可以自行决定是否编制标底。一个招标项目只能有一个标底。标底必须保密。

接受委托编制标底的中介机构不得参加受托编制标底项目的投标,也不得为该项目的投标人编制投标文件或者提供咨询。

招标人设有最高投标限价的,应当在招标文件中明确最高投标限价或者最高投标限价的计算方法。招标人不得规定最低投标限价。

第二十八条　招标人不得组织单个或者部分潜在投标人踏勘项目现场。

第二十九条　招标人可以依法对工程以及与工程建设有关的货物、服务全部或者部分实行总承包招标。以暂估价形式包括在总承包范围内的工程、货物、服务属于依法必须进行招标的项目范围且达到国家规定规模标准的，应当依法进行招标。

前款所称暂估价，是指总承包招标时不能确定价格而由招标人在招标文件中暂时估定的工程、货物、服务的金额。

第三十条 对技术复杂或者无法精确拟定技术规格的项目，招标人可以分两阶段进行招标。

第一阶段，投标人按照招标公告或者投标邀请书的要求提交不带报价的技术建议，招标人根据投标人提交的技术建议确定技术标准和要求，编制招标文件。

第二阶段，招标人向在第一阶段提交技术建议的投标人提供招标文件，投标人按照招标文件的要求提交包括最终技术方案和投标报价的投标文件。

招标人要求投标人提交投标保证金的，应当在第二阶段提出。

第三十一条 招标人终止招标的，应当及时发布公告，或者以书面形式通知被邀请的或者已经获取资格预审文件、招标文件的潜在投标人。已经发售资格预审文件、招标文件或者已经收取投标保证金的，招标人应当及时退还所收取的资格预审文件、招标文件的费用，以及所收取的投标保证金及银行同期存款利息。

第三十二条 招标人不得以不合理的条件限制、排斥潜在投标人或者投标人。

招标人有下列行为之一的，属于以不合理条件限制、排斥潜在投标人或者投标人：

（一）就同一招标项目向潜在投标人或者投标人提供有差别的项目信息；

（二）设定的资格、技术、商务条件与招标项目的具体特点和实际需要不相适应或者与合同履行无关；

（三）依法必须进行招标的项目以特定行政区域或者特定行业的业绩、奖项作为加分条件或者中标条件；

（四）对潜在投标人或者投标人采取不同的资格审查或者评标标准；

（五）限定或者指定特定的专利、商标、品牌、原产地或者供应商；

（六）依法必须进行招标的项目非法限定潜在投标人或者投标人的所有制形式或者组织形式；

（七）以其他不合理条件限制、排斥潜在投标人或者投标人。

第三章 投 标

第三十三条 投标人参加依法必须进行招标的项目的投标，不受地区或者部门的限制，任何单位和个人不得非法干涉。

第三十四条 与招标人存在利害关系可能影响招标公正性的法人、其他组织或者个人，不得参加投标。

单位负责人为同一人或者存在控股、管理关系的不同单位，不得参加同一标段投标或者未划分标段的同一招标项目投标。

违反前两款规定的，相关投标均无效。

第三十五条 投标人撤回已提交的投标文件，应当在投标截止时间前书面通知招标人。招标人已收取投标保证金的，应当自收到投标人书面撤回通知之日起5日内退还。

投标截止后投标人撤销投标文件的，招标人可以不退还投标保证金。

第三十六条 未通过资格预审的申请人提交的投标文件，以及逾期送达或者不按照招标文件要求密封的投标文件，招标人应当拒收。

招标人应当如实记载投标文件的送达时间和密封情况，并存档备查。

第三十七条 招标人应当在资格预审公告、招标公告或者投标邀请书中载明是否接受联合体投标。

招标人接受联合体投标并进行资格预审的，联合体应当在提交资格预审申请文件前组成。资格预审后联合体增减、更换成员的，其投标无效。

联合体各方在同一招标项目中以自己名义单独投标或者参加其他联合体投标的，相关投标均无效。

第三十八条 投标人发生合并、分立、破产等重大变化的，应当及时书面告知招标人。投标人不再具备资格预审文件、招标文件规定的资格条件或者其投标影响招标公正性的，其投标无效。

第三十九条 禁止投标人相互串通投标。

有下列情形之一的，属于投标人相互串通投标：

（一）投标人之间协商投标报价等投标文件的实质性内容；

（二）投标人之间约定中标人；

（三）投标人之间约定部分投标人放弃投标或者中标；

（四）属于同一集团、协会、商会等组织成员的投标人按照该组织要求协同投标；

（五）投标人之间为谋取中标或者排斥特定投标人而采取的其他联合行动。

第四十条 有下列情形之一的，视为投标人相互串通投标：

（一）不同投标人的投标文件由同一单位或者个人编制；

（二）不同投标人委托同一单位或者个人办理投标事宜；

（三）不同投标人的投标文件载明的项目管理成员为同一人；

（四）不同投标人的投标文件异常一致或者投标报价呈规律性差异；

（五）不同投标人的投标文件相互混装；

（六）不同投标人的投标保证金从同一单位或者个人的账户转出。

第四十一条 禁止招标人与投标人串通投标。

有下列情形之一的，属于招标人与投标人串通投标：

（一）招标人在开标前开启投标文件并将有关信息泄露给其他投标人；

（二）招标人直接或者间接向投标人泄露标底、评标委员会成员等信息；

（三）招标人明示或者暗示投标人压低或者抬高投标报价；

（四）招标人授意投标人撤换、修改投标文件；

（五）招标人明示或者暗示投标人为特定投标人中标提供方便；

（六）招标人与投标人为谋求特定投标人中标而采取的其他串通行为。

第四十二条 使用通过受让或者租借等方式获取的资格、资质证书投标的，属于招标投标法第三十三条规定的以他人名义投标。

投标人有下列情形之一的，属于招标投标法第三十三条规定的以其他方式弄虚作假的行为：

（一）使用伪造、变造的许可证件；

（二）提供虚假的财务状况或者业绩；

（三）提供虚假的项目负责人或者主要技术人员简历、劳动关系证明；

（四）提供虚假的信用状况；

（五）其他弄虚作假的行为。

第四十三条 提交资格预审申请文件的申请人应当遵守招标投标法和本条例有关投标人的规定。

第四章 开标、评标和中标

第四十四条 招标人应当按照招标文件规定的时间、地点开标。

投标人少于3个的，不得开标；招标人应当重新招标。

投标人对开标有异议的，应当在开标现场提出，招标人应当当场作出答复，并制作记录。

第四十五条 国家实行统一的评标专家专业分类标准和管理办法。具体标准和办法由国务院发展改革部门会同国务院有关部门制定。

省级人民政府和国务院有关部门应当组建综合评标专家库。

第四十六条 除招标投标法第三十七条第三款规定的特殊招标项目外，依法必须进行招标的项目，其评标委员会的专家成员应当从评标专家库内相关专业的专家名单中以随机抽取方式确定。任何单位和个人不得以明示、暗示等任何方式指定或者变相指定参加评标委员会的专家成员。

依法必须进行招标的项目的招标人非因招标投标法和本条例规定的事由，不得更换依法确定的评标委员会成员。更换评标委员会的专家成员应当依照前款规定进行。

评标委员会成员与投标人有利害关系的，应当主动回避。

有关行政监督部门应当按照规定的职责分工，对评标委员会成员的确定方式、评标专家的抽取和评标活动进行监督。行政监督部门的工作人员不得担任本部门负责监督项目的评标委员会成员。

第四十七条 招标投标法第三十七条第三款所称特殊招标项目，是指技术复杂、专业性强或者国家有特殊要求，采取随机抽取方式确定的专家难以保证胜任评标工作的项目。

第四十八条 招标人应当向评标委员会提供评标所必需的信息，但不得明示或者暗示其倾向或者排斥特定投标人。

招标人应当根据项目规模和技术复杂程度等因素合理确定评标时间。超过三分之一的评标委员会成员认为评标时间不够的，招标人应当适当延长。

评标过程中，评标委员会成员有回避事由、擅离职守或者因健康等原因不能继续评标的，应当及时更换。被更换的评标委员会成员作出的评审结论无效，由更换后的评标委员会成员重新进行评审。

第四十九条 评标委员会成员应当依照招标投标法和本条例的规定，按照招标文件规定的评标标准和方法，客观、公正地对投标文件提出评审意见。招标文件没有规定的评标标准和方法不得作为评标的依据。

评标委员会成员不得私下接触投标人，不得收受投标人给予的财物或者其他好处，不得向招标人征询确定中标人的意向，不得接受任何单位或者个人明示或者暗示提出的倾向或者排斥特定投标人的要求，不得有其他不客观、不公正履行职务的行为。

第五十条 招标项目设有标底的，招标人应当在开标时公布。标底只能作为评标的参考，不得以投标报价是否接近标底作为中标条件，也不得以投标报价超过标底上下浮动范围作为否决投标的条件。

第五十一条 有下列情形之一的，评标委员会应当否决其投标：

（一）投标文件未经投标单位盖章和单位负责人签字；

（二）投标联合体没有提交共同投标协议；

（三）投标人不符合国家或者招标文件规定的资格条件；

（四）同一投标人提交两个以上不同的投标文件或者投标报价，但招标文件要求提交备选投标的除外；

（五）投标报价低于成本或者高于招标文件设定的最高投标限价；

（六）投标文件没有对招标文件的实质性要求和条件作出响应；

（七）投标人有串通投标、弄虚作假、行贿等违法行为。

第五十二条 投标文件中有含义不明确的内容、明显文字或者计算错误，评标委员会认为需要投标人作出必要澄清、说明的，应当书面通知该投标人。投标人的澄清、说明应当采用书面形式，并不得超出投标文件的范围或者改变投标文件的实质性内容。

评标委员会不得暗示或者诱导投标人作出澄清、说明，不得接受投标人主动提出的澄清、说明。

第五十三条 评标完成后，评标委员会应当向招标人提交书面评标报告和中标候选人名单。中标候选人应当不超过 3 个，并标明排序。

评标报告应当由评标委员会全体成员签字。对评标结果有不同意见的评标委员会成员应当以书面形式说明其不同意见和理由，评标报告应当注明该不同意见。评标委员会成员拒绝在评标报告上签字又不书面说明其不同意见和理由的，视为同意评标结果。

第五十四条 依法必须进行招标的项目，招标人应当自收到评标报告之日起 3 日内公示中标候选人，公示期不得少于 3 日。

投标人或者其他利害关系人对依法必须进行招标的项目的评标结果有异议的，应当在中标候选人公示期间提出。招标人应当自收到异议之日起 3 日内作出答复；作出答复前，应当暂停招标投标活动。

第五十五条 国有资金占控股或者主导地位的依法必须进行招标的项目，招标人应当确定排名第一的中标候选人为中标人。排名第一的中标候选人放弃中标、因不可抗力不能履行合同、不按照招标文件要求提交履约保证金，或者被查实存在影响中标结果的违法行为等情形，不符合中标条件的，招标人可以按照评标委员会提出的中标候选人名单排序依次确定其他中标候选人为中标人，也可以重新招标。

第五十六条 中标候选人的经营、财务状况发生较大变化或者存在违法行为，招标人认为可能影响其履约能力的，应当在发出中标通知书前由原评标委员会按照招标文件规定的标准和方法审查确认。

第五十七条 招标人和中标人应当依照招标投标法和本条例的规定签订书面合同，合同的标的、价款、质量、履行期限等主要条款应当与招标文件和中标人的投标文件的内容一致。招标人和中标人不得再行订立背离合同实质性内容的其他协议。

招标人最迟应当在书面合同签订后 5 日内向中标人和未中标的投标人退还投标保证金及银行同期存款利息。

第五十八条 招标文件要求中标人提交履约保证金的，中标人应当按照招标文件的要求提交。履约保证金不得超过中标合同金额的 10%。

第五十九条 中标人应当按照合同约定履行义务，完成中标项目。中标人不得向他人转让中标项目，也不得将中标项目肢解后分别向他人转让。

中标人按照合同约定或者经招标人同意，可以将中标项目的部分非主体、非关键性工作分包给他人完成。接受分包的人应当具备相应的资格条件，并不得再次分包。

中标人应当就分包项目向招标人负责，接受分包的人就分包项目承担连带责任。

第五章 投诉与处理

第六十条 投标人或者其他利害关系人认为招标投标活动不符合法律、行政法规规定的，可以自知道或者应当知道之日起 10 日内向有关行政监督部门投诉。投诉应当有明确的请求和必要的证明材料。

就本条例第二十二条、第四十四条、第五十四条规定事项投诉的，应当先向招标人提出异议，异议答复期间不计算在前款规定的期限内。

第六十一条 投诉人就同一事项向两个以上有权受理的行政监督部门投诉的，由最先收到投诉的行政监督部门负责处理。

行政监督部门应当自收到投诉之日起 3 个工作日内决定是否受理投诉，并自受理投诉之日起 30 个工作日内作出书面处理决定；需要检验、检测、鉴定、专家评审的，所需时间不计算在内。

投诉人捏造事实、伪造材料或者以非法手段取得证明材料进行投诉的，行政监督部门应当予以驳回。

第六十二条 行政监督部门处理投诉，有权查阅、复制有关文件、资料，调查有关情况，相关单位和人员应当予以配合。必要时，行政监督部门可以责令暂停招标投标活动。

行政监督部门的工作人员对监督检查过程中知悉的国家秘密、商业秘密，应当依法予以保密。

第六章 法律责任

第六十三条 招标人有下列限制或者排斥潜在投标人行为之一的，由有关行政监督部门依照招标投标法第五十一条的规定处罚：

（一）依法应当公开招标的项目不按照规定在指定媒介发布资格预审公告或者招标公告；

（二）在不同媒介发布的同一招标项目的资格预审公告或者招标公告的内容不一致，影响潜在投标人申请资格预审或者投标。

依法必须进行招标的项目的招标人不按照规定发布资格预审公告或者招标公告，构成规避招标的，依照招标投标法第四十九条的规定处罚。

第六十四条 招标人有下列情形之一的，由有关行政监督部门责令改正，可以处10万元以下的罚款：

（一）依法应当公开招标而采用邀请招标；

（二）招标文件、资格预审文件的发售、澄清、修改的时限，或者确定的提交资格预审申请文件、投标文件的时限不符合招标投标法和本条例规定；

（三）接受未通过资格预审的单位或者个人参加投标；

（四）接受应当拒收的投标文件。

招标人有前款第一项、第三项、第四项所列行为之一的，对单位直接负责的主管人员和其他直接责任人员依法给予处分。

第六十五条 招标代理机构在所代理的招标项目中投标、代理投标或者向该项目投标人提供咨询的，接受委托编制标底的中介机构参加受托编制标底项目的投标或者为该项目的投标人编制投标文件、提供咨询的，依照招标投标法第五十条的规定追究法律责任。

第六十六条 招标人超过本条例规定的比例收取投标保证金、履约保证金或者不按照规定退还投标保证金及银行同期存款利息的，由有关行政监督部门责令改正，可以处5万元以下的罚款；给他人造成损失的，依法承担赔偿责任。

第六十七条 投标人相互串通投标或者与招标人串通投标的，投标人向招标人或者评标委员会成员行贿谋取中标的，中标无效；构成犯罪的，依法追究刑事责任；尚不构成犯罪的，依照招标投标法第五十三条的规定处罚。投标人未中标的，对单位的罚款金额按照招标项目合同金额依照招标投标法规定的比例计算。

投标人有下列行为之一的，属于招标投标法第五十三条规定的情节严重行为，由有关行政监督部门取消其1年至2年内参加依法必须进行招标的项目的投标资格：

（一）以行贿谋取中标；

（二）3年内2次以上串通投标；

（三）串通投标行为损害招标人、其他投标人或者国家、集体、公民的合法利益，造成直接经济损失30万元以上；

（四）其他串通投标情节严重的行为。

投标人自本条第二款规定的处罚执行期限届满之日起3年内又有该款所列违法行为之一的，或者串通投标、以行贿谋取中标情节特别严重的，由工商行政管理机关吊销营业执照。

法律、行政法规对串通投标报价行为的处罚另有规定的，从其规定。

第六十八条 投标人以他人名义投标或者以其他方式弄虚作假骗取中标的，中标无效；构成犯罪的，依法追究刑事责任；尚不构成犯罪的，依照招标投标法第五十四条的规定处罚。依法必须进行招标的项目的投标人未中标的，对单位的罚款金额按照招标项目合同金额依照招标投标法规定的比例计算。

投标人有下列行为之一的，属于招标投标法第五十四条规定的情节严重行为，由有关行政监督部门取消其1年至3年内参加依法必须进行招标的项目的投标资格：

（一）伪造、变造资格、资质证书或者其他许可证件骗取中标；

（二）3年内2次以上使用他人名义投标；

（三）弄虚作假骗取中标给招标人造成直接经济损失30万元以上；

（四）其他弄虚作假骗取中标情节严重的行为。

投标人自本条第二款规定的处罚执行期限届满之日起3年内又有该款所列违法行为之一的，或者弄虚作假骗取中标情节特别严重的，由工商行政管理机关吊销营业执照。

第六十九条 出让或者出租资格、资质证书供他人投标的，依照法律、行政法规的规定给予行政处罚；构成犯罪的，依法追究刑事责任。

第七十条 依法必须进行招标的项目的招标人不按照规定组建评标委员会，或者确定、更换评标委员会成员违反招标投标法和本条例规定的，由有关行政监督部门责令改正，可以处10万元以下的罚款，对单位直接负责的主管人员和其他直接责任人员依法给予处分；违法确定或者更换的评标委员会成员作出的评审结论无效，依法重新进行评审。

国家工作人员以任何方式非法干涉选取评标委员会成员的，依照本条例第八十一条的规定追究法律责任。

第七十一条 评标委员会成员有下列行为之一的，由有关行政监督部门责令改正；情节严重的，禁止其在一定期限内参加依法必须进行招标的项目的评标；情节特别严重的，取消其担任评标委员会成员的资格：

（一）应当回避而不回避；

（二）擅离职守；

（三）不按照招标文件规定的评标标准和方法评标；

（四）私下接触投标人；

（五）向招标人征询确定中标人的意向或者接受任何单位或者个人明示或者暗示提出的倾向或者排斥特定投标人的要求；

（六）对依法应当否决的投标不提出否决意见；

（七）暗示或者诱导投标人作出澄清、说明或者接受投标人主动提出的澄清、说明；

（八）其他不客观、不公正履行职务的行为。

第七十二条 评标委员会成员收受投标人的财物或者其他好处的，没收收受的财物，处3000元以上5万元以下的罚款，取消担任评标委员会成员的资格，不得再参加依法必须进行招标的项目的评标；构成犯罪的，依法追究刑事责任。

第七十三条 依法必须进行招标的项目的招标人有下列情形之一的，由有关行政监督部门责令改正，可以处中标项目金额10‰以下的罚款；给他人造成损失的，依法承担赔偿责任；对单位直接负责的主管人员和其他直接责任人员依法给予处分：

（一）无正当理由不发出中标通知书；

（二）不按照规定确定中标人；

（三）中标通知书发出后无正当理由改变中标结果；

（四）无正当理由不与中标人订立合同；

（五）在订立合同时向中标人提出附加条件。

第七十四条　中标人无正当理由不与招标人订立合同，在签订合同时向招标人提出附加条件，或者不按照招标文件要求提交履约保证金的，取消其中标资格，投标保证金不予退还。对依法必须进行招标的项目的中标人，由有关行政监督部门责令改正，可以处中标项目金额10‰以下的罚款。

第七十五条　招标人和中标人不按照招标文件和中标人的投标文件订立合同，合同的主要条款与招标文件、中标人的投标文件的内容不一致，或者招标人、中标人订立背离合同实质性内容的协议的，由有关行政监督部门责令改正，可以处中标项目金额5‰以上10‰以下的罚款。

第七十六条　中标人将中标项目转让给他人的，将中标项目肢解后分别转让给他人的，违反招标投标法和本条例规定将中标项目的部分主体、关键性工作分包给他人的，或者分包人再次分包的，转让、分包无效，处转让、分包项目金额5‰以上10‰以下的罚款；有违法所得的，并处没收违法所得；可以责令停业整顿；情节严重的，由工商行政管理机关吊销营业执照。

第七十七条　投标人或者其他利害关系人捏造事实、伪造材料或者以非法手段取得证明材料进行投诉，给他人造成损失的，依法承担赔偿责任。

招标人不按照规定对异议作出答复，继续进行招标投标活动的，由有关行政监督部门责令改正，拒不改正或者不能改正并影响中标结果的，依照本条例第八十二条的规定处理。

第七十八条　取得招标职业资格的专业人员违反国家有关规定办理招标业务的，责令改正，给予警告；情节严重的，暂停一定期限内从事招标业务；情节特别严重的，取消招标职业资格。

第七十九条　国家建立招标投标信用制度。有关行政监督部门应当依法公告对招标人、招标代理机构、投标人、评标委员会成员等当事人违法行为的行政处理决定。

第八十条　项目审批、核准部门不依法审批、核准项目招标范围、招标方式、招标组织形式的，对单位直接负责的主管人员和其他直接责任人员依法给予处分。

有关行政监督部门不依法履行职责，对违反招标投标法和本条例规定的行为不依法查处，或者不按照规定处理投诉、不依法公告对招标投标当事人违法行为的行政处理决定的，对直接负责的主管人员和其他直接责任人员依法给予处分。

项目审批、核准部门和有关行政监督部门的工作人员徇私舞弊、滥用职权、玩忽职守，构成犯罪的，依法追究刑事责任。

第八十一条　国家工作人员利用职务便利，以直接或者间接、明示或者暗示等任何方式非法干涉招标投标活动，有下列情形之一的，依法给予记过或者记大过处分；情节严重的，依法给予降级或者撤职处分；情节特别严重的，依法给予开除处分；构成犯罪的，依法追究刑事责任：

（一）要求对依法必须进行招标的项目不招标，或者要求对依法应当公开招标的项目不公开招标；

（二）要求评标委员会成员或者招标人以其指定的投标人作为中标候选人或者中标人，或者以其他方式非法干涉评标活动，影响中标结果；

（三）以其他方式非法干涉招标投标活动。

第八十二条　依法必须进行招标的项目的招标投标活动违反招标投标法和本条例的规定，对中标结果造成实质性影响，且不能采取补救措施予以纠正的，招标、投标、中标无效，应当依法重新招标或者评标。

第七章　附　　则

第八十三条　招标投标协会按照依法制定的章程开展活动，加强行业自律和服务。

第八十四条　政府采购的法律、行政法规对政府采购货物、服务的招标投标另有规定的，从其规定。

第八十五条　本条例自2012年2月1日起施行。

最高人民法院关于审理建设工程施工合同纠纷案件适用法律问题的解释

（2004年9月29日最高人民法院审判委员会第1327次会议通过）

（法释〔2004〕14号）

根据《中华人民共和国民法通则》、《中华人民共和国合同法》、《中华人民共和国招标投标法》、《中华人民共和国民事诉讼法》等法律规定，结合民事审判实际，就审理建设工程施工合同纠纷案件适用法律的问题，制定本解释。

第一条　建设工程施工合同具有下列情形之一的，应当根据合同法第五十二条第（五）项的规定，认定无效：

（一）承包人未取得建筑施工企业资质或者超越资质等级的；

（二）没有资质的实际施工人借用有资质的建筑施工企业名义的；

（三）建设工程必须进行招标而未招标或者中标无效的。

第二条　建设工程施工合同无效，但建设工程经竣工验收合格，承包人请求参照合同约定支付工程价款的，应予支持。

第三条　建设工程施工合同无效，且建设工程经竣工验收不合格的，按照以下情形分别处理：

（一）修复后的建设工程经竣工验收合格，发包人请求承包人承担修复费用的，应予支持；

（二）修复后的建设工程经竣工验收不合格，承包人请求支付工程价款的，不予支持。

因建设工程不合格造成的损失，发包人有过错的，也应承担相应的民事责任。

第四条　承包人非法转包、违法分包建设工程或者没有资质的实际施工人借用有资质的建筑施工企业名义与他人签订建设工程施工合同的行为无效。人民法院可以根据民法通则第一百三十四条规定，收缴当事人已经取得的非法所得。

第五条　承包人超越资质等级许可的业务范围签订建设工程施工合同，在建设工程竣工前取得相应资质等级，当事人请求按照无效合同处理的，不予支持。

第六条　当事人对垫资和垫资利息有约定，承包人请求按照约定返还垫资及其利息的，应予支持，但是约定的利息计算标准高于中国人民银行发布的同期同类贷款利率的部分除外。

当事人对垫资没有约定的，按照工程欠款处理。

当事人对垫资利息没有约定，承包人请求支付利息的，不予支持。

第七条　具有劳务作业法定资质的承包人与总承包人、分包人签订的劳务分包合同，当事人以转包建设工程违反法律规定为由请求确认无效的，不予支持。

第八条　承包人具有下列情形之一，发包人请求解除建设工程施工合同的，应予支持：

（一）明确表示或者以行为表明不履行合同主要义务的；

（二）合同约定的期限内没有完工，且在发包人催告的合理期限内仍未完工的；

（三）已经完成的建设工程质量不合格，并拒绝修复的；

（四）将承包的建设工程非法转包、违法分包的。

第九条　发包人具有下列情形之一，致使承包人无法施工，且在催告的合理期限内仍未履行相应义务，承包人请求解除建设工程施工合同的，应予支持：

（一）未按约定支付工程价款的；

（二）提供的主要建筑材料、建筑构配件和设备不符合强制性标准的；

（三）不履行合同约定的协助义务的。

第十条　建设工程施工合同解除后，已经完成的建设工程质量合格的，发包人应当按照约定支付相应的工程价款；已经完成的建设工程质量不合格的，参照本解释第三条规定处理。

因一方违约导致合同解除的，违约方应当赔偿因此而给对方造成的损失。

第十一条　因承包人的过错造成建设工程质量不符合约定，承包人拒绝修理、返工或者改建，发包人请求减少支付工程价款的，应予支持。

第十二条　发包人具有下列情形之一，造成建设工程质量缺陷，应当承担过错责任：

（一）提供的设计有缺陷；

（二）提供或者指定购买的建筑材料、建筑构配件、设备不符合强制性标准；

（三）直接指定分包人分包专业工程。

承包人有过错的，也应当承担相应的过错责任。

第十三条　建设工程未经竣工验收，发包人擅自使用后，又以使用部分质量不符合约定为由主张权利的，不予支持；但是承包人应当在建设工程的合理使用寿命内对地基基础工程和主体结构质量承担民事责任。

第十四条　当事人对建设工程实际竣工日期有争议的，按照以下情形分别处理：

（一）建设工程经竣工验收合格的，以竣工验收合格之日为竣工日期；

（二）承包人已经提交竣工验收报告，发包人拖延验收的，以承包人提交验收报告之日为竣工日期；

（三）建设工程未经竣工验收，发包人擅自使用的，以转移占有建设工程之日为竣工日期。

第十五条　建设工程竣工前，当事人对工程质量发生争议，工程质量经鉴定合格的，鉴定期间为顺延工期期间。

第十六条　当事人对建设工程的计价标准或者计价方法有约定的，按照约定结算工程价款。

因设计变更导致建设工程的工程量或者质量标准发生变化，当事人对该部分工程价款不能协商一致的，可以参照签订建设工程施工合同时当地建设行政主管部门发布的计价方法或者计价标准结算工程价款。

建设工程施工合同有效，但建设工程经竣工验收不合格的，工程价款结算参照本解释第三条规定处理。

第十七条　当事人对欠付工程价款利息计付标准有约定的，按照约定处理；没有约定的，按照中国人民银行发布的同期同类贷款利率计息。

第十八条 利息从应付工程价款之日计付。当事人对付款时间没有约定或者约定不明的，下列时间视为应付款时间：

（一）建设工程已实际交付的，为交付之日；

（二）建设工程没有交付的，为提交竣工结算文件之日；

（三）建设工程未交付，工程价款也未结算的，为当事人起诉之日。

第十九条 当事人对工程量有争议的，按照施工过程中形成的签证等书面文件确认。承包人能够证明发包人同意其施工，但未能提供签证文件证明工程量发生的，可以按照当事人提供的其他证据确认实际发生的工程量。

第二十条 当事人约定，发包人收到竣工结算文件后，在约定期限内不予答复，视为认可竣工结算文件的，按照约定处理。承包人请求按照竣工结算文件结算工程价款的，应予支持。

第二十一条 当事人就同一建设工程另行订立的建设工程施工合同与经过备案的中标合同实质性内容不一致的，应当以备案的中标合同作为结算工程价款的根据。

第二十二条 当事人约定按照固定价结算工程价款，一方当事人请求对建设工程造价进行鉴定的，不予

支持。

第二十三条 当事人对部分案件事实有争议的，仅对有争议的事实进行鉴定，但争议事实范围不能确定，或者双方当事人请求对全部事实鉴定的除外。

第二十四条 建设工程施工合同纠纷以施工行为地为合同履行地。

第二十五条 因建设工程质量发生争议的，发包人可以以总承包人、分包人和实际施工人为共同被告提起诉讼。

第二十六条 实际施工人以转包人、违法分包人为被告起诉的，人民法院应当依法受理。

实际施工人以发包人为被告主张权利的，人民法院可以追加转包人或者违法分包人为本案当事人。发包人只在欠付工程价款范围内对实际施工人承担责任。

第二十七条 因保修人未及时履行保修义务，导致建筑物毁损或者造成人身、财产损害的，保修人应当承担赔偿责任。

保修人与建筑物所有人或者发包人对建筑物毁损均有过错的，各自承担相应的责任。

第二十八条 本解释自二〇〇五年一月一日起施行。

施行后受理的第一审案件适用本解释。

施行前最高人民法院发布的司法解释与本解释相抵触的，以本解释为准。

《标准施工招标资格预审文件》和《标准施工招标文件》试行规定

（2007年11月1日中华人民共和国国家发展和改革委员会、财政部、建设部、铁道部、交通部、信息产业部、水利部、民用航空总局、广播电影电视总局令第56号发布 自2008年5月1日起施行）

第一条 为了规范施工招标资格预审文件、招标文件编制活动，提高资格预审文件、招标文件编制质量，促进招标投标活动的公开、公平和公正，国家发展和改革委员会、财政部、建设部、铁道部、交通部、信息产业部、水利部、民用航空总局、广播电影电视总局联合编制了《标准施工招标资格预审文件》和《标准施工招标文件》（以下如无特别说明，统一简称为《标准文件》）。

第二条 本《标准文件》在政府投资项目中试行。国务院有关部门和地方人民政府有关部门可选择若干政府投资项目作为试点，由试点项目招标人按本规定使用《标准文件》。

第三条 国务院有关行业主管部门可根据《标准施工招标文件》并结合本行业施工招标特点和管理需要，编制行业标准施工招标文件。行业标准施工招标文件重

点对"专用合同条款"、"工程量清单"、"图纸"、"技术标准和要求"作出具体规定。

第四条 试点项目招标人应根据《标准文件》和行业标准施工招标文件（如有），结合招标项目具体特点和实际需要，按照公开、公平、公正和诚实信用原则编写施工招标资格预审文件或施工招标文件。

第五条 行业标准施工招标文件和试点项目招标人编制的施工招标资格预审文件、施工招标文件，应不加修改地引用《标准施工招标资格预审文件》中的"申请人须知"（申请人须知前附表除外）、"资格审查办法"（资格审查办法前附表除外），以及《标准施工招标文件》中的"投标人须知"（投标人须知前附表和其他附表除外）、"评标办法"（评标办法前附表除外）、"通用合同条款"。

《标准文件》中的其他内容，供招标人参考。

第六条 行业标准施工招标文件中的"专用合同条款"可对《标准施工招标文件》中的"通用合同条款"进行补充、细化,除"通用合同条款"明确"专用合同条款"可作出不同约定外,补充和细化的内容不得与"通用合同条款"强制性规定相抵触,否则抵触内容无效。

第七条 "申请人须知前附表"和"投标人须知前附表"用于进一步明确"申请人须知"和"投标人须知"正文中的未尽事宜,试点项目招标人应结合招标项目具体特点和实际需要编制和填写,但不得与"申请人须知"和"投标人须知"正文内容相抵触,否则抵触内容无效。

第八条 "资格审查办法前附表"和"评标办法前附表"用于明确资格审查和评标的方法、因素、标准和程序。试点项目招标人应根据招标项目具体特点和实际需要,详细列明全部审查或评审因素、标准,没有列明的因素和标准不得作为资格审查或评标的依据。

第九条 试点项目招标人编制招标文件中的"专用合同条款"可根据招标项目的具体特点和实际需要,对《标准施工招标文件》中的"通用合同条款"进行补充、细化和修改,但不得违反法律、行政法规的强制性规定和平等、自愿、公平和诚实信用原则。

第十条 试点项目招标人编制的资格预审文件和招标文件不得违反公开、公平、公正、平等、自愿和诚实信用原则。

第十一条 国务院有关部门和地方人民政府有关部门应加强对试点项目招标人使用《标准文件》的指导和监督检查,及时总结经验和发现问题。

第十二条 在试行过程中需要就如何适用《标准文件》中不加修改地引用的内容作出解释的,按照国务院和地方人民政府部门职责分工,分别由选择试点的部门负责。

第十三条 因出现新情况,需要对《标准文件》中不加修改地引用的内容作出解释或调整的,由国家发展和改革委员会会同国务院有关部门作出解释或调整。该解释和调整与《标准文件》具有同等效力。

第十四条 省级以上人民政府有关部门可以根据本规定并结合实际,对试点项目范围、试点项目招标人使用《标准文件》及行业标准施工招标文件作进一步要求。

第十五条 《标准文件》作为本规定的附件,与本规定同时发布。本规定与《标准文件》自2008年5月1日起试行。

通用合同条款

(摘自《标准施工招标文件》)

1. 一般约定

1.1 词语定义

通用合同条款、专用合同条款中的下列词语应具有本款所赋予的含义。

1.1.1 合同

1.1.1.1 合同文件(或称合同):指合同协议书、中标通知书、投标函及投标函附录、专用合同条款、通用合同条款、技术标准和要求、图纸、已标价工程量清单,以及其他合同文件。

1.1.1.2 合同协议书:指第1.5款所指的合同协议书。

1.1.1.3 中标通知书:指发包人通知承包人中标的函件。

1.1.1.4 投标函:指构成合同文件组成部分的由承包人填写并签署的投标函。

1.1.1.5 投标函附录:指附在投标函后构成合同文件的投标函附录。

1.1.1.6 技术标准和要求:指构成合同文件组成部分的名为技术标准和要求的文件,包括合同双方当事人约定对其所作的修改或补充。

1.1.1.7 图纸:指包含在合同中的工程图纸,以及由发包人按合同约定提供的任何补充和修改的图纸,包括配套的说明。

1.1.1.8 已标价工程量清单:指构成合同文件组成部分的由承包人按照规定的格式和要求填写并标明价格的工程量清单。

1.1.1.9 其他合同文件:指经合同双方当事人确认构成合同文件的其他文件。

1.1.2 合同当事人和人员

1.1.2.1 合同当事人:指发包人和(或)承包人。

1.1.2.2 发包人:指专用合同条款中指明并与承包人在合同协议书中签字的当事人。

1.1.2.3 承包人:指与发包人签订合同协议书的当事人。

1.1.2.4 承包人项目经理:指承包人派驻施工场地的全权负责人。

1.1.2.5 分包人：指从承包人处分包合同中某一部分工程，并与其签订分包合同的分包人。

1.1.2.6 监理人：指在专用合同条款中指明的，受发包人委托对合同履行实施管理的法人或其他组织。

1.1.2.7 总监理工程师（总监）：指由监理人委派常驻施工场地对合同履行实施管理的全权负责人。

1.1.3 工程和设备

1.1.3.1 工程：指永久工程和（或）临时工程。

1.1.3.2 永久工程：指按合同约定建造并移交给发包人的工程，包括工程设备。

1.1.3.3 临时工程：指为完成合同约定的永久工程所修建的各类临时性工程，不包括施工设备。

1.1.3.4 单位工程：指专用合同条款中指明特定范围的永久工程。

1.1.3.5 工程设备：指构成或计划构成永久工程一部分的机电设备、金属结构设备、仪器装置及其他类似的设备和装置。

1.1.3.6 施工设备：指为完成合同约定的各项工作所需的设备、器具和其他物品，不包括临时工程和材料。

1.1.3.7 临时设施：指为完成合同约定的各项工作所服务的临时性生产和生活设施。

1.1.3.8 承包人设备：指承包人自带的施工设备。

1.1.3.9 施工场地（或称工地、现场）：指用于合同工程施工的场所，以及在合同中指定作为施工场地组成部分的其他场所，包括永久占地和临时占地。

1.1.3.10 永久占地：指专用合同条款中指明为实施合同工程需永久占用的土地。

1.1.3.11 临时占地：指专用合同条款中指明为实施合同工程需临时占用的土地。

1.1.4 日期

1.1.4.1 开工通知：指监理人按第11.1款通知承包人开工的函件。

1.1.4.2 开工日期：指监理人按第11.1款发出的开工通知中写明的开工日期。

1.1.4.3 工期：指承包人在投标函中承诺的完成合同工程所需的期限，包括按第11.3款、第11.4款和第11.6款约定所作的变更。

1.1.4.4 竣工日期：指第1.1.4.3目约定工期届满时的日期。实际竣工日期以工程接收证书中写明的日期为准。

1.1.4.5 缺陷责任期：指履行第19.2款约定的缺陷责任的期限，具体期限由专用合同条款约定，包括根据第19.3款约定所作的延长。

1.1.4.6 基准日期：指投标截止时间前28天的日期。

1.1.4.7 天：除特别指明外，指日历天。合同中

按天计算时间的，开始当天不计入，从次日开始计算。期限最后一天的截止时间为当天24:00。

1.1.5 合同价格和费用

1.1.5.1 签约合同价：指签定合同时合同协议书中写明的，包括了暂列金额、暂估价的合同总金额。

1.1.5.2 合同价格：指承包人按合同约定完成了包括缺陷责任期内的全部承包工作后，发包人应付给承包人的金额，包括在履行合同过程中按合同约定进行的变更和调整。

1.1.5.3 费用：指为履行合同所发生的或将要发生的所有合理开支，包括管理费和应分摊的其他费用，但不包括利润。

1.1.5.4 暂列金额：指已标价工程量清单中所列的暂列金额，用于在签订协议书时尚未确定或不可预见变更的施工及其所需材料、工程设备、服务等的金额，包括以计日工方式支付的金额。

1.1.5.5 暂估价：指发包人在工程量清单中给定的用于支付必然发生但暂时不能确定价格的材料、设备以及专业工程的金额。

1.1.5.6 计日工：指对零星工作采取的一种计价方式，按合同中的计日工子目及其单价计价付款。

1.1.5.7 质量保证金（或称保留金）：指按第17.4.1项约定用于保证在缺陷责任期内履行缺陷修复义务的金额。

1.1.6 其他

1.1.6.1 书面形式：指合同文件、信函、电报、传真等可以有形地表现所载内容的形式。

1.2 语言文字

除专用术语外，合同使用的语言文字为中文。必要时专用术语应附有中文注释。

1.3 法律

适用于合同的法律包括中华人民共和国法律、行政法规、部门规章，以及工程所在地的地方法规、自治条例、单行条例和地方政府规章。

1.4 合同文件的优先顺序

组成合同的各项文件应互相解释，互为说明。除专用合同条款另有约定外，解释合同文件的优先顺序如下：

（1）合同协议书；

（2）中标通知书；

（3）投标函及投标函附录；

（4）专用合同条款；

（5）通用合同条款；

（6）技术标准和要求；

（7）图纸；

（8）已标价工程量清单；

（9）其他合同文件。

1.5 合同协议书

承包人按中标通知书规定的时间与发包人签订合同协议书。除法律另有规定或合同另有约定外，发包人和承包人的法定代表人或其委托代理人在合同协议书上签字并盖单位章后，合同生效。

1.6 图纸和承包人文件

1.6.1 图纸的提供

除专用合同条款另有约定外，图纸应在合理的期限内按照合同约定的数量提供给承包人。由于发包人未按时提供图纸造成工期延误的，按第11.3款的约定办理。

1.6.2 承包人提供的文件

按专用合同条款约定由承包人提供的文件，包括部分工程的大样图、加工图等，承包人应按约定的数量和期限报送监理人。监理人应在专用合同条款约定的期限内批复。

1.6.3 图纸的修改

图纸需要修改和补充的，应由监理人取得发包人同意后，在该工程或工程相应部位施工前的合理期限内签发图纸修改图给承包人，具体签发期限在专用合同条款中约定。承包人应按修改后的图纸施工。

1.6.4 图纸的错误

承包人发现发包人提供的图纸存在明显错误或疏忽，应及时通知监理人。

1.6.5 图纸和承包人文件的保管

监理人和承包人均应在施工场地各保存一套完整的包含第1.6.1项、第1.6.2项、第1.6.3项约定内容的图纸和承包人文件。

1.7 联络

1.7.1 与合同有关的通知、批准、证明、证书、指示、要求、请求、同意、意见、确定和决定等，均应采用书面形式。

1.7.2 第1.7.1项中的通知、批准、证明、证书、指示、要求、请求、同意、意见、确定和决定等来往函件，均应在合同约定的期限内送达指定地点和接收人，并办理签收手续。

1.8 转让

除合同另有约定外，未经对方当事人同意，一方当事人不得将合同权利全部或部分转让给第三人，也不得全部或部分转移合同义务。

1.9 严禁贿赂

合同双方当事人不得以贿赂或变相贿赂的方式，谋

取不当利益或损害对方权益。因贿赂造成对方损失的，行为人应赔偿损失，并承担相应的法律责任。

1.10 化石、文物

1.10.1 在施工场地发掘的所有文物、古迹以及具有地质研究或考古价值的其他遗迹、化石、钱币或物品属于国家所有。一旦发现上述文物，承包人应采取有效合理的保护措施，防止任何人员移动或损坏上述物品，并立即报告当地文物行政部门，同时通知监理人。发包人、监理人和承包人应按文物行政部门要求采取妥善保护措施，由此导致费用增加和（或）工期延误由发包人承担。

1.10.2 承包人发现文物后不及时报告或隐瞒不报，致使文物丢失或损坏的，应赔偿损失，并承担相应的法律责任。

1.11 专利技术

1.11.1 承包人在使用任何材料、承包人设备、工程设备或采用施工工艺时，因侵犯专利权或其他知识产权所引起的责任，由承包人承担，但由于遵照发包人提供的设计或技术标准和要求引起的除外。

1.11.2 承包人在投标文件中采用专利技术的，专利技术的使用费包含在投标报价内。

1.11.3 承包人的技术秘密和声明需要保密的资料和信息，发包人和监理人不得为合同以外的目的泄露给他人。

1.12 图纸和文件的保密

1.12.1 发包人提供的图纸和文件，未经发包人同意，承包人不得为合同以外的目的泄露给他人或公开发表与引用。

1.12.2 承包人提供的文件，未经承包人同意，发包人和监理人不得为合同以外的目的泄露给他人或公开发表与引用。

2. 发包人义务

2.1 遵守法律

发包人在履行合同过程中应遵守法律，并保证承包人免于承担因发包人违反法律而引起的任何责任。

2.2 发出开工通知

发包人应委托监理人按第11.1款的约定向承包人发出开工通知。

2.3 提供施工场地

发包人应按专用合同条款约定向承包人提供施工场

地，以及施工场地内地下管线和地下设施等有关资料，并保证资料的真实、准确、完整。

2.4 协助承包人办理证件和批件

发包人应协助承包人办理法律规定的有关施工证件和批件。

2.5 组织设计交底

发包人应根据合同进度计划，组织设计单位向承包人进行设计交底。

2.6 支付合同价款

发包人应按合同约定向承包人及时支付合同价款。

2.7 组织竣工验收

发包人应按合同约定及时组织竣工验收。

2.8 其他义务

发包人应履行合同约定的其他义务。

3. 监理人

3.1 监理人的职责和权力

3.1.1 监理人受发包人委托，享有合同约定的权力。监理人在行使某项权力前需要经发包人事先批准而通用合同条款没有指明的，应在专用合同条款中指明。

3.1.2 监理人发出的任何指示应视为已得到发包人的批准，但监理人无权免除或变更合同约定的发包人和承包人的权利、义务和责任。

3.1.3 合同约定应由承包人承担的义务和责任，不因监理人对承包人提交文件的审查或批准，对工程、材料和设备的检查和检验，以及为实施监理作出的指示等职务行为而减轻或解除。

3.2 总监理工程师

发包人应在发出开工通知前将总监理工程师的任命通知承包人。总监理工程师更换时，应在调离14天前通知承包人。总监理工程师短期离开施工场地的，应委派代表代行其职责，并通知承包人。

3.3 监理人员

3.3.1 总监理工程师可以授权其他监理人员负责执行其指派的一项或多项监理工作。总监理工程师应将被授权监理人员的姓名及其授权范围通知承包人。被授权的监理人员在授权范围内发出的指示视为已得到总监理工程师的同意，与总监理工程师发出的指示具有同等效

力。总监理工程师撤销某项授权时，应将撤销授权的决定及时通知承包人。

3.3.2 监理人员对承包人的任何工作、工程或其采用的材料和工程设备未在约定的或合理的期限内提出否定意见的，视为已获批准，但不影响监理人在以后拒绝该项工作、工程、材料或工程设备的权利。

3.3.3 承包人对总监理工程师授权的监理人员发出的指示有疑问的，可向总监理工程师提出书面异议，总监理工程师应在48小时内对该指示予以确认、更改或撤销。

3.3.4 除专用合同条款另有约定外，总监理工程师不应将第3.5款约定应由总监理工程师作出确定的权力授权或委托给其他监理人员。

3.4 监理人的指示

3.4.1 监理人应按第3.1款的约定向承包人发出指示，监理人的指示应盖有监理人授权的施工场地机构章，并由总监理工程师或总监理工程师按第3.3.1项约定授权的监理人员签字。

3.4.2 承包人收到监理人按第3.4.1项作出的指示后应遵照执行。指示构成变更的，应按第15条处理。

3.4.3 在紧急情况下，总监理工程师或被授权的监理人员可以当场签发临时书面指示，承包人应遵照执行。承包人应在收到上述临时书面指示后24小时内，向监理人发出书面确认函。监理人在收到书面确认函后24小时内未予答复的，该书面确认函应被视为监理人的正式指示。

3.4.4 除合同另有约定外，承包人只从总监理工程师或按第3.3.1项被授权的监理人员处得到指示。

3.4.5 由于监理人未能按合同约定发出指示、指示延误或指示错误而导致承包人费用增加和（或）工期延误的，由发包人承担赔偿责任。

3.5 商定或确定

3.5.1 合同约定总监理工程师应按照本款对任何事项进行商定或确定时，总监理工程师应与合同当事人协商，尽量达成一致。不能达成一致的，总监理工程师应认真研究后审慎确定。

3.5.2 总监理工程师应将商定或确定的事项通知合同当事人，并附详细依据。对总监理工程师的确定有异议的，构成争议，按照第24条的约定处理。在争议解决前，双方应暂按总监理工程师的确定执行，按照第24条的约定对总监理工程师的确定作出修改的，按修改后的结果执行。

4. 承包人

4.1 承包人的一般义务

4.1.1 遵守法律

承包人在履行合同过程中应遵守法律，并保证发包人免于承担因承包人违反法律而引起的任何责任。

4.1.2 依法纳税

承包人应按有关法律规定纳税，应缴纳的税金包括在合同价格内。

4.1.3 完成各项承包工作

承包人应按合同约定以及监理人根据第3.4款作出的指示，实施、完成全部工程，并修补工程中的任何缺陷。除专用合同条款另有约定外，承包人应提供为完成合同工作所需的劳务、材料、施工设备、工程设备和其他物品，并按合同约定负责临时设施的设计、建造、运行、维护、管理和拆除。

4.1.4 对施工作业和施工方法的完备性负责

承包人应按合同约定的工作内容和施工进度要求，编制施工组织设计和施工措施计划，并对所有施工作业和施工方法的完备性和安全可靠性负责。

4.1.5 保证工程施工和人员的安全

承包人应按第9.2款约定采取施工安全措施，确保工程及其人员、材料、设备和设施的安全，防止因工程施工造成的人身伤害和财产损失。

4.1.6 负责施工场地及其周边环境与生态的保护工作

承包人应按照第9.4款约定负责施工场地及其周边环境与生态的保护工作。

4.1.7 避免施工对公众与他人的利益造成损害

承包人在进行合同约定的各项工作时，不得侵害发包人与他人使用公用道路、水源、市政管网等公共设施的权利，避免对邻近的公共设施产生干扰。承包人占用或使用他人的施工场地，影响他人作业或生活的，应承担相应责任。

4.1.8 为他人提供方便

承包人应按监理人的指示为他人在施工场地或附近实施与工程有关的其他各项工作提供可能的条件。除合同另有约定外，提供有关条件的内容和可能发生的费用，由监理人按第3.5款商定或确定。

4.1.9 工程的维护和照管

工程接收证书颁发前，承包人应负责照管和维护工程。工程接收证书颁发时尚有部分未竣工工程的，承包人还应负责该未竣工工程的照管和维护工作，直至竣工后移交给发包人为止。

4.1.10 其他义务

承包人应履行合同约定的其他义务。

4.2 履约担保

承包人应保证其履约担保在发包人颁发工程接收证书前一直有效。发包人应在工程接收证书颁发后28天内把履约担保退还给承包人。

4.3 分包

4.3.1 承包人不得将其承包的全部工程转包给第三人，或将其承包的全部工程肢解后以分包的名义转包给第三人。

4.3.2 承包人不得将工程主体、关键性工作分包给第三人。除专用合同条款另有约定外，未经发包人同意，承包人不得将工程的其他部分或工作分包给第三人。

4.3.3 分包人的资格能力应与其分包工程的标准和规模相适应。

4.3.4 按投标函附录约定分包工程的，承包人应向发包人和监理人提交分包合同副本。

4.3.5 承包人应与分包人就分包工程向发包人承担连带责任。

4.4 联合体

4.4.1 联合体各方应共同与发包人签订合同协议书。联合体各方应为履行合同承担连带责任。

4.4.2 联合体协议经发包人确认后作为合同附件。在履行合同过程中，未经发包人同意，不得修改联合体协议。

4.4.3 联合体牵头人负责与发包人和监理人联系，并接受指示，负责组织联合体各成员全面履行合同。

4.5 承包人项目经理

4.5.1 承包人应按合同约定指派项目经理，并在约定的期限内到职。承包人更换项目经理应事先征得发包人同意，并应在更换14天前通知发包人和监理人。承包人项目经理短期离开施工场地，应事先征得监理人同意，并委派代表代行其职责。

4.5.2 承包人项目经理应按合同约定以及监理人按第3.4款作出的指示，负责组织合同工程的实施。在情况紧急且无法与监理人取得联系时，可采取保证工程和人员生命财产安全的紧急措施，并在采取措施后24小时内向监理人提交书面报告。

4.5.3 承包人为履行合同发出的一切函件均应盖有承包人授权的施工场地管理机构章，并由承包人项目经理或其授权代表签字。

4.5.4 承包人项目经理可以授权其下属人员履行其某项职责，但事先应将这些人员的姓名和授权范围通知监理人。

4.6 承包人人员的管理

4.6.1 承包人应在接到开工通知后28天内，向监理人提交承包人在施工场地的管理机构以及人员安排的报告，其内容应包括管理机构的设置、各主要岗位的技术和管理人员名单及其资格，以及各工种技术工人的安排状况。承包人应向监理人提交施工场地人员变动情况的报告。

4.6.2 为完成合同约定的各项工作，承包人应向施工场地派遣或雇佣足够数量的下列人员：

（1）具有相应资格的专业技工和合格的普工；

（2）具有相应施工经验的技术人员；

（3）具有相应岗位资格的各级管理人员。

4.6.3 承包人安排在施工场地的主要管理人员和技术骨干应相对稳定。承包人更换主要管理人员和技术骨干时，应取得监理人的同意。

4.6.4 特殊岗位的工作人员均应持有相应的资格证明，监理人有权随时检查。监理人认为有必要时，可进行现场考核。

4.7 撤换承包人项目经理和其他人员

承包人应对其项目经理和其他人员进行有效管理。监理人要求撤换不能胜任本职工作、行为不端或玩忽职守的承包人项目经理和其他人员的，承包人应予以撤换。

4.8 保障承包人人员的合法权益

4.8.1 承包人应与其雇佣的人员签订劳动合同，并按时发放工资。

4.8.2 承包人应按劳动法的规定安排工作时间，保证其雇佣人员享有休息和休假的权利。因工程施工的特殊需要占用休假日或延长工作时间的，应不超过法律规定的限度，并按法律规定给予补休或付酬。

4.8.3 承包人应为其雇佣人员提供必要的食宿条件，以及符合环境保护和卫生要求的生活环境，在远离城镇的施工场地，还应配备必要的伤病防治和急救的医务人员与医疗设施。

4.8.4 承包人应按国家有关劳动保护的规定，采取有效地防止粉尘、降低噪声、控制有害气体和保障高温、高寒、高空作业安全等劳动保护措施。其雇佣人员在施工中受到伤害的，承包人应立即采取有效措施进行抢救和治疗。

4.8.5 承包人应按有关法律规定和合同约定，为其雇佣人员办理保险。

4.8.6 承包人负责处理其雇佣人员因工伤亡事故的善后事宜。

4.9 工程价款应专款专用

发包人按合同约定支付给承包人的各项价款应专用于合同工程。

4.10 承包人现场查勘

4.10.1 发包人应将其持有的现场地质勘探资料、水文气象资料提供给承包人，并对其准确性负责。但承包人应对其阅读上述有关资料后所作出的解释和推断

负责。

4.10.2 承包人应对施工场地和周围环境进行查勘，并收集有关地质、水文、气象条件、交通条件、风俗习惯以及其他为完成合同工作有关的当地资料。在全部合同工作中，应视为承包人已充分估计了应承担的责任和风险。

4.11 不利物质条件

4.11.1 不利物质条件，除专用合同条款另有约定外，是指承包人在施工场地遇到的不可预见的自然物质条件、非自然的物质障碍和污染物，包括地下和水文条件，但不包括气候条件。

4.11.2 承包人遇到不利物质条件时，应采取适应不利物质条件的合理措施继续施工，并及时通知监理人。监理人应当及时发出指示，指示构成变更的，按第15条约定办理。监理人没有发出指示的，承包人因采取合理措施而增加的费用和（或）工期延误，由发包人承担。

5. 材料和工程设备

5.1 承包人提供的材料和工程设备

5.1.1 除专用合同条款另有约定外，承包人提供的材料和工程设备均由承包人负责采购、运输和保管。承包人应对其采购的材料和工程设备负责。

5.1.2 承包人应按专用合同条款的约定，将各项材料和工程设备的供货人及品种、规格、数量和供货时间等报送监理人审批。承包人应向监理人提交其负责提供的材料和工程设备的质量证明文件，并满足合同约定的质量标准。

5.1.3 对承包人提供的材料和工程设备，承包人应会同监理人进行检验和交货验收，查验材料合格证明和产品合格证书，并按合同约定和监理人指示，进行材料的抽样检验和工程设备的检验测试，检验和测试结果应提交监理人，所需费用由承包人承担。

5.2 发包人提供的材料和工程设备

5.2.1 发包人提供的材料和工程设备，应在专用合同条款中写明材料和工程设备的名称、规格、数量、价格、交货方式、交货地点和计划交货日期等。

5.2.2 承包人应根据合同进度计划的安排，向监理人报送要求发包人交货的日期计划。发包人应按照监理人与合同双方当事人商定的交货日期，向承包人提交材料和工程设备。

5.2.3 发包人应在材料和工程设备到货7天前通知承包人，承包人应会同监理人在约定的时间内，赴交货地点共同进行验收。除专用合同条款另有约定外，发包

人提供的材料和工程设备验收后，由承包人负责接收、运输和保管。

5.2.4 发包人要求向承包人提前交货的，承包人不得拒绝，但发包人应承担承包人由此增加的费用。

5.2.5 承包人要求更改交货日期或地点的，应事先报请监理人批准。由于承包人要求更改交货时间或地点所增加的费用和（或）工期延误由承包人承担。

5.2.6 发包人提供的材料和工程设备的规格、数量或质量不符合合同要求，或由于发包人原因发生交货日期延误及交货地点变更等情况的，发包人应承担由此增加的费用和（或）工期延误，并向承包人支付合理利润。

5.3 材料和工程设备专用于合同工程

5.3.1 运入施工场地的材料、工程设备，包括备品备件、安装专用工器具与随机资料，必须专用于合同工程，未经监理人同意，承包人不得运出施工场地或挪作他用。

5.3.2 随同工程设备运入施工场地的备品备件、专用工器具与随机资料，应由承包人会同监理人按供货人的装箱单清点后共同封存，未经监理人同意不得启用。承包人因合同工作需要使用上述物品时，应向监理人提出申请。

5.4 禁止使用不合格的材料和工程设备

5.4.1 监理人有权拒绝承包人提供的不合格材料或工程设备，并要求承包人立即进行更换。监理人应在更换后再次进行检查和检验，由此增加的费用和（或）工期延误由承包人承担。

5.4.2 监理人发现承包人使用了不合格的材料和工程设备，应即时发出指示要求承包人立即改正，并禁止在工程中继续使用不合格的材料和工程设备。

5.4.3 发包人提供的材料或工程设备不符合合同要求的，承包人有权拒绝，并可要求发包人更换，由此增加的费用和（或）工期延误由发包人承担。

6. 施工设备和临时设施

6.1 承包人提供的施工设备和临时设施

6.1.1 承包人应按合同进度计划的要求，及时配置施工设备和修建临时设施。进入施工场地的承包人设备需经监理人核查后才能投入使用。承包人更换合同约定的承包人设备的，应报监理人批准。

6.1.2 除专用合同条款另有约定外，承包人应自行承担修建临时设施的费用，需要临时占地的，应由发包人办理申请手续并承担相应费用。

6.2 发包人提供的施工设备和临时设施

发包人提供的施工设备或临时设施在专用合同条款中约定。

6.3 要求承包人增加或更换施工设备

承包人使用的施工设备不能满足合同进度计划和（或）质量要求时，监理人有权要求承包人增加或更换施工设备，承包人应及时增加或更换，由此增加的费用和（或）工期延误由承包人承担。

6.4 施工设备和临时设施专用于合同工程

6.4.1 除合同另有约定外，运入施工场地的所有施工设备以及在施工场地建设的临时设施应专用于合同工程。未经监理人同意，不得将上述施工设备和临时设施中的任何部分运出施工场地或挪作他用。

6.4.2 经监理人同意，承包人可根据合同进度计划撤走闲置的施工设备。

7. 交通运输

7.1 道路通行权和场外设施

除专用合同条款另有约定外，发包人应根据合同工程的施工需要，负责办理取得出入施工场地的专用和临时道路的通行权，以及取得为工程建设所需修建场外设施的权利，并承担有关费用。承包人应协助发包人办理上述手续。

7.2 场内施工道路

7.2.1 除专用合同条款另有约定外，承包人应负责修建、维修、养护和管理施工所需的临时道路和交通设施，包括维修、养护和管理发包人提供的道路和交通设施，并承担相应费用。

7.2.2 除专用合同条款另有约定外，承包人修建的临时道路和交通设施应免费提供发包人和监理人使用。

7.3 场外交通

7.3.1 承包人车辆外出行驶所需的场外公共道路的通行费、养路费和税款等由承包人承担。

7.3.2 承包人应遵守有关交通法规，严格按照道路和桥梁的限制荷重安全行驶，并服从交通管理部门的检查和监督。

7.4 超大件和超重件的运输

由承包人负责运输的超大件或超重件，应由承包人负责向交通管理部门办理申请手续，发包人给予协助。

运输超大件或超重件所需的道路和桥梁临时加固改造费用和其他有关费用，由承包人承担，但专用合同条款另有约定除外。

7.5 道路和桥梁的损坏责任

因承包人运输造成施工场地内外公共道路和桥梁损坏的，由承包人承担修复损坏的全部费用和可能引起的赔偿。

7.6 水路和航空运输

本条上述各款的内容适用于水路运输和航空运输，其中"道路"一词的涵义包括河道、航线、船闸、机场、码头、堤防以及水路或航空运输中其他相似结构物；"车辆"一词的涵义包括船舶和飞机等。

8. 测量放线

8.1 施工控制网

8.1.1 发包人应在专用合同条款约定的期限内，通过监理人向承包人提供测量基准点、基准线和水准点及其书面资料。除专用合同条款另有约定外，承包人应根据国家测绘基准、测绘系统和工程测量技术规范，按上述基准点（线）以及合同工程精度要求，测设施工控制网，并在专用合同条款约定的期限内，将施工控制网资料报送监理人审批。

8.1.2 承包人应负责管理施工控制网点。施工控制网点丢失或损坏的，承包人应及时修复。承包人应承担施工控制网点的管理与修复费用，并在工程竣工后将施工控制网点移交发包人。

8.2 施工测量

8.2.1 承包人应负责施工过程中的全部施工测量放线工作，并配置合格的人员、仪器、设备和其他物品。

8.2.2 监理人可以指示承包人进行抽样复测，当复测中发现错误或出现超过合同约定的误差时，承包人应按监理人指示进行修正或补测，并承担相应的复测费用。

8.3 基准资料错误的责任

发包人应对其提供的测量基准点、基准线和水准点及其书面资料的真实性、准确性和完整性负责。发包人提供上述基准资料错误导致承包人测量放线工作的返工或造成工程损失的，发包人应当承担由此增加的费用和（或）工期延误，并向承包人支付合理利润。承包人发现发包人提供的上述基准资料存在明显错误或疏忽的，应及时通知监理人。

8.4 监理人使用施工控制网

监理人需要使用施工控制网的，承包人应提供必要的协助，发包人不再为此支付费用。

9. 施工安全、治安保卫和环境保护

9.1 发包人的施工安全责任

9.1.1 发包人应按合同约定履行安全职责，授权监理人按合同约定的安全工作内容监督、检查承包人安全工作的实施，组织承包人和有关单位进行安全检查。

9.1.2 发包人应对其现场机构雇佣的全部人员的工伤事故承担责任，但由于承包人原因造成发包人人员工伤的，应由承包人承担责任。

9.1.3 发包人应负责赔偿以下各种情况造成的第三者人身伤亡和财产损失：

（1）工程或工程的任何部分对土地的占用所造成的第三者财产损失；

（2）由于发包人原因在施工场地及其毗邻地带造成的第三者人身伤亡和财产损失。

9.2 承包人的施工安全责任

9.2.1 承包人应按合同约定履行安全职责，执行监理人有关安全工作的指示，并在专用合同条款约定的期限内，按合同约定的安全工作内容，编制施工安全措施计划报送监理人审批。

9.2.2 承包人应加强施工作业安全管理，特别应加强易燃、易爆材料、火工器材、有毒与腐蚀性材料和其他危险品的管理，以及对爆破作业和地下工程施工等危险作业的管理。

9.2.3 承包人应严格按照国家安全标准制定施工安全操作规程，配备必要的安全生产和劳动保护设施，加强对承包人人员的安全教育，并发放安全工作手册和劳动保护用具。

9.2.4 承包人应按监理人的指示制定应对灾害的紧急预案，报送监理人审批。承包人还应按预案做好安全检查，配置必要的救助物资和器材，切实保护好有关人员的人身和财产安全。

9.2.5 合同约定的安全作业环境及安全施工措施所需费用应遵守有关规定，并包括在相关工作的合同价格中。因采取合同未约定的安全作业环境及安全施工措施增加的费用，由监理人按第3.5款商定或确定。

9.2.6 承包人应对其履行合同所雇佣的全部人员，包括分包人人员的工伤事故承担责任，但由于发包人原因造成承包人人员工伤事故的，应由发包人承担责任。

9.2.7 由于承包人原因在施工场地内及其毗邻地带造成的第三者人员伤亡和财产损失，由承包人负责赔偿。

9.3 治安保卫

9.3.1 除合同另有约定外，发包人应与当地公安部门协商，在现场建立治安管理机构或联防组织，统一管理施工场地的治安保卫事项，履行合同工程的治安保卫职责。

9.3.2 发包人和承包人除应协助现场治安管理机构或联防组织维护施工场地的社会治安外，还应做好包括生活区在内的各自管辖区的治安保卫工作。

9.3.3 除合同另有约定外，发包人和承包人应在工程开工后，共同编制施工场地治安管理计划，并制定应对突发治安事件的紧急预案。在工程施工过程中，发生暴乱、爆炸等恐怖事件，以及群殴、械斗等群体性突发治安事件的，发包人和承包人应立即向当地政府报告。发包人和承包人应积极协助当地有关部门采取措施平息事态，防止事态扩大，尽量减少财产损失和避免人员伤亡。

9.4 环境保护

9.4.1 承包人在施工过程中，应遵守有关环境保护的法律，履行合同约定的环境保护义务，并对违反法律和合同约定义务所造成的环境破坏、人身伤害和财产损失负责。

9.4.2 承包人应按合同约定的环保工作内容，编制施工环保措施计划，报送监理人审批。

9.4.3 承包人应按照批准的施工环保措施计划有序地堆放和处理施工废弃物，避免对环境造成破坏。因承包人任意堆放或弃置施工废弃物造成妨碍公共交通、影响城镇居民生活、降低河流行洪能力、危及居民安全、破坏周边环境，或者影响其他承包人施工等后果的，承包人应承担责任。

9.4.4 承包人应按合同约定采取有效措施，对施工开挖的边坡及时进行支护，维护排水设施，并进行水土保护，避免因施工造成的地质灾害。

9.4.5 承包人应按国家饮用水管理标准定期对饮用水源进行监测，防止施工活动污染饮用水源。

9.4.6 承包人应按合同约定，加强对噪声、粉尘、废气、废水和废油的控制，努力降低噪声，控制粉尘和废气浓度，做好废水和废油的治理和排放。

9.5 事故处理

工程施工过程中发生事故的，承包人应立即通知监理人，监理人应立即通知发包人。发包人和承包人应立即组织人员和设备进行紧急抢救和抢修，减少人员伤亡和财产损失，防止事故扩大，并保护事故现场。需要移动现场物品时，应作出标记和书面记录，妥善保管有关证据。发包人和承包人应按国家有关规定，及时如实地

向有关部门报告事故发生的情况，以及正在采取的紧急措施等。

10. 进度计划

10.1 合同进度计划

承包人应按专用合同条款约定的内容和期限，编制详细的施工进度计划和施工方案说明报送监理人。监理人应在专用合同条款约定的期限内批复或提出修改意见，否则该进度计划视为已得到批准。经监理人批准的施工进度计划称合同进度计划，是控制合同工程进度的依据。承包人还应根据合同进度计划，编制更为详细的分阶段或分项进度计划，报监理人审批。

10.2 合同进度计划的修订

不论何种原因造成工程的实际进度与第10.1款的合同进度计划不符时，承包人可以在专用合同条款约定的期限内向监理人提交修订合同进度计划的申请报告，并附有关措施和相关资料，报监理人审批；监理人也可以直接向承包人作出修订合同进度计划的指示，承包人应按该指示修订合同进度计划，报监理人审批。监理人应在专用合同条款约定的期限内批复。监理人在批复前应获得发包人同意。

11. 开工和竣工

11.1 开工

11.1.1 监理人应在开工日期7天前向承包人发出开工通知。监理人在发出开工通知前应获得发包人同意。工期自监理人发出的开工通知中载明的开工日期起计算。承包人应在开工日期后尽快施工。

11.1.2 承包人应按第10.1款约定的合同进度计划，向监理人提交工程开工报审表，经监理人审批后执行。开工报审表应详细说明按合同进度计划正常施工所需的施工道路、临时设施、材料设备、施工人员等施工组织措施的落实情况以及工程的进度安排。

11.2 竣工

承包人应在第1.1.4.3目约定的期限内完成合同工程。实际竣工日期在接收证书中写明。

11.3 发包人的工期延误

在履行合同过程中，由于发包人的下列原因造成工期延误的，承包人有权要求发包人延长工期和（或）增加费用，并支付合理利润。需要修订合同进度计划的，

按照第10.2款的约定办理。

(1) 增加合同工作内容；

(2) 改变合同中任何一项工作的质量要求或其他特性；

(3) 发包人迟延提供材料、工程设备或变更交货地点的；

(4) 因发包人原因导致的暂停施工；

(5) 提供图纸延误；

(6) 未按合同约定及时支付预付款、进度款；

(7) 发包人造成工期延误的其他原因。

11.4 异常恶劣的气候条件

由于出现专用合同条款规定的异常恶劣气候的条件导致工期延误的，承包人有权要求发包人延长工期。

11.5 承包人的工期延误

由于承包人原因，未能按合同进度计划完成工作，或监理人认为承包人施工进度不能满足合同工期要求的，承包人应采取措施加快进度，并承担加快进度所增加的费用。由于承包人原因造成工期延误，承包人应支付逾期竣工违约金。逾期竣工违约金的计算方法在专用合同条款中约定。承包人支付逾期竣工违约金，不免除承包人完成工程及修补缺陷的义务。

11.6 工期提前

发包人要求承包人提前竣工，或承包人提出提前竣工的建议能够给发包人带来效益的，应由监理人与承包人共同协商采取加快工程进度的措施和修订合同进度计划。发包人应承担承包人由此增加的费用，并向承包人支付专用合同条款约定的相应奖金。

12. 暂停施工

12.1 承包人暂停施工的责任

因下列暂停施工增加的费用和（或）工期延误由承包人承担：

(1) 承包人违约引起的暂停施工；

(2) 由于承包人原因为工程合理施工和安全保障所必需的暂停施工；

(3) 承包人擅自暂停施工；

(4) 承包人其他原因引起的暂停施工；

(5) 专用合同条款约定由承包人承担的其他暂停施工。

12.2 发包人暂停施工的责任

由于发包人原因引起的暂停施工造成工期延误的，承包人有权要求发包人延长工期和（或）增加费用，并支付合理利润。

12.3 监理人暂停施工指示

12.3.1 监理人认为有必要时，可向承包人作出暂停施工的指示，承包人应按监理人指示暂停施工。不论由于何种原因引起的暂停施工，暂停施工期间承包人应负责妥善保护工程并提供安全保障。

12.3.2 由于发包人的原因发生暂停施工的紧急情况，且监理人未及时下达暂停施工指示的，承包人可先暂停施工，并及时向监理人提出暂停施工的书面请求。监理人应在接到书面请求后的24小时内予以答复，逾期未答复的，视为同意承包人的暂停施工请求。

12.4 暂停施工后的复工

12.4.1 暂停施工后，监理人应与发包人和承包人协商，采取有效措施积极消除暂停施工的影响。当工程具备复工条件时，监理人应立即向承包人发出复工通知。承包人收到复工通知后，应在监理人指定的期限内复工。

12.4.2 承包人无故拖延和拒绝复工的，由此增加的费用和工期延误由承包人承担；因发包人原因无法按时复工的，承包人有权要求发包人延长工期和（或）增加费用，并支付合理利润。

12.5 暂停施工持续56天以上

12.5.1 监理人发出暂停施工指示后56天内未向承包人发出复工通知，除了该项停工属于第12.1款的情况外，承包人可向监理人提交书面通知，要求监理人在收到书面通知后28天内准许已暂停施工的工程或其中一部分工程继续施工。如监理人逾期不予批准，则承包人可以通知监理人，将工程受影响的部分视为按第15.1（1）项的可取消工作。如暂停施工影响到整个工程，可视为发包人违约，应按第22.2款的规定办理。

12.5.2 由于承包人责任引起的暂停施工，如承包人在收到监理人暂停施工指示后56天内不认真采取有效的复工措施，造成工期延误，可视为承包人违约，应按第22.1款的规定办理。

13. 工程质量

13.1 工程质量要求

13.1.1 工程质量验收按合同约定验收标准执行。

13.1.2 因承包人原因造成工程质量达不到合同约定验收标准的，监理人有权要求承包人返工直至符合合同要求为止，由此造成的费用增加和（或）工期延误由承包人承担。

13.1.3 因发包人原因造成工程质量达不到合同约定验收标准的，发包人应承担由于承包人返工造成的费用增加和（或）工期延误，并支付承包人合理利润。

13.2 承包人的质量管理

13.2.1 承包人应在施工场地设置专门的质量检查机构，配备专职质量检查人员，建立完善的质量检查制度。承包人应在合同约定的期限内，提交工程质量保证措施文件，包括质量检查机构的组织和岗位责任、质检人员的组成、质量检查程序和实施细则等，报送监理人审批。

13.2.2 承包人应加强对施工人员的质量教育和技术培训，定期考核施工人员的劳动技能，严格执行规范和操作规程。

13.3 承包人的质量检查

承包人应按合同约定对材料、工程设备以及工程的所有部位及其施工工艺进行全过程的质量检查和检验，并作详细记录，编制工程质量报表，报送监理人审查。

13.4 监理人的质量检查

监理人有权对工程的所有部位及其施工工艺、材料和工程设备进行检查和检验。承包人应为监理人的检查和检验提供方便，包括监理人到施工场地，或制造、加工地点，或合同约定的其他地方进行察看和查阅施工原始记录。承包人还应按监理人指示，进行施工场地取样试验、工程复核测量和设备性能检测，提供试验样品、提交试验报告和测量成果以及监理人要求进行的其他工作。监理人的检查和检验，不免除承包人按合同约定应负的责任。

13.5 工程隐蔽部位覆盖前的检查

13.5.1 通知监理人检查

经承包人自检确认的工程隐蔽部位具备覆盖条件后，承包人应通知监理人在约定的期限内检查。承包人的通知应附有自检记录和必要的检查资料。监理人应按时到场检查。经监理人检查确认质量符合隐蔽要求，并在检查记录上签字后，承包人才能进行覆盖。监理人检查确认质量不合格的，承包人应在监理人指示的时间内修整返工后，由监理人重新检查。

13.5.2 监理人未到场检查

监理人未按第13.5.1项约定的时间进行检查的，除监理人另有指示外，承包人可自行完成覆盖工作，并作相应记录报送监理人，监理人应签字确认。监理人事后对检查记录有疑问的，可按第13.5.3项的约定重新检查。

13.5.3 监理人重新检查

承包人按第13.5.1项或第13.5.2项覆盖工程隐蔽

部位后，监理人对质量有疑问的，可要求承包人对已覆盖的部位进行钻孔探测或揭开重新检验，承包人应遵照执行，并在检验后重新覆盖恢复原状。经检验证明工程质量符合合同要求的，由发包人承担由此增加的费用和（或）工期延误，并支付承包人合理利润；经检验证明工程质量不符合合同要求的，由此增加的费用和（或）工期延误由承包人承担。

13.5.4 承包人私自覆盖

承包人未通知监理人到场检查，私自将工程隐蔽部位覆盖的，监理人有权指示承包人钻孔探测或揭开检查，由此增加的费用和（或）工期延误由承包人承担。

13.6 清除不合格工程

13.6.1 承包人使用不合格材料、工程设备，或采用不适当的施工工艺，或施工不当，造成工程不合格的，监理人可以随时发出指示，要求承包人立即采取措施进行补救，直至达到合同要求的质量标准，由此增加的费用和（或）工期延误由承包人承担。

13.6.2 由于发包人提供的材料或工程设备不合格造成的工程不合格，需要承包人采取措施补救的，发包人应承担由此增加的费用和（或）工期延误，并支付承包人合理利润。

14. 试验和检验

14.1 材料、工程设备和工程的试验和检验

14.1.1 承包人应按合同约定进行材料、工程设备和工程的试验和检验，并为监理人对上述材料、工程设备和工程的质量检查提供必要的试验资料和原始记录。按合同约定应由监理人与承包人共同进行试验和检验的，由承包人负责提供必要的试验资料和原始记录。

14.1.2 监理人未按合同约定派员参加试验和检验的，除监理人另有指示外，承包人可自行试验和检验，并应立即将试验和检验结果报送监理人，监理人应签字确认。

14.1.3 监理人对承包人的试验和检验结果有疑问的，或为查清承包人试验和检验成果的可靠性要求承包人重新试验和检验的，可按合同约定由监理人与承包人共同进行。重新试验和检验的结果证明该项材料、工程设备或工程的质量不符合合同要求的，由此增加的费用和（或）工期延误由承包人承担；重新试验和检验结果证明该项材料、工程设备和工程符合合同要求，由发包人承担由此增加的费用和（或）工期延误，并支付承包人合理利润。

14.2 现场材料试验

14.2.1 承包人根据合同约定或监理人指示进行的

现场材料试验，应由承包人提供试验场所、试验人员、试验设备器材以及其他必要的试验条件。

14.2.2 监理人在必要时可以使用承包人的试验场所、试验设备器材以及其他试验条件，进行以工程质量检查为目的的复核性材料试验，承包人应予以协助。

14.3 现场工艺试验

承包人应按合同约定或监理人指示进行现场工艺试验。对大型的现场工艺试验，监理人认为必要时，应由承包人根据监理人提出的工艺试验要求，编制工艺试验措施计划，报送监理人审批。

15. 变更

15.1 变更的范围和内容

除专用合同条款另有约定外，在履行合同中发生以下情形之一，应按照本条规定进行变更。

（1）取消合同中任何一项工作，但被取消的工作不能转由发包人或其他人实施；

（2）改变合同中任何一项工作的质量或其他特性；

（3）改变合同工程的基线、标高、位置或尺寸；

（4）改变合同中任何一项工作的施工时间或改变已批准的施工工艺或顺序；

（5）为完成工程需要追加的额外工作。

15.2 变更权

在履行合同过程中，经发包人同意，监理人可按第15.3款约定的变更程序向承包人作出变更指示，承包人应遵照执行。没有监理人的变更指示，承包人不得擅自变更。

15.3 变更程序

15.3.1 变更的提出

（1）在合同履行过程中，可能发生第15.1款约定情形的，监理人可向承包人发出变更意向书。变更意向书应说明变更的具体内容和发包人对变更的时间要求，并附必要的图纸和相关资料。变更意向书应要求承包人提交包括拟实施变更工作的计划、措施和竣工时间等内容的实施方案。发包人同意承包人根据变更意向书要求提交的变更实施方案的，由监理人按第15.3.3项约定发出变更指示。

（2）在合同履行过程中，发生第15.1款约定情形的，监理人应按照第15.3.3项约定向承包人发出变更指示。

（3）承包人收到监理人按合同约定发出的图纸和文件，经检查认为其中存在第15.1款约定情形的，可向监理人提出书面变更建议。变更建议应阐明要求变更的依

据，并附必要的图纸和说明。监理人收到承包人书面建议后，应与发包人共同研究，确认存在变更的，应在收到承包人书面建议后的14天内作出变更指示。经研究后不同意作为变更的，应由监理人书面答复承包人。

（4）若承包人收到监理人的变更意向书后认为难以实施此项变更，应立即通知监理人，说明原因并附详细依据。监理人与承包人和发包人协商后确定撤销、改变或不改变原变更意向书。

15.3.2 变更估价

（1）除专用合同条款对期限另有约定外，承包人应在收到变更指示或变更意向书后的14天内，向监理人提交变更报价书，报价内容应根据第15.4款约定的估价原则，详细开列变更工作的价格组成及其依据，并附必要的施工方法说明和有关图纸。

（2）变更工作影响工期的，承包人应提出调整工期的具体细节。监理人认为有必要时，可要求承包人提交要求提前或延长工期的施工进度计划及相应施工措施等详细资料。

（3）除专用合同条款对期限另有约定外，监理人收到承包人变更报价书后的14天内，根据第15.4款约定的估价原则，按照第3.5款商定或确定变更价格。

15.3.3 变更指示

（1）变更指示只能由监理人发出。

（2）变更指示应说明变更的目的、范围、变更内容以及变更的工程量及其进度和技术要求，并附有关图纸和文件。承包人收到变更指示后，应按变更指示进行变更工作。

15.4 变更的估价原则

除专用合同条款另有约定外，因变更引起的价格调整按照本款约定处理。

15.4.1 已标价工程量清单中有适用于变更工作的子目的，采用该子目的单价。

15.4.2 已标价工程量清单中无适用于变更工作的子目，但有类似子目的，可在合理范围内参照类似子目的单价，由监理人按第3.5款商定或确定变更工作的单价。

15.4.3 已标价工程量清单中无适用或类似子目的单价，可按照成本加利润的原则，由监理人按第3.5款商定或确定变更工作的单价。

15.5 承包人的合理化建议

15.5.1 在履行合同过程中，承包人对发包人提供的图纸、技术要求以及其他方面提出的合理化建议，均应以书面形式提交监理人。合理化建议书的内容应包括建议工作的详细说明、进度计划和效益以及与其他工作的协调等，并附必要的设计文件。监理人应与发包人协商是否采纳建议。建议被采纳并构成变更的，应按第

15.3.3 项约定向承包人发出变更指示。

15.5.2 承包人提出的合理化建议降低了合同价格、缩短了工期或者提高了工程经济效益的，发包人可按国家有关规定在专用合同条款中约定给予奖励。

15.6 暂列金额

暂列金额只能按照监理人的指示使用，并对合同价格进行相应调整。

15.7 计日工

15.7.1 发包人认为有必要时，由监理人通知承包人以计日工方式实施变更的零星工作。其价款按列入已标价工程量清单中的计日工计价子目及其单价进行计算。

15.7.2 采用计日工计价的任何一项变更工作，应从暂列金额中支付，承包人应在该项变更的实施过程中，每天提交以下报表和有关凭证报送监理人审批：

(1) 工作名称、内容和数量；

(2) 投入该工作所有人员的姓名、工种、级别和耗用工时；

(3) 投入该工作的材料类别和数量；

(4) 投入该工作的施工设备型号、台数和耗用台时；

(5) 监理人要求提交的其他资料和凭证。

15.7.3 计日工由承包人汇总后，按第17.3.2项的约定列入进度付款申请单，由监理人复核并经发包人同意后列入进度付款。

15.8 暂估价

15.8.1 发包人在工程量清单中给定暂估价的材料、工程设备和专业工程属于依法必须招标的范围并达到规定的规模标准的，由发包人和承包人以招标的方式选择供应商或分包人。发包人和承包人的权利义务关系在专用合同条款中约定。中标金额与工程量清单中所列的暂估价的金额差以及相应的税金等其他费用列入合同价格。

15.8.2 发包人在工程量清单中给定暂估价的材料和工程设备不属于依法必须招标的范围或未达到规定的规模标准的，应由承包人按第5.1款的约定提供。经监理人确认的材料、工程设备的价格与工程量清单中所列的暂估价的金额差以及相应的税金等其他费用列入合同价格。

15.8.3 发包人在工程量清单中给定暂估价的专业工程不属于依法必须招标的范围或未达到规定的规模标准的，由监理人按照第15.4款进行估价，但专用合同条款另有约定的除外。经估价的专业工程与工程量清单中所列的暂估价的金额差以及相应的税金等其他费用列入合同价格。

16. 价格调整

16.1 物价波动引起的价格调整

除专用合同条款另有约定外，因物价波动引起的价格调整按照本款约定处理。

16.1.1 采用价格指数调整价格差额

16.1.1.1 价格调整公式

因人工、材料和设备等价格波动影响合同价格时，根据投标函附录中的价格指数和权重表约定的数据，按以下公式计算差额并调整合同价格。

$$\Delta P = P_0 \left[A + \left(B_1 \times \frac{F_{t1}}{F_{01}} + B_2 \times \frac{F_{t2}}{F_{02}} + B_3 \times \frac{F_{t3}}{F_{03}} + \cdots + B_n \times \frac{F_{tn}}{F_{0n}} \right) - 1 \right]$$

式中

ΔP——需调整的价格差额；

P_0——第17.3.3项、第17.5.2项和第17.6.2项约定的付款证书中承包人应得到的已完成工程量的金额。此项金额应不包括价格调整、不计质量保证金的扣留和支付、预付款的支付和扣回。第15条约定的变更及其他金额已按现行价格计价的，也不计在内；

A——定值权重（即不调部分的权重）；

B_1；B_2；$B_3\cdots B_n$——各可调因子的变值权重（即可调部分的权重）为各可调因子在投标函投标总报价中所占的比例；

F_{t1}；F_{t2}；$F_{t3}\cdots F_{tn}$——各可调因子的现行价格指数，指第17.3.3项、第17.5.2项和第17.6.2项约定的付款证书相关周期最后一天的前42天的各可调因子的价格指数；

F_{01}；F_{02}；$F_{03}\cdots F_{0n+}$——各可调因子的基本价格指数，指基准日期的各可调因子的价格指数。

以上价格调整公式中的各可调因子、定值和变值权重，以及基本价格指数及其来源在投标函附录价格指数和权重表中约定。价格指数应首先采用有关部门提供的价格指数，缺乏上述价格指数时，可采用有关部门提供的价格代替。

16.1.1.2 暂时确定调整差额

在计算调整差额时得不到现行价格指数的，可暂用上一次价格指数计算，并在以后的付款中再按实际价格指数进行调整。

16.1.1.3 权重的调整

按第 15.1 款约定的变更导致原定合同中的权重不合理时，由监理人与承包人和发包人协商后进行调整。

16.1.1.4 承包人工期延误后的价格调整

由于承包人原因未在约定的工期内竣工的，则对原约定竣工日期后继续施工的工程，在使用第 16.1.1.1 目价格调整公式时，应采用原约定竣工日期与实际竣工日期的两个价格指数中较低的一个作为现行价格指数。

16.1.2 采用造价信息调整价格差额

施工期内，因人工、材料、设备和机械台班价格波动影响合同价格时，人工、机械使用费按照国家或省、自治区、直辖市建设行政管理部门、行业建设管理部门或其授权的工程造价管理机构发布的人工成本信息、机械台班单价或机械使用费系数进行调整；需要进行价格调整的材料，其单价和采购数应由监理人复核，监理人确认需调整的材料单价及数量，作为调整工程合同价格差额的依据。

16.2 法律变化引起的价格调整

在基准日后，因法律变化导致承包人在合同履行中所需要的工程费用发生除第 16.1 款约定以外的增减时，监理人应根据法律、国家或省、自治区、直辖市有关部门的规定，按第 3.5 款商定或确定需调整的合同价款。

17. 计量与支付

17.1 计量

17.1.1 计量单位

计量采用国家法定的计量单位。

17.1.2 计量方法

工程量清单中的工程量计算规则应按有关国家标准、行业标准的规定，并在合同中约定执行。

17.1.3 计量周期

除专用合同条款另有约定外，单价子目已完成工程量按月计量，总价子目的计量周期按批准的支付分解报告确定。

17.1.4 单价子目的计量

（1）已标价工程量清单中的单价子目工程量为估算工程量。结算工程量是承包人实际完成的，并按合同约定的计量方法进行计量的工程量。

（2）承包人对已完成的工程进行计量，向监理人提交进度付款申请单、已完成工程量报表和有关计量资料。

（3）监理人对承包人提交的工程量报表进行复核，以确定实际完成的工程量。对数量有异议的，可要求承包人按第 8.2 款约定进行共同复核和抽样复测。承包人应协助监理人进行复核并按监理要求提供补充计量资

料。承包人未按监理人要求参加复核，监理人复核或修正的工程量视为承包人实际完成的工程量。

（4）监理人认为有必要时，可通知承包人共同进行联合测量、计量，承包人应遵照执行。

（5）承包人完成工程量清单中每个子目的工程量后，监理人应要求承包人派员共同对每个子目的历次计量报表进行汇总，以核实最终结算工程量。监理人可要求承包人提供补充计量资料，以确定最后一次进度付款的准确工程量。承包人未按监理人要求派员参加的，监理人最终核实的工程量视为承包人完成该子目的准确工程量。

（6）监理人应在收到承包人提交的工程量报表后的 7 天内进行复核，监理人未在约定时间内复核的，承包人提交的工程量报表中的工程量视为承包人实际完成的工程量，据此计算工程价款。

17.1.5 总价子目的计量

除专用合同条款另有约定外，总价子目的分解和计量按照下述约定进行。

（1）总价子目的计量和支付应以总价为基础，不因第 16.1 款中的因素而进行调整。承包人实际完成的工程量，是进行工程目标管理和控制进度支付的依据。

（2）承包人在合同约定的每个计量周期内，对已完成的工程进行计量，并向监理人提交进度付款申请单、专用合同条款约定的合同总价支付分解表所表示的阶段性或分项计量的支持性资料，以及所达到工程形象目标或分阶段需完成的工程量和有关计量资料。

（3）监理人对承包人提交的上述资料进行复核，以确定分阶段实际完成的工程量和工程形象目标。对其有异议的，可要求承包人按第 8.2 款约定进行共同复核和抽样复测。

（4）除按照第 15 条约定的变更外，总价子目的工程量是承包人用于结算的最终工程量。

17.2 预付款

17.2.1 预付款

预付款用于承包人为合同工程施工购置材料、工程设备、施工设备、修建临时设施以及组织施工队伍进场等。预付款的额度和预付办法在专用合同条款中约定。预付款必须专用于合同工程。

17.2.2 预付款保函

除专用合同条款另有约定外，承包人应在收到预付款的同时向发包人提交预付款保函，预付款保函的担保金额应与预付款金额相同。保函的担保金额可根据预付款扣回的金额相应递减。

17.2.3 预付款的扣回与还清

预付款在进度付款中扣回，扣回办法在专用合同条款中约定。在颁发工程接收证书前，由于不可抗力或其他原因解除合同时，预付款尚未扣清的，尚未扣清的预

付款余额应作为承包人的到期应付款。

17.3 工程进度付款

17.3.1 付款周期
付款周期同计量周期。

17.3.2 进度付款申请单
承包人应在每个付款周期末，按监理人批准的格式和专用合同条款约定的份数，向监理人提交进度付款申请单，并附相应的支持性证明文件。除专用合同条款另有约定外，进度付款申请单应包括下列内容：

（1）截至本次付款周期末已实施工程的价款；

（2）根据第15条应增加和扣减的变更金额；

（3）根据第23条应增加和扣减的索赔金额；

（4）根据第17.2款约定应支付的预付款和扣减的返还预付款；

（5）根据第17.4.1项约定应扣减的质量保证金；

（6）根据合同应增加和扣减的其他金额。

17.3.3 进度付款证书和支付时间

（1）监理人在收到承包人进度付款申请单以及相应的支持性证明文件后的14天内完成核查，提出发包人到期应支付给承包人的金额以及相应的支持性材料，经发包人审查同意后，由监理人向承包人出具经发包人签认的进度付款证书。监理人有权扣发承包人未能按照合同要求履行任何工作或义务的相应金额。

（2）发包人应在监理人收到进度付款申请单后的28天内，将进度应付款支付给承包人。发包人不按期支付的，按专用合同条款的约定支付逾期付款违约金。

（3）监理人出具进度付款证书，不应视为监理人已同意、批准或接受了承包人完成的该部分工作。

（4）进度付款涉及政府投资资金的，按照国库集中支付等国家相关规定和专用合同条款的约定办理。

17.3.4 工程进度付款的修正
在对以往历次已签发的进度付款证书进行汇总和复核中发现错、漏或重复的，监理人有权予以修正，承包人也有权提出修正申请。经双方复核同意的修正，应在本次进度付款中支付或扣除。

17.4 质量保证金

17.4.1 监理人应从第一个付款周期开始，在发包人的进度付款中，按专用合同条款的约定扣留质量保证金，直至扣留的质量保证金总额达到专用合同条款约定的金额或比例为止。质量保证金的计算额度不包括预付款的支付、扣回以及价格调整的金额。

17.4.2 在第1.1.4.5目约定的缺陷责任期满时，承包人向发包人申请到期应返还承包人剩余的质量保证金金额，发包人应在14天内会同承包人按照合同约定的内容核实承包人是否完成缺陷责任。如无异议，发包人应当在核实后将剩余保证金返还承包人。

17.4.3 在第1.1.4.5目约定的缺陷责任期满时，承包人没有完成缺陷责任的，发包人有权扣留与未履行责任剩余工作所需金额相应的质量保证金余额，并有权根据第19.3款约定要求延长缺陷责任期，直至完成剩余工作为止。

17.5 竣工结算

17.5.1 竣工付款申请单

（1）工程接收证书颁发后，承包人应按专用合同条款约定的份数和期限向监理人提交竣工付款申请单，并提供相关证明材料。除专用合同条款另有约定外，竣工付款申请单应包括下列内容：竣工结算合同总价、发包人已支付承包人的工程价款、应扣留的质量保证金、应支付的竣工付款金额。

（2）监理人对竣工付款申请单有异议的，有权要求承包人进行修正和提供补充资料。经监理人和承包人协商后，由承包人向监理人提交修正后的竣工付款申请单。

17.5.2 竣工付款证书及支付时间

（1）监理人在收到承包人提交的竣工付款申请单后的14天内完成核查，提出发包人到期应支付给承包人的价款送发包人审核并抄送承包人。发包人应在收到后14天内审核完毕，由监理人向承包人出具经发包人签认的竣工付款证书。监理人未在约定时间内核查，又未提出具体意见的，视为承包人提交的竣工付款申请单已经监理人核查同意；发包人未在约定时间内审核又未提出具体意见的，监理人提出发包人到期应支付给承包人的价款视为已经发包人同意。

（2）发包人应在监理人出具竣工付款证书后的14天内，将应支付款支付给承包人。发包人不按期支付的，按第17.3.3（2）目的约定，将逾期付款违约金支付给承包人。

（3）承包人对发包人签认的竣工付款证书有异议的，发包人可出具竣工付款申请单中承包人已同意部分的临时付款证书。存在争议的部分，按第24条的约定办理。

（4）竣工付款涉及政府投资资金的，按第17.3.3（4）目的约定办理。

17.6 最终结清

17.6.1 最终结清申请单

（1）缺陷责任期终止证书签发后，承包人可按专用合同条款约定的份数和期限向监理人提交最终结清申请单，并提供相关证明材料。

（2）发包人对最终结清申请单内容有异议的，有权要求承包人进行修正和提供补充资料，由承包人向监理人提交修正后的最终结清申请单。

17.6.2 最终结清证书和支付时间

（1）监理人收到承包人提交的最终结清申请单后的14天内，提出发包人应支付给承包人的价款送发包人审核并抄送承包人。发包人应在收到后14天内审核完毕，由监理人向承包人出具经发包人签认的最终结清证书。监理人未在约定时间内核查，又未提出具体意见的，视为承包人提交的最终结清申请已经监理人核查同意；发包人未在约定时间内审核又未提出具体意见的，监理人提出应支付给承包人的价款视为已经发包人同意。

（2）发包人应在监理人出具最终结清证书后的14天内，将应支付款支付给承包人。发包人不按期支付的，按第17.3.3（2）目的约定，将逾期付款违约金支付给承包人。

（3）承包人对发包人签认的最终结清证书有异议的，按第24条的约定办理。

（4）最终结清付款涉及政府投资资金的，按第17.3.3（4）目的约定办理。

18. 竣工验收

18.1 竣工验收的含义

18.1.1 竣工验收指承包人完成了全部合同工作后，发包人按合同要求进行的验收。

18.1.2 国家验收是政府有关部门根据法律、规范、规程和政策要求，针对发包人全面组织实施的整个工程正式交付投运前的验收。

18.1.3 需要进行国家验收的，竣工验收是国家验收的一部分。竣工验收所采用的各项验收和评定标准应符合国家验收标准。发包人和承包人为竣工验收提供的各项竣工验收资料应符合国家验收的要求。

18.2 竣工验收申请报告

当工程具备以下条件时，承包人即可向监理人报送竣工验收申请报告：

（1）除监理人同意列入缺陷责任期内完成的尾工（甩项）工程和缺陷修补工作外，合同范围内的全部单位工程以及有关工作，包括合同要求的试验、试运行以及检验和验收均已完成，并符合合同要求；

（2）已按合同约定的内容和份数备齐了符合要求的竣工资料；

（3）已按监理人的要求编制了在缺陷责任期内完成的尾工（甩项）工程和缺陷修补工作清单以及相应施工计划；

（4）监理人要求在竣工验收前应完成的其他工作；

（5）监理人要求提交的竣工验收资料清单。

18.3 验收

监理人收到承包人按第18.2款约定提交的竣工验收申请报告后，应审查申请报告的各项内容，并按以下不同情况进行处理。

18.3.1 监理人审查后认为尚不具备竣工验收条件的，应在收到竣工验收申请报告后的28天内通知承包人，指出在颁发接收证书前承包人还需进行的工作内容。承包人完成监理人通知的全部工作内容后，应再次提交竣工验收申请报告，直至监理人同意为止。

18.3.2 监理人审查后认为已具备竣工验收条件的，应在收到竣工验收申请报告后的28天内提请发包人进行工程验收。

18.3.3 发包人经过验收后同意接收工程的，应在监理人收到竣工验收申请报告后的56天内，由监理人向承包人出具经发包人签认的工程接收证书。发包人验收后同意接收工程但提出整修和完善要求的，限期修好，并缓发工程接收证书。整修和完善工作完成后，监理人复查达到要求的，经发包人同意后，再向承包人出具工程接收证书。

18.3.4 发包人验收后不同意接收工程的，监理人应按照发包人的验收意见发出指示，要求承包人对不合格工程认真返工重作或进行补救处理，并承担由此产生的费用。承包人在完成不合格工程的返工重作或补救工作后，应重新提交竣工验收申请报告，按第18.3.1项、第18.3.2项和第18.3.3项的约定进行。

18.3.5 除专用合同条款另有约定外，经验收合格工程的实际竣工日期，以提交竣工验收申请报告的日期为准，并在工程接收证书中写明。

18.3.6 发包人在收到承包人竣工验收申请报告56天后未进行验收的，视为验收合格，实际竣工日期以提交竣工验收申请报告的日期为准，但发包人由于不可抗力不能进行验收的除外。

18.4 单位工程验收

18.4.1 发包人根据合同进度计划安排，在全部工程竣工前需要使用已经竣工的单位工程时，或承包人提出经发包人同意时，可进行单位工程验收。验收的程序可参照第18.2款与第18.3款的约定进行。验收合格后，由监理人向承包人出具经发包人签认的单位工程验收证书。已签发单位工程接收证书的单位工程由发包人负责照管。单位工程的验收成果和结论作为全部工程竣工验收申请报告的附件。

18.4.2 发包人在全部工程竣工前，使用已接收的单位工程导致承包人费用增加的，发包人应承担由此增加的费用和（或）工期延误，并支付承包人合理利润。

18.5 施工期运行

18.5.1 施工期运行是指合同工程尚未全部竣工，其中某项或某几项单位工程或工程设备安装已竣工，根据专用合同条款约定，需要投入施工期运行的，经发包人按第18.4款的约定验收合格，证明能确保安全后，才能在施工期投入运行。

18.5.2 在施工期运行中发现工程或工程设备损坏或存在缺陷的，由承包人按第19.2款约定进行修复。

18.6 试运行

18.6.1 除专用合同条款另有约定外，承包人应按专用合同条款约定进行工程及工程设备试运行，负责提供试运行所需的人员、器材和必要的条件，并承担全部试运行费用。

18.6.2 由于承包人的原因导致试运行失败的，承包人应采取措施保证试运行合格，并承担相应费用。由于发包人的原因导致试运行失败的，承包人应当采取措施保证试运行合格，发包人应承担由此产生的费用，并支付承包人合理利润。

18.7 竣工清场

18.7.1 除合同另有约定外，工程接收证书颁发后，承包人应按以下要求对施工场地进行清理，直至监理人检验合格为止。竣工清场费用由承包人承担。

（1）施工场地内残留的垃圾已全部清除出场；

（2）临时工程已拆除，场地已按合同要求进行清理、平整或复原；

（3）按合同约定应撤离的承包人设备和剩余的材料，包括废弃的施工设备和材料，已按计划撤离施工场地；

（4）工程建筑物周边及其附近道路、河道的施工堆积物，已按监理人指示全部清理；

（5）监理人指示的其他场地清理工作已全部完成。

18.7.2 承包人未按监理人的要求恢复临时占地，或者场地清理未达到合同约定的，发包人有权委托其他人恢复或清理，所发生的金额从拟支付给承包人的款项中扣除。

18.8 施工队伍的撤离

工程接收证书颁发后的56天内，除了经监理人同意需在缺陷责任期内继续工作和使用的人员、施工设备和临时工程外，其余的人员、施工设备和临时工程均应撤离施工场地或拆除。除合同另有约定外，缺陷责任期满时，承包人的人员和施工设备应全部撤离施工场地。

19. 缺陷责任与保修责任

19.1 缺陷责任期的起算时间

缺陷责任期自实际竣工日期起计算。在全部工程竣工验收前，已经发包人提前验收的单位工程，其缺陷责任期的起算日期相应提前。

19.2 缺陷责任

19.2.1 承包人应在缺陷责任期内对已交付使用的工程承担缺陷责任。

19.2.2 缺陷责任期内，发包人对已接收使用的工程负责日常维护工作。发包人在使用过程中，发现已接收的工程存在新的缺陷或已修复的缺陷部位或部件又遭损坏的，承包人应负责修复，直至检验合格为止。

19.2.3 监理人和承包人应共同查清缺陷和（或）损坏的原因。经查明属承包人原因造成的，应由承包人承担修复和查验的费用。经查验属发包人原因造成的，发包人应承担修复和查验的费用，并支付承包人合理利润。

19.2.4 承包人不能在合理时间内修复缺陷的，发包人可自行修复或委托其他人修复，所需费用和利润的承担，按第19.2.3项约定办理。

19.3 缺陷责任期的延长

由于承包人原因造成某项缺陷或损坏使某项工程或工程设备不能按原定目标使用而需要再次检查、检验和修复的，发包人有权要求承包人相应延长缺陷责任期，但缺陷责任期最长不超过2年。

19.4 进一步试验和试运行

任何一项缺陷或损坏修复后，经检查证明其影响了工程或工程设备的使用性能，承包人应重新进行合同约定的试验和试运行，试验和试运行的全部费用应由责任方承担。

19.5 承包人的进入权

缺陷责任期内承包人为缺陷修复工作需要，有权进入工程现场，但应遵守发包人的保安和保密规定。

19.6 缺陷责任期终止证书

在第1.1.4.5目约定的缺陷责任期，包括根据第19.3款延长的期限终止后14天内，由监理人向承包人出具经发包人签认的缺陷责任期终止证书，并退还剩余的质量保证金。

19.7 保修责任

合同当事人根据有关法律规定，在专用合同条款中约定工程质量保修范围、期限和责任。保修期自实际竣工日期起计算。在全部工程竣工验收前，已经发包人提前验收的单位工程，其保修期的起算日期相应提前。

20. 保险

20.1 工程保险

除专用合同条款另有约定外，承包人应以发包人和承包人的共同名义向双方同意的保险人投保建筑工程一切险、安装工程一切险。其具体的投保内容、保险金额、保险费率、保险期限等有关内容在专用合同条款中约定。

20.2 人员工伤事故的保险

20.2.1 承包人员工伤事故的保险

承包人应依照有关法律规定参加工伤保险，为其履行合同所雇佣的全部人员，缴纳工伤保险费，并要求其分包人也进行此项保险。

20.2.2 发包人员工伤事故的保险

发包人应依照有关法律规定参加工伤保险，为其现场机构雇佣的全部人员，缴纳工伤保险费，并要求其监理人也进行此项保险。

20.3 人身意外伤害险

20.3.1 发包人应在整个施工期间为其现场机构雇用的全部人员，投保人身意外伤害险，缴纳保险费，并要求其监理人也进行此项保险。

20.3.2 承包人应在整个施工期间为其现场机构雇用的全部人员，投保人身意外伤害险，缴纳保险费，并要求其分包人也进行此项保险。

20.4 第三者责任险

20.4.1 第三者责任系指在保险期内，对因工程意外事故造成的、依法应由被保险人负责的工地上及毗邻地区的第三者人身伤亡、疾病或财产损失（本工程除外），以及被保险人因此而支付的诉讼费用和事先经保险人书面同意支付的其他费用等赔偿责任。

20.4.2 在缺陷责任期终止证书颁发前，承包人应以承包人和发包人的共同名义，投保第20.4.1项约定的第三者责任险，其保险费率、保险金额等有关内容在专用合同条款中约定。

20.5 其他保险

除专用合同条款另有约定外，承包人应为其施工设备、进场的材料和工程设备等办理保险。

20.6 对各项保险的一般要求

20.6.1 保险凭证

承包人应在专用合同条款约定的期限内向发包人提交各项保险生效的证据和保险单副本，保险单必须与专用合同条款约定的条件保持一致。

20.6.2 保险合同条款的变动

承包人需要变动保险合同条款时，应事先征得发包人同意，并通知监理人。保险人作出变动的，承包人应在收到保险人通知后立即通知发包人和监理人。

20.6.3 持续保险

承包人应与保险人保持联系，使保险人能够随时了解工程实施中的变动，并确保按保险合同条款要求持续保险。

20.6.4 保险金不足的补偿

保险金不足以补偿损失的，应由承包人和（或）发包人按合同约定负责补偿。

20.6.5 未按约定投保的补救

（1）由于负有投保义务的一方当事人未按合同约定办理保险，或未能使保险持续有效的，另一方当事人可代为办理，所需费用由对方当事人承担。

（2）由于负有投保义务的一方当事人未按合同约定办理某项保险，导致受益人未能得到保险人的赔偿，原应从该项保险得到的保险金应由负有投保义务的一方当事人支付。

20.6.6 报告义务

当保险事故发生时，投保人应按照保险单规定的条件和期限及时向保险人报告。

21. 不可抗力

21.1 不可抗力的确认

21.1.1 不可抗力是指承包人和发包人在订立合同时不可预见，在工程施工过程中不可避免发生并不能克服的自然灾害和社会性突发事件，如地震、海啸、瘟疫、水灾、骚乱、暴动、战争和专用合同条款约定的其他情形。

21.1.2 不可抗力发生后，发包人和承包人应及时认真统计所造成的损失，收集不可抗力造成损失的证据。合同双方对是否属于不可抗力或其损失的意见不一致的，由监理人按第3.5款商定或确定。发生争议时，按第24条的约定办理。

21.2 不可抗力的通知

21.2.1 合同一方当事人遇到不可抗力事件，使其履行合同义务受到阻碍时，应立即通知合同另一方当事人和监理人，书面说明不可抗力和受阻碍的详细情况，并提供必要的证明。

21.2.2 如不可抗力持续发生，合同一方当事人应及时向合同另一方当事人和监理人提交中间报告，说明不可抗力和履行合同受阻的情况，并于不可抗力事件结束后28天内提交最终报告及有关资料。

21.3 不可抗力后果及其处理

21.3.1 不可抗力造成损害的责任

除专用合同条款另有约定外，不可抗力导致的人员伤亡、财产损失、费用增加和（或）工期延误等后果，由合同双方按以下原则承担：

（1）永久工程，包括已运至施工场地的材料和工程设备的损害，以及因工程损害造成的第三者人员伤亡和财产损失由发包人承担；

（2）承包人设备的损坏由承包人承担；

（3）发包人和承包人各自承担其人员伤亡和其他财产损失及其相关费用；

（4）承包人的停工损失由承包人承担，但停工期间应监理人要求照管工程和清理、修复工程的金额由发包人承担；

（5）不能按期竣工的，应合理延长工期，承包人不需支付逾期竣工违约金。发包人要求赶工的，承包人应采取赶工措施，赶工费用由发包人承担。

21.3.2　延迟履行期间发生的不可抗力

合同一方当事人延迟履行，在延迟履行期间发生不可抗力的，不免除其责任。

21.3.3　避免和减少不可抗力损失

不可抗力发生后，发包人和承包人均应采取措施尽量避免和减少损失的扩大，任何一方没有采取有效措施导致损失扩大的，应对扩大的损失承担责任。

21.3.4　因不可抗力解除合同

合同一方当事人因不可抗力不能履行合同的，应当及时通知对方解除合同。合同解除后，承包人应按照第22.2.5项约定撤离施工场地。已经订货的材料、设备由订货方负责退货或解除订货合同，不能退还的货款和因退货、解除订货合同发生的费用，由发包人承担，因未及时退货造成的损失由责任方承担。合同解除后的付款，参照第22.2.4项约定，由监理人按第3.5款商定或确定。

22.　违约

22.1　承包人违约

22.1.1　承包人违约的情形

在履行合同过程中发生的下列情况属承包人违约：

（1）承包人违反第1.8款或第4.3款的约定，私自将合同的全部或部分权利转让给其他人，或私自将合同的全部或部分义务转移给其他人；

（2）承包人违反第5.3款或第6.4款的约定，未经监理人批准，私自将已按合同约定进入施工场地的施工设备、临时设施或材料撤离施工场地；

（3）承包人违反第5.4款的约定使用了不合格材料或工程设备，工程质量达不到标准要求，又拒绝清除不合格工程；

（4）承包人未能按合同进度计划及时完成合同约定的工作，已造成或预期造成工期延误；

（5）承包人在缺陷责任期内，未能对工程接收证书所列的缺陷清单的内容或缺陷责任期内发生的缺陷进行修复，而又拒绝按监理人指示再进行修补；

（6）承包人无法继续履行或明确表示不履行或实质上已停止履行合同；

（7）承包人不按合同约定履行义务的其他情况。

22.1.2　对承包人违约的处理

（1）承包人发生第22.1.1（6）目约定的违约情况时，发包人可通知承包人立即解除合同，并按有关法律处理。

（2）承包人发生除第22.1.1（6）目约定以外的其他违约情况时，监理人可向承包人发出整改通知，要求其在指定的期限内改正。承包人应承担其违约所引起的费用增加和（或）工期延误。

（3）经检查证明承包人已采取了有效措施纠正违约行为，具备复工条件的，可由监理人签发复工通知复工。

22.1.3　承包人违约解除合同

监理人发出整改通知28天后，承包人仍不纠正违约行为的，发包人可向承包人发出解除合同通知。合同解除后，发包人可派员进驻施工场地，另行组织人员或委托其他承包人施工。发包人因继续完成该工程的需要，有权扣留使用承包人在现场的材料、设备和临时设施。但发包人的这一行动不免除承包人应承担的违约责任，也不影响发包人根据合同约定享有的索赔权利。

22.1.4　合同解除后的估价、付款和结清

（1）合同解除后，监理人按第3.5款商定或确定承包人实际完成工作的价值，以及承包人已提供的材料、施工设备、工程设备和临时工程等的价值。

（2）合同解除后，发包人应暂停对承包人的一切付款，查清各项付款和已扣款金额，包括承包人应支付的违约金。

（3）合同解除后，发包人应按第23.4款的约定向承包人索赔由于解除合同给发包人造成的损失。

（4）合同双方确认上述往来款项后，出具最终结清付款证书，结清全部合同款项。

（5）发包人和承包人未能就解除合同后的结清达成一致而形成争议的，按第24条的约定办理。

22.1.5　协议利益的转让

因承包人违约解除合同的，发包人有权要求承包人将其为实施合同而签订的材料和设备的订货协议或任何服务协议利益转让给发包人，并在解除合同后的14天内，依法办理转让手续。

22.1.6　紧急情况下无能力或不愿进行抢救

在工程实施期间或缺陷责任期内发生危及工程安全的事件，监理人通知承包人进行抢救，承包人声明无能力或不愿立即执行的，发包人有权雇佣其他人员进行抢救。此类抢救按合同约定属于承包人义务的，由此发生的金额和（或）工期延误由承包人承担。

22. 2 发包人违约

22. 2. 1 发包人违约的情形

在履行合同过程中发生的下列情形，属发包人违约：

(1) 发包人未能按合同约定支付预付款或合同价款，或拖延、拒绝批准付款申请和支付凭证，导致付款延误的；

(2) 发包人原因造成停工的；

(3) 监理人无正当理由没有在约定期限内发出复工指示，导致承包人无法复工的；

(4) 发包人无法继续履行或明确表示不履行或实质上已停止履行合同的；

(5) 发包人不履行合同约定其他义务的。

22. 2. 2 承包人有权暂停施工

发包人发生除第 22. 2. 1 (4) 目以外的违约情况时，承包人可向发包人发出通知，要求发包人采取有效措施纠正违约行为。发包人收到承包人通知后的 28 天内仍不履行合同义务，承包人有权暂停施工，并通知监理人，发包人应承担由此增加的费用和（或）工期延误，并支付承包人合理利润。

22. 2. 3 发包人违约解除合同

(1) 发生第 22. 2. 1 (4) 目的违约情况时，承包人可书面通知发包人解除合同。

(2) 承包人按 22. 2. 2 项暂停施工 28 天后，发包人仍不纠正违约行为的，承包人可向发包人发出解除合同通知。但承包人的这一行动不免除发包人承担的违约责任，也不影响承包人根据合同约定享有的索赔权利。

22. 2. 4 解除合同后的付款

因发包人违约解除合同的，发包人应在解除合同后 28 天内向承包人支付下列金额，承包人应在此期限内及时向发包人提交要求支付下列金额的有关资料和凭证：

(1) 合同解除日以前所完成工作的价款；

(2) 承包人为该工程施工订购并已付款的材料、工程设备和其他物品的金额。发包人付还后，该材料、工程设备和其他物品归发包人所有；

(3) 承包人为完成工程所发生的，而发包人未支付的金额；

(4) 承包人撤离施工场地以及遣散承包人人员的金额；

(5) 由于解除合同应赔偿的承包人损失；

(6) 按合同约定在合同解除日前应支付给承包人的其他金额。

发包人应按本项约定支付上述金额并退还质量保证金和履约担保，但有权要求承包人支付应偿还给发包人的各项金额。

22. 2. 5 解除合同后的承包人撤离

因发包人违约而解除合同后，承包人应妥善做好已竣工工程和已购材料、设备的保护和移交工作，按发包人要求将承包人设备和人员撤出施工场地。承包人撤出施工场地应遵守第 18. 7. 1 项的约定，发包人应为承包人撤出提供必要条件。

22. 3 第三人造成的违约

在履行合同过程中，一方当事人因第三人的原因造成违约的，应当向对方当事人承担违约责任。一方当事人和第三人之间的纠纷，依照法律规定或者按照约定解决。

23. 索赔

23. 1 承包人索赔的提出

根据合同约定，承包人认为有权得到追加付款和（或）延长工期的，应按以下程序向发包人提出索赔：

(1) 承包人应在知道或应当知道索赔事件发生后 28 天内，向监理人递交索赔意向通知书，并说明发生索赔事件的事由。承包人未在前述 28 天内发出索赔意向通知书的，丧失要求追加付款和（或）延长工期的权利；

(2) 承包人应在发出索赔意向通知书后 28 天内，向监理人正式递交索赔通知书。索赔通知书应详细说明索赔理由以及要求追加的付款金额和（或）延长的工期，并附必要的记录和证明材料；

(3) 索赔事件具有连续影响的，承包人应按合理时间间隔继续递交延续索赔通知，说明连续影响的实际情况和记录，列出累计的追加付款金额和（或）工期延长天数；

(4) 在索赔事件影响结束后的 28 天内，承包人应向监理人递交最终索赔通知书，说明最终要求索赔的追加付款金额和延长的工期，并附必要的记录和证明材料。

23. 2 承包人索赔处理程序

(1) 监理人收到承包人提交的索赔通知书后，应及时审查索赔通知书的内容、查验承包人的记录和证明材料，必要时监理人可要求承包人提交全部原始记录副本。

(2) 监理人应按第 3. 5 款商定或确定追加的付款和（或）延长的工期，并在收到上述索赔通知书或有关索赔的进一步证明材料后的 42 天内，将索赔处理结果答复承包人。

(3) 承包人接受索赔处理结果的，发包人应在作出索赔处理结果答复后 28 天内完成赔付。承包人不接受索赔处理结果的，按第 24 条的约定办理。

23. 3 承包人提出索赔的期限

23. 3. 1 承包人按第 17. 5 款的约定接受了竣工付款

证书后，应被认为已无权再提出在合同工程接收证书颁发前所发生的任何索赔。

23.3.2 承包人按第 17.6 款的约定提交的最终结清申请单中，只限于提出工程接收证书颁发后发生的索赔。提出索赔的期限自接受最终结清证书时终止。

23.4 发包人的索赔

23.4.1 发生索赔事件后，监理人应及时书面通知承包人，详细说明发包人有权得到的索赔金额和（或）延长缺陷责任期的细节和依据。发包人提出索赔的期限和要求与第 23.3 款的约定相同，延长缺陷责任期的通知应在缺陷责任期届满前发出。

23.4.2 监理人按第 3.5 款商定或确定发包人从承包人处得到赔付的金额和（或）缺陷责任期的延长期。承包人应付给发包人的金额可从拟支付给承包人的合同价款中扣除，或由承包人以其他方式支付给发包人。

24. 争议的解决

24.1 争议的解决方式

发包人和承包人在履行合同中发生争议的，可以友好协商解决或者提请争议评审组评审。合同当事人友好协商解决不成、不愿提请争议评审或者不接受争议评审组意见的，可在专用合同条款中约定下列一种方式解决。
（1）向约定的仲裁委员会申请仲裁；
（2）向有管辖权的人民法院提起诉讼。

24.2 友好解决

在提请争议评审、仲裁或者诉讼前，以及在争议评审、仲裁或诉讼过程中，发包人和承包人均可共同努力友好协商解决争议。

24.3 争议评审

24.3.1 采用争议评审的，发包人和承包人应在开工日后的 28 天内或在争议发生后，协商成立争议评审组。争议评审组由有合同管理和工程实践经验的专家组成。

24.3.2 合同双方的争议，应首先由申请人向争议评审组提交一份详细的评审申请报告，并附必要的文件、图纸和证明材料，申请人还应将上述报告的副本同时提交给被申请人和监理人。

24.3.3 被申请人在收到申请人评审申请报告副本后的 28 天内，向争议评审组提交一份答辩报告，并附证明材料。被申请人应将答辩报告的副本同时提交给申请人和监理人。

24.3.4 除专用合同条款另有约定外，争议评审组在收到合同双方报告后的 14 天内，邀请双方代表和有关人员举行调查会，向双方调查争议细节；必要时争议评审组可要求双方进一步提供补充材料。

24.3.5 除专用合同条款另有约定外，在调查会结束后的 14 天内，争议评审组应在不受任何干扰的情况下进行独立、公正的评审，作出书面评审意见，并说明理由。在争议评审期间，争议双方暂按总监理工程师的确定执行。

24.3.6 发包人和承包人接受评审意见的，由监理人根据评审意见拟定执行协议，经争议双方签字后作为合同的补充文件，并遵照执行。

24.3.7 发包人或承包人不接受评审意见，并要求提交仲裁或提起诉讼的，应在收到评审意见后的 14 天内将仲裁或起诉意向书面通知另一方，并抄送监理人，但在仲裁或诉讼结束前应暂按总监理工程师的确定执行。

建设工程价款结算暂行办法

（2004 年 10 月 20 日财政部、建设部财建［2004］369 号发布）

第一章 总 则

第一条 为加强和规范建设工程价款结算，维护建设市场正常秩序，根据《中华人民共和国合同法》、《中华人民共和国建筑法》、《中华人民共和国招标投标法》、《中华人民共和国预算法》、《中华人民共和国政府采购法》、《中华人民共和国预算法实施条例》等有关法律、行政法规制订本办法。

第二条 凡在中华人民共和国境内的建设工程价款结算活动，均适用本办法。国家法律法规另有规定的，从其规定。

第三条 本办法所称建设工程价款结算（以下简称"工程价款结算"），是指对建设工程的发承包合同价款进行约定和依据合同约定进行工程预付款、工程进度款、工程竣工价款结算的活动。

第四条 国务院财政部门、各级地方政府财政部门和国务院建设行政主管部门、各级地方政府建设行政主管部门在各自职责范围内负责工程价款结算的监督管理。

第五条 从事工程价款结算活动，应当遵循合法、平等、诚信的原则，并符合国家有关法律、法规和政策。

第二章 工程合同价款的约定与调整

第六条 招标工程的合同价款应当在规定时间内，依据招标文件、中标人的投标文件，由发包人与承包人（以下简称"发、承包人"）订立书面合同约定。

非招标工程的合同价款依据审定的工程预（概）算书由发、承包人在合同中约定。

合同价款在合同中约定后，任何一方不得擅自改变。

第七条 发包人、承包人应当在合同条款中对涉及工程价款结算的下列事项进行约定：

（一）预付工程款的数额、支付时限及抵扣方式；

（二）工程进度款的支付方式、数额及时限；

（三）工程施工中发生变更时，工程价款的调整方法、索赔方式、时限要求及金额支付方式；

（四）发生工程价款纠纷的解决方法；

（五）约定承担风险的范围及幅度以及超出约定范围和幅度的调整办法；

（六）工程竣工价款的结算与支付方式、数额及时限；

（七）工程质量保证（保修）金的数额、预扣方式及时限；

（八）安全措施和意外伤害保险费用；

（九）工期及工期提前或延后的奖惩办法；

（十）与履行合同、支付价款相关的担保事项。

第八条 发、承包人在签订合同时对于工程价款的约定，可选用下列一种约定方式：

（一）固定总价。合同工期较短且工程合同总价较低的工程，可以采用固定总价合同方式。

（二）固定单价。双方在合同中约定综合单价包含的风险范围和风险费用的计算方法，在约定的风险范围内综合单价不再调整。风险范围以外的综合单价调整方法，应当在合同中约定。

（三）可调价格。可调价格包括可调综合单价和措施费等，双方应在合同中约定综合单价和措施费的调整方法，调整因素包括：

1. 法律、行政法规和国家有关政策变化影响合同价款；

2. 工程造价管理机构的价格调整；

3. 经批准的设计变更；

4. 发包人更改经审定批准的施工组织设计（修正错误除外）造成费用增加；

5. 双方约定的其他因素。

第九条 承包人应当在合同规定的调整情况发生后14天内，将调整原因、金额以书面形式通知发包人，发包人确认调整金额后将其作为追加合同价款，与工程进度款同期支付。发包人收到承包人通知后14天内不予确认也不提出修改意见，视为已经同意该项调整。

当合同规定的调整合同价款的调整情况发生后，承包人未在规定时间内通知发包人，或者未在规定时间内提出调整报告，发包人可以根据有关资料，决定是否调整和调整的金额，并书面通知承包人。

第十条 工程设计变更价款调整

（一）施工中发生工程变更，承包人按照经发包人认可的变更设计文件，进行变更施工，其中，政府投资项目重大变更，需按基本建设程序报批后方可施工。

（二）在工程设计变更确定后14天内，设计变更涉及工程价款调整的，由承包人向发包人提出，经发包人审核同意后调整合同价款。变更合同价款按下列方法进行：

1. 合同中已有适用于变更工程的价格，按合同已有的价格变更合同价款；

2. 合同中只有类似于变更工程的价格，可以参照类似价格变更合同价款；

3. 合同中没有适用或类似于变更工程的价格，由承包人或发包人提出适当的变更价格，经对方确认后执行。如双方不能达成一致的，双方可提请工程所在地工程造价管理机构进行咨询或按合同约定的争议或纠纷解决程序办理。

（三）工程设计变更确定后14天内，如承包人未提出变更工程价款报告，则发包人可根据所掌握的资料决定是否调整合同价款和调整的具体金额。重大工程变更涉及工程价款变更报告和确认的时限由发承包双方协商确定。

收到变更工程价款报告一方，应在收到之日起14天内予以确认或提出协商意见，自变更工程价款报告送达之日起14天内，对方未确认也未提出协商意见时，视为变更工程价款报告已被确认。

确认增（减）的工程变更价款作为追加（减）合同价款与工程进度款同期支付。

第三章 工程价款结算

第十一条 工程价款结算应按合同约定办理，合同未作约定或约定不明的，发、承包双方应依照下列规定与文件协商处理：

（一）国家有关法律、法规和规章制度；

（二）国务院建设行政主管部门、省、自治区、直辖市或有关部门发布的工程造价计价标准、计价办法等有关规定；

（三）建设项目的合同、补充协议、变更签证和现场签证，以及经发、承包人认可的其他有效文件；

（四）其他可依据的材料。

第十二条 工程预付款结算应符合下列规定：

（一）包工包料工程的预付款按合同约定拨付，原则上预付比例不低于合同金额的10%，不高于合同金额的30%，对重大工程项目，按年度工程计划逐年预付。计价执行《建设工程工程量清单计价规范》（GB 50500—2003）的工程，实体性消耗和非实体性消耗部分应在合同中分别约定预付款比例。

（二）在具备施工条件的前提下，发包人应在双方签订合同后的一个月内或不迟于约定的开工日期前的7天内预付工程款，发包人不按约定预付，承包人应在预付时间到期后10天内向发包人发出要求预付的通知，发包人收到通知后仍不按要求预付，承包人可在发出通知14天后停止施工，发包人应从约定应付之日起向承包人支付应付款的利息（利率按同期银行贷款利率计），并承担违约责任。

（三）预付的工程款必须在合同中约定抵扣方式，并在工程进度款中进行抵扣。

（四）凡是没有签订合同或不具备施工条件的工程，发包人不得预付工程款，不得以预付款为名转移资金。

第十三条 工程进度款结算与支付应当符合下列规定：

（一）工程进度款结算方式

1. 按月结算与支付。即实行按月支付进度款，竣工后清算的办法。合同工期在两个年度以上的工程，在年终进行工程盘点，办理年度结算。

2. 分段结算与支付。即当年开工、当年不能竣工的工程按照工程形象进度，划分不同阶段支付工程进度款。具体划分在合同中明确。

（二）工程量计算

1. 承包人应当按照合同约定的方法和时间，向发包人提交已完工程量的报告。发包人接到报告后14天内核实已完工程量，并在核实前1天通知承包人，承包人应提供条件并派人参加核实，承包人收到通知后不参加核实，以发包人核实的工程量作为工程价款支付的依据。发包人不按约定时间通知承包人，致使承包人未能参加核实，核实结果无效。

2. 发包人收到承包人报告后14天内未核实完工程量，从第15天起，承包人报告的工程量即视为被确认，作为工程价款支付的依据，双方合同另有约定的，按合同执行。

3. 对承包人超出设计图纸（含设计变更）范围和因承包人原因造成返工的工程量，发包人不予计量。

（三）工程进度款支付

1. 根据确定的工程计量结果，承包人向发包人提出支付工程进度款申请，14天内，发包人应按不低于工程价款的60%，不高于工程价款的90%向承包人支付工程

进度款。按约定时间发包人应扣回的预付款，与工程进度款同期结算抵扣。

2. 发包人超过约定的支付时间不支付工程进度款，承包人应及时向发包人发出要求付款的通知，发包人收到承包人通知后仍不能按要求付款，可与承包人协商签订延期付款协议，经承包人同意后可延期支付，协议应明确延期支付的时间和从工程计量结果确认后第15天起计算应付款的利息（利率按同期银行贷款利率计）。

3. 发包人不按合同约定支付工程进度款，双方又未达成延期付款协议，导致施工无法进行，承包人可停止施工，由发包人承担违约责任。

第十四条 工程完工后，双方应按照约定的合同价款及合同价款调整内容以及索赔事项，进行工程竣工结算。

（一）工程竣工结算方式

工程竣工结算分为单位工程竣工结算、单项工程竣工结算和建设项目竣工总结算。

（二）工程竣工结算编审

1. 单位工程竣工结算由承包人编制，发包人审查；实行总承包的工程，由具体承包人编制，在总包人审查的基础上，发包人审查。

2. 单项工程竣工结算或建设项目竣工总结算由总（承）包人编制，发包人可直接进行审查，也可以委托具有相应资质的工程造价咨询机构进行审查。政府投资项目，由同级财政部门审查。单项工程竣工结算或建设项目竣工总结算经发、承包人签字盖章后有效。

承包人应在合同约定期限内完成项目竣工结算编制工作，未在规定期限内完成的并且提不出正当理由延期的，责任自负。

（三）工程竣工结算审查期限

单项工程竣工后，承包人应在提交竣工验收报告的同时，向发包人递交竣工结算报告及完整的结算资料，发包人应按以下规定时限进行核对（审查）并提出审查意见。

工程竣工结算报告金额　审查时间

1. 500万元以下　从接到竣工结算报告和完整的竣工结算资料之日起20天

2. 500万元～2000万元　从接到竣工结算报告和完整的竣工结算资料之日起30天

3. 2000万元～5000万元　从接到竣工结算报告和完整的竣工结算资料之日起45天

4. 5000万元以上　从接到竣工结算报告和完整的竣工结算资料之日起60天

建设项目竣工总结算在最后一个单项工程竣工结算审查确认后15天内汇总，送发包人后30天内审查完成。

（四）工程竣工价款结算

发包人收到承包人递交的竣工结算报告及完整的结算资料后，应按本办法规定的期限（合同约定有期限

的，从其约定）进行核实，给予确认或者提出修改意见。发包人根据确认的竣工结算报告向承包人支付工程竣工结算价款，保留 5% 左右的质量保证（保修）金，待工程交付使用一年质保期到期后清算（合同另有约定的，从其约定），质保期内如有返修，发生费用应在质量保证（保修）金内扣除。

（五）索赔价款结算

发承包人未能按合同约定履行自己的各项义务或发生错误，给另一方造成经济损失的，由受损方按合同约定提出索赔，索赔金额按合同约定支付。

（六）合同以外零星项目工程价款结算

发包人要求承包人完成合同以外零星项目，承包人应在接受发包人要求的 7 天内就用工数量和单价、机械台班数量和单价、使用材料和金额等向发包人提出施工签证，发包人签证后施工，如发包人未签证，承包人施工后发生争议的，责任由承包人自负。

第十五条　发包人和承包人要加强施工现场的造价控制，及时对工程合同外的事项如实纪录并履行书面手续。凡由发、承包双方授权的现场代表签字的现场签证以及发、承包双方协商确定的索赔等费用，应在工程竣工结算中如实办理，不得因发、承包双方现场代表的中途变更改变其有效性。

第十六条　发包人收到竣工结算报告及完整的结算资料后，在本办法规定或合同约定期限内，对结算报告及资料没有提出意见，则视同认可。

承包人如未在规定时间内提供完整的工程竣工结算资料，经发包人催促后 14 天内仍未提供或没有明确答复，发包人有权根据已有资料进行审查，责任由承包人自负。

根据确认的竣工结算报告，承包人向发包人申请支付工程竣工结算款。发包人应在收到申请后 15 天内支付结算款，到期没有支付的应承担违约责任。承包人可以催告发包人支付结算价款，如达成延期支付协议，承包人应按同期银行贷款利率支付拖欠工程价款的利息。如未达成延期支付协议，承包人可以与发包人协商将该工程折价，或申请人民法院将该工程依法拍卖，承包人就该工程折价或者拍卖的价款优先受偿。

第十七条　工程竣工结算以合同工期为准，实际施工工期比合同工期提前或延后，发、承包双方应按合同约定的奖惩办法执行。

第四章　工程价款结算争议处理

第十八条　工程造价咨询机构接受发包人或承包人委托，编审工程竣工结算，应按合同约定和实际履约事项认真办理，出具的竣工结算报告经发、承包双方签字后生效。当事人一方对报告有异议的，可对工程结算中有异议部分，向有关部门申请咨询后协商处理，若不能

达成一致的，双方可按合同约定的争议或纠纷解决程序办理。

第十九条　发包人对工程质量有异议，已竣工验收或已竣工未验收但实际投入使用的工程，其质量争议按该工程保修合同执行；已竣工未验收且未实际投入使用的工程以及停工、停建工程的质量争议，应当就有争议部分的竣工结算暂缓办理，双方可就有争议的工程委托有资质的检测鉴定机构进行检测，根据检测结果确定解决方案，或按工程质量监督机构的处理决定执行，其余部分的竣工结算依照约定办理。

第二十条　当事人对工程造价发生合同纠纷时，可通过下列办法解决：

（一）双方协商确定；

（二）按合同条款约定的办法提请调解；

（三）向有关仲裁机构申请仲裁或向人民法院起诉。

第五章　工程价款结算管理

第二十一条　工程竣工后，发、承包双方应及时办清工程竣工结算，否则，工程不得交付使用，有关部门不予办理权属登记。

第二十二条　发包人与中标的承包人不按照招标文件和中标的承包人的投标文件订立合同的，或者发包人、中标的承包人背离合同实质性内容另行订立协议，造成工程价款结算纠纷的，另行订立的协议无效，由建设行政主管部门责令改正，并按《中华人民共和国招标投标法》第五十九条进行处罚。

第二十三条　接受委托承接有关工程结算咨询业务的工程造价咨询机构应具有工程造价咨询单位资质，其出具的办理拨付工程价款和工程结算的文件，应当由造价工程师签字，并应加盖执业专用章和单位公章。

第六章　附　　则

第二十四条　建设工程施工专业分包或劳务分包，总（承）包人与分包人必须依法订立专业分包或劳务分包合同，按照本办法的规定在合同中约定工程价款及其结算办法。

第二十五条　政府投资项目除执行本办法有关规定外，地方政府或地方政府财政部门对政府投资项目合同价款约定与调整、工程价款结算、工程价款结算争议处理等事项，如另有特殊规定的，从其规定。

第二十六条　凡实行监理的工程项目，工程价款结算过程中涉及监理工程师签证事项，应按工程监理合同约定执行。

第二十七条　有关主管部门、地方政府财政部门和地方政府建设行政主管部门可参照本办法，结合本部门、本地区实际情况，另行制订具体办法，并报财政部、

建设部备案。

第二十八条　合同示范文本内容如与本办法不一致，以本办法为准。

第二十九条　本办法自公布之日起施行。

住房城乡建设部　财政部关于印发
《建筑安装工程费用项目组成》的通知

建标〔2013〕44号

各省、自治区住房城乡建设厅、财政厅，直辖市建委（建交委）、财政局，国务院有关部门：

为适应深化工程计价改革的需要，根据国家有关法律、法规及相关政策，在总结原建设部、财政部《关于印发〈建筑安装工程费用项目组成〉的通知》（建标〔2003〕206号）（以下简称《通知》）执行情况的基础上，我们修订完成了《建筑安装工程费用项目组成》（以下简称《费用组成》），现印发给你们。为便于各地区、各部门做好发布后的贯彻实施工作，现将主要调整内容和贯彻实施有关事项通知如下：

一、《费用组成》调整的主要内容：

（一）建筑安装工程费用项目按费用构成要素组成划分为人工费、材料费、施工机具使用费、企业管理费、利润、规费和税金（见附件1）。

（二）为指导工程造价专业人员计算建筑安装工程造价，将建筑安装工程费用按工程造价形成顺序划分为分部分项工程费、措施项目费、其他项目费、规费和税金（见附件2）。

（三）按照国家统计局《关于工资总额组成的规定》，合理调整了人工费构成及内容。

（四）依据国家发展改革委、财政部等9部委发布的《标准施工招标文件》的有关规定，将工程设备费列入材料费；原材料费中的检验试验费列入企业管理费。

（五）将仪器仪表使用费列入施工机具使用费；大型机械进出场及安拆费列入措施项目费。

（六）按照《社会保险法》的规定，将原企业管理费中劳动保险费中的职工死亡丧葬补助费、抚恤费列入规费中的养老保险费；在企业管理费中的财务费和其他中增加担保费用、投标费、保险费。

（七）按照《社会保险法》、《建筑法》的规定，取消原规费中危险作业意外伤害保险费，增加工伤保险费、生育保险费。

（八）按照财政部的有关规定，在税金中增加地方教育附加。

二、为指导各部门、各地区按照本通知开展费用标准测算等工作，我们对原《通知》中建筑安装工程费用参考计算方法、公式和计价程序等进行了相应的修改完善，统一制订了《建筑安装工程费用参考计算方法》和《建筑安装工程计价程序》（见附件3、附件4）。

三、《费用组成》自2013年7月1日起施行，原建设部、财政部《关于印发〈建筑安装工程费用项目组成〉的通知》（建标〔2003〕206号）同时废止。

附件：1. 建筑安装工程费用项目组成（按费用构成要素划分）
　　　2. 建筑安装工程费用项目组成（按造价形成划分）
　　　3. 建筑安装工程费用参考计算方法
　　　4. 建筑安装工程计价程序

住房城乡建设部　财政部
2013年3月21日

附件1

建筑安装工程费用项目组成
（按费用构成要素划分）

建筑安装工程费按照费用构成要素划分：由人工费、材料（包含工程设备，下同）费、施工机具使用费、企业管理费、利润、规费和税金组成。其中人工费、材料费、施工机具使用费、企业管理费和利润包含在分部分项工程费、措施项目费、其他项目费中（见附表）。

（一）人工费：是指按工资总额构成规定，支付给从事建筑安装工程施工的生产工人和附属生产单位工人的各项费用。内容包括：

1. 计时工资或计件工资：是指按计时工资标准和工作时间或对已做工作按计件单价支付给个人的劳动报酬。

2. 奖金：是指对超额劳动和增收节支支付给个人的劳动报酬。如节约奖、劳动竞赛奖等。

3. 津贴补贴：是指为了补偿职工特殊或额外的劳动消耗和因其他特殊原因支付给个人的津贴，以及为了保证职工工资水平不受物价影响支付给个人的物价补贴。如流动施工津贴、特殊地区施工津贴、高温（寒）作业临时津贴、高空津贴等。

4. 加班加点工资：是指按规定支付的在法定节假日工作的加班工资和在法定日工作时间外延时工作的加点工资。

5. 特殊情况下支付的工资：是指根据国家法律、法规和政策规定，因病、工伤、产假、计划生育假、婚丧假、事假、探亲假、定期休假、停工学习、执行国家或社会义务等原因按计时工资标准或计时工资标准的一定比例支付的工资。

（二）材料费：是指施工过程中耗费的原材料、辅助材料、构配件、零件、半成品或成品、工程设备的费用。内容包括：

1. 材料原价：是指材料、工程设备的出厂价格或商家供应价格。

2. 运杂费：是指材料、工程设备自来源地运至工地仓库或指定堆放地点所发生的全部费用。

3. 运输损耗费：是指材料在运输装卸过程中不可避免的损耗。

4. 采购及保管费：是指为组织采购、供应和保管材料、工程设备的过程中所需要的各项费用。包括采购费、仓储费、工地保管费、仓储损耗。

工程设备是指构成或计划构成永久工程一部分的机电设备、金属结构设备、仪器装置及其他类似的设备和装置。

（三）施工机具使用费：是指施工作业所发生的施工机械、仪器仪表使用费或其租赁费。

1. 施工机械使用费：以施工机械台班耗用量乘以施工机械台班单价表示，施工机械台班单价应由下列七项费用组成：

（1）折旧费：指施工机械在规定的使用年限内，陆续收回其原值的费用。

（2）大修理费：指施工机械按规定的大修理间隔台班进行必要的大修理，以恢复其正常功能所需的费用。

（3）经常修理费：指施工机械除大修理以外的各级保养和临时故障排除所需的费用。包括为保障机械正常运转所需替换设备与随机配备工具附具的摊销和维护费用，机械运转中日常保养所需润滑与擦拭的材料费用及机械停滞期间的维护和保养费用等。

（4）安拆费及场外运费：安拆费指施工机械（大型机械除外）在现场进行安装与拆卸所需的人工、材料、机械和试运转费用以及机械辅助设施的折旧、搭设、拆除等费用；场外运费指施工机械整体或分体自停放地点运至施工现场或由一施工地点运至另一施工地点的运输、装卸、辅助材料及架线等费用。

（5）人工费：指机上司机（司炉）和其他操作人员的人工费。

（6）燃料动力费：指施工机械在运转作业中所消耗的各种燃料及水、电等。

（7）税费：指施工机械按照国家规定应缴纳的车船使用税、保险费及年检费等。

2. 仪器仪表使用费：是指工程施工所需使用的仪器仪表的摊销及维修费用。

（四）企业管理费：是指建筑安装企业组织施工生产和经营管理所需的费用。内容包括：

1. 管理人员工资：是指按规定支付给管理人员的计时工资、奖金、津贴补贴、加班加点工资及特殊情况下支付的工资等。

2. 办公费：是指企业管理办公用的文具、纸张、帐表、印刷、邮电、书报、办公软件、现场监控、会议、水电、烧水和集体取暖降温（包括现场临时宿舍取暖降温）等费用。

3. 差旅交通费：是指职工因公出差、调动工作的差旅费、住勤补助费，市内交通费和误餐补助费，职工探亲路费，劳动力招募费，职工退休、退职一次性路费，工伤人员就医路费，工地转移费以及管理部门使用的交通工具的油料、燃料等费用。

4. 固定资产使用费：是指管理和试验部门及附属生产单位使用的属于固定资产的房屋、设备、仪器等的折旧、大修、维修或租赁费。

5. 工具用具使用费：是指企业施工生产和管理使用的不属于固定资产的工具、器具、家具、交通工具和检验、试验、测绘、消防用具等的购置、维修和摊销费。

6. 劳动保险和职工福利费：是指由企业支付的职工退职金、按规定支付给离休干部的经费，集体福利费、夏季防暑降温、冬季取暖补贴、上下班交通补贴等。

7. 劳动保护费：是企业按规定发放的劳动保护用品的支出。如工作服、手套、防暑降温饮料以及在有碍身体健康的环境中施工的保健费用等。

8. 检验试验费：是指施工企业按照有关标准规定，对建筑以及材料、构件和建筑安装物进行一般鉴定、检查所发生的费用，包括自设试验室进行试验所耗用的材料等费用。不包括新结构、新材料的试验费，对构件做破坏性试验及其他特殊要求检验试验的费用和建设单位委托检测机构进行检测的费用，对此类检测发生的费用，由建设单位在工程建设其他费用中列支。但对施工企业提供的具有合格证明的材料进行检测不合格的，该检测费用由施工企业支付。

9. 工会经费：是指企业按《工会法》规定的全部职工工资总额比例计提的工会经费。

10. 职工教育经费：是指按职工工资总额的规定比例计提，企业为职工进行专业技术和职业技能培训，专业技术人员继续教育、职工职业技能鉴定、职业资格认定以及根据需要对职工进行各类文化教育所发生的费用。

11. 财产保险费：是指施工管理用财产、车辆等的保险费用。

12. 财务费：是指企业为施工生产筹集资金或提供预付款担保、履约担保、职工工资支付担保等所发生的各种费用。

13. 税金：是指企业按规定缴纳的房产税、车船使用税、土地使用税、印花税等。

14. 其他：包括技术转让费、技术开发费、投标费、业务招待费、绿化费、广告费、公证费、法律顾问费、审计费、咨询费、保险费等。

（五）利润：是指施工企业完成所承包工程获得的盈利。

（六）规费：是指按国家法律、法规规定，由省级政府和省级有关权力部门规定必须缴纳或计取的费用。包括：

1. 社会保险费

（1）养老保险费：是指企业按照规定标准为职工缴纳的基本养老保险费。

（2）失业保险费：是指企业按照规定标准为职工缴纳的失业保险费。

（3）医疗保险费：是指企业按照规定标准为职工缴纳的基本医疗保险费。

（4）生育保险费：是指企业按照规定标准为职工缴纳的生育保险费。

（5）工伤保险费：是指企业按照规定标准为职工缴纳的工伤保险费。

2. 住房公积金：是指企业按规定标准为职工缴纳的住房公积金。

3. 工程排污费：是指按规定缴纳的施工现场工程排污费。

其他应列而未列入的规费，按实际发生计取。

（七）税金：是指国家税法规定的应计入建筑安装工程造价内的营业税、城市维护建设税、教育费附加以及地方教育附加。

附表

建筑安装工程费用项目组成表
（按费用构成要素划分）

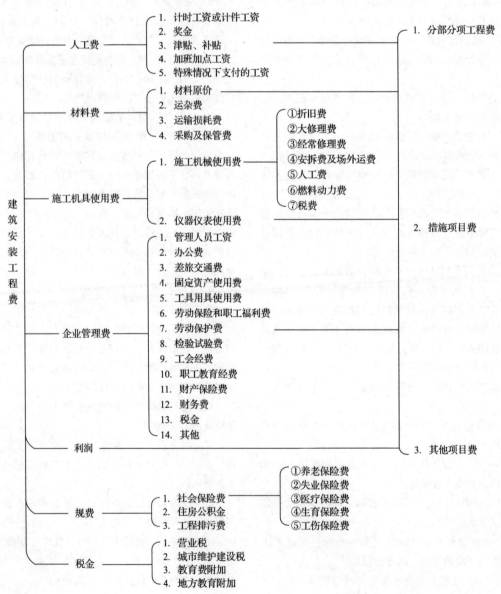

附件2

建筑安装工程费用项目组成
（按造价形成划分）

建筑安装工程费按照工程造价形成由分部分项工程费、措施项目费、其他项目费、规费、税金组成，分部分项工程费、措施项目费、其他项目费包含人工费、材料费、施工机具使用费、企业管理费和利润（见附表）。

（一）分部分项工程费：是指各专业工程的分部分项工程应予列支的各项费用。

1. 专业工程：是指按现行国家计量规范划分的房屋建筑与装饰工程、仿古建筑工程、通用安装工程、市政工程、园林绿化工程、矿山工程、构筑物工程、城市轨道交通工程、爆破工程等各类工程。

2. 分部分项工程：指按现行国家计量规范对各专业工程划分的项目。如房屋建筑与装饰工程划分的土石方工程、地基处理与桩基工程、砌筑工程、钢筋及钢筋混凝土工程等。

各类专业工程的分部分项工程划分见现行国家或行业计量规范。

（二）措施项目费：是指为完成建设工程施工，发生于该工程施工前和施工过程中的技术、生活、安全、环境保护等方面的费用。内容包括：

1. 安全文明施工费

①环境保护费：是指施工现场为达到环保部门要求所需要的各项费用。

②文明施工费：是指施工现场文明施工所需要的各项费用。

③安全施工费：是指施工现场安全施工所需要的各项费用。

④临时设施费：是指施工企业为进行建设工程施工所必须搭设的生活和生产用的临时建筑物、构筑物和其他临时设施费用。包括临时设施的搭设、维修、拆除、清理费或摊销费等。

2. 夜间施工增加费：是指因夜间施工所发生的夜班补助费、夜间施工降效、夜间施工照明设备摊销及照明用电等费用。

3. 二次搬运费：是指因施工场地条件限制而发生的材料、构配件、半成品等一次运输不能到达堆放地点，必须进行二次或多次搬运所发生的费用。

4. 冬雨季施工增加费：是指在冬季或雨季施工需增加的临时设施、防滑、排除雨雪，人工及施工机械效率降低等费用。

5. 已完工程及设备保护费：是指竣工验收前，对已完工程及设备采取的必要保护措施所发生的费用。

6. 工程定位复测费：是指工程施工过程中进行全部施工测量放线和复测工作的费用。

7. 特殊地区施工增加费：是指工程在沙漠或其边缘地区、高海拔、高寒、原始森林等特殊地区施工增加的费用。

8. 大型机械设备进出场及安拆费：是指机械整体或分体自停放场地运至施工现场或由一个施工地点运至另一个施工地点，所发生的机械进出场运输及转移费用及机械在施工现场进行安装、拆卸所需的人工费、材料费、机械费、试运转费和安装所需的辅助设施的费用。

9. 脚手架工程费：是指施工需要的各种脚手架搭、拆、运输费用以及脚手架购置费的摊销（或租赁）费用。

措施项目及其包含的内容详见各类专业工程的现行国家或行业计量规范。

（三）其他项目费

1. 暂列金额：是指建设单位在工程量清单中暂定并包括在工程合同价款中的一笔款项。用于施工合同签订时尚未确定或者不可预见的所需材料、工程设备、服务的采购，施工中可能发生的工程变更、合同约定调整因素出现时的工程价款调整以及发生的索赔、现场签证确认等的费用。

2. 计日工：是指在施工过程中，施工企业完成建设单位提出的施工图纸以外的零星项目或工作所需的费用。

3. 总承包服务费：是指总承包人为配合、协调建设单位进行的专业工程发包，对建设单位自行采购的材料、工程设备等进行保管以及施工现场管理、竣工资料汇总整理等服务所需的费用。

（四）规费：定义同附件1。

（五）税金：定义同附件1。

附表

建筑安装工程费用项目组成表
（按造价形成划分）

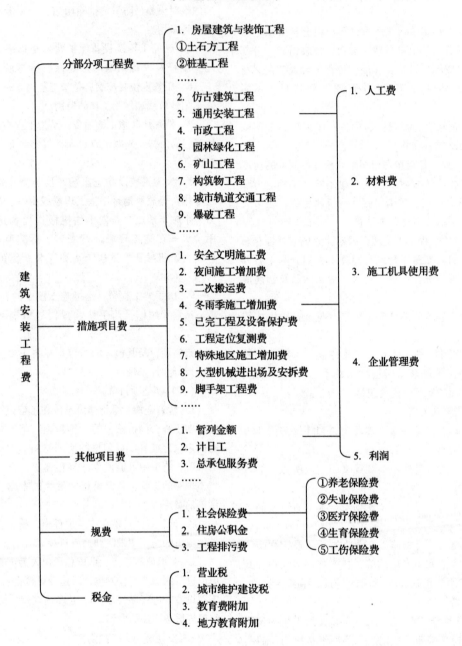

附件3

建筑安装工程费用参考计算方法

一、各费用构成要素参考计算方法如下：

（1）人工费

公式1：

人工费 = ∑（工日消耗量 × 日工资单价）

$$日工资单价 = \frac{生产工人平均月工资（计时计件）+ 平均月（奖金+津贴补贴+特殊情况下支付的工资）}{年平均每月法定工作日}$$

注：公式1主要适用于施工企业投标报价时自主确定人工费，也是工程造价管理机构编制计价定额确定定额人工单价或发布人工成本信息的参考依据。

公式2：

人工费 = ∑（工程工日消耗量 × 日工资单价）

日工资单价是指施工企业平均技术熟练程度的生产

工人在每工作日（国家法定工作时间内）按规定从事施工作业应得的日工资总额。

工程造价管理机构确定日工资单价应通过市场调查、根据工程项目的技术要求，参考实物工程量人工单价综合分析确定，最低日工资单价不得低于工程所在地人力资源和社会保障部门所发布的最低工资标准的：普工1.3倍、一般技工2倍、高级技工3倍。

工程计价定额不可只列一个综合工日单价，应根据工程项目技术要求和工种差别适当划分多种日人工单价，确保各分部工程人工费的合理构成。

注：公式2适用于工程造价管理机构编制计价定额时确定定额人工费，是施工企业投标报价的参考依据。

（二）材料费

1. 材料费

材料费 = ∑（材料消耗量 × 材料单价）

材料单价 = [（材料原价 + 运杂费）×［1 + 运输损耗率（%）]] ×［1 + 采购保管费率（%）]

2. 工程设备费

工程设备费 = ∑（工程设备量 × 工程设备单价）

工程设备单价 =（设备原价 + 运杂费）×［1 + 采购保管费率（%）]

（三）施工机具使用费

1. 施工机械使用费

施工机械使用费 = ∑（施工机械台班消耗量 × 机械台班单价）

机械台班单价 = 台班折旧费 + 台班大修费 + 台班经常修理费 + 台班安拆费及场外运费 + 台班人工费 + 台班燃料动力费 + 台班车船税费

注：工程造价管理机构在确定计价定额中的施工机械使用费时，应根据《建筑施工机械台班费用计算规则》结合市场调查编制施工机械台班单价。施工企业可以参考工程造价管理机构发布的台班单价，自主确定施工机械使用费的报价，如租赁施工机械，公式为：施工机械使用费 = ∑（施工机械台班消耗量 × 机械台班租赁单价）

2. 仪器仪表使用费

仪器仪表使用费 = 工程使用的仪器仪表摊销费 + 维修费

（四）企业管理费费率

（1）以分部分项工程费为计算基础

$$企业管理费费率（\%）= \frac{生产工人年平均管理费}{年有效施工天数 × 人工单价} × 人工费占分部分项目工程费比例（\%）$$

（2）以人工费和机械费合计为计算基础

$$企业管理费费率（\%）= \frac{生产工人年平均管理费}{年有效施工天数 ×（人工单价 + 每一工日机械使用费）} × 100\%$$

（3）以人工费为计算基础

$$企业管理费费率（\%）= \frac{生产工人年平均管理费}{年有效施工天数 × 人工单价} × 100\%$$

注：上述公式适用于施工企业投标报价时自主确定管理费，是工程造价管理机构编制计价定额确定企业管理费的参考依据。

工程造价管理机构在确定计价定额中企业管理费时，应以定额人工费或（定额人工费 + 定额机械费）作为计算基数，其费率根据历年工程造价积累的资料，辅以调查数据确定，列入分部分项工程和措施项目中。

（五）利润

1. 施工企业根据企业自身需求并结合建筑市场实际自主确定，列入报价中。

2. 工程造价管理机构在确定计价定额中利润时，应以定额人工费或（定额人工费 + 定额机械费）作为计算基数，其费率根据历年工程造价积累的资料，并结合建筑市场实际确定，以单位（单项）工程测算，利润在税前建筑安装工程费的比重可按不低于5%且不高于7%的费率计算。利润应列入分部分项工程和措施项目中。

（六）规费

1. 社会保险费和住房公积金

社会保险费和住房公积金应以定额人工费为计算基础，根据工程所在地省、自治区、直辖市或行业建设主管部门规定费率计算。

社会保险费和住房公积金 = ∑（工程定额人工费 × 社会保险费和住房公积金费率）

式中：社会保险费和住房公积金费率可以每万元发承包价的生产工人人工费和管理人员工资含量与工程所在地规定的缴纳标准综合分析取定。

2. 工程排污费

工程排污费等其他应列而未列入的规费应按工程所在地环境保护等部门规定的标准缴纳，按实计取列入。

（七）税金

税金计算公式：

税金 = 税前造价 × 综合税率（%）

综合税率：

（一）纳税地点在市区的企业

$$综合税率（\%）= \frac{1}{1 - 3\% -（3\% × 7\%）-（3\% × 3\%）-（3\% × 2\%）} - 1$$

（二）纳税地点在县城、镇的企业

$$综合税率（\%）= \frac{1}{1 - 3\% -（3\% × 5\%）-（3\% × 3\%）-（3\% × 2\%）} - 1$$

（三）纳税地点不在市区、县城、镇的企业

$$综合税率（\%）= \frac{1}{1 - 3\% -（3\% × 1\%）-（3\% × 3\%）-（3\% × 2\%）} - 1$$

（四）实行营业税改增值税的，按纳税地点现行税率计算。

二、建筑安装工程计价参考公式如下

（一）分部分项工程费

分部分项工程费 = ∑（分部分项工程量×综合单价）

式中：综合单价包括人工费、材料费、施工机具使用费、企业管理费和利润以及一定范围的风险费用（下同）。

（二）措施项目费

1. 国家计量规范规定应予计量的措施项目，其计算公式为：

措施项目费 = ∑（措施项目工程量×综合单价）

2. 国家计量规范规定不宜计量的措施项目计算方法如下

（1）安全文明施工费

安全文明施工费 = 计算基数×安全文明施工费费率（%）

计算基数应为定额基价（定额分部分项工程费 + 定额中可以计量的措施项目费）、定额人工费或（定额人工费 + 定额机械费），其费率由工程造价管理机构根据各专业工程的特点综合确定。

（2）夜间施工增加费

夜间施工增加费 = 计算基数×夜间施工增加费费率（%）

（3）二次搬运费

二次搬运费 = 计算基数×二次搬运费费率（%）

（4）冬雨季施工增加费

冬雨季施工增加费 = 计算基数×冬雨季施工增加费费率（%）

（5）已完工程及设备保护费

已完工程及设备保护费 = 计算基数×已完工程及设备保护费费率（%）

上述（2）～（5）项措施项目的计费基数应为定额人工费或（定额人工费 + 定额机械费），其费率由工程造价管理机构根据各专业工程特点和调查资料综合分析后确定。

（三）其他项目费

1. 暂列金额由建设单位根据工程特点，按有关计价规定估算，施工过程中由建设单位掌握使用、扣除合同价款调整后如有余额，归建设单位。

2. 计日工由建设单位和施工企业按施工过程中的签证计价。

3. 总承包服务费由建设单位在招标控制价中根据总包服务范围和有关计价规定编制，施工企业投标时自主报价，施工过程中按签约合同价执行。

（四）规费和税金

建设单位和施工企业均应按照省、自治区、直辖市或行业建设主管部门发布标准计算规费和税金，不得作为竞争性费用。

三、相关问题的说明

1. 各专业工程计价定额的编制及其计价程序，均按本通知实施。

2. 各专业工程计价定额的使用周期原则上为 5 年。

3. 工程造价管理机构在定额使用周期内，应及时发布人工、材料、机械台班价格信息，实行工程造价动态管理，如遇国家法律、法规、规章或相关政策变化以及建筑市场物价波动较大时，应适时调整定额人工费、定额机械费以及定额基价或规费费率，使建筑安装工程费能反映建筑市场实际。

4. 建设单位在编制招标控制价时，应按照各专业工程的计量规范和计价定额以及工程造价信息编制。

5. 施工企业在使用计价定额时除不可竞争费用外，其余仅作参考，由施工企业投标时自主报价。

附件 4

建筑安装工程计价程序

建设单位工程招标控制价计价程序

工程名称：　　　　　　　　　　　　　　　　　　标段：

序号	内　容	计　算　方　法	金　额（元）
1	分部分项工程费	按计价规定计算	
1.1			
1.2			
1.3			
1.4			
1.5			
2	措施项目费	按计价规定计算	
2.1	其中：安全文明施工费	按规定标准计算	
3	其他项目费		
3.1	其中：暂列金额	按计价规定估算	
3.2	其中：专业工程暂估价	按计价规定估算	
3.3	其中：计日工	按计价规定估算	
3.4	其中：总承包服务费	按计价规定估算	
4	规费	按规定标准计算	
5	税金（扣除不列入计税范围的工程设备金额）	（1＋2＋3＋4）×规定税率	
招标控制价合计 ＝1＋2＋3＋4＋5			

施工企业工程投标报价计价程序

工程名称：　　　　　　　　　　　　　标段：

序号	内　　容	计 算 方 法	金 额（元）
1	分部分项工程费	自主报价	
1.1			
1.2			
1.3			
1.4			
1.5			
2	措施项目费	自主报价	
2.1	其中：安全文明施工费	按规定标准计算	
3	其他项目费		
3.1	其中：暂列金额	按招标文件提供金额计列	
3.2	其中：专业工程暂估价	按招标文件提供金额计列	
3.3	其中：计日工	自主报价	
3.4	其中：总承包服务费	自主报价	
4	规费	按规定标准计算	
5	税金（扣除不列入计税范围的工程设备金额）	（1＋2＋3＋4）×规定税率	

投标报价合计＝1＋2＋3＋4＋5

竣工结算计价程序

工程名称：　　　　　　　　　　　　　　　　　　标段：

序号	汇总内容	计算方法	金额（元）
1	分部分项工程费	按合同约定计算	
1.1			
1.2			
1.3			
1.4			
1.5			
2	措施项目	按合同约定计算	
2.1	其中：安全文明施工费	按规定标准计算	
3	其他项目		
3.1	其中：专业工程结算价	按合同约定计算	
3.2	其中：计日工	按计日工签证计算	
3.3	其中：总承包服务费	按合同约定计算	
3.4	索赔与现场签证	按发承包双方确认数额计算	
4	规费	按规定标准计算	
5	税金（扣除不列入计税范围的工程设备金额）	（1+2+3+4）×规定税率	

竣工结算总价合计＝1+2+3+4+5

建筑工程安全防护、文明施工措施费用及使用管理规定

（2005 年 6 月 7 日建设部办公厅建办 [2005] 89 号发布）

第一条 为加强建筑工程安全生产、文明施工管理，保障施工从业人员的作业条件和生活环境，防止施工安全事故发生，根据《中华人民共和国安全生产法》、《中华人民共和国建筑法》、《建设工程安全生产管理条例》、《安全生产许可证条例》等法律法规，制定本规定。

第二条 本规定适用于各类新建、扩建、改建的房屋建筑工程（包括与其配套的线路管道和设备安装工程、装饰工程）、市政基础设施工程和拆除工程。

第三条 本规定所称安全防护、文明施工措施费用，是指按照国家现行的建筑施工安全、施工现场环境与卫生标准和有关规定，购置和更新施工安全防护用具及设施、改善安全生产条件和作业环境所需要的费用。安全防护、文明施工措施项目清单详见附表。

建设单位对建筑工程安全防护、文明施工措施有其他要求的，所发生费用一并计入安全防护、文明施工措施费。

第四条 建筑工程安全防护、文明施工措施费用是由《建筑安装工程费用项目组成》（建标 [2003] 206 号）中措施费所含的文明施工费，环境保护费，临时设施费，安全施工费组成。

其中安全施工费由临边、洞口、交叉、高处作业安全防护费，危险性较大工程安全措施费及其他费用组成。危险性较大工程安全措施费及其他费用项目组成由各地建设行政主管部门结合本地区实际自行确定。

第五条 建设单位、设计单位在编制工程概（预）算时，应当依据工程所在地工程造价管理机构测定的相应费率，合理确定工程安全防护、文明施工措施费。

第六条 依法进行工程招投标的项目，招标方或具有资质的中介机构编制招标文件时，应当按照有关规定并结合工程实际单独列出安全防护、文明施工措施项目清单。

投标方应当根据现行标准规范，结合工程特点、工期进度和作业环境要求，在施工组织设计文件中制定相应的安全防护、文明施工措施，并按照招标文件要求结合自身的施工技术水平、管理水平对工程安全防护、文明施工措施项目单独报价。投标方安全防护、文明施工措施的报价，不得低于依据工程所在地工程造价管理机构测定费率计算所需费用总额的 90%。

第七条 建设单位与施工单位应当在施工合同中明确安全防护、文明施工措施项目总费用，以及费用预付、支付计划，使用要求、调整方式等条款。

建设单位与施工单位在施工合同中对安全防护、文明施工措施费用预付、支付计划未作约定或约定不明的，合同工期在一年以内的，建设单位预付安全防护、文明施工措施项目费用不得低于该费用总额的 50%；合同工期在一年以上的（含一年），预付安全防护、文明施工措施费用不得低于该费用总额的 30%，其余费用应当按照施工进度支付。

实行工程总承包的，总承包单位依法将建筑工程分包给其他单位的，总承包单位与分包单位应当在分包合同中明确安全防护、文明施工措施费用由总承包单位统一管理。安全防护、文明施工措施由分包单位实施的，由分包单位提出专项安全防护措施及施工方案，经总承包单位批准后及时支付所需费用。

第八条 建设单位申请领取建筑工程施工许可证时，应当将施工合同中约定的安全防护、文明施工措施费用支付计划作为保证工程安全的具体措施提交建设行政主管部门。未提交的，建设行政主管部门不予核发施工许可证。

第九条 建设单位应当按照本规定及合同约定及时向施工单位支付安全防护、文明施工措施费，并督促施工企业落实安全防护、文明施工措施。

第十条 工程监理单位应当对施工单位落实安全防护、文明施工措施情况进行现场监理。对施工单位已经落实的安全防护、文明施工措施，总监理工程师或者造价工程师应当及时审查并签认所发生的费用。监理单位发现施工单位未落实施工组织设计及专项施工方案中安全防护和文明施工措施的，有权责令其立即整改；对施工单位拒不整改或未按期限要求完成整改的，工程监理单位应当及时向建设单位和建设行政主管部门报告，必要时责令其暂停施工。

第十一条 施工单位应当确保安全防护、文明施工措施费专款专用，在财务管理中单独列出安全防护、文明施工措施项目费用清单备查。施工单位安全生产管理机构和专职安全生产管理人员负责对建筑工程安全防护、文明施工措施的组织实施进行现场监督检查，并有权向建设主管部门反映情况。

工程总承包单位对建筑工程安全防护、文明施工措施费用的使用负总责。总承包单位应当按照本规定及合同约定及时向分包单位支付安全防护、文明施工措施费用。总承包单位不按本规定和合同约定支付费用，造成分包单位不能及时落实安全防护措施导致发生事故的，由总承包单位负主要责任。

第十二条 建设行政主管部门应当按照现行标准规范对施工现场安全防护、文明施工措施落实情况进行监督检查，并对建设单位支付及施工单位使用安全防护、文明施工措施费用情况进行监督。

第十三条 建设单位未按本规定支付安全防护、文

明施工措施费用的，由县级以上建设行政主管部门依据《建设工程安全生产管理条例》第五十四条规定，责令限期整改；逾期未改正的，责令该建设工程停止施工。

第十四条 施工单位挪用安全防护、文明施工措施费用的，由县级以上建设主管部门依据《建设工程安全生产管理条例》第六十三条规定，责令限期整改，处挪用费用20%以上50%以下的罚款；造成损失的，依法承担赔偿责任。

第十五条 建设行政主管部门的工作人员有下列行为之一的，由其所在单位或者上级主管机关给予行政处分；构成犯罪的，依照刑法有关规定追究刑事责任：

（一）对没有提交安全防护、文明施工措施费用支付计划的工程颁发施工许可证的；

（二）发现违法行为不予查处的；

（三）不依法履行监督管理职责的其他行为。

第十六条 建筑工程以外的工程项目安全防护、文明施工措施费用及使用管理可以参照本规定执行。

第十七条 各地可依照本规定，结合本地区实际制定实施细则。

第十八条 本规定由国务院建设行政主管部门负责解释。

第十九条 本规定自2005年9月1日起施行。

附件：

建筑工程安全防护、文明施工措施项目清单

类别	项目名称		具 体 要 求
文明施工与环境保护	安全警示标志牌		在易发伤亡事故（或危险）处设置明显的、符合国家标准要求的安全警示标志牌。
	现场围挡		（1）现场采用封闭围挡，高度不小于1.8m； （2）围挡材料可采用彩色、定型钢板，砖、混凝土砌块等墙体。
	五板一图		在进门处悬挂工程概况、管理人员名单及监督电话、安全生产、文明施工、消防保卫五板；施工现场总平面图。
	企业标志		现场出入的大门应设有本企业标识或企业标识。
	场容场貌		（1）道路畅通； （2）排水沟、排水设施通畅； （3）工地地面硬化处理； （4）绿化。
	材料堆放		（1）材料、构件、料具等堆放时，悬挂有名称、品种、规格等标牌； （2）水泥和其他易飞扬细颗粒建筑材料应密闭存放或采取覆盖等措施； （3）易燃、易爆和有毒有害物品分类存放。
	现场防火		消防器材配置合理，符合消防要求。
	垃圾清运		施工现场应设置密闭式垃圾站，施工垃圾、生活垃圾应分类存放。施工垃圾必须采用相应容器或管道运输。
临时设施	现场办公生活设施		（1）施工现场办公、生活区与作业区分开设置，保持安全距离。 （2）工地办公室、现场宿舍、食堂、厕所、饮水、休息场所符合卫生和安全要求。
	施工现场临时用电	配电线路	（1）按照TN－S系统要求配备五芯电缆、四芯电缆和三芯电缆； （2）按要求架设临时用电线路的电杆、横担、瓷夹、瓷瓶等，或电缆埋地的地沟。 （3）对靠近施工现场的外电线路，设置木质、塑料等绝缘体的防护设施。
		配电箱开关箱	（1）按三级配电要求，配备总配电箱、分配电箱、开关箱三类标准电箱。开关箱应符合一机、一箱、一闸、一漏。三类电箱中的各类电器应是合格品； （2）按两级保护的要求，选取符合容量要求和质量合格的总配电箱和开关箱中的漏电保护器。
		接地保护装置	施工现场保护零线的重复接地应不少于三处。

类别	项目名称		具 体 要 求
安全施工	临边洞口交叉高处作业防护	楼板、屋面、阳台等临边防护	用密目式安全立网全封闭，作业层另加两边防护栏杆和18cm高的踢脚板。
		通道口防护	设防护棚，防护棚应为不小于5cm厚的木板或两道相距50cm的竹笆。两侧应沿栏杆架用密目式安全网封闭。
		预留洞口防护	用木板全封闭；短边超过1.5m长的洞口，除封闭外四周还应设有防护栏杆。
		电梯井口防护	设置定型化、工具化、标准化的防护门；在电梯井内每隔两层（不大于10m）设置一道安全平网。
		楼梯边防护	设1.2m高的定型化、工具化、标准化的防护栏杆，18cm高的踢脚板。
		垂直方向交叉作业防护	设置防护隔离棚或其他设施。
		高空作业防护	有悬挂安全带的悬索或其他设施；有操作平台；有上下的梯子或其他形式的通道。
其他（由各地自定）			

注：本表所列建筑工程安全防护、文明施工措施项目，是依据现行法律法规及标准规范确定。如修订法律法规和标准规范，本表所列项目应按照修订后的法律法规和标准规范进行调整。

后　记

　　为加大《建设工程工程量清单计价规范》以及《房屋建筑与装饰工程工程量计算规范》等九本工程量计算规范的宣贯力度，引导广大建设单位和建筑施工企业、造价咨询企业、工程造价管理机构及广大工程造价工作者和有关方面的工程技术人员深入理解应用规范，特组织修编单位专业技术人员和有关方面的专家编写了这套宣贯辅导教材。

　　本教材在编写过程中得到了有关领导、专家和专业技术人员的大力支持与帮助，参阅了有关部门、单位和个人书刊、资料，在此一并表示深切的感谢！名单如下：

杨丽坤	谭新亚	文代安	程万里	张实现	张金星	何　平	王美林	陈光云
薛长立	朱树英	补永赋	尹贻林	戴富元	郎向发	倪　健	蒋玉翠	单益新
陶学明	张丽萍	赖铭华	陈　彪	叶石平	谭茹文	恽其鋆	蔡国安	李　震
朱红星	陈　玉	陈柏生	张毅坚	田进步	张慧翔	朱慧岚	陈　东	张德清
牛保利	储祥辉	丛树茂	李细荣	赵万里	余晓花	司景山	王宏伟	张永杰
褚得成	宋仕俊	王一明	陈怀宇	白洁如	李连顺	金　强	刘永俊	何　燕
刘德起	朱红军	张建芳	李怀鉴	张登峰	郭怀君	苏惠卿	胡占荣	汪旭光
于亚伦	王中黔	史雅语	汪　浩	张正宇	张永哲	郑炳旭	施富强	顾毅成
梅锦煜	谢　源	王　强	孙晓东	贾　固	林清锦	舒　宇	郑玮皓	方亚玲

编制组

二〇一三年三月二十日